应用型本科院校
土木工程专业系列教材

YINGYONGXING BENKE YUANXIAO
TUMU GONGCHENG ZHUANYE XILIE JIAOCAI

第2版

建筑工程施工技术

JIANZHU GONGCHENG SHIGONG JISHU

主　编■周国恩
副主编■王　宏　白有良
参　编■杨淡蜀　张　坤　梁　鑫
主　审■姚　刚　华建民

重庆大学出版社

内容提要

本书是“应用型本科院校土木工程专业系列教材”之一，根据《建筑工程施工质量验收统一标准》(GB 50300—2013)以及最新的建筑工程施工规范编写而成。内容包括绪论、土方工程施工、地基与基础工程施工、脚手架工程施工、砌体结构工程施工、混凝土结构工程施工、结构安装工程施工、装饰装修工程施工、屋面及地下防水工程施工、建筑节能工程施工等专业工种工程施工技术。每章首有本章导读，每章尾有复习思考题与习题。

本书以建筑工程施工工艺流程和技术要求为核心，在内容设置上注重培养学生的应用实践能力，基础理论简明扼要，实用为主，够用为度，融“教、学、做”为一体，力求突出技能训练，并总结了编者20多年的工程实践和教学经验，注重先进性、典型性与通用性的有机结合，使之通俗易懂，便于应用。

本书可作为应用型本科院校土木工程、工程管理、工程造价、工程监理专业的教材，也可供从事工程施工、监理、质量监督和建筑施工管理的技术人员参考使用。

图书在版编目(CIP)数据

建筑工程施工技术/周国恩主编.—2版.—重庆：
重庆大学出版社，2015.8(2024.2重印)
应用型本科院校土木工程专业系列教材
ISBN 978-7-5624-5499-1

Ⅰ.①建… Ⅱ.①周… Ⅲ.①建筑工程—工程施工—高等学校—教材 Ⅳ.①TU74

中国版本图书馆CIP数据核字(2015)第195714号

应用型本科院校土木工程专业系列教材
建筑工程施工技术
(第2版)
主 编 周国恩
副主编 王 宏 白有良
主 审 姚 刚 华建民
策划编辑 林青山 刘颖果
责任编辑：林青山 版式设计：林青山
责任校对：关德强 责任印制：赵 晟
*
重庆大学出版社出版发行
出版人：陈晓阳
社址：重庆市沙坪坝区大学城西路21号
邮编：401331
电话：(023) 88617190 88617185(中小学)
传真：(023) 88617186 88617166
网址：http://www.cqup.com.cn
邮箱：fxk@cqup.com.cn (营销中心)
全国新华书店经销
POD：重庆新生代彩印技术有限公司
*
开本：787mm×1092mm 1/16 印张：21.75 字数：542千
2015年8月第2版 2024年2月第16次印刷
ISBN 978-7-5624-5499-1 定价：57.00元

前　言

（第2版）

本书第1版于2011年出版，承蒙广大师生和从业人员的厚爱、关注，已实现多次重印，也收到了不少中肯的意见和建议。随着我国市场经济体制改革的不断深入，建筑施工技术的不断更新，国家相继颁布了新的标准、规范，同时，新设计、新材料、新工艺、新管理的理念和方法也层出不穷，在这样的背景下我们进行了第2版的修订编写。

在第2版的修订编写中，我们组织了有丰富工程施工实践经验的高级工程师和多年施工教学经验的教师组成教材编写队伍，根据最新建筑施工规范、标准，施工技术原理、施工要点，结合施工任务完成的工作过程，介绍了必要的施工工艺流程和控制点、控制方法，将质量与安全管理等内容结合起来，以达到施工技术所要实现的目标和要求。

本书由周国恩任主编，王宏、白有良任副主编，重庆大学姚刚教授、华建民副教授主审。广西科技大学周国恩副教授编写第1章、第2章、第3章、第4章、第10章，广西科技大学梁鑫讲师、郑小纯高级工程师编写第5章；海南大学王宏副教授编写第6章；北华航天工业学院白有良高级工程师编写第7章；洛阳理工学院杨谈蜀编写第8章、洛阳理工学院张坤编写第9章。全书由周国恩统稿。

本书在修订过程中，参阅和吸取了国内外有关教材、论著和文献中的理论、观点和方法，在此谨向有关作者表示敬意和感谢。特别要感谢的是广西建工集团第五建筑工程有限责任公司黄诚高级工程师，广西第二安装公司蓝继壮、周雨工程师，对本书的编写和修改提出了许多宝贵意见。

鉴于建筑施工技术的不断发展和课程教学改革的进一步深化，以及编者水平的限制，不妥之处敬请读者、同行和专家批评指正。

编　者

2015 年 4 月

目 录

1 绪 论 …… 1
1.1 建筑工程施工课程的研究对象、任务和学习方法 …… 1
1.2 建设项目的建设程序以及建筑工程的划分 …… 2
1.3 建筑工程施工发展概况 …… 3
1.4 建筑工程施工技术标准规范、规程及工法 …… 4
复习思考题 …… 6

2 土方工程施工 …… 7
2.1 概述 …… 7
2.2 土方工程量计算及土方调配 …… 10
2.3 施工准备与辅助工作 …… 21
2.4 土方工程机械化施工 …… 38
2.5 土方的填筑与压实 …… 42
2.6 基坑(槽)施工 …… 46
2.7 土方工程质量标准与安全技术 …… 51
复习思考题 …… 52
习题 …… 53

3 地基与基础工程施工 …… 55
3.1 地基加固与处理 …… 55
3.2 浅基础施工 …… 60
3.3 深基础施工 …… 69

3.4　地基与基础工程质量和安全技术 …… 87
复习思考题 …… 89

4　**脚手架工程施工** …… 91
4.1　外脚手架施工 …… 92
4.2　内脚手架施工 …… 103
复习思考题 …… 105

5　**砌体结构工程施工** …… 106
5.1　砌体结构工程的机械设备 …… 106
5.2　砌体工程施工 …… 109
5.3　砌体结构工程的质量与安全技术 …… 127
复习思考题 …… 128

6　**混凝土结构工程施工** …… 129
6.1　概述 …… 129
6.2　模板工程 …… 130
6.3　钢筋工程 …… 150
6.4　混凝土工程 …… 173
6.5　预应力混凝土工程 …… 195
6.6　混凝土结构工程施工的安全技术 …… 212
复习思考题 …… 214
习题 …… 216

7　**结构安装工程施工** …… 218
7.1　概述 …… 218
7.2　建筑起重机械 …… 219
7.3　混凝土结构单层工业厂房结构安装 …… 227
7.4　轻钢结构施工 …… 244
7.5　工程案例 …… 251
复习思考题 …… 256
习题 …… 256

8　**建筑装饰装修工程施工** …… 257
8.1　抹灰工程 …… 257
8.2　饰面板(砖)工程 …… 264
8.3　门窗工程 …… 270
8.4　吊顶工程 …… 273
8.5　隔墙与隔断工程 …… 277
8.6　幕墙工程 …… 280
8.7　涂饰与裱糊工程 …… 282

8.8　楼地面工程 …… 287
复习思考题 …… 292

9　屋面及地下防水工程施工 …… 293
9.1　屋面防水工程 …… 293
9.2　地下结构防水工程 …… 308
复习思考题 …… 314

10　建筑节能工程施工 …… 315
10.1　建筑节能施工概述 …… 315
10.2　聚氨酯硬泡外墙外保温工程施工 …… 317
10.3　EPS 膨胀聚苯板薄抹灰外墙外保温工程施工 …… 326
10.4　胶粉聚苯颗粒外墙外保温工程施工 …… 331
10.5　外墙外保温墙面裂缝和渗漏防治措施 …… 334
复习思考题 …… 338

参考文献 …… 339

1 绪 论

［本章导读］

为了使建设工程施工管理者对建设工程及其建设过程有一个整体认识，同时对我国建设程序和建设项目的划分、建筑工程施工的发展及工程施工规范有比较深入的了解，本章主要介绍建筑工程施工研究对象、任务和学习方法，建设程序和建设工程项目的划分，以及建筑施工发展概况与施工规范，意在为学好建筑工程施工课程服务。

1.1 建筑工程施工课程的研究对象、任务和学习方法

建筑工程是指为新建、改建或扩建房屋建筑物和附属构筑物设施所进行的规划、勘察、设计和施工、竣工等各项技术工作和完成的工程实体。建筑工程施工就是指通过有效的组织方法和技术途径，按照工程设计图纸和说明书的要求建成供使用的建筑物的过程。其中，建筑工程施工可分为施工准备、组织施工、竣工验收和工程造价确定（决算）3 个施工阶段。要做好这 3 个阶段的工作，熟悉和掌握建筑工程施工技术和施工组织两大部分，是很重要的一环。

一个建筑物的建成，从下部土方与基础工程施工开始，到上部主体结构施工，直至内外装饰装修完毕，是由许多工种工程（土方工程、基础工程、混凝土结构工程、结构安装工程、砌体工程、装饰装修工程等）组成的。施工技术是以各工种工程施工的技术为研究对象，以施工方案为核心，结合具体施工对象的特点，选择该工程各工种工程最合理的施工方案，决定最有效的施工技术措施。施工组织是以科学编制一个建筑物或建筑群的施工组织设计为研究对象，结合具体施工对象，编制出指导施工的施工组织设计，合理地使用人力、物力、技术、空间和时间，着眼于各工种工程施工中关键工序的安排，使之有组织、有秩序地施工。

概括起来，建筑工程施工的研究对象，就是工程项目（房屋建筑物或构筑物）建造的理论、

方法和有关的施工规律,以科学的施工组织设计为先导,以先进和可靠的施工技术为后盾,保证工程项目高质量、安全和经济地完成。

建筑工程施工课程是本专业的一门主要专业课程。本课程的任务就是使学生了解建筑工程施工领域内外的新技术和发展动态,掌握专业工种工程施工技术以及单个建筑物施工方案的选择和施工组织设计的编制,具有解决一般建筑工程施工技术和组织计划问题的初步能力。

本课程与建筑制图与识图、建筑材料、工程测量、工程力学、建筑机械、混凝土结构原理以及钢结构等课程均有密切关联,在学完这些课程的基础上才能学习本课程。

本课程又是一门实践性强的课程,有些内容直接来自工程施工的经验总结。因此,学习本课程必须坚持理论联系实际的学习方法。除对于课堂讲授的基本理论、基本知识加以理解和掌握之外,还需阅读有关建筑工程施工方面的书刊杂志,随时了解国内外最新动态,并对相关的教学实践、实训环节,如现场参观教学、施工生产实习、工程实训以及录像教学给予足够重视。

1.2 建设项目的建设程序以及建筑工程的划分

建设程序是指建设项目从设想、选择、评估、决策、设计、施工到竣工验收,投入生产整个建设过程中,各项工作必须遵循的先后次序的法则。包括:项目建议书阶段、可行性研究报告阶段、设计阶段、建设准备阶段、建设实施阶段和竣工验收后评价阶段。

建设工程一般可划分为建设项目、单项工程、单位工程三级。建筑工程质量验收可划分为单位(子单位)工程、分部(子分部)工程、分项工程和检验批。

1.2.1 建设项目

建设项目又称为基本建设项目,指在一个场地上或几个场地上按一个总体设计进行施工的各个工程项目的总和。组成建设项目的单位叫建设单位(业主)。一个建设项目可以只有一个单项工程,也可以由若干单项工程组成。如一个工厂、矿山、学校、医院,一个独立的水利工程、一条公路、铁路,等等。

1.2.2 单项工程

单项工程又称为工程项目,是建设项目的组成部分,是指具有独立的设计文件,建成后可以独立发挥生产能力和效益的工程。如工业建设项目可分为主要生产车间、辅助生产车间、公用设施项目、办公楼、宿舍等单项工程。又如学校建设项目往往包括教学楼、实验室、图书馆、食堂、宿舍等单项工程。

1.2.3 单位工程

单位工程是单项工程的组成部分,一般不能独立发挥生产能力或使用效益,但具有相应的设计图纸和单位工程造价。在实际工程建设中,往往是按专业划分来组织设计和施工的,将一个单项工程按专业不同划分为若干个独立的设计和施工的单位工程。如民用单项工程一般都包括:一般建筑工程、给排水工程、电气照明工程等单位工程;工业性单项工程则包括:

建筑工程、设备安装、电气安装、工业管道、筑炉、特殊构筑物等单位工程。所以,单位工程的划分应按下列原则确定:

①具备独立施工条件并能形成独立使用功能的建筑物及构筑物为一个单位工程。

②建筑规模较大的单位工程,可将其能形成独立使用功能的部分为一个子单位工程。

▶ 1.2.4 分部工程

分部工程是单位工程的组成部分,是按照单位工程的不同部位、不同的施工方式或不同的材料和设备种类,从单位工程中划分出来的中间产品。如建筑工程的分部工程的划分按专业性质、建筑部位确定,有地基与基础、主体结构、建筑装饰装修、建筑屋面、建筑给水排水及采暖、建筑电气、智能建筑、通风与空调、电梯9个分部工程,67个子分部工程。所以,分部工程的划分应按以下原则确定:

①分部工程的划分应按专业的性质、建筑部位确定。

②当分部工程较大或较复杂时,可按材料种类、施工特点、施工程序、专业系统及类别等划分为若干子分部工程。

▶ 1.2.5 分项工程

分项工程是分部工程的组成部分,是指通过简单的施工过程就能生产出来,并可以利用某种计量单位计算的最基本的中间产品。分项工程应按主要工种、材料、施工工艺、设备类别等进行划分。如混凝土结构工程可划分为模板、钢筋、混凝土、预应力、现浇结构、装配式结构等分项工程。分项工程可由一个或若干个检验批组成。检验批是按同一的生产条件或按规定的方式汇总起来供检验用的,用一定数量样本组成的检验体。检验批可根据施工及质量控制和专业验收需要按楼层、施工段、变形缝等进行划分。

因此,建筑工程施工与验收就是按检验批→分项工程→ 分部(子分部)工程→单位(子单位)工程→单项工程→建设项目来逐级进行的。

1.3 建筑工程施工发展概况

原始人藏身于天然洞穴。进入新石器时代,人类已开始架木巢而居,以避野兽侵扰,进而以草泥作顶等建筑活动。后来发展到把居室建造在地面上。到新石器时代后期,人类逐渐学会用夹板夯土筑墙,垒石为垣,烧制砖瓦。

我国是一个历史悠久和文化发达的国家,在世界科学文化的发展史上,我国人民有着极为卓越的贡献,在建筑技术方面,我国同样有巨大的成绩。在殷代,我国已开始用水测定水平,用夯实的土壤作地基,并开始在墙壁上进行涂饰。战国、秦时,我国的砌筑技术已有很大发展,能用特制的楔形砖和企口砖砌筑拱券和窟窿。我国的《考工记》记载了先秦时期的营造法则。秦以后,宫殿和陵墓的建筑已具相当规模,木塔的建造更显示了木构架施工技术已相当成熟。至唐代大规模城市的建造,表明房屋施工技术也达到了相当高的水平。北宋李诫编纂了《营造法式》,对砖、石、木作和装修、彩画的施工法则与工料估算方法均有较详细的规定。至元、明、清,已能用夯土墙内加竹筋建造三四层楼房,砖石结构得到普及,木构架的整体性得到加强。清朝的《工部工程做法则例》统一了建筑构件的模数和工料标准,制定了绘样和估算的准则。现存的北京故宫等建筑表明,当时我国的建筑技术已达到很高水平。

19世纪中叶以来,水泥和建筑钢材的出现产生了钢筋混凝土,使房屋施工进入新的阶段。我国自鸦片战争以后,在沿海城市也出现了一些用钢筋混凝土建造的多层和高层大楼,但多数由外国建筑公司承建。此时,由我国私人创办的营造厂虽然也承建了一些工程,但规模小、技术装备较差,施工技术相当落后。

新中国成立后,我国的建筑业发生了根本性变化。为了适应国民经济恢复时期建设的需要,扩大了建筑业建设队伍的规模,引入了苏联建筑技术,在短短几年内,就完成了鞍山钢铁公司、长春汽车厂等一千多个规模宏大的工程建设项目。1958—1959年在北京建设了人民大会堂、北京火车站、中国历史博物馆等结构复杂、规模巨大、功能要求严格、装饰标准高的十大建筑,更标志着我国的建筑施工开始进入一个新的发展时期。

我国建筑业的第二次大发展是在20世纪70年代后期。实行改革开放政策后,一些重要工程相继恢复和上马,工程建设再次呈现出一派繁忙景象。80年代的南京金陵饭店、广州白天鹅宾馆、上海新锦江宾馆和希尔顿宾馆、北京的国际饭店和昆仑饭店等一批高度超过100 m的高层建筑施工,之后的上海金茂大厦、环球大厦,北京的国家体育馆(鸟巢)、游泳馆(水立方)等奥运工程项目也带动了我国建筑工程施工技术的迅速发展。如今,建筑结构的发展可以用大跨度、超高层来形容,随着建筑材料的不断更新及建筑结构的更加完善,建筑工程施工工艺和管理也在不断地创新和发展。

在建筑施工技术方面,我们掌握了施工大型工业设施和高层民用建筑的成套技术,在地基与基础工程施工中,推广了如大直径钻孔灌注桩、超长的打设桩、深基础支护技术、旋喷桩、静压桩、深层搅拌法、强夯法、地下连续墙和"逆作法"等新技术;在主体结构工程中,应用了滑模、爬模、高大模板、台模、隧道模、组合钢模板、模板早拆技术等新型模板体系,粗钢筋焊接与直螺纹等机械连接技术,高强高性能混凝土、泵送混凝土、喷射混凝土、钢管混凝土、无砂混凝土、免振捣自流平混凝土、大体积混凝土浇注技术以及混凝土制备和运输的机械化、数控自动化设备,升降式脚手架、悬挑脚手架以及塔吊和施工人货电梯垂直运输机械化等多项新的施工技术。另外,在预应力混凝土技术、墙体改革、装饰材料以及大跨度结构、高耸结构等方面都掌握和发展了许多新的施工技术,有力地推动了我国建筑施工技术的发展。

在建筑施工组织方面,我国在第一个5年计划期间,就在一些重点工程项目上用流水施工技术编制了指导施工的施工组织设计。进入80年代和90年代以后,高层建筑等大型工程项目需要更科学的施工组织设计来指导施工。计算机结合网络计划技术和工程CAD技术的应用,正在逐步实现在施工现场对工程进度、工程质量与安全的实时跟踪监控。现在传统的建筑施工组织模式已转变成现代的项目管理模式,建筑施工组织不仅是对进度、成本、质量和安全的管理,对复杂大型的工程项目还要考虑风险等集成化管理。相信,随着计算机的普及,施工组织和工程项目管理将发展到一个更新、更高的水平。

1.4 建筑工程施工技术标准规范、规程及工法

建筑规范、规程是我国建筑界常用的标准表达形式。它以建筑科学、技术和实践经验的综合成果为基础,经有关方面协商一致,由国务院有关部委批准、颁布,作为全国建筑界共同遵守的准则和依据。工程建设中的标准体系,按其等级、作用和性质的不同可分为几种类型。

按等级可分为国家标准、专业(部)标准、地方标准和企业标准4级;按性质可分为强制性标准和推荐性标准;按作用分为基础标准(如计量单位、名词术语符号、可靠度统一标准、荷载规范等)、材料标准(如钢筋、水泥及其他建筑材料标准等)、设计标准(如钢结构、混凝土结构、砌体结构设计规范等)、施工标准(如各类工程的施工验收规范)、检验评定标准(如混凝土、预制构件、建筑安装工程质量检验评定标准)。

▶ 1.4.1 规范

建筑施工方面的规范按工业建筑工程与民用建筑工程中的各分部工程,分别有《建筑地基基础工程施工质量验收规范》《砌体结构工程施工质量验收规范》《混凝土结构施工质量验收规范》《钢结构工程施工质量验收规范》《木结构工程施工质量验收规范》《屋面工程质量验收规范》《地下防水工程质量验收规范》《建筑地面工程施工质量验收规范》等国家级标准。由国家住房和城乡建设部等颁布实施,编号均表示"GB×××××—××××"或"GB/T×××××—××××"字样,如"GB 50203—2011"表示《砌体结构工程施工质量验收规范》。各分部工程的施工及验收规范中,对施工工艺要求、施工技术要点、施工准备工作内容、施工质量控制要求以及检验方法等均作了具体、明确、原则性的规定,特别是规范中的强制性规范必须执行。因此,凡新建、改建、修复等工程,在设计、施工和竣工验收时,均应遵守相应的施工及验收规范。

▶ 1.4.2 规程

规程(规定)比规范低一个等级,是规范的具体化,是根据规范的要求对建筑安装工程的施工过程、操作方法、设备及工具的使用以及安全技术要求等,所作出的具体技术规定。属一般行业或地区标准,由各部委或重要的科学研究单位编制,呈报规范的管理单位批准或备案后发布试行。它主要是为了及时推广一些新结构、新材料、新工艺而制定的标准,如《种植屋面工程技术规程》(JGJ 155—2013)、《健康住宅建设技术规程》(CECS179:2009)、《现浇混凝土空心楼盖结构技术规程》(CECS175:2004)等,除对设计计算和构造要求作出规定以外,还对其施工及验收作出规定,其内容不尽相同,根据结构与工艺特点而定。设计与施工规程(规定)一般包括:总则、设计规定、计算要求、构造要求、施工规定和工程验收,有时还附有具体内容的附录。

规程试行一段时间后,在条件成熟时也可以升级为国家规范。规程的内容不能与规范抵触,如有不同,应以规范为准。对于规范和规程中有关规定条目的解释,由其发布通知中指定单位负责。随着设计与施工水平的提高,规范和规程每隔一定时间要做修订。

▶ 1.4.3 工法

工法是以工程为对象,工艺为核心,运用系统工程的原理,把先进技术与科学管理结合起来,经过工程实践形成的综合配套技术的应用方法。它具有新颖、适用和保证工程质量,提高施工效率,降低工程成本等特点。工法的内容一般应包括:工法特点、适用范围、施工程序、操作要点、机具设备、质量标准、劳动组织及安全、技术经济指标和应用实例等。

工法制度自1989年底在全国施工企业中施行,是一种具有指导企业施工与管理的规范文件,并作为企业技术水平和施工能力的重要标志。工法分为一级(国家级)、二级(地区、部门)、三级(企业级)3个等级,一级工法由住房和城乡建设部会同国务院有关部门组织专家进行评审、认定。

从事建筑工程施工,学好用好施工规范、规程、工法是一项关键性工作,特别是国家强制性规范,施工管理人员必须遵守施行。

复习思考题

1. 什么是建筑工程?什么是建筑工程施工?
2. 建筑工程施工的主要任务是什么?
3. 如何学好建筑工程施工课程?
4. 建筑工程施工的项目是怎样划分的?
5. 举例说明一栋教学楼工程应划分为哪几个分部工程、分项工程?
6. 什么是检验批?它是怎样划分的?
7. 建筑工程施工中应熟悉哪些规范?

2

土方工程施工

［本章导读］

土方工程施工具有面广量大、施工条件复杂的特点，应尽可能采用机械化施工，以加快施工进度。在施工之前应拟订专项施工方案，做好充分的准备和辅助工作，确保土方工程的施工质量和安全施工。通过本章学习，熟悉土方施工过程、特点和各类土的工程性质；熟悉场地平整方法及土方机械施工；掌握基坑、基槽土方量计算；掌握施工降水和土方支护的基本方法；熟悉土方的填筑与压实；熟悉土方工程质量标准；能针对土方工程施工现场可能发生的安全事故采取应对措施，会进行施工现场建筑物定位与放线工作，会进行基坑基槽的验收。

2.1 概　述

土方工程是建筑工程中的一项重要分部分项工程，常见的土方工程有场地平整、基坑(槽)与管沟、路基、人防工程开挖、地坪填土、路基填筑以及基坑回填等以及运输、排水、降水和土壁支撑、支护等准备和辅助过程。对具有较深基坑的工程，其施工的成败与否对整个建筑工程的影响甚大，有时甚至是关键性的。

▶ 2.1.1 土方工程施工特点

(1)面广量大、劳动繁重

建筑工地的场地平整，面积往往很大。在场地平整和大型基坑开挖中，土方工程量可达几百万立方米以上。对于面广量大的土方工程，应尽可能采用全面机械化施工。

(2)露天作业、施工条件复杂

土方工程施工多为露天作业，且土本身是一种天然物质，成分较为复杂，因此，施工中直接受到地区、气候、水文和地质等条件的影响。

组织土方工程施工,在有条件和可能利用机械施工时,尽可能采用机械化施工;在条件不够或机械设备不足时,应创造条件,采取半机械化和革新工具相结合的方法,以代替或减轻繁重的体力劳动。另一方面,要合理安排施工计划,尽可能不安排在雨期施工,否则应做好防洪排水等准备。此外,土方工程施工中因其特点给施工方案选择和工程质量以及施工安全增加了难度,所以,开工前应编制专项施工方案。

▶ 2.1.2 土的工程分类

在建筑工程施工中,按土的开挖难易程度将土分为松软土、普通土、坚土、砂砾坚土、软石、次坚石、坚石、特坚石8类。前4类为一般土,后4类为岩石。正确区分和鉴别土的种类,有助于合理地选择施工方法和准确计算土方工程费用。土的工程分类见表2.1。

表2.1 土的工程分类

类 别	土的名称	开挖方法	可松系数	
			K_s	K'_s
第1类(松软土)	砂,粉土,冲积砂土层,种植土,泥炭(淤泥)	用锹、锄头挖掘	1.08~1.17	1.01~1.04
第2类(普通土)	粉质黏土,潮湿的黄土,夹有碎石、卵石的砂,种植土,填筑土和粉土	用锹、锄头挖掘,少许用镐翻松	1.14~1.28	1.02~1.05
第3类(坚土)	软及中等密实黏土,重粉质黏土,粗砾石,干黄土及含碎石、卵石的黄土,粉质黏土,压实的填筑土	主要用镐,少许用锹、锄头,部分用撬棍	1.24~1.30	1.04~1.07
第4类(砂砾坚土)	坚硬密实的黏土及含碎石、卵石的黏土,粗卵石,密实的黄土,天然级配砂石,软泥灰岩及蛋白石	先用镐、撬棍,然后用锹挖掘,部分用楔子及大锤	1.26~1.37	1.06~1.09
第5类(软石)	硬质黏土,中等密实的页岩、泥灰岩、白垩土,胶结不紧的砾岩,软的石灰岩	用镐或撬棍、大锤,部分用爆破方法	1.30~1.45	1.10~1.20
第6类(次坚石)	泥岩,砂岩,砾岩,坚实的页岩,泥灰岩,密实的石灰岩,风化花岗岩、片麻岩	用爆破方法,部分用风镐	1.30~1.45	1.10~1.20
第7类(坚石)	大理石,辉绿岩,玢岩,粗、中粒花岗岩,坚实的白云岩、砾岩、砂岩、片麻岩、石灰岩,微风化安山岩、玄武岩	用爆破方法	1.30~1.45	1.10~1.20
第8类(特坚石)	安山岩,玄武岩,花岗片麻岩,坚实的细粒花岗岩,闪长岩,石英岩,辉长岩,辉绿岩,玢岩	用爆破方法	1.45~1.50	1.20~1.30

▶ 2.1.3 土的工程性质及其对施工的影响

1)土的可松性

土具有可松性,即天然状态下的土,经过开挖后,其体积因松散而增大,以后虽经回填压实,仍不能恢复。由于土方工程量是以天然密实状态的体积来计算的,所以在土方调配、运输、计算土方机械生产率及运输工具数量等时,必须考虑土的可松性影响。土的可松性程度可用可松性系数来表示,即

$$K_s = \frac{V_2}{V_1} \tag{2.1}$$

$$K'_s = \frac{V_3}{V_1} \tag{2.2}$$

式中 K_s——最初可松性系数;

K'_s——最后可松性系数;

V_1——土在天然状态下的体积,m^3;

V_2——土经开挖后的松散体积,m^3;

V_3——土经回填压实后的体积,m^3。

在土方工程中,K_s 是计算土方施工机械及运土车辆等的参数,K'_s 是计算场地平整标高及填方时所需挖土量等的重要参数。

2)土的含水量

土的含水量是指土中水的质量与土颗粒质量的百分比,即

$$w = \frac{m_w}{m_s} \times 100\% \tag{2.3}$$

式中 w——土的含水量;

m_w——土中水的质量;

m_s——土中固体颗粒的质量。

土的含水量大小会影响土方的开挖及填筑压实等施工。当土的含水量超过25%~30%时就不能使用机械施工;含水量超过20%会造成运土车的打滑或陷车,甚至影响挖土机的使用;回填土含水量过大,压实时会产生橡皮土。因此,对含水量过大的土,施工时应采取有效的排水、降水措施。

3)土的渗透性

土的渗透性是指土体被水透过的性质。它与土的密实程度有关,土颗粒的孔隙比越大,则土的渗透系数越大。土的渗透性大小用渗透性系数表示,即单位时间内水穿透土层的能力,一般由试验确定,常见土的渗透性系数见表2.2。渗透性系数是计算降低地下水时涌水量的主要参数。根据土的渗透性不同,可分为透水性土(如砂土)和不透水性土(如黏土)。土的渗透性取决于土的形成条件、颗粒级配、胶体颗粒含量和土的结构等因素。渗透性系数的测定方法有现场注水抽水试验和实验室测定2种。对于重大工程,宜采用现场抽水试验,以获得较为准确的渗透系数值。其方法是在现场设置抽水孔,并在距抽水孔 x_1 和 x_2 处设两个观测井(三者在同一直线上),抽水稳定后,观测井内的水深 y_1 和 y_2,并测得抽水孔的抽水量

Q,按式(2.4)计算土的渗透性系数 K:

$$K=\frac{Q\lg\frac{x_2}{x_1}}{1.366(y_2^2-y_1^2)} \tag{2.4}$$

式中 K——土的渗透性系数,m/d;

Q——抽水孔的抽水量,m^3;

x_1——观测井 1 与抽水井中心的距离,m;

x_2——观测井 2 与抽水井中心的距离,m;

y_1——观测井 1 内的水深,m;

y_2——观测井 2 内的水深,m。

表 2.2 土的渗透性系数

土的种类	$K/(m\cdot d^{-1})$	土的种类	$K/(m\cdot d^{-1})$
亚黏土、黏土	< 0.1	中砂	5.0 ~ 20.0
亚黏土	0.1 ~ 0.5	均质中砂	35 ~ 50
含亚黏土的粉砂	0.5 ~ 10.0	粗砂	20 ~ 50
纯粉砂	1.5 ~ 5.0	圆砾石	50 ~ 100
含黏土的细砂	10.0 ~ 15.0	卵石	100 ~ 500

2.2 土方工程量计算及土方调配

在土方工程施工前,通常要计算土方的工程量。根据土方工程量的大小拟订土方施工的方案,组织土方工程施工。但各种土方工程的外形往往很复杂、不规则,要进行精确计算比较困难。一般情况下,按其天然状态下密实体积计算,即将其假设或划分成为一定的几何形状,并采用具有一定精度又与实际情况相近似的方法进行计算。

▶ 2.2.1 场地平整土方工程量计算

场地平整是将需进行建筑工程施工范围内的天然地面改造成施工所要求的设计平面,通常是挖高填低。由于建筑施工的性质、规模、施工期限以及技术力量等条件的不同,并考虑基坑(槽)开挖的要求,场地平整施工有以下 3 种方案:

①先平整整个场地,后开挖建筑物基坑(槽)。可为大型土方机械提供较大的工作面,提高生产效率,减少工作间的相互干扰,但工期较长。适用于场地的挖填土方量较大的工程。

②先开挖建筑物基坑(槽),后平整场地。可加快施工速度,也能减少重复挖填土的数量。适用于地形平坦的场地。

③边场地平整,边开挖基坑(槽)。根据现场施工的具体条件,划分不同施工区,有的先平整场地,有的则先开挖基坑(槽)。适用于工程能分段分区进行,互不干扰的场地。

场地平整为土方工程施工中的一项重要内容,施工程序一般为:现场勘察→清理地面障碍物→标定平整范围→设置水准基点→设置方格网,测量标高→计算土方挖填工程量→平整土方→场地碾压→验收。

场地平整前,必须确定场地的设计标高(一般由设计单位在总图竖向设计中确定),计算挖方、填方工程量,确定挖填方的平衡调配方案,并选择土方机械,拟订施工方案。

1)场地设计标高的确定

场地设计标高是进行场地平整和土方量计算的依据,也是总图规划和竖向设计的依据。应结合现场的具体条件,反复进行技术经济比较,合理地确定场地的设计标高。其确定原则是满足建筑规划和生产工艺的要求;充分利用地形(如分区或分台阶布置),尽量减少挖填方数量;力求挖填方平衡,使土方运输费用最少;要有一定的泄水坡度(≥2‰),满足排水要求;要考虑最高洪水位的影响。

如设计文件对场地设计标高无明确规定和特殊要求,可参照下述步骤确定:

(1)初步计算场地设计标高

初步计算场地设计标高的原则是场地内挖填方平衡,即场地内挖方总量等于填方总量。如图 2.1 所示,将场地地形图划分成边长 10~40 m 的若干个方格(或利用地形图的方格网),各方格角点自然地面标高确定的方法有:当地形平坦时,可根据地形图上相邻两条等高线的标高,用插入法求得;地形起伏大(用插入法有较大误差)或无地形图时,可在现场用木桩打好方格网,然后用水准仪直接测出。

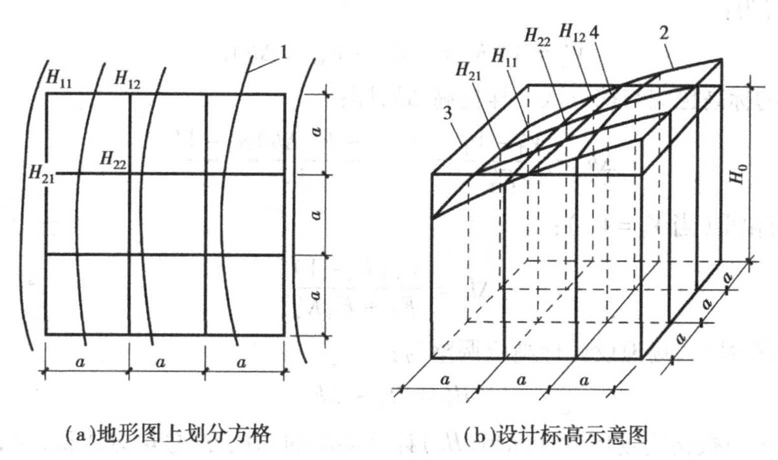

(a)地形图上划分方格　　(b)设计标高示意图

图 2.1　场地设计标高计算简图

1—等高线;2—自然地面;3—设计标高平面;4—自然地面与设计标高平面的交线(零线)

按照场地内土方在平整前和平整后相等的原则,场地设计标高可按式(2.5)计算:

$$H_0Na^2 = \sum \left[a^2 \frac{H_{11} + H_{12} + H_{21} + H_{22}}{4} \right] \tag{2.5}$$

$$H_0 = \frac{\sum (H_{11} + H_{12} + H_{21} + H_{22})}{4N} \tag{2.6}$$

式中　H_0——所计算的场地设计标高,m;

a——方格边长,m;

N——方格数;

H_{11}、H_{12}、H_{21}、H_{22}——任意一个方格的 4 个角点标高,m。

由图2.1可知,H_{11}系一个方格的角点标高,H_{12}和H_{21}系相邻两个方格的公共角点标高,H_{22}系相邻的4个方格的公共角点标高。如果将所有方格的4个角点相加,则类似H_{11}的角点标高加1次,类似H_{12}和H_{21}的角点标高需加2次,类似H_{22}的角点标高要加4次。如令:

H_1——1个方格独有的角点标高,m;

H_2——2个方格共有的角点标高,m;

H_3——3个方格共有的角点标高,m;

H_4——4个方格共有的角点标高,m。

则场地设计标高H_0的计算公式可改写为下列形式:

$$H_0 = \frac{\sum H_1 + 2\sum H_2 + 3\sum H_3 + 4\sum H_4}{4N} \tag{2.7}$$

(2)场地设计标高的调整

按上述公式计算的场地设计标高H_0系一理论值,实际工作中还需考虑以下因素进行调整:

①由于土具有可松性,按理论计算的H_0施工,填土会有剩余,因此要适当提高设计标高。设Δh为土的可松性引起的设计标高的增加值,则设计标高调整后的总挖方体积V'_W应为:

$$V'_W = V_W - F_W \times \Delta h \tag{2.8}$$

总填方体积V'_T为:

$$V'_T = V'_W K'_s = (V_W - F_W \times \Delta h)K'_s \tag{2.9}$$

此时,填方区的标高也应与挖方区一样提高Δh,即:

$$\Delta h = \frac{V'_T - V_T}{F'_T} = \frac{(V_W - F'_W \Delta h)K'_s - V'_T}{F'_T} \tag{2.10}$$

经移项整理简化得(当$V_T = V_W$):

$$\Delta h = \frac{V_W(K'_s - 1)}{F_T + F_W K'_s} \tag{2.11}$$

所以考虑土可松性后,场地设计标高应调整为:

$$H'_0 = H_0 + \Delta h \tag{2.12}$$

式中 V_W、V_T——按初定场地设计标高(H_0)计算得出的总挖方、总填方体积,m^3;

F_W、F_T——按初定场地设计标高(H_0)计算得出的挖方区、填方区总面积,m^2;

K'_s——土的最后可松性系数。

②借土或弃土的影响。由于场地内大型基坑挖出的土方、修筑路堤填高的土方、边坡挖填方量不等,或经过经济比较,将部分挖方就近弃于场外(简称弃土)或部分填方就近从场外取土(简称借土或取土)等,均会引起挖填土方量的变化,导致设计标高降低或提高。

为简化计算,场地设计标高的调整可按下列近似公式确定,即:

$$H''_0 = H'_0 \pm \frac{Q}{Na^2} \tag{2.13}$$

式中 Q——假定按初定场地设计标高(H_0)平整后多余或不足的土方量,m^3;

N——场地方格数;

a——方格边长,m。

③由于受设计标高以上的各种填方(如场区上填筑路堤)的用土量,或者设计标高以下的挖方工程(如开挖河道、水池、基坑)的挖土量的影响,使设计标高降低或提高,调整方法同上。

上述②③两项可根据具体情况计算后加以调整,而①项的影响因素可在场地土方量计算前修正。

(3)考虑泄水坡度对角点设计标高的影响

按上述计算及调整后的场地设计标高进行场地平整后,则整个场地将处于同一个水平面。但实际施工中由于有排水要求,平整后的场地表面均应有一定的泄水坡度。平整场地的表面坡度应符合设计要求,如设计无要求时,一般应向排水沟方向做不小于2‰的泄水坡度。所以,还要根据场地要求的泄水坡度,最后计算出场地内各方格角点(或任意点)实际施工时的设计标高。场地单向泄水及双向泄水时,场地各方格角点的设计标高求法如下:

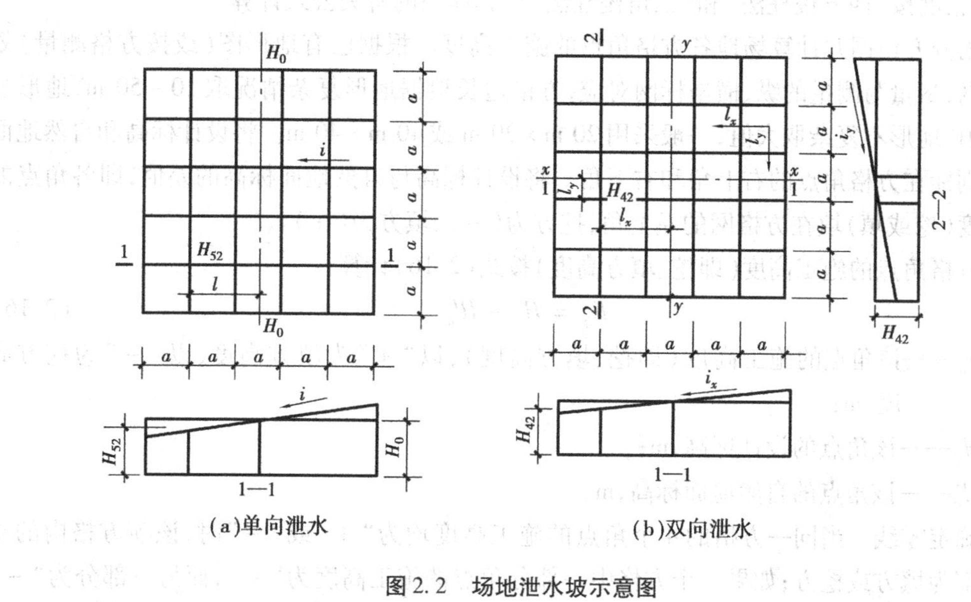

图2.2 场地泄水坡示意图

①单向泄水时,将已经调整的设计标高(H''_0)作为场地中心线(与排水方向垂直的中心线)的标高(见图2.2a),场地内任意一点的设计标高则为:

$$H_{ij} = H''_0 \pm Li \tag{2.14}$$

式中 H_{ij}——场地内任意一点的设计标高,m;

L——该点至场地中心线的距离,m;

i——场地单向泄水坡度(不小于2‰);

±——该点比经调整的设计标高(H''_0)高则取"+",反之取"-"。

②双向泄水时,则将已经调整的设计标高(H''_0)作为场地纵横方向的中心点的标高(见图2.2b),场地内任意一点的设计标高为:

$$H_{ij} = H''_0 \pm L_x i_x \pm L_y i_y \tag{2.15}$$

式中 L_x、L_y——该点沿$x—x$、$y—y$方向距场地中心线的距离,m;

i_x、i_y——该点沿$x—x$、$y—y$方向的泄水坡度。

注意:如果不考虑土的可松性影响和余亏土的影响,则计算场地内任意一点的设计标高时,应将调整的设计标高(H''_0)替换为初定场地设计标高(H_0)。

2)场地土方量的计算

场地平整土方量计算方法通常有方格网法和断面法两种。

(1)方格网法

方格网法计算精度较高,适合地形平缓和台阶宽度较大的地区采用。所谓方格网法,是将需平整的场地划分为边长相等的方格,分别计算各方格的土方量并加以汇总,得出总的土方量的方法。计算步骤一般为:确定场地的设计标高;计算方格角点的挖填深度;计算方格土方量;计算边坡土方量;汇总土方量并进行平衡等。当经计算的填方和挖方不平衡时,则根据需要进行设计标高的调整,并重复以上计算步骤,重新计算土方量。方格网法计算场地土方量,计算精度按"四方棱柱法"和"三角棱柱法"计算体积的有关公式计算。

①划分方格网并计算场地各方格角点的施工高度。根据已有地形图(或按方格测量)划分方格网,尽量与测量的纵、横坐标网对应,方格边长根据地形复杂情况取 10 ~ 50 m,地形复杂取小值,地形不复杂取大值,一般采用 20 m×20 m 或 40 m×40 m。将设计标高和自然地面标高分别标在方格角点的右上角和右下角。将设计标高与自然地面标高的差值,即各角点的施工高度(挖或填)填在方格网的左上角,挖方为(-)、填方为(+)。

各方格角点的施工高度(即挖、填方高度)按式(2.16)计算:

$$h_{ij} = H_{ij} - H'_{ij} \tag{2.16}$$

式中 h_{ij}——该角点的施工高度(即挖、填方高度),以"+"为填方高度,以"-"为挖方高度,m;

H_{ij}——该角点的设计标高,m;

H'_{ij}——该角点的自然地面标高,m。

②确定零线。当同一方格的4个角点的施工高度均为"+"或"-"时,该项方格内的土方则全部为填方或挖方;如果一个方格中一部分角点的施工高度为"+",而另一部分为"-"时,则此方格中的土方一部分为填方,另一部分为挖方。这时,要先确定挖、填方的分界线,称为零线。确定零线时,要先确定相邻的一挖一填的两角点间方格边线上的零点(此点既不挖也不填),方格网中各相邻边线上的零点间连线即为零线。

方格边线上的零点位置可按式(2.17)计算(见图2.3):

$$x = \frac{ah_1}{h_1 + h_2} \tag{2.17}$$

式中 h_1、h_2——相邻两角点填、挖方施工高度(以绝对值代入),h_1 为填方角点的填方高度,h_2 为挖方角点的挖方高度,m;

a——方格边长,m;

x——零点所划分方格边长的数值(即零点至某计算基点的距离),m。

③计算每一个方格的土方量。用"四方棱柱法"计算时,由于零线通过方格的部位不同,将方格划分成4种情况。计算场地土方量时,先求出各方格的挖、填方的土方量和场地周围边坡的挖、填方土方量,把挖、填方土方量分别加起来,就得到场地挖、填方总土方量。

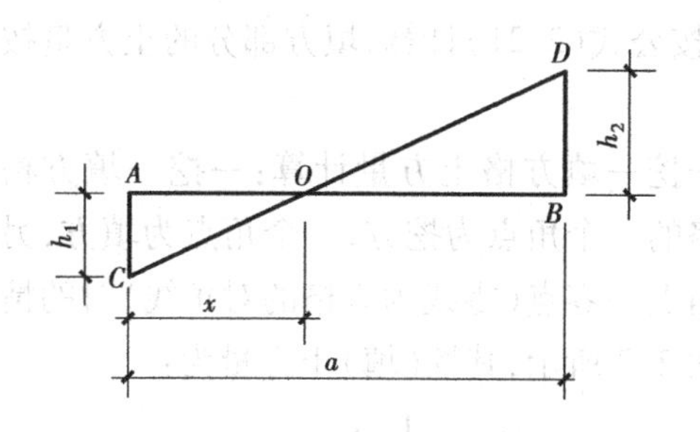

图 2.3 零点位置计算示意图

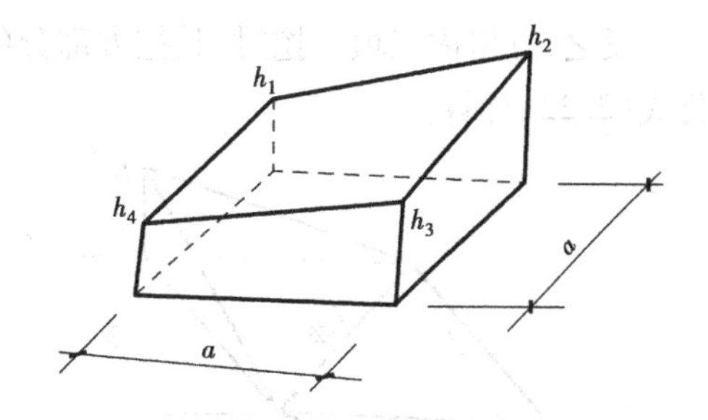

图 2.4 全挖(全填)方格

- 全填或全挖方格土方量计算:用平均高度法计算土方量,如图 2.4 所示。

$$V = \frac{a^2}{4}(h_1 + h_2 + h_3 + h_4) \tag{2.18}$$

式中 V——挖方或填方的体积,m^3;

a——方格边长,m;

h_1、h_2、h_3、h_4——方格角点挖、填高度,以绝对值代入,m。

- 两挖两填方格土方量计算:用三角棱锥体平均截面法分别计算填方和挖方土方量,如图 2.5 所示。其挖方部分土方量为:

$$V_{挖} = \frac{a^2}{4}\left(\frac{h_1^2}{h_1 + h_4} + \frac{h_2^2}{h_2 + h_3}\right) \tag{2.19}$$

填方部分土方量为:

$$V_{填} = \frac{a^2}{4}\left(\frac{h_3^2}{h_2 + h_3} + \frac{h_4^2}{h_1 + h_4}\right) \tag{2.20}$$

- 三挖一填或三填一挖方格土方量计算:如图 2.6 所示,方格内三挖一填时,填方部分土方量为:

$$V_{填} = \frac{a^2}{6} \cdot \frac{h_4^3}{(h_1 + h_4)(h_3 + h_4)} \tag{2.21}$$

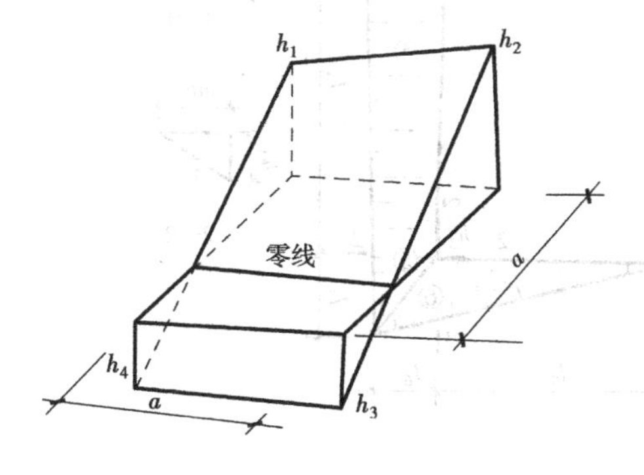

图 2.5 两挖两填方格

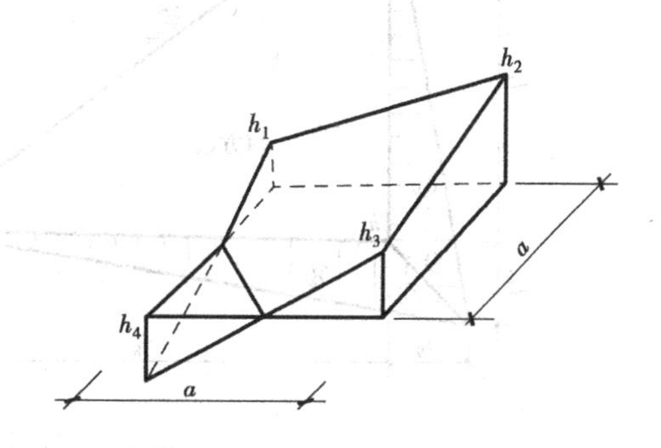

图 2.6 三挖一填(或三填一挖)方格

挖方部分土方量为:

$$V_{挖} = \frac{a^2}{6}(2h_1 + h_2 + 2h_3 - h_4) + V_{填} \tag{2.22}$$

反之,方格内三填一挖时,其挖方部分的土方量按公式(2.21)计算,填方部分的土方量按公式(2.22)计算。

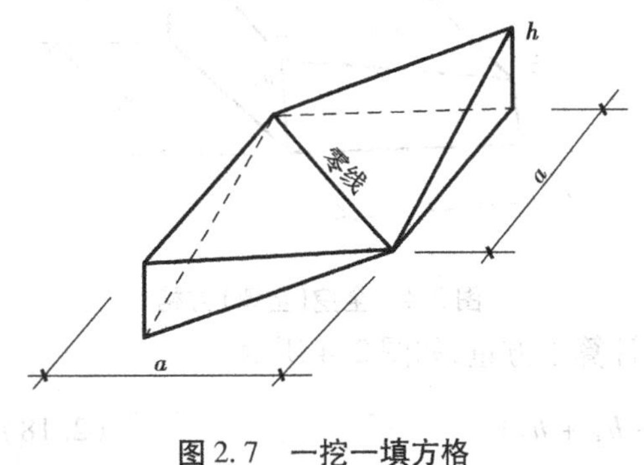

图 2.7　一挖一填方格

●一挖一填方格土方量计算:一挖一填方格是指方格的一个角点为挖方,一个角点为填方,另外两个角点为零点(零线为方格的对角线)时的情况。如图 2.7 所示,其挖(填)土方量为:

$$V = \frac{1}{6}a^2h \tag{2.23}$$

"三角棱柱法"是根据立体几何体积计算公式推导出来的。它是把方格网顺地形等高线划分成三角形,根据全挖全填或部分挖部分填形成的三角柱体、三角锥体、楔体等公式即可求得。此法精度高、计算复杂、工作量大,一般多用计算机电算法计算。

④计算边坡土方量。确定零线后,就将所要平整的场地划分为填方区和挖方区,为了保证场地四周土壁的稳定,必须设置边坡。边坡土方量的计算,首先根据规范或设计文件中规定的边坡坡度系数,画出挖方区和填方区的边坡;然后,将这些边坡划分为若干几何形体,从图 2.8 中可知,场地平整的边坡基本上分为 3 种近似的几何形体(三角棱锥体、三角棱柱体和有两个三角棱锥组成的阴角或阳角体);再分别计算其体积,最后将个分段计算的结果相加,求出边坡土方的挖、填方土方量。图 2.8 所示为边坡土方量分段计算示例。

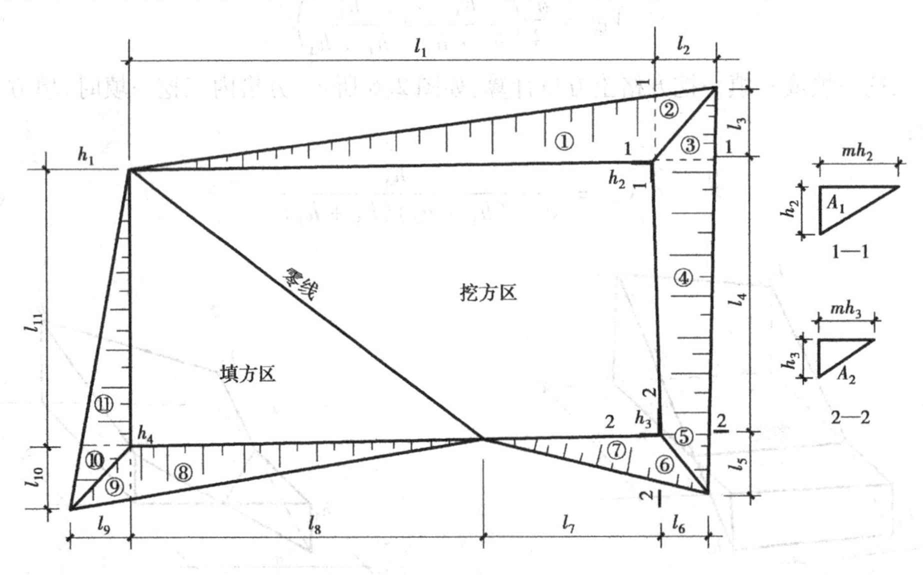

图 2.8　边坡土方量分段计算示例

三角棱锥体边坡土方量计算:

$$V_1 = \frac{1}{3}A_1 l_1 \tag{2.24}$$

式中　l_1——边坡①的长度,m;

A_1——边坡①的端面积,m^2,即:

$$A_1 = \frac{h_2(mh_2)}{2} = \frac{mh_2^2}{2} \tag{2.25}$$

式中 h_2——角点的挖土高度,m;

m——边坡的坡度系数。

三角棱柱体边坡土方量计算:

$$V_4 = \frac{A_1 + A_2}{2} l_4 \tag{2.26}$$

在两端横截面面积相差很大的情况下。则:

$$V_4 = \frac{l_4}{6}(A_1 + 4A_0 + A_2) \tag{2.27}$$

式中 l_4——边坡④的长度,m;

A_1、A_2、A_0——边坡④的两端及中部的横截面面积,m^2,算法同上。

关于场地4个角处的土方量,实际上是由两个三棱锥体所组成,但其两个坡面的交点不好确定,为简化计算,一般取平面呈正方形计算,即两个三棱锥体的长度均取方格角点挖填深度乘以坡度系数求得。

⑤汇总平衡土方量。将以上所计算的各方格土方量和挖方区、填方区的边坡土方量,按挖填方分别进行汇总,即获得场地平整的总挖方量和总填方量。

⑥设计标高的调整。以上计算求得的 H_0 和 H_{ij},是一个仅考虑了场地泄水坡度后的理论上的设计标高,对可松性、设计标高以下的挖方或设计标高以上的填方,以及土方边坡等因素均未加以考虑,因此根据此设计标高求出的挖填方量可能不会相等,必然出现余土或亏土,若不另设弃土区或取土区而要在场地内自行平衡时,就必须调整设计标高。出现余土时,则必须将原设计标高提高 Δh 以减少挖方量,反之则必须将设计标高下降 Δh 以增加挖方量。设计标高调整值的计算公式见前述场地设计标高的调整。

(2)断面法

断面法计算较简便,但精确度较低,适用于路堑、路基等线形工程,地形起伏变化较大、自然地面复杂的地区。或者挖填深度较大、截面又不规则的地区。计算步骤如下:

①划分横断面。根据地形图(或直接测量)及竖向设计图,将要计算的场地划分横断面 $A—A'$、$B—B'$、$C—C'$…如图2.9所示。划分原则是尽量使其垂直于等高线,或垂直于建筑物的边长。横断面之间的间距可不等,在地形变化复杂的情况下,一般为10 m、20 m或50 m,但不超过100 m。

②画断面图形。按比例(水平为1:200~1:500,垂直为1:100~1:200)绘制每个横断面的自然地面和设计地面的轮廓线。设计地面轮廓线与自然地面轮廓线之间即为填方或挖方的截面。

③计算断面面积。按表2.3的面积计算公式,计算每个断面的填方或挖方截面积。

④计算土方工程量。根据所求断面面积即可计算土方工程量。设各断面面积分别为 $A_1, A_2, \cdots, A_n$,相邻两端面间的距离依次为 $L_1, L_2, \cdots, L_n$,则所求土方工程量为:

$$V = \frac{A_1 + A_2}{2}L_1 + \frac{A_2 + A_3}{2}L_2 + \cdots + \frac{A_{n-1} + A_n}{2}L_n \tag{2.28}$$

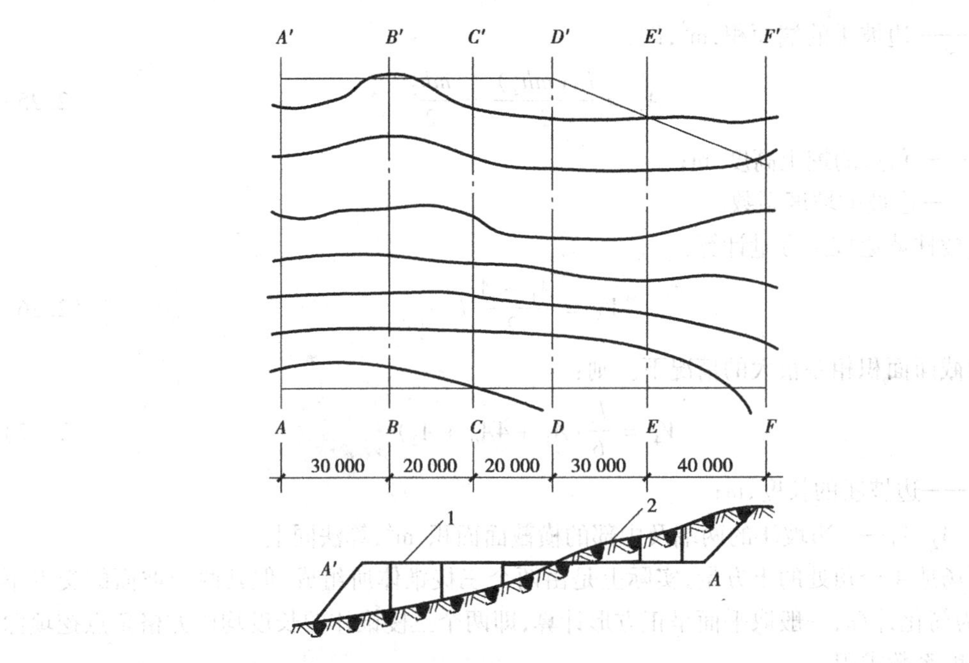

图 2.9　划分横截面示意图

1—设计地面;2—自然地面

用断面法计算土方量时,边坡土方量已包括在内。

⑤汇总。按表 2.4 格式汇总全部土方工程量,并考虑可松性系数。

表 2.3　常用断面面积计算公式

图　示	面积计算公式
	$A=h_n(b+mh_n)$
	$A=h\left[b+\dfrac{h(m_1+m_2)}{2}\right]$
	$A=b\cdot\dfrac{h_1+h_2}{2}+m_2h_1h_2$
	$A=h_1\dfrac{a_1+a_2}{2}+h_2\dfrac{a_2+a_3}{3}+h_3\dfrac{a_3+a_4}{2}+h_4\dfrac{a_4+a_5}{2}$
	$A=\dfrac{a}{2}(h_0+2h+h_n)$;其中 $h=h_1+h_2+h_3+h_4+h_5+h_6$

表 2.4 土方量汇总表

断 面	填方面积/m²	挖方面积/m²	断面间距/m	填方体积/m³	挖方体积/m³
A—A′					
B—B′					
C—C′					
⋮					
合计					

► 2.2.2 基槽和基坑土方工程量计算

1)边坡坡度

土方边坡用边坡坡度和坡度系数表示。边坡坡度以挖土深度 h 与边坡底宽 b 之比表示(见图 2.10)。工程中常以 $1:m$ 表示放坡情况,m 称坡度系数。

$$i = \frac{h}{b} = \frac{1}{\frac{b}{h}} = 1 : m \tag{2.29}$$

式中 $m = \frac{b}{h}$,称为坡度系数。

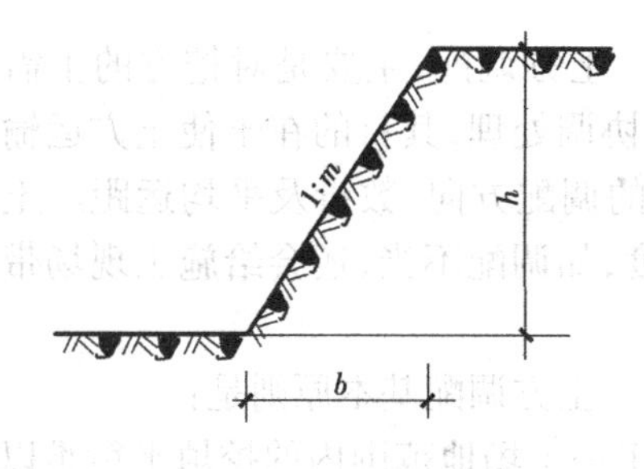

图 2.10 土方边坡

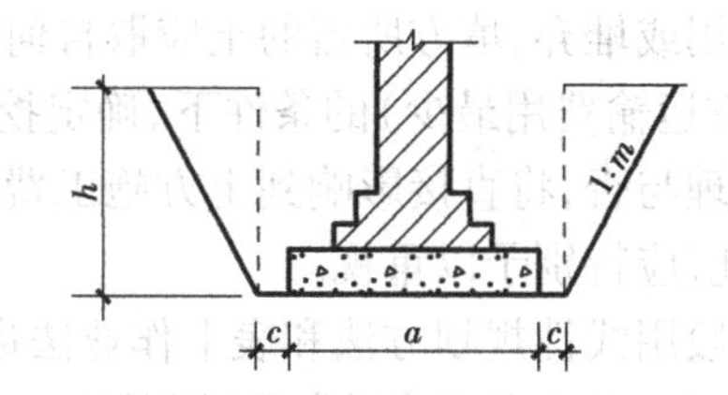

图 2.11 基槽土方量计算

2)基槽土方量计算

如图 2.11 所示的基槽,若考虑留工作面,土方体积计算方法如下:

当基槽不放坡时:$V = h(a + 2c)L$ (2.30)

当基槽放坡时:$V = h(a + 2c + mh)L$ (2.31)

式中 V——基槽土方量,m³;

h——基槽开挖深度,m;

a——基础底宽,m;

c——工作面宽度,m;

m——坡度系数;

L——基槽长度(外墙按中心线,内墙按净长线长度计算)。

如果基槽沿长度方向断面变化较大,则可分段计算,然后将各段土方量相加即得总土方量，即：

$$V = V_1 + V_2 + V_3 + \cdots + V_n \tag{2.32}$$

式中　$V_1, V_2, \cdots, V_n$——各段土方量，m^3。

3）基坑土方量计算

图2.12所示的基坑，若考虑工作面，其土方体积计算方法如下：

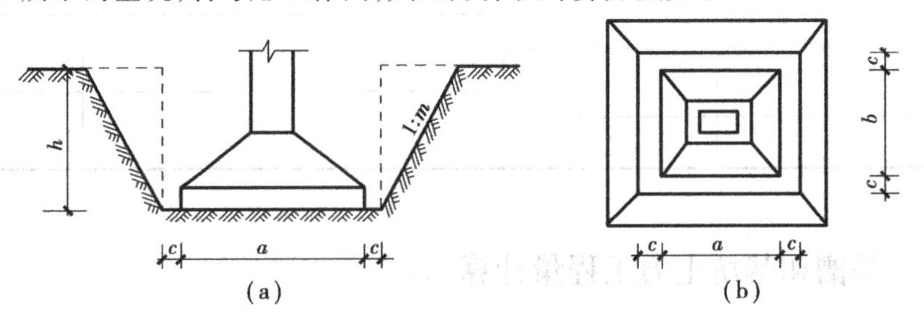

图2.12　基坑土方量计算

当基坑不放坡时：$V = h(a + 2c) \times (b + 2c)$　(2.33)

当基坑放坡时：

$$V = h(a + 2c + mh) \times (b + 2c + mh) + \frac{1}{3}m^2h^3 \tag{2.34}$$

式中，各字母含义同式(2.31)。

▶　2.2.3　土方调配

土方工程量计算完成以后，就可以进行土方调配。土方调配，主要是对挖方的土需运至何处利用或堆弃，填方所需的土应取自何方，进行综合协调处理，其目的在于使土方运输最少（或土方运输费用最少）的条件下，确定挖填方区土方的调配方向、数量及平均运距。土方调配的合理与否，将直接影响到土方施工费用和施工进度，如调配不当，还会给施工现场带来混乱，因此，应特别予以重视。

一般用线性规划方法和表上作业法进行土方调配。土方调配基本原则是：

①应力求达到挖填平衡和运距最短。有时仅局限于一个场地范围内的挖填平衡难以满足上述原则，可根据场地和周围地形条件，考虑就近借土或就近弃土，这样反而更为经济合理。

②应考虑近期施工和后期利用相结合。当工程分批分期施工时，先期工程的土方余额应结合后期工程的需要。考虑其利用的数量和堆放位置，以便就近调配。堆放位置的选择应为后期工程创造良好的工作面和施工条件，力求避免重复挖运和场地混乱。

③应采取分区与全场结合。分区土方的调配，必须配合全场性的土方调配进行，切不可只顾局部的平衡而妨碍全局。

④土方调配还应尽可能与大型地下建筑物的施工相结合。如大型建筑物位于填土区时，为了避免土方的重复挖、填和运输，应将部分填土区予以保留，待基础施工之后再行填土。同时，应在附近挖方工程中按需要留下部分土方，以便就近调配。

2.3 施工准备与辅助工作

土方工程施工前通常需完成一些必要的准备工作:施工场地的清理与平整;地面水排除;临时道路修筑;材料准备;供水与供电管线的敷设;临时设施的搭设等。在土方工程施工过程中,为保证整个基础工程施工期间的安全,尚需根据具体工程情况做好相应的辅助性工作:土方边坡与边坡支护;降低地下水位等。现分述如下。

▶ 2.3.1 施工准备工作

土方开挖前需做好下列主要准备工作:

1)现场踏勘

摸清工程场地情况,收集施工需要的各项资料,包括施工现场地形、地貌、水文、地质、河流、气象、运输道路、邻近建筑物、地下埋设物、管道、电缆等线路,地面上障碍物、堆积物以及水电供应、通信情况,以便研究制订施工方案和绘制总平面图,进行土方开挖。

2)清除障碍物

将施工区域内的所有障碍物,如电杆、电线、地上和地下管道、电缆、坟墓、树木、沟渠以及旧有房屋基础等进行拆除或进行搬迁、改建、改线;对附近原有建筑物、电杆、塔架等采取有效的防护加固措施,可利用的建筑物应充分利用。

3)进行勘探

在黄土地区或有古墓地区,应在工程区一定范围内,按设计要求位置、深度和数量用洛阳铲进行探查,发现古墓、土洞、地道、地下坑穴、防空洞及其他空虚体等,应对地基进行局部处理,方法见后文。

4)设置排水降水设施

场地内低洼地区的积水必须排除,同时应注意雨水的排除,使场地保持干燥,以利土方施工。

在施工区域内设置临时性或永久性排水沟,将地面水排走或排到低洼处,再用水泵排走;或疏通原有排水泄洪系统,使场地不积水。山坡地区,在离土方边坡上沿5~6 m处,设置截水沟、排洪沟,阻止坡顶雨水流入基坑区域内,或在场地周围(在需要的地段)修筑挡水土坝阻水。主排水沟最好设置在施工区域的边缘或道路的两旁,其横断面和纵向坡度应根据最大流量确定。一般排水沟的横断面不小于0.5 m×0.5 m,纵向坡度一般不小于2‰。平坦地区,如出水困难,其纵向坡度可减至1‰。场地平整过程中,要注意保持排水沟畅通。地下水位较高的基坑,在开挖前一周将水位降低到要求的深度。

5)设置测量控制网

根据给定的国家永久性控制坐标和水准点,按建筑物总平面要求,引测到现场。在工程施工设置区域测量控制网(包括控制基线、轴线和水平基准点),做好轴线桩的测量和校核工作。控制网要求避开建筑物、构筑物、机械操作面及土方运输线路,并有保护标志。对建筑物应做定位轴线的控制测量和校核,进行土方工程量的测量定位放线等工作。

6)修建临时设施

根据工程规模、工期长短、施工力量安排等修建临时性生产和生活设施,同时敷设现场供水、供电、供压缩空气(爆破石方用)等管线路,并进行试水、试电、试气。临时设施应按批准的图纸搭建,并尽可能利用现有的或拟建的永久性房屋。

7)修筑临时道路

施工场地内主要临时运输道路、机械运行的道路宜结合永久性道路的布置修筑。行车路面按双车道,宽度不应小于7 m,最大纵向坡度应不大于6%,最小转弯半径不小于15 m。

路基底层可铺砌厚20~30 cm的块石或卵(砾)石层作简易泥结石路面,尽量一线多用,重车下坡行驶。主要道路、次要道路的坡度、转弯半径均应符合安全要求,两侧做排水沟。道路与铁路、电信线路、电缆线路以及各种管线相交处应按有关安全技术规定设置平交道和安全标志。

▶ 2.3.2 土方边坡与支护

在建筑物基坑(槽)或管沟土方施工中,为了防止塌方,保证施工安全,当开挖深度超过一定限度时,土壁应做成有斜度的边坡,或者加临时支撑、支护以保持土壁的稳定。

1)土方边坡

土方施工中,放坡开挖较为经济。土方边坡的大小主要与土质、开挖深度、开挖方法、边坡留置时间的长短、坡顶荷载状况、降排水情况及气候条件等有关。根据各层土质及土体所受到的压力,边坡可做成直线形、折线形或阶梯形,以减少土方量。当土质均匀、湿度正常,地下水位低于基坑(槽)或管沟底面标高,且敞露时间不长,挖方边坡可做成直立壁不加支撑,其挖方允许深度可以参考表2.5。基坑长宽应稍大于基础长宽。

表2.5 基坑(槽)和管沟直立壁不加支撑时允许深度

序号	土层类别	坡高允许值/m
1	密实、中密的砂土和碎石类土(充填物为砂土)	1.00
2	硬塑、可塑的黏质粉土及粉质黏土	1.25
3	硬塑、可塑的黏土和碎石类土(充填物为黏性土)	1.50
4	坚硬的黏土	2.00

当土的湿度、土质及其他地质条件较好且地下水位低于基坑(槽)或管沟底面标高时,挖方深度在5 m以内可放坡开挖不加支撑的,其边坡的最陡坡度经验值见表2.6。

表2.6 深度在5 m内的基坑(槽)、管沟边坡的最陡坡度(不加支撑)

序号	土的类别	边坡坡度(高:宽)		
		坡顶无荷载	坡顶有静载	坡顶有动载
1	中密的砂土	1:1.00	1:1.25	1:1.50
2	中密的碎石类土(充填物为砂土)	1:0.75	1:1.00	1:1.25
3	硬塑的粉土	1:0.67	1:0.75	1:1.00

续表

序号	土的类别	边坡坡度(高:宽)		
		坡顶无荷载	坡顶有静载	坡顶有动载
4	中密的碎石类土(充填物为黏性土)	1:0.50	1:0.67	1:0.75
5	硬塑的粉质黏土、黏土	1:0.33	1:0.50	1:0.67
6	老黄土	1:0.10	1:0.25	1:0.33
7	软土(经井点降水后)	1:1.00	—	—

注:①静载指堆土或材料等,动载指机械挖土或汽车运输作业等,静载或动载距挖方边缘的距离应保证边坡和直立壁的稳定,一般距挖方边不小于2 m,静载堆置高度不应超过1.5 m;

②当有成熟施工经验时,可不受本表限制。

永久性挖方边坡应按设计要求放坡。对使用时间较长的临时性挖方边坡坡度,在山坡整体稳定情况下,如地质条件良好、土质较均匀,其边坡值应符合表2.7的规定。

表2.7　临时性挖方边坡值

土的类别		边坡坡度(高:宽)
砂土(不包括细砂、粉砂)		1:1.25~1:1.50
一般黏性土	硬	1:0.75~1:1.00
	硬、塑	1:1.00~1:1.25
	软	1:1.50或更缓
碎石类土	充填坚硬、硬塑黏性土	1:0.50~1:1.00
	充填砂土	1:1.00~1:1.50

注:①有成熟施工经验时,可不受本表限制,设计有要求时,应符合设计标准;

②如采用降水或其他加固措施,可不受本表限制,但应计算复核;

③开挖深度,对软土不应超过4 m,对硬土不超过8 m。

挖土时,土方边坡太陡会造成塌方,反之则增加土方工程量,浪费机械动力和人力,并占用过多的施工场地。因此在土方开挖时,应确定适当的土方边坡。

土方开挖的关键是如何保持边坡的稳定,避免发生滑坡或塌方。边坡的失稳一般是指土方边坡在一定范围内整体沿某一滑动面向下或向外移动而丧失其稳定性。边坡的稳定,主要由土体的抗滑能力来保持,当土体下滑力超过抗滑力时,边坡就会失去稳定而发生滑动。边坡塌方滑动面的位置和形状决定于土质和土层结构,如含有黏土夹层的土体因浸水而下滑时,滑动面往往沿夹层而发展;而一般均质黏性土的滑动面为圆柱形。可见土体的破坏是由剪切引起的,土体的下滑力在土体中产生剪应力,土体的抗滑能力实质上就是土体的抗剪能力。而土体抗剪能力的大小主要决定于土的内摩擦系数与粘聚力的大小。粘聚力一般由两种因素形成:一是土中水的水膜和土粒之间的分子引力;一是化合物的胶结作用(特别是黄土)。不同的土,其各自的物理性质对土体抗剪能力有影响,如含水量增加了,胶结物溶解,粘聚力就会变小。因此在考虑边坡稳定时,除了从实验室得到的内摩擦系数和粘聚力的数据外,还应考虑施工期间气候(如雨水)的影响和振动的影响。

边坡失稳往往是在外界因素影响下触发和加剧的。这些外界因素往往导致土体剪应力的增加或抗剪强度的降低,使土体中剪应力大于土的抗剪强度而造成滑动失稳。造成边坡土体中剪应力增加的主要原因有:坡顶堆物、行车;基坑边坡太陡;开挖深度过大;土体遇水使土的自重增加;地下水的渗流产生一定的动水压力;土体竖向裂缝中的积水产生侧向静水压力等。引起土体抗剪降低的主要因素有:土质本身较差;土体被水浸润甚至泡软;受气候影响和风化作用使土质变松软、开裂;饱和的细砂和粉砂因受振动而液化等。

由于影响因素较多,精确地计算边坡稳定尚有困难。因此,目前多是综合考虑影响边坡稳定的各种因素,根据经验确定土方边坡,保证边坡大小,使坡顶荷载符合规范要求,或设置必要的支护,以防边坡失稳。

2)土壁支护

开挖基坑(槽)或管沟时,如地质和周围场地条件允许,采用放坡开挖相对是比较经济的。但在建筑物稠密的地段施工,有时受场地限制不允许按要求放坡,或因土质、挖深的原因,放坡将会增加大量的挖填土方量,或有防止地下水渗入基坑要求时,采用设置土壁支撑的施工方法则比较经济合理,既能保证土方开挖施工的顺利进行和安全,又可减少对相邻已有建筑物的不利影响。

土壁支护的方法,根据工程特点、土质条件、开挖深度、地下水位和施工方法等的不同,可以选择横撑、板桩、灌注桩、深层搅拌桩、土钉墙、土层锚杆、地下连续墙等。在高层建筑深基坑支护中通常采用灌注桩,一般的基坑(槽)开挖常用横撑支撑和板桩支护。

(1)横撑式支撑

开挖较窄的沟槽,多用横撑式土壁支撑。横撑式土壁支撑根据挡土板放置方式的不同,分为水平挡土板式和垂直挡土板式两类。前者由水平挡土板、竖楞木和横撑3部分组成,又分为断续式和连续式两种。湿度小的黏性土挖土深度小于3 m时,可用断续式水平挡土板支撑(见图2.13(a));松散、湿度大的土可用连续式水平挡土板支撑,挖土深度可达5 m。松散和湿度很高的土可用垂直挡土板支撑(见图2.13(b)),挖土深度不限。

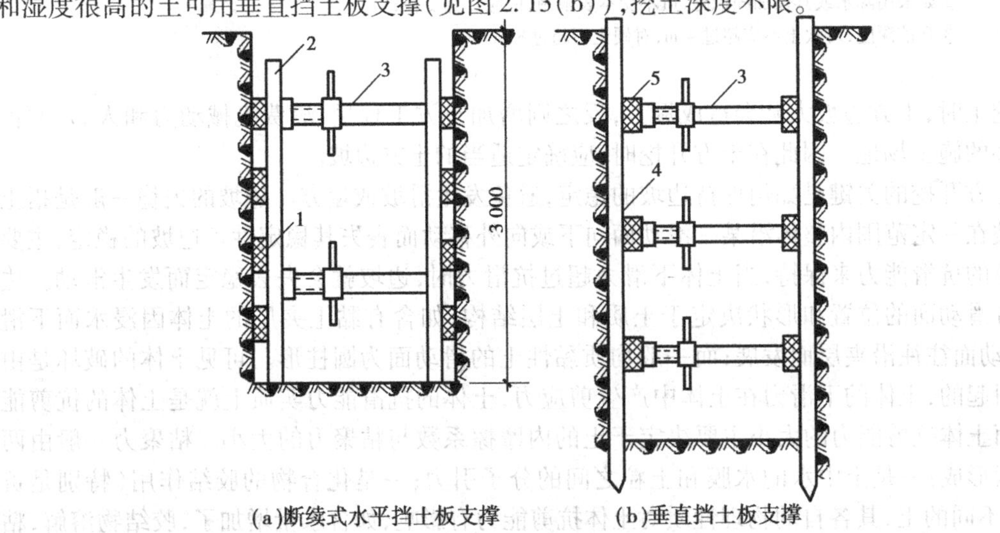

图2.13 横撑式支撑

1—水平挡土板;2—竖楞木;3—工具式横撑;4—竖直挡土板;5—横楞木

采用横撑式支撑时,应随挖随撑,支撑要牢固。施工中应经常检查,如有松动、变形等现象时,应及时加固或更换。支撑的拆除应按回填顺序依次进行,多层支撑应自下而上逐层拆除,随拆随填。拆除支撑时,应防止附近建筑物和构筑物等产生下沉和破坏,必要时应采取妥善的保护措施。

(2)板桩支护

板桩为一种支护结构,既挡土又防水。当开挖的基坑较深、地下水较高且有出现流砂的危险时,如采用降低地下水位的方法,则可用板桩打入土中,使地下水在土中渗流的路线延长,降低水力坡度,阻止地下水渗入基坑内,从而防止流砂现象产生,如图2.14所示。在靠近原有建筑物开挖基坑时,为了防止原建筑物基础的下沉,通常也多采用打板桩方法进行支护。

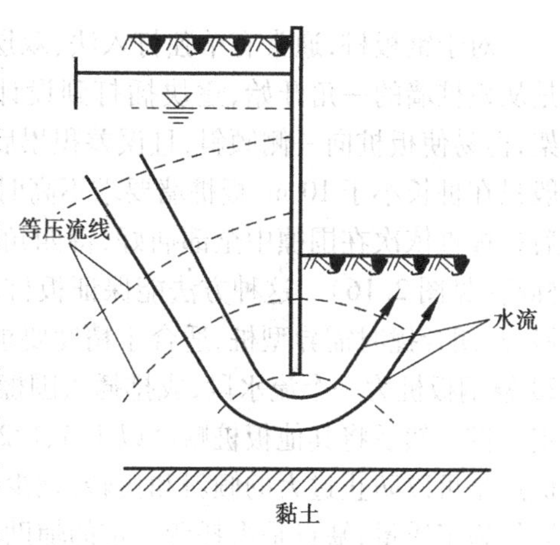

图2.14　用板桩防止流砂现象

板桩根据有无设置锚碇结构,分为无锚碇板桩和有锚碇板桩两类。无锚碇板桩即为悬臂式板桩,是依靠入土部分的土压力来维持板桩的稳定,所以它仅适用于较浅的基坑,高度一般不超过4 m,否则就不经济。有锚碇板桩是在板桩上部用拉锚或支撑加以固定,以提高板桩的支护能力,可用于较深的基坑。有锚碇板桩用得较多。

板桩有木板桩、钢筋混凝土板桩、钢筋混凝土护坡桩、钢板桩和钢木混合桩式支护结构等数种。钢板桩除用钢量多之外,其他性能都比别的板桩优越,在临时工程中可多次重复使用,钢筋混凝土板桩一般不重复使用。

钢板桩是由带锁口或钳口的热轧型钢制成,把这种钢板桩互相连接就形成钢板桩墙,可用于挡土和挡水。钢板桩种类很多,基本上分为平板桩与波浪形板桩两类,每类中又有多种形式。平板桩(见图2.15a)的防水和承受轴向应力的性能良好,且易打入地下,但长轴方向抗弯强度较小;波浪式板桩(见图2.15b),尤其是"拉森"型钢板桩的防水和抗弯性能都较好,目前施工中常用。

由于钢板桩的租赁费用昂贵,有的施工单位采用预制钢筋混凝土板桩或现浇钢筋混凝土灌注桩护坡。前者如同钢板桩要连续打设,但上口常浇筑锁口梁以增加整体刚度;后者宜间隔打设。桩距通过计算确定,桩上口亦需浇筑锁口梁。桩外侧用木板、钢筋混凝土板或钢木组合板挡土。

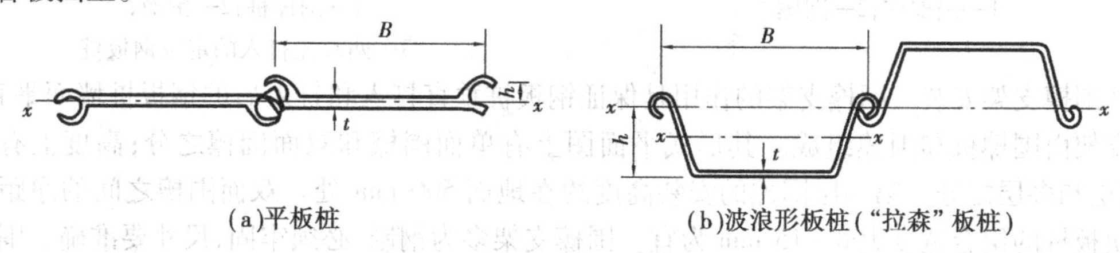

(a)平板桩　(b)波浪形板桩("拉森"板桩)

图2.15　常用的钢板桩

板桩施工要正确选择打桩方式、打桩机械和流水段划分,以便使打设后的板桩墙有足够的刚度和防水作用,且板桩墙面平直,以满足墙内支撑安装精度的要求。对封闭式板桩墙还要求封闭合拢。

对于钢板桩,通常有单独打入法、双层围檩插桩法和屏风法3种打桩方式。单独打入法是从板桩墙的一角开始,逐块插打到设计深度。这种方法施工简便、速度快、不需设辅助支架,但易使板桩向一侧倾斜,且误差积累后不易纠正,即影响壁面平直度,又难以封闭合拢,一般只在桩长小于10 m、板桩墙要求不高时才采用。双层围檩插桩法是先筑起双层围檩架,然后将板桩依次在围檩中全部插好,待四角封闭合拢后,再逐渐按阶梯状将板桩逐块打至设计标高(见图2.16)。这种方法能保证板桩墙的平面尺寸、垂直度和平整度,但施工复杂、速度慢、封闭合拢时需异型桩,适合于精度要求高、数量不大的场合。屏风法用单层围檩,每10~20根钢板桩为一个流水段,成排插入围檩支架内,呈屏风状,先将其两端的钢板桩打入,成为定位桩。然后将其他板桩顺序以1/3、1/2板桩高度呈阶梯状打入(见图2.17)。这种方法的优点是可以防止过大的倾斜和扭转,减少倾斜误差积累,并且易于实现封闭合拢,能保证板桩墙的施工质量;缺点是需耗费一定的辅助材料,插桩的自立高度较大,应注意插桩的稳定和施工安全。一般情况下多采用屏风法。

钢板桩打设的工艺过程为:钢板桩矫正→围檩支架安装→钢板桩打设→轴线修正和封闭合拢。基础施工结束后,一般还要拔除钢板桩、回填桩孔。

①钢板桩矫正。钢板桩在打入前应将桩尖处的凹槽底口封闭,以免泥土挤入,锁口涂上油脂。对年久失修、变形和锈蚀严重的钢板桩,在打设之前需进行整修矫正。矫正要在平台上进行,对弯曲变形的钢板桩可用油压千斤顶或火烘等方法进行矫正。

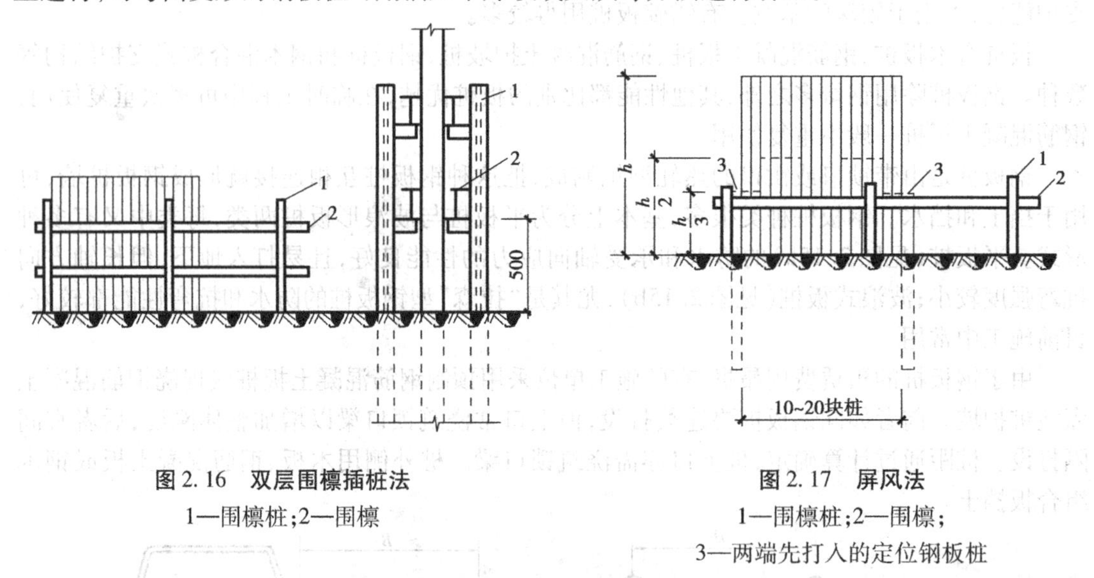

图2.16 双层围檩插桩法

1—围檩桩;2—围檩

图2.17 屏风法

1—围檩桩;2—围檩;

3—两端先打入的定位钢板桩

②围檩支架安装。围檩支架的作用是保证钢板桩垂直打入和打入后的钢板桩墙面平直。围檩支架由围檩桩和围檩组成。其形式平面图上有单面围檩和双面围檩之分;高度上有单层、双层和多层之分。第一层围檩的安装高度约在地面500 mm处。双面围檩之间的净距以比两块板桩的组合宽度大8~15 mm为宜。围檩支架多为钢制,必须牢固,尺寸要准确。围檩支架每次安装的长度视具体情况而定,最好能周转使用,以节约钢材。

③钢板桩打设。先用吊车将钢板桩吊到插桩点处进行插桩,插桩时锁口要对准,每插入一块即套上桩帽轻轻加以锤击。在打桩过程中,为保证钢板桩的垂直度,用2台经纬仪在两个方向加以控制。为防止锁口中心线平面位移,可在打桩进行方向的钢板桩锁口处设卡板,

阻止板桩位移。同时应预先算出并在围檩上标每块板桩的位置,以便随时检查校正。打桩时,开始打设的第一、二块钢板桩的打入位置和方向要确保精度。它可以起样板导向作用,一般每打入1 m应测量一次。

钢板桩通常应分几次打入,如第一次由20 m高打至15 m,第二次则打至10 m,第三次打至围檩高度,待围檩支架拆除后,第四次才打至设计标高。

④轴线修正和封闭合拢。钢板桩墙的设计长度有时不是钢板桩标准宽度的整数倍,而且钢板桩的制作和打设也有误差,给封闭合拢增加了难度。钢板桩的转角和合拢可采用异型板桩。但其加工质量较难保证,打入和拔出也很困难,尤其是用封闭合拢的异型板桩,一般要在封闭合拢前根据需要进行加工,常常影响施工进度,所以应尽量避免采用异型板桩。施工中采用较多的是轴线调整法,即通过钢板桩墙闭合轴线设计长度和位置的调整实现封闭合拢。封闭合拢最好先在短边的角部。轴线修正的具体做法如图2.18所示。

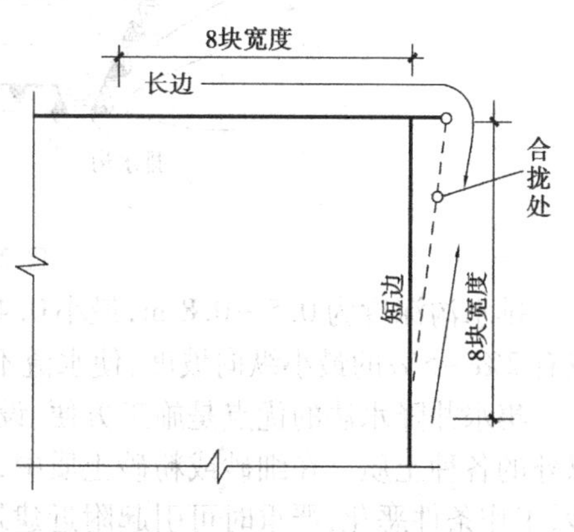

图2.18 轴线修正

沿长边方向打至离转角桩尚有8块钢板桩时暂时停止,量出至转角桩的总长度和增加的长度;在短边方向也照上述办法进行。根据长、短两边水平方向增加的长度和转角桩的尺寸,将短边方向的围檩与围檩桩分开,用千斤顶向外顶出,进行轴线外移,经核对无误后再将围檩和围檩桩重新焊接固定。

在长边方向的围檩内插桩,继续打设,插打到转角桩后,再转过来沿短边方向插打2块钢板桩。根据修正后的轴线沿短边方向继续向前插打,最后一块封闭合拢的钢板桩设在短边方向从端部算起的第三块板桩的位置处。

▶ 2.3.3 施工排水与降低地下水位

在土方开挖过程中,当基坑(槽)地面位于地下水位以下时,土的含水层被切断,地下水会不断地渗入基坑(槽);雨季施工时,地面水也会流入基坑(槽)。为了保证施工的正常进行,防止边坡塌方和地基承载能力的下降,必须做好基坑(槽)降水工作。人工降低地下水位的方法有集水井降水法和井点降水法。井点降水又有轻型井点、喷射井点、管井井点、深井井点等降水方法。

1)集水井降水法

集水井降水法,又称集水坑降水法、明沟排水法,是在基坑(槽)开挖过程中,在坑底设置集水井,并沿坑底的周围或中央开挖排水沟,使水由排水沟流入集水井内,然后用水泵抽出坑外,如图2.19所示。

在建筑工地上,基坑(槽)排水用的水泵主要有离心泵、软抽水泵和潜水泵等。

四周的排水沟及集水井应设置在基础范围以外,地下水流的上游。根据地下水流量、基坑平面形状及水泵能力,集水井每隔20~40 m设置一个,宽度一般为0.7~0.8 m,其深度保持低于挖土面0.8~1.0 m,挖至设计标高后,井底应低于坑底1~2 m,并铺设0.3 m厚的碎石滤水层,以免在抽水时将泥砂抽出,并防止井底的土被扰动。

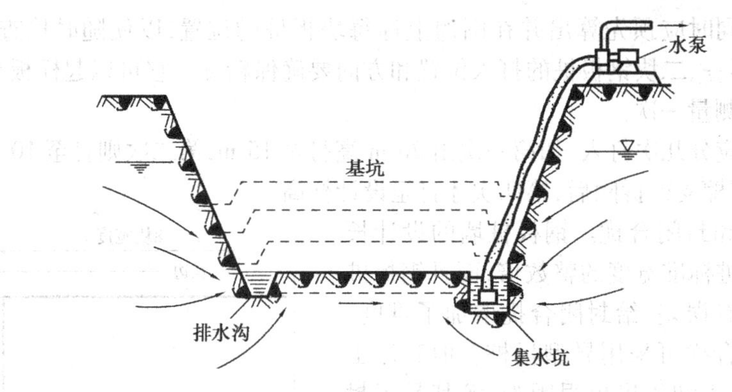

图 2.19　集水井降水

排水沟深度为0.5～0.8 m,最小0.4 m,宽度≥0.4 m,水沟的边坡为1∶1～1∶0.5,排水沟应有2‰～5‰的最小纵向坡度,使水流不致阻滞而淤塞。

集水井降水法的优点是施工方便、设备简单、应用较广,可用于各种施工场合和除细砂土以外的各种土质。在细砂或粉砂土质中,地下水渗出时会产生流砂现象,使边坡塌方、坑底冒砂、工作条件恶化,严重时可引起附近建筑物下沉、倾斜,甚至倒塌危险,此时常用井点降水的方法进行施工。

所谓流砂现象,就是当基坑(槽)底挖至地下水位以下时,有时坑(槽)底土会成流动状态,随地下水涌入基坑(槽)的现象。流砂现象产生的原因是由于地下水的水力坡度大,即动水压力大,而且动水压力的方向与土的重力方向相反,土悬浮于水中,并随地下水一起流动。动水压力指的是流动中水对土产生的作用力,这个力的大小与水位差成正比,与水流的路径成反比,与水流的方向相同。因此,防治流砂现象的主要途径是减小或平衡动水压力,或者改变动水压力的方向。其防治措施主要有:

①选择在全年最低水位季节施工。因为地下水位低,坑里坑外水位差小,所以动水压力减小,也就不易产生流砂现象,至少可以减轻流砂现象。

②抢挖法。对于仅有轻微流砂现象的基坑,可组织分段抢挖,即使挖土速度大于冒砂速度,挖至标高后应立即铺草袋等并抛大石块把砂压住。

③打钢板桩法。沿基坑外侧打入超过基底以下深度的钢板桩,可以支护坑壁,增加水流的路径,减少动水压力,同时可以改变水流的方向,使之向下从而达到防治流砂的目的,但施工成本较高。

④固结法。采用化学压力注浆或高压水泥注浆,固结基坑周围粉砂使之形成防渗帷幕。

⑤水下挖土法。就是不排水施工,使坑内水压与坑外地下水压相平衡,以防止流砂。

⑥井点降水法。使地下水位降低至基坑底0.5 m以下,使动水压力的方向朝下,坑底土面保持无水状态。常采用轻型井点或管井井点。

⑦地下连续墙法。就是在基坑周围先浇筑一道混凝土或钢筋混凝土的连续墙,以支撑土壁、截水并防止流砂产生。

2)井点降水法

井点降水是在基坑开挖前,预先在基坑四周埋设一定数量的滤水管(井),在基坑开挖前和开挖中,利用真空原理,不断抽出地下水,使地下水位降低到坑底以下。其主要目的是防止流砂现象,并从根本上解决地下水涌入坑内的问题,防止由于受地下水流的冲刷而引起的边坡塌方,使坑底的土层消除了地下水位差引起的压力,减小了板桩的横向荷载。由于没有地下水的渗流,也就消除了流砂现象。降低地下水位后,由于土呈固体,还能使土层密实,增加地基土的承载能力。

井点降水法有轻型井点、管井井点两类。电渗井点和喷射井点属于轻型井点,深井井点属于管井井点。各种井点降水方法一般根据土的渗透系数、降水深度、设备条件及经济性选用(见表2.8),其中轻型井点应用最广泛,故重点讲述。

表2.8 各种井点的适用范围

井点类型	土层渗透系数/($m \cdot d^{-1}$)	降低水位深度/m
一级轻型井点	0.1~50	3~6
二级轻型井点	0.1~50	6~12
喷射井点	0.1~5	8~20
电渗井点	<0.1	根据选用的井点确定
管井井点	20~200	3~5
深井井点	10~250	>15

(1)轻型井点

①轻型井点系统。轻型井点系统由管路系统和抽水设备组成(见图2.20)。管路系统包括滤管、井点管、弯联管及总管等。

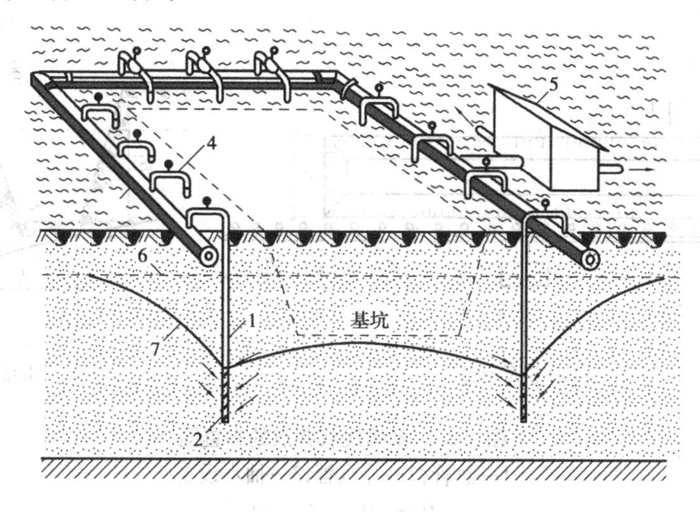

图2.20 轻型井点降低地下水位图

1—井点管;2—滤管;3—总管;4—弯联管;5—水泵房;
6—原有地下水位线;7—降低后地下水位线

滤管(见图2.21)为进水设备,通常采用长1.0~1.2 m、直径为38 mm或51 mm的无缝钢管,管壁钻有直径为12~19 mm的呈星棋状排列的滤孔,滤孔面积为滤管表面积的20%~25%。骨架管外面包有两层孔径不同的铜丝布或塑料布滤网。为使流水畅通,在骨架管与滤管之间用塑料管或铁丝隔开,塑料管沿骨架管绕成螺旋形。滤网外面再绕一层8号粗铁丝保护网,滤网下端为一锥形铸铁头。滤管上端与井点管连接。

井点管为直径 $\phi38$ mm 或 $\phi51$ mm、长 5 ~7 m 的钢管,可整根或分节组成。井点管的上端用弯联管与总管连接。

集水总管为直径 100 ~127 mm 的无缝钢管,每段长 4 m,其上装有与井点管连接的短接头,间距为 0.8 m 或 1.2 m。

抽水设备是由真空泵、离心泵和水气分离器(又叫集水箱)组成。

②轻型井点的布置。井点系统的布置应根据基坑大小与深度、土质、地下水位高低与流向、降水深度要求等而定。

平面布置:当基坑或沟槽宽度小于 6 m,且降水深度不超过 5 m 时,可用单排线状井点,布置在地下水流的上游一侧,两端延伸长度以不小于槽宽为宜(见图 2.22)。如宽度大于 6 m 或土质不良,则用双排线状井点(见图 2.23)。面积较大的基坑宜用环状井点(见图 2.24),有时亦可布置成 U 形,以利挖土机和运土车辆出入基坑。井点管距离基坑壁一般可取 0.7 ~1.0 m,以防局部发生漏气。井点管间距一般为 0.8 m、1.2 m、1.6 m,由计算或经验确定。井点管在总管四角部位应适当加密。

高程布置:井点降水深度,考虑抽水设备的水头损失以后,一般不超过 6 m。井点管埋设深度 H,按式(2.35)计算:

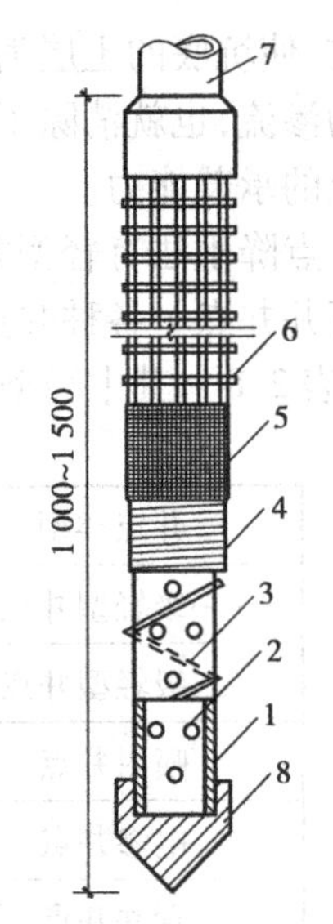

图 2.21　滤管构造

1—钢管;2—管壁上的小孔;3—缠绕的塑料管;4—细滤网;5—粗滤网;6—粗铁丝保护网;7—井点管;8—铸铁头

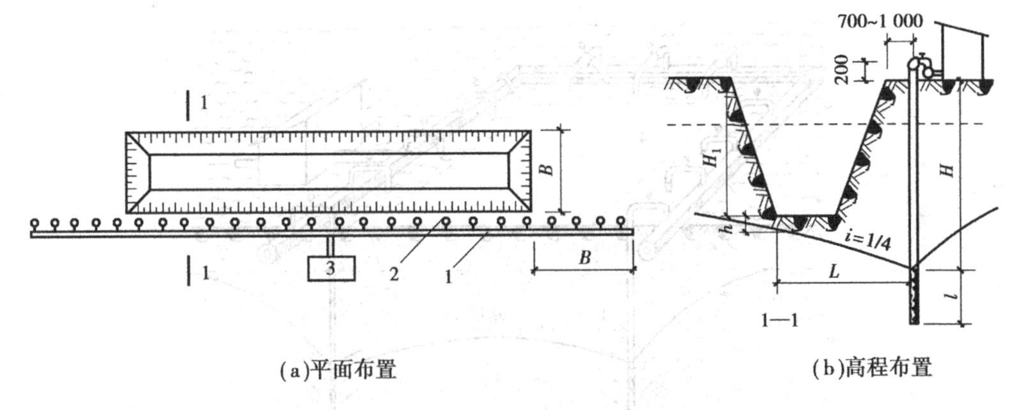

图 2.22　单排线状井点的布置图

1—总管;2—井点管;3—抽水设备

$$H \geqslant H_1 + h + iL \tag{2.35}$$

式中　H_1——井点管埋设面至基坑底的距离,m;

H——基坑底面至降低后的地下水位线的距离,一般取 0.5 ~1.0 m;

i——水力坡度,根据实测:双排和环状井点为 1/10,单排井点为 1/5 ~1/4;

L——井点管至基坑中心的水平距离,单排井点为至基坑另一边的距离,m。

根据式(2.35)算出的 H 值,如大于 6 m,则应降低井点管抽水设备的埋置面,以适应降水深度要求。即将井点系统的埋设面(布置标高)接近原有地下水位线(要事先挖槽),个别情况下甚至稍低于地下水位(当上层土的土质较好,先用集水井排水法挖去一层土,再布置井点

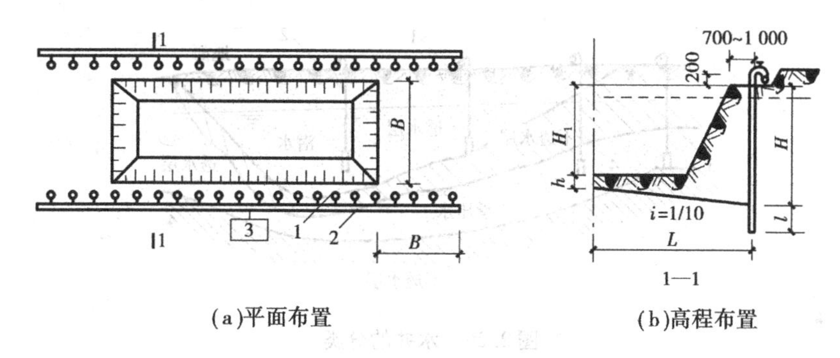

(a)平面布置　　(b)高程布置

图 2.23　双排线状井点布置图

1—总管;2—井点管;3—抽水设备

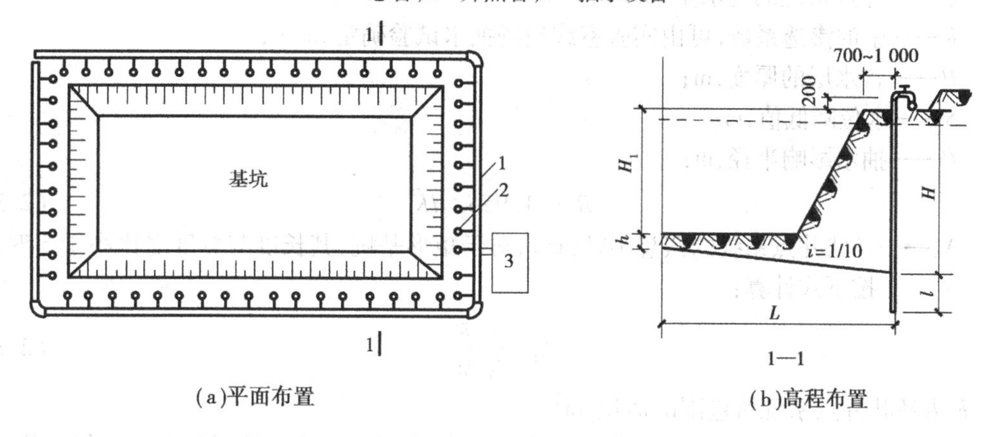

(a)平面布置　　(b)高程布置

图 2.24　环状井点布置图

1—总管;2—井点管;3—抽水设备

系统),就能充分利用抽吸能力,使降水深度增加。井点管露出地面的长度一般为 0.2 m。

当一级井点系统达不到要求时,可采用二级井点,即先挖去第一级井点所疏干的土,然后再在其底部装设第二级井点(见图 2.25)。

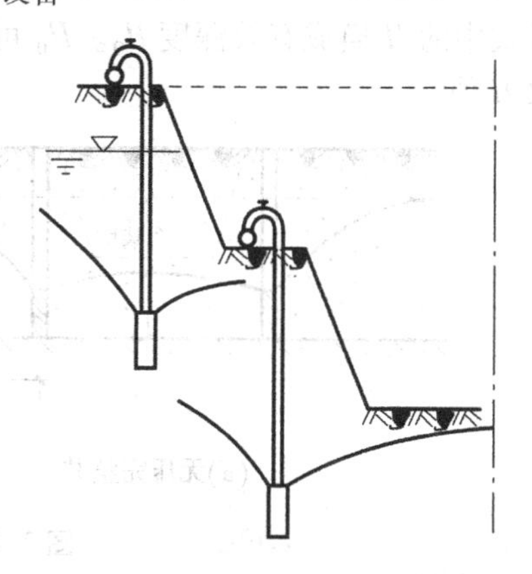

图 2.25　二级轻型井点示意图

③轻型井点的计算。井点系统涌水量是按水井理论进行计算的,根据井底是否达到不透水层,水井可分为不完整井和完整井。凡井底到达含水层下面的不透水层顶面的井称为完整井,否则,称为不完整井。根据地下水有无压力,又分为无压井与承压井,如图 2.26 所示。各类井点涌水量计算方法不同,其中以无压完整井的理论较为完善。

a. 群井涌水量计算:

对于无压完整井的环状井点系统(见图 2.27a),涌水量计算公式为:

$$Q = 1.366K\frac{(2H - S)S}{\lg R - \lg X_0} \tag{2.36}$$

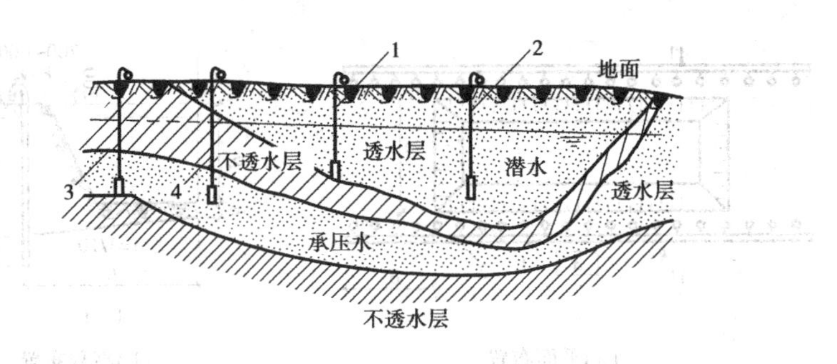

图 2.26　水井的分类

1—无压完整井;2—无压非完整井;3—承压完整井;4—承压非完整井

式中　Q——井点系统的涌水量,m^3/d;

K——土的渗透系数,可由实验室或现场抽水试验确定,m/d;

H——含水层的厚度,m;

S——水位降低值,m;

R——抽水影响半径,m;

$$R = 1.95S\sqrt{HK} \tag{2.37}$$

X_0——环状井点系统的假想半径(m),对于矩形基坑,其长度与宽度之比小于 5 时,可按下式计算:

$$X_0 = \sqrt{\frac{F}{\pi}} \tag{2.38}$$

其中,F 为环状井点系统所包围的面积,m^2。

在实际工程中往往会遇到无压非完整井点系统(见图 2.27b),这时地下水不仅从井的侧面流入,还从井底渗入,因此,涌水量要比完整井大。为了简化计算,仍可采用公式(2.36),此时式中的 H 换成有效深度 H_0。H_0 可查表 2.9,当算得 H_0 大于实际含水层的厚度 H 时,则仍取 H 值。

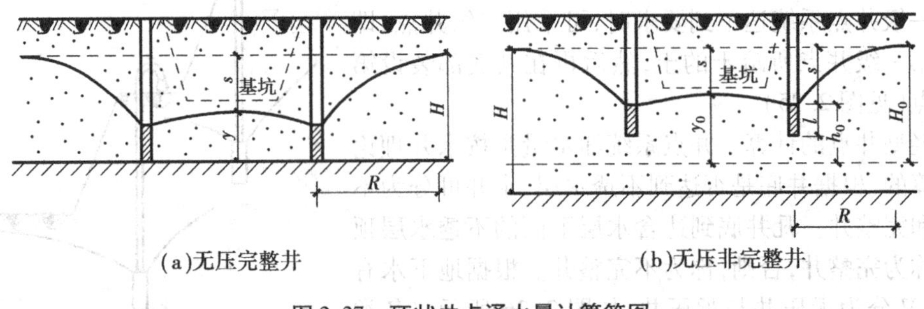

(a)无压完整井　　(b)无压非完整井

图 2.27　环状井点涌水量计算简图

表 2.9　有效深度 H_0 值

$\frac{s'}{s'+l}$	0.2	0.3	0.5	0.8
H_0	$1.3(s'+l)$	$1.5(s'+l)$	$1.7(s'+l)$	$1.85(s'+l)$

注:s'为井点管中水位降落值;l 为滤管长度。

承压完整井环状井点涌水量计算公式为：

$$Q = 2.73K\frac{M \cdot s}{\lg R - \lg X_0} \tag{2.39}$$

式中 M——承压含水层厚度，m；

K、R、X_0、S——含义与式(2.36)相同。

单根井点管的最大出水量，由式(2.40)确定：

$$q = 65\pi dl\sqrt[3]{K} \tag{2.40}$$

式中 d——滤管直径，m；

l—滤管长度，m；

K—渗透系数，m/d。

b.井点管数量与井距确定。井点管最少数量由式(2.41)确定：

$$n' = \frac{Q}{q} \tag{2.41}$$

井点管最大间距：

$$D' = \frac{L}{n'} \tag{2.42}$$

式中 L——总管长度，m；

n'——井点管最少根数。

实际采用的井点管间距D应与总管上接头尺寸相适应，即采用0.8，1.2，1.6或2.0 m，且$D < D'$。这样，实际采用的井点数$n > n'$，一般n应超过$1.1n'$，以防井点管堵塞等影响抽水效果。

【例2.1】 某厂房设备基础施工，基坑底宽8 m、长15 m、深4.5 m，挖土边坡坡度1:0.5，基坑平面、剖面如图2.28所示。经地质勘探，天然地面以下为厚1.0 m的亚黏土，其下有厚8 m的中砂，$K = 12$ m/d。再下面为不透水的黏土层。地下水位在地面以下1.5 m。采用轻型井点降低地下水位，试进行井点系统设计。

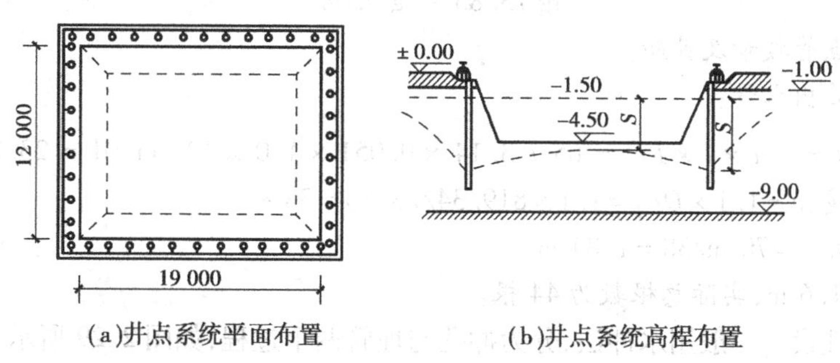

图2.28 基坑平、剖面示意图

解：

①井点系统的布置。为使总管接近地下水位和不影响地面交通，将总管埋设在地面下0.5 m处，即先挖0.5 m的沟槽，然后在槽底铺设总管，此时基坑上口平面尺寸为12 m×19 m，井点系统布置成环状。总管距基坑边缘1.0 m总管长度为：

$$L = [(12 + 2)\text{m} + (19 + 2)\text{m}] \times 2 = 70\text{ m}$$

基坑中心要求降水深度 $S=4.5\ \text{m}-1.5\ \text{m}+0.5\ \text{m}=3.5\ \text{m}$

采用一级轻型井点，井点管的埋设深度 H（不包括滤管）：

$$H \geqslant H_1 + h + iL = 4.0\ \text{m} + 0.5\ \text{m} + \frac{1}{10} \times \frac{14}{2}\ \text{m} = 5.2\ \text{m}$$

井点管长 6 m，直径 51 mm，滤管长 1.0 m。井点管露出埋设面 0.2 m，以便与总管相连接，埋入土中 5.8 m（包括滤管），大于 5.2 m，符合埋深要求。此时基坑中心降水深度 $S=4.1$ m。井点管及滤管总长 6 m+1 m=7 m，滤管底部距不透水层为 1.7 m，基坑长宽比小于 5，可按无压非完整环形井点系统计算。

②基坑涌水量计算。

$$Q = 1.366K\frac{(2H_0 - S)S}{\lg R - \lg X_0}$$

先求出 H_0、R、X_0 值：

• 抽水影响深度 H_0。查表 2.9：

由
$$\frac{S'}{S'+l} = \frac{4.8}{4.8+1.0} = 0.83$$

得：$H_0=1.85(S'+l)=1.85(4.8+1.0)\text{m}=10.73\ \text{m}$

由于 $H_0>H$，取 $H_0=H=7.5$ m

• 抽水影响半径 R：

$$R = 1.95S\sqrt{H_0K} = 1.95 \times 4.1 \times \sqrt{7.5 \times 12}\ \text{m} = 75.85\ \text{m}$$

• 基坑假想圆半径 x_0：

$$x_0 = \sqrt{\frac{F}{\pi}} = \sqrt{\frac{14 \times 21}{3.14}}\text{m} = 9.68\ \text{m}$$

将上述各值代入公式：

$$Q = 1.366 \times 12 \times \frac{(2 \times 7.5 - 4.1) \times 4.1}{\lg 75.85 - \lg 9.68}\text{m}^3/\text{d} = 819.34\ \text{m}^3/\text{d}$$

③计算井点管数量及井距。

单根井点管出水量：

$$q = 65 \times \pi \times d \times l \times K^{\frac{1}{3}} = 65 \times 3.14 \times 0.051 \times 1.0 \times 12^{\frac{1}{3}}\ \text{m}^3/\text{d} = 23.83\ \text{m}^3/\text{d}$$

井点管数量：$n=1.1\times Q/q=1.1\times819.34/23.83=38$ 根

井距：$D=L/n=70\ \text{m}/38=1.84\ \text{m}$

取井距为 1.6 m，实际总根数为 44 根。

④井点管埋设。一般用水冲法，分为冲孔与埋管两个过程，如图 2.29 所示。

冲孔时，先用起重设备将冲管吊起并插在井点的位置上，然后开动高压水泵，将土冲松，冲管则边冲边沉。冲孔直径一般为 300 mm，以保证井管四周有一定厚度的砂滤层，冲孔深度宜比滤管底深 0.5 m 左右，以防冲管拔出时，部分土颗粒沉于底部而触及滤管底部。

井孔冲成后，立即拔出冲管，插入井点管，并在井点管与孔壁之间迅速填灌砂滤层，以防孔壁塌土。砂滤层填灌质量是保证轻型井点顺利抽水的关键，一般宜选用干净粗砂填灌均匀，并填至滤管顶以上 1.0～1.5 m，以保证水流畅通。

井点填砂后，在地面以下 0.5～1.0 m 的范围内须用黏土封口，以防漏气。

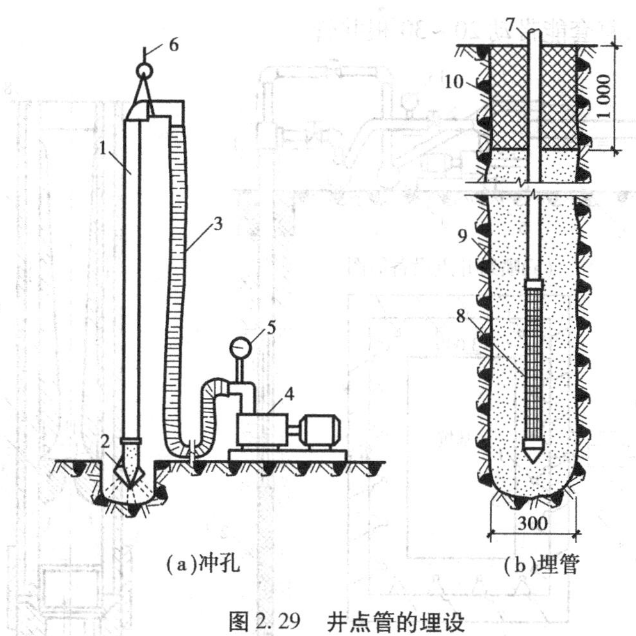

图 2.29 井点管的埋设

1—冲管;2—冲嘴;3—胶皮管;4—高压水泵;5—压力表;
6—起重机吊钩;7—井点管;8—滤管;9—填砂;10—黏土封口

井点管埋设完毕,应接通总管与抽水设备进行试抽水,检查有无漏水、漏气,出水是否正常、有无淤塞等现象。如有异常情况,应检修好后方可使用。

⑤井点管使用。井点管使用时,应保证连续不断地抽水,并准备双电源,正常出水规律是"先大后小,先浑后清"。抽水时,需要经常观测真空度以判断井点系统是否正常,真空度一般应不低于 55.3 ~ 66.7 kPa,并检查观测井中水位下降情况,如果有较多井点管发生堵塞,影响降水效果时,应逐根用高压水反向冲洗或拔出重埋。井点降水工作结束后所留的井孔必须用砂砾或黏土填实。

(2)喷射井点

当基坑开挖较深或降水深度大于 6 m 时,若使用轻型井点必须使用多级轻型井点才可收到预期效果。但要增大基坑土方开挖量,延长工期并增加设备数量,不够经济。此时,宜采用喷射井点降水,它在渗透系数 3 ~ 50 m/d 的砂土中应用最为有效,在渗透系数为 0.1 ~ 2 m/d 的亚砂土、粉砂、淤泥质土中效果也较显著,其降水深度可达 8 ~ 20 m。

①喷射井点设备。喷射井点根据其在工作时使用液体或气体的不同,分为喷水井点和喷气井点两种。其设备主要由喷射井管、高压水泵(或空气压缩机)和管路系统组成,如图2.30a 所示。喷射井管 1 由内管 8 和外管 9 组成,在内管下端装有升水装置——喷射扬水器与滤管 2 相连(见图 2.30b)。在高压水泵 5 作用下,具有一定压力水头(0.7 ~ 0.8 MPa)的高压水经进水总管 3 进入井管的内外管之间的环形空间,并经扬水器的侧孔流向喷嘴 10。由于喷嘴界面的突然缩小,流速急剧增加,压力水由喷嘴以很高流速喷入混合室 11,将喷嘴口周围空气吸入,被急速水流带走,因该室压力下降而造成一定真空度。此时地下水被吸入喷嘴上面的混合室,与高压水汇合,流经扩散管 12 时,由于截面扩大,流速减低而转化为高压,沿内管上升经排水总管排于集水池 6 内,此池内的水一部分用水泵 7 排走,另一部分供高压水泵压入井管用。如此循环不断,将地下水逐步抽出,降低了地下水位。高压水泵宜采用流量为 50 ~ 80

m^3/h 的多级高压水泵,每套能带动 20~30 根井管。

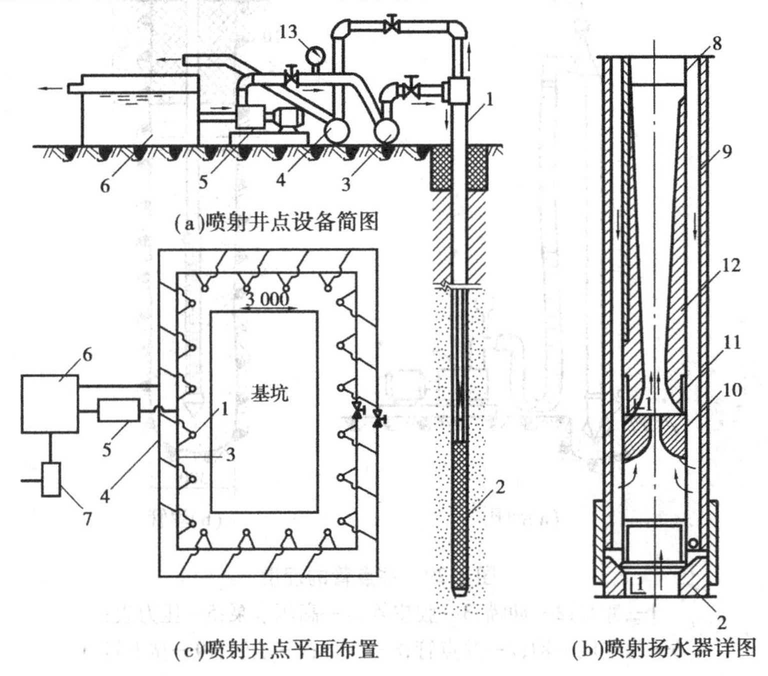

图 2.30　喷射井点设备及平面布置简图

1—喷射井管;2—滤管;3—进水总管;4—排水总管;5—高压水泵;6—集水池;

7—水泵;8—内管;9—外管;10—喷嘴;11—混合室;12—扩散管;13—压力表

②喷射井点布置与使用。喷射井点的管路布置、井管埋设方法及要求与轻型井点相同。喷射井管间距一般为 2~3 m,冲孔直径为 400~600 mm,深度应比滤管深 1 m 以上。使用时,为了防止喷射器损坏,需先对喷射井管逐根清洗,开泵时压力要小一些(小于 0.3 MPa),以后再逐步开足,如发现井管周围有翻砂、冒水现象,应立即关闭井管检修。工作水应保持清洁,试抽两天后应更换清水,此后视水质污浊程度定期更换清水,以减轻工作水对喷射嘴及水泵叶轮等的磨损。

(3)管井井点

管井井点又称大口径井点,适用于渗透系数大(20~200 m/d)、地下水丰富的土层和砂层,或用集水井法易造成土粒大量流失,引起边坡塌方及用轻型井点难以满足要求的情况下使用。具有排水量大、降水深、排水效果好、可代替多组轻型井点作用等特点。

①管井井点系统主要设备。由滤水井管、吸水管和抽水机械等组成(见图 2.31)。滤水井管的过滤部分,可采用钢筋焊接骨架外包孔眼为 1~2 mm 的滤网,长 2~3 m;井管部分,宜采用直径为 200 mm 以上的钢管或其他竹木、混凝土等管材。吸水管宜用直径为 50~100 mm 的胶皮管或钢管,插入滤水井管内,其底端应插到管井抽吸时的最低水位以下,必要时装设逆止阀,上端装设带法兰盘的短钢管一节。抽水机械常用 4~8 in(1 in=2.54 cm)的离心式水泵。

②井管布置。沿基坑外圈四周呈环形或沿基坑(或沟槽)两侧或单侧呈直线布置。井中心距基坑(或沟槽)边缘的距离,根据所用钻机的钻孔方法而定。当用冲击式钻机用泥浆护壁时为 0.5~1.5 m;当用套管法时不小于 3 m。管井的埋设深度和间距根据所需降水面积的深度以及含水层的渗透系数等而定,埋设深度为 5~10 m,间距为 10~50 m,降水深度一般为3~5 m。

通常每个滤水井管单独用一台水泵，泵轴标高应可能降低，以满足水泵的吸入条件，必要时可将水泵设在基坑内。

③滤水井管的埋设与使用。滤水井管的埋设宜采用泥浆护壁套管的钻孔法。钻孔直径比滤水井管外径大200 mm以上。井管下沉前应进行清孔并保持滤网畅通，然后将滤水井管居中插入，用圆木堵住管口，井管与土壁之间用粒径为3～15 mm的砾石填充作为过滤层，地面下0.5 m以内用黏土填充夯实。

井管使用完毕，用人字扒杆及钢绳、倒链将井管管口套紧慢慢拔出，洗净后再用，所留孔洞用砂砾填实。

(4)深井井点

深井井点是将抽水设备放置在预定的钻孔中进行抽水，钻孔的下端有较长的滤管，将水流滤清后，由潜水泵或深井泵抽出。深井井点适用于抽水量大、较深的砂类土层，降水深度可达50 m。

深井井点设备由井管和水泵组成。井管可用钢管、塑料管或混凝土管制成，管径一般为300 mm，井管内径一般宜大于水泵外径50 mm。井管下部过滤部分带孔，外面包裹10孔/cm^{2}镀锌铁丝两层、41孔/cm^{2}镀锌铁丝两层或尼龙网。水泵可用型号QY-25型或QJ-50～52型油浸式潜水泵或深井泵。

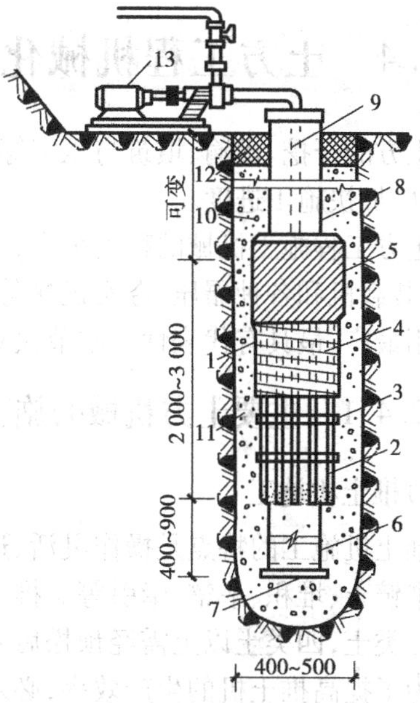

图2.31　管井井点

1—滤水井管；2—ϕ14钢筋焊接骨架；3—6×30铁环@250；4—10号铁丝垫筋@25焊于管架上；5—孔眼为1～2 mm铁丝网点焊于垫筋上；6—沉砂管；7—木塞；8—ϕ150～250钢管；9—吸水管；10—钻孔；11—填充砂砾；12—黏土；13—水泵

(5)降水对周围的影响及其防止措施

在弱透水层和压缩性大的黏土层中降水时，由于地下水流失造成的地下水位下降、地基自重应力增加和土层压缩等原因，会产生较大地面沉降；又由于土层的不均匀性和降水后地下水呈漏斗状曲线，四周土层的自重应力变化不一致而导致不均匀沉降，使周围建筑物基础下沉或房屋开裂。因此，在建筑物附近进行井点降水时，为防止降水影响或损害区域内的建筑物，就必须阻止建筑物下地下水的流失。为达到此目的，除可在降水区域和原有建筑物之间的土层中设置一道固体抗渗屏幕外，还可用回灌井点补充地下水的办法来保持地下水位。即在降水井点和原有建筑之间打一排井点，向土层灌入足够数量的水，以形成一道隔水帷幕，使原有建筑物下的地下水位保持不变或降低较少，从而阻止建筑物下地下水的流失。这样，也就不会因降水而使地面沉降，或减少沉降值。

回灌井点法是防止井点降水损害周围建筑物的一种经济、简便、有效的方法，它能将井点降水对周围建筑物的影响减少到最小程度。为确保基坑施工的安全和回灌的效果，回灌井点与降水井点之间保持一定的距离，一般不宜小于6 m。

为了观测降水及回灌后四周建筑物、管线的沉降情况及地下水位的变化情况，必须设置沉降观测点及水位观测井，并定时测量、记录，以便及时调节灌、抽量，使灌、抽量基本达到平衡，确保周围建筑物或管线的安全。

2.4 土方工程机械化施工

土方的开挖、运输、填筑与压实等施工过程中应尽可能采用机械化施工,以减轻繁重的体力劳动,加快施工进度。

土方工程施工机械的种类很多,有推土机、铲运机、平土机、松土机、单斗挖掘机、多斗挖掘机、装载机和各种碾压、夯实机械等。而在建筑工程施工中,以推土机、铲运机和单斗挖掘机应用最广,最具有代表性。本节仅对这几种类型机械的特点及施工方法作简单介绍。

▶ 2.4.1 主要土方机械的施工特点与施工方法

1)推土机施工

推土机施工的特点是操作灵活、运转方便、所需工作面较小、行使速度快,在土方施工中可用来铲土、堆积、平整、牵引等。推土机主要用于场地平整和回填土等施工作业,可以推挖一至三类土,四类土以上需经预松后才能作业,经济运距 100 m 以内,60 m 时效率最高。

为了提高推土机的生产效率,必须增大铲刀前的土体积,减少推土过程中土的散落,缩短工作循环时间。常用的施工方法有:下坡推土法、并列推土法、多刀送土法、槽形推土法等。

2)铲运机施工

铲运机是平整场地中使用较广泛的一种土方机械。一台铲运机能独立完成铲土、运土、卸土、填筑、压实等多道工序。其特点是对行驶道路要求较低、操作简单灵活、行驶速度快、生产效率高,且运转费用低。在土方工程常应用于大面积场地平整,开挖大型基坑,填筑堤坝和路基等。最适宜于开挖含水量不大于 27% 的松土和普通土。对于三、四类土需要松土机预松。常用的铲运机斗容量为 2.5 ~ 7 m^3 等数种。自行式铲运机适用于运距为 800 ~ 3 500 m 的大型土方工程施工,其经济运距为 800 ~ 1 500 m;拖式铲运机适用于运距为 80 ~ 800 m 的土方工程施工,其经济运距为 200 ~ 350 m。在设计铲运机的开行路线时,应力求符合经济运距的要求。铲运机的开行路线一般有环形路线和 8 字形路线两种(见图 2.32)。铲运机常用的施工方法有下坡铲土法、跨铲法、助铲法等。

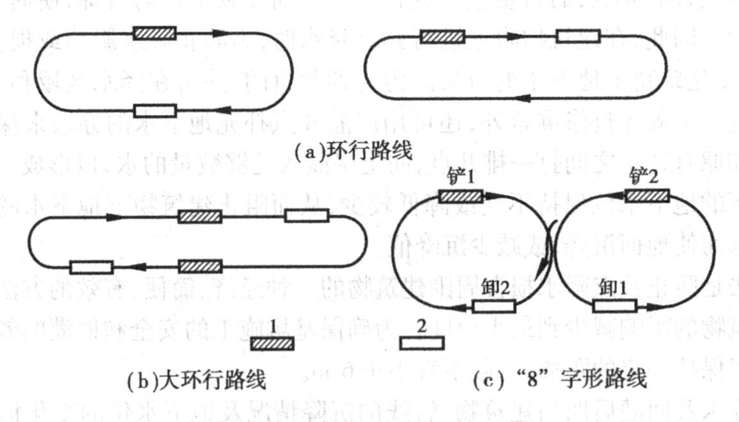

图 2.32 铲运机开行路线

3)单斗挖掘机

单斗挖掘机类型很多,在土方工程中应用较广。按其行走方式不同,分为履带式和轮胎式两类;按其操纵机构的不同,分为机械式和液压式两类。也可以根据工作需要,更换其工作装置。按其工作装置的不同,可分为正铲、反铲、拉铲和抓铲等(见图2.33)。

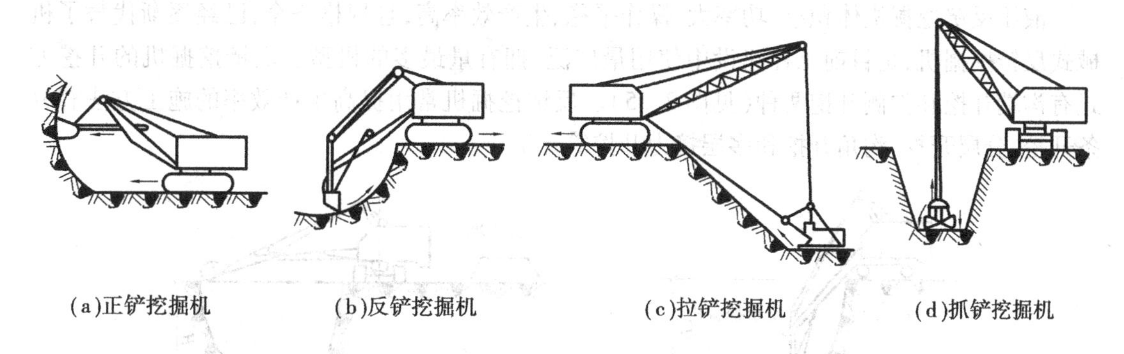

(a)正铲挖掘机　(b)反铲挖掘机　(c)拉铲挖掘机　(d)抓铲挖掘机

图2.33　挖掘机的工作简图

(1)正铲挖掘机施工

正铲挖掘机的施工特点是前进向上,强制切土。适用于开挖停机面以上的一至四类土和经爆破的岩石、冻土。与运土自卸汽车配合能完成整个挖运任务,可用于开挖大型干燥基坑以及土丘等。当地下水位较高时,应采取降低地下水位的措施,把基坑土疏松。其工作面高度不应小于1.5 m,否则一次起挖不能装满铲斗,降低工作效率。

根据挖掘机的开挖路线与配套的运输工具相对位置不同,正铲挖掘机的开挖方式有正向挖土、后方卸土和正向挖土、侧向卸土两种(见图2.34)。正铲挖掘机常用的施工方法有分层开挖法、多层挖土法、中心开挖法、上下轮换开挖法、顺铲开挖法、间隔开挖法等。

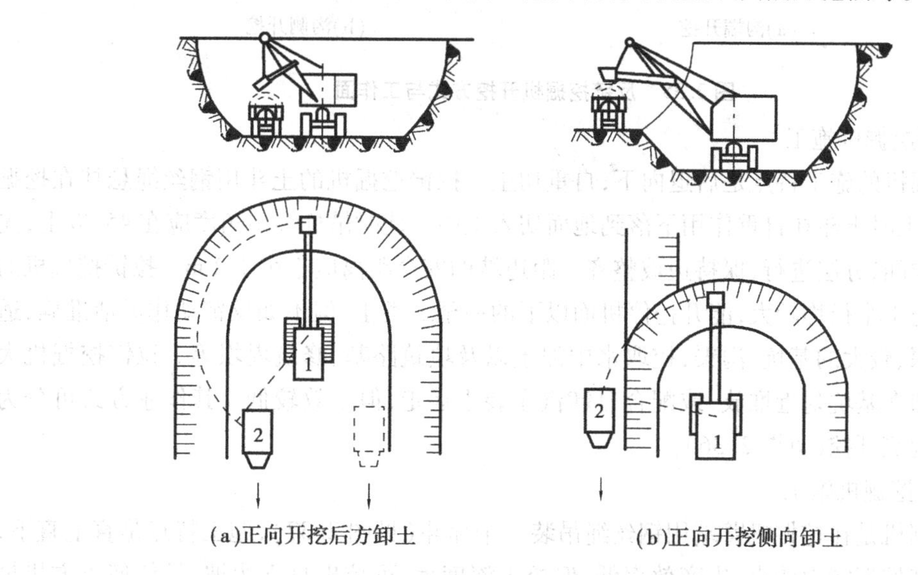

(a)正向开挖后方卸土　(b)正向开挖侧向卸土

图2.34　正铲挖掘机开挖方式

1—正铲挖掘机;2—自卸汽车

(2)反铲挖掘机施工

反铲挖掘机的施工特点是后退向下,强制切土。其挖掘能力比正铲小,能开挖停机面以下的一至三类土,适用于开挖深度不大的基坑、基槽或管沟等及含水量大或地下水位较高的土方。反铲挖掘机可以与自卸汽车配合,装土运走,也可弃土于坑(槽)附近。

液压反铲挖掘机体积小、功率大、操作平稳、生产效率高,且规格齐全,已经逐渐代替了机械式反铲挖掘机,是目前工程建设中使用最广泛、拥有量最多的机型。反铲挖掘机的开挖方式有沟端开挖和沟侧开挖两种(见图2.35)。反铲挖掘机常用提高生产效率的施工方法有分条开挖、分层开挖、沟角开挖和多层接力开挖等。

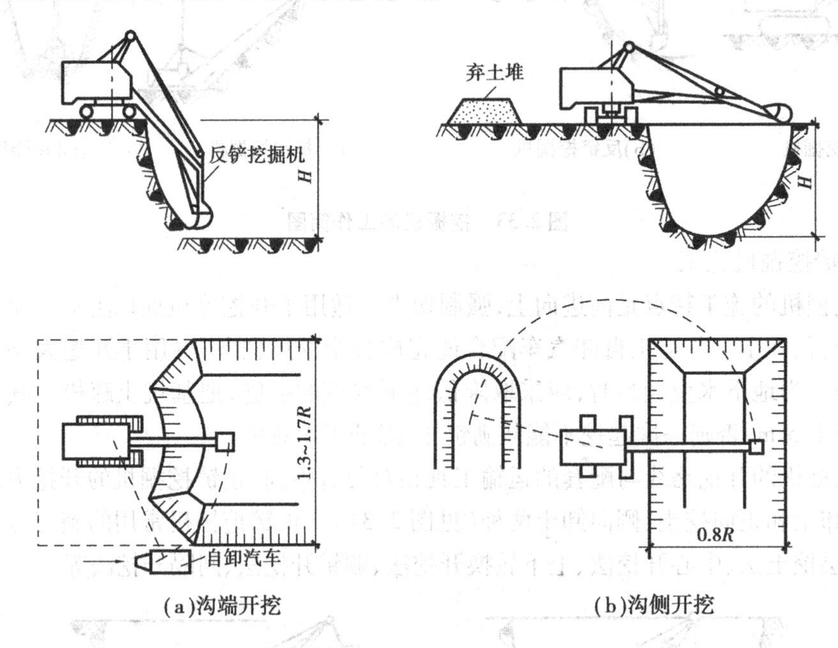

图2.35　反铲挖掘机开挖方式与工作面

(3)拉铲挖掘机施工

拉铲挖掘机的施工特点是后退向下,自重切土。拉铲挖掘机的土斗用钢丝绳悬挂在挖掘机长臂上,挖土时土斗在自重作用下落到地面切入土中。此时吊杆倾斜角度应在45°以上,先挖两侧然后中间,分层进行,保持边坡整齐。距边坡的安全距离应不小于2 m。拉铲挖掘机的挖土深度和挖土半径均较大,能开挖停机面以下的一至二类土,但不如反铲动作灵活准确,适用于开挖较深、较大的基坑、沟渠,挖取水中泥土以及填筑路基、修筑堤坝等。拉铲挖掘机大多将土直接卸在基坑附近堆放,或配合自卸汽车装土运走,但工效较低。其作业方式可分为沟端开挖和沟侧开挖(见图2.36)。

(4)抓铲挖掘机施工

抓铲挖掘机是在挖掘机臂端用钢丝绳吊装一个抓斗(见图2.37),施工特点是直上直下,自重切土。其挖掘能力较小,生产效率低,但挖土深度大,可挖出自立边坡,是任何土方机械不可比拟的。适用于开挖停机面以下一至二类土,如挖窄而深的基坑(槽)、疏通旧有渠道以及挖取水中淤泥等,或用于装卸碎石、矿渣等松散材料。在软土地基的地区,常用于开挖基

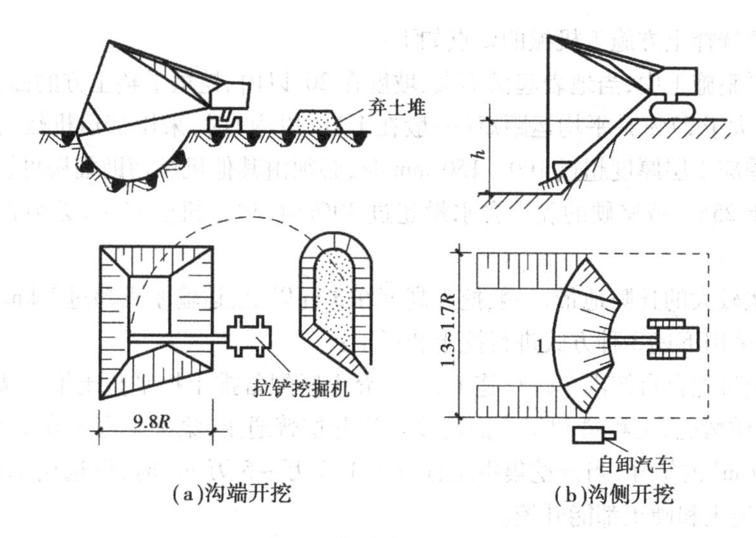

图 2.36 拉铲挖掘机开挖方式

坑、沉井等。

由于抓铲挖掘机是靠铲斗自重，直上直下往复运动挖土，并且回转半径固定，所以其开挖方式有沟侧开挖和定位开挖两种。

①沟侧开挖：抓铲挖掘机沿基坑边移挖土，适用于边坡陡直或有支护结构的基坑开挖。

②定位开挖：抓铲挖掘机停在固定位置上挖土，运用于竖井、沉井开挖。

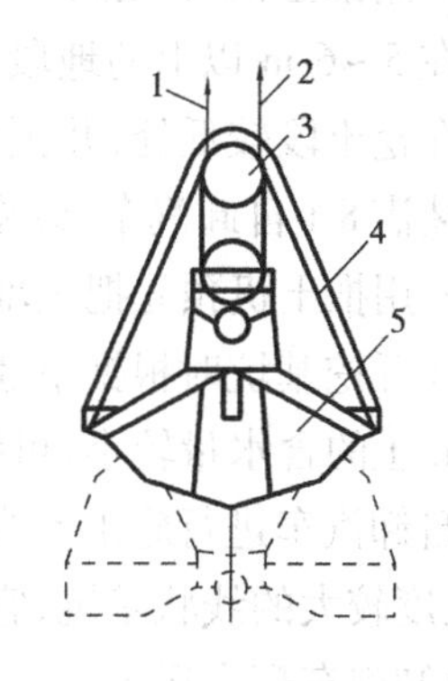

图 2.37 抓铲土斗工作示意图

1—起升索；2—闭合索；3—滑轮；4—拉杆；5—斗瓣

抓铲挖掘机能在回转半径范围内开挖基坑上任何位置的土方，并可在任何高度上卸土（装车或弃土）。对小型基坑，抓铲挖掘机立于一侧抓土；对于较宽的基坑，则在两侧或四周抓土。抓铲挖掘机应离基坑边有一定的安全距离，土方可直接装入自卸汽车运走，或堆弃在基坑旁或用推土机推到远处堆放。挖淤泥时，抓斗易被淤泥吸住，应避免用力过猛，以防翻车，抓铲挖掘机施工一般均需加配重。

4）装载机

装载机按行走方式，分履带式和轮胎式两种；按工作方式，分单斗装载机、链式装载机和轮斗式装载机。土方工程施工主要使用单斗铰接式轮胎装载机。其施工特点是操作灵活、轻便，运转方便、快速等特点。适用于装卸土方和散料，也可用于松软土的表层剥离、地面平整和场地清理等工作。

作业方法基本与推土机类似，在土方工程中，也有铲装、转运、卸料、返回4个过程。

▶ 2.4.2 土方机械的选择

土方机械的选择，通常先根据工程特点和技术条件提出几种可行方案，然后进行技术经济比较，优选效率高、费用低的机械进行施工，一般可选用土方单价成本最低的机械。

现综合有关选择土方施工机械的要点如下：

①在场地平整施工中，当地表起伏不大、坡度在20°以内、挖填平整土方的面积较大、土的含水量适当（不大于27%）、平均运距短（一般在1 km以内）时，采用铲运机较为合适。如果土质坚硬或冬季冻土层厚度超过100～150 mm时，必须由其他机械辅助翻松再铲运。当一般土的含水量大于25%，或坚硬的黏土含水量超过30%时，铲运机会陷车，必须将水疏干后再施工。

②地形起伏较大的丘陵地带，一般挖土高度在3 m以上，运输距离超过1 km，工作量较大且又集中时，可采用下述3种方式进行挖土和运土：

a. 正铲挖土机配合自卸汽车进行施工，并在弃土区配备推土机平整土堆。选择铲斗容量时，应考虑到土质情况、工程量和工作面高度。当开挖普通土，集中工程量在1.5万 m^3 以下时，可采用0.50 m^3 的铲斗；当开挖集中工程量为1.5万～5万 m^3 时，以选用1.0 m^3 的铲斗为宜。此时，普通土和硬土都能开挖。

b. 用推土机将土推入漏斗，并用自卸汽车在漏斗下盛土并运走。这种方法适用于挖土层厚度在5～6 m以上的地段。漏斗上口尺寸为3 m左右，由宽3.5 m的框架支撑。其位置应选择在挖土段较低处，并预先挖平。漏斗左右及后侧土壁应予支撑。使用73.5 kW推土机两次可装满8 t自卸汽车，效率较高。

c. 用推土机预先把土堆成一堆，用装载机把土装到自卸汽车上运走，效率也很高。

③开挖基坑时根据下述原则选择机械：

a. 土的含水量较小，可结合运距长短、挖掘深浅，分别采用推土机、铲运机或正铲挖土机配合自卸汽车进行施工。当基坑深度在1～2 m、基坑不太长时，可采用推土机；深度在2 m以内、长度较大的线状基坑，宜用铲运机开挖；当基坑较大，工程量集中时，可选用正铲挖土机挖土，自卸汽车配合运土。

b. 如地下水位较高，又不采用降水措施，或土质松软，可能造成正铲挖土机和铲运机陷车时，则采用反铲、拉铲或抓铲挖土机配合自卸汽车较为合适，挖掘深度见有关机械性能表。

④移挖作填以及基坑和管沟的回填，运距在60～100 m以内可用推土机。

上述各种机械的适用范围都是相对的，选用机械时应根据具体情况考虑。

2.5 土方的填筑与压实

建筑工程的填土，主要有地基填土、基坑（槽）或管沟回填、室内地坪回填、室外场地回填平整等。对地下设施工程（如地下结构物、沟渠、管线沟等）的两侧或四周及上部的回填土，应先对地下工程进行各项检查，办理验收手续后方可回填。

在土方填筑前，应清除基底上的垃圾、树根、草皮等杂物，抽除坑穴中的积水、淤泥。填土必须具有一定的密实度，以避免建筑物不均匀沉降及填土区的塌陷。为使填土满足强度、变形和稳定性方面的要求，施工时应根据填方的用途，正确选择填土的土料、填筑方法和填筑压实方法。

2.5.1 填筑的要求

填方所用土料应符合设计要求。若设计无要求时，碎石类土、砂土和爆破石渣，可用作表层以下填料；含水量符合压实要求的黏性土，可用作各层填料；淤泥和淤泥质土一般不能用作填料，但在软土地区，经过处理，含水量符合压实要求后，可用于填方中的次要部位；碎块、草皮和有机质含量大于8%的土，以及含水溶性硫酸盐质量百分数大于5%的土均不能作填料用；不得使用冻土、膨胀土作填料。

填土应分层进行，并尽量采用同类土填筑。如采用不同土填筑时，应将透水性较大的土层置于透水性较小的土层之下，不能将各种土混杂在一起使用，以免填方内形成水囊。填方施工应水平地分层填筑压实。当填方基底位于倾斜地面时，应先将斜坡挖成阶梯状，阶宽不小于1 m，阶高≤0.5 m，然后分层填土，以防止土的横向滑动。

填土可采用人工填土和机械填土。必须分层进行，并逐层压实。特别是机械填土、大坡度填土、不得居高临下，不分层次，一次倾倒填筑。

2.5.2 填土压实方法

填土的压实方法一般有碾压法、夯实法和振动压实法以及利用运土工具压实。对于大面积的填土工程，多采用碾压法和利用运土工具压实；较小面积的填土工程，则宜用夯实工具进行压实。

填方施工前，必须根据工程特点、填料种类、设计要求的压实系数和施工条件等合理地选择压实机械和压实方法，确保填土压实质量。

(1)碾压法

碾压法是利用压路机械的滚轮的压力压实土壤，使其达到所需的密实度，此法多用于大面积填土工程。碾压机械有平碾(压路机)、羊足碾和(汽胎)振动碾。平碾对砂类土和黏性土均可压实；羊足碾在砂土中使用会使土颗粒受到限制“羊足”较大的单位压力后向四周移动，从而使土的结构遭到破坏，因此只宜压实黏性土；振动碾是一种振动和碾压同时作用的高效能压实机械，适用于爆破石渣、碎石类土、杂填土或粉质黏土的大型填方。

碾压机械的碾压方向应从填土两侧逐渐压向中心，碾迹应有15～20 cm的重叠宽度。机械开行速度不宜过快，一般不应超过下列规定：平碾、振动碾2 km/h，羊足碾3 km/h，否则会影响到压实效果。

(2)夯实法

夯实法是利用夯锤自由下落的冲击力来夯实土壤，主要用于小面积回填土。夯实法分人工夯实和机械夯实两种。人工夯实用的工具有木夯、石夯、石硪等。夯实机械有蛙式打夯机、内燃夯土机和夯锤等。其中蛙式打夯机轻巧灵活、构造简单，在小型土方工程中应用最广，多用于夯打灰土和回填土。夯锤是借起重机悬挂一重锤进行夯土的夯实机械，适用于夯实砂性土、湿陷性黄土、杂填土以及含有石块的填土。夯实法的优点是可以夯实较厚的土层。采用重型夯土机(如1 t以上的重锤)时，其夯实厚度可达1～1.5 m。但对木夯、石硪或蛙式打夯机等夯土工具，其夯实厚度则较小，一般均在200 mm以内。

(3)振动压实法

振动压实法是将振动压实机放在土层的表面,借助振动设备使压实机械振动,土壤颗粒在振动力作用下发生相对位移而达到紧密状态。此法用于振实非黏性土效果较好。

(4)利用运土工具压实

利用运土工具压实,是一种比较经济合理的方法。利用铲运机、推土机进行压实,当铺土厚度为0.2~0.3 m时,在最佳含水量的条件下,压4遍就可以接近最大密度。此外还可以利用运土的自卸汽车进行压实。利用运土工具压实,应合理地组织,使运土工具的行驶路线能大体均匀地分布在填土的全部面积上,并达到要求的重复行驶遍数。如果单独使用运土工具进行土的压实工作,在经济上是不合理的,它的费用比用平碾夯实贵1倍左右。

▶ 2.5.3 填土压实质量的影响因素

填土压实质量与许多因素有关,其中主要影响因素为压实功、土的含水量以及每层铺土厚度。

1)压实功的影响

填土压实后的密度与压实机械在其上所施加的功有一定关系。当土的含水量一定,则在压实开始时,土的密度急剧增加,待到接近土的最大密度时,压实功虽然增加许多,而土的密度则变化甚小。在实际施工中,对不同的土应根据选择的压实机械和密实度要求选择合理的压实遍数(对于砂土只需碾压或夯击两三遍,对粉质黏土只需三四遍,对粉土或黏土只需五六遍)。此外,松土不宜用重型碾压机械直接滚压,否则土层有强烈起伏现象,效率不高。如果先用轻碾压实,再用重碾压实就会取得较好效果。

2)含水量的影响

在同一压实功条件下,填土的含水量对压实质量有直接影响。较为干燥的土,由于土颗粒之间的摩阻力较大而不易压实。当土具有适当含水量时,水起了润滑作用,土颗粒之间的摩阻力减小,从而易压实。每种土都有其最佳含水量,土在这种含水量条件下,使用同样的压实功进行压实,所得到的密度最大。各种土的最佳含水量和最大干密度可参考表2.10。为了保证填土在压实过程中的最佳含水量,当土过湿时,应予翻松晾干,也可掺入同类干土或吸水性土料;当土过干时,则应洒水湿润。工地简单检验黏性土的方法一般是以手握成团、落地开花为适宜。

3)铺土厚度的影响

土在压实功作用下,其应力随深度增加而逐渐减小,影响深度与压实机械、土的性质和含水量等有关。铺土厚度应小于压实机械压土时的作用深度,铺得过厚,要压很多遍才能达到规定的密实度;铺得过薄,同样要增加机械的总压实遍数。最优的铺土厚度应能使土方压实而机械的功耗最少。铺土厚度和压实遍数可参考表2.11选用。在表中规定的压实遍数范围内,轻型压实机械取大值,重型的取小值。

表 2.10 土的最佳含水量和最大干密度参考表

项次	土的种类	变动范围		项次	土的种类	变动范围	
		最佳含水质量百分数/%	最大干密度/$(g\cdot cm^{-3})$			最佳含水质量百分数/%	最大干密度/$(g\cdot cm^{-3})$
1	砂土	8~12	1.80~1.88	3	粉质黏土	12~15	1.85~1.95
2	黏土	19~23	1.58~1.70	4	粉土	16~22	1.61~1.80

注:①表中土的最大干密度应以现场实际达到的数字为准;

②一般性的回填可不作此项测定。

表 2.11 填土施工时分层厚度及压实遍数

压实机具	每层铺土厚度/mm	每层压实遍数/遍	压实机具	每层铺土厚度/mm	每层压实遍数/遍
平碾	250~300	6~8	柴油打夯机	200~250	3~4
振动夯实机	250~350	3~4	木工打夯	≤200	3~4

上述三方面影响因素是互相关联的。为了保证压实质量,提高压实机械的生产率,重要工程应根据土质和所选用的压实机械在施工现场进行压实试验,以确定达到规定密实度所需的压实遍数、铺土厚度及最优含水量。

2.5.4 填土压实质量检查

填土压实后应达到一定的密实度及含水量要求。密实度要求一般根据工程结构性质、使用要求以及土的性质确定,例如建筑工程中的砌体承重结构和框架结构,在地基主要持力层范围内,压实系数(压实度)λ_c 应大于 0.96;在地基主要持力层范围以下,则 λ_c 应为0.93~0.96。

压实系数(压实度)λ_c 为土的实际干土密度 ρ_d(ρ_d 可用"环刀法"或灌砂(或灌水)法测定)与土的最大干密度 $\rho_{d,max}$之比,即:

$$\lambda_c = \frac{\rho_d}{\rho_{d,max}} \tag{2.43}$$

压实填土的最大干密度 $\rho_{d,max}$ 宜采用击实试验确定。当无试验资料时,可按式(2.44)计算:

$$\rho_{d,max} = \eta \frac{\rho_w d_s}{1 + 0.01 w_{0p} d_s} \tag{2.44}$$

式中 η——经验系数,黏土取 0.95,粉质黏土取 0.96,粉土取 0.97;

ρ_w——水的密度,t/m^3;

d_s——土粒相对密度;

w_{op}——最佳含水量,可按当地经验或取 $w_p+2\%$;

w_p——土的塑限。

2.6 基坑(槽)施工

在场地平整工作完成后,便可进行基坑(槽)施工。首先应进行建筑物定位和标高引测,然后根据基础的底面尺寸、埋置深度、土质好坏、地下水位高低及季节性变化等不同情况,考虑施工需要,确定是否需要留工作面、放坡、增加排水设施和设置支撑,从而定出挖土边线和进行放灰线工作。

▶ 2.6.1 施工定位与放线

在基坑(槽)开挖施工前,要把建筑总平面图上设计的建筑物位置按照设计要求,正确地定到地面上,称为定位。定位的方法有“三四五”定位法和经纬仪定位法。所谓“三四五”定位法,就是用“勾三弦四股五”的原理组成一个直角三角形,以此定出直角。当工程测量精度要求不高,又缺少精密的测量仪器时,多采用此法进行定位放线工作。

经纬仪定位法如图2.38所示。在原有建筑物外墙面(一般用长墙边定直线较精确)的两端,用木制的直角尺垂直于墙面量取一段等长的距离,定出 a、b 两点(距离尽可能长些),并在两点各打下小木桩,桩顶钉一个小钉以表示 a、b 两点的位置。把经纬仪设在 a 点。对点平整后,用望远镜中的十字丝对准 b 点,然后用钢尺在视线方向上按设计长度要求量 bc 和 cd 两段长度,在 ab 的延长线上定出 c、d 两点。把经纬仪搬到 c 点,经对点平整后,用望远镜瞄准 a 点,然后仪器转90°,在望远镜视线方向量出 $c-1$ 和 $c-2$ 两段距离就可以定出第1和第2两个角桩的位置。用同样的方法将仪器放在 d 点,定出第3和第4两个角桩的位置。最后用钢尺校核第2和第4两点之间的距离。

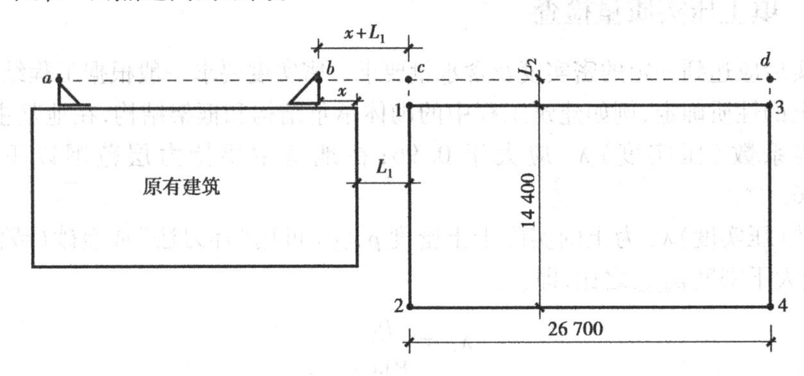

图2.38 房屋定位

建筑物的角桩(定位桩)在基础挖土时要被挖掉的。因此,角桩定好以后,还要把角桩之间的轴线位置引测到基槽以外的龙门板上(见图2.39),以便在施工过程中用它来确定房屋建筑物的轴线位置。龙门板一般用厚50 mm的木条钉在直径为100 mm左右的木桩上(称龙门桩)。龙门板的顶面与室内地坪的±0.000标高一致。

在角桩定好后,也可以把角桩上的轴线引测到轴线桩上,轴线桩宜设在不受碰撞的地方。如果已建建筑物距离较近时,可以直接把轴线引测到已建建筑物的墙上,用红漆画出轴线位置标志。

基坑(槽)开挖前,在地面用石灰粉(水)放出基础的开挖边线,称为基础放线。放线的方

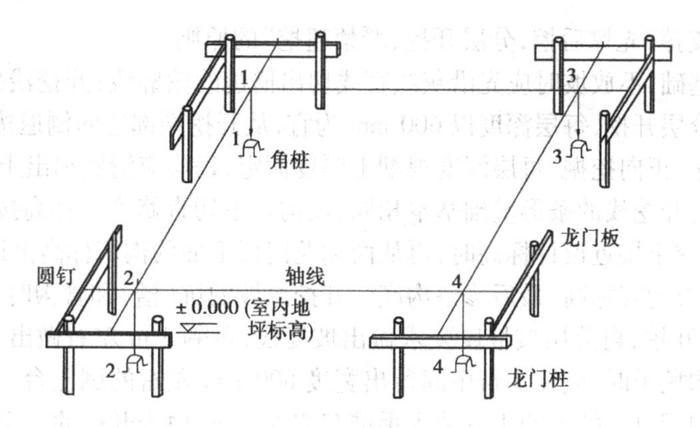

图 2.39　龙门板的设置

法是:

①基槽放线:根据建筑物主轴线控制点,首先将外墙轴线的交点用木桩测设在地面上,并在桩顶钉上铁钉作为标志。外墙轴线测定以后,再根据建筑物平面图,将内部开间所有轴线都一一测出。最后根据边坡系数计算的开挖宽度,在中心轴线两侧用石灰在地面上撒出基槽开挖边线。同时按在建筑物四周设置的龙门板桩复核检查基础施工轴线位置。

②柱基放线:在基坑开挖前,从设计图上查对基础的纵横轴线编号和基础施工详图,根据柱子的纵横轴线,用经纬仪在矩形控制网上测定基础中心线的端点,同时在每个柱基中心线上测定基础定位桩,每个基础的中心线上设置 4 个定位木桩,其桩位离基础开挖线的距离为 0.5 ~ 1.0 m。若基础之间的距离不大,可每隔 1 ~ 2 个或几个基础打 1 个定位桩,但两个定位桩的间距以不超过 20 m 为宜,以便拉线恢复中间柱基的中线。桩顶上钉一个钉子,标明中心线的位置。然后按施工图上柱基的尺寸和边坡系数确定的挖土边线的尺寸,放出基坑上口挖土灰线,标出挖土范围。

③大基坑开挖放线。根据建筑物的控制点用经纬仪放出基坑四周的挖土边线。

放灰线时,用平尺板紧靠于线旁,用装有石灰粉末(水)的长柄勺,沿平尺板撒灰(水),即为基础开挖边线。

▶ 2.6.2　土方开挖施工工艺

1)工艺流程

土方开挖施工工艺流程为:测量放线→确定开挖的顺序和坡度→沿灰线切出槽边轮廓线→分层开挖→修整槽边→清底。

基坑(槽)开挖分两种情况:一是放坡开挖,无支护结构;二是有支护结构的基坑开挖。

2)施工要点

(1)测量放线

基坑、基槽尺寸应满足结构和施工要求。当基底为渗水土质,槽底尺寸应根据排水要求和基础模板设计所需基坑大小而定。一般基底应比基础平面尺寸增宽 0.5 ~ 1 m,当不设模板时,可按基础尺寸和施工操作工作面、最小回填工作宽度要求确定基底开挖尺寸。

(2)确定开挖顺序

土方开挖的顺序应根据基础和土质以及现场出土等条件合理确定,且与设计工况相一致，并遵循“开槽支撑，先撑后挖，分层开挖，严禁超挖”的原则。

开挖各种浅基础，不放坡时应先沿灰线直线切出槽边的轮廓线；开挖浅条形基础，一般黏性土可自上而下分层开挖，每层深度以600 mm为宜，从开挖端部逆向倒退按踏步型挖掘。碎石类土先用镐翻松，正向挖掘，每层深度视翻土厚度而定，每层应清底和出土，然后逐步挖掘。

开挖浅管沟与开挖浅的条形基础基本相同，仅沟帮不切直修平。标高按龙门板上平往下返出沟底尺寸，当挖土接近设计标高时，再从两端龙门板下面的沟底标高上返500 mm为基准点，拉小线用尺检查沟底标高，最后修整沟底。开挖放坡的坑（槽）和管沟时，应先按施工方案规定的坡度，粗略开挖，再分层按坡度要求做出坡度线，每隔3 m左右做出一条，以此线为准进行铲坡。深管沟挖土时，应在沟帮中间留出宽度800 mm左右的倒土台。开挖大面积浅基坑时，沿坑三面同时开挖，挖出的土方装入手推车或翻斗车，由未开挖的一面运至弃土地点。

(3)边坡值的确定

边坡的坡度允许值应根据当地经验，参照同类土层的稳定坡度确定。当土质良好且均匀、无不良地质现象、地下水不丰富时，在软土地区开挖深度不超过4 m的基坑，当场地允许，经验算能保证土坡稳定时，可采用放坡开挖；开挖深度超过4 m的基坑，如土质较好、地下水位较低和场地允许，有条件放坡开挖时，边坡宜设置阶梯平台，分阶段开挖，每级平台宽度宜不小于1.5 m。较深基坑进行放坡开挖时，边坡稳定可用条分法进行验算。如土质较差且基坑施工期较长时，边坡坡面宜用钢丝网喷浆或高分子聚合材料覆盖进行护坡。放坡开挖还应采取措施降低坑内水位和防止坑外水倒灌。放坡开挖多用反铲挖掘机和抓铲挖掘机。为防止边坡发生塌方或滑坡，根据土质情况及坑（槽）深度，一般距基坑上部边缘2 m以内不得堆放土方和建筑材料，或沿坑边移动运输工具和机械，在此距离外堆置高度不应超过1.5 m，否则应验算边坡的稳定性。在坑边放置有动载的机械设备时，也应根据验算结果，离开坑边较远距离。挖出的土除预留一部分用作回填外，不得在场地内任意堆放，应把多余的土运到弃土地区，以免妨碍施工。

(4)分层开挖

土方开挖一般从上往下分层分段依次进行，随时做成一定的坡势，以利泄水及边坡的稳定。如采用机械挖土，深度在5 m内，可一次开挖，在接近设计坑底标高或边坡边界时应预留200～300 mm厚的土层，用人工开挖和修坡，边挖边修坡，保证标高符合设计要求。凡挖土标高超深时，不准用松土回填到设计标高，应用砂、碎石或低强度混凝土填实至设计标高。当土挖至设计标高，而全部或局部未挖至老（实）土时，必须通知设计、勘察单位等有关人员进行研究处理。

基础土方开挖的方法分为人工挖方与机械挖方两类。

①人工挖方：

a. 在天然湿度的土中，开挖基坑（槽）和管沟时，当挖土深度不超过规定的数值时，可不放坡，不加支撑。若超出规定深度，在5 m以内时，当土具有天然湿度，构造均匀，水文地质条件好，且无地下水，不加支撑的基坑（槽）和管沟必须放坡。

b. 开挖浅的条形基础，如不放坡时，应先沿灰线直边切出槽边的轮廓线，一般黏性土可自上而下分层开挖，每层深度以600 mm为宜，从开挖端部逆向倒退按踏步型挖掘。碎石类土先用镐翻松，正向挖掘，每层深度视翻土厚度而定，每层应清底和出土，然后逐步挖掘。

c. 基坑（槽）管沟的直立壁和边坡，在开挖过程和敞露期间应防止塌陷，必要时应加以保护。

在挖方上侧弃土时,应保证边坡和直立壁的稳定。当土质良好时,抛于槽边的土方或材料应距槽(沟)边缘0.8 m以外,高度不宜超过1.5 m。

在柱基周围、墙基或围墙一侧,不得堆土过高。

d. 开挖基坑(槽)或管沟时,应合理确定开挖顺序和分层开挖深度。当接近地下水位时,应先完成标高最低处的挖方,以便于在该处集中排水。开挖后,在挖到距槽底500 mm以内时,测量放线人员应配合抄出距槽底500 mm平线;自每条槽端部200 mm处每隔2~3 m,在槽帮上钉水平标高小木橛。在挖至接近槽底标高时,用尺或事先量好的500 mm标准尺杆,随时以小木橛上平校核槽底标高。最后由两端轴线(中心线)引桩拉通线,检查距槽边尺寸,确定槽宽标准,据此修整槽帮,最后清除槽底土方,修底铲平。

②机械挖方:

a. 正铲挖掘机挖土。正铲挖掘机用于开挖停机面以上的土方工程。它挖掘力大,生产效率高,可以直接开挖1~4类土和经爆破的岩石、冻土。正铲工作面高度应不小于1.5 m,以保证切土装满土斗。它可以用于地质良好或经降水的大型基坑土方开挖。正铲挖掘机的基本作业方法如下:

- 侧向装土法。正铲挖掘机向前进方向挖土(正向挖土),汽车位于正铲挖掘机的侧向装车(亦称侧向开挖法)。运输工具停在挖掘机的侧旁。
- 后方装土法。正向开挖,后方装土(亦称正面开挖法)。挖掘机沿前进方向挖土,运输工具停在挖掘机后的两侧装土。
- 分层开挖法。根据挖掘机的有效挖掘高度,将工作面分层开挖,如工作面高度不等于一次开挖深度的整倍数时,则可在基坑的中间或边缘先掘出一条浅槽作为第一次挖土运输线路,然后逐层下挖至基坑底部。此法适用于挖掘大型基坑或沟渠。

b. 反铲挖掘机挖土。反铲挖掘机用于开挖停机面以下的土方,其挖掘力比正铲小,且机械磨损较大,操作较费力。一般用于深度在4 m以内的砂土或黏土的基槽和管沟土方开挖作业。反铲挖掘机的基本作业方法如下:

- 沟端开挖法。挖掘机停在基槽的一端,向后倒退挖土,汽车停在基槽两侧装土,也可在槽边堆土。
- 沟侧开挖法。挖掘机沿基槽一侧直线移动开挖,弃土距沟槽较远,能充分利用槽边堆土面积。

(5)修整槽边

机械施工挖不到的土方,应配合人工随时进行挖掘,并用手推车把土运到机械可以挖到的地方,以便及时用运输机械运走。放坡施工时,应人工配合机械修整边坡,并用坡度尺检查坡度。在距槽底设计标高200~300 mm槽帮处,拉出水平线,钉上小木橛,然后用人工将暂留土层挖走。同时由两端轴线(中心线)引桩拉通线(用小线或铅丝),检查距槽边尺寸,确定槽宽标准,以此修整槽边。

(6)清底

人工挖土接近设计标高后,应预留100 mm槽底,并由专人进行清槽见底,以防止基底土被扰动,并确保基底标高和尺寸正确。

3)施工注意事项

①土方工程施工前应进行挖、填方的平衡计算,综合考虑土方运距最短、运程合理和各个工程项目的合理施工程序等,做好土方平衡调配,减少重复挖运。

土方平衡调配应尽可能与城市规划和农田水利相结合,将余土一次性运到指定弃土场,与市政、环保、城管部门等协调,做到文明施工。

②当土方工程挖方较深时,施工单位应采取措施,防止基坑底部土的隆起并避免危害周边环境。

③在挖方前,应做好地面排水和降低地下水位工作。地下水位应降低至基坑底以下0.5~1.0 m以后,方可开挖。降水工作应持续到回填完毕。

④平整场地的表面坡度应符合设计要求,如设计无要求,排水沟方向的坡度不应小于2‰。平整后的场地表面应逐点检查。检查点为每100~400 m^2 取1点,但不应少于10点;长度、宽度和边坡均为每20 m取1点,每边至少有1点。

⑤土方工程施工,应经常测量和校核其平面位置、水平标高和边坡坡度。平面控制桩和水准控制点应采取可靠的保护措施,定期复测和检查。土方不应堆在基坑边缘,做好土方开挖监测工作。

⑥对雨期冬期施工应遵守国家现行有关标准,做好专项施工方案。

▶ 2.6.3 基坑(槽)检查与验收

基坑(槽)挖至基底设计标高并经清理后,施工单位必须会同勘察、设计单位、监理单位、业主(建设单位)和质量监督部门共同验槽,合格后才能进行基础工程施工。

为了使建(构)筑物有一个比较均匀的下沉,即不允许建(构)筑物各部分间产生较大的不均匀沉降,必须对地基进行严格的检验。核对地质资料,检查地基土与工程地质勘察报告、设计图纸要求是否相符,有无破坏原状土结构或发生较大的扰动现象。如果实际土质与设计地基土不符或有局部特殊土质(如松软、太硬,有坑、沟、墓穴等)情况,则应由结构设计人员提出地基处理方案,处理后经有关单位签署后归档。

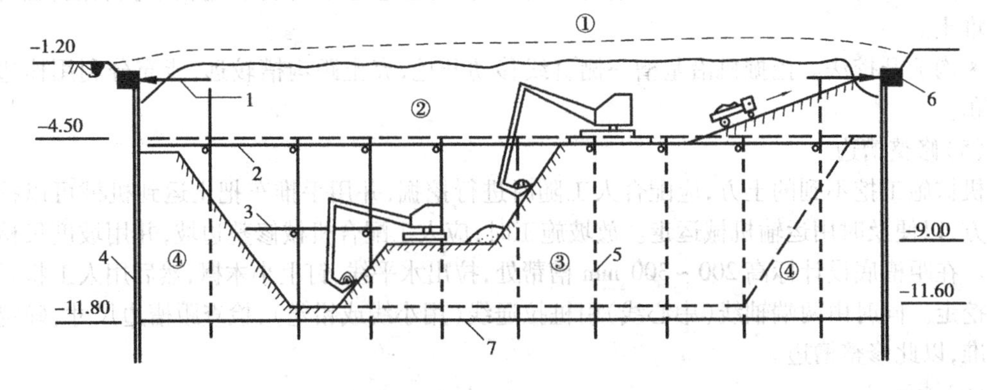

图2.40 深基坑开挖示意图

1—第一道支撑;2—第二道支撑;3—第三道支撑;

4—支护桩;5—主柱;6—锁口圈梁;7—坑底

验槽内容较多,检验方法也很多,而对于基底以下的土层不可见部位,要先辅以钎探、夯实配合共同完成。所谓钎探就是用锤将钢钎打入坑底以下的土层内一定深度，根据锤击次数和入土难易程度来判断土的软硬情况及有无墓穴、枯井、土洞、软弱下卧土层等。

验槽的内容包括：

①土质情况是否符合地质勘察报告和设计图纸要求。有没有局部异常现象，是否须继续下挖或进行处理，并检查钎探记录。

②检查基坑（槽）的平面位置、几何尺寸、标高和边坡等是否符合设计要求。

③对整个基坑（槽）底土进行全面观察：土的颜色是否均匀一致；土的坚硬程度是否均匀一致，有无局部过软或过硬异常情况；土的含水量情况，有无过干或过湿；在槽底行走或夯拍，有无振颤现象，有无空穴声音等。

④验槽的重点应选择在柱基、墙角、承重墙下或其他结构受力较大的部位，如有异常部位，要会同设计等有关单位处理。

2.7 土方工程质量标准与安全技术

2.7.1 土方工程质量标准

①柱基、基坑（槽）和管沟基底的土质，必须符合设计要求，并严禁扰动。

②填方的基底处理，必须符合设计要求或施工规范规定。

③填方和柱基、基槽、管沟的回填，必须按规定分层夯压密实。取样测定压实后土的干密度90%以上的样品应符合设计要求，其余10%的最低值与设计值的差应不大于0.08 g/cm^3，且不应集中。

④土方工程外形尺寸的允许偏差和检验方法，应符合表2.12的规定。

表2.12 土方工程外形尺寸的允许偏差和检验方法

项目	允许偏差/mm					检查方法
	柱基、基坑、基槽	挖方、填方、场地平整		排水沟	地基（路）面层	
		人工施工	机械施工			
标高	+0 -50	±50	±100	+0 -50	+0 -50	用水准仪检查
长度、宽度（由设计中心线向两边量）	-0	-0	-0	+100 -0	—	用经纬仪、拉线和尺量检查
边坡坡度	-0	-0	-0	-0	—	观察或用坡度尺检查
表面平整度	—	—	—	—	20	用2 m尺和楔形尺检查

2.7.2 土方工程安全技术

①土方工程施工前，应对施工区域内影响施工的各种障碍物，如建筑物、道路、沟渠、管

线、防空洞、旧基础、坟墓、树木等进行拆除、清理或迁移,确保施工安全。

②土方开挖前,应会同有关单位对附近已有建筑物、道路、管线等进行检查和鉴定,对可能受开挖和降水影响的邻近建(构)筑物、管线,应制定相应的安全技术措施,并在整个施工期间,加强监测其沉降、位移和开裂等情况,发现问题应与设计或建设单位协商采取防护措施,并及时处理。

③对危险性较大的大型土方开挖、基坑支护与降水工程,在施工前应单独编制安全专项施工方案,安全专项施工方案应由施工企业技术负责人、监理单位总监理工程师审核签字,并应经不少于5人的专家组论证审查,完善后方可实施,严禁盲目施工。

④基坑开挖时,两人操作间距大于2.5 m,多台机械开挖,挖土机间距大于10 m。挖土应由上而下,逐层进行,严禁采用先挖底脚的施工方法。

⑤严格按要求放坡,如发现土体坍塌现象,应及时进行支撑或放坡,并注意支撑的稳固和土壁的变化。土体坍塌后处理措施较多,结合具体情况,方法亦各不相同。

⑥基坑(槽)挖土深度超过3 m,使用吊装设备时,坑内操作人员应离开吊点的垂直下方,起吊设备距坑边一般不得小于1.5 m,坑内人员应戴安全帽。

⑦深基坑上下应先挖好阶梯或设置靠梯,或开斜坡道,采取防滑措施,禁止踩踏支撑上下。坑四周应设安全栏杆或悬挂危险标志。

⑧经常检查基坑(槽)的支撑是否发生松动。

⑨在施工中遇到下列情况之一时,应立即停工。待符合作业安全条件时,方可继续施工。

a. 填挖区土体不稳定,如发生坍塌危险时;

b. 气候突变,发生暴雨,水位暴涨或山洪暴发时;

c. 在爆破警戒区内发生爆炸信号时;

d. 地面涌水、冒泥,出现陷车或因雨发生坡道打滑时;

e. 工作面净空不足以保证安全作业时;

f. 施工标志、防护设施损毁失效时。

复习思考题

1. 土方工程施工应包括哪些施工过程?
2. 土方工程施工具有何特点?
3. 什么是土的可松性?土的可松性对土方施工有何影响?
4. 试述场地平整土方量计算的步骤与方法。
5. 试述基坑、基槽土方量计算的方法。
6. 什么是边坡系数?造成边坡塌方的原因有哪些?
7. 土壁支护有哪些形式?
8. 深基坑支护有哪几种形式?
9. 什么是流砂现象?试述流砂产生的原因及防治的途径和方法。
10. 土方施工机械有哪几种?其适用范围如何?
11. 基坑基槽土方开挖应遵循什么原则?
12. 基底验槽的参加单位有哪些?基底验槽的内容有哪些?

13. 影响填土压实的因素是什么？填土压实有哪几种方法？

习 题

1. 某基坑坑底长 50 m、宽 30 m、深 8 m，每边工作面宽度为 1 m，四边放坡，坡度系数为 0.5。已知土的最初可松性系数 $K_s = 1.14$，最终可松性系数 $K'_s = 1.05$。

(1) 试计算挖土土方工程量。

(2) 当基坑中，混凝土基础和地下室体积为 5 000 m^3，则应预留多少回填土（松散状态土）？

(3) 若多余土方外运，问外运土方为多少（松散状态土）？

(4) 如果用斗容量为 6 m^3 的汽车外运余土，需运多少车？

2. 某基坑坑底长 100 m、宽 60 m、深 10 m，四边放坡，边坡坡度 1∶0.5。已知土的最初可松性系数 $K_s = 1.14$，最终可松性系数 $K'_s = 1.05$。

(1) 试计算挖方工程工程量为多少？

(2) 若基坑中混凝土基础和地下室体积为 24 000 m^3，则应预留多少回填土（自然状态土、实土）？

(3) 若多余土方外运，问外运土方为多少（自然状态土）？

(4) 如果用斗容量为 4 m^3 的汽车外运余土，需运多少车？

3. 某基坑坑底长 5 m、底宽 3 m、深度 4 m，因安装模板每边的工作面为 300 mm，坡度系数为 0.33，计算该基坑的挖土工程量。

4. 某基槽底宽 2 m、槽长 100 m、槽深 2.5 m，放坡开挖，坡度为 1∶0.33，不考虑留工作面，计算该基槽的土方量。

5. 已知某场地方格网方格边长为 a，方格数 $N = 14$ 个，各方格角点上的自然地面高程如图 2.41 所示。试确定该平整场地的设计标高 H_0。

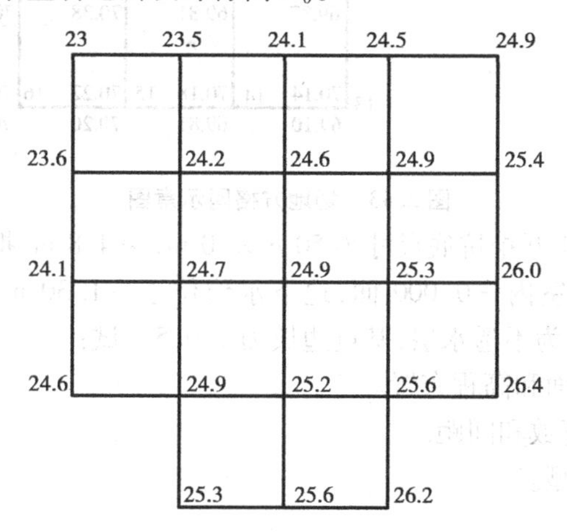

图 2.41 场地方格网示意图

6. 某建筑场地自然地面标高如图 2.42 所示，方格网边长为 20 m×20 m。

(1) 试按挖填平衡原则确定场地平整的设计标高 H_0，然后算出方格角点的施工高度、绘出零线，计算挖方量和填方量（不考虑土的可松性影响）。

(2)当 $i_x = 0‰, i_y = 3‰$时,确定方格角点的设计标高。

(3)当 $i_x = 2‰, i_y = 3‰$时,确定方格角点的设计标高。

19
18.8
20
18.2
21
17.7
22
17.3
13
17.9
14
17.6
15
17.4
16
17.0
17
16.0
18
15.8
7
17.0
8
16.5
9
16.3
10
16.2
11
15.8
12
15.4
1
16.7
2
16.0
3
15.5
4
15.3
5
15.1
6
14.8

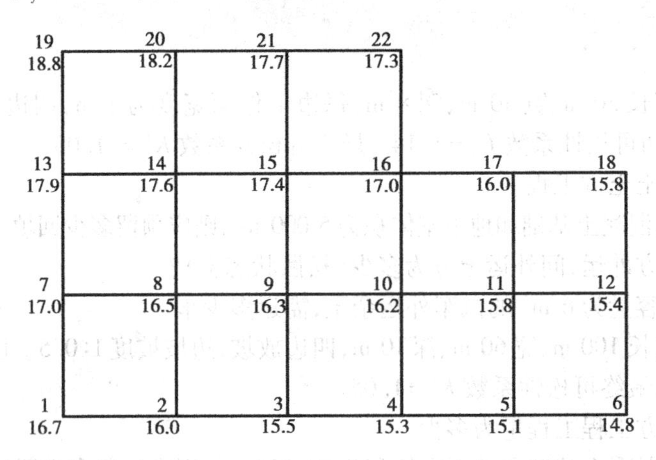

图 2.42　场地方格网示意图

7. 某建筑场地方格网,如图 2.43 所示,方格网的边长为 40 m×40 m,试用方格网法计算场地总挖方量和总填方量?

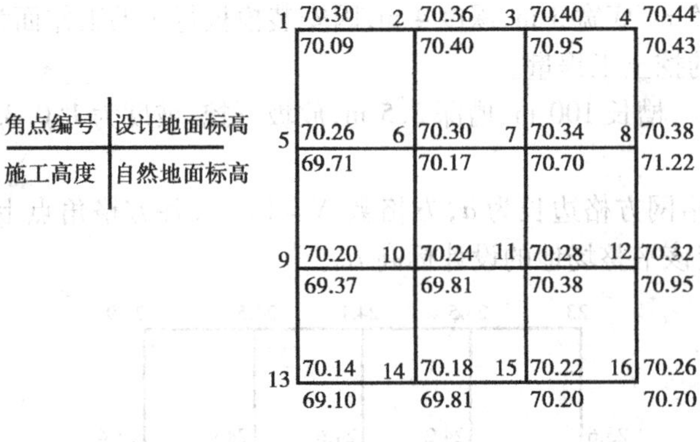

角点编号
设计地面标高
施工高度
自然地面标高
1 70.30 70.09
2 70.36 70.40
3 70.40 70.95
4 70.44 70.43
5 70.26 69.71
6 70.30 70.17
7 70.34 70.70
8 70.38 71.22
9 70.20 69.37
10 70.24 69.81
11 70.28 70.38
12 70.32 70.95
13 70.14 69.10
14 70.18 69.81
15 70.22 70.20
16 70.26 70.70

图 2.43　场地方格网示意图

8. 某工程地下室,施工开挖坑底尺寸为 50 m×20 m,深 4.8 m,拟用轻型井点系统降低地下水位。已知条件:相对室内 ±0.000 面,地下水位位于 -1.30 m 处;土的渗透系数 $K=5$ m/昼夜;在 -9.50 m 以下为不透水层;基坑边坡为 1:0.5。试:

(1)绘制轻型井点平面和高程布置。

(2)计算涌水量、井管数和间距。

(3)确定抽水设备选型。

3 地基与基础工程施工

[本章导读]

通过本章的学习，应熟悉几种常见的地基加固与处理的施工方法；熟悉基础的分类；掌握基础工程中浅基础和深基础的施工工艺与方法；会判定桩基础施工质量的好坏；能组织基础工程验收；能针对地基与基础工程施工现场可能发生的安全事故采取应对措施。

建筑物的全部质量和荷载是通过基础传递给地基的，任何建筑物都必须有可靠的地基和基础。地基是指在建筑物荷载作用下，基底下方产生的变形不可忽略的那部分地层。而基础则是指将建筑物荷载传递给地基的建筑物的最下部结构。作为支撑建筑物荷载的地基，必须有足够的承载力和稳定性，同时，必须控制基础的沉降不超过地基的变形允许值。

一般多层建筑物，当地基较好时采用天然浅基础，其造价低、施工简便。如果天然浅土层较弱，可采用人工合成材料、强夯、注浆、深层搅拌、化学加固等方法进行人工加固，形成人工地基。如深部土层也软弱，或建筑物的上部荷载较大或对沉降有严格要求的高层建筑、地下建筑以及桥梁基础等，则需采用深基础。

3.1 地基加固与处理

地基处理的目的是提高地基土的承载力，保持地基稳定、减少房屋的沉降或不均匀沉降。常用地基处理方法有换填法、预压法、强夯法、振冲法、土或灰土挤密法、砂石桩法、深层搅拌法、粉体喷射法、高压喷射注浆法、托换法、灌浆法、CFG 桩法、加筋土、土工合成材料法、树根桩、锚固法、重锤夯实法等。

地基处理与加固前应根据地区特点和资源情况选择适当的加固与处理的方法。本节仅介绍几种常用的地基加固与处理的方法。

3.1.1 地基的加固

1)土工合成材料地基

土工合成材料地基是在土工合成材料上填以土(砂土料)构成建筑物的地基,土工合成材料可以是单层,也可以是多层。一般为浅层地基。土工合成材料适用于加固软弱地基,使之形成复合地基,可提高土体强度,减少沉降,提高地基的稳定性;可用于公路、铁路路基作加强层,防止路基翻浆、下沉。

土工合成材料地基施工要点是:

(1)基层处理

铺放土工合成材料的基层应平整,局部高差不大于50 mm。清除树根、草根及硬物,避免损伤破坏土工合成材料。对不宜直接铺放的基层应先设置砂垫层,砂垫层厚度不宜小于300 mm,宜用中粗砂,含泥量不大于5%。

(2)土工合成材料铺放

首先应检查材料有无损伤破坏,按其主要受力方向铺放。铺放时应用人工拉紧,没有皱折,且紧贴下承层。应随铺随及时压固,以免被风掀起。连接的每端不少于1 m,上下层接缝应交替错开,错开距离不小于500 mm。连接的方法有搭接法、缝合法和胶结法。

(3)回填

土工合成材料垫层地基回填料应符合设计要求,回填料为中、粗、砾砂或细粒碎石类时,在距土工合成材料(主要指土工织物或土工膜)80 mm范围内,最大粒径应小于60 mm。当采用黏性土时,填料应能满足设计要求的压实度并不含有对土工合成材料有腐蚀作用的成分,含水量应控制在最佳含水量的±2%以内,密实度不小于最大密实度的95%。回填土应分层进行,每层填土的厚度应随填土的深度及所选压实机械性能确定,一般为100~300 mm,但其上第一层填土厚度不小于150 mm,填土机械只能沿垂直于土工合成材料的铺放方向运行。回填时应根据设计要求及地基沉降情况,控制回填速度。

施工过程中应检查清基、回填料铺设厚度及平整度、土工合成材料的铺设方向、接缝搭接长度或缝接状况、土工合成材料与结构的连接状况等。

2)强夯地基

强夯地基是利用重锤自由下落的冲击能来夯实浅层填土地基,使表面形成一层较为均匀的硬土层来承受上部荷载的地基。它适用于处理碎石土、砂土、低饱和度的粉土与黏性土、湿陷性黄土、素填土和杂填土等地基。当强夯所产生的振动对现场周围已建成或正在施工的建筑物有影响时不得采用,必须采用时应采取防振措施。

强夯地基施工要点是:

①场地平整。强夯施工场地应平整并能承受夯击机械荷载,施工前必须清除所有障碍物以及地下管线。

②布置夯点。夯击点位置可根据基底平面形状,采用等边三角形、等腰三角形或正方形布置,间距为夯锤直径的2.5~3.5倍。

③机械就位。强夯机械必须符合夯锤起吊质量和提升高度要求,并设置安全装置,防止夯击时起重机臂杆在突然卸重时发生后倾和减少臂杆的振动。

④夯锤起吊至预定高度。起吊前测量锤顶标高,作好记录。

⑤夯锤的自由下落。将夯锤起吊到预定高度,夯锤脱落自由下落后放下吊钩,测量锤顶标高。若发现因坑底倾斜而造成夯锤歪斜时,应及时将坑底整平。

⑥按设计要求重复夯击。按设计要求的夯击次数及控制标准夯击,即完成一个夯击点。换夯点重复夯击。

⑦低能量夯实表面松土。在规定的间隔时间后,按以上步骤逐次完成强夯夯击遍数,最后用低能量满夯,将表面松土夯实,并测量夯后场地标高。

强夯时,会对地基及周围建筑物产生一定的振动,夯击点宜距现有建筑物 15 m 以上。如间距不足,可在夯点与建筑物之间开挖隔振沟带,其沟深要超过建筑物的基础深度,并有足够的长度,或把强夯场地点包围起来。

3)高压旋喷注浆地基

高压喷射注浆地基是把注浆管钻入或置入土层以后,使喷嘴喷出 20 ~ 40 MPa 的高压喷射流破坏地基土体,形成预定形状的空间,注入的浆液将冲下的土置换或部分混合凝成固结体,以达到改造土体的一种方法。它适用于淤泥、淤泥质土、流塑、软塑或可塑黏性土、粉土、砂土、黄土、素填土和碎石土等地基的加固。可用于既有建筑和新建建筑的地基处理、深基坑侧壁挡土或挡水、基坑底部加固防止管涌与隆起、坝的加固与防水帷幕等工程。

旋喷法分为单独喷射浆液的单管法,浆液和压缩空气同时喷射的二重管法,浆液、压缩空气与高压水同时喷射的三重管法 3 种。旋喷射浆示意图如图 3.1 所示。

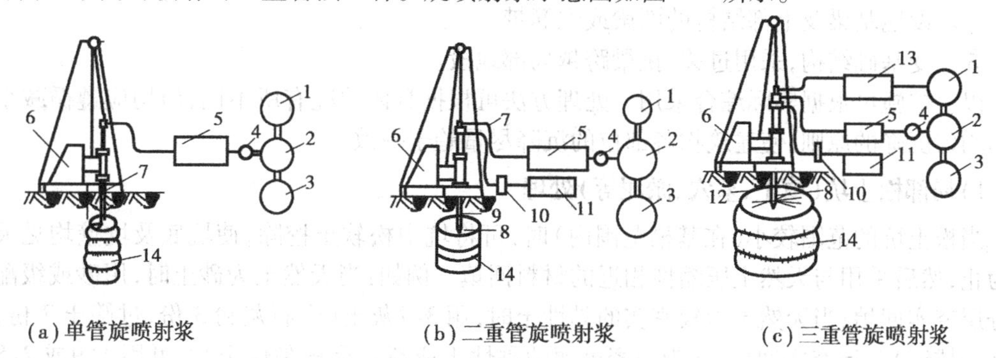

图 3.1 旋喷射浆示意图

1—水箱;2—搅拌机;3—水泥仓;4—浆桶;5—高压泥浆泵;6—钻机;7—注浆管;
8—喷头;9—二重管;10—气量计;11—空压机;12—三重管;13—高压水泵;14—固结体

高压旋喷注浆地基工艺流程是:场地平整→机具就位→贯入注浆管、试喷射→喷射注浆→拔管及冲洗等。其施工要点是:

①安装钻机:施工前先进行场地平整,挖好排浆沟,做好钻机定位。要求钻机安放保持水平,钻杆保持垂直,其倾斜度不得大于 1.5%。

②成孔:成孔宜根据地质条件及钻机功能确定成孔工艺,在标准贯入度 $N<40$ 的土层中进行单管喷射作业时,可采用振动钻机直接将注浆管插入;一般情况下可采用地质钻机预先成孔,成孔直径一般为 75 ~ 130 mm;孔壁易坍塌时,应下套管。

③插管:将注浆管插入钻孔预定深度,注浆管连接接头应密封良好。

④喷射作业:喷射作业前应检查喷嘴是否堵塞,输浆(水)、输气管是否存在泄漏现象。无异常情况后,开始按设计要求进行喷射作业。施工过程中应随时检查各压力表所示压力是否

正常,出现异常情况应立即停止喷射作业,待一切恢复正常后再继续施工。

⑤拔管:完成喷射作业后拔出注浆管。

⑥清洗浆管:拔出注浆管后,立即使用清水清洗注浆泵及注浆管道。连续注浆时,可于最后一次进行清洗。

⑦回灌浆液:注浆体初凝下沉后,应立即采用水泥浆液进行回灌,回灌高度应高出设计标高。

此外,地基加固方法还有灰土地基、砂和砂石地基、粉煤灰地基、预压地基、振冲地基、水泥土搅拌桩地基、CFG桩(水泥粉煤灰碎石桩)地基,等等。

▶ 3.1.2 地基的局部处理

根据勘察报告,局部存在异常的地基或经基槽检验查明的局部异常地基,均需根据实际情况、工程要求和施工条件,妥善进行局部处理。地基局部处理的原则是使处理后的地基基础沉降比较均匀,防止局部产生过大或过小的沉降。一般处理措施有:

①将井、坑、沟、墓等连同其周围的松土或过硬的土及砌体,全部或部分挖除,用适当的材料(土、灰土、砂、石、煤渣等)回填,使回填的压缩性与周围地基土的压缩性接近。

②采取前一措施的同时,必要时可将基础局部深埋。

③局部加大基础的底面面积,减少基底压力。

④增设地基梁及上部结构的圈梁或配筋带。

⑤改变基础结构,采用过梁、挑梁跨越局部地段。

以上措施可根据实际综合采用。处理方法可根据具体情况有所不同,但均应遵循减小地基不均匀沉降的原则,使建筑物各部位的沉降尽量趋于一致。

1)局部松土坑(填土、墓穴、淤泥等)处理

当松土坑的范围较小(在基槽范围内)时,可将坑中松软土挖除,使坑底及坑壁均见天然土为止,然后采用与天然土压缩性相近的材料回填。例如:当天然土为砂土时,用砂或级配砂石分层夯实回填;当天然土为较密实的黏性土时,用3:7灰土(生石灰粉3份,过筛土7份,混合拌匀摊铺)分层夯实回填;如为中密可塑的黏性土或新近沉积黏性土时,可用1:9或2:8灰土分层夯实回填。每层回填厚度不大于200 mm。

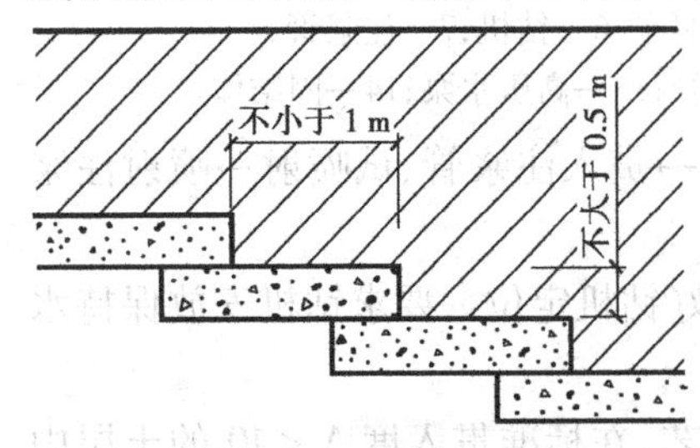

图3.2 局部基础落深示意图

当松土坑的范围较大(超过基槽边沿)或因各种条件限制,槽壁挖不到天然土层时,则应将该范围内的基槽适当加宽,采用与天然土压缩性相近的材料回填。如用砂土或砂石回填时,基槽每边均应按1:1坡度放宽;如用1:9或2:8灰土回填时,基槽每边均应按0.5:1坡度放宽;用3:7灰土回填时,如坑的长度不大于2 m,基槽可不放宽,但灰土与槽松土坑在基槽内所占的长度超过5 m时,将坑内软弱土挖去,如坑底土质与一般槽底土质相同,也可将此部分基础落深,做1:2踏步与两端相接(见图3.2),每步高不大于0.5 m,长度不小于1.0 m。如深度较大时,用灰土分层回填至基槽底标高。

对于较深的松土坑(如深度大于槽宽或大于1.5 m时),槽底处理后,还应适当考虑加强上部结构的强度和刚度,以抵抗由于可能发生的不均匀沉降而引起的应力。常用的加强方法是:在灰土基础上1~2皮砖处(或混凝土基础内)、防潮层下1~2皮砖处及首层顶板处各配置3~4根直径为8~12 mm的钢筋,跨过该松土坑两端各1 m。

松土坑埋藏深度很大时,也可部分挖除松土(一般深度不小于槽宽的2倍),分层夯实回填,并加强上部结构的强度和刚度;或改变基础形式,如采用梁板式跨越松土坑、桩基础穿透松土坑等方法。

当地下水位较高时,可将坑中软弱的松土挖去后,用砂土、碎石或混凝土分层回填。

2)砖井或土井的处理

当井内有水并且在基础附近时,可将水位降低到可能程度,用中、粗砂及块石、卵石等夯填至地下水位以上500 mm。如有砖砌井圈时,应将砖井圈拆除至坑(槽)底以下1 m或更多些,然后用素土或灰土分层夯实回填至基底(或地坪底)。

当枯井在室外、距基础边沿5 m以内时,先用素土分层夯实回填至室外地坪下1.5 m处,将井壁四周砖圈拆除或松软部分挖去,然后用素土或灰土分层夯实回填。

当枯井在基础下(条形基础3倍宽度或柱基2倍宽度范围内),先用素土分层夯实回填至基础底面下2 m处,将井壁四周松软部分挖去,有砖井圈时,将砖井圈拆除至槽底以下1~1.5 m,然后用素土或灰土分层夯实回填至基底。当井内有水时按上述方法处理。

当井在基础转角处,若基础压在井上部分不多时,除用以上方法回填处理外,还应对基础加强处理,如在上部设钢筋混凝土板跨越或采用从基础中挑梁的办法解决;若基础压在井上部分较多时,用挑梁的办法较困难或不经济时,可将基础沿墙长方向向外延长出去,使延长部分落在天然土上,并使落在天然土上的基础总面积不小于井圈范围内原有基础的面积,同时在墙内适当配筋或用钢筋混凝土梁加强。

当井已淤填,但不密实时,可用大块石将下面软土挤密,再用上述方法回填处理。若井内不能夯填密实时,可在井内设灰土挤密桩或在砖井圈上加钢筋混凝土盖封口,上部再回填处理。

3)局部软硬土的处理

当基础下局部遇基岩、旧墙基、老灰土、大块石、大树根或构筑物等,均应尽可能挖除,采用与其他部分压缩性相近的材料分层夯实回填,以防建筑物由于局部落于较硬物上造成不均匀沉降而使建筑物开裂;或将坚硬物凿去300~500 mm深,再回填土砂混合物夯实。

当基础一部分落于基岩或硬土层上,一部分落于软弱土层上时,应将基础以下基岩或硬土层挖去300~500 mm深,填以中、粗砂或土砂混合物做垫层,使之能调整岩土交界处地基的相对变形,避免应力集中出现裂缝;或采取加强基础和上部结构的刚度来克服地基的不均匀变形。

4)其他情况的处理

(1)橡皮土

当黏性土含水量很大趋于饱和时,碾压(夯拍)后会使地基土变成“橡皮土”。所以,当发现地基土(黏土、亚黏土等)含水量趋于饱和时,要避免直接碾压(夯拍),可采用晾槽或掺石灰粉的办法降低土的含水量,有地表水时应排水,地下水位较高时应将地下水降低至基底0.5 m以下,然后再根据具体情况选择施工方法。如果地基土已出现橡皮土,则应全部挖除,填以3∶7灰土、砂土或级配砂石,或插片石夯实;也可将橡皮土翻松、晾晒、风干至最优含水量范围再夯实。

(2)管道

当管道位于基底以下时,最好拆迁或将基础局部落低,并采取防护措施,避免管道被基础压坏。当管道穿过基础墙,而基础又不允许切断时,必须在基础墙上管道周围,特别是上部留出足够尺寸的空隙(大于房屋预估的沉降量),使建筑物产生沉降后不致引起管道的变形或损坏,如图 3.3 所示。

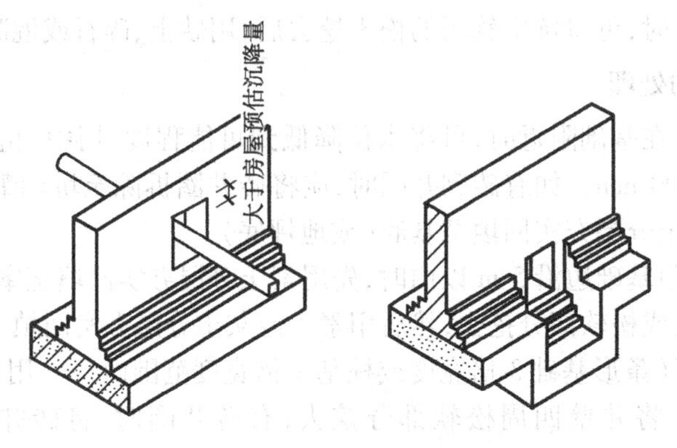

图 3.3　管道穿过基础墙处理示意图

另外,管道应该采取防漏措施,以免漏水浸湿地基造成不均匀沉降。特别当地基为填土、湿陷性黄土或膨胀土时,尤其应引起重视。

3.2　浅基础施工

基础是建筑物埋在地面以下的承重构件,用以承受建筑物的全部荷载,并将这些荷载及其自重一起传给下面的地基。基础是建筑的重要组成部分,因此基础应满足以下 3 方面的要求:强度要求、耐久性要求、经济性要求。

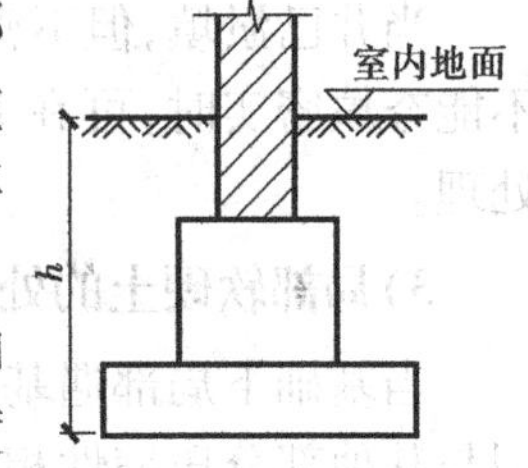

图 3.4　基础埋深示意图

建筑物室外设计地坪至基础底面的垂直距离,称作基础埋深,如图 3.4 所示。其中埋置深度在 5 m 以内的基础称为浅基础,埋置深度在 5 m 以上的基础称为深基础。地基与基础的关系如图 3.5 所示。

根据地基复杂程度、建筑物规模和功能特征以及由于地基问题可能造成建筑物破坏或影响正常使用的程度,将地基基础设计分为 3 个设计等级,设计时应根据具体情况,按表 3.1 确定。

表 3.1　地基基础设计等级

设计等级	建筑和地基类型
甲级	重要的工业与民用建筑物;30 层以上的高层建筑;体型复杂,层数相差超过 10 层的高低层连成一体建筑物;大面积的多层地下建筑物(如地下车库、商场、运动场等);对地基变形有特殊要求的建筑物;复杂地质条件下的坡上建筑物(包括高边坡);对原有工程影响较大的新建建筑物;场地和地基条件复杂的一般建筑物;位于复杂地质条件及软土地区的 2 层及 2 层以上地下室的基坑工程

续表

设计等级	建筑和地基类型
乙级	除甲级、丙级以外的工业与民用建筑物
丙级	场地和地基条件简单、荷载分布均匀的7层及7层以下民用建筑及一般工业建筑；次要的轻型建筑物

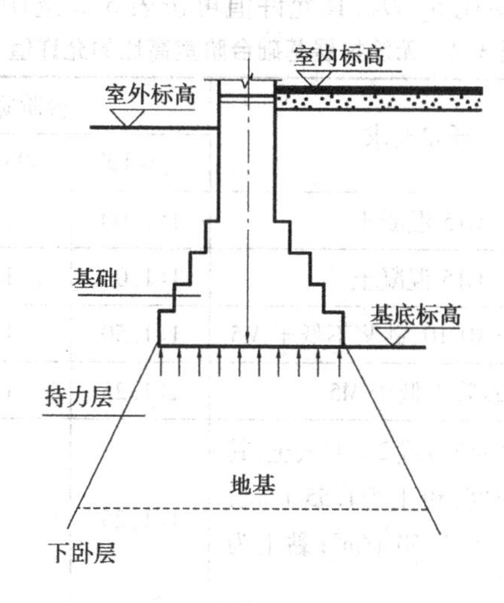

图3.5 地基与基础的关系

▶ 3.2.1 无筋扩展基础施工

1)无筋扩展基础构造

无筋扩展基础(也称刚性基础)是指用砖、石、混凝土、灰土、三合土等材料组成的，且不需配置钢筋的墙下条形基础或柱下独立基础(见图3.6)。这种基础的特点是抗压性能好，整体性、抗拉、抗弯、抗剪性能差。它适用于地基坚实、均匀、上部荷载较小，6层和6层以下(三合土基础不宜超过4层)的一般民用建筑和墙承重的轻型厂房。

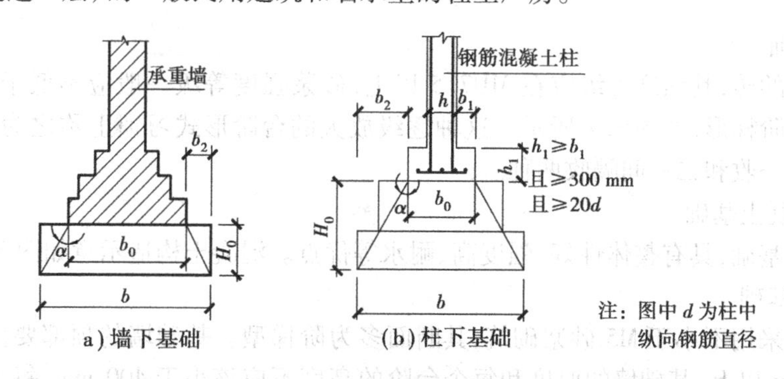

图3.6 无筋扩展基础构造示意图

无筋扩展基础的截面形式有矩形、阶梯形、锥形等。

为保证在基础内的拉应力、剪应力不超过基础的容许抗拉、抗剪强度，一般通过构造加以限制。基础高度应满足：

$$H_0 \geqslant \frac{b - b_0}{2\tan\alpha} \tag{3.1}$$

式中 b——基础底面宽度；

b_0——基础顶面的墙体宽度或柱脚宽度；

H_0——基础高度；

$\tan\alpha$——基础台阶宽高比 $b_2:H_0$，其允许值可按表 3.2 选用。

表 3.2　无筋扩展基础台阶宽高比的允许值

基础材料	质量要求	台阶宽高比的允许值		
		$P_k \leqslant 100$	$100 < P_k \leqslant 200$	$200 < P_k \leqslant 300$
混凝土基础	C15 混凝土	1:1.00	1:1.00	1:1.25
毛石混凝土基础	C15 混凝土	1:1.00	1:1.25	1:1.50
砖基础	砖不低于 MU10、砂浆不低于 M5	1:1.50	1:1.50	1:1.50
毛石基础	砂浆不低于 M5	1:1.25	1:1.50	—
灰土基础	体积比为3:7或2:8的灰土，其最小干密度：粉土为1.55 t/m^3；粉质黏土为 1.50 t/m^3；黏土为 1.45 t/m^3	1:1.25	1:1.50	—
三合土基础	体积比 1:2:4 ~ 1:3:6（石灰:砂:骨料），每层约虚铺220 mm，夯至 150 mm	1:1.50	1:1.20	—

注：① P_k 为荷载效应标准组合时基础底面处的平均压力值，kPa；

② 阶梯形毛石基础的每阶伸出宽度，不宜大于 200 mm；

③ 当基础由不同材料叠合组成时，应对接触部分做抗压验算；

④ 基础底面处的平均压力值超过 300 kPa 的混凝土基础，尚应进行抗剪验算。

（1）砖基础

用于基础的砖，其强度等级应在 MU7.5 以上，砂浆强度等级一般应不低于 M5。基础墙的下部要做成阶梯形，如图 3.7 所示。这种逐级放大的台阶形式习惯上称之为大放脚，其具体砌法有两皮一收和二一间隔收两种。

（2）素混凝土基础

素混凝土基础，具有整体性好、强度高、耐水等优点。混凝土构造示意如图 3.8 所示。

（3）毛石基础

毛石基础采用不小于 M5 砂浆砌筑，其断面多为阶梯型。基础墙的顶部要比墙或柱身每侧各宽 100 mm 以上，基础墙的厚度和每个台阶的高度不应该小于 400 mm，每个台阶挑出宽度不应大于 200 mm。毛石基础构造示意如图 3.9 所示。

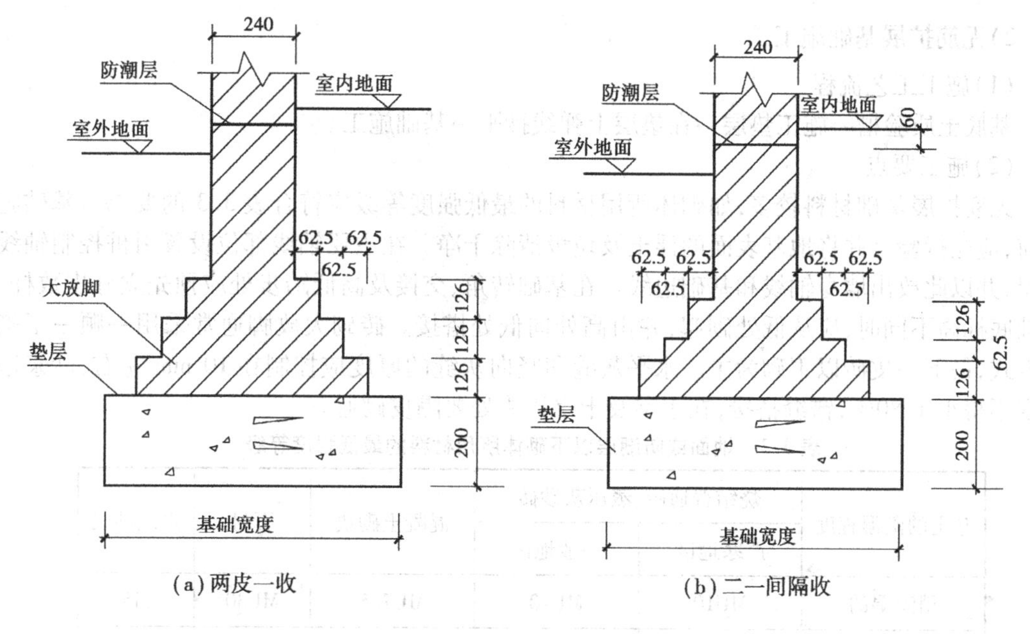

图3.7　砖基础构造示意图

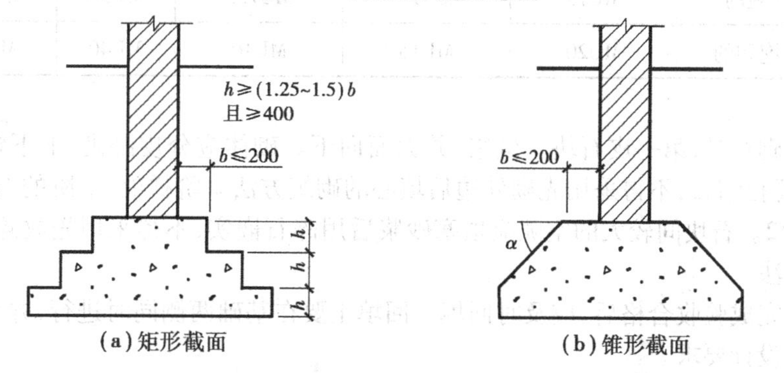

图3.8　混凝土基础构造示意图

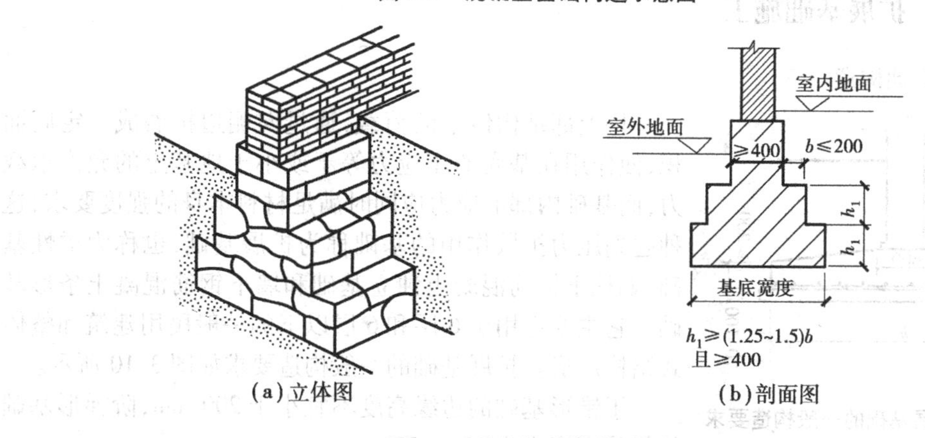

图3.9　毛石基础构造示意图

2)无筋扩展基础施工

(1)施工工艺流程

基底土质验槽→施工垫层→在垫层上弹线抄平→基础施工。

(2)施工要点

无筋扩展基础材料较多,如砌体所用材料的最低强度等级应符合表3.3的要求。基础施工前,应先行验槽并将地基表面的浮土及垃圾清除干净。在主要轴线部位设置引桩控制轴线位置,并以此放出墙身轴线和基础边线。在基础转角、交接及高低踏步处应预先立好皮数杆。基础底标高不同时,应从低处砌起,并由高处向低处搭接。砖砌大放脚通常采用一顺一丁砌筑方式,最下一皮砖以丁砌为主。水平灰缝和竖向灰缝的厚度应控制在10 mm左右,砂浆饱满度不得小于80%,错缝搭接,在丁字及十字接头处要隔皮砌通。

表3.3 地面或防潮层以下砌体所用材料的最低强度等级

基土的潮湿程度	烧结普通砖、蒸压灰砂砖		混凝土砌块	石材	水泥砂浆
	严寒地区	一般地区			
稍潮湿的	MU10	MU10	MU7.5	MU30	M5
很潮湿的	MU15	MU10	MU7.5	MU30	M7.5
含水饱和的	MU20	MU15	MU10	MU40	M10

毛石基础砌筑时,第一皮石块应坐浆,并大面向下。砌体应分皮卧砌,上下错缝,内外搭接,按规定设置拉结石,不得采用先砌外边后填心的砌筑方法。阶梯处,上阶的石块应至少压下阶石块的1/2。石块间较大的空隙应填塞砂浆后用碎石嵌实,不得采用先放碎石后灌浆或干填碎石的方法。

基础砌筑完成验收合格后,应及时回填。回填土要在基础两侧同时进行,并分层夯实,压实系数应符合设计要求。

▶ 3.2.2 扩展基础施工

1)扩展基础构造

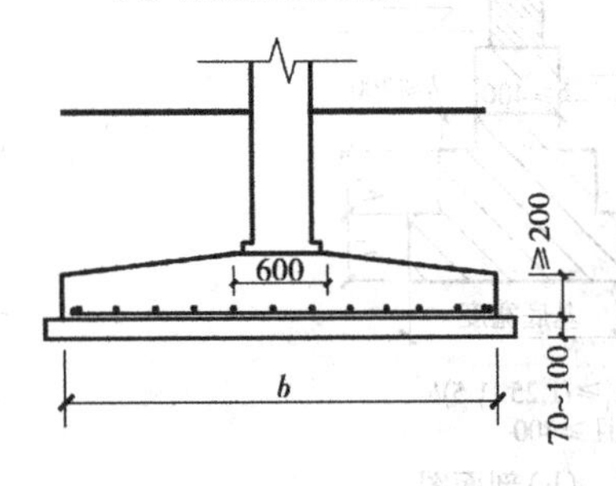

图3.10 扩展基础的一般构造要求

将上部结构传来的荷载,通过向侧边扩展成一定底面积,使作用在基底的压应力等于或小于地基土的允许承载力,而基础内部的应力应同时满足材料本身的强度要求,这种起到压力扩散作用的基础称为扩展基础,也称为柔性基础,如柱下钢筋混凝土独立基础和墙下钢筋混凝土条形基础。它主要适用于6层和6层以下的一般民用建筑和整体式结构厂房。扩展基础的一般构造要求如图3.10所示。

①锥形基础的边缘高度不宜小于200 mm,阶梯形基础的每阶高度宜为300~500 mm。

②垫层的厚度不宜小于70 mm,垫层混凝土强度等级应为C10。

③扩展基础底板受力钢筋的最小直径不宜小于10 mm;间距不宜大于200 mm,也不宜小

于 100 mm。墙下钢筋混凝土条形基础纵向分布钢筋的直径不小于 8 mm;间距不大于 300 mm,每延米分布钢筋的面积应不小于受力钢筋面积的 1/10。当有垫层时钢筋保护层的厚度不小于 40 mm,无垫层时不小于 70 mm。

④混凝土强度等级不应低于 C20。

柱纵筋在基础中的锚固通过在基础中预埋锚筋来实现。现浇柱的基础中插筋的数量、直径以及钢筋种类应与柱内纵向受力钢筋相同。插筋的锚固长度应满足上述要求,插筋的下端宜做成直钩置于基础底板钢筋网上。当柱为轴心受压或小偏心受压、基础高度≥1 200 mm 或柱为大偏心受压、基础高度≥1 400 mm 时,可仅将四角的插筋伸至底板钢筋网上,其余插筋锚固在基础顶面下的长度按其是否有抗震设防要求分别为 l_a 或 l_{ae}(见图 3.11)。

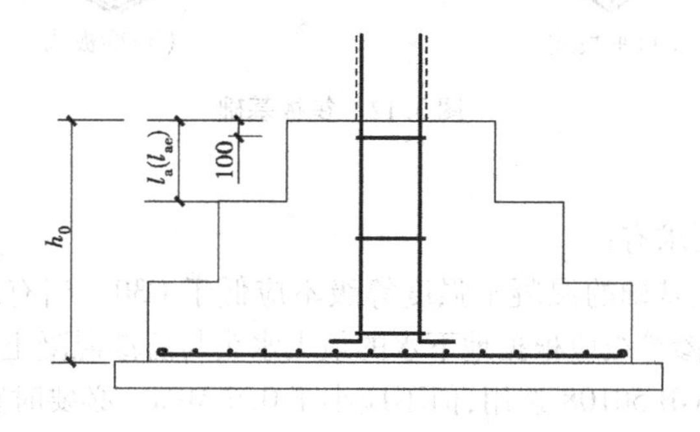

图 3.11 现浇柱基插筋示意图

2)扩展基础施工

(1)施工工艺流程

基底土质验槽→施工垫层→在垫层上弹线抄平→基础施工。

(2)施工要点

基础施工前,应进行验槽并将地基表面的浮土及垃圾清除干净,及时浇筑混凝土垫层,以免地基土被扰动。当垫层达到一定强度后,在其上弹线、绑扎钢筋、支模。钢筋底部应采用与混凝土保护层相同的水泥砂浆垫块垫塞,以保证位置正确。基础上有插筋时,要采取措施加以固定,保证插筋位置的正确,防止浇捣混凝土时发生位移。

基础混凝土应分层连续浇筑完成。阶梯形基础应按台阶分层浇筑,每浇筑完一个台阶后应待其初步沉实后,再浇筑上层,以防止下台阶混凝土溢出,在上台阶根部出现烂根。台阶表面应基本抹平。锥形基础的斜面部分模板应随混凝土浇捣分段支设并顶压紧,以防模板上浮变形,边角处混凝土应注意捣实。严禁斜面部分不支模、采用铁锹拍实的方法。

杯形基础的杯口模板要固定牢固,防止浇捣混凝土时发生位移,并应考虑便于拆模和周转使用。浇筑混凝土时应先将杯底混凝土振实,待其沉实后,再浇筑杯口四周混凝土。注意四侧要对称均匀进行,避免将杯口模板挤向一侧。基础浇捣完毕,在混凝土初凝后终凝前将杯口模板取出,并将杯口内侧表面混凝土凿毛。高杯口基础施工时,可采用后安装杯口模板的方法,即当混凝土浇捣接近杯底时,再安装固定杯口模板,浇筑杯口四周混凝土。

▶ 3.2.3 筏板基础施工

当地质条件差、上部荷载大时,可将部分或整个建筑范围的基础连在一起,其形式犹如倒置的楼板，又似筏子，故称为筏板基础，又称为满堂基础。筏板基础根据是否有梁可分为平板式和梁板式两种，如图3.12所示。筏板基础适用于地基承载力较低又不均匀、有地下水或上部结构荷载很大的场合。

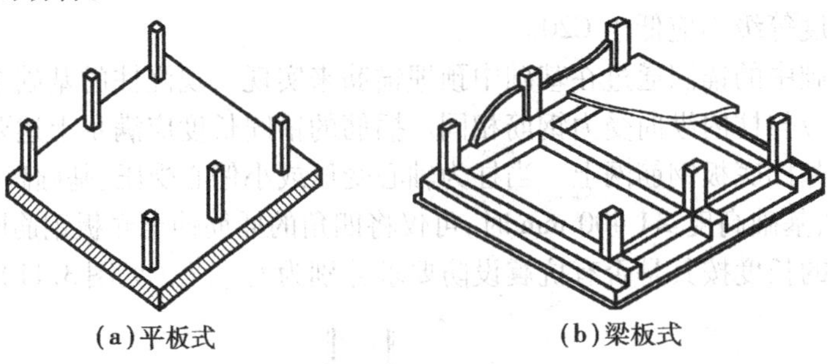

图3.12 筏板基础

1)筏板基础构造

筏板基础的构造要求有：

①强度等级。筏板基础的混凝土强度等级不应低于C30。当有地下室时应采用防水混凝土，防水混凝土的抗渗等级应根据地下水的最大水头与防渗混凝土厚度的比值，按现行《地下工程防水技术规范》GB 50108选用，但不应小于0.6 MPa。必要时宜设架空排水层。

②墙体。采用筏板基础的地下室，应沿地下室四周布置钢筋混凝土外墙，外墙厚度不应小于250 mm，内墙厚度不应小于200 mm。墙的截面设计除满足承载力要求外，尚应考虑变形、抗裂及防渗等要求。墙体内应设置双面钢筋，竖向和水平钢筋的直径不应小于12 mm，间距不应大于300 mm。

③板厚。筏基底板的厚度均应满足受冲切承载力、受剪切承载力的要求。对12层以上建筑的梁板式筏基的板厚不宜小于400 mm，且板厚与最大双向板格的短边之比不小于1/20。

④柱(墙)与基础梁的连接。地下室底层柱、剪力墙至梁板式筏基的基础梁边缘的距离不应小于50 mm，构造示例如图3.13所示。

a.当交叉基础梁的宽度小于柱截面的边长时，交叉基础梁连接处应设置八字角，柱角和八字角之间的净距不宜小于50 mm，如图3.13(a)所示；

b.单向基础梁与柱的连接，可按图3.13(b)、图3.13(c)采用；

c.基础梁与剪力墙的连接，可按图3.13(d)采用。

⑤施工缝。筏板与地下室外墙的接缝、地下室外墙沿高度处的水平接缝应严格按施工缝要求采取措施，必要时可设通长止水带。

⑥裙房。高层建筑筏形基础与裙房之间的构造应符合下列要求：

a.当高层建筑与相连的裙房之间设置沉降缝时，高层建筑的基础埋深应大于裙房基础的埋深至少2 m。当不满足要求时必须采取有效措施。沉降缝地面以下的空间应用粗砂填实。如图3.14所示。

b.当高层建筑与相连的裙房之间不设置沉降缝时，宜在裙房一侧设置后浇带。后浇带的位置宜设在距主楼边柱的第二跨内。后浇带混凝土宜根据实测沉降值并计算后期沉降差能满足设计要求后方可进行浇筑。

c.当高层建筑与相连的裙房之间不允许设置沉降缝和后浇带时，应进行地基变形验算。

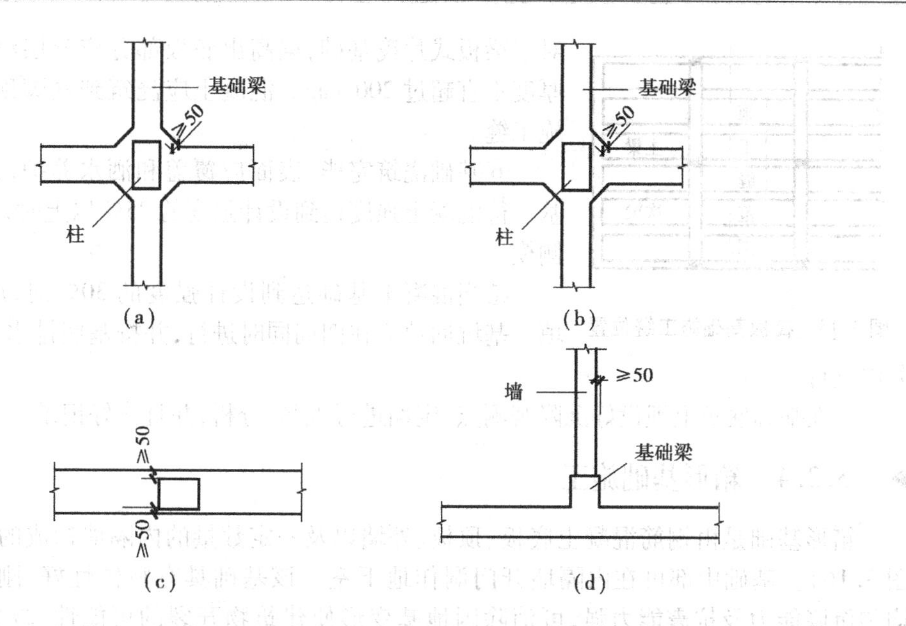

图 3.13 地下室底层柱或剪力墙与基础梁连接的构造要求

验算时需考虑地基变形对结构的影响并采取相应的有效措施。

⑦墙外回填土。筏板基础地下室施工完毕后，应及时进行基坑回填工作。回填基坑时，必须先清除基坑中的杂物，在相对的两侧或四周同时回填并分层夯实。

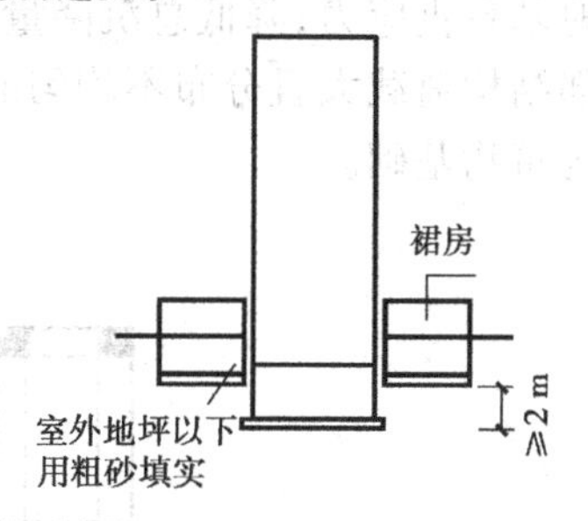

图 3.14 高层建筑与裙房间的沉降缝处理

2)筏板基础施工

(1)施工工艺流程

基底土质验槽→施工垫层→在垫层上弹线抄平→基础施工。

(2)施工要点

①基坑开挖时，若地下水位较高，应采取明沟排水、人工降水等措施，使地下水位降至基坑底下不少于500 mm，保证基坑在无水情况下进行开挖和基础结构施工。

②开挖基坑应注意保持基坑底土的原状结构，尽量不要扰动。当采用机械开挖基坑时，在基坑底面设计标高以上保留200～400 mm厚的土层，采用人工挖除并清理平整。如不能立即进行下道工序施工，应预留100～200 mm厚土层，在下道工序施工前挖除，以防止地基土被扰动。在基坑验槽后，应立即浇筑垫层。

③当垫层达到一定强度后，在其上弹线、支模、铺放钢筋、连接柱的插筋。

④在浇筑混凝土前，清除模板和钢筋上的垃圾、泥土等杂物，木模板浇水加以润湿。

⑤混凝土浇筑方向应平行于次梁长度方向，对于平板式筏板基础则应平行于基础长边方向。混凝土应一次浇灌完成，若不能整体浇灌完成，则应留设施工缝。施工缝留设位置：当平行于次梁长度方向浇筑时，应留在次梁中部1/3跨度范围内；对平板式可留设在任何位置，但施工缝应平行于底板短边且不应在柱脚范围内，如图3.15所示。在施工缝处继续浇灌混凝土时，应将施工缝表面松动的石子等清扫干净，并浇水湿润，铺上一层水泥浆或与混凝土成分相同的水泥砂浆，再继续浇筑混凝土。

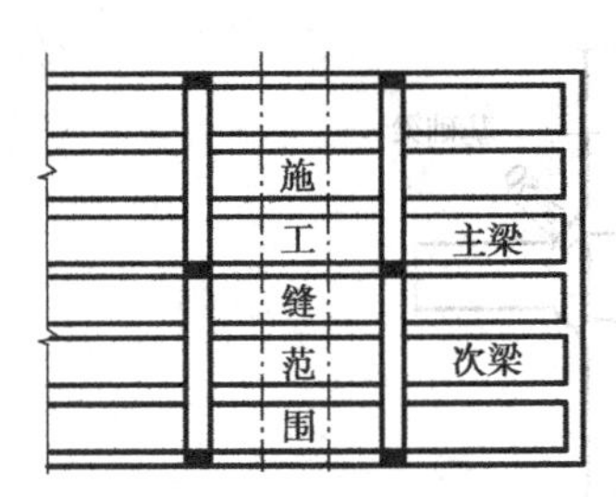

图 3.15　筏板基础施工缝位置

对于梁板式片筏基础,梁高出底板部分应分层浇筑,每层浇灌厚度不宜超过 200 mm。混凝土应浇筑到柱脚顶面,留设水平施工缝。

⑥基础浇筑完毕,表面应覆盖和洒水养护,并防止浸泡地基。待混凝土强度达到设计强度的 25% 以上时,即可拆除梁的侧模。

⑦当混凝土基础达到设计强度的 30% 时,应进行基坑回填。基坑回填应在四周同时进行,并按基底排水方向由高到低分层进行。

⑧在基础底板上埋设好沉降观测点,定期进行观测、分析,并且作好记录。

▶ 3.2.4　箱形基础施工

箱形基础是由钢筋混凝土底板、顶板、外墙以及一定数量的内隔墙构成的封闭箱体(见图 3.16)。基础中部可在内隔墙开门洞作地下室。该基础具有整体性好,刚度大,调整不均匀沉降能力及抗震能力强,可消除因地基变形使建筑物开裂的可能性,减少基底处原有地基自重应力,降低总沉降量等特点。它适用作软弱地基上的面积较小、平面形状简单、上部结构荷载大且分布不均匀的高层建筑物的基础和对沉降有严格要求的设备基础或特种构筑物基础。

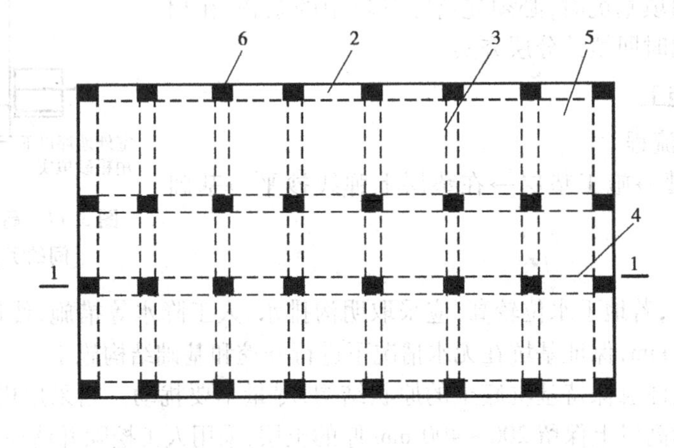

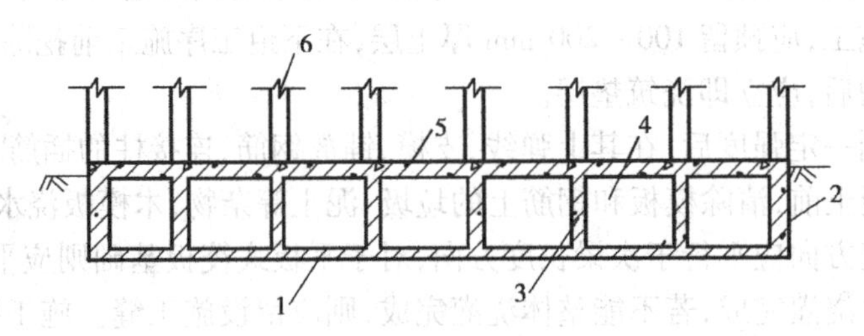

图 3.16　箱形基础

1—底板;2—外墙;3—内墙隔墙;4—内纵隔墙;5—顶板;6—柱

1)箱形基础的构造要求

①箱形基础的底面形心应尽可能与上部结构竖向静荷载重心相重合,即在平面布置上尽可能对称,以减少荷载的偏心距,防止基础过度倾斜。

②混凝土强度等级不应低于C30。

③基础高度一般取建筑物高度的1/12~1/8,不宜小于箱形长度的1/8,且不小于3 m。

④箱形基础的外墙沿建筑物四周布置,内墙一般沿上部结构柱网和剪力墙纵横均匀布置。墙体厚度应根据实际受力情况确定,内墙厚度不宜小于200 mm,一般为200~300 mm;外墙厚度不应小于250 mm,一般为250~400 mm。

⑤箱形基础底板、顶板的厚度应满足柱或墙冲切验算要求,并根据实际受力情况通过计算确定。底板厚度一般取隔墙间距的1/10~1/8,为300~1 000 mm;顶板厚度为200~400 mm。

⑥为保证箱形基础的整体刚度,平均每平方米基础面积上墙体长度应不小于400 mm,或墙体水平截面积不得小于基础面积的1/10,其中纵墙配置量不得小于墙体总配置量的3/5。

⑦底板、顶板及内、外墙的钢筋按计算确定。

2)箱形基础施工要点

①基坑开挖,如地下水位较高,应采取措施降低地下水位至基坑底以下至少500 mm,并尽量减少对基坑底土的扰动。当采用机械开挖基坑时,在基坑底面以上200~400 mm厚的土层,应用人工挖除并清理。基坑不得长期暴露,更不得积水。基坑验槽后,应立即进行基础施工。

②施工时,基础底板、内外墙和顶板的支模、钢筋绑扎和混凝土浇筑,可采取内外墙和顶板分次支模浇筑方法施工,其施工缝的留设位置和处理应符合钢筋混凝土工程施工及验收规范有关要求,外墙接缝应设止水带。

③基础的底板、内外墙和顶板宜连续浇筑完毕。为防止出现温度收缩裂缝,一般情况下,应设置贯通后浇带,带宽不宜小于800 mm,在后浇带处钢筋应贯通。顶板浇筑后,相隔2~4周,使用比设计强度提高一级的细石混凝土将后浇带填灌密实,并注意加强养护。

④箱形基础底板厚度一般都超过1.0 m,其混凝土浇筑属于大体积混凝土浇筑。应根据实际情况选择浇筑方案,注意养护,防止产生温度裂缝。

⑤基础施工完毕,应尽早进行基础结构验收,立即进行回填土。停止降水时,应验算基础的抗浮稳定性,抗浮稳定性系数不宜小于1.2,如不能满足时,应采取有效措施,例如继续抽水直至上部结构荷载加上后能满足抗浮稳定系数要求为止,或在基础内采取灌水或加重物等,防止基础上浮或倾斜。

⑥高层建筑进行沉降观测,水准点及观测点应根据设计要求及时埋设,并注意保护。

3.3 深基础施工

一般建筑物多采用天然浅基础,造价低、施工方便。如果天然浅基础土层软弱,可进行人工加固,形成人工地基浅基础。如深部土层同样软弱,或上部荷载很大而且对变形和稳定性有严格要求的一些特殊建筑、设备基础或高层建筑,无法采用浅基础时,则需要经过技术经济比较后采用深基础。深基础不但可选用深部较好的土层来承受上部荷载,还可利用深基础周壁的摩阻力来共同承受上部荷载,因而其承载力高、变形小、稳定性好,但其施工技术复杂、造价高、工期长。

深基础是指桩基础、墩基础、沉井基础、沉箱基础和地下连续墙等。其中桩基础是一种应用最广的深基础形式,它由桩和桩顶的承台组成。桩基础按承载性状分为端承桩和摩擦桩两种;按施工方法,分为预制桩和灌注桩两类。本节仅介绍桩基础中的钢筋混凝土预制桩和混凝土灌注桩施工。

▶ 3.3.1 钢筋混凝土预制桩施工

钢筋混凝土预制桩就是在预制构件厂或施工现场预制,用沉桩设备在设计位置上将其沉入土中,其特点:坚固耐久,不受地下水或潮湿环境影响,能承受较大荷载,施工机械化程度高,进度快,能适应不同土层施工。钢筋混凝土预制桩是我国目前广泛采用的一种桩型。钢筋混凝土预制桩有方形实心断面桩和圆柱体空心断面桩(管桩)。

钢筋混凝土预制桩施工前,应根据施工图设计要求、桩的类型、成孔过程对土的挤压情况、地质探测和试桩等资料,制定施工方案。其主要内容包括:确定施工方法,选择打桩机械,确定打桩顺序,桩的预制、运输,以及沉桩过程中的技术和安全措施。

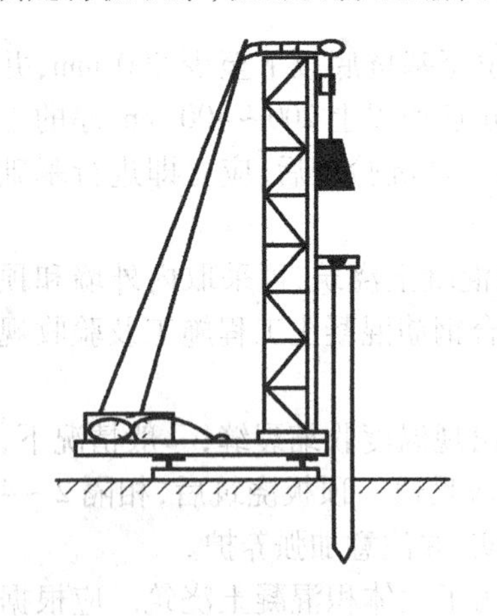

图3.17 打入桩施工

1)施工准备

①场地平整及周边障碍物处理。

②定桩位及埋设水准点。依据施工图设计要求,把桩基定位轴线的位置在施工现场准确地测定出来,并做出明显标志。在打桩现场附近设置2~4个水准点,用以抄平场地和作为检查桩入土深度的依据。桩基轴线的定位点及水准点,应设置在不受打桩影响的地方。

③桩帽、垫衬和送桩设备机具准备。

④打桩设备及选择。打桩设备包括桩锤、桩架和动力装置。

a. 桩锤:

•桩锤的选择。桩锤可选用落锤、汽锤、柴油打桩锤和振动锤。

落锤一般由铸铁制成。有穿心锤和龙门锤两种,重0.2~2 t。它利用绳索或钢丝绳通过吊钩由卷扬机沿桩架导杆提升到一定高度,然后自由落下击打桩顶(见图3.17)。

汽锤是以高压蒸汽或压缩空气为动力的打桩机械,有单动汽锤和双动汽锤两种(见图3.18)。

•柴油打桩锤利用燃油爆炸来推动活塞往返运动进行锤击打桩,柴油桩锤、桩架与动力设备配套组成柴油打桩机。

振动锤是利用机械强迫振动,通过桩帽传到桩上使桩下沉。

•锤的质量选择。锤的质量选择应根据地质条件、工程结构、桩的类型、密集程度及施工条件等参考表3.4选用。

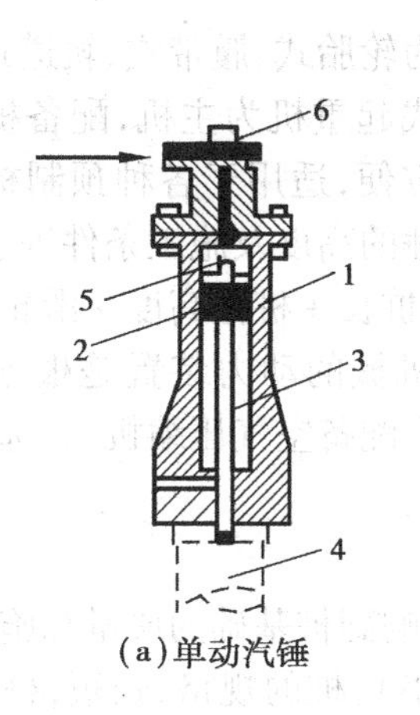

(a)单动汽锤

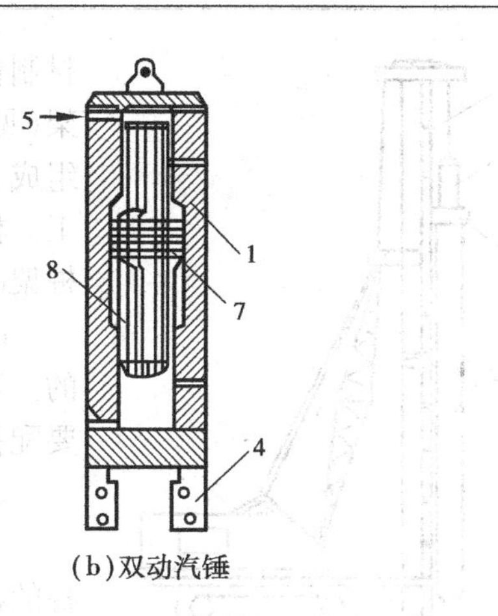

(b)双动汽锤

图 3.18　汽锤

1—汽缸;2—活塞;3—活塞杆;4—桩;5—活塞上部;

6—换向阀门;7—锤的垫座;8—冲击部分

表 3.4　锤的质量选择

锤　型			柴油锤/t					
			20	25	35	45	60	72
锤的动力性能	冲击部分质量/t		2.0	2.5	3.5	4.5	6.0	7.2
	总质量/t		4.5	6.5	7.2	9.6	15.0	18.0
	冲击力/kN		2 000	2 000 ~ 2 500	2 500 ~ 4 000	4 000 ~ 5 000	5 000 ~ 7 000	7 000 ~ 10 000
	常用冲程/m		1.8 ~ 2.3					
桩的边长或直径	预制方桩、预应力管桩的边长或直径/cm		25 ~ 35	35 ~ 40	40 ~ 45	45 ~ 50	50 ~ 55	55 ~ 60
	钢管桩直径/cm			ϕ40		ϕ60	ϕ90	ϕ90 ~ 100
持力层	黏性土、粉土	一般进入深度/m	1 ~ 2	1.5 ~ 2.5	2 ~ 3	2.5 ~ 3.5	3 ~ 4	3 ~ 5
		静力触探比贯入阻力 P_s 平均值/MPa	3	4	5	>5	>5	>5
	砂土	一般进入深度/m	0.5 ~ 1	0.5 ~ 1.5	1 ~ 2	1.5 ~ 2.5	2 ~ 3	2.5 ~ 3.5
		标准贯入击数 N（未修正）	15 ~ 25	20 ~ 30	30 ~ 40	40 ~ 45	45 ~ 50	50
锤的常用控制贯入度/[cm·(10击)$^{-1}$]				2 ~ 3		3 ~ 5	4 ~ 8	
设计单桩极限承载力/kN			400 ~ 1 200	800 ~ 1 600	2 500 ~ 4 000	3 000 ~ 5 000	5 000 ~ 7 000	7 000 ~ 10 000

b. 桩架:桩架是支持桩身和桩锤,在打桩过程中引导桩的方向及维持桩的稳定,并保证桩锤沿着所要求方向冲击的设备。桩架一般由底盘、导向杆、起吊设备、撑杆等组成。桩架用钢

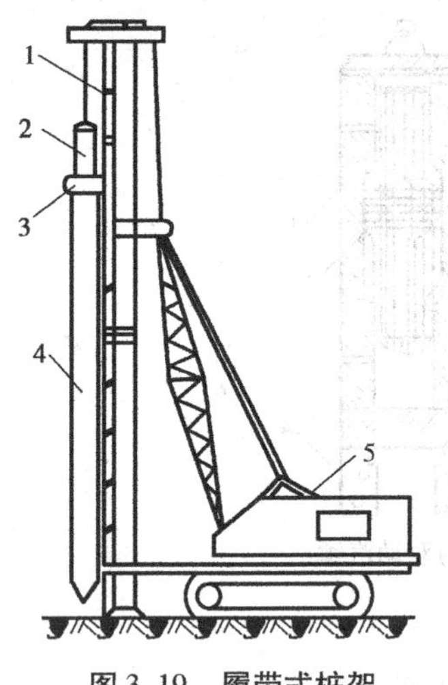

图3.19　履带式桩架
1—导架;2—桩锤;
3—桩帽;4—桩;5—吊车

材制作,按移动方式分为轮胎式、履带式、轨道式等。履带式桩架(见图3.19)以履带式起重机为主机,配备桩架工作装置而组成。操作灵活、移动方便,适用于各种预制桩和灌注桩的施工。根据桩的长度、桩锤的高度及施工条件等选择桩架和确定桩架高度。桩架高度 = 桩长 + 桩锤高度 + 滑轮组高。

c.动力装置:打桩机械的动力装置是根据所选桩锤而定的。当采用空气锤时,应配备空气压缩机;当选用蒸汽锤时,则要配备蒸汽锅炉和绞盘。

⑤打桩顺序的确定。

● 打桩顺序直接影响到桩基础的质量和施工速度,应根据桩的密集程度(桩距大小),桩的规格、长短,桩的设计标高、工作面布置、工期要求等综合考虑,合理确定打桩顺序。

● 根据桩的密集程度,打桩顺序一般分为逐排打设、自中部向四周打设和分段从中间向两侧打设3种,如图3.20所示。当桩的中心距大于4倍桩的边长或直径时,可采用上述两种打法,或逐排单向打设,如图3.20 (a)所示;当桩的中心距不大于4倍桩的直径或边长时,应分段从中间向两侧对称施打,如图3.20 (b)所示,或由中间向四周施打,如图3.20 (c)所示。

● 根据基础的设计标高和桩的规格,宜按先深后浅、先大后小、先长后短的顺序进行打桩。

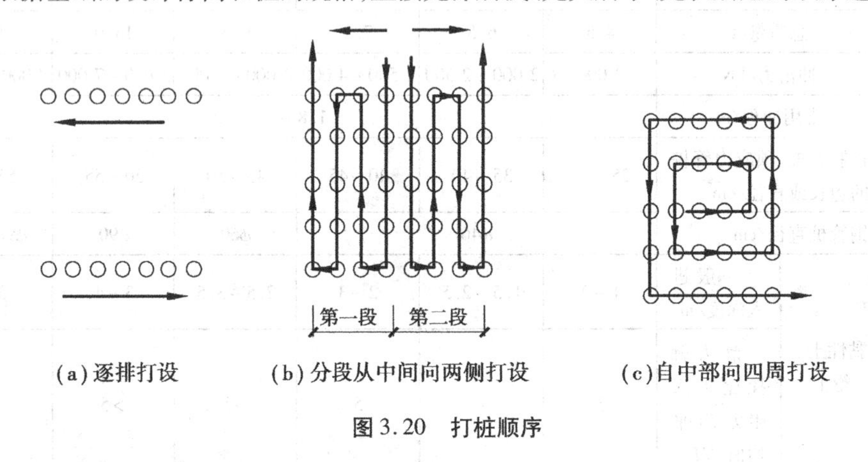

图3.20　打桩顺序

2)钢筋混凝土预制桩的制作、运输、堆放

(1)预制桩的制作场地

管桩及长度在10 m以内的方桩在预制厂制作,较长的方桩在打桩现场制作。

(2)预制桩的模板制作

模板可以保证桩的几何尺寸准确,使桩面平整挺直;桩顶面模板应与桩的轴线垂直;桩尖四棱锥面呈正四棱锥体,且桩尖位于桩的轴线上;底模板、侧模板及重叠法生产时,桩面间均应涂刷好隔离层,不得黏结。钢筋混凝土预制桩制作-钢筋、模板施工如图3.21所示。

(3)预制桩的钢筋骨架制作

钢筋骨架的主筋连接宜采用机械连接,有些地区也可用对焊或电弧焊;主筋接头配置在同一截面内数量不超过50%;同一根钢筋两个接头的距离应大于30d并不小于500 mm。桩

图 3.21　钢筋混凝土预制桩制作-钢筋、模板施工

顶和桩尖直接受到冲击力易产生很高的局部应力，桩顶和桩尖钢筋配置（见图 3.22）应做特殊处理。

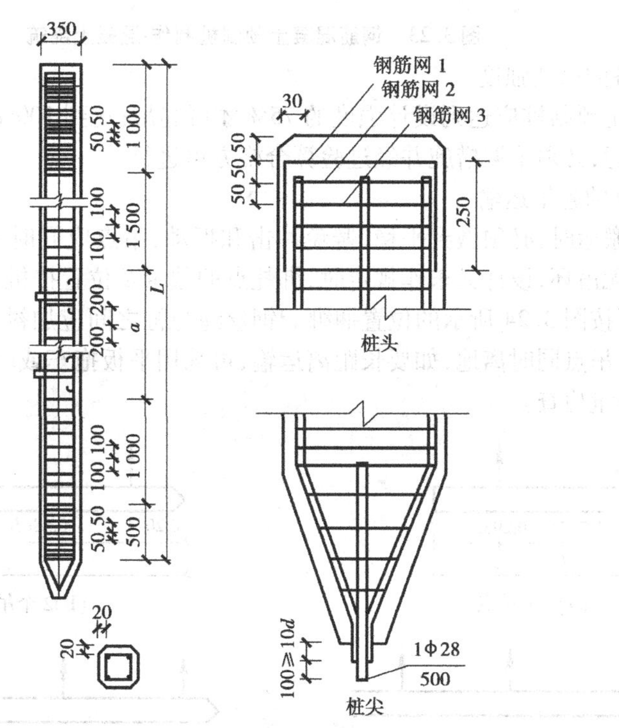

图 3.22　混凝土预制桩

（4）预制桩的混凝土浇筑

混凝土制作宜用机械搅拌、机械振捣；浇筑混凝土过程中应严格保证钢筋位置正确，桩尖应对准纵轴线，纵向钢筋顶部保护层不宜过厚，钢筋网片的距离应正确，以防锤击时桩顶破坏及桩身混凝土剥落破坏。采用叠层法生产时，上层桩和邻桩浇筑，必须在下层和邻桩的混凝土强度达到设计强度的 30% 以后才能进行。浇筑完毕应立即加强养护，防止由于混凝土收缩产生裂缝，养护时间不少于 7 d。钢筋混凝土预制桩制作-混凝土浇筑如图 3.23 所示。

图 3.23　钢筋混凝土预制桩制作-混凝土浇筑

(5)预制桩的吊装强度

钢筋混凝土预制桩应达到设计强度的75%才可起吊;达到100%设计强度才能运输和打桩。若提前吊运,必须采取措施并经过验算合格方可进行。

(6)预制桩的起吊运输

桩在起吊搬运时,必须做到平稳,避免冲击和振动,吊点应同时受力,且吊点位置应符合设计规定。如无吊环,设计又未作规定时,绑扎点的数量及位置按桩长而定,应符合起吊弯矩最小的原则,可按图3.24所示的位置捆绑。钢丝绳与桩之间应加衬垫,以免损坏棱角。起吊时应平稳提升,吊点同时离地,如要长距离运输,可采用平板拖车或轻轨平板车。经过搬运的桩,还应进行质量检查。

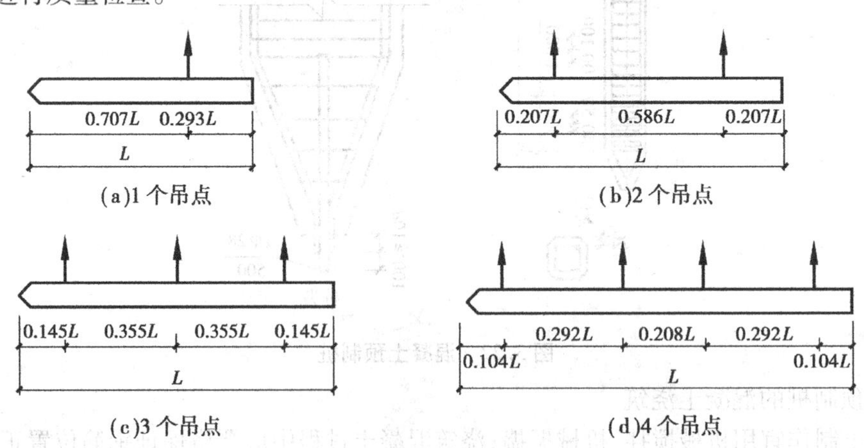

图 3.24　吊点的合理位置

(7)预制桩的堆放

桩堆放时,地面必须平整、坚实,垫木间距应根据吊点确定,各层垫木应位于同一垂直线上,最下层垫木应适当加宽,堆放层数不宜超过4层。不同规格的桩应分别堆放。

3)打桩施工

将预制桩沉入土中常用的方法有锤击沉桩法(又称打入法)、静力压桩法、振动沉桩法、水冲沉桩法等。混凝土预制桩施工工艺流程是:就位桩机→起吊预制桩→稳桩→打桩→接桩→送桩→中间检查验收→移桩机至下一个桩位→截桩→桩机检测与验收。

(1)锤击沉桩施工

锤击沉桩是利用桩锤落到桩顶上的冲击力来克服土对桩的阻力,使桩沉到预定的深度或达到持力层的一种打桩施工方法。它是混凝土预制桩常用的沉桩方法,施工速度快、机械化程度高、适用范围广,但施工时有冲撞噪声和对地表层有振动,在城区和夜间施工有所限制。

①桩的打设。打桩机就位时,桩架应垂直平稳,导杆中心线与打桩方向一致。桩开始打入时,应控制锤的落距,采用短距轻击;待桩入土一定深度(1~2 m)稳定以后,再以规定落距施打。

②施打原则。桩的施打原则是重锤低击,这样桩锤对桩头的冲击小,回弹也小,桩头不易损坏,大部分能量都用于克服桩身与土的摩阻力和桩尖阻力上,桩能较快地沉入土中。一般在工程中重锤低击的落距为:落锤小于1.0 m,单动汽锤小于0.6 m,柴油锤小于1.5 m。

③入土深度。桩入土深度是否已达到设计位置,是否停止锤击,其判断方法和控制原则与桩的类型有关。

④打桩质量要求和测量记录。

a.打桩质量要求:

• 端承桩最后贯入度不大于设计规定贯入度数值时,桩端设计标高可作参考;摩擦桩桩端标高达到设计规定的标高范围时,贯入度可作参考。

• 打(压)入桩(预制混凝土方桩、先张法预应力管桩、钢桩)的桩位偏差,必须符合质量验收规范规定。

• 桩的承载力检验。

b.混凝土预制桩施工记录:打桩工程是隐蔽工程,施工中应做好每根桩的观测和记录,这是工程验收时检验质量的依据。各项观测数据应记入混凝土预制桩施工记录,见表3.5所示。

表3.5 混凝土预制桩施工记录

施工单位＿＿＿＿＿＿＿＿　　工程名称＿＿＿＿＿＿＿＿
打桩小组＿＿＿＿＿＿＿＿　　桩规格及长度＿＿＿＿＿＿＿＿
桩锤类型及冲击部分质量＿＿＿＿＿＿＿＿　　自然地面标高＿＿＿＿＿＿＿＿

编号	打桩日期	桩入土每米锤击次数				落距/mm	桩顶高出或低于设计标高/m	最后贯入度/[mm·(10击)⁻¹]	备注
		1	2	…	…				

桩帽质量＿＿＿＿＿＿＿＿气候＿＿＿＿　　桩顶设计标高＿＿＿＿＿＿＿＿
工程负责人＿＿＿＿＿＿＿＿　　记录＿＿＿＿＿＿＿＿

⑤打桩施工常见问题的分析。在打桩施工过程中会遇见各种各样的问题,例如桩顶破

碎，桩身断裂，桩身位移、扭转、倾斜，桩锤跳跃，桩身严重回弹等。发生这些问题的原因有钢筋混凝土预制桩制作质量、沉桩操作工艺和复杂土层3个方面的原因。工程及施工验收规范规定，打桩过程中如遇到上述问题，都应立即暂停打桩，施工单位应与勘察、设计单位共同研究，查明原因，提出明确的处理意见，采取相应的技术措施后，方可继续施工。

a. 桩顶破碎。打桩时，桩顶直接受到桩锤的冲击而产生很高的局部应力，如果桩顶钢筋网片配置不当、混凝土保护层过厚、桩顶平面与桩的中心轴线不垂直及桩顶不平整等制作质量问题都会引起桩顶破碎。在沉桩工艺方面，若桩垫材料选择不当、厚度不足，桩锤施打偏心或施打落距过大等也会引起桩顶破碎。

b. 桩身被打断。制作时，桩身有较大的弯曲凸肚，局部混凝土强度不足，在沉桩时桩尖遇到硬土层或孤石等障碍物，增大落距，反复过度冲击等都可能引起桩身断裂。

c. 桩身位移、扭转或倾斜。桩尖四棱锥制作偏差大，桩尖与桩中心线不重合的制作原因，桩架倾斜，桩身与桩帽、桩锤不在同一垂线上的施工操作原因以及桩尖遇孤石等都会引起桩身位移、扭转或倾斜。

d. 桩锤回跃，桩身回弹严重。选择桩锤较轻，会引起较大的桩锤回跃；桩尖遇到坚硬的障碍物时，桩身则严重回弹。

⑥打桩过程中的注意事项：

a. 桩机就位后，桩架应垂直平稳，桩帽与桩顶应锁紧牢靠，连接成整体。打桩时，应密切观察桩身下沉贯入度的变化情况。

b. 在正常情况下，沉桩应连续施工，打入土的速度应均匀，应避免因间歇时间过长，土的固结作用而使桩难以下沉。

c. 打桩时振动大，对土体有挤压作用，可能影响周围建筑物、道路及地下管线的安全和正常使用，施工过程中要有专人巡视检查，及时发现和处理有关问题。

d. 严禁非施工人员进入打桩现场；对桩机的正常运行、桩架的稳定要经常进行检查，严格按操作规程进行施工，确保安全。

⑦接桩的方法。接桩的方法目前有3种；即焊接法（见图3.25）、法兰螺栓连接法、浆锚法（见图3.26）。

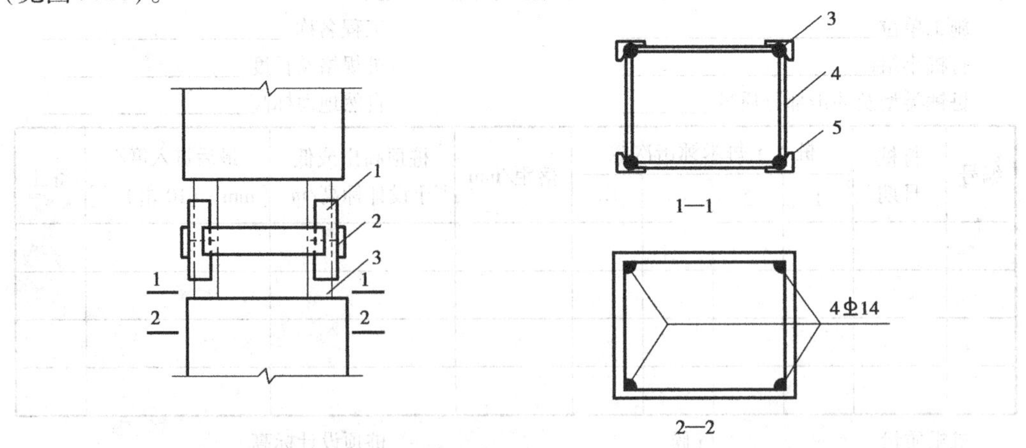

图3.25　焊接法接桩节点构造

1—角钢；2—钢板；3—桩内预埋角钢；4—桩箍筋；5—桩主筋

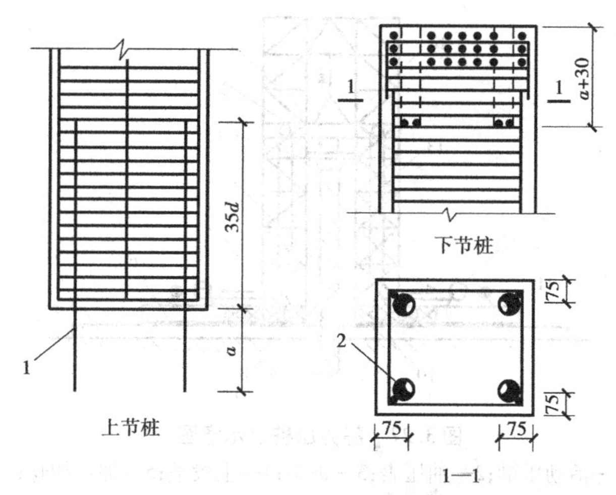

图3.26　浆锚法接桩节点构造

1—锚筋;2—锚筋孔

⑧截桩。即对桩头的处理。在打完各种预制桩开挖基坑时,按设计要求的桩顶标高将桩头多余的部分截去。截桩头时不能破坏桩身,要保证桩身的主筋伸入承台,长度应符合设计要求。当桩顶标高在设计标高以下时,在桩位上挖成喇叭口,凿掉桩头混凝土,剥出主筋并焊接接长至设计要求长度,与承台钢筋绑扎在一起,用桩身同强度等级的混凝土与承台一起浇筑接长桩身。

(2)静力压桩施工

静力压桩是在软土地基上,利用静力压桩机或液压压桩机,用无噪声、无振动的静压力将桩压入土中的一种沉桩新工艺。常用于土质均匀的软土地基的沉桩施工,对周围环境影响小,特别适用于城市中和有防震要求的建筑物附近的深基础施工。

①工作原理。静力压桩(见图3.27)是利用压桩架的自重和配重,通过卷扬机牵引,由钢丝绳、滑轮和压梁,将整个桩机的重力(800~1 500 kN)反压在桩顶上,以克服桩身下沉时与土的摩擦力,将桩逐节压入土中的一种沉桩方法。

②施工方法。压桩施工一般采用分段预制、分段压入、逐段接长的施工方法。

(3)振动沉桩施工

振动沉桩与锤击沉桩的施工方法基本相同,其不同之处是用振动桩机代替锤打桩机施工。振动桩机主要由桩架、振动锤、卷扬机和加压装置等组成,其施工原理是利用大功率甩动振动器的振动锤或液压振动锤,降低土对桩的阻力,使桩能较快沉入土中。该法不但能将桩沉入土中,还能利用振动将桩拔起。经验证明,此法对H形钢桩和钢板桩拔出效果良好。在砂土中沉桩效率较高,对黏土地区效率较差,需用功率大的振动器。

(4)水冲沉桩施工

水冲沉桩施工方法是在待沉桩身两对称旁侧,插入两根用卡具与桩身连接的平行射水管,管下端设喷嘴。沉桩时利用高压水,通过射水管喷嘴射水,冲刷桩尖下的土壤,使土松散而流动,减少桩身下沉的阻力,使桩在自重或加重的作用下沉入土中。此法适用于坚硬土层和砂石层。因水冲沉桩法施工时,对周围原有建筑物的基础和地下设施等易产生沉陷,故不适用于在密集的城市建筑物区域内施工。

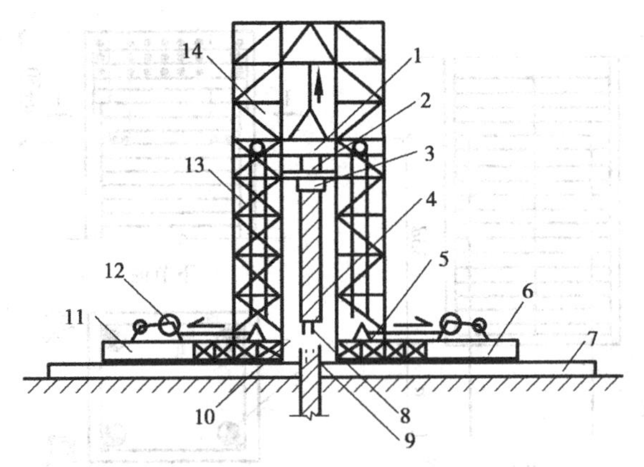

图 3.27　静力压桩机示意图

1—活动压梁;2—油压表;3—桩帽;4—上段桩;5—加重物仓;
6—底盘;7—轨道;8—上段接桩锚筋;9—下段桩;10—桩架;
11—底盘;12—卷扬机;13—加压钢绳滑轮组;14—桩架导向笼

▶ 3.3.2 混凝土灌注桩施工

混凝土灌注桩是一种直接在现场桩位上用机械成孔或人工挖孔等就地成孔,在孔内浇筑混凝土或安放钢筋笼再灌注混凝土而成型的桩。与预制桩相比,混凝土灌注桩具有不受地层变化限制,不需要接桩和截桩,单桩承载力大,施工振动小、噪声小、节约钢材等特点。

灌注桩按成孔方法分为干作业钻孔灌注桩、泥浆护壁成孔灌注桩、沉管灌注桩、人工挖孔灌注桩等。

1)干作业钻孔灌注桩

干作业成孔一般采用螺旋钻机钻孔。螺旋钻头外径分别为 ϕ400 mm、ϕ500 mm、ϕ600 mm,钻孔深度相应为 12 m、10 m、8 m。适用于成孔深度内没有地下水的一般黏土层、砂土及人工填土地基,不适于有地下水的土层和淤泥质土。干作业钻孔灌注桩施工过程如图3.28所示。

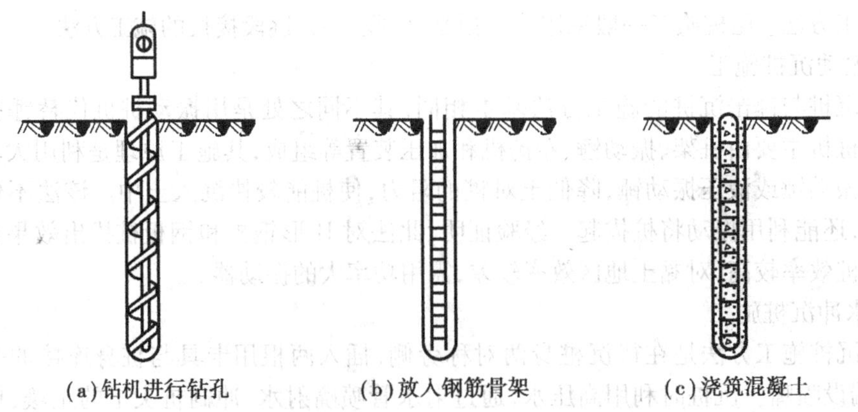

图 3.28　螺旋钻机钻孔灌注桩施工过程示意图

钻机就位后,钻杆垂直对准桩位中心,开钻时先慢后快,减少钻杆的摇晃,及时纠正钻孔的偏斜或位移。钻孔至规定要求深度后,进行孔底清土。清孔的目的是将孔内的浮土、虚土取出,减少桩的沉降。方法是钻机在原深处空转清土,然后停止旋转,提钻卸土。

钢筋骨架的主筋、箍筋、直径、根数、间距及主筋保护层均应符合设计规定,绑扎牢固,防止变形。用导向钢筋送入孔内,同时防止泥土杂物掉进孔内。钢筋骨架就位后,应立即灌注混凝土,以防塌孔。灌注时,应分层浇筑、分层捣实,每层厚度50~60 cm。

2)泥浆护壁成孔灌注桩

泥浆护壁成孔是利用泥浆保护稳定孔壁的机械钻孔方法。它通过循环泥浆将切削碎的泥石渣屑悬浮后排出孔外,适用于有地下水和无地下水的土层。成孔机械有潜水钻机、冲击钻机、冲抓锥等。

泥浆护壁成孔灌注桩的施工工艺流程:测定桩位、埋设护筒、桩机就位、制备泥浆、机械(潜水钻机、冲击钻机等)成孔、泥浆循环出渣、清孔、安放钢筋骨架、浇筑水下混凝土。

(1)埋设护筒和制备泥浆

①钻孔前,在现场放线定位,按桩位挖去桩孔表层土,并埋设护筒。护筒高2 m左右,上部设1~2个溢浆孔,是用厚4~8 mm钢板制成的圆筒,其内径应大于钻头直径200 mm。护筒的作用是固定桩孔位置,保护孔口,防止地面水流入增加孔内水压力,防止塌孔,成孔时引导钻头的方向。

②在钻孔过程中,向孔中注入相对密度为1.1~1.5的泥浆,使桩孔内孔壁土层中的孔隙渗填密实,避免孔内漏水,保持护筒内水压稳定;泥浆相对密度大,加大了孔内的水压力,可以稳固孔壁,防止塌孔;通过循环泥浆可将切削的泥石渣悬浮后排出,起到携砂、排土的作用。

(2)成孔

①潜水钻机成孔。潜水钻机成孔示意图如图3.29所示。潜水钻机是一种旋转式钻孔机,其防水电机变速机构和钻头密封在一起,由桩架及钻杆定位后可潜入水、泥浆中钻孔。注入泥浆后通过正循环或反循环排渣法将孔内切削土粒、石渣排至孔外。

潜水钻机成孔排渣有正循环排渣和反循环排渣两种方式,如图3.30所示。

正循环排渣法:在钻孔过程中,旋转的钻头将碎泥渣切削成浆状后,利用泥浆泵压送高压泥浆,经钻机中心管、分叉管送入到钻头底部强力喷出,与切削成浆状的碎泥渣混合,携带泥土沿孔壁向上运动,从护筒的溢流孔排出。

反循环排渣法:砂石泵随主机一起潜入孔内,直接将切削碎泥渣随泥浆抽排出孔外。

②冲击钻成孔:

a.冲击钻机通过机架、卷扬机把带刃的重钻头(冲击锤)提高到一定高度,靠自由下落的冲击力切削破碎岩层或冲击土层成孔(见图3.31)。

b.冲击钻头形式有十字形、工字形、人字形等,一般常用十字形冲击钻头(见图3.32)。

c.冲孔前应埋设钢护筒,并准备好护壁材料。

d.冲击钻机就位后,校正冲锤中心对准护筒中心,在冲程0.4~0.8 m范围内应低提密冲,并及时加入石块与泥浆护壁,直至护筒下沉3~4 m以后,冲程可以提高到1.5~2.0 m,转入正常冲击,随时测定并控制泥浆相对密度。

e.施工中,应经常检查钢丝绳损坏情况,卡机松紧程度和转向装置是否灵活,以免掉钻。

③冲抓锥成孔:

a.冲抓锥(见图3.33)锥头上有一重铁块和活动抓片,通过机架和卷扬机将冲抓锥提升到一定高度,下落时松开卷筒刹车,抓片张开,锥头便自由下落冲入土中,然后开动卷扬机提

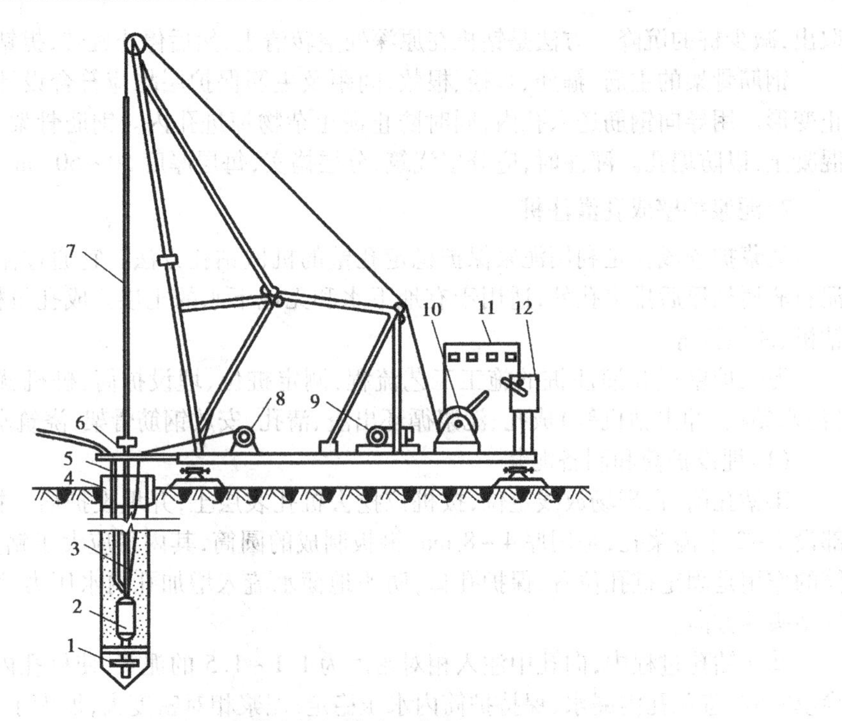

图 3.29 潜水钻机钻孔示意图

1—钻头;2—潜水钻机;3—电缆;4—护筒;5—水管;6—滚轮(支点);7—钻杆;
8—电缆盘;9—5 kN 卷扬机;10—10 kN 卷扬机;11—电流电压表;12—启动开关

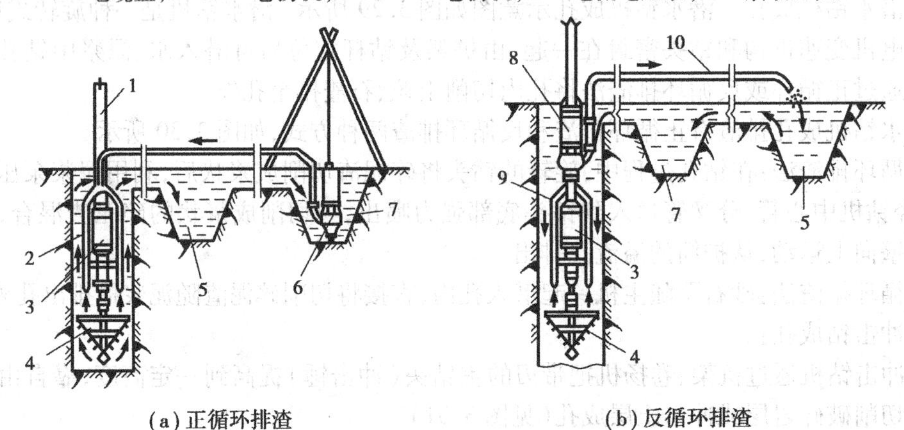

图 3.30 循环排渣方法

1—钻杆;2—送水管;3—主机;4—钻头;5—沉淀池;
6—潜水泥浆泵;7—泥浆泵;8—砂石泵;9—抽渣管;10—排渣胶管

升锥头,这时抓片闭合抓土。冲抓锥整体提升至地面上卸去土渣,依次循环成孔。

b. 冲抓锥成孔施工过程、护筒安装要求、泥浆护壁循环等与冲击成孔施工相同。

c. 适用于松软土层(砂土、黏土)中冲孔,但遇到坚硬土层时宜换用冲击钻施工。

(3)清孔

①验孔是用探测器检查桩位、直径、深度和孔道情况;清孔即清除孔底沉渣、淤泥浮土,以减少桩基的沉降量,提高承载能力。

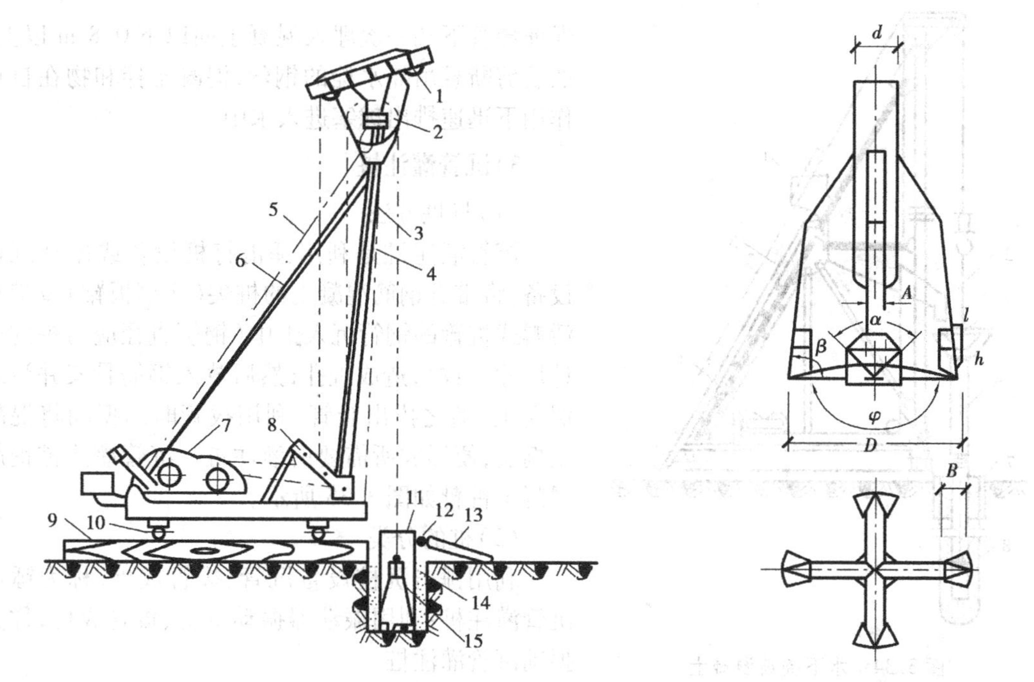

图 3.31　简易冲击钻孔机示意图

1—副滑轮;2—主滑轮;3—主杆;4—前拉索;5—后拉索;
6—斜撑;7—双滚筒卷扬机;8—导向轮;9—垫木;10—钢管;
11—供浆管;12—溢流口;13—泥浆渡槽;14—护筒回填土;15—钻头

图 3.32　十字形冲头示意图

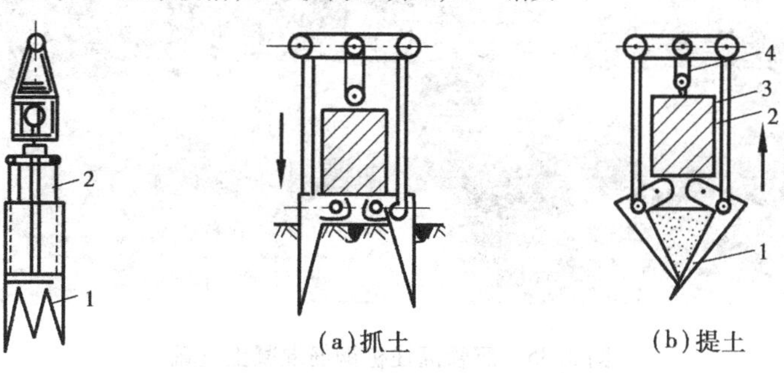

(a)抓土　　(b)提土

图 3.33　冲抓锥头

1—抓片;2—连杆;3—压重;4—滑轮组

②泥浆护壁成孔清孔时,对于土质较好不易坍塌的桩孔,可用空气吸泥机清孔,气压为0.5 MPa,使管内形成强大高压气流向上涌,同时不断地补足清水,被搅动的泥渣随气流上涌从喷口排出,直至喷出清水为止。

③对于稳定性较差的孔壁应采用泥浆循环法清孔或抽筒排渣,清孔后的泥浆相对密度应控制在1.15~1.25。

(4)浇筑水下混凝土

泥浆护壁成孔灌注混凝土的浇筑是在水中或泥浆中进行的,故称为浇筑水下混凝土。水下混凝土宜比设计强度提高一个强度等级,必须具备良好的和易性,配合比应通过试验确定。

水下混凝土浇筑常用导管法(见图 3.34)。浇筑时,先将导管内及漏斗灌满混凝土,其量

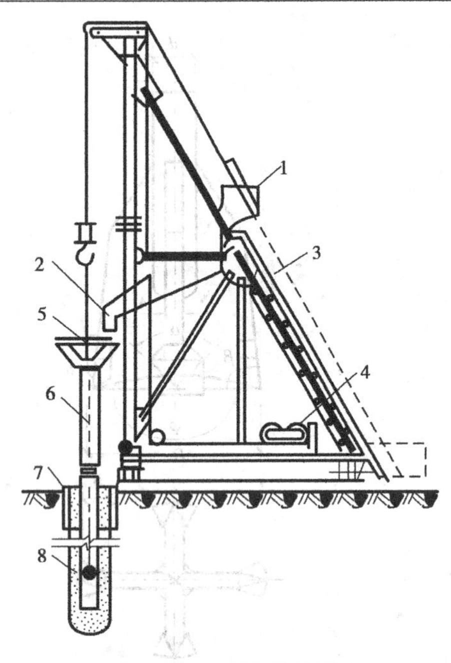

图 3.34 水下浇筑混凝土

1—上料斗;2—贮料斗;3—滑道;4—卷扬机;
5—漏斗;6—导管;7—护筒;8—隔水栓

保证导管下端一次埋入混凝土面以下 0.8 m 以上,然后剪断悬吊隔水栓的钢丝,混凝土拌和物在自重作用下迅速排出球塞进入水中。

3)沉管灌注桩

(1)打桩方法

沉管灌注桩是利用锤击打桩设备或振动沉桩设备,将带有钢筋混凝土的桩尖(或钢板靴)或带有活瓣式桩靴的钢管沉入土中(钢管直径应与桩的设计尺寸一致),造成桩孔,然后放入钢筋骨架并浇筑混凝土,随之拔出套管,利用拔管时的振动将混凝土捣实,便形成所需要的灌注桩。沉管灌注桩钢筋混凝土桩靴如图 3.35 所示。

(2)桩的分类

利用锤击沉桩设备沉管、拔管成桩,称为锤击沉管灌注桩;利用振动器振动沉管、拔管成桩,称为振动沉管灌注桩。

①锤击沉管灌注桩。锤击沉管灌注桩机械设备示意图,如图 3.36 所示。

图 3.35 沉管灌注桩钢筋混凝土桩靴

②振动沉管灌注桩。振动沉管灌注桩桩机示意图如图 3.37 所示。

(3)成孔顺序

在沉管灌注桩施工过程中,对土体有挤密作用和振动影响,施工中应结合现场施工条件,考虑成孔的顺序。间隔一个或两个桩位成孔;在邻桩混凝土初凝前或终凝后成孔;一个承台下桩数在 5 根以上者,中间的桩先成孔,外围的桩后成孔。

(4)施工工艺

为了提高桩的质量和承载能力,沉管灌注桩常采用单打法、复打法、翻插法等施工工艺。

单打法(又称一次拔管法):拔管时,每提升 0.5 ~ 1.0 m,振动 5 ~ 10 s,然后再拔管 0.5 ~ 1.0 m,这样反复进行,直至全部拔出。

复打法:在同一桩孔内连续进行 2 次单打,或根据需要进行局部复打。施工时,应保证前后 2 次沉管轴线重合,并在混凝土初凝之前进行。

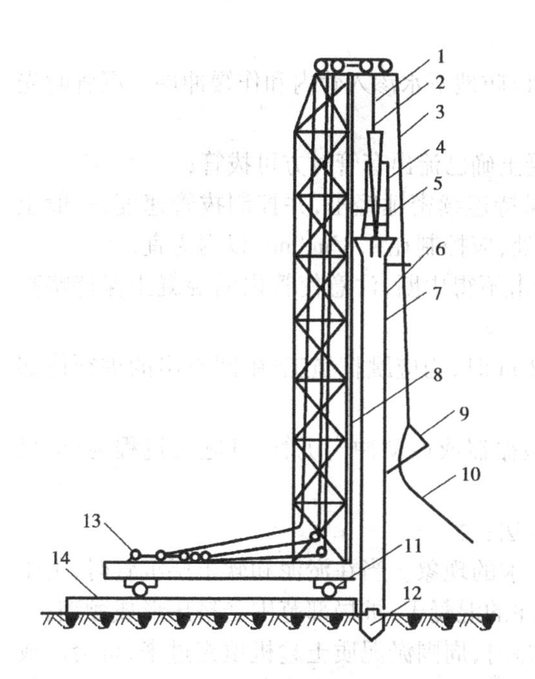

图3.36 锤击沉管灌注桩机械设备示意图

1—桩锤钢丝绳；2—桩管滑轮组；3—吊斗钢丝绳；4—桩锤；5—桩帽；6—混凝土漏斗；7—桩管；8—桩架；9—混凝土吊斗；10—回绳；11—行驶用钢管；12—预制桩尖；13—卷扬机；14—枕木

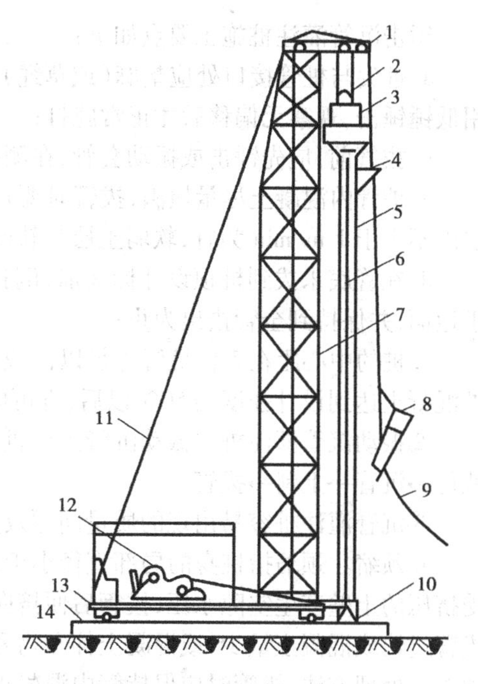

图3.37 振动沉管灌注桩桩机示意图

1—导向滑轮；2—滑轮组；3—激振器；4—混凝土漏斗；5—桩管；6—加压钢丝绳；7—桩架；8—混凝土吊斗；9—回绳；10—活瓣桩尖；11—缆风绳；12—卷扬机；13—行驶用钢管；14—枕木

翻插法：钢管每提升0.5 m，再下插0.3 m，这样反复进行，直至拔出。

①锤击沉管灌注桩。锤击沉管灌注桩适宜于一般黏性土、淤泥质土和人工填土地基，其施工过程如图3.38所示。

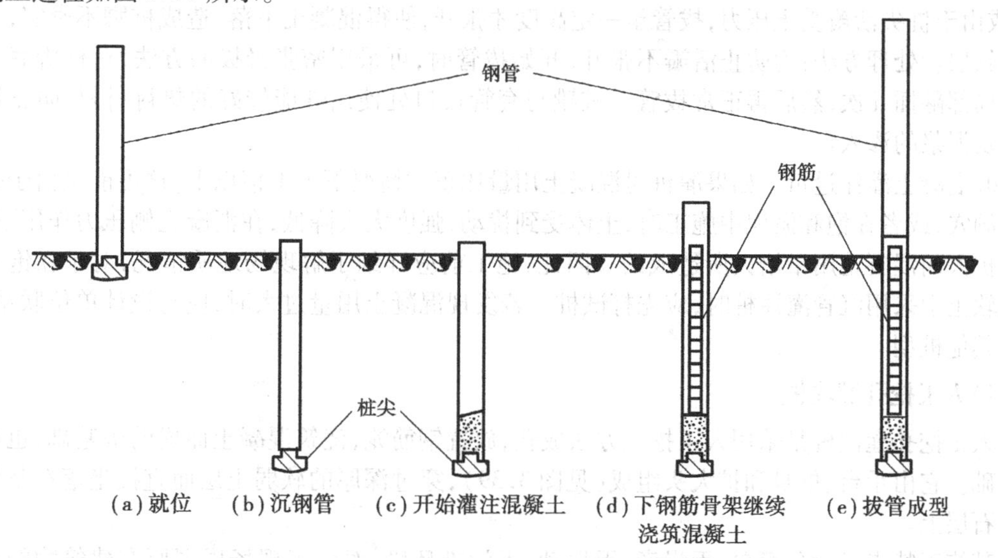

(a)就位　(b)沉钢管　(c)开始灌注混凝土　(d)下钢筋骨架继续浇筑混凝土　(e)拔管成型

图3.38 沉管灌注桩施工过程

锤击沉管灌注桩施工要点如下：

a. 桩尖与桩管接口处应垫麻（或草绳）垫圈，以防地下水渗入管内和作缓冲层。沉管时先用低锤锤击，观察无偏移后才正常施打；

b. 拔管前，应先锤击或振动套管，在测得混凝土确已流出套管时方可拔管；

c. 桩管内混凝土尽量填满，拔管时要均匀，保持连续密锤轻击，并控制拔管速度，一般土层以不大于 1 m/min 为宜，软弱土层与软硬交界处，应控制在 0.8 m/min 以内为宜；

d. 在管底未拔到桩顶设计标高前，倒打或轻击不得中断，注意使管内的混凝土保持略高于地面，并保持到全管拔出为止；

e. 桩的中心距在 5 倍桩管外径以内或小于 2 m 时，均应跳打施工；中间空出的桩须待邻桩混凝土达到设计强度的 50% 以后，方可施打。

②振动沉管灌注桩。振动沉管灌注桩采用激振器或振动冲击沉管，其施工过程为：桩机就位→沉管→上料→拔管。

③沉管灌注桩容易出现的质量问题及处理方法：

a. 颈缩。颈缩指桩身的局部直径小于设计要求的现象。当在淤泥和软土层沉管时，由于受挤压的土壁产生空隙水压，拔管后便挤向新灌注的混凝土，桩局部范围受挤压形成颈缩；当拔管过快或混凝土量少，或混凝土拌和物和易性差时，周围淤泥质土趁机填充过来，也会形成颈缩。处理方法：拔管时应保持管内混凝土面高于地面，使之具有足够的扩散压力，混凝土坍落度应控制在 50 ~ 70 mm。拔管时应采用复打法，并严格控制拔管的速度。

b. 断桩。断桩指桩身局部分离或断裂，更为严重的是一段桩没有混凝土。原因：桩距离太近，相邻桩施工时混凝土还未具备足够的强度，已形成的桩受挤压而断裂。处理方法：施工时，控制中心距离不小于 4 倍桩径；确定打桩顺序和行车路线，减少对新灌注混凝土桩的影响；采用跳打法或等已成型的桩混凝土达到 60% 设计强度后，再进行下根桩的施工。

c. 吊脚桩。吊脚桩是指桩底部混凝土隔空或松软，没有落实到孔底地基土层上的现象。原因：当地下水压力大时，或预制桩尖被打坏，或桩靴活瓣缝隙大时，水及泥浆进入套筒钢管内，或由于桩尖活瓣受土压力，拔管至一定高度才张开，使得混凝土下落，造成桩脚不密实，形成松软层。处理方法：为防止活瓣不张开，开始拔管时，可采用密张慢拔的方法，对桩脚底部进行局部翻插几次，然后再正常拔管。桩靴与套管接口处使用性能较好的垫衬材料，防止地下水及泥浆的渗入。

d. 混凝土灌注过量。如果灌桩时混凝土用量比正常情况下大 1 倍以上，这可能是由于孔底有洞穴，或者在饱和淤泥中施工时，土体受到扰动，强度大大降低，在混凝土侧压力作用下，桩身扩大而混凝土用量增大所造成的。因此，施工前应详细了解现场地质情况，对于在饱和淤泥软土中采用沉管灌注桩时，应先打试桩。若发现混凝土用量过大时，应与设计单位联系，改用其他桩型。

4）人工挖孔灌注桩

人工挖孔灌注桩是采用人工挖掘方法成孔，放置钢筋笼，浇筑混凝土而成的桩基础，也称墩基础。它由承台、桩身和扩大头组成（见图 3.39），穿过深厚的软弱土层而直接坐落在坚硬的岩石层上。

其施工特点是设备简单，无噪音、无振动、不污染环境，对施工现场周围原有建筑物的影响小；施工现场较干净；施工速度快，可按施工进度要求决定同时开挖桩孔的数量，必要时，各桩孔可同时施工；桩身直径大，承载能力高；施工时可在孔内直接检查成孔质量，观察地质土质变化情况；桩孔深度由地基土层实际情况控制，桩底清孔除渣彻底、干净，易保证混凝土浇筑质量。尤其高层建筑施工场地在狭窄的市区时，采用人工挖孔比机械挖孔具有更大的适应性。但人工挖孔桩施工，工人在井下作业，开挖效率低、劳动条件差，施工中应特别重视流砂、流泥、有害气体等影响，要严格按操作规程施工，制订可靠的安全施工方案。

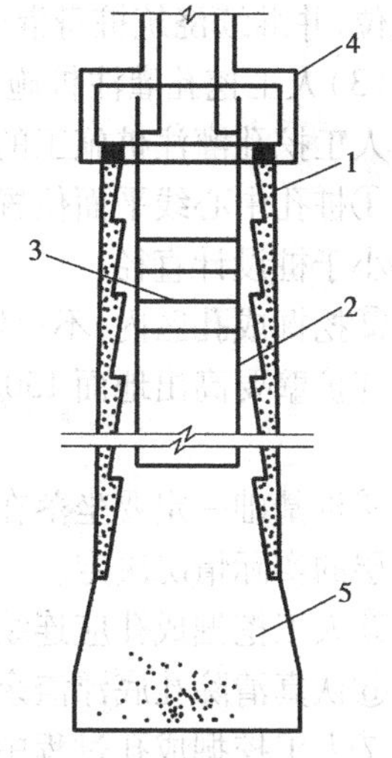

图3.39　混凝土护圈人工挖孔桩

1—现浇混凝土护壁；
2—主筋；3—箍筋；
4—桩帽；5—灌注桩混凝土

(1)人工挖掘成孔护壁施工

护壁的支护措施有现浇混凝土护壁、沉井护壁、喷射混凝土护壁、砖砌体护壁、钢套管护壁、型钢或木板桩工具式护壁等多种。

①现浇混凝土护壁法施工。即分段开挖、分段浇筑混凝土护壁，既能防止孔壁坍塌，又能起到防水作用。桩孔采取分段开挖，每段高度取决于土壁保持直立状态而不塌方的能力，一般0.5~1.0 m为一施工段，开挖井孔直径为设计桩径加混凝土护壁厚度。护壁施工段，即支设护壁内模板（工具式活动钢模板）后浇筑混凝土，其强度一般不低于C15，护壁混凝土要振捣密实；当混凝土强度达到1.2 MPa（常温下约24 h）时可拆除模板，进入下一施工段。如此循环，直至挖到设计要求的深度。

②沉井护壁法施工。当桩径较大、挖掘深度大、地质复杂、土质差（松软弱土层），且地下水位高时，应采用沉井护壁法挖孔施工。沉井护壁施工是先在桩位上制作钢筋混凝土井筒，井筒下捣制钢筋混凝土刃脚，然后在筒内挖土掏空，井筒靠其自重或附加荷载来克服筒壁与土体之间的摩擦阻力，边挖边沉，使其垂直地下沉到设计要求深度。

(2)人工挖孔灌注桩施工工艺

①按设计图纸放线、定桩位。

②开挖桩孔土方。

③支设护壁模板。模板高度取决于开挖土方施工段的高度，一般为1.0 m，由4~8块活动钢模板组合而成，支成有锥度的内模。

④在模板顶放置操作平台。内模支设后，吊放由角钢和钢板制成的2个半圆形合成的操作平台入桩孔内，置于内模顶部，用以临时放置料具和浇筑混凝土操作用。

⑤浇筑护壁混凝土。护壁混凝土起着防止土壁塌陷与防水的双重作用，因此浇筑时要注意捣实。护壁内配8根直径6.5~8 mm、长1 m左右的直钢筋，插入下节护壁内，上下节护壁要错位搭接50~75 mm（咬口连接）。

⑥拆除模板继续下段施工。当护壁混凝土强度达到1.2 MPa（常温下约为24 h）后，方可拆除模板，开挖下段土方，再支模浇筑护壁混凝土，如此循环，直至挖到设计要求的深度。

⑦排出孔底积水，浇筑桩身混凝土。当桩孔挖到设计标高，并检查孔底土质已达到设计要求后，再在孔底进行扩大头施工。待桩孔全部成型后，用潜水泵抽出孔底的积水并立即进行清孔、验槽和混凝土的封底工作。当混凝土浇筑至钢筋笼的底面设计标高时，再吊入钢筋

笼就位,并继续浇筑桩身混凝土而形成桩基。

(3)人工挖孔灌注桩施工中的注意事项

人工挖孔灌注桩施工的关键问题是质量和安全,在施工中应注意以下问题:

①桩孔中心线平面位置偏差不宜超过50 mm,桩的垂直度偏差不得超过0.5%桩长,桩径不得小于桩设计直径。

②挖掘成孔区内,不得堆放余土和建筑材料,并防止局部集中荷载和机械振动。

③护壁要高出地面150~200 mm,挖出的土方不得堆放在孔四周1 m范围内,以防滚入孔内。

④桩基础一定要坐落在设计要求的持力层上,桩孔的挖掘深度应由设计人员根据现场地基土层的实际情况决定。

⑤人工挖掘成孔应连续施工,成孔验收后立即进行混凝土浇筑。

⑥认真清除孔底浮渣余土,排净积水,浇筑过程中防止地下水流入。

⑦人工挖掘成孔过程中,应严格按操作规程施工。

⑧井面应设置安全防护栏,当桩孔净距小于2倍桩径且小于2.5 m时,应间隔挖孔施工。

▶ 3.3.3 桩基础的检测与验收

1)桩基础的检测

预制桩成桩质量检查主要包括:制作、打入(静压)深度、停锤标准、桩位及垂直度检查。制桩应按选定的标准图或设计图制作,其偏差应符合有关范围要求;沉桩过程中的检查项目应包括每米进尺锤击数、最后1 m的锤击数、最后三阵贯入度及桩尖标高、桩身(架)垂直度等。

灌注桩的成桩质量检查包括:成孔及清孔、钢筋笼的制作及安放、混凝土搅拌及灌注3个工序过程质量检查。成孔及清孔时,主要检查已成孔的中心位置、孔深、孔径、垂直度、孔底沉渣厚度;制作安放钢筋笼时,主要检查钢筋规格、焊条的规格与品种、焊口规格、焊缝长度、焊缝外观和质量、主筋和箍筋的制作偏差及钢筋笼安放的实际位置等;搅拌和灌注混凝土时,主要检查原材料质量与计量、混凝土配合比、坍落度、混凝土强度等。对于沉管灌注桩还要检查打入深度、停锤标准、桩位及垂直度等。

桩的承载力是通过桩与土的相互作用产生的。它由桩侧摩擦阻力与桩端阻力组成。设计桩基础时必须同时满足两个条件,即桩身强度与单桩承载力,两者也是施工过程中桩的质量检测的重点。预制桩桩体在地面上施工,桩体质量按一般结构检测即可满足要求,其承载力也可通过打桩过程测定,质量事故较少。灌注桩桩体在钻孔内完成,质量检测必须在施工中进行才可保证桩身质量。由于施工中缺乏严格管理,质量事故较多,所以桩基的检测重点在灌注桩。对于重要的建筑物桩基和地质条件复杂或成桩质量可靠性较低的桩基工程,应采用静载试验法或动测法检查成桩质量和单桩承载力;对于大直径桩,还可采取钻孔取芯、预埋管超声检测法、振动探头测定仪检查。

工程上常用动测法(又称动力无损检测法),它是检测桩基承载力及桩身质量的一项新技术。单桩承载力的动测方法种类较多,国内有代表性的方法有:动力参数法、锤击贯入法、水电效应法、共振法、机械阻抗法、波动方程法等。在桩基动态无损检测中,国内外广泛使用的方法是应力波反射法,又称低(小)应变法,其原理是根据一维杆件弹性反射理论(波动理论)

采用轻锤击打桩顶,在桩与周边土无相对位移情况下,测出波的信号,即以波在不同阻抗和不同约束条件下的传播特征来判别桩身质量,找出桩身缺陷及位置,从而达到桩的完整性检测的目的。

2)桩基础的验收

当桩顶设计标高与施工场地标高相近时,桩基工程应待成桩完毕后验收;当桩顶设计标高低于施工场地标高时,应待开挖到设计标高后进行验收。桩基施工验收应包括下列资料:

①工程地质勘察报告、桩基施工图、图纸会审纪要、设计变更单及材料代用通知单等。

②经审定的施工组织设计、施工方案及执行中的变更情况。

③桩位测量放线图,包括工程桩位线复核签证单。

④桩孔、钢筋、混凝土工程施工隐蔽记录及各分项工程质量检查验收单及施工记录。

⑤成桩质量检查报告。

⑥单桩承载力检测报告。

⑦基坑挖至设计标高的桩位竣工平面图及桩顶标高图。

3.4　地基与基础工程质量和安全技术

3.4.1　地基基础质量验收要求

(1)土工合成材料地基

施工过程中应检查清基、回填料铺设厚度及平整度、土工合成材料的铺设方向、接缝搭接长度或缝接状况、土工合成材料与结构的连接状况等;施工结束后应进行承载力检验。土工合成材料地基质量检验标准应符合表3.6的规定。

表3.6　土工合成材料地基质量检验标准

项目	序号	检查项目	允许偏差或允许值		检查方法
			单位	数值	
主控项目	1	土工合成材料强度	%	≤5	置于夹具上做拉伸试验
	2	土工合成材料延伸率	%	≤3	置于夹具上做拉伸试验
	3	地基承载力	设计要求		按规定方法
一般项目	1	土工合成材料搭接长度	mm	≥300	用钢尺量
	2	土石料有机质含量	%	≤5	焙烧法
	3	层面平整度	mm	≤20	用2 m靠尺
	4	每层铺设厚度	mm	±25	水准仪

(2)强夯地基

施工过程中应检查落距、夯击遍数、夯点位置、夯击范围。施工结束后,检查被夯地基的强度并进行承载力检验。强夯地基质量检验标准应符合表3.7的规定。

表 3.7　强夯地基质量检验标准

项目	序号	检查项目	允许偏差或允许值		检查方法
			单位	数值	
主控项目	1	地基强度	设计要求		按规定方法
	2	地基承载力	设计要求		按规定方法
一般项目	1	夯锤落距	mm	±300	钢索设标志
	2	锤重	kg	±100	称重
	3	夯击遍数及顺序	设计要求		计数法
	4	夯点间距	mm	±500	用钢尺量
	5	夯击范围(超出基础范围距离)	设计要求		用钢尺量
	6	前后两遍间歇时间	设计要求		

(3)高压喷射注浆地基

施工过程中应检查施工参数(压力、水泥浆量、提升速度、旋转速度等)及施工程序。施工结束后,应检查桩体强度、平均直径、桩身中心位置、桩体质量及承载力等。桩体质量及承载力检验应在施工结束后28 d进行。高压喷射注浆地基质量检验标准应符合表3.8的规定。

(4)基础工程

①砌体基础质量应符合《砌体结构工程施工质量验收规范》(GB 50203—2011)的要求。

②混凝土结构基础质量应符合《混凝土结构工程施工质量验收规范》(GB 50204—2002,2011版)的要求。

表 3.8　高压喷射注浆地基质量检验标准

项目	序号	检查项目	允许偏差或允许值		检查方法
			单位	数值	
主控项目	1	水泥及外掺剂质量	符合出厂要求		查产品合格证或抽样送检
	2	水泥用量	设计要求		查流量表及水泥浆水灰比
	3	桩体强度或完整性检验	设计要求		按规定方法
	4	地基承载力	设计要求		按规定方法
一般项目	1	钻孔位置	mm	≤50	用钢尺量
	2	钻孔垂直度	%	≤1.5	经纬仪测钻杆或实测
	3	孔深	mm	±200	用钢尺量
	4	注浆压力	按设定参数指标		查看压力表
	5	桩体搭接	mm	>200	用钢尺量
	6	桩体直径	mm	≤50	开挖后用钢尺量
	7	桩身中心允许偏差		≤0.2D	开挖后桩顶下500 mm处用钢尺量,D为桩径

③桩基础质量应符合《建筑地基基础工程施工质量验收规范》的要求。并注意预制桩斜桩倾斜度的偏差不得大于倾斜角正切值的15%；灌注桩的桩顶标高至少要比设计标高高出0.5 m，每浇筑50 m^3 必须有一组试件，小于50 m^3 的桩，每根桩必须至少有一组试件。

▶ 3.4.2　地基基础安全技术

①凡参加施工的人员，均需接受入场安全生产教育，认真学习本工种安全技术操作规程和有关制度。

②施工负责人应向生产班组做好安全施工交底。安全交底要有针对性，要把作业中可能出现的危险因素和现场施工的危险因素向工人做具体交代，必要时受教育者还在记录上签字盖手印。

③建筑施工用电应符合《施工现场临时用电安全技术规范》的要求。

④桩基础施工属深基础，是危险性较大的工程，应组织编制安全专项施工方案。同时注意以下几点：

a. 桩基础工程施工区域应实行封闭式管理，进入现场的各类施工人员必须接受安全教育，严格按操作规程施工，服从指挥，坚守岗位，集中精力操作；

b. 按不同类型桩的施工特点，针对不安全因素，制定可靠的安全措施，严格实施；

c. 对施工危险区域和机具（冲击、锤击桩机，人工挖掘成孔的周围，桩架下），要加强巡视检查。有险情或异常情况时，应立即停止施工并及时报告，待有关人员查明原因，排除险情或加固处理后，方能继续施工；

d. 打桩过程中可能引起停机面土体挤压隆起或沉陷，打桩机械及桩架应随时调整，保持稳定，防止意外事故发生；

e. 加强机械设备的维护管理，机电设备应有防漏电装置。

复习思考题

1. 地基处理的目的是什么？常用的地基处理方法有哪些？
2. 地基局部处理的基本原则是什么？一般处理措施有哪些？
3. 试述土工合成材料地基的施工要点。
4. 试述强夯地基的施工要点。
5. 高压喷射注浆（高压旋喷）地基的使用范围及施工要点是什么？
6. 什么是浅基础？什么是深基础？
7. 什么是无筋扩展基础？它的适用范围是什么？
8. 什么是扩展基础？它的适用范围是什么？
9. 筏板基础有什么构造要求？
10. 箱形基础有什么构造要求？
11. 桩基础按施工工艺可分为哪些种类？
12. 打桩顺序一般应如何确定？
13. 钻、冲孔灌注桩质量问题有哪些？
14. 人工挖孔灌注桩的适用范围及施工要点是什么？

15. 人工挖孔灌注桩施工中应注意什么问题？

16. 建筑地基基础分部工程验收的相关规范有哪些？

17. 桩基的主要检测方法有哪些？

18. 地基基础分部工程验收应具备哪些资料？

4 脚手架工程施工

[本章导读]

在主体结构施工中,脚手架的施工安全是最重要的。通过本章的学习,应熟悉脚手架的分类及基本要求;掌握扣件式钢管脚手架的基本构造和搭设施工要求;熟悉扣件式钢管脚手架搭设质量检查验收和管理;了解内脚手架、碗扣式钢管脚手架、门式脚手架、升降式脚手架和悬挑式脚手架的特点、用途及搭设要求。

脚手架是建筑工程施工中不可缺少的临时设施之一。它是为保证高处作业安全、顺利进行施工而搭设的工作平台或作业通道。因此,脚手架在砌体结构工程、混凝土结构、装饰工程中有着广泛的应用。尤其在高层建筑施工中,脚手架使用量大、技术复杂、对施工人员的操作安全、工程质量、施工进度、工程成本,以及邻近建筑物和场地影响都很大,在工程建造中占有相当重要的地位。

随着建筑工程施工技术的发展,脚手架的种类也越来越多。从搭设材质上说,有竹、木和金属脚手架,如钢管脚手架中又分扣件式、碗扣式和承插式等;按搭设的立杆排数,可分单排脚手架、双排脚手架和满堂脚手架;按搭设的用途,可分为结构脚手架和装修脚手架;按其构造形式,分为多立杆式、门式、碗扣式、悬挑式、框式、桥式、吊式、挂式、升降式等;按搭设的位置不同,可分为外脚手架和内脚手架。目前,脚手架的发展趋势是采用高强度金属材料制作,具有多种功用的组合式脚手架,可以适用不同情况作业的要求。在高层建筑施工中,尤应优先推广使用升降式脚手架。

建筑工程施工中,对脚手架的基本要求是:

①安全可靠。结构应具有足够的强度、刚度、稳定性,具有良好的结构整体性。

②满足使用。工作面满足工人操作、材料堆置和运输的需要,满足施工需要。

③经济合理。选型合适,布置合理,装拆简便,便于周转使用。

外脚手架按搭接安装的方式有4种基本形式，即落地式脚手架、悬挑式脚手架、吊挂式脚手架及升降式脚手架(见图4.1)。内脚手架如搭设高度不大时一般用小型工具式的脚手架，如搭设高度较大时可用移动式内脚手架或满堂搭设的脚手架。

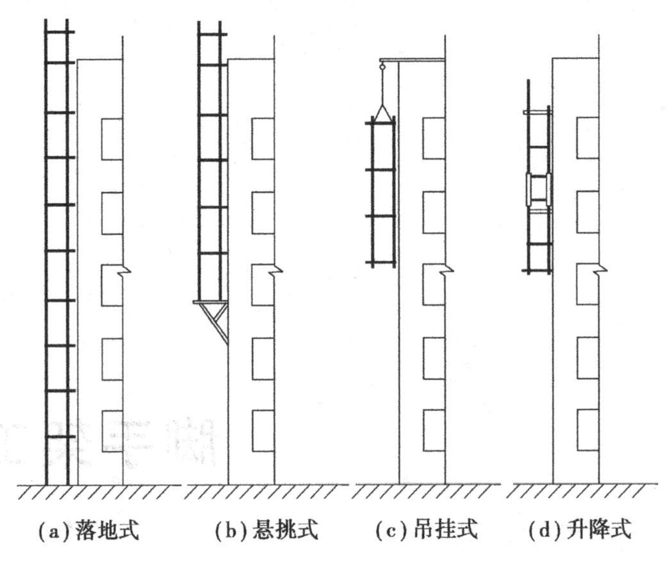

图4.1　外脚手架的几种形式

4.1　外脚手架施工

▶ 4.1.1　扣件式钢管脚手架

扣件式钢管脚手架由立杆、纵向水平杆(大横杆)、横向水平杆(小横杆)、剪刀撑、横向斜撑、抛撑、连墙件、扫地杆、脚手板、底座等组成(见图4.2)，它可用于外脚手架，也可用作内部的满堂脚手架，是应用最为普遍的一种脚手架。单管立杆扣件式双排脚手架的搭设高度不宜超过50 m，分段悬挑脚手架每段高度不宜超过25 m。扣件式钢管脚手架的特点是：通用性强、搭设高度大、装拆方便、坚固耐用。

为了确保脚手架的安全可靠，《建筑施工扣件式钢管脚手架安全技术规范》(JGJ 130—2011)规定，单排脚手架不适用于下列情况：

a.墙体厚度小于或等于180 mm；

b.建筑物高度超过24 m；

c.空斗砖墙、加气块墙等轻质墙体；

d.砌筑砂浆强度等级小于等于M1.0的砖墙。

1)基本构造

扣件式钢管脚手架是由标准钢管材料(立杆、横杆、斜杆)和特制扣件组成的脚手架框架与脚手板、防护构件、连墙杆等组成。

(1)钢管杆件

钢管杆件一般采用外径ϕ48 mm、壁厚3.5 mm的焊接钢管或无缝钢管，也有外径

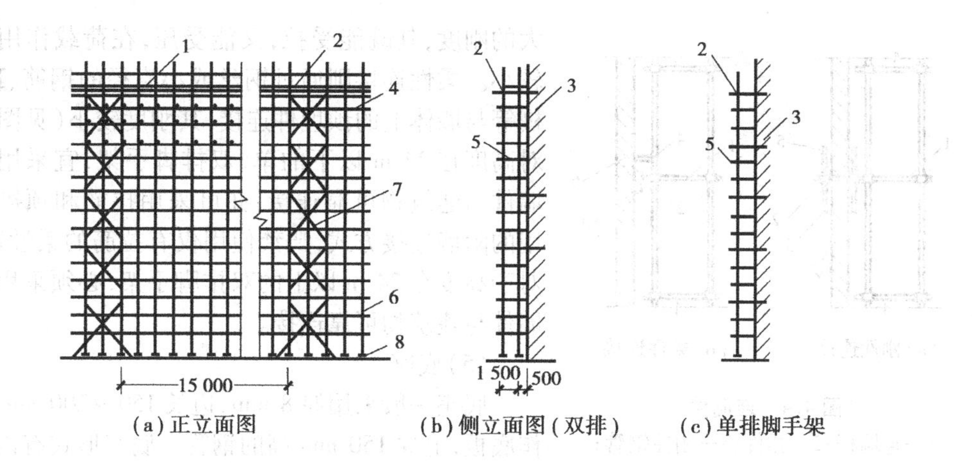

(a)正立面图　　(b)侧立面图(双排)　　(c)单排脚手架

图4.2　扣件式钢管脚手架

1—脚手架板;2—连墙杆;3—墙身;4—纵向水平杆;
5—横向水平杆;6—立杆;7—剪刀撑;8—底座

ϕ51 mm、壁厚3.0 mm焊接钢管或其他钢管。用于立杆、纵向水平杆、斜杆的钢管最大长度不宜超过6.5 m,最大重量不宜超过250 N,以便适合人工搬运;用于横向水平杆的钢管长度宜在1.5 ~2.5 m,以适应脚手架的宽度。钢管上严禁打孔。

(2)扣件

扣件有可锻铸铁扣件与钢板压制扣件两种。可锻铸铁扣件已有国家产品标准和专业检测单位,质量易于保证,因此应采用可锻铸铁扣件。对钢板压制扣件要慎重采用,应参照国家标准《钢管脚手架扣件》(GB 15831)的规定测试合格方可使用。扣件基本形式有3种(见图4.3):供两根成垂直相交钢管连接用的直角扣件、供两根成任意角度相交钢管连接用的回转扣件和供两根对接钢管连接用的对接扣件。在使用中,虽然回转扣件可连接任意角度的相交钢管,但对直角相交的钢管应用直角扣件连接,而不应用回转扣件连接。

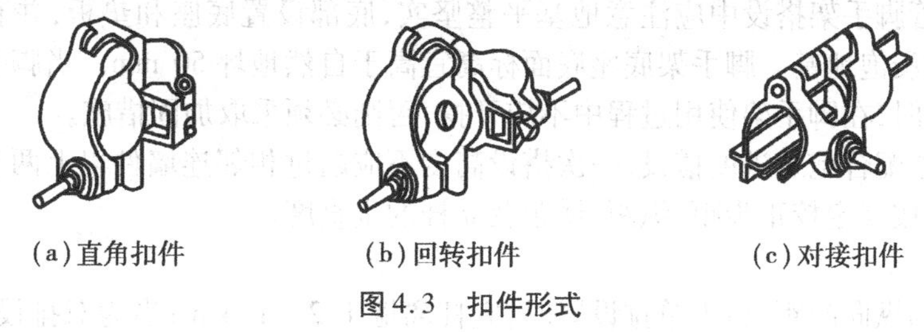

(a)直角扣件　　(b)回转扣件　　(c)对接扣件

图4.3　扣件形式

(3)脚手板

脚手板有冲压式钢脚手板、木脚手板、竹串片及竹笆脚手板等,可根据工程所在地区就地取材使用。一般可用厚2 mm的钢板压制而成,长度2 ~4 m、宽度250 mm,表面有防滑措施。也可以采用厚度不小于50 mm的杉木或松木板,长度3 ~6 m、宽度200 ~250 mm,或者采用竹脚手板。为便于工人操作,每块的脚手板质量不宜大于30 kg。

(4)连墙杆

当扣件式钢管脚手架用于外脚手架时,必须设置连墙杆。连墙杆将立杆与主体结构连接在一起,可有效地防止脚手架的失稳与倾覆。常用的连接形式有刚性连接与柔性连接两种。刚性连接一般通过连墙杆、扣件和墙体上的预埋件连接(见图4.4a)。这种连接方式具有较

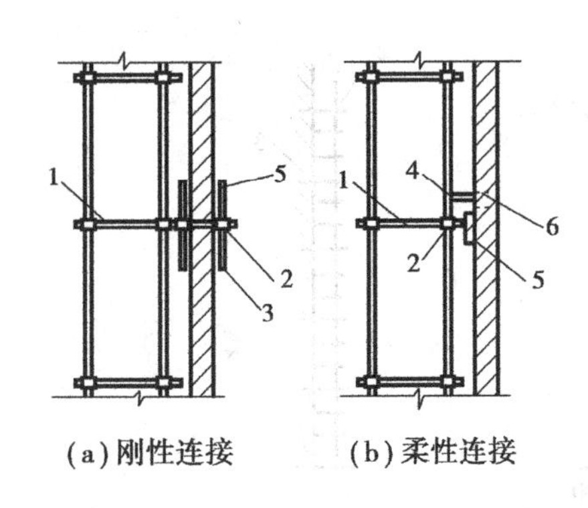

(a)刚性连接　(b)柔性连接

图4.4　连墙件

1—连墙杆;2—扣件;3—刚性钢管;4—钢丝;5—木楔;6—预埋件

大的刚度,其既能受拉,又能受压,在荷载作用下变形较小。柔性连接则通过钢丝或小直径的钢筋、顶撑、木楔等与墙体上的预埋件连接,其刚度较小(见图4.4b)。对高度在24 m以下的单、双排脚手架,宜采用刚性连墙件与建筑物可靠连接,亦可采用拉筋和顶撑配合使用的附墙连接方式,严禁使用仅有拉筋的柔性连墙件;对于高度在24 m以上的双排脚手架,必须采用刚性连墙件与建筑物可靠连接。

(5)底座

底座一般采用厚8 mm、边长150~200 mm的钢板作底板,上焊150 mm高的钢管。底座形式有内插式和外套式两种(见图4.5),内插式的外径 D_1 比立杆内径小2 mm,外套式的 D_2 比立杆外径大2 mm。

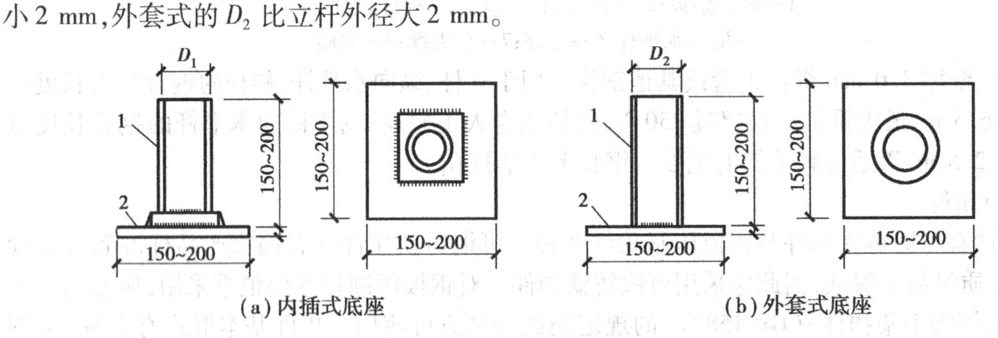

(a)内插式底座　(b)外套式底座

图4.5　扣件钢管架底座

1—承插钢管;2—钢板底座

2)搭设要求与施工工艺流程

扣件式钢管脚手架搭设中应注意地基平整坚实,底部设置底座和垫板,并有可靠的排水措施,防止积水浸泡地基。脚手架底座底面标高宜高于自然地坪50 mm。当脚手架基础下有设备基础、管沟时,在脚手架使用过程中不应开挖,否则必须采取加固措施。

脚手架必须配合施工进度搭设,一次搭设高度不应超过相邻连墙件以上两步。每搭完一步脚手架后,应按规定校正步距、纵距、横距及立杆的垂直度。

(1)立杆

立杆之间的纵向间距,当为单排设置时,立杆离墙1.2~1.4 m;当为双排设置时,里排立杆离墙0.4~0.5 m,里外排立杆之间间距有1.05 m、1.30 m、1.55 m 3种。立杆搭设应符合以下构造要求:

①每根立杆底部设置底座或垫板。

②脚手架必须设置纵、横向扫地杆。纵向扫地杆应采用直角扣件固定在距底座上皮不大于200 mm处的立杆上。横向扫地杆亦应采用直角扣件固定在紧靠纵向扫地杆下方的立杆上。当立杆基础不在同一高度上时,必须将高处的纵向扫地杆向低处延长两跨与立杆固定,高低差不应大于1 m。靠边坡上方的立杆轴线到边坡的距离不应小于500 mm(见图4.6)。

③脚手架底层步距不应大于2 m。

④立杆必须用连墙件与建筑物可靠连接,连墙件设置有二步三跨、三步三跨两种。

⑤立杆接长除顶层顶步外,其余各层各步接头必须采用对接扣件连接。

⑥立杆顶端宜高出女儿墙上皮 1 m,高出檐口上皮 1.5 m。

⑦双管立杆中副立杆的高度不应低于 3 步,钢管长度不应小于 6 m。

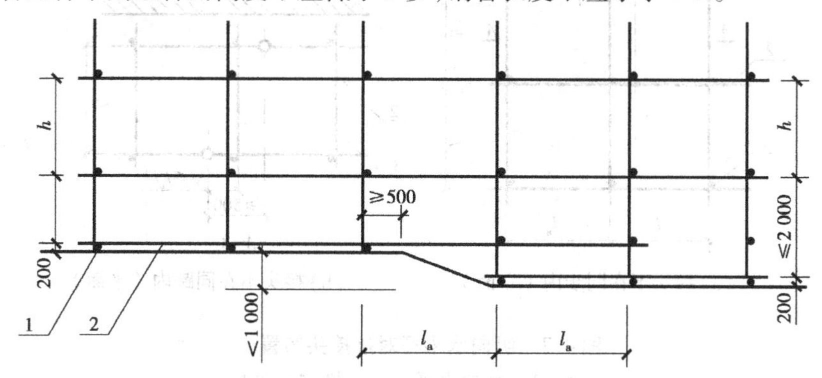

图 4.6　纵、横扫地杆构造

1—横向扫地杆;2—纵向扫地杆

立杆搭设施工应符合下列规定:

a. 严禁将外径 ϕ48 mm 与 ϕ51 mm 的钢管混合使用;

b. 相邻立杆的对接扣件不得在同一高度内,错开距离应符合构造规定;

c. 开始搭设立杆时,应每隔 6 跨设置一根抛撑,直至连墙件安装稳定后,方可根据情况拆除;

d. 当搭至有连墙件的构造点时,在搭设完该处的立杆、纵向水平杆、横向水平杆后,应立即设置连墙件;

e. 顶层立杆搭接长度与立杆顶端伸出建筑物的高度应符合构造规定。

(2)纵向水平杆(大横杆)

沿脚手架纵向设置的水平杆称为纵向水平杆(大横杆)。贴近地面,连接立杆根部的水平杆为扫地杆。上下两层相邻纵向水平杆之间的间距(称为一步架高)为 1.2 ~ 1.8 m。

纵向水平杆的构造应符合下列规定:

①纵向水平杆宜设置在立杆内侧,其长度不宜小于 3 跨。

②纵向水平杆接长宜采用对接扣件连接,也可采用搭接。对接、搭接应符合下列规定:

a. 纵向水平杆的对接扣件应交错布置:两根相邻纵向水平杆的接头不宜设置在同步或同跨内;不同步或不同跨两个相邻接头在水平方向错开的距离不应小于 500 mm;各接头中心至最近主节点的距离不宜大于纵距的 1/3(见图 4.7)。

b. 搭接长度不应小于 1 m,应等间距设置 3 个旋转扣件固定,端部扣件盖板边缘搭接纵向水平杆杆端的距离不应小于 100 mm。

c. 当使用冲压钢脚手板、木脚手板、竹串片脚手板时,纵向水平杆应作为横向水平杆的支座,用直角扣件固定在立杆上;当使用竹笆脚手板时,纵向水平杆应采用直角扣件固定在横向水平杆上,并应等间距设置,间距不应大于 400 mm(见图 4.8)。

纵向水平杆的搭设应符合下列规定:

①纵向水平杆的搭设应符合构造规定。

②在封闭型脚手架的同一步中,纵向水平杆应四周交圈,用直角扣件与内外角部立杆

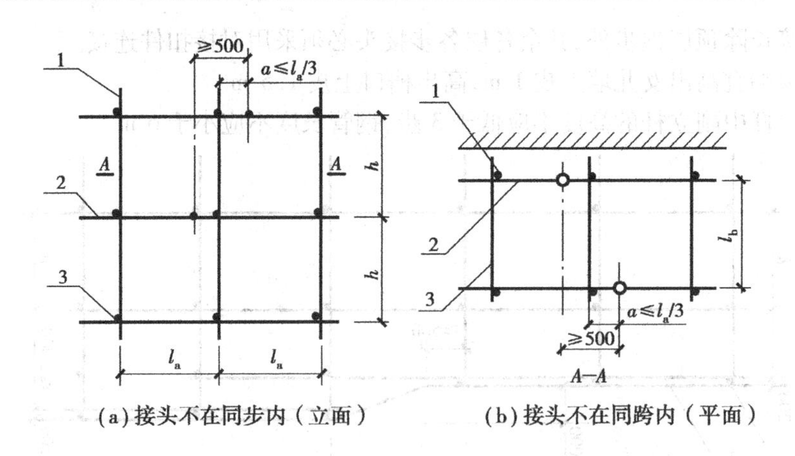

图4.7　纵向水平杆对接接头布置

1—立杆;2—纵向水平杆;3—横向水平杆

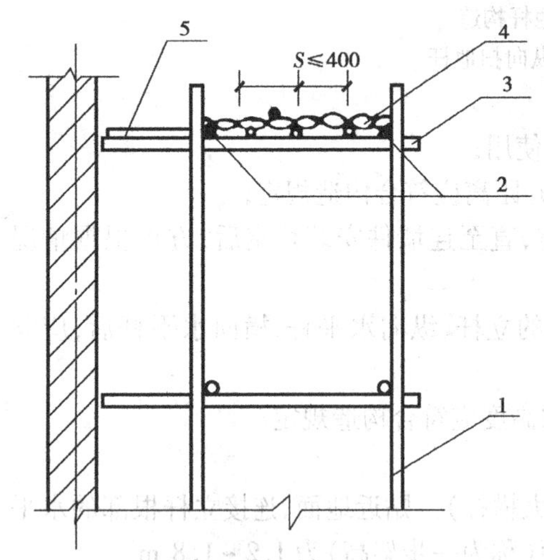

图4.8　铺竹笆脚手板时纵向水平杆的构造

1—立杆;2—纵向水平杆;3—横向水平杆;
4—竹笆脚手板;5—其他脚手板

固定。

(3)横向水平杆(小横杆)

横向水平杆的间距不大于1.5 m。其构造应符合下列规定:

a.主节点处必须设置一根横向水平杆,用直角扣件扣接且严禁拆除。此条为强制性条文,必须严格执行。

b.作业层上非主节点处的横向水平杆,宜根据支承脚手板的需要等间距设置,最大间距不应大于纵距的1/2。

c.当使用冲压钢脚手板、木脚手板、竹串片脚手板时,双排脚手架的横向水平杆两端均应采用直角扣件固定在纵向水平杆上;单排脚手架的横向水平杆的一端,应用直角扣件固定在纵向水平杆上,另一端应插入墙内,插入长度不应小于180 mm。

d.使用竹笆脚手板时,双排脚手架的横向水平杆两端,应用直角扣件固定在立杆上;单排脚手架的横向水平杆的一端,应用直角扣件固定在立杆上,另一端应插入墙内,插入长度亦不应小于180 mm。

《建筑施工扣件钢管脚手架安全技术规范》(JGJ 130—2011)中的7.3.6条规定,横向水平杆搭设应符合下列规定:

①搭设横向水平杆应符合构造规定。

②双排脚手架横向水平杆的靠墙一端至墙装饰面的距离不宜大于100 mm。

③单排脚手架的横向水平杆不应设置在下列部位:

a.设计上不允许留脚手眼的部位;

b.过梁上与过梁两端成60°角的三角形范围内及过梁净跨度1/2的高度范围内;

c.宽度小于1 m的窗间墙;

d.梁或梁垫下及其两侧各500 mm 的范围内；

e.砖砌体的门窗洞口两侧200 mm 和转角处450 mm 的范围内；其他砌体的门窗洞口两侧300 mm 和转角处600 mm 的范围内；

f.独立或附墙砖柱。

(4)连墙件、剪刀撑、横向斜撑

搭设应符合下列规定：

①连墙件中的连墙杆或拉筋宜呈水平设置，当不能水平设置时，与脚手架连接的一端应下斜连接，不应采用上斜连接。连墙件必须采用可承受拉力和压力的构造。当脚手架施工操作层高出连墙二步时，应采取临时稳定措施，直到上一层连墙件搭设完后方可根据情况拆除。

②剪刀撑、横向斜撑搭设应随立杆、纵向和横向水平杆等同步搭设。

当脚手架下部暂不能设连墙件时可搭设抛撑。抛撑应采用通长杆件与脚手架可靠连接，与地面的倾角应在45°～60°；连接点中心至主节点的距离不应大于300 mm。抛撑应在连墙件搭设后方可拆除。双排脚手架应设剪刀撑与横向斜撑，每道剪刀撑宽度不应小于4跨，且不应小于6 m，斜杆与地面的倾角宜在45°～60°。高度在24 m以下的单、双排脚手架，均必须在外侧立面的两端各设置一道剪刀撑，并应由底至顶连续设置；高度在24 m以上的双排脚手架应在外侧立面整个长度和高度上连续设置剪刀撑。横向斜撑应在同一节间，由底至顶层呈之字型连续布置；一字型、开口型双排脚手架的两端均必须设置横向斜撑；高度在24 m以下的封闭型双排脚手架，可不设横向斜撑；高度在24 m以上的封闭型脚手架，除拐角应设置横向斜撑外，中间应每隔6跨设置一道。

(5)作业层、斜道、栏杆和挡脚板

作业层脚手板应铺满、铺稳，离开墙面120～150 mm；端部脚手板探头长度应取150 mm，其板长两端应与支承杆可靠地固定。斜道宜附着外脚手架或建筑物设置；高度不大于6 m的脚手架，宜采用一字型斜道；高度大于6 m的脚手架，宜采用之字型斜道。栏杆和挡脚板均应搭设在外立杆的内侧；上栏杆上皮高度应为1.2 m；挡脚板高度不应小于180 mm；中栏杆应居中设置(见图4.9)。

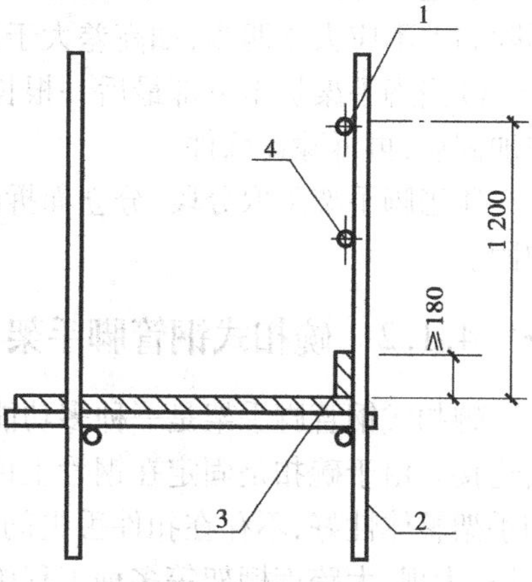

图4.9 栏杆与挡脚板构造

1—上栏杆；2—外立杆；3—挡脚板；4—中栏杆

(6)施工工艺流程

扣件式钢管脚手架施工工艺流程为：地基处理→脚手架底座→放置纵向水平扫地杆→逐根竖立杆(随即与扫地杆扣紧)→安装横向水平扫地杆(随即与立杆或纵向水平扫地杆扣紧)→安装第一步纵向水平杆(随即与各立杆扣紧)→安装第一步横向水平杆→安装第二步纵向水平杆→安装第二步横向水平杆→加设临时斜撑杆(上端与第二步纵向水平杆扣紧，在装设两道连墙件后方可拆除)→安装第三、四步纵、横向水平杆→安装连墙件→接长立杆→加设剪刀撑→铺设脚手板→安装栏杆和挡脚板→挂安全网等。

3)搭设质量检查验收与管理

脚手架搭设前应由单位工程负责人编制专项施工方案，向搭设工人和施工人员进行技术交底。钢管、扣件、脚手板等构配件应检查验收，不合格产品一律不得使用。脚手架必须配合施工进度搭设,一次搭设高度不应超过相邻连墙件两步以上。扣件螺栓拧紧扭力矩不应小于40 N·m,且不应大于65 N·m。立杆、纵横向水平杆、连墙件等的搭设必须符合构造要求。在使用过程中,为确保施工安全,应分阶段、定期对其进行质量检查,特别要注意连墙件是否漏设或被拆除而未补设?脚手架是否超载?立杆是否悬空?基础沉降情况如何?等等。脚手架搭设质量、检查验收应符合规范的要求。

脚手架搭设必须由考核合格的专业架子工施工,搭设脚手架人员必须戴安全帽、系安全带、穿防滑鞋。作业层上的施工荷载应符合设计要求,不得超载。不得将模板支架、缆风绳、泵送混凝土和砂浆的输送管等固定在脚手架上;严禁悬挂起重设备。在脚手架使用期间,严禁拆除主节点处的纵横向水平杆、纵横向扫地杆和连墙件。当有六级及六级以上的大风和雾、雨、雪天气时应停止脚手架搭设与拆除作业。脚手架应设接地、避雷措施。搭拆脚手架时,地面应设围栏和警戒标志,并派专人看守,严禁非操作人员入内。

4)拆除要求

拆除脚手架前应全面检查脚手架的扣件连接、连墙件、支撑体系等是否符合构造要求;清除架上杂物及地面障碍物;拟定拆除施工方案。拆除脚手架时,应符合下列规定:

①拆除作业必须由上而下逐层进行,严禁上下同时作业。

②连墙件必须随脚手架逐层拆除,严禁先将连墙件整层或数层拆除后再拆脚手架;分段拆除高差不应大于两步,如高差大于两步,应增设连墙件加固。

③当脚手架拆至下部最后一根长立杆的高度(约6.5 m)时,应先在适当位置搭设临时抛撑加固后,再拆除连墙件。

④当脚手架采取分段、分立面拆除时,对不拆除的脚手架两端,应设置连墙件和横向斜撑加固。

▶ 4.1.2 碗扣式钢管脚手架

碗扣式钢管脚手架是一种多功能脚手架,可用于内、外脚手架,其杆件节点处采用碗扣承插连接。由于碗扣是固定在钢管上的,构件全部轴向连接,力学性能好,其连接可靠,组成的脚手架整体性好,不存在扣件丢失问题。现已广泛应用于房屋建筑、桥梁、涵洞、隧道、烟囱、水塔、大坝、大跨度棚架等多种工程施工中,并取得了显著的经济效益。

(1)基本构造

碗扣式钢管脚手架由钢管立杆、横杆、碗扣接头等组成。其基本构造和搭设要求与扣件式钢管脚手架类似,不同之处主要在于碗扣接头。碗扣接头是由上碗扣、下碗扣、横杆接头和上碗扣的限位销等组成。在立杆上焊接下碗扣和上碗扣的限位销,将上碗扣套入立杆内(可沿立杆上下滑动)。在横杆和斜杆上焊接插头。组装时,将横杆和斜杆插入下碗扣内,压紧和旋转上碗扣,利用限位销固定上碗扣。碗扣间距600 mm,每个碗扣处可同时连接4根横杆接头,位置任意,如图4.10所示。

(2)搭设要求

碗扣式钢管脚手架施工工艺流程为:立杆底座→立杆→横杆→斜杆→接头锁紧→脚手板→上层立杆→立杆连接销→横杆。碗扣式钢管脚手架立杆横距为1.2 m,纵距为1.2~2.4 m,步架高为1.6~2.0 m。脚手架垂直度对搭设高度30 m以下应控制在1/200以内,高度在30 m以上的应控制在1/400~1/600;总高垂直偏差应不大于100 mm。连墙件应均匀布置,对高度在30 m

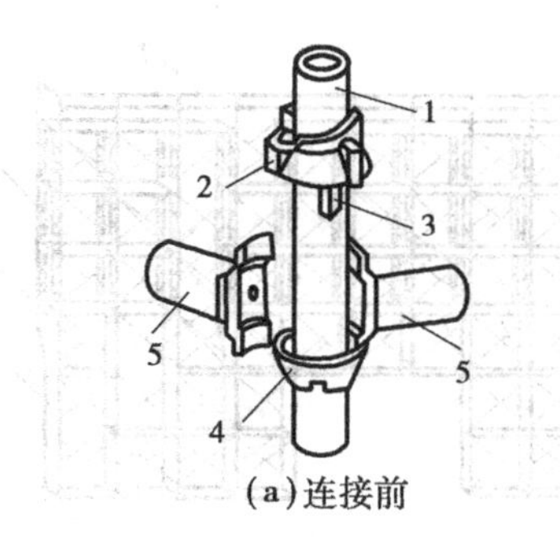

(a)连接前

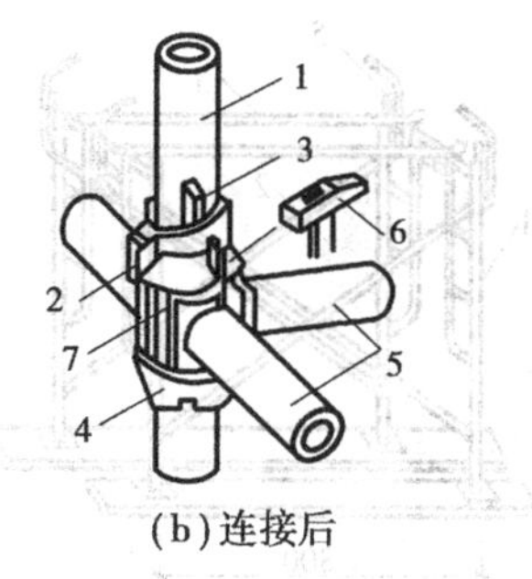

(b)连接后

图4.10　碗扣接头

1—立杆;2—上碗扣;3—限位销;4—下碗扣;5—横杆;6—铁锤;7—流水槽

以下的脚手架,每40 m^2 竖向面积应设置1个;对高度大于40 m的高层脚手架或荷载较大的脚手架,每20~25 m^2 竖向面积应设置1个;连墙件应尽可能设置在碗扣接头内(见图4.11)。

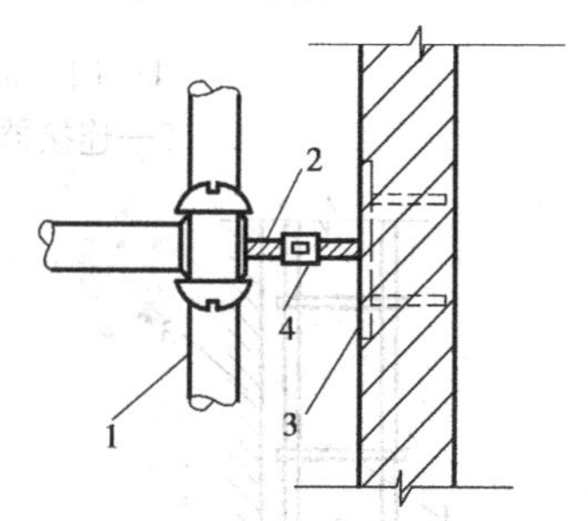

图4.11　碗扣式脚手架的连墙件

1—脚手架;2—连墙杆;
3—预埋件;4—调节螺栓

▶ 4.1.3　门式脚手架

门式脚手架是一种工厂生产、现场组拼的脚手架,是当今国际上应用最普遍的脚手架之一。它不仅可作为外脚手架,也可作为移动式内脚手架或满堂脚手架。因其几何尺寸标准化、结构合理、受力性能好、施工中装拆容易、安全可靠、经济实用等特点,故广泛应用于建筑、桥梁、隧道、地铁等工程施工,若在门架下部安放轮子,也可以作为机电安装、油漆粉刷、设备维修、广告制作的活动工作平台。

通常门式脚手架搭设高度限制在45 m以内,采取一定措施后可达到80 m左右。施工荷载应为脚手架操作层上的操作人员、存放材料、运输工具及小型工具等质量。一般用于结构的脚手架均布施工荷载为3.0 kN/m^2,用于装修的脚手架均布施工荷载为2.0 kN/m^2,或作用于脚手板跨中的集中荷载2 kN。

(1)基本构造

门式脚手架基本单元是由2个门式框架、2个剪刀撑、1个水平梁架和4个连接器组合而成(见图4.12)。若干基本单元通过连接器在竖向叠加,组成一个多层框架。在水平方向,用加固杆和水平梁架使相邻单元连成整体,加上斜梯、栏杆柱和横杆组成上下步相通的外脚手架。

(2)搭设要求

门式脚手架的施工艺流程为:铺设垫木→安放底座→设立门架→安装剪刀撑→安装水平梁架→安装梯子→安装水平加固杆→安装连墙件→……逐层向上……→安装交叉斜杆。门式脚手架高度一般不超过45 m,每5层至少应架设水平架一道,垂直和水平方向每隔4~6 m应设一个连墙件,脚手架的转角应用钢管通过扣件扣紧在相邻两个门式框架上(见图4.13a)。脚手架搭设后,应用水平加固杆加强,通过扣件将水平加固杆扣在门式框架上,形成水平闭合圈,并附墙设置连墙件(见图4.13b);一般在10层框架以下,每3层设一道;在10层框架以上,每5层设一道;最高层顶部和最底层底部应各加设一道,同时还应设置交叉斜撑。门式脚手架架设超过10层,应加设辅助支撑,高度方向每8~11层门式框架、宽度方向5个门式框架之间,应加设一组,使脚手架与墙柱体可靠连接(见图4.13c)。

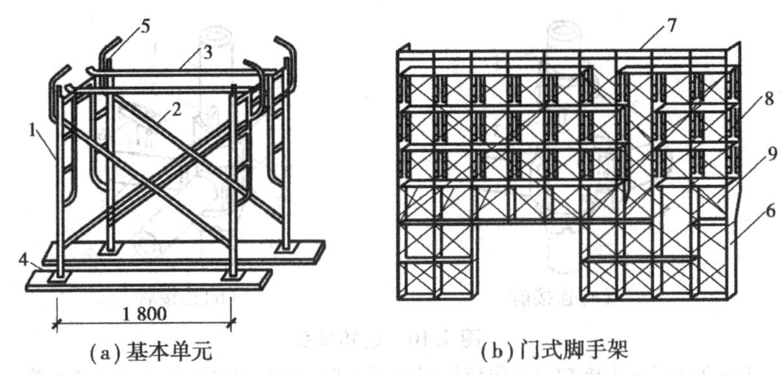

(a)基本单元　　　　(b)门式脚手架

图4.12　门式脚手架

1—门式框架;2—剪刀撑;3—水平梁架;4—调节螺栓;
5—连接器;6—梯子;7—栏杆;8—脚手板;9—交叉斜杆

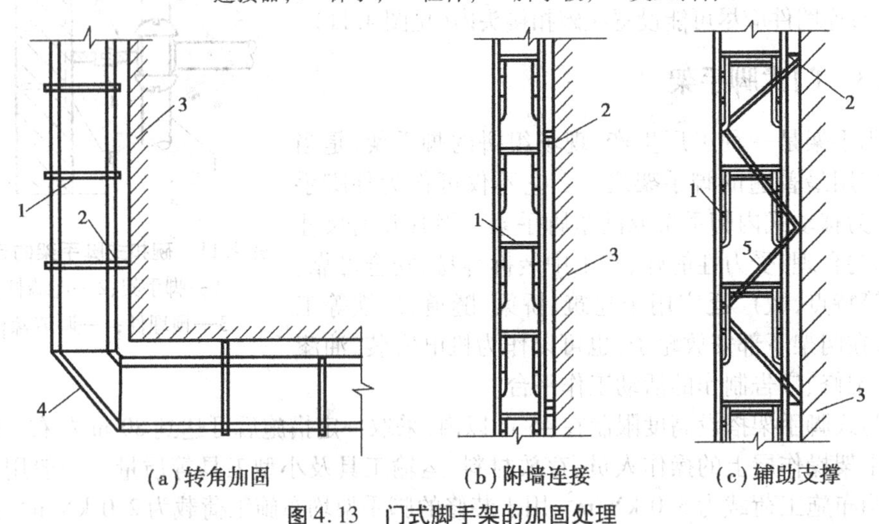

(a)转角加固　　　(b)附墙连接　　　(c)辅助支撑

图4.13　门式脚手架的加固处理

1—门式框架;2—连墙件;3—墙体;4—钢管;5—辅助支撑

4.1.4　升降式脚手架

升降式脚手架是沿结构外表面满搭的脚手架,它通过脚手架构件之间或脚手架与墙体之间互为支承、相互提升,可随结构施工逐渐提升,用于结构施工;在结构完成后,又可逐渐下降,作为装饰施工脚手架。近年来在高层建筑及筒仓、竖井、桥墩等施工中广泛应用,常用的有自升降式、互升降式、整体升降式3种类型。

升降式脚手架主要优点有:脚手架不需沿建(构)筑物全高搭设(一般搭设3~4层高);脚手架不落地,不占施工场地;可用于结构与装饰施工。但这种脚手架一次性投资较大,因此设计时应使其具有通用性,以便在不同的结构施工中周转使用。

升降式脚手架的施工工艺流程为:墙体预留孔→脚手架安装→脚手架爬升→脚手架下降→脚手架拆除。

(1)自升降式脚手架

它是将搭设一定高度的外脚手架,通过承力结构,使其附在建筑物上,然后利用脚手架自带的升降机构和动力设备,使脚手架沿建筑物上下移动的一种不落地式脚手架。这种脚手架用料少、造价低廉、使用方便,现已广泛用作高层建筑施工的外脚手架,其爬升过程如图 4.14 所示。

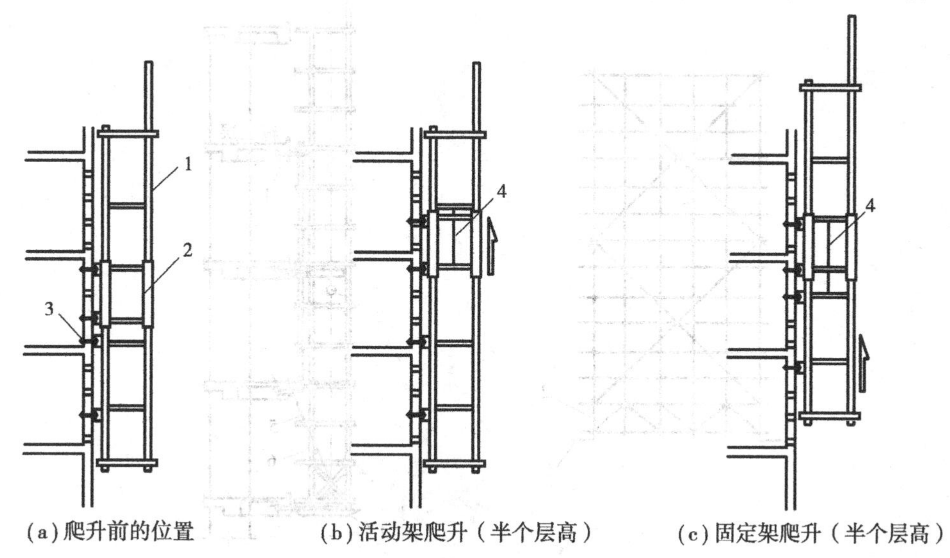

图 4.14 自升降式脚手架爬升过程

1—固定架;2—活动架;3—附墙螺栓;4—倒链

(2)互升降式脚手架

它是一种沿建筑物外墙设置的只能组装成单片式的并以相邻脚手架作为升降支承点的脚手架。它适用于框架或剪力墙结构的高层建筑施工,其爬升过程如图 4.15 所示。

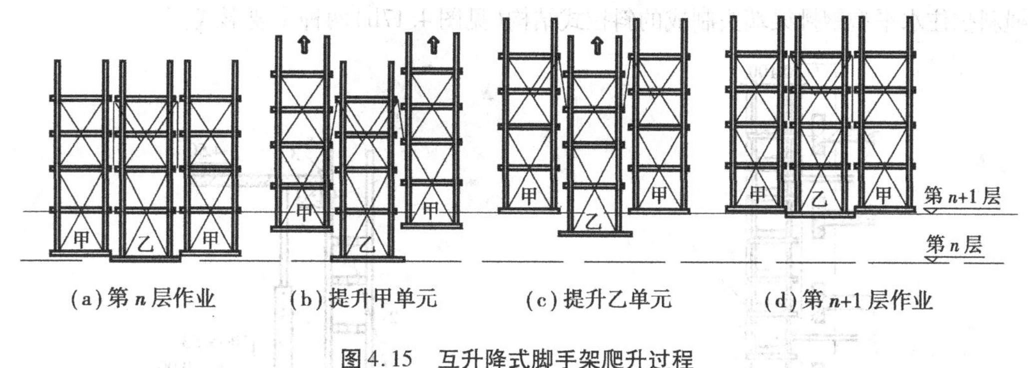

图 4.15 互升降式脚手架爬升过程

(3)整体升降式脚手架

整体升降式脚手架(见图 4.16)是一种以电动升降机为提升动力,使整个外脚手架沿建筑物外墙或柱整体向上爬升的脚手架。搭设高度依结构施工层的层高而定,一般取 4 个层高加上安全栏的高度为架体的总高度。脚手架宽以 0.8～1.0 m 为宜。在超高层建筑或超高构筑物的结构施工中,整体升降式脚手架有明显的优越性,它结构整体性好、升降快捷方便、机械化程度高、经济效益显著,是一种很有推广价值的外脚手架。

▶ 4.1.5 悬挑式脚手架

悬挑式脚手架是指从建筑物内向外伸出或固定于建筑结构外侧的悬挑支承结构上搭设的脚手架。悬挑支承结构必须具有足够的承载力、刚度和稳定性,能将脚手架荷载全部或部分地

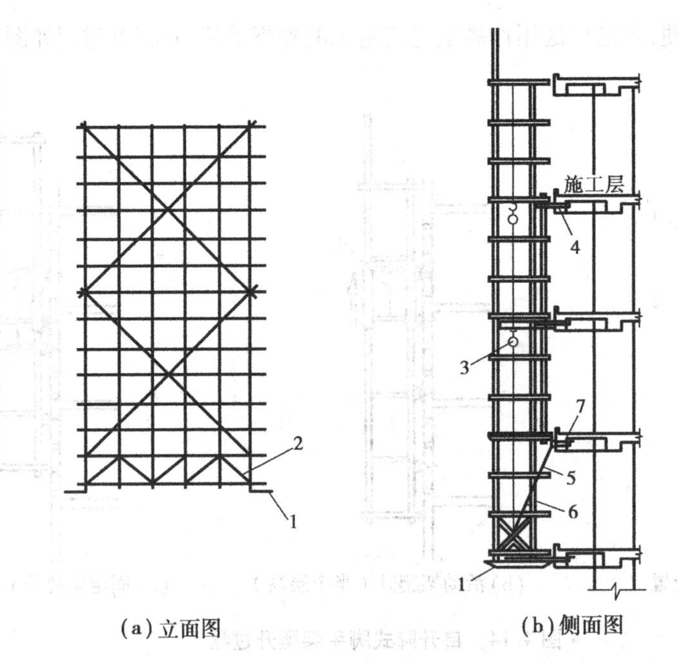

(a)立面图　　(b)侧面图

图4.16　整体升降式脚手架

1—承力架;2—加固桁架;3—电动提升机;

4—挑梁;5—斜拉杆;6—调节螺栓;7—附墙螺栓

传递给建筑物的杆杆。悬挑支承结构可用型钢焊接制作的三角桁架下撑式(见图4.17a)及用钢丝绳斜拉住水平型钢挑梁端头制成的斜拉式结构(见图4.17b)两种主要形式。

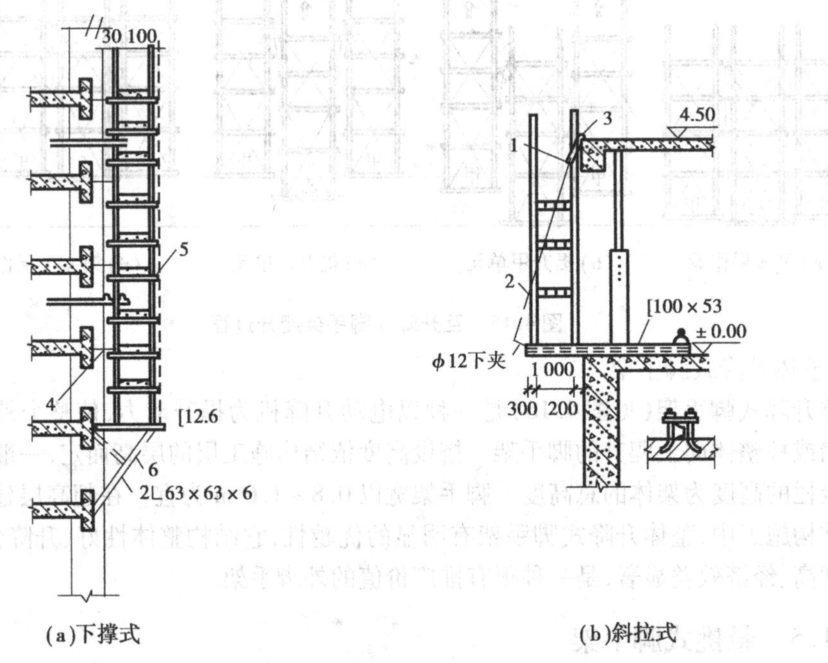

(a)下撑式　　(b)斜拉式

图4.17　悬挑式脚手架

1—花篮螺丝;2—ϕ10 钢筋;3—ϕ14 吊环;4—8[#]铁丝;5—安全网;6—三角支架

下撑式悬挑外脚手架，悬出端支承件是斜撑受压杆件，其承载力由压杆稳定性控制，故断面较大，钢材用量多且自重大；而斜拉式悬挑外脚手架，悬出端支承杆件是由斜拉钢丝绳受拉绳索和预埋锚固件来控制承载力，故断面较小，钢材用量少且自重小。

在悬挑结构上搭设的双排脚手架，其构造和搭设方法与一般落地式脚手架相同，并按要求设置连墙件。这种脚手架的搭设高度（或分段悬挑搭设高度）不得超过25 m，可作为外墙结构、装修和防护之用。例如，应用在闹市区需要作全封闭的高层建筑施工中，用以防坠物伤人。

悬挑式外脚手架施工工艺流程为：悬挑层施工预埋锚固件→穿插型钢（工字钢、槽钢、角钢）→焊接底部定位钢筋→搭设架体→加斜拉钢丝绳→铺钢筋网、安全网。

悬挑式外脚手架是一种不落地式，其特点是脚手架的自重及其施工荷重全部传递至由建筑物承受，因而搭设不受建筑物高度的限制。而且，与前面几种脚手架比较更为节省材料，具有良好的经济效益。

4.2 内脚手架施工

内脚手架又称里脚手架，是搭设在建筑物内部的一种脚手架，它用于在楼层上砌筑、装修等。内脚手架种类较多，在无需搭设满堂脚手架时，可采用各种工具式脚手架。其使用过程中装拆较频繁，具有轻便灵活、周转容易、装拆方便、占地较少等特点。通常将其做成工具式的结构形式，有折叠式、支柱式、门架式和移动式等。

▶ 4.2.1 折叠式内脚手架

采用角钢制成，上铺脚手板。其架设间距：砌筑时≤1.8 m，装修时≤2.2 m。根据施工层高，沿高度可以搭设两步脚手架，第一步为1 m，第二步为1.65 m（见图4.18）。

▶ 4.2.2 支柱式内脚手架

支柱式内脚手架（见图4.19）由支柱及横杆组成，上铺脚手板。支柱有套管式和承插式钢管两种，即将插管插入立管中，以销孔间距调节高度，在插管顶端的凹形支托内搁置方木横杆，横杆上铺设脚手架。架设高度为1.5～2.1 m。

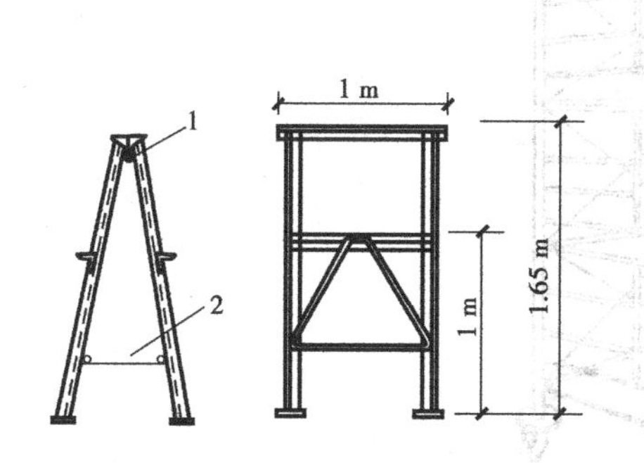

图4.18 角钢折叠式内脚手架

1—铁铰链；2—ϕ12 挂钩

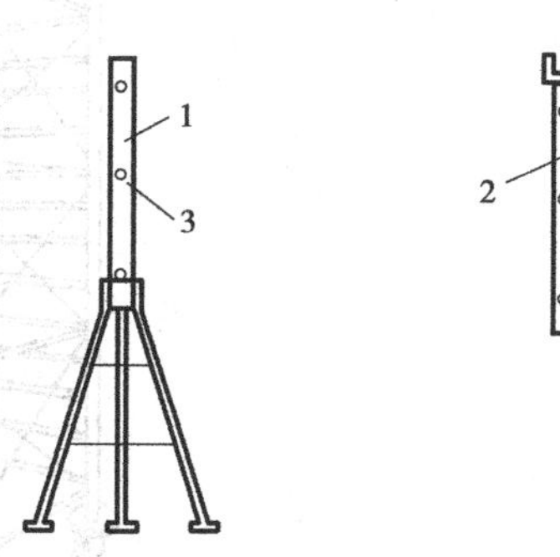

图4.19 支柱式内脚手架

1—立管（ϕ48 mm×3.5 mm）；

2—插管（ϕ40 mm×2.5 mm）；3—销孔

▶ 4.2.3 门架式内脚手架

由两片A形支架与门架组成(见图4.20),其架设高度为1.5~2.4 m,两片A形支架间距2.2~2.5 m。

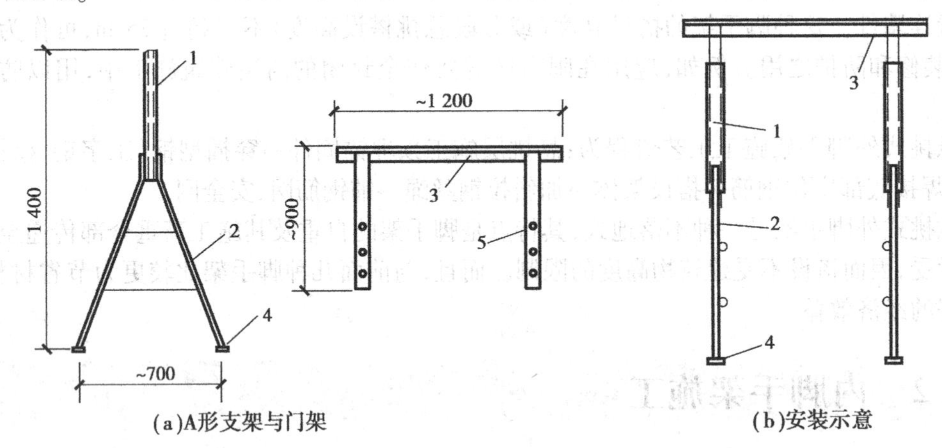

图4.20 门架式内脚手架

1—立管;2—支脚;3—门架;4—垫板;5—销孔

▶ 4.2.4 移动式内脚手架

对高度较高的结构内部施工,如建筑的顶棚等,可利用移动式内脚手架(见图4.21),如作业面大、工程量大,则常常在施工区内搭设满堂脚手架,材料可用扣件式钢管、碗扣式钢管等。

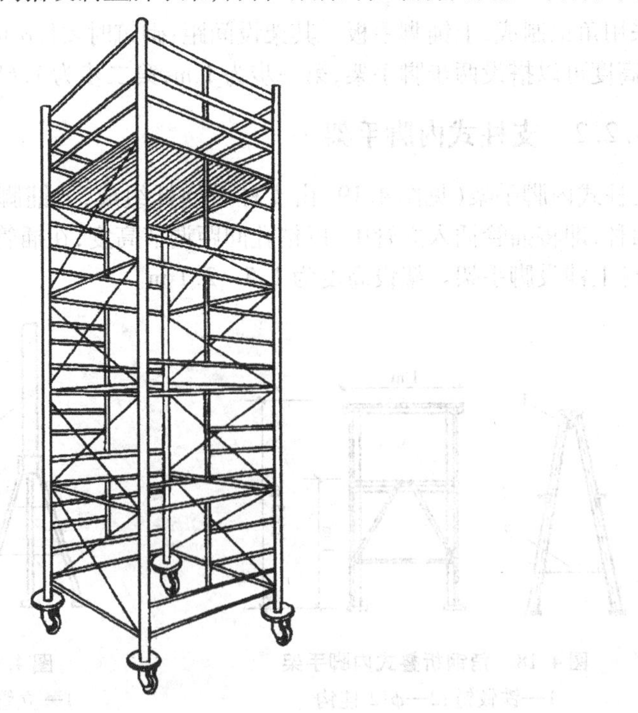

图4.21 移动式内脚手架

复习思考题

1. 什么是脚手架？脚手架是怎样分类的？
2. 建筑工程施工中对脚手架工程有什么基本要求？
3. 外脚手架按搭设安装的方式不同有哪几种基本形式？
4. 扣件式脚手架有哪些基本构造？其搭设有何要求？
5. 碗扣式脚手架有何特点？其适用于什么范围？
6. 门式脚手架有何特点？其适用于什么范围？
7. 升降式脚手架有哪些类型？其主要有哪些优点？
8. 什么是悬挑式脚手架？其施工工艺流程是怎样的？
9. 什么是内脚手架？其施工有何特点？其结构形式有哪些？

5

砌体结构工程施工

[本章导读]

本章主要介绍砌体工程施工的垂直运输机械设备，砌筑材料准备及砌体施工工艺和技术要求。学完本章，要求熟悉砌筑材料的种类、使用要求；掌握砌体的施工工艺、技术要求、质量标准；能较熟练地砌筑各种砌体；能组织砌体的质量验收。

砌体结构工程系指砖、石块体和各种类型砌块用胶结材料砌筑，使这些零散的块体组合成具有一定抗压、抗弯、抗拉能力的一定形状的整体。这种砌体结构被广泛用作建筑物与构筑物的基础、墙体等，在我国目前的建筑工程中仍占有重要地位。

砌体结构工程优点是取材方便，成本低廉，保温隔热、隔音与耐火性较好，施工组织简单等。缺点是属于现场湿作业、受自然环境影响较大，工人的劳动强度大，工期较长，生产效率较低，耗能大。因此，采用新型多功能墙体材料，改进砌体施工工艺是砌体工程施工研究的重要课题。

砌体结构工程是一个综合的施工过程，包括砂浆制备，材料运输，搭设脚手架和砖、砌块砌筑等。本章重点介绍砌体结构的施工工艺与质量要求。

5.1 砌体结构工程的机械设备

砌体结构工程的机具设备主要有砂浆搅拌机和运输机具。

▶ 5.1.1 砂浆搅拌机

砌筑用的砂浆一般采用机械拌制，常用的是强制式砂浆搅拌机（见图5.1），有HJ-200型、HJ-200B型（200L）和HJ-325型（325L）等数种规格，分别为18 m^3、26 m^3 台班产量。

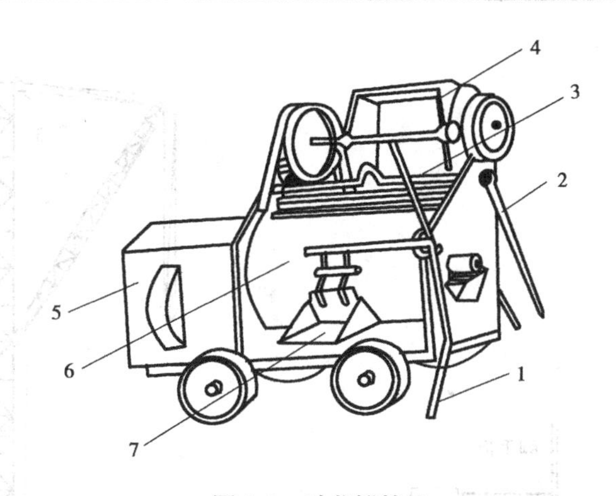

图5.1 砂浆搅拌机

1—水管;2—上料操纵手柄;3—出料操纵手柄;
4—上料斗;5—变速箱;6—搅拌斗;7—出灰门

▶ 5.1.2 运输机具

砌体结构工程施工需用的各种材料(如砖和砂浆)、工具(脚手架、脚手板、灰槽等)均需送到各层楼的施工面上去。常见的运输方式有垂直运输和水平运输,形式较为灵活。

(1)人力

单层房屋可间隔附操作脚手架搭设阶梯形倒料平台(见图5.2)。多层房屋在缺乏动力及施工机具的情况下可附架子搭设上料斜道(马道)或采用简易滑轮,人力将砖、砂浆运到砌筑部位。运料斜道宽度不小于1.5 m,坡度以1:6为宜。斜道拐弯平台的宽度不得小于斜道的宽度,面积不应小于6 m^2。两侧及外围应设不低于1.2 m的防护栏及挡脚板(高度180 mm以上)。为防滑,斜道木质脚手板上应钉20~30 mm厚的木条,间距不大于300 mm。

(2)井架

井架(见图5.3)在中小型房屋建筑中被广泛采用,有型钢制成和钢管搭成两种。吊盘起重量为1 000~1 500 kg,附设扒杆长度7~10 m、起重量800~1 000 kg。搭设高度一般不超过30 m。吊盘一次可提升2~4 辆手推车,每上、下一次平均5~6 min,每台班可提升80次左右。井架需要用卷扬机、滑轮、钢丝绳配合使用,为确保安全,需要设置缆风绳,高度15 m以下时设一道;15 m以上,每增加10 m增设一道,直径一般为ϕ10~14 mm,在任何情况下每道不得少于4根,缆风绳与地面夹角应在30°~45°,在任何情况下不得超过60°,并用锚碇可靠固定。

(3)龙门架

龙门架是由两根立柱及横梁构成的门式架。在龙门架上装有滑轮(天轮及地轮)、导轨、吊盘、安全装置、缆风绳、钢丝绳及配上卷扬机,即构成一个完整的垂直运输系统(见图5.4)。普通龙门架的架设高度为20~30 m,适用于多层建筑的施工,门架的垂直运输能力一般在0.6~1.2 t。龙门架在使用时,需拉设缆风绳并随着墙身砌高,每隔一层楼要用钢管将龙门架与墙柱身互相拉住,以保持其稳定性。

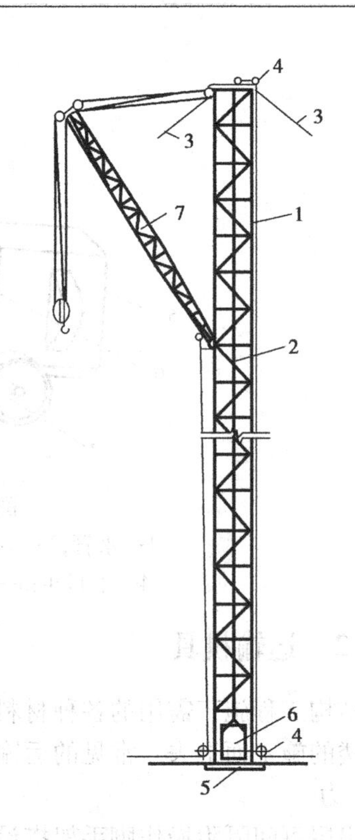

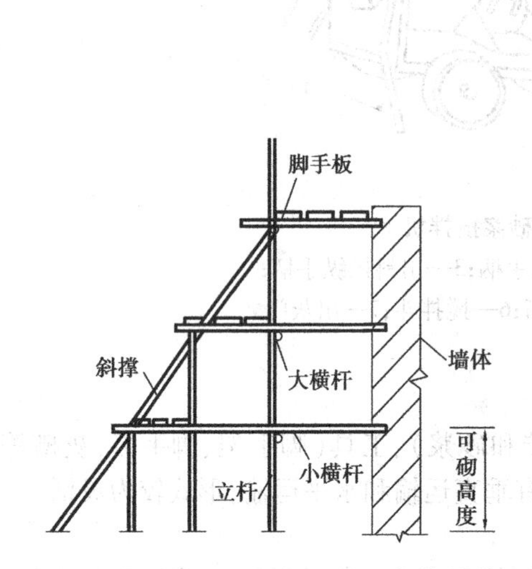

图5.2　阶梯倒料平台

图5.3　钢井架

1—井架;2—钢丝绳;3—缆风绳;
4—滑轮;5—垫梁;6—吊盘;7—辅助吊臂

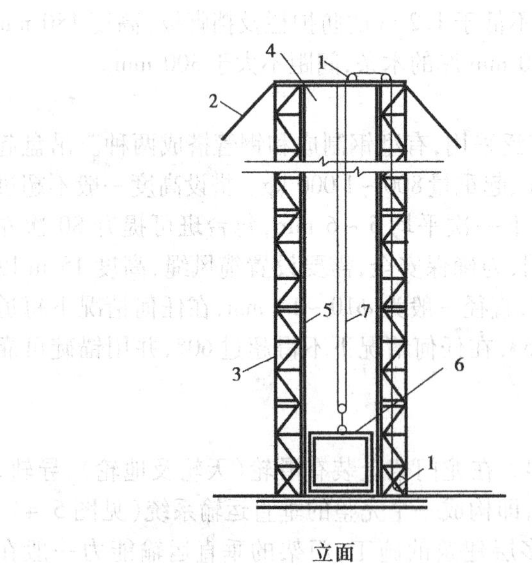

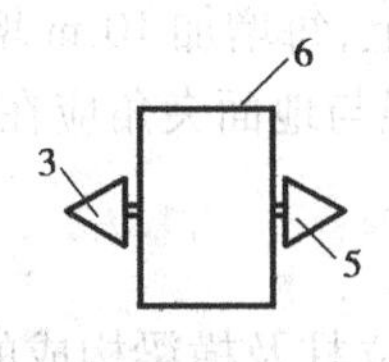

图5.4　龙门架

1—滑轮;2—缆风绳;3—立柱;4—横梁;
5—导轨;6—吊盘;7—钢丝绳

5.2 砌体工程施工

▶ 5.2.1 施工准备工作

(1)砖、石和砌块

砌体工程所用的砖、砌块与石的质量应符合国家现行的有关标准。其中实心砖主要有烧结普通黏土砖、实心硅酸盐砖,包括蒸压灰砂砖、粉煤灰砖、矿渣硅酸盐砖以及煤矸石砖,普通标准实心砖的尺寸为240 mm×115 mm×53 mm。因建筑节能问题,已限制使用实心砖,现砌体工程多采用黏土空心砖和砌块。黏土空心砖自重轻、保温性能好、抗弯抗折能力强,省砂浆,常用的型号有 $KM_1$190 mm × 190 mm × 90 mm、$KP_1$240 mm × 115 mm × 90 mm、KP_2 240 mm×180 mm×115 mm 三种;强度等级有 MU30、MU25、MU20、MU15、MU10。砌块一般指混凝土空心砌块、加气混凝土砌块及硅酸盐实心砌块,通常把高度为 180 ~350 mm 的称为小型砌块,360 ~900 mm 的称为中型砌块;混凝土小型、中型空心砌块和粉煤灰中型砌块的强度等级划分为 MU20、MU15、MU10、MU7.5、MU5.0 和 MU3.5 六级。对石材的强度等级与岩种则应符合设计要求,天然石材可分为料石和毛石两种,石材强度等级有 MU100、MU80、MU60、MU50、MU40、MU30、MU20、MU15 和 MU10 九级。

所有砖与砌块在施工现场应由监理工程师见证取样送实验室检验合格后方可使用。在砌筑前 1 ~2 d 应浇水润湿,但不能浇得过湿,而影响砂浆的密实性、强度和黏结力,产生堕灰和砖块滑动现象,使墙面不干净,灰缝不平整,墙面不平直。一般要求砖湿润到半干湿(即从表面浸入 1 cm 左右)为宜,并尽量不在脚手架上浇水,如砌筑时砖块干燥操作困难,可用喷壶补充浇水。

(2)砂浆

砂浆的作用是把块体黏结成整体,使其共同工作,并抹平砖石、砌块表面,使砌体均匀受力。砂浆有水泥砂浆、混合砂浆和非水泥砂浆(如白灰砂浆、黏土砂浆等)。水泥砂浆多用于高强度砂浆及砌筑处于潮湿环境下的砌体;混合砂浆和易性和保水性好,多用于一般墙体中;非水泥砂浆强度低且耐久性差,可用于简易或临时建筑的砌体中。砂浆应按设计要求配制砂浆的强度等级。砂浆的强度等级以 M 表示,它是以边长为 70.7 mm 的立方体试块,龄期为 28 d抗压试验测得的抗压强度确定的,常用的水泥混合砂浆的强度等级分为 M15、M10、M7.5、M5.0 四级。

砂浆的和易性主要取决于砂浆的稠度和保水性。为了改善砂浆在砌筑时的和易性,可掺入适量的塑化剂,若是用混合砂浆,则应于使用前 15 d 淋好石灰膏备用,严禁使用脱水硬化的石灰膏。配合比中水泥和黏土、电石膏、粉煤灰等的配料精确度应在 ±5% 以内。和易性好的砂浆便于施工,易于保证质量,提高劳动生产率;砂浆搅拌必须充分、均匀,稠度适宜,便于施工,同时应按规定留置砂浆试块。

(3)其他准备

检查核准轴线和标高在容许偏差范围内,砌体的轴线和标高的偏差可在基础顶面或楼板上予以校正。砌筑前,必须按施工组织设计所规定的垂直和水平运输方案,组织机械进场和做好机械的架设工作,还要准备好脚手架工具,搭好搅拌棚,安设搅拌机,准备好砌筑所需的工具,如皮数杆、托线板等。

▶ 5.2.2 砖砌体施工

1)砖砌体施工工艺

砖砌体施工通常包括抄平、放线、摆砖样、立皮数杆、盘角、挂准线、铺灰、砌砖等工序。如是清水墙,则还要进行勾缝。砌筑应按下面施工工序进行:当基底标高不同时,应从低处砌起,并由高处向低处搭接,当设计无要求时,搭接长度不应小于基础扩大部分的高度;墙体砌筑时,内外墙应同时砌筑,不能同时砌筑时,应留槎并做好接槎处理。下面以房屋建筑砌砖墙体砌筑为例,说明各工序的具体做法。

(1)抄平放线

砌筑完基础或每一楼层后,应校核砌体的轴线与标高。先在基础面或在楼面上按标准的水准点定出各层标高,并用水泥砂浆或细石混凝土找平。建筑物底层轴线可按龙门板上定位钉为准拉麻线,沿麻线挂下线锤,将墙身中心轴线放到基础面上,并据此墙身中心线为准弹出纵横墙身边线,定出门窗洞口位置。各楼层的轴线则可利用预先测在外墙面上的墙身中心线,借助于经纬仪把墙身中心轴线引测到楼层上去;或用线锤挂下,对准墙面上的墙身中心轴线,从而向上引测。轴线引测是放线的关键,必须按图纸要求尺寸用钢卷尺进行校核。然后按楼层墙身中心线(定位轴线),弹出各墙边线,划出门窗洞口位置。

(2)摆砖样

按选定的组砌方法,在墙基顶面放线位置试摆砖样(生摆,即不铺灰),尽量使门窗垛符合砖的模数,偏差小时可通过竖缝,以减小砍砖数量,并保证砖及砖缝排列整齐、均匀,提高砌砖效率。摆砖样在清水墙砌筑中尤为重要。

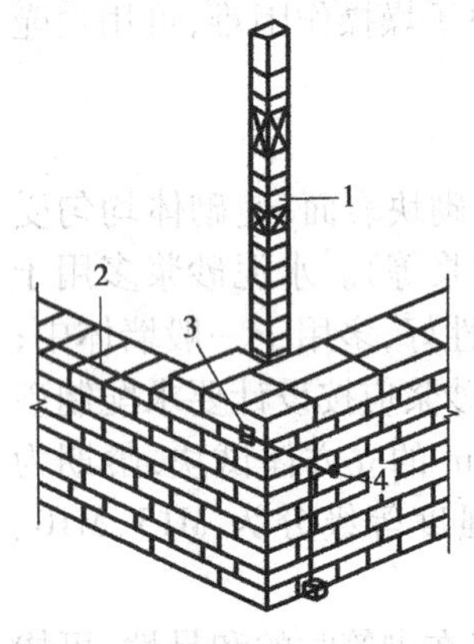

图5.5 皮数杆示意图
1—皮数杆;2—准线;
3—竹片;4—圆铁钉

(3)立皮数杆

皮数杆是指在其上划有每皮砖和砖缝厚度,以及门窗洞口、过梁、楼板、梁底、预埋件等标高位置的一种标杆(见图5.5)。它是砌筑时控制砌体竖向尺寸的标志,同时还可以保证砌体的垂直度。一般设置于建筑物墙的四个大转角处、内外墙交接处、楼梯间及洞口较多的地方,并从两个方向设置斜撑或用锚钉加以固定,确保垂直和牢固。如墙面过长时,应每隔10~20 m再立一根。

(4)盘角、挂线

墙角是控制墙面横平竖直的主要依据,所以,一般砌筑时应先砌墙角。墙角砖层高度必须与皮数杆相符合,做到"三皮一吊,五皮一靠"。墙角必须双向垂直。墙角砌好后,即可挂线,作为砌筑中间墙体的依据,以保证墙面平整。一般一砖墙、一砖半墙可用单面挂线,一砖半墙以上则应用双面挂线。

(5)铺灰、砌筑

铺灰砌筑的操作方法很多,可采用"三一"砌筑法、铺浆法、"二三八一"砌筑法等,依各地习惯而定。"三一"砌筑法即一铲灰、一块砖、一挤揉并随手将挤出的砂浆刮去的操作方法,这种砌法的优点是灰缝容易饱满、墙面整洁,尤其是抗震设防的工程。采用铺浆法砌筑时,铺浆长度不得超过750 mm;气温超过30 ℃时,铺浆长度不得超过500 mm。"二三八一"砌筑法是在我国传统砌砖操作技术的基础上,进行研究改进后产生的一种比较科学的砌筑方法。它包括两种步法,即操作者以丁字步、并列步交替退行操作;三种身法,即操作过程中采用侧弯腰、丁字步弯腰、并列步弯腰进行铲灰、拿砖、铺灰、砌砖；八种铺灰手法，砌条砖采用甩、扣、溜、泼4种手法，砌丁砖采用扣、溜、泼、一带二4种手法；一种挤浆动作，即平推挤浆法。“二三八一”砌筑法对砌砖操作过程中的每一步骤都作出了形、位、动作的明确规定，有利于操作的规范化，从而减轻了劳动强度，保证了砌筑质量。

实心砖砌体一般采用一顺一丁、三顺一丁、两平一侧、梅花丁、全顺、全丁等组砌方式（见图5.6）。空斗墙是指墙的全部或大部分采用侧立丁砖和侧立顺砖相间砌筑而成，在墙中由侧立丁砖、顺砖围成许多个空斗，所有侧砌斗砖均用整砖，其组砌形式有无眠空斗、一眠一斗、一眠二斗、一眠三斗（见图5.7）。砖柱不得采用包心砌法。每层承重墙的最上一皮砖或梁垫下面，或砖砌体的台阶水平面上及挑出部分均应采用丁砖砌层砌筑。

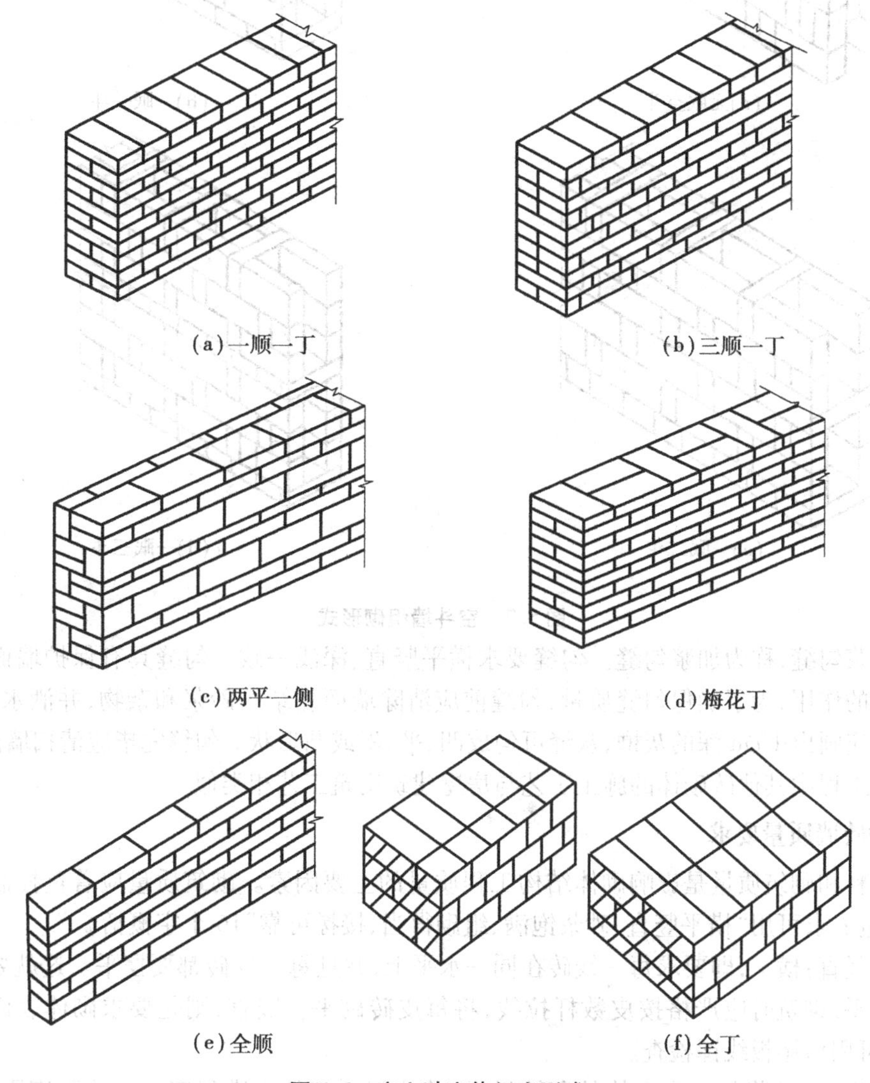

图5.6 实心砖砌体组砌形式

(6)清理

当该层砌筑体砌筑完毕后，应进行墙面、柱面及落地灰的清理。对清水砖墙，在清理前需进行勾缝的，可以用砂浆随砌随勾缝，叫作原浆勾缝；也可砌完墙后再用1:1.5或1:2水泥砂

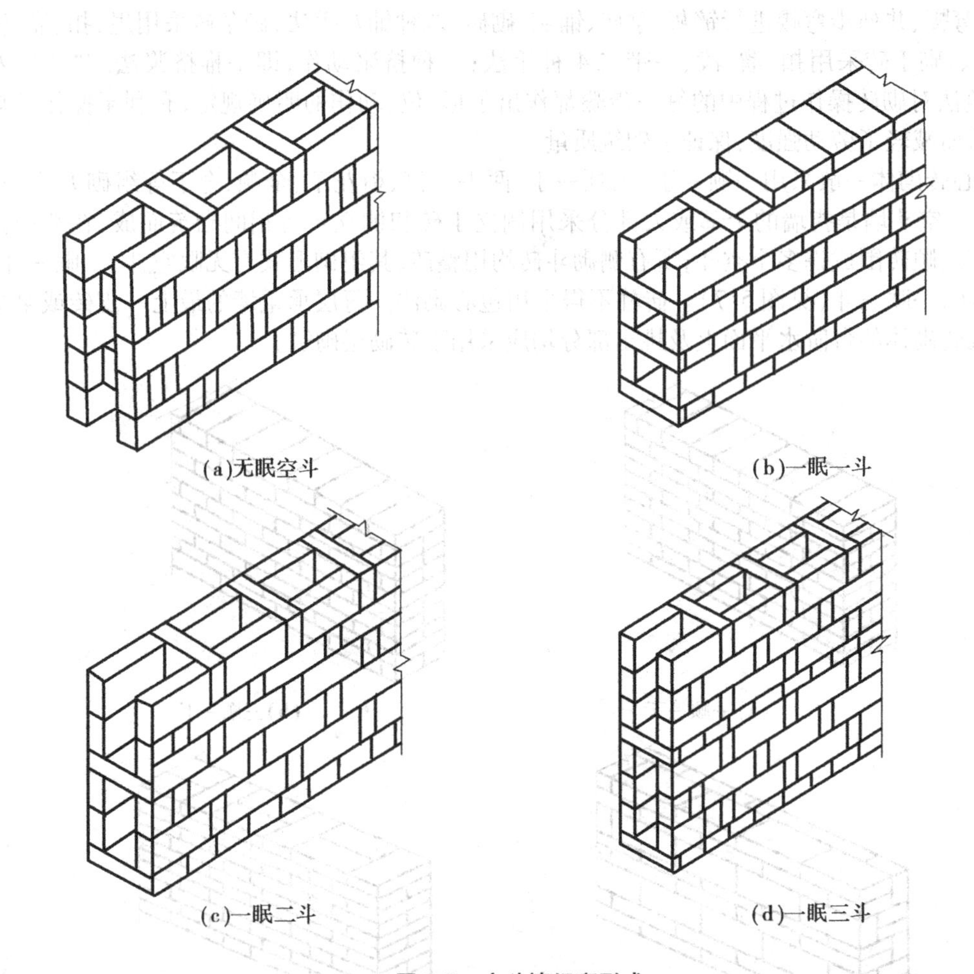

图 5.7　空斗墙组砌形式

浆或加色浆勾缝,称为加浆勾缝。勾缝要求横平竖直、深浅一致。勾缝具有保护墙面和增加墙面美观的作用,为了确保勾缝质量,勾缝前应清除墙面黏结的砂浆和杂物,并洒水润湿,在砌完墙后应画出 1 cm 深的灰槽,灰缝可勾成凹、平、斜或凸形状。勾缝完毕应清扫墙面。

建筑工程中其他砖砌体的施工工艺与房屋建筑砌筑工艺相类似。

2)砌砖墙质量要求

原材料和砌筑质量是影响砌体结构工程质量的主要因素。砌筑质量应着重控制灰缝质量,其质量要求可用"横平竖直、砂浆饱满、组砌得当、接搓可靠"16 个字概括。

横平竖直:横平,即要求每一线砖在同一水平上,并且每一皮砖都要摆平。这就要求首先将基础找平,砌筑时应严格按皮数杆拉线,将每皮砖砌平。竖直,则是要求砌体表面轮廓垂直,一般可用鱼尾板线锤检查。

砂浆饱满:砂浆是组砌砌体的黏结材料,砖块间砂浆的饱满程度对砌体强度影响极大。砂浆不饱满:一方面将引起砖块间黏结不牢,整体性差;另一方面可能引起某些砖块因局部受弯而致断裂(如砖块仅在两点上有砂浆时,其受力情况与梁一样)。故质量验收规范规定砂浆饱满程度以不小于 80% 为合格。砂浆饱满度与砌筑方法、砂浆的和易性及砖的湿润程度等有关。

组砌得当:砖砌体是由砖块组砌而成。为保证砌体的强度和稳定性,各种砌体的砌筑均应依照一定的组砌形式。其基本原则是砖块间要错缝搭接,砌体内外不能有过长的"通天缝";要尽量少砍砖;要有利于提高劳动生产率。在实际工作中最常用的有一顺一丁和三顺一丁等。

接槎可靠:接槎即先砌砌体与后砌砌体之间的接合。接槎方式的合理与否,对砌体质量和建筑物整体性有着极大影响,应给予足够的重视。特别是在地震区,接槎质量将直接影响到房屋的抗震能力,因此,更不可忽视。

在施工工程中应注意以下技术要求:

①全部砖墙应平行砌起,砖层必须水平,砖层正确位置用皮数杆控制,基础和每楼层砌完后必须校核一次水平、轴线和标高在允许偏差的范围内,其偏差值应在基础或楼板顶面调整。

②砖墙的水平灰缝的宽度应为 8 ~ 12 mm,但一般为 10 mm。水平灰缝的砂浆饱满度不得低于 80%,竖向灰缝宜用挤浆或加浆的方法,使其砂浆饱满,严禁用水冲浆灌缝。

③砖墙的转角处和交接处应同时砌筑,对不能同时砌筑而又必须留槎时,应砌成斜槎,斜槎长度不应小于高度的 2/3。非抗震设防及抗震设防烈度为 6 度、7 度地区的临时间断处,当不能留斜槎时,除转角处外可留直槎,但必须做成凸槎并加设拉结筋(见图 5.8)。拉结筋的数量为每 120 mm 墙厚放置 1 Φ6.5 的钢筋,间距沿墙高不应超过 500 mm,埋入长度从留槎处算起每边均不应小于 500 mm,对抗震设防烈度为 6 度、7 度的地区,不应小于 1 000 mm,末端应有 90°弯钩;对抗震设防地区不得留直槎。砖砌体接槎时,必须将接槎处的表面清理干净,浇水湿润,并应填实砂浆,保持灰缝平直,框架结构房屋的填充墙,应与框架中预埋的拉结筋连接。

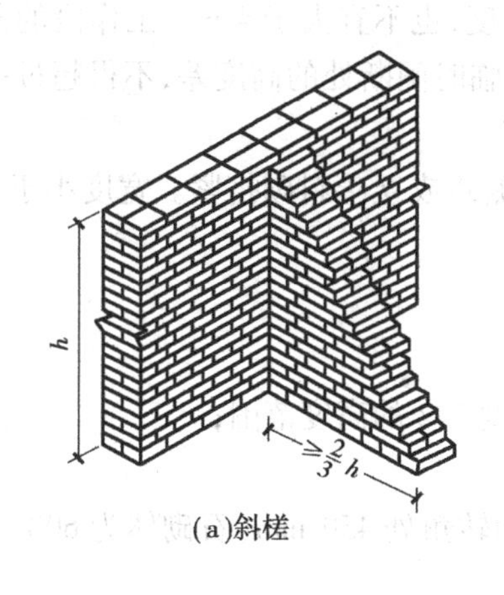

(a)斜槎

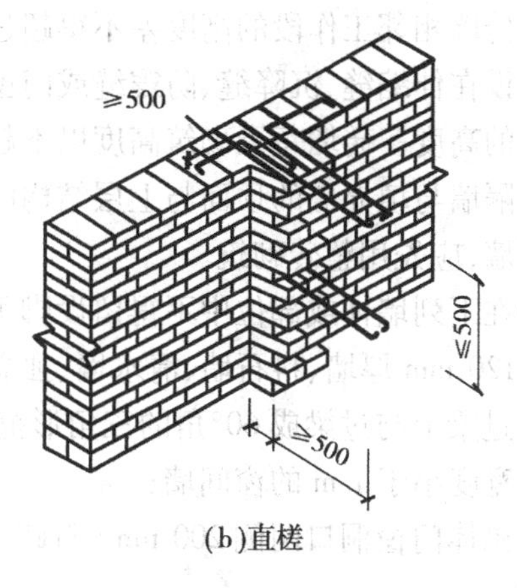

(b)直槎

图 5.8 接槎的留设

④隔墙与承重墙如不同时砌起而又不留成斜槎时,可于承重墙中引出凸槎,并在其灰缝中预埋拉结筋,其构造与直槎设置相同,但每道不少于 2 根。抗震设防地区的隔墙,除应留阳槎外,还应设置拉结筋。

⑤每层承重墙的最上一皮砖、梁或梁垫的下面及挑檐腰线、窗台等处,应是整砖丁砌。填充墙砌至接近梁板底时,应留一定空隙,待填充墙砌筑并应至少间隔 7 d 后,再将其斜砌挤紧。

⑥砖墙中留置临时施工洞口时,其侧边离交接处的墙面不应小于 500 mm,洞口净宽度不

应超过 1 m,同时设置过梁和拉结筋。

⑦设有钢筋混凝土构造柱的抗震多层砖混结构房屋,应先绑扎构造柱钢筋,然后砌砖墙,支模板,最后浇筑混凝土。墙与柱之间应沿高度方向每隔 500 mm 设置一道 2 Φ6.5 的拉结钢筋,每边伸入墙内的长度不小于 1 m;构造柱应与圈梁、地梁连接;与柱连接处的砖墙应砌成马牙槎,每一个马牙槎沿高度方向的尺寸不应超过 300 mm 或 5 皮砖高,马牙槎从每层柱脚开始,应先退后进,进退相差 1/4 砖长(见图 5.9)。钢筋混凝土构造柱也和砖墙一样,采用按楼层分层施工。

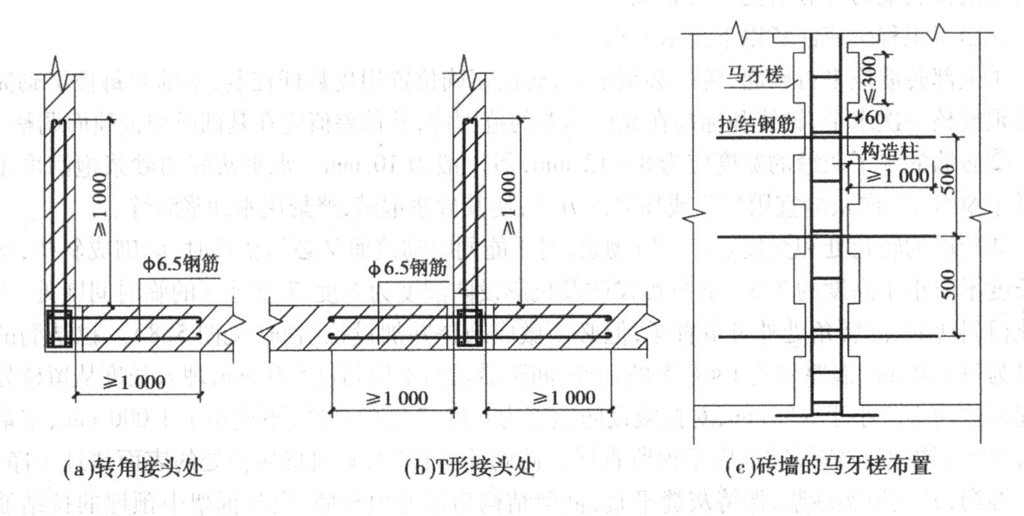

图 5.9 拉结钢筋布置及马牙槎示意图

⑧砖墙相邻工作段的高度差不得超过一个楼层的高度,也不宜大于 4 m。工作段的分段位置应设在伸缩缝、沉降缝、防震缝或门窗洞口处。砖墙临时间断处的高度差,不得超过一步脚手架的高度。砖墙每天砌筑高度以不超过 1.8 m 为宜。

⑨隔墙与填充墙的顶面与上层结构的接触处,宜用侧砖或立砖斜砌挤紧。宽度小于 1 m 的窗间墙,应先用整砖砌筑。

⑩在下列墙体或部位中不得留设脚手眼:

a. 120 mm 厚墙、料石墙、清水墙、独立柱和附墙柱;

b. 过梁上与过梁成 60°角的三角形范围及过梁净跨度 1/2 的高度范围;

c. 宽度小于 1 m 的窗间墙;

d. 砌体门窗洞口两侧 200 mm(石砌体为 300 mm)和转角处 450 mm(石砌体为 600 mm)范围内;

e. 梁或梁垫下及其左右 500 mm 范围内;

f. 设计不允许设置脚手眼的部位。

g. 轻质墙体;

h. 夹心复合墙外叶墙。

⑪砌好的墙体(横隔墙少时)尚不能安装楼板或屋面板时,要采取必要的支撑,以保证其稳定性,以防大风刮倒。

⑫房屋相邻部分高度差较大时,应先建高层部分,以防止由于沉降不均匀引起相邻墙体的变形。

⑬雨天施工应防止雨水冲刷砂浆,砂浆的稠度应适当减小,每日砌筑高度不宜超过1.2 m。收工时,应覆盖砌体表面。

▶ 5.2.3 石砌体施工

石砌体施工与砖砌体施工相类似,按其坐浆与否分为浆砌石与干砌石。干砌石是指不用任何灰浆把石块砌筑起来,干砌石不应用于砌筑墩、台、桥、涵或其他主要受力的建筑物部位,一般仅用于护坡、护底以及河道防冲部分的护岸工程。浆砌石是采用坐浆砌筑的方法,应用于建筑基础、挡土墙及桥梁墩台中较多。

1)石砌体基本构造要求

砌石基础的断面形式有阶梯形和梯形等,如图5.10所示。

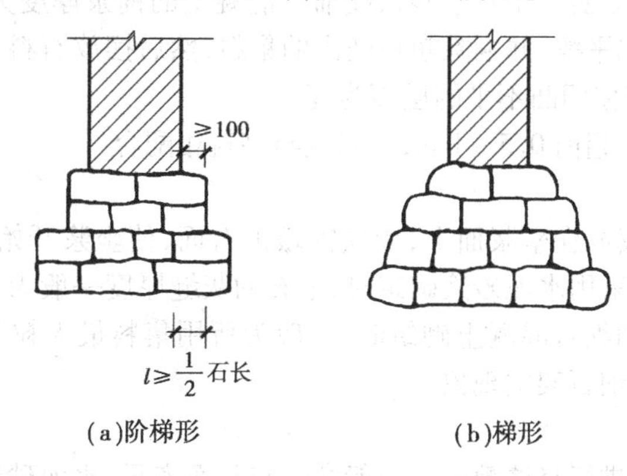

图5.10 砌石基础

砌石基础的顶面宽度应比墙厚大200 mm,即每边宽出100 mm。对毛石基础,每阶高度一般为300~400 mm,并至少有2皮砌石;对料石基础,每阶可砌1皮或2皮料石。上级阶梯的砌块应至少压砌下级阶梯的1/2,相邻阶梯的砌石应相互错缝搭砌。

砌石基础台阶宽高比的容许值应符合设计要求。阶梯形砌石基础的每阶伸出宽度不应大于200 mm。

2)石砌体施工工艺

石砌体工程的砌筑要领可概括为"平、稳、满、错"4个字。"平"就是同一层面大致砌平,相邻石块的高差宜小于2~3 cm;"稳"即单块石料的安砌务求自身稳定;"满"就是灰缝饱满密实,严禁石块间直接接触;"错"就是相邻石块应错缝砌筑,尤其不允许顺流向通缝。

浆砌石砌体工程砌筑的工艺流程为:砌筑面准备→选料→铺(坐)浆→安放石料→竖缝灌浆→振捣→清除石面浮浆,检查砌筑质量→勾缝→养护。

(1)砌筑面准备

对开挖成形的岩基面,在砌石开始之前应将表面已松散的岩块剔除,具有光滑表面的岩石需人工凿毛,并清除所有岩屑、碎片、沙、泥等杂物。

对于水平施工缝,一般要求在新一层砌筑前凿去已凝固的浮浆,并进行清扫、冲洗,使新旧砌体紧密结合。对于竖向施工缝,在恢复砌筑时,必须进行凿毛、冲洗处理。

(2)选料

建筑工程所用石料应是质地均匀,没有裂缝,没有明显风化迹象,不含杂质的坚硬石料。在天气严寒地区使用的石料,还要求具有一定的抗冻性。

(3)铺(坐)浆

砌石用的砂浆一般与砌砖工程中采用的砂浆相同,但由于岩块吸水性小,所以砌石砂浆稠度应该比砌砖砂浆的小。

砌筑砂浆的品种和强度等级应符合设计要求。砂浆的稠度宜为 30 ~ 50 mm,雨季或冬季稠度应小一些,在暑期或干燥气候情况下,稠度可大些。

对于毛石砌体,由于砌筑面参差不齐,必须逐块坐浆、逐块安砌,在操作时还需认真调整,务使坐浆密实,以免形成空洞。

对砌石坝,水泥砂浆的铺浆厚度应为设计灰缝厚度的 1.5 倍,从而使石料安砌后有一定的下沉余地,有利于灰缝坐实。小石子砂浆或细石混凝土的铺浆厚度为设计灰缝厚度的 1.3 倍。铺浆后须经人工稍加平整,并剔除超径凸出的集料,然后摆放石料。对于毛石砌体,坐浆厚度为 80 mm 左右,以盖住凹凸不平的层面为度。

坐浆一般只宜比砌石超前 0.5 ~ 1 m,坐浆应与砌筑相配合。

(4)安放石料

把洗净的湿润石料安放在坐浆面上,用铁锤敲击石面,使坐浆开始溢出为度。石料之间的砌缝宽度应严格控制,采用水泥砂浆砌筑时,毛石的灰缝厚度一般为 20 ~ 40 mm,料石的灰缝厚度为 5 ~ 20 mm;采用细石混凝土砌筑时,一般为所用集料最大粒径的 2 ~ 2.5 倍。安放石料时应注意,不能产生细石架空现象。

(5)竖缝灌浆

安放石料后,应及时进行竖缝灌浆。一般灌浆与石面齐平,水泥砂浆用振捣棒捣实,细石混凝土用插入式振捣器振捣,振实后缝面下沉,待上层摊铺坐浆时一并填满。

(6)振捣

水泥砂浆常用钢筋振捣棒或竹片振捣棒人工捣插的方法。细石混凝土一般采用 1.1 kW 的插入式振动器振捣 20 ~ 30 s,以混凝土不冒气泡并开始泛浆为度。应注意对角缝的振捣,防止重振或漏振。

(7)清除上面浮浆检查砌筑质量

每一层铺砌完工 24 ~ 36 h 后(视气温及水泥种类、胶结材料标号而定),即可冲洗,准备上一层的铺砌。检查质量合格后即可进行勾缝、养护工作。

▶ 5.2.4 混凝土小型空心砌块施工

砌块代替黏土砖作为墙体材料,是墙体改革的一个重要途径。混凝土小型空心砌块不但强度高,而且其体积和重量均不大,施工操作方便,不需要特殊的设备和工具,并能节约砂浆和提高劳动生产率,因此用混凝土空心砌块作为砌体墙体的材料已得到推广和应用。

1)混凝土空心砌块墙砌筑形式

混凝土空心砌块的主要规格为 390 mm × 190 mm × 190 mm,墙厚等于砌块的宽度。其立面砌筑形式只有全顺一种,即各皮砌块均为顺砌,上下皮竖缝相互错开 1/2 砌块长,上下皮砌块空洞相互对准(见图5.11)。

空心砌块墙的转角处,应隔皮纵、横墙砌块相互搭砌,即隔皮纵、横墙砌块端面露头(见图5.11)。

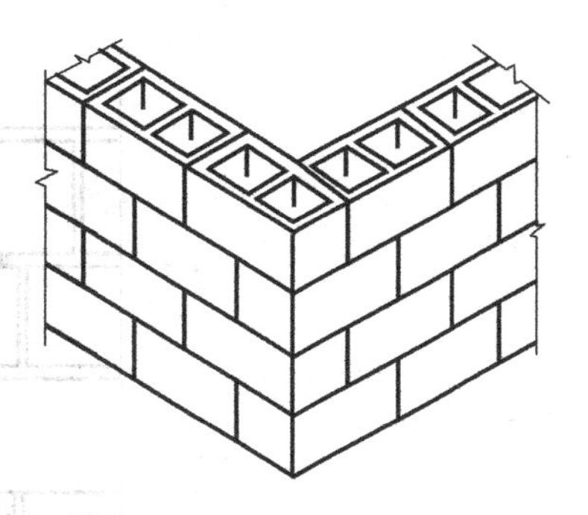

图5.11 空心砌块墙转角砌法

空心砌块墙的T字交接处,应隔皮使横墙砌块端面露头。当该处无芯柱时,应在纵墙上交接处砌两块一孔半的辅助规格砌块,隔皮砌在横墙露头砌块下,其半孔应位于中间(见图5.12)。当该处有芯柱时,应在纵墙上交接处砌一块三孔的大规格砌块,砌块的中间孔正对横墙露头砌块靠外的孔洞(见图5.13)。在T字交接处,纵墙如用主要规格砌块,则会造成纵墙墙面上有连续三皮通缝,这是不允许的。

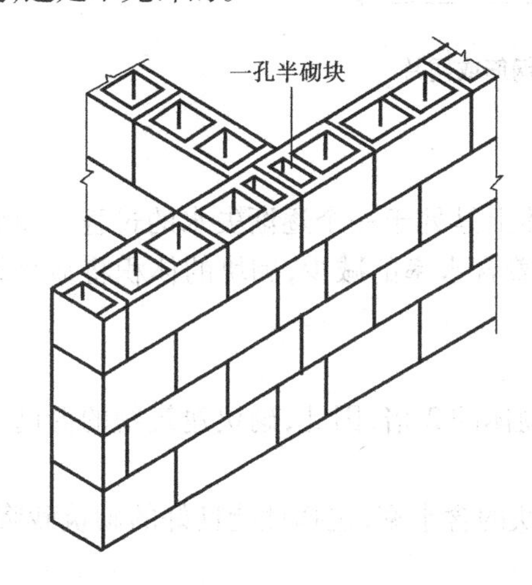

图5.12 T字交接处砌法(无芯柱)

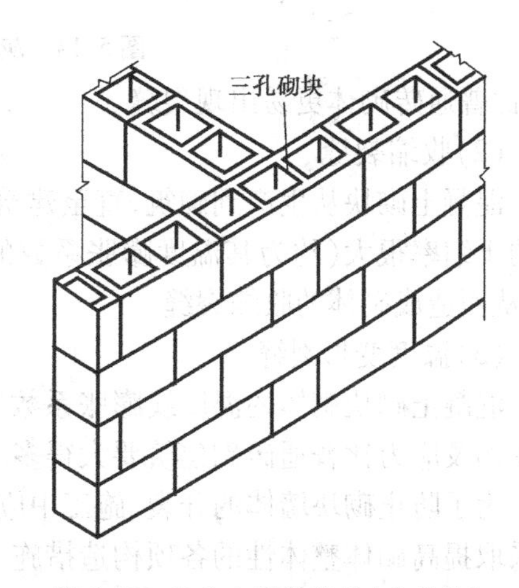

图5.13 T字交接处砌法(有芯柱)

空心砌块墙的十字交接处,当该处无芯柱时,在交接处应砌一孔半砌块,隔皮相互垂直相交,其半孔应在中间;当该处有芯柱时,在交接处应砌三孔砌块,隔皮相互垂直相交,中间孔相互对正。如在十字交接处用主要规格砌块,则会使纵横墙交接面出现连续三皮通缝,这是不允许的。

当个别情况下砌块无法对孔砌筑时,允许错孔砌筑,但搭接长度不应小于90 mm。如不能满足该要求时,应在砌块的水平灰缝中设置拉结钢筋或钢筋网片。拉结钢筋可用2Φ6.5钢筋,钢筋网片可用直径4 mm的钢筋焊接而成,加筋的长度不应小于700 mm(见图5.14)。竖向通缝仍不得超过两皮砌块。

2)影响混凝土空心砌块砌体质量的因素

混凝土空心砌块砌体的主要质量问题是墙体易开裂,而引起开裂的因素有以下几方面:

(1)空心砌块砌体对裂缝敏感性强

由于砌块的空心率高且壁肋较窄,使砌块与水平灰缝中砂浆的接触面积较小。同时因砌块高度较大(190 mm),砌筑时竖缝砂浆的饱满度也较难保证。这些都会影响砌体的整体性。所以虽然混凝土空心砌块砌体的抗压强度较高,约为同强度等级普通砖砌体强度的1.3~1.5倍,但其抗剪强度却仅为砖砌体的55%~58%。因而,在湿度及温度变化所产生的应力作用

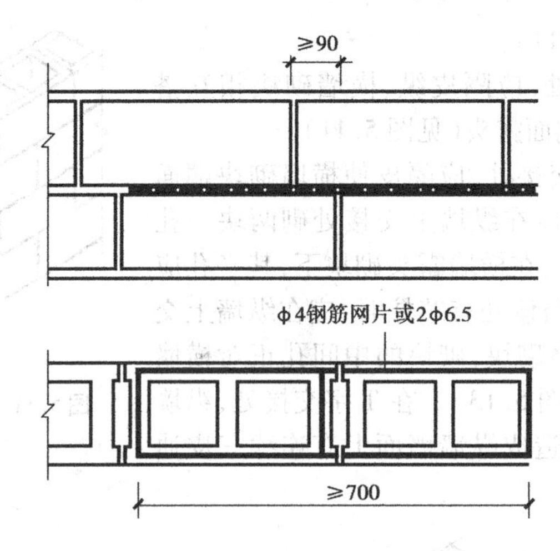

图 5.14　灰缝中设置拉结钢筋或网片

下,比普通砖砌体更易出现裂缝。

(2)收缩裂缝

混凝土砌块从生产到砌筑,直至建筑物使用,总体上是处于一个逐渐失水的过程。而砌块的干缩率很大(约为其温度膨胀系数的 33 倍),随着含水率的减少,砌块的体积将显著缩小,从而造成砌体的收缩裂缝。

(3)温度变形裂缝

混凝土砌块砌体的温度线膨胀系数约为普通砖砌体的 2 倍,因此,砌块建筑物的温度涨缩变形及应力比普通砖砌建筑要大得多。

为了防止砌块墙体的开裂,施工中应严格控制砌块的含水率,选择性能良好的砌筑砂浆,并采取提高砌体整体性的各项构造措施。

3)混凝土空心砌块墙砌筑要点

(1)砌筑前的准备

砌块砌筑前,应根据砌块高度和灰缝厚度计算皮数,制作皮数杆,并将其竖立于墙的转角和交接处。皮数杆间距宜小于 15 m。

砌块使用前应检查其生产龄期,生产龄期不应小于 28 d,使其能在砌筑前完成大部分收缩值;应清除砌块表面的污物,芯柱部位所用砌块,其孔洞底部的毛边也应去掉,以免影响到芯柱混凝土的灌注;应剔除外观质量不合格的砌块,承重墙体严禁使用断裂砌块或壁肋中有竖向裂缝的砌块。为控制砌块砌筑时的含水率,砌块一般不宜浇水;当天气炎热且干燥时,可提前喷水湿润;严禁雨天施工;砌块表面有浮水时,亦不得施工。因此,砌块堆放时应做好防雨和排水处理。

(2)砂浆配制

为了在砌筑砌块时,砂浆易于充满灰缝,尤其是填满竖缝,砂浆应具有良好的和易性、保水性和黏结性。因此,防潮层以上的砌块砌体,应采用水泥混合砂浆或专用砂浆砌筑,并宜采取改善砂浆性能的措施,如掺加粉煤灰掺和料及减水剂、保塑剂等外加剂。

(3)砌筑

为了保证混凝土空心砌块砌体具有足够的抗剪强度和良好的整体性、抗渗性,必须特别注意其砌筑质量。砌筑时应按照其砌筑形式对孔错缝搭砌,且操作中必须遵守"反砌"原则,即应使每皮砌块底面朝上砌筑,以便于铺注砂浆并使其饱满。水平灰缝应平直,按净面积计算的砂浆饱满度不应低于90%。竖向灰缝应采用加浆方法,使其砂浆饱满,严禁用水冲浆灌缝;不得出现瞎缝、透明缝;竖缝的砂浆饱满度不宜低于80%。水平灰缝厚度和竖向灰缝宽度一般为10 mm,不应小于8 mm,也不应大于12 mm。砌筑时的一次铺灰长度不宜超过2块主要规格块体的长度。

常温条件下,空心砌块墙的每天砌筑高度宜控制在1.5 m或一步脚手架高度内,以保证墙的稳定性。

(4)墙体留槎

空心砌块墙的转角处和交接处应同时砌筑。墙体临时间断处应砌成斜槎,斜槎长度等于或大于斜槎高度(见图5.15)。在非抗震设防地区性,除外墙砖角处外,墙体临时间断处可从墙面伸出200 mm砌成直槎,并应沿墙高每600 mm设2 Φ6.5拉结钢筋或钢筋网片;拉结钢筋或钢筋网片必须准确埋入灰缝或芯柱内;埋入长度从留槎处算起,每边均不应小于600 mm,钢筋外露部分不得任意弯曲(见图5.16)。

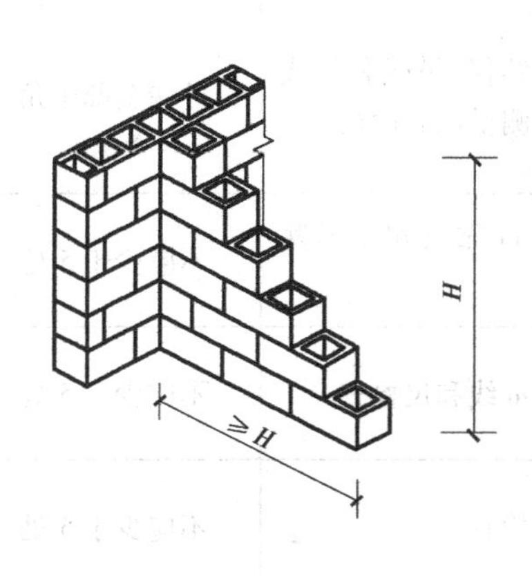

图5.15　空心砌块墙斜槎

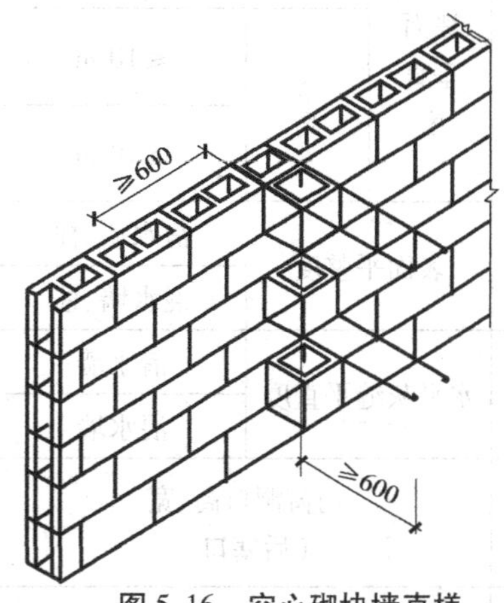

图5.16　空心砌块墙直槎

如砌块墙作为后砌隔墙或填充墙时,沿墙高每隔600 mm应与承重墙或柱内预留的2 Φ6.5 mm钢筋或钢筋网片拉结,拉结钢筋伸入砌块墙内的长度不应小于600 mm。

(5)留洞与填实

对设计规定的洞口、管道、沟槽和预埋件,应在砌筑墙体时预留和预埋,不得随意打凿已砌好的墙体。需要在墙上留脚手眼时,可用辅助规格的单孔砌块侧砌,利用其孔洞作为脚手眼,墙体完工后用强度等级不低于C15的混凝土填实。在砌块墙的地下或某些直接承载部位,应采用强度等级不低于C15的混凝土灌实砌块的孔洞后再砌筑,这些部位有:底层室内地面以下或防潮层以下的砌体;无圈梁的楼板支承面下的一皮砌块;未设置混凝土垫块的次梁支承处,灌实宽度不应小于600 mm,高度不应小于一皮砌块;悬挑长度不小于1.2 m的挑梁;支承部位的内外墙交接处,纵横各灌实3个孔洞,高度不小于3皮砌块。

4)砌块砌体质量的检查

砌块砌体质量应符合下列规定:

①砌块砌体砌筑的基本要求与砖砌体相同,但搭接长度不应少于150 mm。

②外观检查应达到：墙面清洁，勾缝密实，深浅一致，交接平整。

③经试验检查，在每一楼层或250 m^3 砌体中，一组试块（每组6块）同强度等级的砂浆或细石混凝土的平均强度不得低于设计强度最低值；对砂浆不得低于设计强度的75%，对于细石混凝土不得低于设计强度的85%。

④预埋件、预留孔洞的位置应符合设计要求。

⑤砌块砌体的允许偏差和检验方法应符合表5.1规定。

表5.1　砌块砌体尺寸、位置的允许偏差及检验

<table>
<tr><th>项次</th><th colspan="3">项　目</th><th>允许偏差（mm）</th><th>检验方法</th><th>抽检数量</th></tr>
<tr><td>1</td><td colspan="3">轴线位移</td><td>10</td><td>用经纬仪和尺或用其他测量仪器检查</td><td>承重墙、柱全数检查</td></tr>
<tr><td>2</td><td colspan="3">基础、墙、柱顶面标高</td><td>±15</td><td>用水准仪和尺检查</td><td>不应少于5处</td></tr>
<tr><td rowspan="3">3</td><td rowspan="3">墙面垂直度</td><td colspan="2">每　层</td><td>5</td><td>用2 m托线板检查</td><td>不应少于5处</td></tr>
<tr><td rowspan="2">全高</td><td>≤10 m</td><td>10</td><td rowspan="2">用经纬仪、吊线和尺或用其他测量仪器检查</td><td rowspan="2">外墙全部阳角</td></tr>
<tr><td>>10 m</td><td>20</td></tr>
<tr><td rowspan="2">4</td><td colspan="2" rowspan="2">表面平整度</td><td>清水墙、柱</td><td>5</td><td rowspan="2">用2 m靠尺和楔形塞尺检查</td><td rowspan="2">不应少于5处</td></tr>
<tr><td>混水墙、柱</td><td>8</td></tr>
<tr><td rowspan="2">5</td><td colspan="2" rowspan="2">水平灰缝平直度</td><td>清水墙</td><td>7</td><td rowspan="2">拉5 m线和尺检查</td><td rowspan="2">不应少于5处</td></tr>
<tr><td>混水墙</td><td>10</td></tr>
<tr><td>6</td><td colspan="3">门窗洞口高、宽（后塞口）</td><td>±10</td><td>用尺检查</td><td>不应少于5处</td></tr>
<tr><td>7</td><td colspan="3">外墙上下窗口偏移</td><td>20</td><td>以底层窗口为准，用经纬仪或吊线检查</td><td>不应少于5处</td></tr>
<tr><td>8</td><td colspan="3">清水墙游丁走缝</td><td>20</td><td>以每层第一皮砖为准，用吊线和尺检查</td><td>不应少于5处</td></tr>
</table>

▶ 5.2.5　填充墙砌体施工

1）填充墙砌体基本构造要求

在框架结构的建筑中，墙体一般只起围护与分隔作用，常用体轻、保温性能好的小型空气砌块砌筑。其中，加气混凝土砌块填充墙构造要求如下：

①加气混凝土砌块仅用于砌筑墙体，可砌筑单层墙和双层墙。单层墙是砌块侧立砌筑，墙厚等于砌块宽度。双层墙由两侧单层墙及其间拉结筋组成，两侧墙之间留75 mm宽的空气层。拉结筋可采用 $\phi 4 \sim \phi 6.5$ 钢筋扒钉（或8号铅丝），沿墙高500 mm左右放一层拉结筋，

其水平间距为600 mm,如图5.17所示。

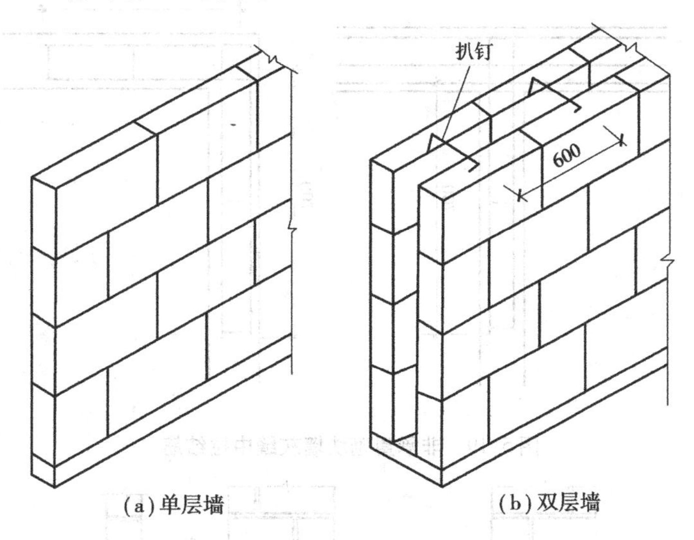

图5.17　加气混凝土砌块墙

②承重加气混凝土砌块墙的外墙转角处、T字交接处、十字交接处,均应在水平灰缝中设置拉结筋,拉结筋用3 ϕ6.5钢筋,沿墙高1 m左右放置一道,伸入墙内不少于1 m,如图5.18所示。山墙部位沿墙高1 m左右加3 ϕ6.5通长钢筋。

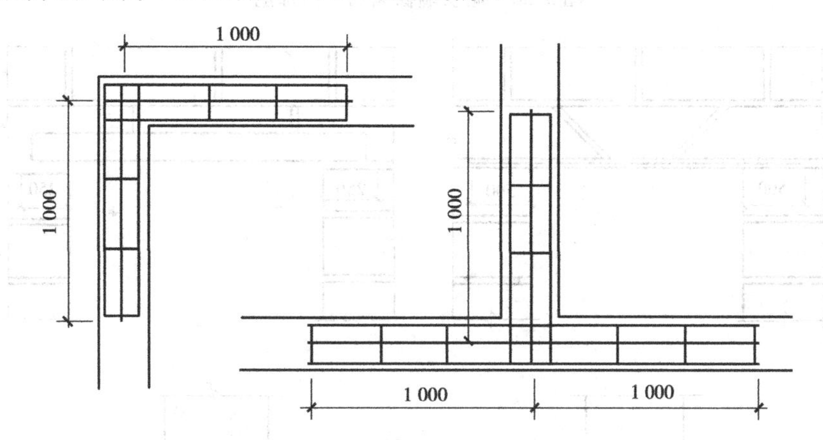

图5.18　承重砌块墙灰缝中拉结筋

③非承重加气混凝土砌块墙的转角处以及与承重砌块墙的交接处,也应在水平灰缝中设置拉结筋,拉结筋用2 ϕ6.5,伸入墙内不小于700 mm,如图5.19所示。

④加气混凝土砌块墙的窗洞口下第1皮砌块下的水平灰缝内应放置3 ϕ6.5钢筋,钢筋两端应伸过窗洞立边500 mm,如图5.20所示。

⑤加气混凝土砌块墙中洞口过梁,可采用配筋过梁或钢筋混凝土过梁。配筋过梁依洞口宽度大小配2 ϕ8或3 ϕ8钢筋,钢筋两端伸入墙内不小于500 mm,其砂浆层厚度为30 mm。钢筋混凝土过梁高度为60 mm或120 mm,过梁两端伸入墙内不小于250 mm,如图5.21所示。

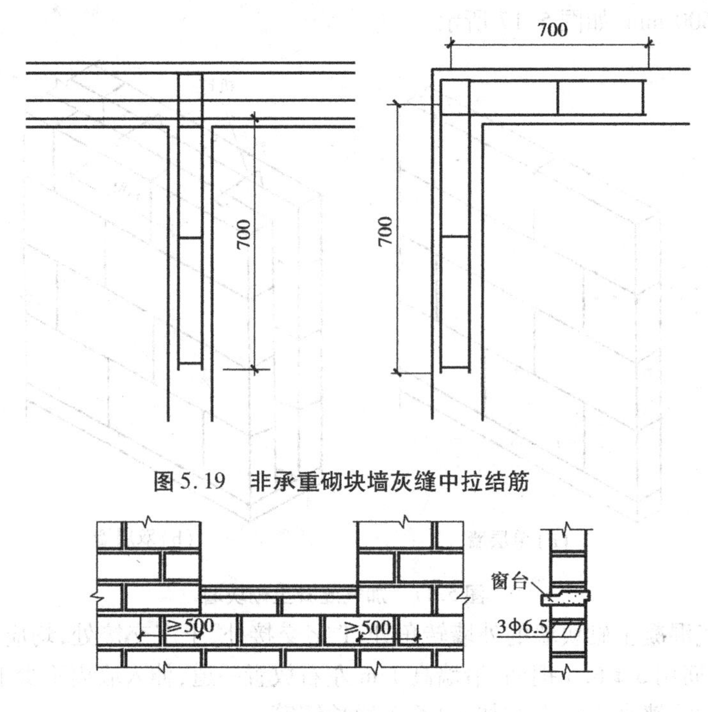

图 5.19　非承重砌块墙灰缝中拉结筋

图 5.20　砌块墙窗洞口下附加筋

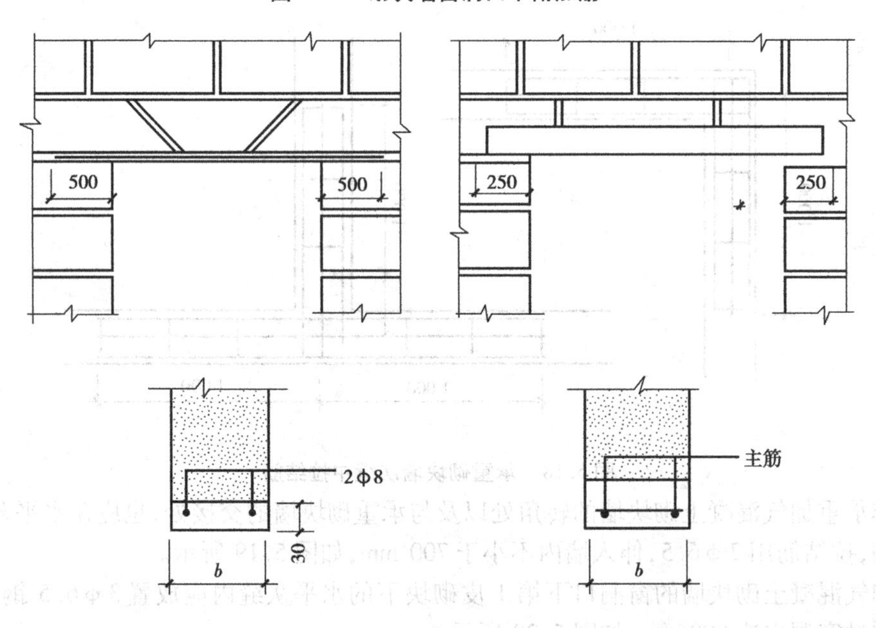

图 5.21　砌块墙中门窗洞过梁

2)填充墙砌体施工工艺

填充墙砌体施工工艺流程：墙体放线→拌制(混凝土)砂浆→砌筑坎台，排块摞底→立杆挂线，砌墙→构造柱，拉筋，浇筑混凝土→塞缝，收尾。

(1)加气混凝土砌块填充墙砌筑要点

①加气混凝土砌块砌筑时,其产品龄期应超过28 d。进场后应按品种、规格分别堆放整齐。堆置高度不应超过2 m,并应防止雨淋。砌筑时,应向砌筑面适量浇水。

②砌筑加气混凝土砌块应采用专用工具,如铺灰铲、刀锯、手摇钻、镂槽器、平直架等。

③砌筑加气混凝土砌块墙时,墙底部应砌烧结普通砖或多孔砖,或普通混凝土小型空心砌块,或现浇混凝土墙垫等,其高度不应小于200 mm。

④加气混凝土砌块应错缝搭砌,上下皮砌块的竖向灰缝至少错开200 mm。

⑤加气混凝土砌块填充墙砌体的灰缝砂浆饱满度应符合施工规范大于等于80%的要求,尤其是外墙,防止因砂浆不饱满、假缝、透明缝等引起墙体渗漏、内墙的抗剪切强度不足引起质量通病。

⑥填充墙砌至接近梁底、板底时,应留一定空隙,待填充墙砌筑完并至少间隔7 d后,再将其补砌挤紧,防止上部砌体因砂浆收缩而开裂。方法为:当上部空隙小于等于20 mm时,用1:2水泥砂浆嵌填密实;稍大的空隙用细石混凝土镶填密实;大空隙用烧结标准砖或多孔砖应成60°角斜砌挤紧,但砌筑砂浆必须密实,不允许出现平砌、生摆(填充墙上部斜砌砌筑时出现的干摆或砌筑砂浆不密实形成孔洞等)等现象。

⑦砌筑时,应向砌筑面适量浇水湿润,砌筑砂浆有良好的保水性,并且砌筑砂浆铺设长度不应大于2 m,避免因砂浆失水过快引起灰缝开裂。

⑧砌筑过程中,应经常检查墙体的垂直平整度,并应在砂浆初凝前用小木槌或撬杠轻轻进行修正,防止因砂浆初凝造成灰缝开裂。

⑨砌体施工应严格按施工规范的要求进行错缝搭砌,避免因墙体形成通缝削弱其稳定性。

⑩蒸压加气混凝土砌块填充墙砌体施工过程中,严格按设计要求留设构造柱,当设计无要求时,应按墙长度每5 m设构造柱。构造柱应置于墙的端部、墙角和T形交叉处。构造柱马牙槎应先退后进,进退尺寸大于60 mm,进退高度应为砌块1～2层高度,且在300 mm左右。

⑪加气混凝土砌块砌体中不得留脚手眼。

⑫加气混凝土砌块不应与其他块材混砌。

⑬加气混凝土砌体如无切实有效措施,不得在以下部位使用:

a. 建筑物室内地面标高±0.000以下;

b. 长期浸水或经常受干湿交替部位;

c. 受化学环境侵蚀,如强酸、强碱或高浓度二氧化碳等环境;

d. 制品表面经常处于80 ℃以上的高温环境。

(2)粉煤灰砌块填充墙砌筑要点

①为了减少收缩,粉煤灰砌块自生产之日算起,应放置一个月以后,方可用于砌筑。

②严禁使用干的粉煤灰砌块上墙,一般应提前2 d浇水,砌块含水率宜为8%～12%,不得随砌随浇。

③砌筑用砂浆应采用水泥混合砂浆。

④灰缝应横平竖直,砂浆饱满。水平灰缝厚度不得大于15 mm,竖向灰缝宜用内外临时夹板灌缝,在灌浆槽中的灌浆高度应不小于砌块高度,个别竖缝宽度大于30 mm时,应用细石

混凝土灌缝。

⑤粉煤灰砌块墙的转角处应隔皮纵、横墙砌块相互搭砌，隔皮纵、横墙砌块端面露头。在T形交接处，隔皮使横墙砌块端面露头。凡露头砌块，应用粉煤灰砂浆将其填补抹平。

⑥粉煤灰砌块墙与普通砖承重墙或柱交接处，应沿墙高1 m左右设置3根直径4 mm的拉结钢筋，拉结钢筋伸入砌块墙内长度不小于700 mm。

⑦粉煤灰砌块墙与半砖厚普通砖墙交接处，应沿墙高800 mm左右设直径4 mm钢筋网片，钢筋网片形状依照两种墙交接情况而定。置于半砖墙水平灰缝中的钢筋为2根，伸入长度不小于360 mm；置于砌块墙水平灰缝中的钢筋为3根，伸入长度不小于360 mm。

⑧墙体洞口上部应放置2根直径6 mm钢筋，伸过洞口两边长度每边不小于500 mm。

⑨洞口两侧的粉煤灰砌块应锯掉灌浆槽。锯剖砌块应用专用手锯，不得用斧或瓦刀任意砍劈。

⑩粉煤灰砌块墙上不得留置脚手眼。

(3)轻集料混凝土空心砌块填充墙砌筑要点

①轻集料混凝土空心砌块应至少有28 d以上的龄期，应提前2 d以上适当浇水湿润。严禁雨天施工，砌块表面有浮水时亦不得进行砌筑。

②砌筑前应根据砌块皮数制作皮数杆，并在墙体转角处及交接处竖立，皮数杆间距不得超过15 m。

③砌筑时，必须遵守“反砌”原则，即使砌块底面向上砌筑，上下皮应对孔错缝搭砌。

④水平灰缝应平直，砂浆饱满，按净面积计算的砂浆饱满度不应低于90%。竖向灰缝应采用加浆方法，使其砂浆饱满，严禁用水冲浆灌缝，不得出现瞎缝、透明缝，其砂浆饱满度不应低于80%。

⑤需要移动已砌好的砌块或对被撞动的砌块进行修整时，应清除原有砂浆后，再重新铺浆砌筑。

⑥墙体转角处及交接处应同时砌起，如不能同时砌起时，留槎的方法及要求同混凝土空心砌块墙中所述的规定。

3)填充墙砌体施工技术要求

①砖、砌块和砌筑砂浆的强度等级应符合设计要求。加气混凝土砌块、轻骨料混凝土小型空心砌块砌筑时，其产品龄期应超过28 d。

②砌筑时应横平竖直，砂浆饱满，错缝搭砌，组砌得当。

③蒸压加气混凝土砌块砌体和轻骨料混凝土小型空心砌块砌体不应与其他块材混砌。

④填充墙砌体留置的拉结钢筋或网片的位置应与块体皮数相符合。拉结钢筋或网片应置于灰缝中，埋置长度应符合设计要求，竖向位置偏差不应超过一皮砖高度。

⑤填充墙砌筑时应错缝搭砌，蒸压加气混凝土砌块搭砌长度不应小于砌块长度的1/3；轻骨料混凝土小型空心砌块搭砌长度不应小于90 mm；竖向通缝不应大于2皮砖。

⑥填充墙砌体的灰缝厚度和宽度应正确。空心砖、轻骨料混凝土小型空心砌块的砌体灰缝应为8～12 mm。蒸压加气混凝土砌块砌体的水平灰缝厚度及竖向灰缝宽度分别宜为15 mm和20 mm。

⑦填充墙砌至接近梁、板底时，应留一定空隙，待填充墙砌筑完并应至少间隔7 d后，再将其补砌挤紧。

4)填充墙砌体施工中应注意的质量问题与处理方法

(1)填充墙砌体拉结筋与主体框架连接不符合要求

填充墙砌体拉结筋与主体框架随意埋设,锚固不牢,出现松动,埋设位置、规格、数量、间距、长度以及埋设方法等不符合设计和规范要求,严重影响框架柱与填充墙砌体的牢固、可靠连接。埋设的拉结筋质量差,东倒西歪,采用植筋方法随意,破坏原有结构,降低砌体的整体性和抗震强度也会造成同样的结果。其产生的原因主要是:

①施工不认真,埋设方法不合理。

②随意在柱模板上钻孔插入拉结筋,与主筋绑扎不牢固。

③不按设计与规范要求埋设,遗漏拉结筋,损伤柱主筋。

④植筋时大面积去掉柱混凝土保护层而将拉结筋焊在柱主筋上。

防止填充墙砌体拉结筋与主体框架连接不符合要求的正确做法是:填充墙砌体施工时,对拉结筋的埋设必须采取可靠有效的方法,以确保拉结筋与主体框架牢固连接,其埋设位置、规格、数量、间距、长度、形状正确。常用的有以下3种方法:

①预留或预埋法。采用预留或预埋法埋设拉结筋应做到:一是在主体框架施工时,按施工图中填充墙平面布置尺寸,制订好填充墙的施工方案,确定拉结筋的位置、数量、长度;二是施工时将拉结筋一端伸入主体框架与框架柱的主筋绑扎固定,必要时可采取焊接方式,另一端通过框架模板预留孔伸出或进行弯折预埋在主体框架柱的表面,浇筑混凝土后,待砌筑填充墙时,直接将拉结筋拉直压入砌体灰缝中,起到填充墙与主体框架牢固连接的作用。

②预埋铁件后期连接法。采用预埋铁件后期连接法埋设拉结筋应做到:一是在主体框架施工时,按设计要求在填充墙设置拉结筋的位置,预埋铁件在框架柱的混凝土表面;二是在填充墙施工前再按设计要求,将拉结筋准确地焊接在铁件上,然后进行填充墙砌体的施工。

③植筋法。采用植筋法埋设拉结筋是指在主体框架施工时,不预埋拉结筋,待框架浇筑完成并达到一定强度后,按填充墙的平面布置及拉结筋的设计位置,用墨线将拉结筋标出,然后按照植筋要求用冲击钻钻孔达到要求的深度,清孔后再喷入AC或JGN结构黏合剂(胶)到孔内,然后植入要求规格、长度的拉结筋,经1~2 d硬化后即可进行填充端施工。这种方法较为通用。

(2)填充墙墙体整体性差

填充墙墙体沿灰缝产生裂缝或在外力作用下造成墙片损坏、变形,影响墙体的整体性,严重时会使墙体变形失稳。其产生的原因主要有:

①砌块含水率大,砌墙后砌块逐渐干燥收缩,产生裂缝。

②砌块排列混乱,搭接长度及灰缝厚度等不符合要求。

③砌块强度过低,不能承受剧烈碰撞,使墙体底部发生毁坏。

④外界因素的影响,如温差、干缩等。

防止填充墙墙体整体性差的正确做法如下:

①填充墙砌筑前应进行皮数杆设计,并绘制砌块排列图,砌筑时应上下错缝搭接。砌筑前,应提前2 d将块材浇水湿润,使砌块与砌筑砂浆有良好的黏结,并应根据不同的材料性能控制含水率,且保证砌筑时砌块的龄期应达到28 d以上。加气混凝土砌块砌筑,应避免不同干密度和强度的加气混凝土砌块混砌。

②填充墙砌筑灰缝应横平竖直,不得有透明缝。轻集料混凝土小砌块保证砂浆饱满度的

措施同普通混凝土小砌块。加气混凝土砌块高度较大，竖缝砂浆不易饱满，影响砌体的整体性，竖缝应支临时夹板灌缝；水平灰缝和垂直灰缝的厚度和宽度应均匀，轻集料混凝土小砌块灰缝厚度和宽度应为8～12 mm，加气混凝土砌块灰缝厚度和宽度应为15～20 mm。

③填充墙底部应砌筑多孔砖、预制混凝土或现浇混凝土等，其高度不小于200 mm；在抗震设防地区应采取相应加强措施，砌筑砂浆的强度等级不应低于M5；当填充墙长度大于5 m时，墙顶部与梁应有拉结措施，如在梁上预留短钢筋，以后砌入墙的竖缝内；当墙高超过4 m时，宜在墙高的中部设置与柱连接的通长钢筋混凝土水平墙梁；填充墙不得随意凿孔洞、沟槽；墙洞过梁支承处的轻集料混凝土小砌块孔洞，应用C15级混凝土灌实1皮，以增强整体性。

④如果抹灰前发现灰缝中有细裂缝，可将灰缝砂浆表面清理干净后，重新用水泥砂浆嵌缝；对于裂缝、变形严重的墙体，要拆除重砌。

(3)填充墙与框架柱、梁连接不良

填充墙与混凝土框架柱、梁连接不良，出现垂直和水平裂缝，影响结构的整体性，在外力或地震荷载作用下，严重时会发生倒塌。其产生的原因主要有以下几个方面：

①混凝土柱、墙、梁未按规定预埋拉结钢筋，或偏位、规格不符。

②砌填充墙时，未将拉结钢筋调直或未放在灰缝中，影响钢筋的拉结能力。

③钢筋混凝土梁、板与填充墙之间未楔紧，或没有用砂浆嵌填密实。

防止填充墙与框架柱、梁连接不良的正确做法如下：

①轻质小砌块填充墙应沿墙高每隔600 mm与柱或承重墙内预埋的2 ϕ6.5钢筋拉结，钢筋伸入填充墙内长度不应小于600 mm。加气砌块填充墙与柱和承重墙交接处应沿墙高每隔1 m设置2 ϕ6.5拉结钢筋，伸入填充墙内不得小于500 mm。

②填充墙砌至拉结钢筋部位时，将拉结钢筋调直，平铺在墙身上，然后铺灰砌墙；严禁把拉结钢筋折断或使之未进入墙体灰缝中。

③填充墙砌完后，砌体还将有一定的变形，因此要求填充墙砌到梁、板底并预留一定的空隙，在抹灰前再用侧砖、立砖或预制混凝土块斜砌挤紧，其倾斜度为60°左右，砌筑砂浆要饱满。另外，在填充墙与柱、梁、板结合处须用砂浆嵌缝，这样使填充墙与梁、板、柱结合紧密，不易开裂。

(4)轻集料混凝土小型空心砌块填充墙出现多种裂缝

轻集料混凝土小型空心砌块填充墙出现水平直通裂缝或间断裂缝、阶梯形裂缝、梁底裂缝，框架柱与填充墙、纵横隔墙交叉处出现竖直裂缝、竖向通直裂缝或间断裂缝以及其他不规则裂缝等，常造成抹灰层出现开裂，影响墙体、抹灰层外观质量和耐久性。其产生的原因主要有以下几个方面：

①砌墙时未立皮数杆，灰缝厚度不均匀，或砂浆过于黏稠，收缩大，砌块未适当喷水湿润，容易造成水平直通裂缝或间断裂缝。

②砌筑砂浆饱满度不足，强度等级未达到设计要求。

③抹灰时未进行基层清理，抹灰间隔时间不准，造成抹灰层裂缝。

④砌块顶端不带砂浆或砂浆饱满度低于60%，造成阶梯形裂缝。

⑤砌筑前未计算砌块排数，灰缝厚度随意，有的将排数余值集中到一个竖向灰缝厚度内，且按每皮间隔留置，抹灰前又未嵌填砂浆，造成出现有规则的阶梯形裂缝。

⑥框架柱与填充墙直通裂缝、纵横隔墙交叉处间断裂缝主要是砌块砌筑前未计算排数或砌块规格尺寸偏差大,边灰缝过宽,没有与柱挤紧,或灰缝过窄,端部无浆干铺。

⑦在墙上开洞,脚手架洞眼等嵌塞不密实。

防止轻集料混凝土小型空心砌块填充墙出现多种裂缝的正确做法如下:

①进行填充墙砌筑前应根据砌块尺寸和灰缝厚度计算砌块皮数和排数,将灰缝控制在8~12 mm,并应制作皮数杆,立杆挂线,依线砌筑。

②砌块底面应朝上砌筑,砂浆应计量准确,搅拌均匀,稠度及强度等都应符合要求,严禁干砌。砂浆饱满度(见表5.2):水平灰缝不应低于80%,竖缝也不应低于80%。

表5.2 填充墙砌体的砂浆饱满度及检验方法

砌体分类	灰缝	饱满度及要求	检验方法
空心砖砌体	水平	≥80%	采用百格网检查块材底面砂浆的黏结痕迹面积
	垂直	填满砂浆,不得有透明缝、瞎缝、假缝。	
加气混凝土砌块和轻集料混凝土小砌块砌体	水平	≥80%	
	垂直	≥80%	

③砌至梁底、柱旁、转角处时,应用实心砌块或砖打紧,并应坐浆,三角形孔洞应用砂浆或C15级细石混凝土填实。

④拉结筋应用ϕ6.5HPB300钢筋,间距不大于600 mm,长度不小于200 mm,钢筋应平直,端头带弯钩;对于预埋在柱上的拉结筋如与灰缝错位时,应将钢筋位置调整或在柱上补焊拉结筋。

⑤抹灰前,应严格认真检查墙面并处理缺陷。预埋管道、预开沟槽、预埋件、预留洞口、梁底柱边等处,应先嵌缝补浆,清理好基层,墙面浇水湿润,再抹灰粉刷;抹灰应分层赶平,要掌握好间隔时间,防止出现空鼓、开裂。

5.3 砌体结构工程的质量与安全技术

(1)砌体工程的质量要求

①砌筑质量应符合《砌体结构工程施工质量验收规范》(GB 50203—2011)的要求。

②砖砌体应横平竖直,砂浆饱满,上下错缝,内外搭砌,接槎牢固。

③任意一组砂浆试块的强度不得低于设计强度的75%。

④砖砌体的尺寸和位置的允许偏差应符合有关规范的规定。

(2)砌体工程的安全技术

在砌筑操作前,必须检查施工现场各项准备工作是否符合安全要求,如道路是否畅通,机具是否牢固,安全设施和防护用品是否齐全,经检查符合要求才可施工。

施工人员进入现场必须戴好安全帽。砌基础时,应检查基坑土质的变化情况。堆放砖石材料应离开坑边1.0 m以上。砌墙高度超过地坪1.2 m以上时,应搭设脚手架。架上堆放材料不得超过规定荷载值,堆砖高度不得超过3皮侧砖;同一块脚手板的操作人员不应超过两人,并按规定搭设安全网。

不准站在墙顶上做划线、刮缝、吊线及清扫墙面或检查大角垂直等工作。不准用不稳固的工具或物体在脚手板上垫高操作。

砍砖时应面向墙面,工作完毕应将脚手板和砖墙上的碎砖、灰浆清扫干净,防止掉落伤人。正在砌筑的墙上不准走人。山墙砌完后,应立即安装桁条或临时支撑,防止倒塌。

雨天或每日下班时,应做好防范工作,防止雨水冲走砂浆致使砌体倒塌;冬期施工时,脚手架上如有冰霜、积雪,应先清除后才能上架子进行操作。

砌石墙时不准在墙顶或脚手架上修石材,以免振动墙体影响质量或石片掉下伤人。不准徒手移动上墙的石块,以免压破或擦伤手指。不准勉强在超过胸部的墙上进行砌筑,以免将墙体碰撞倒塌或上石时失手掉下造成安全事故。石头不得往下掷。运石上下时,脚手板要钉装牢固,并钉防滑条及扶手栏杆。

对有部分破裂和脱落危险的砌块,严禁起吊;起吊砌块时,严禁将砌块停留在操作人员的上空或在空中整修;砌块吊装时,不得在下一层楼面上进行其他任何工作;卸下砌块时应避免冲击,砌块堆放时应尽量靠近楼板两端,不能超过楼板的承重能力;砌块吊装就位时,应待砌块放稳后,方可松开夹具。

凡脚手架、井架、龙门架、塔吊、施工电梯等搭设和安装完成后,须经有资质安装专业人员验收合格后方准使用。

复习思考题

1. 砌筑工程中的垂直运输机械主要有哪些?设置时要满足哪些基本要求?
2. 砌筑用砂浆有什么要求?砂浆强度检查如何规定?
3. 砌筑用砖有哪些种类?其外观质量和强度等级指标有什么要求?
4. 砌体工程质量有哪些要求?影响其质量的因素有哪些?
5. 简述毛石基础构造及施工要点。
6. 砖墙砌体主要有哪几种砌筑形式?各有何特点?
7. 简述砖墙砌筑的施工工艺和施工要点。
8. 皮数杆有何作用?如何布置?
9. 何谓“三一砌筑法”?其优点是什么?
10. 何谓“二三八一砌筑法”?其优点是什么?
11. 如何绘制砌块排列图?简述混凝土空心砌块的施工工艺。
12. 引起混凝土空心砌块砌体开裂的主要因素是什么?
13. 简述填充墙砌体工程施工的方法。
14. 砌筑工程中的安全防护措施主要有哪些?

6 混凝土结构工程施工

［本章导读］

熟悉现浇钢筋混凝土工程的组成、施工工艺；了解模板的构造、受力特点及安拆方法，掌握模板的安装基本要求、模板的设计方法；了解钢筋的种类、性能、加工工艺和绑扎要求，掌握钢筋冷拉、冷拔、对焊工艺及配料、代换的计算方法；了解混凝土原材料、施工设备和机具性能，掌握混凝土施工工艺原理和施工方法、施工配料、质量检查和评定方法；了解预应力钢筋混凝土工程的概念，熟悉先张法、后张法的施工方法；了解钢筋混凝土工程安全技术。

6.1 概 述

▶ 6.1.1 混凝土结构的特点

钢筋混凝土工程在建筑工程施工中无论是人力物力的消耗，还是对工期的影响都占有非常重要的地位。钢筋混凝土结构工程包括现浇整体式和预制装配式两大类。前者结构的整体性和抗震性能好，结构件布置灵活，适应性强，施工时不需大型起重机械，所以在建筑工程中得到了广泛应用。但传统的现浇钢筋混凝土结构施工时劳动强度大、模板消耗多、工期相对较长，因而出现了工厂化的预制装配式结构。预制装配式混凝土结构可以大大加快施工速度、降低工程费用、提高劳动效率，并且为改善施工现场的管理工作和组织均衡施工提供了有利条件，但也存在整体性和抗震性能较差等缺陷。现浇施工和预制装配这两个方面各有所长，应根据实际技术条件合理选择。近年来商品混凝土的快速发展和泵送施工技术的进步，为现浇整体式钢筋混凝土结构的广泛应用带来了新的发展前景。本章着重介绍现浇钢筋混凝土工程的施工技术。

▶ 6.1.2 混凝土结构的组成与施工工艺

混凝土结构工程是由模板、钢筋、混凝土等多个工种组成的,由于施工过程多,因而要加强施工管理,统筹安排,合理组织,以达到保证质量、加速施工和降低造价的目的。混凝土结构工程的施工工艺如图 6.1 所示。

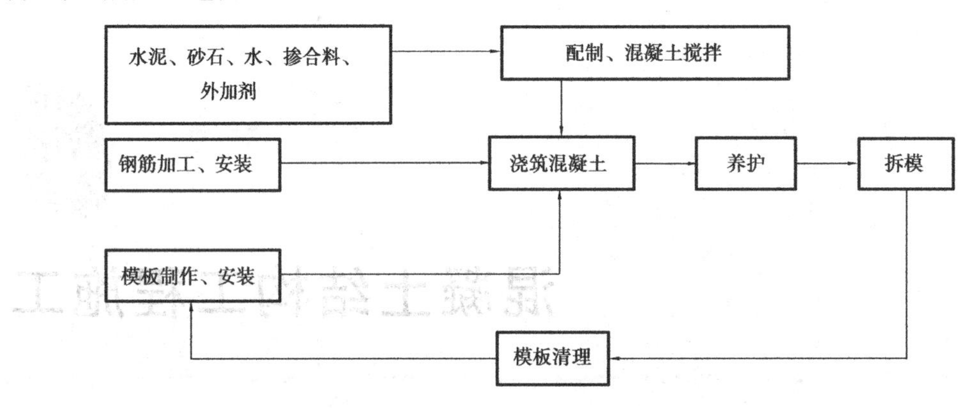

图 6.1 混凝土结构工程施工工艺流程图

6.2 模板工程

模板是使新拌混凝土在浇筑过程中保持设计要求的位置、尺寸和几何形状,使之硬化成为钢筋混凝土结构或构件的模型板,是混凝土结构构件成型的一个十分重要的组成部分。

▶ 6.2.1 模板工程的基本要求和分类

1)模板工程的基本要求

模板系统包括模板、支撑两部分。模板及其支撑系统必须符合下列基本要求:

①保证工程结构和构件各部分形状、尺寸和相互位置的正确。

②具有足够的强度、刚度和稳定性,能可靠地承受新浇混凝土的质量和侧压力,以及施工过程中所产生的荷载。

③构造简单,装拆方便,便于钢筋的绑扎与安装、混凝土的浇筑及养护等工艺要求。

④接缝严密不漏浆。

2)模板工程的分类

①按其所用的材料不同,分为木模板、钢模板、钢木模板、钢竹模板、胶合板模板、塑料模板、铝合金模板等。

②按其结构构件的类型不同,分为基础模板、柱模板、楼板模板、墙模板、壳模板和烟囱模板等。

③按其形式不同,分为整体式模板、定型模板、工具式模板、滑升模板、胎模等。

6.2.2 木模板及胶合板模板

木模板、胶合板模板在一些工程上仍广泛应用。这类模板一般为散装散拆式模板,也有的加工成基本元件(拼板),在现场进行拼装,拆除后亦可周转使用。

拼板由一些板条钉拼而成(胶合板模板则用整块胶合板),板条厚度一般为25~50 mm,板条宽度不宜超过200 mm,以保证干缩时缝隙均匀,浇水后易于密缝。但不限制梁底板的板条宽度,以减少漏浆。拼板的拼条(小肋)间距取决于新浇混凝土的侧压力和板条的厚度,多为400~500 mm。

拼板及胶合板如图6.2及图6.3所示。

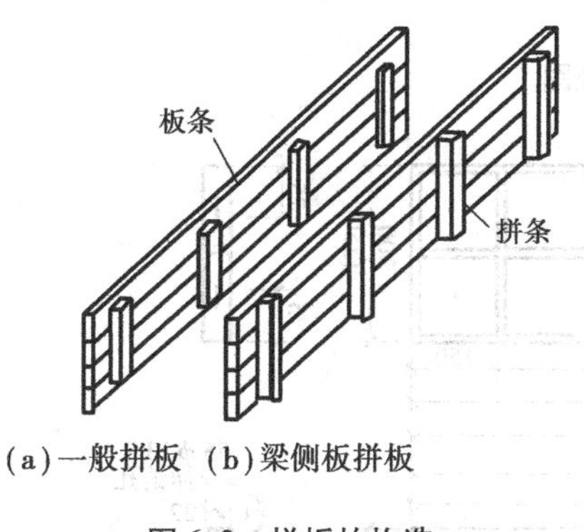

图6.2 拼板的构造

图6.3 胶合板

6.2.3 组合钢模板

组合钢模板是一种工具式定型模板,由钢模板和配件组成,配件包括连接件和支承件。钢模板通过各种连接件和支承件可组合成多种尺寸、结构和几何形状的模板,以适应各种类型建筑物的梁、柱、板、墙、基础和设备等施工的需要,也可用其拼装成大模板、滑模、隧道模和台模等。

定型组合钢模板的优点是组装灵活、通用性强、拆装方便;每套钢模可重复使用50~100次;加工精度高,浇筑混凝土的质量好,成型后的混凝土尺寸准确、棱角整齐、表面光滑,可以节省装修用工。

1)钢模板的类型及规格

(1)钢模板的类型

钢模板类型有平面模板(代号P)、阴角模板(代号E)、阳角模板(代号Y)及连接角模(代号J)4种,如图6.4~图6.8所示。平面模板用于基础、墙体、梁、板、柱等各种结构的平面部位,它由面板和肋组成,肋上设有U形卡孔和插销孔,利用U形卡孔和L形插销等拼装成大块板。阳角模板主要用于混凝土构件阳角。阴角模板用于混凝土构件阴角,如内墙角、水池内角及梁板交接处阴角等。连接角模用于平模板作垂直连接构成阳角。

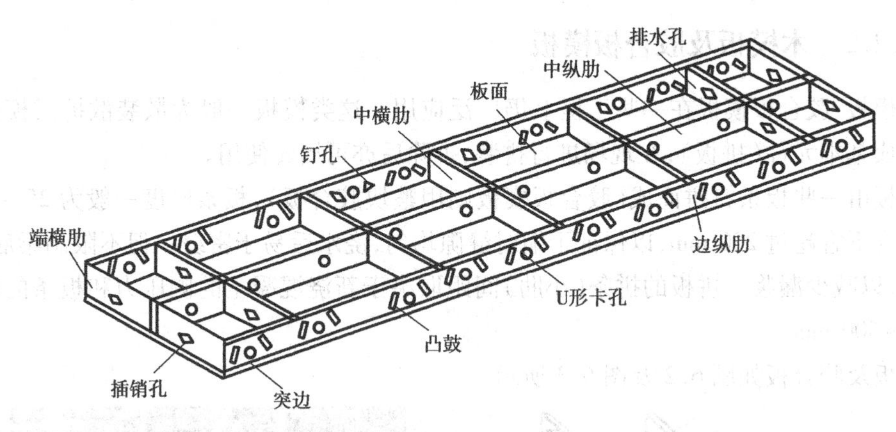

图 6.4　钢模板透视图

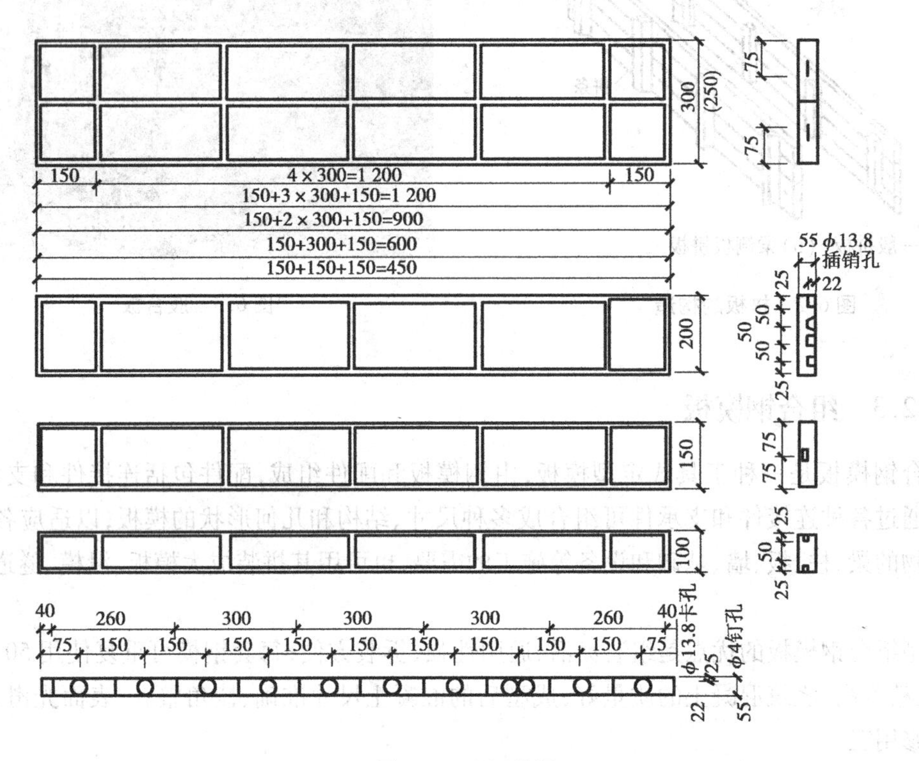

图 6.5　平面模板

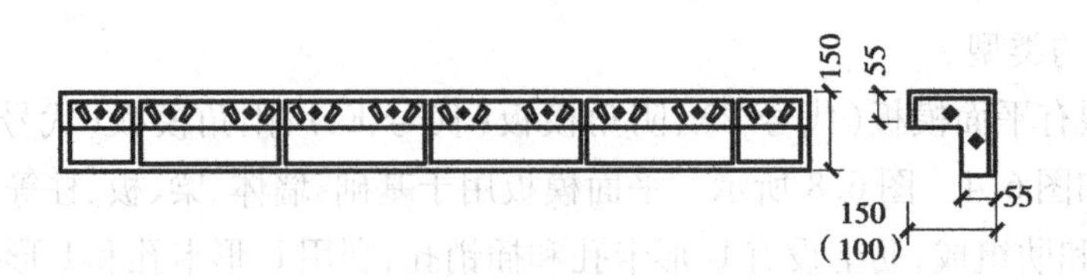

图 6.6　阴角模板

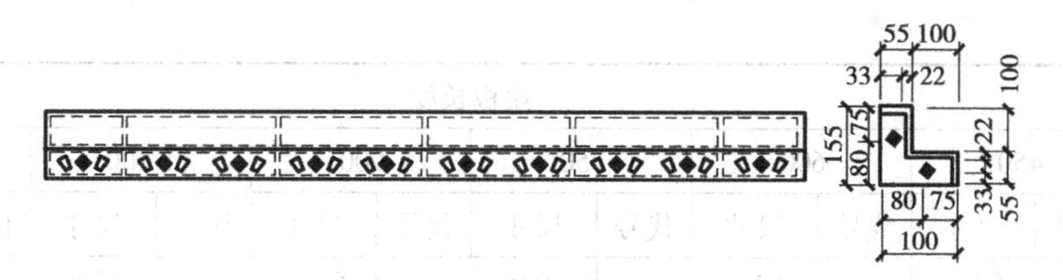

图 6.7　阳角模板

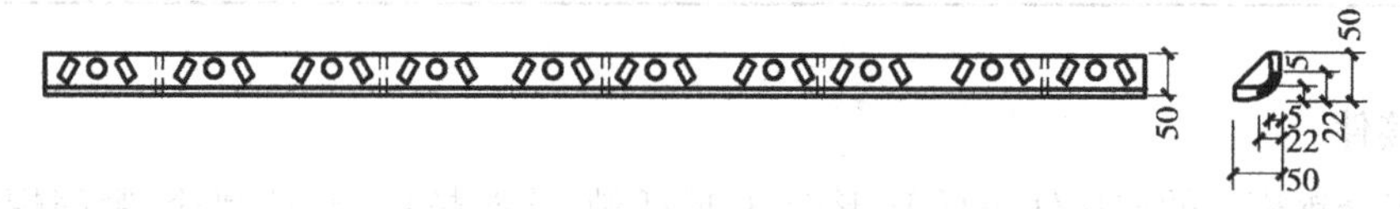

图 6.8　连接模板

(2)钢模板的规格

钢模板采用模数制设计，宽度模数以 50 mm 进级，长度为 150 mm 进级(长度超过 900 mm 时以 300 mm 进级)，钢模板的规格见表 6.1，部分钢模板的规格编码见表 6.2。

表 6.1　钢模板规格　　单位：mm

名称	平面模板	阴角模板	阳角模板	连接角模
宽度	600，550，500，450，400，350，300，250，200，150，100	150×150，100×150	100×100，50×50	50×50
长度	1 800，1 500，1 200，900，750，600，450			
肋高	55			

表 6.2　部分钢模板规格编码表　　单位：mm

模板名称		模板长度											
		450		600		750		900		1 200		1 500	
		代号	尺寸	代号	尺寸	代号	尺寸	代号	尺寸	代号	尺寸	代号	尺寸
平面模板(代号P)	宽度 300	P3004	300×450	P3006	300×600	P3007	300×750	P3009	300×900	P3012	300×1 200	P3015	300×1 500
	250	P2504	250×450	P2506	250×600	P2507	250×750	P2509	250×900	P2512	250×1 200	P2515	250×1 500
	200	P2004	200×450	P2006	200×600	P2007	200×750	P2009	200×900	P2012	200×1 200	P2015	200×1 500
	150	P1504	150×450	P1506	150×600	P1507	150×750	P1509	150×900	P1512	150×1 200	P1515	150×1 500
	100	P1004	100×450	P1006	100×600	P1007	100×750	P1009	100×900	P1012	100×1 200	P1015	100×1 500
阴角模板(代号 E)		E1504	150×150×450	E1506	150×150×600	E1507	150×150×750	E1509	150×150×900	E1512	150×150×1 200	E1515	150×150×1 500
		E1004	100×150×450	E1006	100×150×600	E1007	100×150×750	E1009	100×150×900	E1012	100×150×1 200	E1015	100×150×1 500
阳模式板(代号 Y)		Y1004	100×100×450	Y1006	100×100×600	Y1007	100×100×750	Y1009	100×100×900	Y1012	100×100×1 200	Y1015	100×100×1 500
		Y0504	50×50×450	Y0506	50×50×600	Y0507	50×50×750	Y0509	50×50×900	Y0512	50×50×1 200	Y0515	50×50×1 500

续表

模板名称	模板长度											
	450		600		750		900		1 200		1 500	
	代号	尺寸	代号	尺寸	代号	尺寸	代号	尺寸	代号	尺寸	代号	尺寸
连接角模（代号 J）	J0004	50 × 50 × 450	J0006	50 × 50 × 600	J0007	50 × 50 × 750	J0009	50 × 50 × 900	J0012	50 × 50 × 1 200	J0015	50 × 50 × 1 500

2）连接件

定型组合钢模板的连接件包括 U 形卡、L 形插销、钩头螺栓、对拉螺栓、紧固螺栓和扣件等，如图 6.9 所示。

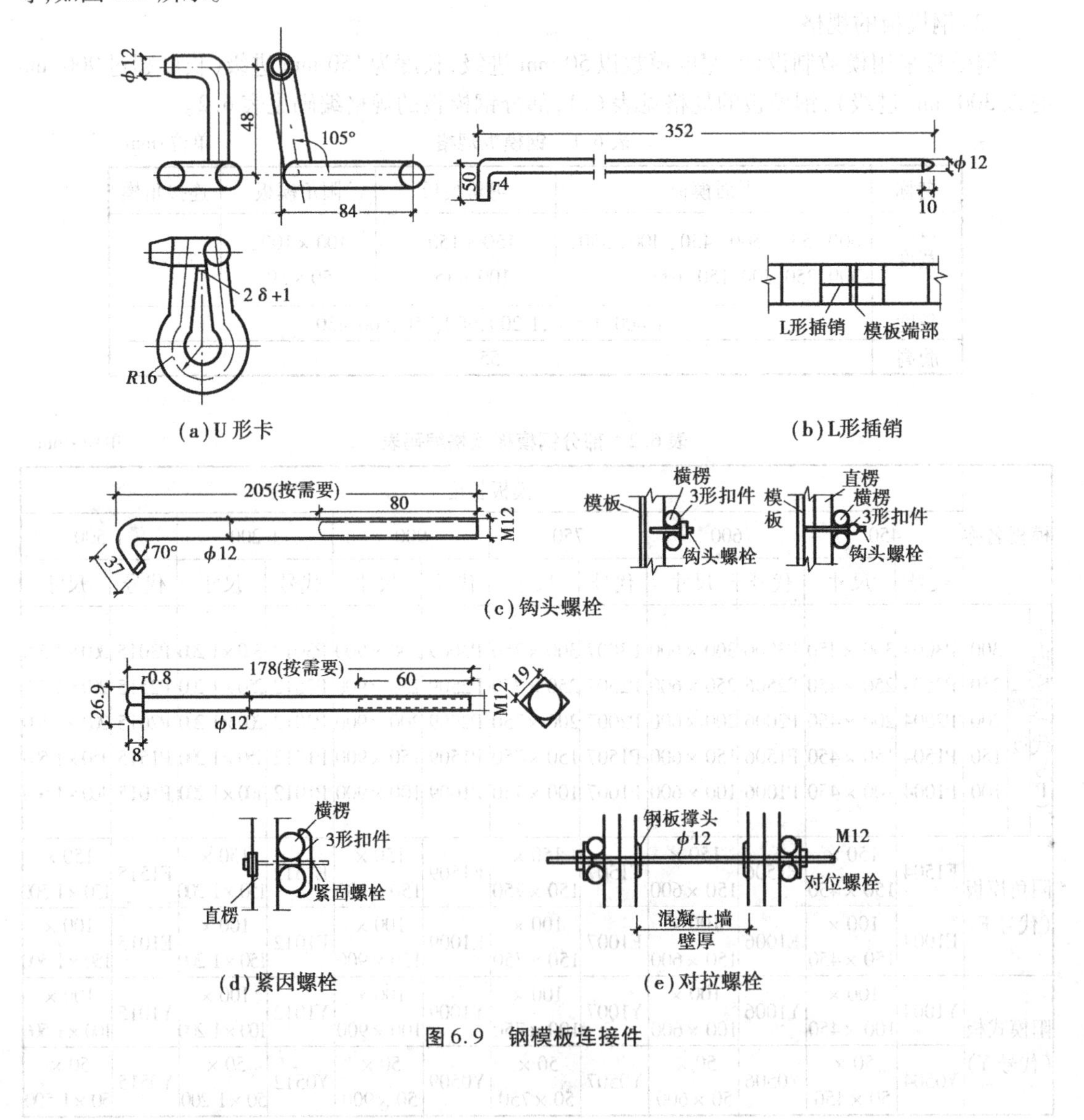

图 6.9 钢模板连接件

①U 形卡:模板的主要连接件,用于相邻模板的拼装。

②L 形插销:用于插入两块模板纵向连接处的插销孔内,以增强模板纵向接头处的刚度。

③钩头螺栓:连接模板与支撑系统的连接件。

④紧固螺栓:用于内、外钢楞之间的连接件。

⑤对拉螺栓:又称穿墙螺栓,用于连接墙壁两侧模板,保持墙壁厚度,承受混凝土侧压力及水平荷载,使模板不致变形。

⑥扣件:用于钢楞之间或钢楞与模板之间的扣紧,按钢楞的不同形状,分别采用蝶形扣件和“3”形扣件。

▶ 6.2.4　钢框覆面胶合板模板

钢框覆面胶合板模板是指钢框与木胶合板或竹胶合板结合使用的一种模板。

钢框覆面胶合板模板由钢框和防水木、竹胶合板平铺在钢框上,用沉头螺栓与钢框连牢,构造如图 6.10 所示。

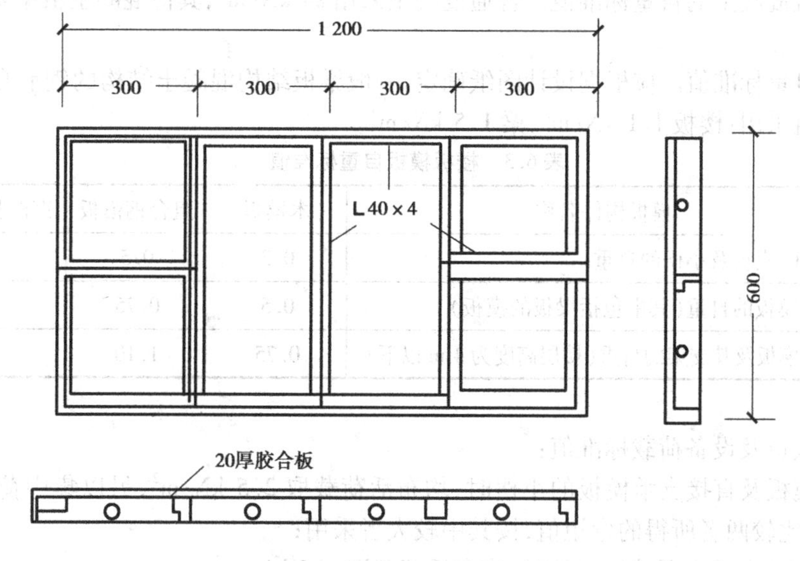

图 6.10　钢框覆面胶合板模板

用于面板的竹胶合板是用竹片或竹帘涂胶黏剂,纵横向铺放,组坯后热压成型。

为使钢框竹胶合板板面光滑平整,便于脱模和增加周转次数,一般板面采用涂料覆面处理或浸胶纸覆面处理。

▶ 6.2.5　模板工程设计

模板系统的设计包括模板结构形式、模板材料的选择,模板及支撑系统各部件规格尺寸的确定以及节点设计等。模板系统是一种特殊的工程结构,模板设计应根据工程结构形式、荷载大小、地基土类别、施工设备和材料供应等条件进行。

1)模板设计的内容和原则

(1)设计的内容

模板设计的内容主要包括:选型、选材、配板、荷载计算、结构设计和绘制模板施工图等。

各项设计的内容和详尽程度,可根据工程的具体情况和施工条件确定。

(2)设计的主要原则

①实用性。主要应保证混凝土结构的质量,具体要求是:接缝严密、不漏浆;保证构件的形状尺寸和相互位置的正确;模板的构造简单、装拆方便。

②安全性。保证在施工过程中不变形、不破坏、不倒塌。

③经济性。针对工程结构的具体情况,因地制宜,就地取材,在确保工期、质量的前提下,减少一次性投入,增加模板周转,减少装拆用工,实现文明施工。

2)荷载及荷载组合

(1)荷载

计算模板及其支架时,应考虑下列荷载:

①模板及其支架自重标准值。可按图纸或实物计算确定,肋形楼板及无梁楼板的荷载可参考表6.3取值。

②新浇筑混凝土的自重标准值。普通混凝土采用24 kN/m³,其他混凝土根据实际表观密度确定。

③钢筋自重标准值。应根据设计图纸确定,一般梁板结构混凝土结构的钢筋自重标准值可按下列数值采用:楼板1.1 kN/m³,梁1.5 kN/m³。

表6.3 楼板模板自重标准值

项次	模板构件名称	木模板	组合钢模板	钢框胶合板模板
1	平板的模板及小楞的自重	0.3	0.5	0.4
2	楼板模板的自重(其中包括梁板的模板)	0.5	0.75	0.6
3	楼板模板及其支架的自重(楼层高度为4 m以下)	0.75	1.10	0.95

④施工人员及设备荷载标准值:

a.计算模板及直接支承模板的小楞时,均布活荷载取2.5 kN/m²,另以集中荷载2.5 kN再进行验算,比较两者所得的弯矩值,按其中较大者采用;

b.计算直接支承小楞结构构件时,均布活荷载取1.5 kN/m²;

c.计算支架立柱及其他支承结构构件时,均布活荷载取1.0 kN/m²。

注:对大型浇筑设备,如上料平台、混凝土输送泵等,按实际情况计算;混凝土堆集料高度超过300 mm以上者,按实际高度计算;模板单块宽度小于150 mm时,集中荷载可分布在相邻的两块板上。

⑤振捣混凝土时产生的荷载标准值。对水平面模板可采用2.0 kN/m²,对垂直面模板可采用4.0 kN/m²(作用范围在新浇筑混凝土侧压力的有效压头高度以内)。

⑥新浇筑混凝土对模板侧面的压力标准值。影响新浇筑混凝土对模板侧压力的因素很多,如与混凝土组成有关的骨料种类、配筋数量、水泥用量、外加剂、坍落度等都有影响,此外还有外界影响,如混凝土的浇筑速度、混凝土的温度、振捣方式、模板情况、构件厚度等。

由于影响混凝土侧压力的因素很多,想用一个计算公式全面加以反映是有一定困难的。国内外对混凝土侧压力的研究都是抓住几个主要影响因素,通过典型试验或现场实测取得数据,再用数学方法分析归纳后提出公式。

我国目前采用的计算公式,当采用内部振动器时,新浇筑的混凝土作用于模板的最大侧

压力按下列两个公式计算,并取两式中的较小值:

$$F = 0.22\gamma_c t_0 \beta_1 \beta_2 V^{\frac{1}{2}} \tag{6.1}$$

$$F = \gamma_c H \tag{6.2}$$

式中 F——新浇混凝土对模板的最大侧压力,kN/m²;

γ_c——混凝土的表观密度,kN/m³;

t_0——新浇混凝土的初凝时间,可按实测确定,t_0当缺乏试验资料时,可采用 $t_0=200/(T+15)$计算(T为混凝土的温度,℃);

V——混凝土的浇筑速度,m/h;

H——混凝土的侧压力计算位置处至新浇混凝土顶面的总高度,m;

β_1——外加剂影响修正系数,不掺外加剂时取1.0,掺具有缓凝作用的外加剂时取1.2;

β_2——混凝土坍落度影响修正系数,当坍落度小于30 mm时,取0.85;当坍落度为50~90 mm时,取1.0;当坍落度为110~150 mm时,取1.15。

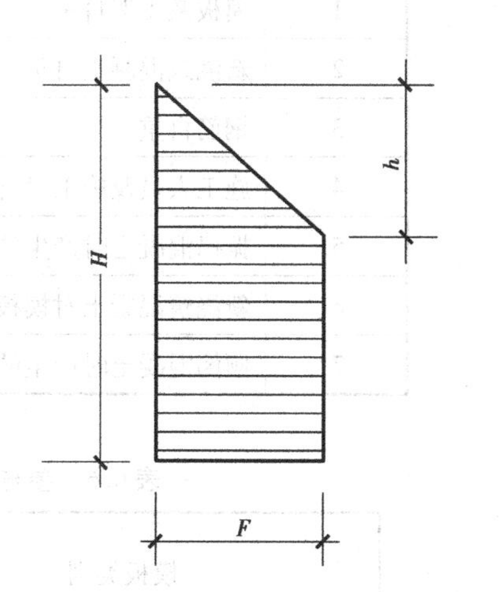

图6.11 混凝土侧压力计算分布图形

混凝土侧压力的计算分布图形如图6.11所示,h为有效压头高度,$h=F/\gamma_c$。

⑦倾倒混凝土时产生的荷载标准值。倾倒混凝土时对垂直面模板产生的水平荷载标准值,可按表6.4采用。

表6.4 倾倒混凝土时产生的水平荷载标准值

项 次	向模板中供料方法	水平荷载标准值/(kN·m⁻²)
1	用溜槽、串筒或由导管输出	2.0
2	用容量 <0.2 m³ 的运输器具倾倒	2.0
3	用容量为0.2~0.8 m³ 的运输器具倾倒	4.0
4	用容量 >0.8 m³ 的运输器具倾倒	6.0

注:作用范围在有效压头高度以内。

除上述7项荷载外,当水平模板支撑结构的上部继续浇筑混凝土时,还应考虑由上部传递下来的荷载。

(2)荷载组合

①荷载设计值。计算模板及其支架时的荷载设计值,应采用荷载标准值乘以表6.5中相应的荷载分项系数,然后再根据结构形式按表6.6进行荷载效应的组合。

②荷载折减系数。模板工程属临时性工程,由于我国目前还没有临时性工程的设计规范,所以只能按正式结构设计规范执行。由于新的设计规范以概率理论为基础的极限状态设计法代替了容许应力设计法,又考虑到原规范对容许应力值作了提高,因此按《混凝土结构工程施工质量验收规范》进行了套改。

表6.5　荷载分项系数

项　次	荷载类别	分项系数
1	模板及支架自重	1.2
2	新浇筑混凝土自重	
3	钢筋自重	
4	施工人员及施工设备荷载	1.4
5	振捣混凝土时产生的荷载	
6	新浇筑混凝土对模板侧面的压力	1.2
7	倾倒混凝土时产生的荷载	1.4

表6.6　参与模板及其支架荷载效应组合的各项荷载

模板类别	参与组合的荷载项	
	计算承载能力	验算刚度
平板和薄壳的模板及支架	1,2,3,4	1,2,3
梁和拱模板的底板及支架	1,2,3,5	1,2,3
梁、拱、柱(边长≤300 mm)、墙(厚≤100 mm)的侧面模板	5,6	6
大体积结构、柱(边长>300 mm)、墙(厚>100 mm)的侧面模板	6,7	6

a.对钢模板及其支架的设计,其荷载设计值可乘以0.85系数予以折减,但其截面塑性发展系数取1.0;

b.采用冷弯薄壁型钢材,由于原规范对钢材容许应力值不予提高,因此荷载设计值也不予折减,系数为1.0;

c.对木模板及其支架的设计,当木材含水率小于25%时,其荷载设计值可乘以0.9系数予以折减;

d.风荷载作用下,验算模板及其支架的稳定性时,其基本风压值可乘以0.8系数予以折减。

③模板变形及稳定性的规定。模板结构除必须保证足够的承载能力外,还应保证有足够的刚度。因此,应验算模板及其支架的挠度,其最大变形值不得超过下列允许值:

a.《组合钢模板技术规范》规定,钢模板及配件的容许挠度见表6.7。

验算模板及支架在自重和风荷载作用下的抗倾覆稳定性时,其抗倾倒系数不小于1.15。

b.《钢框胶合板模板技术规程》规定,面板各跨的挠度计算值不宜大于面板相应跨度的1/300,且不宜大1 mm;钢楞的挠度计算值,不宜大于钢楞相应跨度的1/1 000,且不宜大于1 mm;垂直于面板纤维方向主肋的挠度计算值不宜大于主肋的跨度的1/500,且不宜大于1.5 mm。

表 6.7　钢模板及配件的容许挠度

部件名称	容许挠度/mm
钢模板的面板	1.5
单块钢模板	1.5
钢楞	$l/500$
柱箍	$b/500$
桁架	$l/1\,000$
支承系统累计	4.0

注：l 为计算跨度，b 为柱宽。

支架的立柱或桁架应保持稳定，并用撑拉杆件固定。验算模板及其支架在自重和风荷载作用下的抗倾倒稳定性时，应符合有关的专门规定。

【例 6.1】　用组合钢模板组装墙模板，墙厚 200 mm、高 3.0 m、宽 3.3 m，钢模板采用 P3015（1 500 mm×300 mm，$\delta=2.5$ mm），分两行竖向拼成。内楞采用 2 根 $\phi51\times3.5$ 钢管，间距为 750 mm；外楞采用同一规格钢管，间距为 900 mm。对拉螺栓采用 T18，如图 6.12 所示。

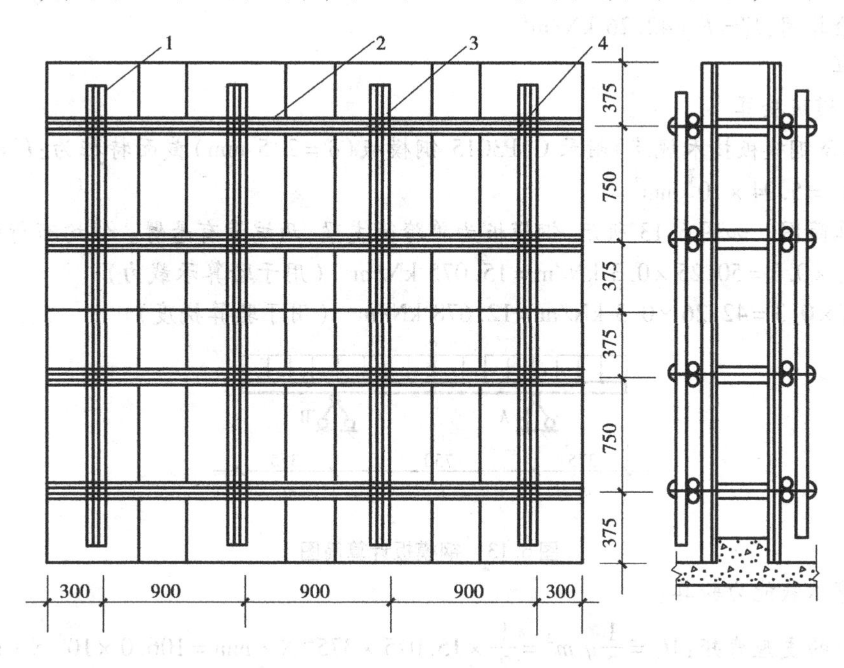

图 6.12　组合钢模板拼装图

1—钢模；2—内楞；3—外楞；4—对拉螺栓

混凝土的温度 $T=15$ ℃，掺具有缓凝作用的外加剂，混凝土坍落度 50～90 mm，用容量大于 0.8 m^3 吊斗浇筑，混凝土浇筑速度为 $v=1$ m/h，用插入式振捣器振捣。钢材采用 Q235 钢，抗拉强度设计值为 215 N/mm^2，弹性模量为 2.06×10^5 N/mm^2，螺栓抗拉强度设计值为 170 N/mm^2。试验算钢模板、钢楞和对拉螺栓是否满足要求。

【解】 1)荷载设计值

根据表6.6,当墙厚大于100 mm时,强度验算考虑新浇混凝土侧压力与倾倒混凝土时产生的荷载,挠度验算考虑新浇混凝土侧压力产生的荷载。

(1)混凝土侧压力

混凝土侧压力标准值,按式(6.1)和式(6.2)计算。其中 $t_0=\dfrac{200}{T+15}=\dfrac{200}{15+15}=6.67$

$F=0.22\gamma_c t_0\beta_1\beta_2 V^{\frac{1}{2}}=0.22\times24\times6.67\times1.2\times1.0\times1^{\frac{1}{2}}\ \text{kN/m}^2=42.26\ \text{kN/m}^2$

$F=\gamma_c H=24\times3\ \text{kN/m}^2=72\ \text{kN/m}^2$

取两者中小值,即 $F=42.26\ \text{kN/m}^2$。

混凝土侧压力设计值:

$F_1=F\times$分项系数$\times$折减系数$=42.26\times1.2\times0.85\ \text{kN/m}^2=43.11\ \text{kN/m}^2$

(2)倾倒混凝土产生的侧压力

当采用容量大于0.8 m³吊斗浇筑时,查表6.4得,倾倒混凝土时产生的水平荷载标准值为 $F_2'=6.0\ \text{kN/m}^2$,设计值为 $F_2=6.0\times1.4\times0.85=7.14\ \text{kN/m}^2$。

(3)荷载组合

强度验算用:$F_3=F_1+F_2=43.11\ \text{kN/m}^2+7.14\ \text{kN/m}^2=50.25\ \text{kN/m}^2$

挠度验算用:$F_3'=F=42.26\ \text{kN/m}^2$

2)验算

(1)钢模板验算

查《组合钢模板技术规范》附录C,P3015钢模板($\delta=2.5$ mm)截面特征为:$I_x=26.97\times10^4\ \text{mm}^4$,$W_x=5.94\times10^3\ \text{mm}^3$

①计算简图。如图6.13所示,钢模板为单跨简支梁,两端带有悬臂。线均布荷载:

$q_1=F_3\times0.3=50.25\times0.3\ \text{kN/m}=15.075\ \text{kN/m}$ (用于验算承载力)

$q_2=F_3'\times0.3=42.26\times0.3\ \text{kN/m}=12.678\ \text{kN/m}$ (用于验算挠度)

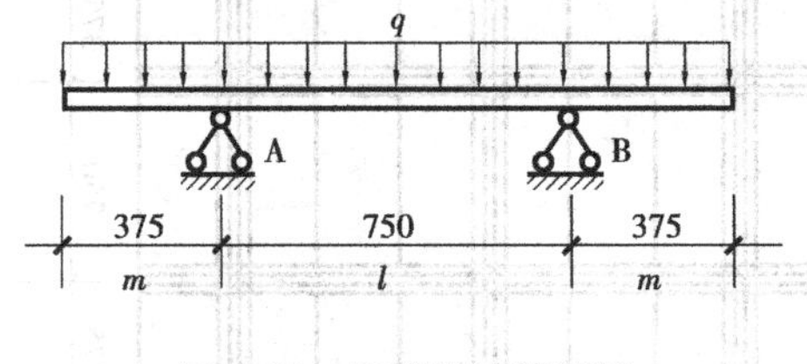

图6.13 钢模板计算简图

②抗弯承载能力验算。

钢模板的支座弯矩:$M_A=\dfrac{1}{2}q_1m^2=\dfrac{1}{2}\times15.075\times375^2\ \text{N}\cdot\text{mm}=106.0\times10^4\ \text{N}\cdot\text{mm}$

钢模板的跨中弯矩:$M=M_A-\dfrac{1}{8}q_1l^2=106.0\times10^4\ \text{N}\cdot\text{mm}-\dfrac{1}{8}\times15.075\times750^2\ \text{N}\cdot\text{mm}=39.1\ \text{N}\cdot\text{mm}$

钢模板的抗弯承载能力为:$\sigma=\dfrac{M}{W_x}=\dfrac{106.0\times10^4}{5.94\times10^3}\text{N/m}^2=178.5\ \text{N/m}^2<215\ \text{N/m}^2$

承载能力满足要求。

③挠度验算。查《建筑结构静力计算手册》，钢模板的最大挠度在端部，$\lambda = \frac{m}{l} = \frac{375}{750} = 0.5$，其挠度值为：

$$\omega = \frac{q_2 m l^3}{24EI_{xy}}(-1+6\lambda^2+3\lambda^3) = \frac{12.678 \times 375 \times 750^3}{24 \times 2.06 \times 10^5 \times 26.97 \times 10^4}(-1+6\times 0.5^2+3\times 0.5^3)\text{ mm} = 1.32\text{ mm} < 1.5\text{ mm}$$

挠度满足要求。

(2)内楞验算

查《组合钢模板技术规范》附录表 D-8，2 根 $\phi 51 \times 3.5$ 钢管的截面特征为：$I = 2 \times 14.81 \times 10^4 \text{mm}^4$，$W = 2 \times 5.81 \times 10^3\text{ mm}^3$。

①计算简图。如图 6.14 所示，内楞为三跨连续梁，两端带有悬臂。线均布荷载为：

$q_1 = F_3 \times 0.75 = 50.25 \times 0.75\text{ kN/m} = 37.688\text{ kN/m}$ （用于验算承载力）

$q_2 = F'_3 \times 0.75 = 42.26 \times 0.75\text{ kN/m} = 31.695\text{ kN/m}$ （用于验算挠度）

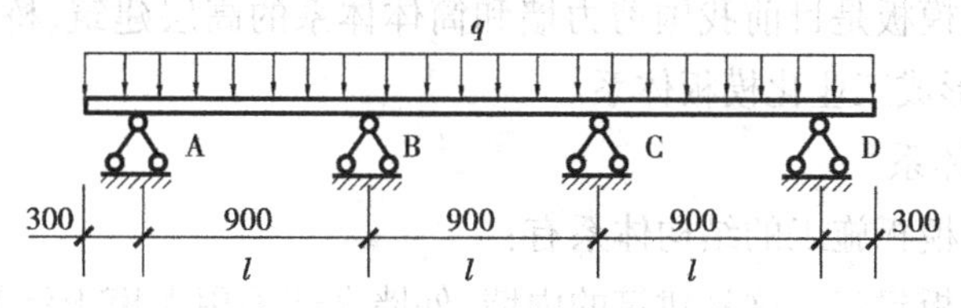

图 6.14 内楞计算简图

②抗弯承载能力验算。由于内楞两端的悬挑长度不大，可近似按三跨连续梁计算。查《建筑结构静力计算手册》，内楞的弯矩为：

$$M = \frac{1}{10}q_1 l^2 = \frac{1}{10} \times 37.688 \times 900^2\text{ N·mm} = 305.3 \times 10^4\text{ N·mm}$$

抗弯承载能力为：

$$\sigma = \frac{M}{W} = \frac{305.3 \times 10^4}{2 \times 5.81 \times 10^3}\text{ N/m}^2 = 262.7\text{ N/m}^2 > 215\text{ N/m}^2$$

承载能力不能满足要求。

改用 2 根□60×40×2.5 的矩形钢管后，查《组合钢模板技术规范》附录表 D-8 得，$I = 2 \times 21.88 \times 10^4\text{ mm}^4$，$W = 2 \times 7.29 \times 10^3\text{ mm}^3$，其抗弯承载能力为：

$$\sigma = \frac{M}{W} = \frac{305.3 \times 10^4}{2 \times 7.29 \times 10^3}\text{ N/m}^2 = 209.4\text{ N/m}^2 < 215\text{ N/m}^2$$

承载能力满足要求。

③挠度验算。查《建筑结构静力计算手册》，内楞的最大挠度值为：

$$\omega = 0.677\frac{q_2 l^4}{100EI} = 0.677 \times \frac{31.695 \times 900^4}{100 \times 2.06 \times 10^5 \times 2 \times 21.88 \times 10^4}\text{ mm}$$

$$= 1.56\text{ mm} < \frac{1}{500}l = \frac{1}{500} \times 900\text{ mm} = 1.8\text{ mm}$$

挠度满足要求。

在每个内、外钢楞交点处均设穿墙螺栓，则外钢楞可不必再验算。

(3)对拉螺栓验算

对拉螺栓承受的拉力：$N = F_3 \times$内楞间距×外楞间距 $=50.25 \times 0.75 \times 0.90$ kN $=33.92$ kN

查《组合钢模板技术规范》附录表 D-2 得：T18 对拉螺栓的容许拉力为 32.08 kN $< N = 33.92$ kN，T18 对拉螺栓不能满足设计要求。

改用 T20 对拉螺栓，其容许拉力为 40.91 kN $> N = 33.92$ kN，选用 T20 对拉螺栓满足设计要求。

▶ 6.2.6 其他模板

1)大模板

大模板在建筑、桥梁及地下工程中广泛应用，是一种大尺寸的工具式模板，如建筑工程中一块墙面用一块大模板。因为其质量大，装拆皆需起重机械吊装，可提高机械化程度，减少用工量和缩短工期。大模板是目前我国剪力墙和筒体体系的高层建筑、桥墩、筒仓等施工用得较多的一种模板，已形成工业化模板体系。

(1)大模板结构体系

目前我国采用大模板施工的结构体系有：

①全现浇的大模板建筑。这种建筑的内墙、外墙全部采用大模板浇筑，结构的整体性好、抗震性强，但施工时外墙模板支设复杂、高空作业工序较多、工期较长。

②现浇与预制相结合的大模板建筑。建筑的内墙采用大模板浇筑，外墙采用预制装配式大型墙板，即"内浇外挂"施工工艺。这种结构简化了施工工序，减少了高空作业和外墙板的装饰工程量，缩短了工期。

③现浇与砌筑相结合的大模板建筑。建筑的内墙采用大模板浇筑，外墙采用普通黏土砖墙。这种结构适用于建造 6 层以下的民用建筑，较砖混结构的整体性好、内装饰工程量小、工期较短。

(2)大模板的基本要求

有足够的强度和刚度，周转次数多，维护费用少；板面光滑平整，每平方米板面质量较轻，每块模板的质量不得超过起重机能力；支模、拆模、运输、堆放能做到安装方便；尺寸构造尽可能做到标准化、通用化；一次投资较省，摊销费用较少。

(3)大模板的组成

一块大模板由面板、加劲楞、主楞、支撑桁架、稳定机构及附件组成(见图 6.15)。

面板是直接与混凝土接触的部分，通常采用钢面板(用 3 ~ 5 mm 厚的钢板制成)或胶合板面板(用 7 ~ 9 层胶合板)。面板要求板面平整、拼缝严密、具有足够的刚度。

加劲肋的作用是固定面板，可做成水平肋或垂直肋。加劲肋把混凝土传给面板的侧压力传递到竖楞上去。加劲肋与金属面板焊接固定，与胶合板面板可用螺栓固定。加劲肋一般采用[65 或∟65 制作，肋的间距根据面板的大小、厚度及墙体厚度确定。

竖楞的作用是加强大模板的整体刚度，承受模板传来的混凝土侧压力和垂直力，并作为穿墙螺栓的支点。竖楞一般采用[65 或[80 制作，间距一般为 1.0 ~ 1.2 m。

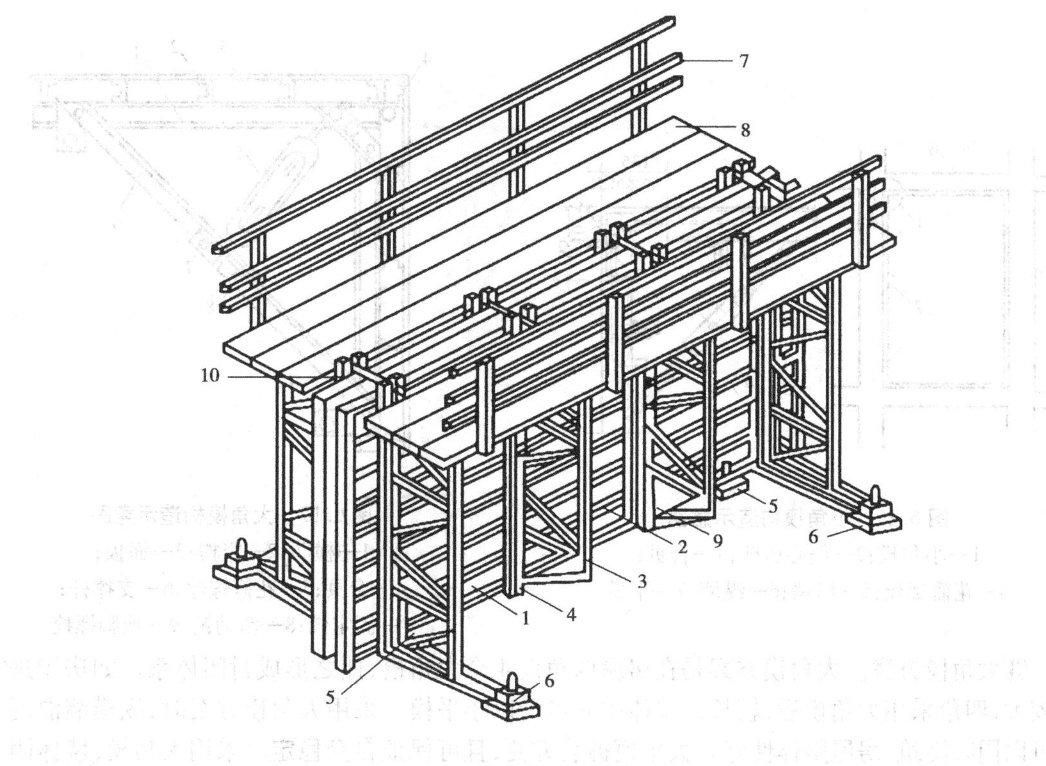

图 6.15 大模板组成构造示意图

1—面板;2—水平加劲肋;3—支撑桁架;4—竖楞;5、6—螺旋千斤顶;
7—栏杆;8—脚手板;9—穿墙螺栓;10—卡具

支撑桁架用螺栓或焊接与竖楞连接在一起,其作用是承受风荷载等水平力,防止大模板倾覆。桁架上部可搭设操作平台。

稳定机构是在大模板两端桁架底部伸出的支腿上设置的可调整螺旋千斤顶。在模板使用阶段,用以调整模板的垂直度,并把作用力传递到地面或楼板上;在模板堆放时,用来调整模板的倾斜度,以保证模板的稳定。

(4)大模板的组合方案

大模板的平面组合方案有平模方案、小角模方案、大角模方案和筒形模方案。

①平模方案。平模的尺寸与房间每面墙大小相适应,一个墙面采用一块模板。采用平模方案纵横墙混凝土一般要分开浇筑,模板接缝均在纵横墙交接的阴角处。用平模方案浇筑的混凝土墙面平整、模板加工量少、通用性强、周转次数多、装拆方便。但由于纵横墙分开浇筑,施工缝多,施工组织较麻烦。

②小角模方案。一个房间的模板由 4 块平模和 4 根∟100×100×8 角钢组成。∟100×100×8 的角钢称小角模。小角模方案在相邻的平模转角处设置角钢,使每个房间墙体的内模形成封闭的支撑体系。采用小角模方案纵横墙混凝土可以同时浇筑,房屋整体性好、墙面平整、模板装拆方便。但墙面接缝多、阴角不够平整、修理工作量大、角模加工精度要求也比较高。小角模构造如图 6.16 所示。

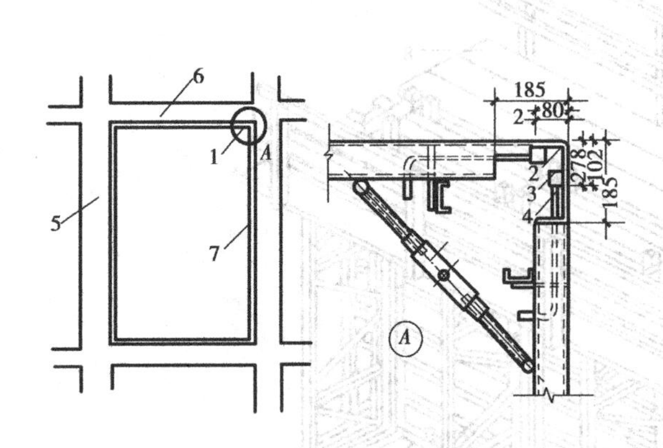

图6.16　小角模构造示意图

1—小角模;2—偏心压杆;3—合页;

4—花篮螺丝;5—横墙;6—纵墙;7—平模

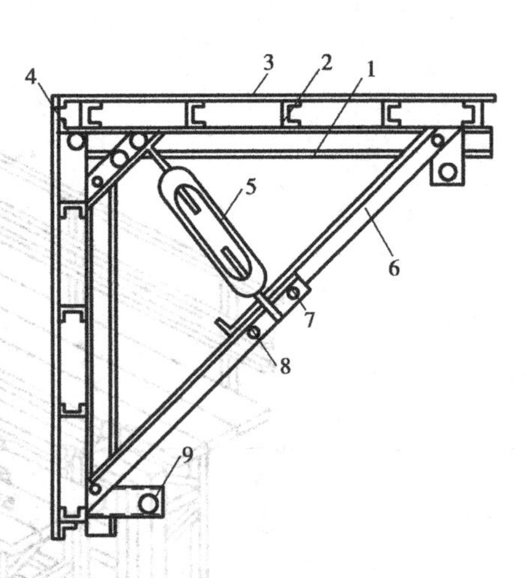

图6.17　大角模构造示意图

1—横肋;2—竖楞;3—面板;

4—合页;5—花篮螺丝;6—支撑杆;

7—固定销;8—活动销;9—地脚螺栓

③大角模方案。大角模方案是在房屋四角设4个大角模,使之形成封闭体系。如房屋进深较大,四角采用大角模后,较长的墙体中间可配以小平模。采用大角模方案时,纵横墙混凝土可以同时浇筑,房屋整体性好。大角模拆装方便,且可保证自身稳定。采用大角模,墙体阴角方整、施工质量好,但模板接缝在墙体中部,影响墙体平整度。

大角模的装拆装置由斜撑及花篮螺丝组成。斜撑为2根叠合的∟90×9的角钢,组装模板时使斜撑角钢叠合成一直线,大角模的两平模呈90°,插上活动销子,将模板支好。拆模时,先拔掉活动销子,再收紧花篮螺丝,角模两侧的平模内收,模板与墙面脱离。大角模构造如图6.17所示。

④筒形模方案。筒子模是将一个房间的三面现浇墙体模板,通过挂轴悬挂在同一钢架上,墙角用小角模封闭而构成的一个筒形单元体,如图6.18所示。采用筒形模时,外墙面常采用大型预制墙板。筒形模方案模板的稳定性好,纵横墙体混凝土同时浇筑,故结构整体性好、施工简单,可整间吊装减少模板的吊装次数,操作安全,劳动条件好。但模板每次都要落地,且自重大,需要大吨位起重设备,加工精度要求高,灵活性差,安装时必须按房间弹出的十字中线就位,比较麻烦。

2)滑升模板

滑升模板(简称滑模)是一种工业化模板,用于现场浇筑高耸构筑物和建筑物等的竖向结构,如烟囱、筒仓、高桥墩、电视塔、竖井、沉井、双曲线冷却塔和高层建筑等。

滑升模板的施工特点是,在构筑物或建筑物底部,沿其墙、柱、梁等构件的周边组装高1.2 m左右的滑升模板,随着向模板内不断地分层浇筑混凝土,用液压提升设备使模板不断地沿埋在混凝土中的支承杆向上滑升,直到需要浇筑的高度为止。用滑升模板施工,可以节约模板和支撑材料,加快施工速度和保证结构的整体性。但模板一次性投资多、耗钢量大,对立面造型和构件断面变化有一定的限制。施工时宜连续作业,施工组织要求较严。

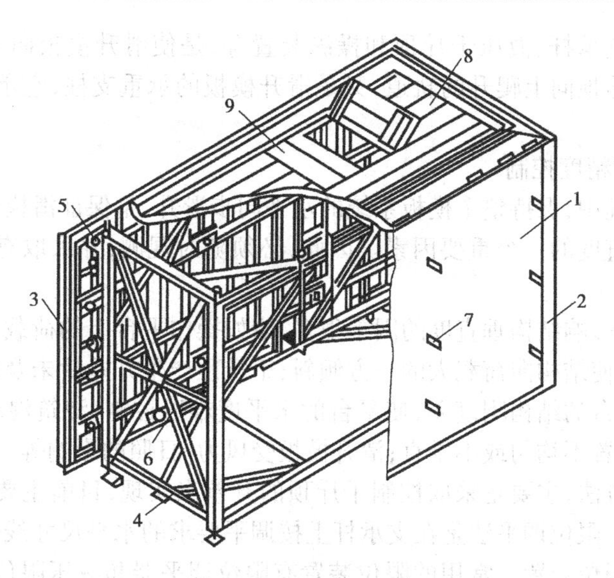

图 6.18　筒形模构造示意图

1—模板;2—内角模 ;3—外角模;4—钢架;

5—挂轴;6—支杆;7—穿墙螺栓;8—操作平台;9—出入孔

(1)滑升模板装置的组成

滑模由模板系统、操作平台系统和液压系统 3 部分组成,如图 6.19 所示。模板系统包括模板、围圈和提升架等。模板用于成型混凝土,承受新浇混凝土的侧压力,多用钢模或钢木组合模板。模板的高度取决于滑升速度和混凝土达到出模强度($0.2 \sim 0.4\ N/mm^2$)所需的时间,一般高 1.0 ~ 1.2 m,模板呈上口小下口大的锥形,单面锥度 0.2% ~ 0.5%,以模板上口以下 2/3 模板高度处的净间距为结构断面的厚度。围圈用于支承和固定模板,一般情况下,模板上下各布置一道,它承受模板传来的水平侧压力(混凝土的侧压力和浇筑混凝土时的水平冲击力)和由摩阻力、模板与围圈自重(如操作平台支承在围圈上,还包括平台自重和施工荷载)等产生的竖向力。围圈可视为以提升架为支承的双向弯曲的多跨连续梁,材料多用角钢或槽钢,以其受力最不利情况计算确定其截面。提升架的作用是固定围圈,把模板系统和操作平台系统连成整体,承受整个模板系统和操作平台系统的全部荷载并将其传递给液压千斤顶。提升架分单横梁式与双横梁式两种,多用型钢制作,其截面按框架计算确定。

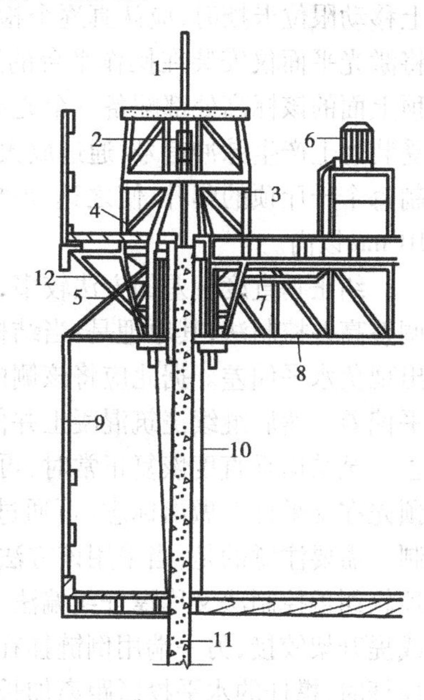

图 6.19　滑升模板

1—支撑杆;2—液压千斤顶;

3—提升架;4—围圈;5—模板;

6—高压油泵;7—油管;

8—操作平台桁架;9—外吊架;

10—内吊架;11—混凝土墙;

12—外挑架

操作平台系统包括操作平台、内外吊脚手架和外挑脚手架,是施工操作的场所。其承重构件(平台桁架、钢梁、铺板、吊杆等)根据其受力情况按一般的钢结构进行计算。

液压系统包括支承杆、液压千斤顶和操纵装置等,是使滑升模板向上滑升的动力装置。支承杆既是液压千斤顶向上爬升的轨道,又是滑升模板的承重支柱,它承受施工过程中的全部荷载。

(2)滑模施工的精度控制

在模板滑升过程中,保持整个模板系统的水平同步滑升,是保证滑模施工质量的关键,也是直接影响结构垂直度的一个重要因素。因此,必须随时观测,并采取有效的水平度和垂直度调整控制措施。

在滑模施工中,影响结构垂直度的因素很多,诸如操作平台上的荷载分布不均匀,造成支承杆的负荷不一,致使结构向荷载大的一方倾斜;千斤顶产生升差后未及时调整,操作平台不能水平上升;操作平台的结构刚度差,使平台的水平度难以控制;浇筑混凝土时不均匀对称,发生偏移;支承杆布置不均匀或不垂直;滑升模板受风力、日照的影响等。

水平度的控制方法,主要是采取控制千斤顶的升差来实现,目前主要有限位调平法和激光自动调平控制法。限位调平法是在支承杆上按调平要求的水平尺寸线安装限位卡挡,并在液压千斤顶上增设限位装置。常用的限位装置有限位调平器和液压限位阀。限位装置随千斤顶向上爬升,当升到与限位卡挡相顶时,该千斤顶即停止爬升,起到自动限位的作用。模板滑升过程中,每当千斤顶全部升至限位卡挡处一次,模板系统即可自动限位调平一次。而向上移动限位卡挡时,应认真逐个检查,保证其标高准确和安装牢固。激光自动调平控制法是将激光平面仪安装在操作平台的适当位置,水准激光束的高度为2 m左右,同时在每个千斤顶上面的该标高处都配备一个光电信号接受装置。由激光平面仪发出的激光束射到信号接受装置上产生脉冲信号,通过放大以后,可控制千斤顶进油口处的电磁阀开启或关闭,用以控制每个千斤顶的爬升,使之达到调平的目的。这种控制系统一般可使千斤顶的升差保持在10 mm以内。

纠正垂直度偏差的方法较多,常用的有平台倾斜法和顶轮纠偏控制法。平台倾斜法又称调整高差控制法,其原理是:当结构出现向某侧位移的垂直偏差时,操作平台的同一侧一般会出现负水平偏差。据此应将该侧的千斤顶升高,使该侧的操作平台高于其他部位,产生正水平偏差。然后继续浇筑混凝土并使操作平台倾斜滑升一段高度,其垂直偏差即可逐步得到纠正。至结构垂直度恢复正常时,再将操作平台水平上升。对于纠偏时千斤顶需要的高差,可预先在支承杆上做出标志(可通过抄平拉斜线),最好采用限位调平器对千斤顶的高差进行控制。需要注意的是,当采用该方法纠正垂直度偏差时,操作平台的倾斜度应控制在1%之内。顶轮纠偏控制法又称撑杆纠偏法。顶轮纠偏装置由撑杆顶轮和倒链组成,撑杆的一端与平台或提升架铰接,另一端用倒链挂在相邻提升架的下部,其滚轮顶在混凝土墙上。当提拉顶轮撑杆时,撑杆的水平投影距离加长,在具有一定强度的混凝土墙面的反力作用下,模板装置逐步向相反方向位移,达到纠偏目的。

3)爬升模板

爬升模板简称爬模,是施工剪力墙和筒体结构的混凝土结构高层建筑和桥墩、桥塔等的一种有效的模板体系,我国已推广应用。由于模板能自爬,不需起重运输机械吊运,减少了施工中的起重运输机械的工作量,能避免大模板受大风的影响。由于自爬的模板上还可悬挂脚手架,所以可省去结构施工阶段的外脚手架,因此其经济效益较好。

爬模由爬升模板、爬架和爬升设备3部分组成(见图6.20)。

爬架是一格构式钢架,用来提升外爬模,由下部附墙架和上部支承架两部分组成,高度应大于每次爬升高度的3倍。附墙架用螺栓固定在下层墙壁上;支承架高度大于两层模板的高度,坐落在附墙架上,与之成为整体。支承架上端有挑横梁,用以悬吊提升爬升模板用的葫芦。通过葫芦起动模板提升。

模板顶端装有提升外爬架用的葫芦。在模板固定后,通过它提升爬架。由此,爬架与模板相互提升,向上施工。爬升模板的背面还可悬挂外脚手架。

爬升设备可为手拉葫芦、电动葫芦或液压千斤顶和电动千斤顶。手拉葫芦简单易行,由人力操纵。如用液压千斤顶,则爬架、爬升模板各用一台油泵供油。爬杆用Φ25圆钢,用螺帽和垫板固定在模板或爬架的挑横梁上。

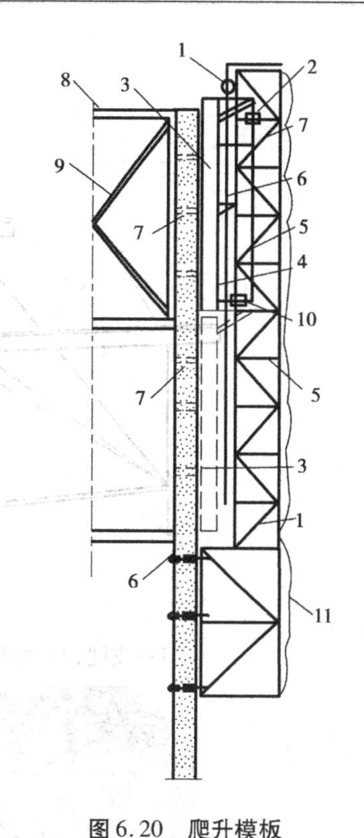

图6.20 爬升模板

1—提升外模板的葫芦;2—提升外爬架的葫芦;3—外爬升模板;4—预留孔;5—外爬架(包括支承架和附墙架);6—螺栓;7—外墙;8—楼板模板操;9—楼板模板支承;10—模板校正器;11—安全网

4)台模

台模是浇筑钢筋混凝土楼板的一种大型工具式模板,主要用于浇筑平板式或带边梁的水平结构,在施工中可以整体脱模和转运,利用起重机从浇筑完的楼板下吊出,转移至上一楼层,中途不再落地,所以亦称“飞模”。台模整体性好、混凝土表面容易平整、施工进度快。

台模适用于各种结构的现浇混凝土,适用于小开间、小进深的现浇楼板,单座台模面板的面积从2~6 m^2 到60 m^2 以上。台模由台面、支架(支柱)、支腿、调节装置、行走轮等组成。

台面是直接接触混凝土的部件,表面应平整光滑,具有较高的强度和刚度。目前常用的面板有:钢板、胶合板、铝合金板、工程塑料板及木板等。

台模按其支架结构类型分为立柱式台模、桁架式台模、悬架式台模等。

按台模的支承形式分为支腿式(见图6.21)和无支腿式两类。前者又有伸缩式支腿和折叠式支腿之分;后者是悬架于墙上或柱顶,故也称悬架式。支腿式台模由面板(胶合板或钢板)、支撑框架、檩条等组成。支撑框架的支腿底部一般带有轮子,以便移动。浇筑后待混凝土达到规定强度,落下台面,将台模推出墙面放在临时挑台上,再用起重机整体吊运至上层或其他施工段。亦可不用挑台,推出墙面后直接吊运。

5)隧道模

隧道模(见图6.22)是用于同时整体浇筑竖向和水平结构的大型工具式模板,用于建筑物墙与楼板的同步施工,它能将各开间沿水平方向逐段整体浇筑,故施工的结构整体性好、抗震性能好、施工速度快,但模板的一次性投资大,模板起吊和转运需较大的起重机。

隧道模有全隧道模(整体式隧道模)和双拼式隧道模两种。前者自重大,推移时多需铺设

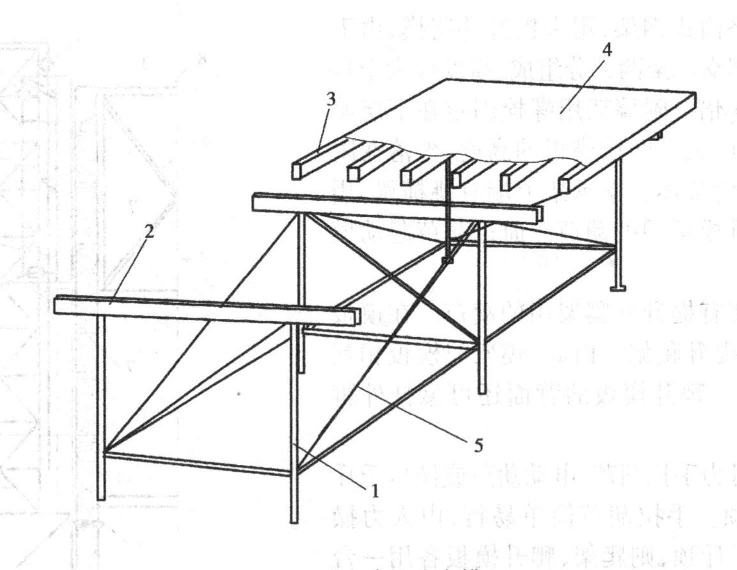

图 6.21　支腿式台模

1—支腿;2—可伸缩的横梁;3—檩条;4—面板;5—斜撑

图 6.22　隧道模板

轨道,目前逐渐少用。后者由两个半隧道模对拼而成,两个半隧道模的宽度可以不同,再增加一块插板,即可以组合成各种开间需要的宽度。

混凝土浇筑后强度达到 7 N/mm^2 左右,即可先拆除半边的隧道模,推出墙面放在临时挑台上,再用起重机转运至上层或其他施工段。拆除模板处的楼板临时用竖撑加以支撑,再养护一段时间(视气温和养护条件而定),待混凝土强度约达到 20 N/mm^2 以上时,再拆除另一半边的隧道模,但保留中间的竖撑,以减小施工期间楼板的弯矩。

6)胎模

胎模(见图 6.23 和图 6.24)是在地面上用砖或土做成底模、侧模,主要在地基基础施工时用得多一些,如基础底板,由于基坑狭窄,混凝土侧面模板就用砖砌体抹灰后作模板使用。还有就是预制构件浇筑混凝土时,在地面上砌几皮砖抹灰后作地胎模使用。胎模一般都不拆除,不能够重复使用。

图6.23 基础胎模

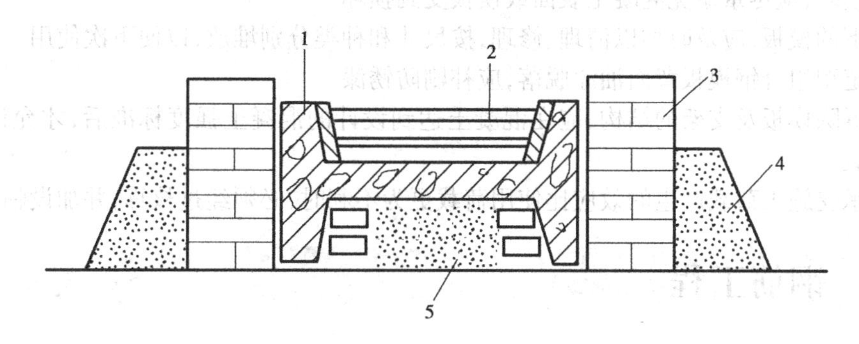

图6.24 预制构件胎模

1—混凝土构件;2—木芯模;3—砖侧模;4—培土夯实;5—土底模

▶6.2.7 模板工程的拆除

1)拆除模板时混凝土的强度

现浇整体式结构的模板拆除期限应按设计规定,如设计无规定时,应满足下列要求:

①侧模拆除时的混凝土强度应能保证其表面及棱角不受损伤。

②底模板及支架底模及其支架拆除时的混凝土强度应符合设计要求。当设计无具体要求时,混凝土强度应符合表6.8的规定。

表6.8 底模拆除时的混凝土强度要求

构件类型	构件跨度/m	达到设计的混凝土立方体抗压强度标准值的百分率/%
板	≤2	≥50
	>2,≤8	≥75
	>8	≥100
梁、拱、壳	≤8	≥75
	>8	≥100
悬臂结构	—	≥100

2)拆模顺序

①一般是先支后拆,后支先拆,先拆除侧模板,后拆除底模板。

②对于肋形楼板的拆模顺序,首先拆除柱模板,然后拆除楼板底模板、梁侧模板,最后拆除梁底模板。

③多层楼板模板支架的拆除,应按下列要求进行:层楼板正在浇筑混凝土时,下一层楼板的模板支架不得拆除,再下一层楼板模板的支架仅可拆除一部分;跨度≥4 m的梁均应保留支架,其间距不得大于3 m。

3)拆模的注意事项

①模板拆除时,不应对楼层形成冲击荷载。

②拆除的模板和支架宜分散堆放并及时清运。

③拆模时,应尽量避免混凝土表面或模板受到损坏。

④拆下的模板,应及时加以清理、修理,按尺寸和种类分别堆放,以便下次使用。

⑤若定型组合钢模板背面油漆脱落,应补刷防锈漆。

⑥已拆除模板及支架的结构,应在混凝土达到设计的混凝土强度标准后,才允许承受全部使用荷载。

⑦当承受施工荷载产生的效应比使用荷载更为不利时,必须经过核算,并加设临时支撑。

6.3 钢筋工程

6.3.1 钢筋的种类与验收

(1)钢筋的种类

钢筋混凝土结构中常用的钢材有钢筋、钢丝和钢绞线3类。钢筋分为热轧钢筋和余热处理钢筋。热轧钢筋分为热轧光圆钢筋和热轧带肋钢筋。热轧带肋钢筋分为普通热轧钢筋和细晶粒热轧钢筋。

普通热轧钢筋有HRB335、HRB400、HRB500三个牌号,分别以3、4、5表示。细晶粒热轧钢筋有HRBF335、HRBF400、HRBF500三个牌号,分别以C3、C4、C5表示。热轧带肋钢筋的牌号由HRB或HRBF与屈服强度特征值构成。HRB是热轧带肋钢筋英文Hot rolled Ribbed Bars的缩写,HRBF是细晶粒热轧钢筋英文Hot rolled Ribbed Bars Fine的缩写。

热轧光圆钢筋有HPB235和HPB300两个牌号。热轧光圆钢筋的牌号由HPB与屈服强度特征值构成。HPB是热轧光圆钢筋英文Hot rolled Plain Bars的缩写。

钢筋混凝土用热轧钢筋,应符合国家标准《钢筋混凝土用钢第2部分:热轧带肋钢筋》(GB 1499.2—2008)和《钢筋混凝土用钢第1部分:热轧光圆钢筋》(GB 1499.1—2008)的规定。

余热处理钢筋的牌号为RRB400。

钢筋按轧制外形,可分为光面钢筋、变形钢筋(螺纹、人字纹及月牙纹);按生产加工工艺,可分为热轧钢筋、冷拉钢筋、冷拔低碳钢丝、热处理钢筋、冷轧扭钢筋、精轧螺旋钢筋、刻痕钢丝及钢铰线等。

常有的钢丝有刻痕钢丝、碳素钢丝和冷拔低碳钢丝3类,而冷拔低碳钢丝又分为甲级和乙级,一般皆卷成圆盘。

钢绞线一般由7根圆钢丝捻成,钢丝为高强钢丝。

混凝土结构所用钢筋,按其强度分为HPB300级、HRB335级、HRB400级、HRB500级,一般HPB300级钢筋为光圆钢筋(即Ⅰ级钢筋,用Φ表示),HRB335级钢筋为变形(带肋)钢筋(即Ⅱ级钢筋,用Φ表示)。

(2)钢筋的验收

钢筋应有产品合格证、出厂检验报告和进场复验报告。钢筋应按批进行检查和验收,每批由同一牌号、同一炉罐号、同一尺寸的钢筋组成。每批热轧钢筋的质量通常不大于60 t。超过60 t的部分,每增加40 t(或不足40 t的余数),增加一个拉伸试验试样和一个弯曲试验试样。验收内容包括钢筋标牌和外观检查,并按有关规定取样进行机械性能试验。

钢筋外观应平直、无损伤,表面不得有裂纹、油污、颗粒状或片状老锈。在机械性能试验时,应从每批钢筋中任选2根,每根取2个试件分别进行拉伸试验(包括屈服点、抗拉强度和伸长率的测定)和冷弯试验。如有一项试验结果不符合规定,则应从同一批钢筋另取双倍数量的试件重做各项试验,如果仍有一个试件不合格,则该批钢筋为不合格品,应不予验收或降级使用。

对有抗震设防要求的框架结构,其纵向受力钢筋的强度应满足设计要求。当设计无具体要求时,对一、二级抗震等级,检验所得的强度实测值应符合下列规定:钢筋的抗拉强度实测值与屈服强度实测值的比值不应小于1.25;钢筋的屈服强度实测值与强度标准值的比值不应大于1.3。

钢筋在加工过程中如发现钢筋脆断、焊接性能不良或力学性能显著不正常等现象时,应对该批钢筋进行化学成分检验或其他专项检验。

▶ 6.3.2 钢筋的冷加工

钢筋的冷加工是我国传统建设项目使用的一种施工方法,是充分发挥材料的效用、节约钢材和满足预应力钢筋要求的重要途径。钢筋冷加工最常用的方法有冷拉和冷拔两种。

1)钢筋冷拉

在常温下对钢筋进行强力拉伸,以超过钢筋的屈服强度的拉应力,使钢筋产生塑性变形,达到提高强度、节约钢材的目的。

(1)冷拉原理

钢筋冷拉原理如图6.25所示。图中$oabcde$为未经冷拉钢筋的拉伸曲线。冷拉时,拉应力超过屈服点b达到k点,然后卸载。由于钢筋已产生塑性变形,卸载过程中应力应变曲线将沿o_1kde变化,并在k点附近出现新的屈服点,该屈服点明显高于冷拉前的屈服点b,这种现象称为“变形硬化”。冷拉后的新屈服点并非保持不变,而是随时间延长提高至k'点,这种现象称为“时效硬化”。由于变形硬化和时效硬化的结果,其新的应力应变曲线则为$o_1k'd'e'$,此时,钢筋的强度提高了,但脆性也增加了。图中k点对应的应力即为冷拉钢筋的控制应力,oo_2即为相应的冷拉率。

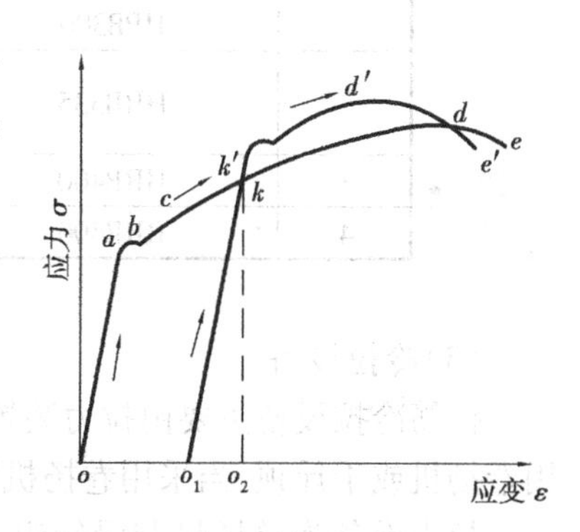

图6.25　钢筋冷拉应力应变曲线

HPB300 和 HRB335 级钢筋的自然时效在常温下需 15 ~ 28 d,但在 100 ℃温度下需 2 h 完成,因而为加速时效可利用蒸汽、电热等手段进行人工时效。HRB400 和 RRB400 级钢筋在自然条件下一般达不到时效的效果,宜用人工时效,一般通电加热至 150 ~ 200 ℃,保持 20 min 左右即可。

(2)冷拉参数及控制方法

钢筋的冷拉应力和冷拉率是影响钢筋冷拉质量的两个主要参数。钢筋的冷拉率就是钢筋冷拉时包括其弹性和塑性变形的总伸长值与钢筋原长的比值(%)。在一定限度范围内,冷拉应力或冷拉率愈大,则屈服强度提高愈多,而塑性也愈降低。但钢筋冷拉后仍有一定的塑性,其屈服强度与抗拉强度之比值(屈强比)不宜太大,以使钢筋有一定的强度储备。

钢筋冷拉可采用控制应力或控制冷拉率的方法。用作预应力筋的钢筋,冷拉时宜采用控制应力的方法。不能分清炉批号的热轧钢筋的冷拉不应采用控制冷拉率的方法。

①采用控制应力的方法冷拉钢筋时,冷拉控制应力值如表 6.9 所示。对抗拉强度较低的热轧钢筋,如拉到符合标准的冷拉应力时,其冷拉率已超过限值,将对结构产生不利影响,故规定最大冷拉率限值。加工时按冷拉控制应力进行冷拉,冷拉后检查钢筋的冷拉率,如小于表中规定数值时,则为合格,如超过表中规定的数值,则应进行力学性能试验。

表 6.9　冷拉控制应力及最大冷拉率

项次	钢筋级别	钢筋直径/mm	冷拉控制应力/($N \cdot mm^{-2}$)	最大冷拉率/%
1	HPB300	≤12	280	10
2	HRB335	≤25	450	5.5
		28 ~ 40	430	
3	HRB400	8 ~ 40	500	5.0
4	RRB400	10 ~ 28	700	4.0

②采用控制冷拉率的方法冷拉钢筋时,只需将钢筋拉长到一定的长度即可。冷拉率应由试验确定,即在同炉批的钢筋中切取不少于 4 个试样,按表 6.10 规定的冷拉应力拉伸钢筋,测定各试样的冷拉率,取其平均值作为该批钢筋实际采用的冷拉率。若试样的平均冷拉率小于 1% 时,则仍按 1% 采用。冷拉率确定后,便可根据钢筋的长度求出钢筋的冷拉长度。

表 6.10　测定冷拉率时钢筋的冷拉应力

项次	钢筋级别	钢筋直径/mm	冷拉控制应力/($N \cdot mm^{-2}$)
1	HPB300	≤12	310
2	HRB335	≤25	480
		28 ~ 40	460
3	HRB400	8 ~ 40	530
4	RRB400	10 ~ 28	730

(3)冷拉设备

钢筋冷拉设备主要由拉力装置、承力结构、钢筋夹具及测量装置等组成。钢筋冷拉可采用卷扬机或千斤顶,当采用卷扬机冷拉时,其布置方案如图 6.26 所示。

拉力设备为卷扬机和滑轮组,多用 30 ~ 50 kN 的慢速卷扬机,通过滑轮组增大牵引力。设备的冷拉能力按式(6.3)计算:

$$Q = Tm\eta - F \tag{6.3}$$

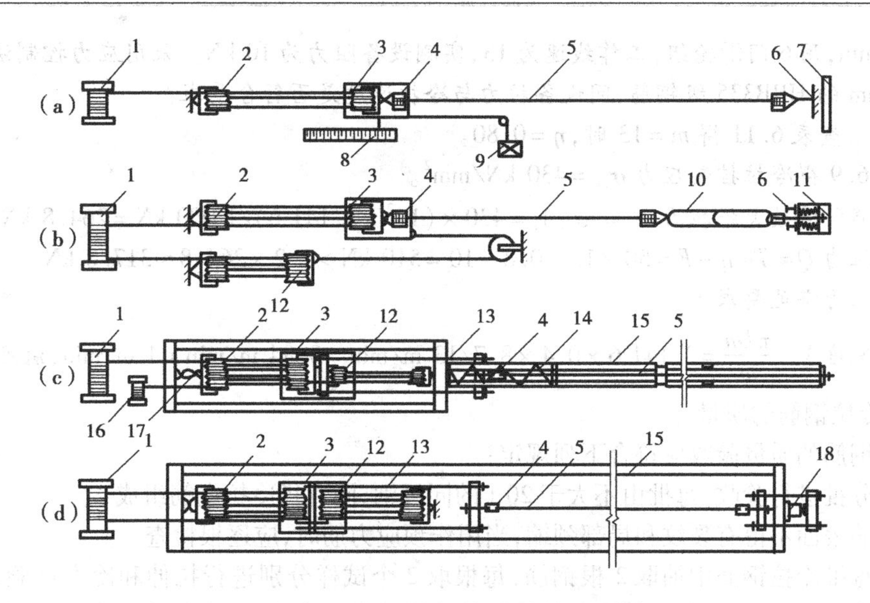

图 6.26 用卷扬机冷拉钢筋设备布置方案

1—卷扬机;2—滑轮组;3—冷拉小车;4—夹具;5—钢筋;6—地锚;7—防护壁;
8—标尺;9—回程荷重架;10—连接杆;11—弹簧测力器;12—回程滑轮组;13—传力器;
14—钢压柱;15—槽式台座;16—回程卷扬机;17—电子秤;18—液压千斤顶

式中 Q—— 设备冷拉能力,kN;

T——卷扬机拉力,kN;

m——滑轮组的工作线数;

η——滑轮组的总效率,可按表 6.11 采用;

F——设备阻力(kN),包括冷拉小车与地面的摩阻力和回程装置的阻力等,一般可取 5 ~ 10 kN。

表 6.11 滑轮组总效率 η

滑轮组门数	3	4	5	6	7	8
工作线数 m	7	9	11	13	15	17
总效率 η	0.88	0.85	0.83	0.80	0.77	0.74

选择卷扬机时,设备拉力 Q 应大于或等于钢筋冷拉时所需最大张拉力的 1.2 ~ 1.5 倍。

钢筋的冷拉速度 V 按式(6.4)计算:

$$V = \frac{\pi D n}{m} \tag{6.4}$$

式中 V——冷拉速度,m/min;

D——卷扬机卷筒直径,m;

n——卷扬机卷筒转速,r/min;

m——滑轮组的工作线数。

钢筋的冷拉速度,根据经验认为不大于 1 m/min 为宜(拉直细钢筋时不受此限制)。

【例 6.2】 某冷拉设备,采用牵引力为 50 kN 的慢速电动卷扬机,卷筒直径为 400 mm,转速 8.7 r/min,用 6 门滑轮组,工作线速为 13,实测设备阻力为 10 kN。采用应力控制法冷拉直径为 28 mm 的 HRB335 级钢筋,问设备拉力与冷拉速度是否符合要求?

【解】 查表 6.11 得 $m=13$ 时,$\eta=0.80$。

查表 6.9 得冷拉控制应力 $\sigma_{cs}=430\ \text{kN/mm}^2$。

则钢筋所需最大张拉力 $N=\sigma_{cs}A_s=430\times(14^2\times3.141\,6)/1\,000\ \text{kN}=264.8\ \text{kN}$

设备拉力 $Q=Tm\eta-F=50\times13\times0.8-10=510\ \text{kN}>1.2\times264.8\approx317.8\ \text{kN}$

设备拉力满足要求。

冷拉速度 $V=\dfrac{\pi Dn}{m}=3.141\,6\times0.4\times8.7/13\ \text{m/min}=0.84\ \text{m/min}<1\ \text{m/min}$,满足要求。

(4)冷拉钢筋的质量

冷拉钢筋的质量验收应符合下列规定:

①应分批进行验收,每批由不大于 20 t 的同级别、同直径冷拉钢筋组成。

②钢筋表面不得有裂纹和局部颈缩,当用作预应力筋时,应逐根检查。

③从每批冷拉钢筋中抽取 2 根钢筋,每根取 2 个试样分别进行拉伸和冷弯试验,当有一项试验结果不符合规定时,应另取双倍数量的试样重做各项试验,当仍有一个试样不合格时,则该批冷拉钢筋不合格。

2)钢筋冷拔

(1)钢筋冷拔的原理与作用

冷拔是使直径 6~8 mm 的 HPB300 钢筋强力通过特制的钨合金拔丝模孔,使钢筋产生塑性变形,以改变其物理力学性能。钢筋冷拔后横向压缩纵向拉伸,内部晶格产生滑移,抗拉强度可提高 50%~90%,塑性降低,硬度提高。这种经冷拔加工的钢丝称为冷拔低碳钢丝。冷拔后冷拔低碳钢丝没有明显的屈服现象,它分甲、乙两级,甲级钢丝适用于作预应力筋,乙级钢丝适用于作焊接网、焊接骨架、箍筋和构造钢筋。

(2)钢筋冷拔工艺及装置

钢筋冷拔的工艺过程是:轧头→剥壳→通过润滑剂进入拔丝模冷拔。钢筋表面常有一硬渣层,易损坏拔丝模,并使钢筋表面产生沟纹,因而冷拔前要进行剥壳,方法是使钢筋通过 3~6 个上下排列的辊子以剥除渣壳。润滑剂常用石灰、动植物油、肥皂、白蜡和水按一定配比制成。冷拔用的拔丝机有立式和卧式两种。其鼓筒直径一般为 500 mm。冷拔速度为 0.2~0.3 m/s,速度过大易断丝。拔丝模构造如图 6.27 所示。

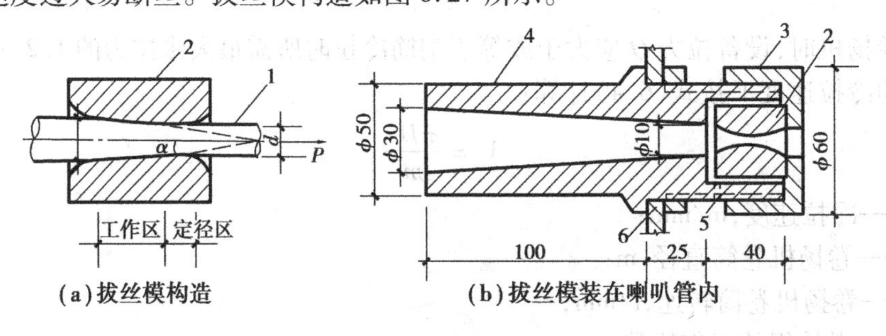

图 6.27 拔丝模构造及装法

1—钢筋;2—拔丝模;3—螺母;4—喇叭管;5—排渣孔;6—存放润滑剂的箱壁

(3)冷拔钢筋的质量控制

影响钢筋冷拔质量的主要因素为原材料质量和冷拔总压缩率β。为了稳定冷拔低碳钢丝的质量,要求原材料按钢厂、钢号、直径分别堆放和使用。甲级冷拔低碳钢丝应采用符合HPB235热轧钢筋标准的圆盘条拔制。

冷拔总压缩率β是指由盘条拔至成品钢丝的横截面缩减率。若原材料钢筋直径为d_0,成品钢丝直径为d,则总压缩率$\beta=(d_0^2-d^2)/d_0^2$。总压缩率愈大,则抗拉强度提高愈多,塑性降低愈多。为了保证冷拔低碳钢丝强度和塑性相对稳定,必须控制总压缩率。通常Φ^b5由Φ8盘条经数次反复冷拔而成,Φ^b3和Φ^b4由Φ6.5盘条拔制。

冷拔次数也需要控制,冷拔次数过少,每次压缩过大,易产生断丝和安全事故;冷拔次数过多,易使钢丝变脆,且降低冷拔机的生产率。根据实践经验,前道钢丝和后道钢丝直径之比以1:0.87为宜。冷拔次数可参考表6.12采用。

冷拔低碳钢丝经调直机调直后,抗拉强度降低10%～15%,塑性有所改善,使用时应注意。

表6.12　冷拔次数参考表

项次	钢丝直径/mm	盘条直径/mm	冷拔总压缩率/%	冷拔次数和拔后直径/mm					
				第1次	第2次	第3次	第4次	第5次	第6次
1	Φ^b5	Φ8	61	6.5	5.7	5.0			
				7.0	6.3	5.7	5.0		
2	Φ^b4	Φ6.5	62.2	5.5	4.6	4.0			
				5.7	5.0	4.5	4.0		
3	Φ^b3	Φ6.5	78.7	5.5	4.6	4.0	3.5	3.0	
				5.7	5.0	4.5	4.0	3.5	3.0

(4)冷拔钢丝的检查验收

首先应逐盘对钢丝作外观检查,要求表面不得有裂纹和机械损伤,外观检查合格后,再按规定抽样做机械性能试验。

甲级钢丝的机械性能应逐盘检验,从每盘钢丝上任一端截取两个试样,分别做拉力(拉力试验包括抗拉强度和伸长率两个指标)和反复弯曲试验,并按其抗拉强度确定该盘钢丝的组别。乙级钢丝的机械性能可分批抽样检验,以同一直径的钢丝5 t为一批,从中选取三盘,每盘各截取两个试样,分别做拉力和反复弯曲试验,如有一个试样不合格,应在未取过试样的钢丝盘中,另取双倍数量的试样,再做各项试验,如仍有一个试样不合格,则该批钢丝应逐盘试验,合格者方可使用。

▶ 6.3.3　钢筋的调直、除锈、剪切与弯曲

钢筋的加工有调直、除锈、下料剪切及弯曲成型等工作。

1)钢筋的调直

对局部曲折、弯曲或成盘的钢筋在使用前应加以调直。调直可以利用冷拉进行,若冷拉只是为了调直,而不是为了提高钢筋的强度,则HPB235、HPB300级钢筋的冷拉率不宜大于

4%,HRB335级、HRB400级和RRB400级钢筋的冷拉率不宜大于1%。

除利用冷拉调直外,粗钢筋还可以采用锤直和扳直的方法。直径为14 mm以下的钢筋可采用调直机调直,调直机具有调直、除锈和切断3种功能。

经调直的钢筋应平直,无局部曲折。调直机调直后的冷拔低碳钢丝表面不得有明显擦伤,抗拉强度不得低于设计要求。因为冷拔低碳钢丝经调直机调直后,其抗拉强度一般要降低10% ~15%,应予重视。

2)钢筋除锈

钢筋的表面应洁净,油渍、浮皮铁锈等应在使用前清除干净。

钢筋除锈一般可以通过以下两个途径:大量钢筋除锈可通过钢筋冷拉或钢筋调直机调直过程中完成;少量的钢筋局部除锈可采用电动除锈机或人工用钢丝刷、砂盘以及喷砂和酸洗等方法进行。在除锈过程中发现钢筋表面严重锈蚀并已损伤钢筋截面,或在除锈后钢筋的表面有严重的麻坑、斑点伤蚀钢筋截面时,应降级使用或剔除不用。

3)钢筋切断

钢筋切断时必须按下料切断。钢筋切断可采用钢筋切断机或手工切断器。后者一般只用于切断直径小于12 mm的钢筋,前者可切断直径小于40 mm的钢筋,大于40 mm的钢筋常用氧乙炔焰或电弧割切或锯断。钢筋的长度应力求准确,其允许偏差为±10 mm。

钢筋切断前,应将同规格钢筋长短搭配,统筹安排,一般先断长料,后断短料,以减少短头和损耗。

4)钢筋弯曲成型

钢筋弯曲的顺序是划线、试弯、弯曲成型。

钢筋下料后,应按弯曲设备特点、钢筋直径和弯曲角度划线,以便弯曲成设计所需要的尺寸。划线主要根据不同的弯曲角度在钢筋上标出弯折的部位,以外包尺寸为依据,扣除弯曲量度差值。

划线后的钢筋先进行试弯,检查弯曲成型的钢筋是否满足设计所需要的尺寸,如不满足设计要求要进行调整。确认划线无误后,再进行钢筋的弯曲成型。

钢筋弯曲有人工弯曲和机械弯曲。钢筋直径小于40 mm的钢筋可用弯曲机进行弯曲,无弯曲机时,钢筋直径小于25 mm的钢筋可用扳钩进行弯曲。

受力钢筋的弯钩和弯折应符合下列规定:HPB300级钢筋末端应做180°弯钩,其弯弧内直径不应小于钢筋直径的2.5倍,弯钩的弯后平直部分长度不应小于钢筋直径的3倍;当设计要求钢筋末端需做135°弯钩时,HRB335级、HRB400级钢筋的弯弧内直径不应小于钢筋直径的4倍,弯钩的弯后平直部分长度应符合设计要求;钢筋做不大于90°的弯折时,弯折处的弯弧内直径不应小于钢筋直径的5倍。

除焊接封闭环式箍筋外,箍筋的末端应做弯钩,弯钩形式应符合设计要求,当设计无具体要求时应符合下列规定:箍筋弯钩的弯弧内直径除应满足受力钢筋的弯钩和弯折的规定外,尚应不小于受力钢筋直径;箍筋弯钩的弯折角度:对一般结构不应小于90°,对有抗震等要求的结构应为135°;箍筋弯后平直部分长度:对一般结构不宜小于箍筋直径的5倍,对有抗震等要求的结构不应小于箍筋直径的10倍。

▶ 6.3.4 钢筋的配料计算

钢筋配料是根据构件的配筋图计算构件各钢筋的直线下料长度、总根数及钢筋总质量，然后编制钢筋配料单，作为钢筋备料加工的依据。

下料长度计算是配料计算中的关键。由于结构受力上的要求，许多钢筋需在中间弯曲和两端弯成弯钩。钢筋弯曲时，其外壁伸长，内壁缩短，而中心线长度并不改变。但是简图尺寸或设计图中注明的尺寸是根据外包尺寸计算，且不包括端头弯钩长度。显然外包尺寸大于中心线长度，它们之间存在一个差值，称为“量度差值”。因此，钢筋的下料长度应为：

钢筋下料长度＝外包尺寸＋弯钩增加长度－量度差值 (6.5)

箍筋下料长度＝箍筋周长＋箍筋调整值 (6.6)

当弯心的直径为2.5d（d为钢筋的直径），半圆弯钩的增加长度和各种弯曲角度的量度差值的计算方法如下：

(1)半圆弯钩的增加长度（见图6.28a）

弯钩全长：$3d+3.5d\pi/2=8.5d$

弯钩增加长度（包括量度差值）：$8.5d-2.25d=6.25d$

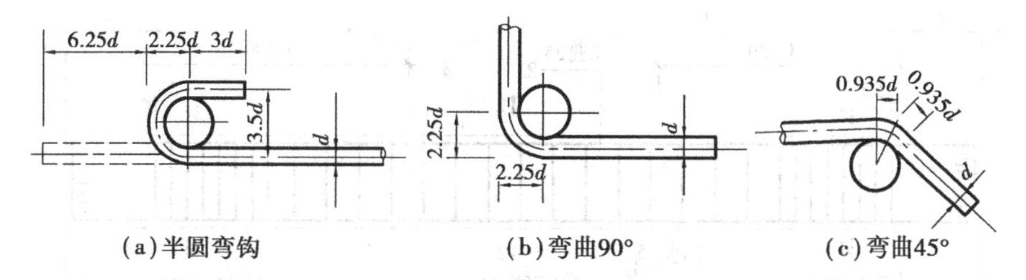

图6.28 钢筋弯钩及弯曲计算

(2)弯曲90°时的量度差值（见图6.28b）

外包尺寸：$2(D/2+d)=2(2.5d/2+d)=4.5d$

中心线尺寸：$(D+d)\pi/4=(2.5d+d)\pi/4=2.75d$

量度差值：$4.5d-2.75d=1.75d$

同理可得：当$D=5d$时，弯曲90°时的量度差值为2.29d。

实际工作中为计算简便常取2d。

(3)弯曲45°时的量度差值（见图6.28c）

外包尺寸：$2(D/2+d)\tan(45°/2)=2(2.5d/2+d)\tan(45°/2)=1.87d$

中心线尺寸：$(D+2d)\pi 45°/360°=(2.5d+d)\pi 45°/360°=1.37d$

量度差值：$1.87d-1.37d=0.5d$。

同理可得：当$D=5d$时，弯曲45°时的量度差值为0.54d。

实际工作中为计算简便常取0.5d。

其他弯曲角的量度差值计算原理相同，常用弯曲角的量度差值见表6.13。

表6.13 钢筋弯曲量度差值

钢筋弯曲角度	30°	45°	60°	90°	135°
量度差值	0.35d	0.5d	0.85d	2d	2.5d

(4)箍筋调整值

为了箍筋计算方便,一般将箍筋弯钩增长值和弯曲量度差值两项合并成一项,即为箍筋调整值,见表6.14。

表6.14 箍筋调整值

箍筋量度方法	箍筋直径/mm			
	4~5	6	8	10~12
量外包尺寸	40	50	60	70
量内包尺寸	80	100	120	150~170

需注意的是,表6.14中的箍筋调整值是按箍筋弯后平直部分长度为$5d$计算出来的,对有抗震等要求的结构,箍筋弯后平直部分长度为$10d$时,表6.14中每一个半圆弯钩数值仍应加上$5d$,即每个箍筋需增加$10d$的长度。

【例6.3】 某办公楼为框架结构,有5根框架梁,梁编号为KL2,结构如图6.29所示,计算框架梁中钢筋的下料长度。按抗震要求计算,纵向受力钢筋的混凝土保护层厚度为25 mm。

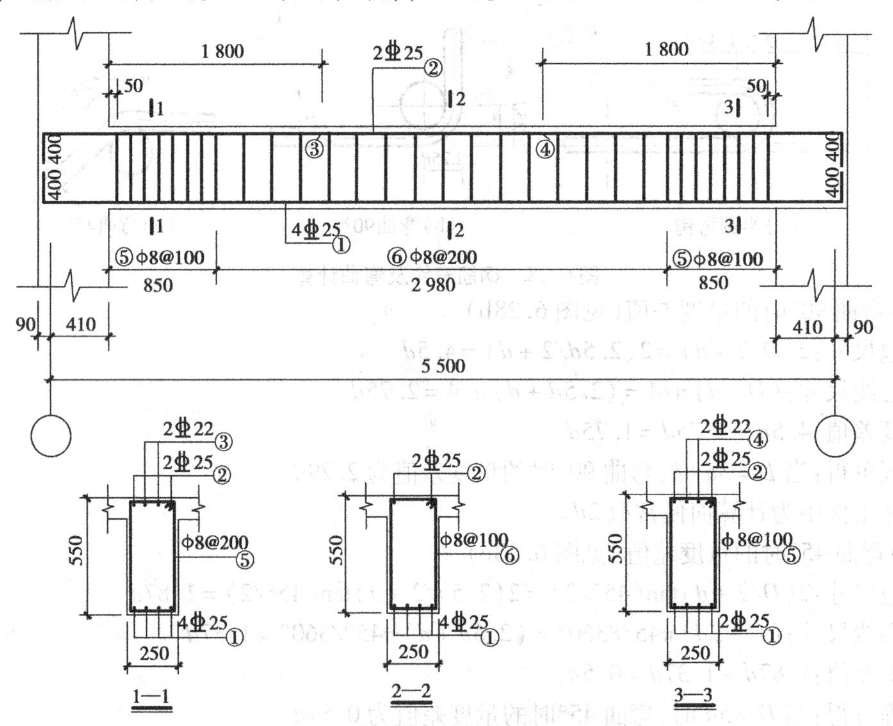

图6.29 框架梁配筋详图

【解】 绘出各种钢筋简图,填写钢筋配料单,详见表6.15。

①号钢筋的下料长度为:

5 500 mm + 90 mm × 2 − 25 mm × 2 + 400 mm × 2 − 2 × 2 × 25 mm = 6 330 mm

②号钢筋的下料长度为:

5 500 mm + 90 mm × 2 − 25 mm × 2 + 400 mm × 2 − 2 × 2 × 25 mm = 6 330 mm

表6.15 钢筋配料单

构件名称	钢筋编号	简图	钢号	直径	下料长度/mm	单位根数	合计根数	质量/kg
某办公楼KL2梁共5根	①	400 5 630 400	⏀	25	6 330	4	20	487.41
	②	5 630 400 400	⏀	25	6 330	2	10	243.71
	③	2 275 400	⏀	22	2 631	2	10	78.40
	④	2 275 400	⏀	22	2 631	2	10	78.40
	⑤	516 216	ϕ	8	1 604	18	90	57.02
	⑥		ϕ	8	1 604	14	70	44.35

③号钢筋的下料长度为：

$1\ 800\ \text{mm} + 410\ \text{mm} + 90\ \text{mm} - 1 \times 25\ \text{mm} + 400\ \text{mm} - 1 \times 2 \times 22\ \text{mm} = 2\ 631\ \text{mm}$

④号钢筋的下料长度为：

$1\ 800\ \text{mm} + 410\ \text{mm} + 90\ \text{mm} - 1 \times 25\ \text{mm} + 400\ \text{mm} - 1 \times 2 \times 22\ \text{mm} = 2\ 631\ \text{mm}$

⑤号箍筋的根数为：

每一边的 $n = \frac{850 - 50}{100} + 1 = 9$ 个，共18根加密区箍筋；

下料长度为：$2 \times (216 + 516)\ \text{mm} + (60 + 2 \times 5 \times 8)\ \text{mm} = 1\ 604\ \text{mm}$

⑥号箍筋的根数为：

$n = \frac{2\ 980}{200} - 1 = 13.9$ 根，取14。

下料长度同⑤号箍筋。

对钢筋质量的计算，按每米长的钢筋柱计算理论质量值，可按 $W = 0.006\ 17d^2$ 计算。d 用mm代入，计算结果的单位为kg/m。例如钢筋直径6 mm、6.5 mm、8 mm、10 mm、12 mm、16 mm、20 mm、22 mm、25 mm的每米理论质量分别为0.222 kg、0.261 kg、0.395 kg、0.617 kg、0.888 kg、1.580 kg、2.470 kg、2.980 kg、3.850 kg。

▶ 6.3.5 钢筋的代换

施工中如供应的钢筋品种和规格与设计图纸要求不符时，可以进行代换。但代换时，必须充分了解设计意图和代换钢材的性能，严格按混凝土结构施工规范（GB 50204—2002）的各项规定执行，钢筋代换由设计单位负责。

1）代换注意事项

钢筋代换时，应办理设计变更文件，并应符合下列规定：

①凡属重要的结构和预应力钢筋，在代换时应征得设计单位的同意。

②重要受力构件（如吊车梁、薄腹梁、桁架下弦等）不宜用HPB235钢筋代换变形钢筋，以

免裂缝开展过大。

③钢筋代换后，应满足混凝土结构设计规范中所规定的钢筋间距、锚固长度、最小钢筋直径、根数等配筋构造要求。

④梁的纵向受力钢筋与弯起钢筋应分别代换，以保证正截面与斜截面强度。

⑤有抗震要求的框架结构，不宜以强度等级较高的钢筋代换原设计中的钢筋。如必须代换时，对一、二级抗震等级，检验所得的强度实测值应符合下列规定：钢筋的抗拉强度实测值与屈服强度实测值的比值不应小于1.25；钢筋的屈服强度实测值与强度标准值的比值不应大于1.3。

⑥预制构件的吊环，必须采用未经冷拉的HPB300钢筋制作，严禁以其他钢筋代换。

⑦当构件受裂缝宽度或挠度控制时，钢筋代换后应进行刚度、裂缝验算。

2）钢筋代换方法

（1）等强度代换方法

当构件配筋受强度控制时，可按代换前后强度相等的原则进行代换，称为“等强度代换”。

$A_{s2}f_{y2} \geqslant A_{s1}f_{y1}$，$n_2 \dfrac{d_2^2\pi}{4} f_{y2} \geqslant n_1 \dfrac{d_1^2\pi}{4} f_{y1}$，即

$$n_2 \geqslant \frac{n_1 d_1^2 f_{y1}}{d_2^2 f_{y2}} \tag{6.7}$$

式中 n_2、d_2、f_{y2}——代换后钢筋的根数、直径、抗拉强度设计值；

n_1、d_1、f_{y1}——原设计钢筋的根数、直径、抗拉强度设计值。

（2）等面积代换方法

当构件按最小配筋率配筋时，可按代换前后面积相等的原则进行代换，称为“等面积代换”。

$A_{s2} \geqslant A_{s1}$，$n_2 \dfrac{d_2^2\pi}{4} \geqslant n_1 \dfrac{d_1^2\pi}{4}$，即

$$n_2 \geqslant \frac{n_1 d_1^2}{d_2^2} \tag{6.8}$$

另外，当构件配筋受裂缝宽度或挠度控制时，代换后应进行裂缝宽度或挠度验算。

钢筋代换后，有时由于受力钢筋直径加大或根数增多而需要增加排数，则构件截面的有效高度 h_0 减小，截面强度降低，此时需复核截面强度。对矩形截面的受弯构件，可根据弯矩相等，按式（6.9）复核截面强度。

$$N_2\left(h_{02} - \frac{N_2}{2f_c b}\right) \geqslant N_1\left(h_{01} - \frac{N_1}{2f_c b}\right) \tag{6.9}$$

式中 N_1，N_2——原设计的钢筋和代换后钢筋的拉力，即 $N_1 = A_{s1}f_{y1}$，$N_2 = A_{s2}f_{y2}$；

h_{01}，h_{02}——代换前后钢筋的合力点至构件截面受压边缘的距离（即构件截面的有效高度）；

f_c——混凝土的轴心抗压强设计值，对C20混凝土为9.6 MPa，对C30混凝土为14.3 MPa；

b——构件截面宽度。

▶ 6.3.6 钢筋的连接

钢筋的连接方法有焊接连接、机械连接、绑扎连接。纵向受力钢筋的连接方式应符合设

计要求,机械连接接头和焊接连接接头的类型及质量应符合国家现行标准的规定。

1)钢筋焊接连接

钢筋常用的焊接方法有闪光对焊、电弧焊、电渣压力焊、电阻点焊和气压焊等。

从事钢筋焊接施工的焊工必须持有焊工考试合格证才能上岗。在工程开工正式焊接之前,参与该项施焊的焊工应进行现场条件下的焊接工艺试验,并经试验合格后,方可正式生产。试验结果应符合质量检验与验收的要求。

钢筋焊接施工之前,应清除钢筋、钢板焊接部位以及钢筋与电极接触处表面上的锈斑、油污、杂物等,钢筋端部当有弯折、扭曲时,应予以矫直或切除。

带肋钢筋进行闪光对焊、电弧焊、电渣压力焊和气压焊时,宜将纵肋对纵肋安放和焊接。

钢筋焊接接头或焊接制品应按检验批进行质量检验与验收,质量检验应包括外观检查和力学性能检验。焊接接头外观检查时,首先应由焊工对所焊接头或制品进行自检,然后由施工单位专业质量检查员检验,监理(建设)单位进行验收记录。

纵向受力钢筋焊接接头外观检查时,每一检验批中应随机抽取10%的焊接接头。当外观质量各小项不合格数均小于或等于抽检数的10%,则该批焊接接头外观质量评为合格。当某一小项不合格数超过抽检数的10%时,应对该批焊接接头该小项逐个进行复检,并剔出不合格接头;对外观检查不合格接头采取修整或焊补措施后,可提交二次验收。

力学性能检验时,应在每一检验批焊接接头外观检查合格后随机抽取试件进行试验。

(1)闪光对焊

钢筋闪光对焊是利用对焊机使两段钢筋接触,通过低电压的强电流,待钢筋被加热到一定温度变软后,进行轴向加压顶锻,形成对焊接头。如图6.30所示。

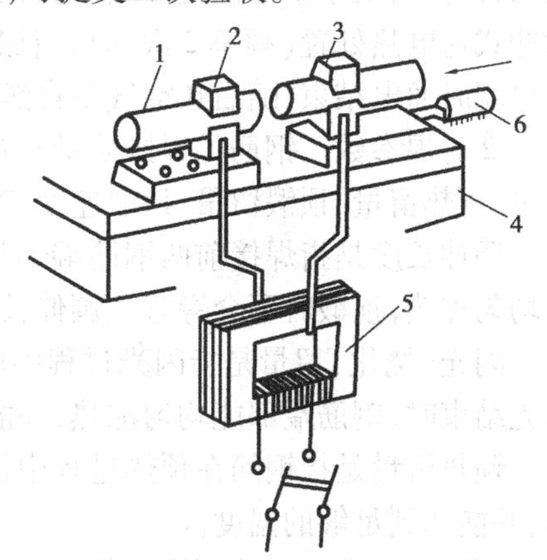

图6.30　钢筋闪光对焊原理

1—钢筋;2—固定电极;3—可动电极;4—机座;5—变压器;6—手动压力机构

①对焊工艺。根据钢筋级别、直径和所用焊机的功率,闪光对焊工艺可分为连续闪光焊、预热闪光焊、闪光-预热闪光焊3种。

连续闪光焊的工艺过程包括连续闪光和顶锻过程。施焊时,闭合电源使两钢筋端面轻微接触,此时端面接触点很快熔化并产生金属蒸气飞溅,形成闪光现象;接着徐徐移动钢筋,形成连续闪光过程,同时接头被加热;待接头烧平、闪去杂质和氧化膜、白热熔化时,立即施加轴向压力迅速进行顶锻,使2根钢筋焊牢。

预热闪光焊是在连续闪光焊接之前,增加一次预热过程,即在闭合电源后使两钢筋端面交替地接触和分开,这时在钢筋端面的间隙中即发出断续的闪光而形成预热过程。

闪光-预热闪光焊在预热闪光焊前加一次闪光过程,目的是使不平整的钢筋端面烧化平整,使预热均匀。这种焊接工艺的焊接过程是首先连续闪光,使钢筋端部闪平,然后断续闪光,进行预热,接着连续闪光,最后进行顶锻,以完成整个焊接过程。

当钢筋直径较小,钢筋牌号较低,在表6.16的规定范围内,可采用连续闪光焊;当超过表6.16中规定,且钢筋端面较平整,宜采用预热闪光焊;当超过表6.16中规定,且钢筋端面不平整,应采用闪光-预热闪光焊。

表 6.16　连续闪光焊钢筋直径上限

焊机容量/(kV · A)	钢筋牌号	钢筋直径/mm
160(150)	HPB300 HRB335　HRBF335 HRB400　HRBF400	22 22 20
100	HPB300 HRB335　HRBF335 HRB400　HRBF400	20 20 18
80(75)	HPB300 HRB335　HRBF335 HRB400　HRBF400	16 14 12

对于可焊性较差的钢筋,焊后淬硬倾向大,还应进行通电热处理,以改善接头金属组织和塑性。通电热处理的方法是:钢筋对焊完成后,松开夹具,将两钳口调至最大距离,重新夹住钢筋,使接头处于中心位置,以利均匀加热。待接头降至暗黑色(焊后停歇 20 ~ 30 s),即进行脉冲式通电热处置(频率 2 次/s),当加热至 750 ~ 850 ℃,钢筋表面呈桔红色并有微小的气化斑出现时通电结束,随后在空气中自然冷却。

②对焊参数。钢筋的焊接质量与对焊参数有关。对焊参数主要有调伸长度、闪光(烧化)留量、预热留量、顶锻留量、顶锻速度、变压器次数等。各参数的取值可查阅《建筑施工手册》。

调伸长度是指焊接前两钢筋端部从电极钳口伸出的长度。它的选择应使钢筋接头区得以均匀加热,顶锻时不会旁弯。调伸长度的选择与钢筋的直径和品种有关。

闪光(烧化)留量是指闪光过程中由于钢筋闪光熔化所耗费的钢筋长度。它的选择应使闪光结束时,钢筋端部能均匀加热,并能达到足够的温度。钢筋的直径越大,闪光留量越大。

预热留量是指钢筋在预热过程中消耗钢筋的长度。它的选择应保证钢筋端部能均匀加热,并能达到足够的温度。

顶锻留量是指钢筋顶锻压紧时,熔化的金属被挤出而消耗的钢筋长度。顶锻留量的确定应保证接头处钢筋连接紧密并发生一定的塑性变形。

顶锻速度越快越好,开始顶锻的 0.1 s 内应将钢筋压缩 2 ~ 3 mm,使焊接口迅速闭合不致氧化,断电后继续顶锻至要求的顶锻留量。

变压器级次用于调节电流的大小,根据钢筋直径大小来选择,直径大、级别高的钢筋需采用级次大的变压器。

③质量检验。闪光对焊接头的质量检验,应分批进行外观检查和力学性能试验。

a. 检验批组成:在同一台班内,由同一焊工完成的 300 个同牌号、同直径钢筋焊接接头应作为一批。当同一台班内焊接的接头数量较少,可在一周之内累计计算,累计仍不足 300 个接头,应按一批计算。

b. 闪光对焊接头外观检查结果,应符合下列要求:对焊接头表面应呈光滑、带毛刺状,不得有肉眼可见的裂纹;与电极接触处的钢筋表面,不得有明显烧伤;接头处的弯折角不得大于 2°;接头处的轴线偏移不得大于钢筋直径的 0.1 倍,且不得大于 1 mm。

c. 力学性能试验时，应在接头外观检查合格后，从每批接头中随机切取6个试件，其中3个做拉伸试验，3个做弯曲试验。试验结果应符合《钢筋焊接及验收规程》中5.1.7条和5.1.8条的规定。

(2)电弧焊

电弧焊是利用弧焊机使焊条与焊件之间产生高温，电弧使焊条和电弧燃烧范围内的焊件熔化，待其凝固便形成焊缝或接头。电弧焊广泛用于钢筋接头、钢筋骨架焊接、钢筋与钢板的焊接及各种钢结构焊接。

弧焊机分为交流弧焊机和直流弧焊机两种。工地多采用交流弧焊机。

电弧焊所采用的焊条，应符合现行国家标准《碳钢焊条》GB/T 5117或《低合金钢焊条》GB/T 5118的规定，其型号应根据设计确定。若设计无规定时，可按表6.17选用。

表6.17　钢筋电弧焊焊条型号

钢筋牌号	电弧焊接头形式			
	帮条焊搭接焊	坡口焊 溶槽帮条焊 预埋件穿孔塞焊	窄间隙焊	钢筋与钢板搭接焊 预埋件T形角焊
HPB300	E4303	E4303	E4316 E4315	E4303
HRB335	E4303	E5303	E5016 E5015	E4303
HRB400	E5003	E5503	E6016 E6015	E5003
RRB400	E5003	E5503	—	—

①钢筋电弧焊的接头形式有搭接焊、帮条焊、坡口焊和预埋件T形接头的焊接4种形式。

a. 搭接焊(见图6.31)。搭接焊接头适用于焊接直径10～40 mm的HPB300、HRB335、HRB400级钢筋。钢筋搭接焊宜采用双面焊。不能进行双面焊时，可采用单面焊。焊接前，钢筋宜预弯，以保证两钢筋的轴线在一直线上，使接头受力性能良好。

b. 帮条焊(见图6.32)。帮条焊接头适用于焊接直径10～40 mm的HPB300、HRB335、HRB400级钢筋。钢筋帮条焊宜采用双面焊，不能进行双面焊时，也可采用单面焊。帮条宜采用与主筋同级别或同直径的钢筋制作。如帮条级别与主筋相同时，帮条直径可以比主筋直径小一个规格；如帮条直径与主筋相同时，帮条钢筋级别可比主筋低一个级别。

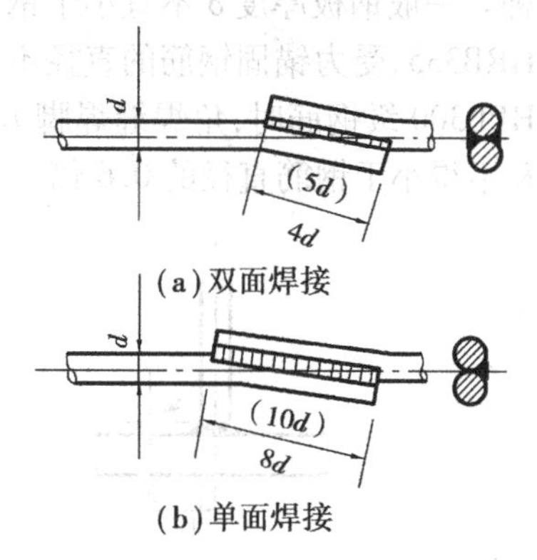

图6.31　搭接接头

注：4d、8d分别为Ⅰ级钢筋双面焊、单面焊的搭接长度；

5d、10d分别为Ⅱ级、Ⅲ级钢筋双面焊、单面焊的搭接长度。

钢筋搭接焊接头或帮条焊接头的焊缝厚度应不小于0.3倍主筋直径，焊缝宽度不应小于0.7倍主筋直径，并不得小于10 mm。

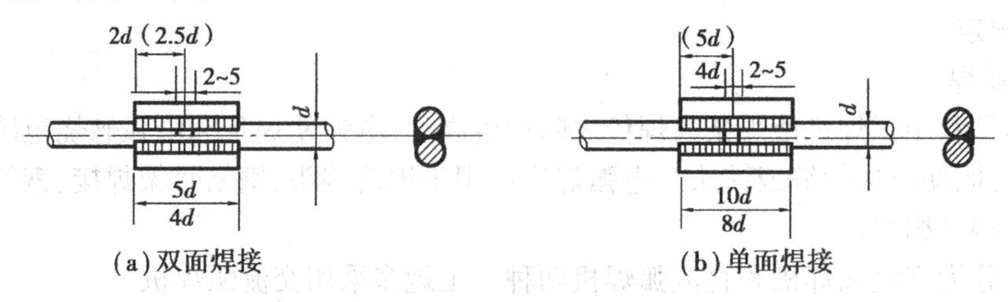

(a)双面焊接　(b)单面焊接

图6.32　帮条焊接头

c.坡口焊(见图6.33)。坡口焊接头比前两种接头节约钢材，适用于在现场焊接装配现浇式构件接头中直径18～40 mm的HPB300、HRB335、HRB400级钢筋。坡口焊按焊接位置不同可分为平焊与立焊。

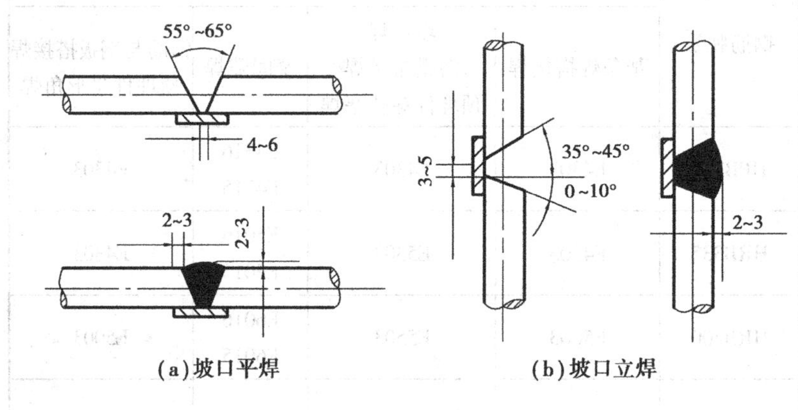

(a)坡口平焊　(b)坡口立焊

图6.33　坡口焊

d.预埋件T形接头(见图6.34)。预埋件钢筋电弧焊T形接头可分为角焊和穿孔塞焊两种。一般钢板厚度δ不宜小于钢筋直径的0.6倍，且不应小于6 mm。钢筋应采用HPB300或HRB335，受力锚固钢筋的直径不宜小于8 mm，构造锚固钢筋的直径不宜小于6 mm。当采用HPB300级钢筋时，角焊缝焊脚K不得小于钢筋直径的0.5倍；采用HRB335级钢筋时，焊脚K不得小于钢筋直径的0.6倍。

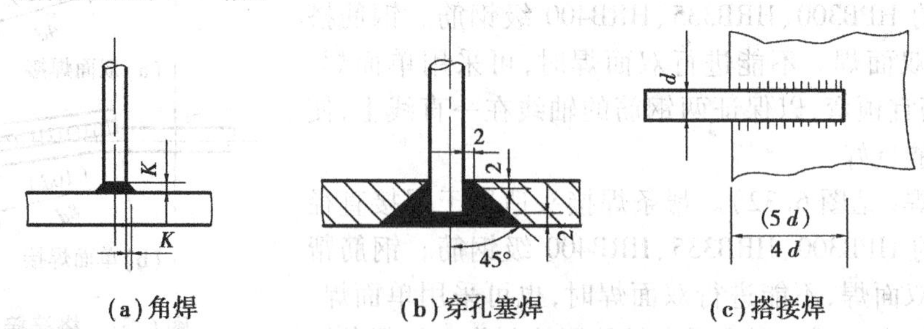

(a)角焊　(b)穿孔塞焊　(c)搭接焊

图6.34　预埋件T形接头

②质量检验。电弧焊接头的质量检验，应分批进行外观检查和力学性能检验。

a.检验批的组成：在现浇混凝土结构中，应以300个同牌号钢筋、同形式接头作为一批；在房屋结构中，应在不超过两楼层中300个同牌号钢筋、同形式接头作为一批。

b. 电弧焊接头外观检查结果,应符合下列要求:焊缝表面应平整,不得有凹陷或焊瘤;焊接接头区域不得有肉眼可见的裂纹;咬边深度、气孔、夹渣等缺陷允许值及接头尺寸的允许偏差,应符合《钢筋焊接及验收规程》中表5.5.2的规定;焊缝余高应为2~4 mm。

c. 力学性能试验时,应在接头外观检查合格后,从每批接头中随机切取3个试件做拉伸试验。试验结果应符合《钢筋焊接及验收规程》中5.1.7条的规定。

(3)电渣压力焊

钢筋电渣压力焊是将两钢筋安放成竖向对接形式,利用电流通过两钢筋端面间隙,在焊剂层下形成电弧过程和电渣过程,产生电阻热将钢筋熔化,然后加压完成连接的一种焊接方法。这种焊接方法具有操作方便、效率高、成本低、工作条件好等特点,适用于高层建筑现浇混凝土结构施工中直径为14~40 mm,种类为HPB300、HRB335竖向或斜向(倾斜度在4∶1范围内)钢筋的连接,不得在竖向焊接后横置于梁、板等构件中作水平钢筋用。

在电渣压力焊中,可采用HJ431焊剂。焊剂应存放在干燥的库房内,当受潮时,在使用前应经250~300 ℃烘焙2 h。使用中回收的焊剂应清除熔渣和杂物,并应与新焊剂混合均匀后使用。

①电渣压力焊的主要设备。包括焊接电源、焊接夹具和焊剂盒等,工作原理如图6.35所示。

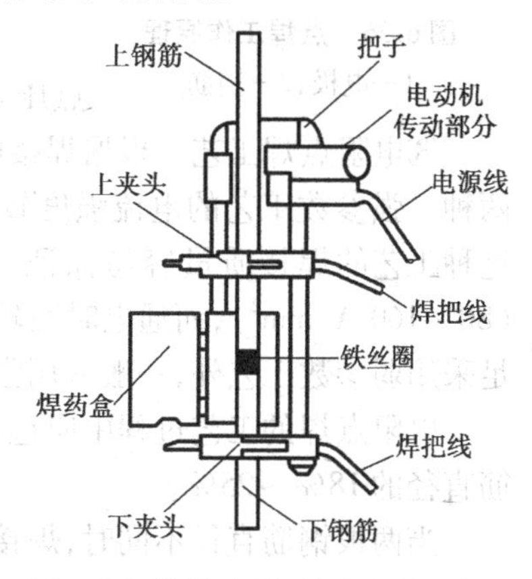

图6.35 电渣压力焊示意图

②电渣压力焊的焊接工艺。焊接时,先将钢筋端部约120 mm范围内的铁锈除尽,将夹具夹牢在下部钢筋上,并将上部钢筋扶直夹牢于活动电极中,使上下钢筋在同一轴线上,在上下钢筋间放置引弧用的钢丝圈,再装上焊剂盒,装满焊剂,接通电路,用手柄使电弧引燃(引弧)。然后稳定一定时间,使之形成渣池并使钢筋熔化(稳弧),随着钢筋的熔化,用手柄使上部钢筋缓缓下送。当稳弧达到规定时间后,在断电同时用手柄进行加压顶锻(顶锻),以排除夹渣和气泡,形成接头。待冷却一定时间后,即拆除药盒、回收焊药、拆除夹具和清除焊渣。

电渣压力焊的焊接参数主要有渣池电压、焊接电流、焊接通电时间等,可参考《施工手册》选用。

③质量检验。电渣压力焊接头的质量检验,应分批进行外观检查和力学性能检验。

a. 检验批的组成:在现浇钢筋混凝土结构中,应以300个同牌号钢筋接头作为一批;在房屋结构中,应在不超过两楼层中300个同牌号钢筋接头作为一批;当不足300个接头时,仍应作为一批。

b. 电渣压力焊接头外观检查结果,应符合下列要求:四周焊包凸出钢筋表面的高度当钢筋直径为25 mm及以下时,不得小于4 mm;当钢筋直径为28 mm及以上时,不得小于6 mm;钢筋与电极接触处,应无烧伤缺陷;接头处的弯折角不得大于2°;接头处的轴线偏移不得大于1 mm。

c. 力学性能试验时,应在接头外观检查合格后,从每批接头中随机切取3个试件做拉伸试验。试验结果应符合《钢筋焊接及验收规程》中5.1.7条的规定。

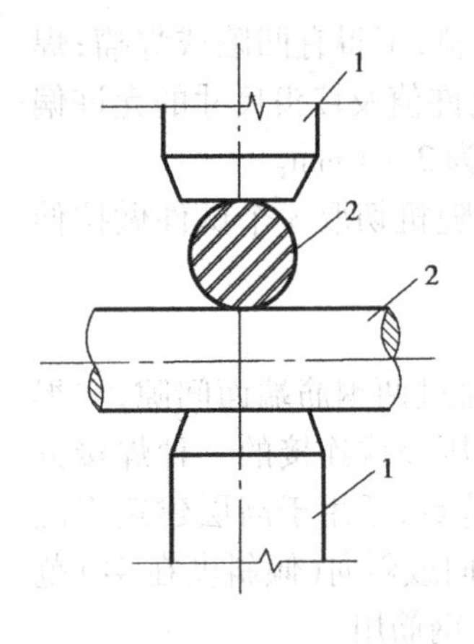

图 6.36　点焊工作原理
1—电极；2—钢筋

(4)电阻点焊

电阻点焊是将两钢筋安放成交叉叠接形式，压紧于两电极之间，利用电阻热熔化母材金属，加压形成焊点的一种压焊方法。电阻点焊主要用于钢筋骨架或钢筋网片中交叉钢筋的连接，它生产效率高、节约材料、应用广泛。电阻点焊适用于直径 6 ~ 14 mm 的热轧 HPB300、HRB335 钢筋，直径 3 ~ 5 mm 的冷拔低碳钢丝和直径 4 ~ 12 mm 的冷轧带肋钢筋。

①电阻点焊的工作原理。当钢筋交叉点焊时，接触点只有一点，且接触电阻较大，在接触的瞬间，电流产生的全部热量都集中在一点上，因而使金属受热熔化，同时在电极加压下使焊点金属得到焊合，其原理如图 6.36 所示。

②钢筋点焊参数主要有：通电时间、电流强度、电极压力及焊点压入深度等。应根据钢筋级别、直径及焊机性能合理选择。

③电阻点焊工艺。根据焊接电流大小和通电时间长短，可分为强参数工艺和弱参数工艺两种。强参数工艺的电流强度较大($120 \sim 360\ A/mm^2$)，而通电时间很短，只有 0.1 ~ 0.5 s。这种工艺的焊接质量容易保证，但所需点焊机的功率较大。弱参数工艺的电流强度较小($80 \sim 160\ A/mm^2$)，而通电时间较长，一般大于 0.5 s。除因为钢筋直径较大而点焊机功率不足采用弱参数工艺外，一般采用强参数工艺。

电阻点焊的工艺过程中应包括预压、通电、锻压 3 个阶段。焊点的压入深度应为较小钢筋直径的 18% ~25% 。

当两根钢筋直径不同时，焊接骨架较小钢筋直径≤10 mm 时，大、小钢筋直径之比不宜大于 3；当较小钢筋直径为 12 ~ 16 mm 时，大、小钢筋直径之比，不宜大于 2。焊接网较小钢筋直径不得小于较大钢筋直径的 0.6 倍。

④质量检验。电阻点焊的质量检验，应分批进行外观检查和力学性能检验。

a. 检验批的组成：凡钢筋牌号、直径及尺寸相同的焊接骨架和焊接网应视为同一类型制品，且每 300 件作为一批，一周内不足 300 件的亦应按一批计算，每周至少检查一次。

b. 电阻点焊外观检查应按同一类型制品分批检查，每批抽查 5%，且不得少于 5 件。

焊接骨架外观质量检查结果，应符合下列要求：每件制品的焊点脱落、漏焊数量不得超过焊点总数的 4%，且相邻两焊点不得有漏焊及脱落；应量测焊接骨架的长度、宽度和高度，并应抽查纵、横方向 3 ~5 个网格的尺寸，其允许偏差应符合《钢筋焊接及验收规程》中表 5.2.2 的规定。当外观质量检查结果不符合上述要求时，应逐件检查，并剔出不合格品。对不合格品经整修后，可提交二次验收。

焊接网外形尺寸检查和外观质量检查结果，应符合下列要求：焊接网的长度、宽度及网格尺寸的允许偏差均为 ±10 mm；网片两对角线之差不得大于 10 mm；网格数量应符合设计规定；焊接网交叉点开焊数量不得大于整个网片交叉点总数的 1%，并且任一根横筋上开焊点数不得大于该根横筋交叉点总数的 1/2；焊接网最外边钢筋上的交叉点不得开焊；焊接网组成的钢筋表面不得有裂纹、折叠、结疤、凹坑、油污及其他影响使用的缺陷，但焊点处可有不大的毛刺和表面浮锈。

c. 力学性能试验时，力学性能检验的试件应从每批成品中切取；切取过试件的制品，应补焊同牌号、同直径的钢筋，其每边的搭接长度不应小于2个孔格的长度。当焊接骨架所切取试件的尺寸小于规定的试件尺寸，或受力钢筋直径大于8 mm时，可在生产过程中制作模拟焊接试验网片（见图6.37a），从中切取试件。由几种直径钢筋组合的焊接骨架或焊接网，应对每种组合的焊点做力学性能检验。

热轧钢筋的焊点应做剪切试验，试件应为3件；冷轧带肋钢筋焊点除做剪切试验外，尚应对纵向和横向冷轧带肋钢筋做拉伸试验，试件应各为1件。剪切试件纵筋长度应大于或等于290 mm，横筋长度应大于或等于50 mm（见图6.37b）；拉伸试件纵筋长度应大于或等于300 mm（见图6.37c）；焊接网剪切试件应沿同一横向钢筋随机切取，切取剪切试件时，应使制品中的纵向钢筋成为试件的受拉钢筋。

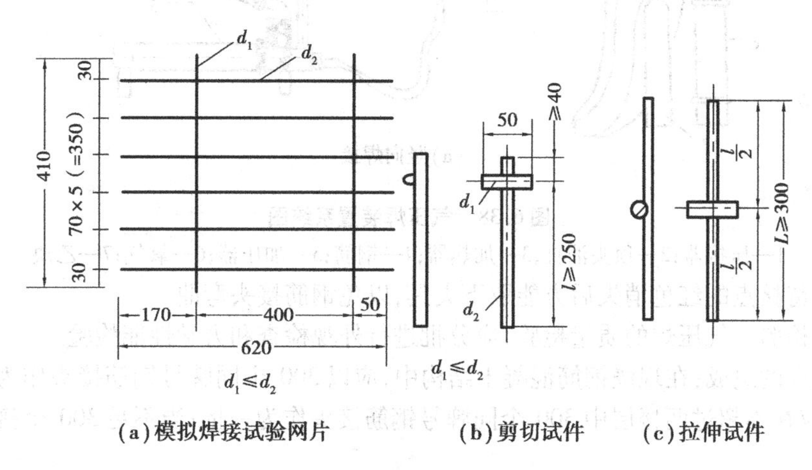

图6.37 模拟焊接试验网片与试件

剪切试验和拉伸试验结果应符合《钢筋焊接及验收规程》中5.2.5条、5.2.6条和5.2.7条的规定。

（5）钢筋气压焊

钢筋气压焊是利用乙炔、氧气混合气体燃烧的高温火焰，对两钢筋对接处加热，使其达到塑性状态（固态）或熔化状态（熔态）后，加压完成的一种压焊方法。这种方法设备投资少、施工安全、节约钢材和电能，不仅适用于竖向钢筋的连接，也适用于各种方向布置的钢筋连接。适用范围为直径14～40 mm的HPB300、HRB335和HRB400钢筋。当不同直径钢筋焊接时，两钢筋直径差不得大于7 mm。

①气压焊的设备。气压焊的设备包括供气装置、加热器、加压器和压接器等，如图6.38所示。

②气压焊工艺。包括预压、加热与压接过程。焊前钢筋端面应切平、打磨，使其露出金属光泽。钢筋安装夹牢后，用加压器对待焊的两根钢筋施加5～10 N/mm^2 的预压应力，预压顶紧后，两钢筋端面局部间隙不得大于3 mm。钢筋气压焊的开始阶段，宜采用碳化焰对准两钢筋接缝处集中加热，并使其内焰包住缝隙防止钢筋端面产生氧化，在确认两钢筋缝隙完全密合后应改用中性焰以压焊面为中心在两侧各一倍钢筋直径长度范围内往复宽幅加热。待钢筋端面加热到所需的温度时，对钢筋轴向施加30～40 N/mm^2 的顶压力，直到钢筋焊缝处对称均匀变粗，其直径为钢筋直径的1.4～1.6倍，变形长度为钢筋直径的1.3～1.5倍，即可停止

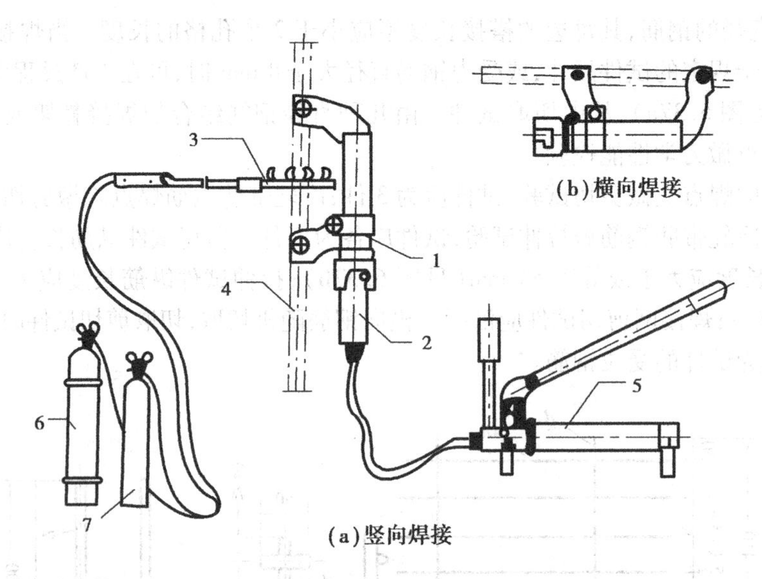

(a)竖向焊接

图6.38　气压焊装置系统图

1—压接器;2—顶头油缸;3—加热器;4—钢筋;5—加压器;6—氧气;7—乙炔

加热、加压,待接点的红色消失后方能取下夹具,以免钢筋接头弯曲。

③质量检验。气压焊的质量检验,应分批进行外观检查和力学性能检验。

a.检验批的组成:在现浇钢筋混凝土结构中,应以300个同牌号钢筋接头作为一批;在房屋结构中,应在不超过两楼层中300个同牌号钢筋接头作为一批;当不足300个接头时,仍应作为一批。

b.气压焊焊接头外观检查结果,应符合下列要求:接头处的轴线偏移不得大于钢筋直径的1/10倍,且不得大于1 mm,当不同直径钢筋焊接时,应按较小钢筋直径计算,当大于上述规定值,但在钢筋直径的3/10倍以下时,可加热矫正,当大于3/10倍时,应切除重焊;接头处的弯折角不得大于2°,当大于规定值时,应重新加热矫正;镦粗直径不得小于钢筋直径的1.4倍,当小于上述规定值时,应重新加热镦粗;镦粗长度不得小于钢筋直径的1.0倍,且凸起部分平缓圆滑,当小于上述规定值时,应重新加热镦长。

c.力学性能试验时,在接头外观检查合格后,在柱、墙的竖向钢筋连接中,应从每批接头中随机切取3个接头做拉伸试验;在梁、板的水平钢筋连接中,应另切取3个接头做弯曲试验。试验结果应符合《钢筋焊接及验收规程》中5.1.7条和5.1.8条的规定。

2)钢筋机械连接

钢筋机械连接是通过连接件的机械咬合作用或钢筋端面的承压作用,将一根钢筋中的力传递至另一根钢筋的连接方法。钢筋机械连接具有施工简便、工艺性良好、接头质量可靠、不受钢筋可焊接性的影响、可全天候施工、节约钢材和能源等优点。

常用的机械连接有:套筒挤压连接、锥螺纹连接和镦粗直螺纹连接。

(1)套筒挤压连接

钢筋套筒挤压连接是将需要连接的钢筋插于特制的钢套筒内,利用挤压机压缩套筒,使之产生塑性变形,靠变形后的钢套筒与带肋钢筋之间的紧密咬合来实现钢筋的连接。它适用于竖向、横向及其他方向,钢筋直径为16~40 mm的HRB335、HRB400级带肋钢筋的连接。

钢筋套筒挤压连接有径向套筒挤压连接和轴向套筒挤压连接。

①径向套筒挤压连接。带肋钢筋套筒径向挤压连接，是采用挤压机沿径向(即与套筒轴线垂直)将钢套筒挤压产生塑性变形，使之紧密地咬住带肋钢筋的横肋，实现两根钢筋的连接(见图6.39)。当不同直径的带肋钢筋采用挤压接头连接时，若套筒两端外径和壁厚相同，被连接钢筋的直径相差不应大于5 mm。

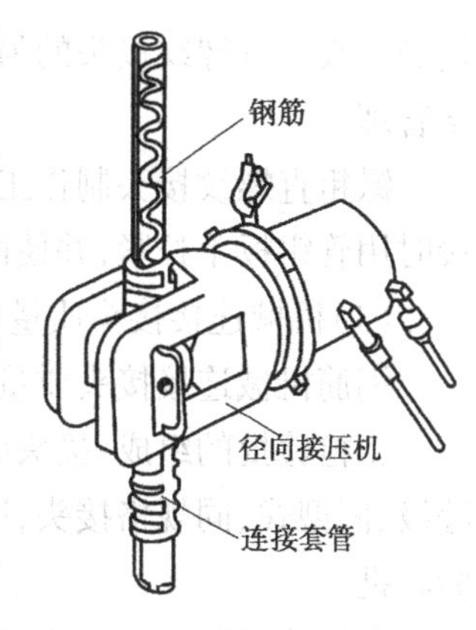

图6.39 径向套筒挤压连接

挤压连接工艺流程主要是：钢筋套筒验收→钢筋断料，刻划钢筋套入长度定出标记→套筒套入钢筋→安装挤压机→开动液压泵，逐渐加压套筒至接头成型→卸下挤压机。

②轴向套筒挤压连接。钢筋轴向挤压连接，是采用挤压机和压模对钢套筒及插入的两根对接钢筋沿其轴向方向进行挤压，使套筒咬合到带肋钢筋的肋间，使其结合成一体(见图6.40)。

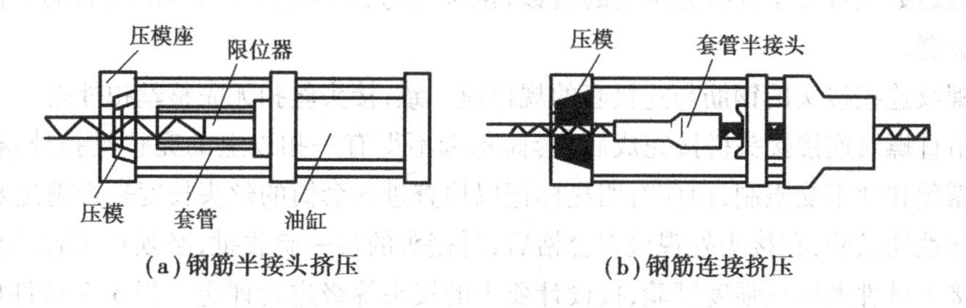

图6.40 轴向套筒挤压连接

(2)锥螺纹连接

钢筋锥螺纹接头是把钢筋的连接端加工成锥形螺纹(简称丝头)，通过锥螺纹连接套把两根带丝头的钢筋，按规定的力矩值连接成一体的钢筋接头(见图6.41)。适用于直径为16～40 mm的HRB335、HRB400级钢筋的连接。不同直径钢筋连接时一次连接钢筋直径规格不宜超过二级。

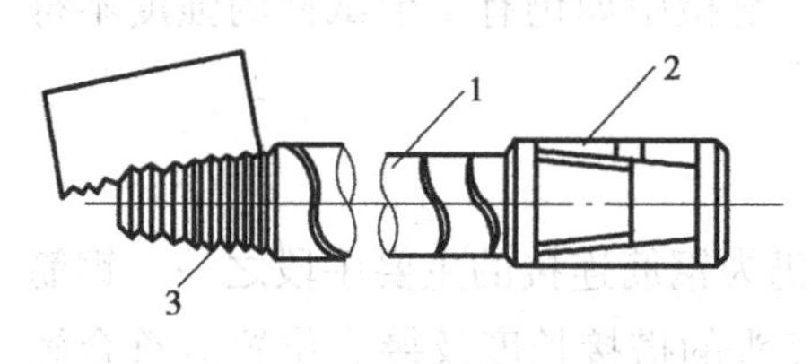

图6.41 锥螺纹连接

1—钢筋；2—套筒；3—锥螺纹

锥螺纹连接施工时，钢筋应先调直再下料，钢筋下料可用钢筋切断机或砂轮锯，但不得用气割下料。切口端面应与钢筋轴线垂直，不得有马蹄形或挠曲。加工的钢筋锥螺纹丝头的锥度、牙形、螺距等必须与连接套的锥度、牙形、螺距一致，且经配套的量规检测合格。连接钢筋之前，先回收钢筋待连接端的保护帽和连接套上的密封盖，并检查钢筋规格是否与连接套规格相同，检查锥螺纹丝头是否完好无损、清洁。连接钢筋时，应先把已拧好连接套的一端钢筋对正轴线拧到被连接的钢筋上，然后用力矩扳手按规定的力矩值把钢筋接头拧紧，不得超拧，以防损坏接头丝扣。拧紧后的接头应随手画上油漆标记，以防有的钢筋接头漏拧。

(3)镦粗直螺纹连接

镦粗直螺纹接头是将钢筋的连接端先行镦粗，再加工出圆柱螺纹，并用连接套筒连接的钢筋接头。直螺纹接头的强度高,接头强度不受扭紧力矩影响,连接速度快,应用范围广,便于管理。

镦粗直螺纹接头制作工艺:钢筋端部镦粗→切削直螺纹→用连接套筒对接钢筋。接头拼接时用管钳扳手拧紧,并使两个丝头在套筒中央位置相互顶紧。

(4)机械连接接头质量检查

钢筋机械连接接头质量应分批进行外观检查和力学性能检验。

①检验批的组成:接头的现场检验按验收批进行,同一施工条件下采用同一批材料的同等级、同型式、同规格接头,以500个为一个验收批进行检验与验收,不足500个也作为一个验收批。

②钢筋机械连接接头观质量检查:

a.套筒挤压连接接头外观检查结果应符合下列要求:外形尺寸挤压后套筒长度应为原套筒长度的1.10~1.15倍,压痕处套筒的外径波动范围为原套筒外径的0.80~0.90倍,挤压接头的压痕道数应符合型式检验确定的道数,接头处弯折不得大于4°,挤压后的套筒不得有肉眼可见裂缝。

b.锥螺纹连接接头的钢筋与连接套的规格应一致,接头丝扣无完整丝扣外露。

c.镦粗直螺纹连接接头拼接完成后,套筒每端不得有一扣以上的完整丝扣外露,加长型接头的外露丝扣数不受限制,但应有明显标记以检查进入套筒的丝头长度是否满足要求。

③力学性能试验:在接头外观检查合格后,对接头的每一验收批,必须在工程结构中随机截取3个接头试件做抗拉强度试验,按设计要求的接头等级进行评定。当3个试件检验结果均符合《钢筋机械连接通用技术规程》表3.0.5中相应等级的要求时,该验收批为合格。如有1个试件的强度不符合要求,应再取6个试件进行复检。复检中如仍有1个试件的强度不符合要求,则该验收批为不合格。

3)钢筋绑扎连接

钢筋绑扎连接,其工艺简单,不需要连接设备,目前仍为钢筋连接的主要手段之一。钢筋绑扎时,钢筋交叉点用铁丝扎牢,受拉钢筋和受压钢筋接头的搭接长度及接头位置应符合施工及验收规范的规定。

(1)准备工作

钢筋绑扎安装前,应先熟悉施工图纸,核对钢筋配料单和料牌,研究钢筋安装和与有关工种配合的顺序,准备绑扎用的铁丝、绑扎工具、绑扎架等。钢筋绑扎一般用20~22号铁丝,其中22号铁丝只用于绑扎直径12 mm以下的钢筋。

(2)柱子钢筋绑扎

如果柱子主筋采用光圆钢筋时,角部弯钩应与模板成45°,中间钢筋的弯钩应与模板成90°,绑扎接头的搭接长度应符合设计要求。在搭接长度内,绑扣不少于3个,绑扣要向柱中心。

箍筋与主筋要垂直,箍筋转角处与主筋交点均要绑扎,主筋与箍筋非转角部分的相交成梅花交错绑扎。箍筋的弯钩叠合处应沿柱子竖筋交错布置,并绑扎牢固。柱上下两端箍筋应加密,加密区长度及加密区内箍筋间距应符合设计图纸要求。

柱筋保护层厚度应符合规范要求,垫块应绑在柱竖筋外皮上,间距一般为1 000 mm,保证主筋保护层厚度准确。

(3)梁钢筋绑扎

主梁与次梁的上部纵向钢筋相遇处,次梁钢筋应放在主梁钢筋之上。板与次梁、主梁交叉处,板的钢筋应在上,次梁的钢筋居中,主梁的钢筋在下。

箍筋在叠合处的弯钩,在梁中应交错绑扎,梁端第一个箍筋应设置在距离柱节点边缘50 mm处。梁端与柱交接处箍筋应加密,其间距与加密区长度要符合设计要求。

在主、次梁受力筋下均应设垫块(或塑料卡),保证保护层的厚度。受力筋为双排时,可用短钢筋垫在两层钢筋之间,钢筋排距应符合设计要求。

(4)板钢筋绑扎

板钢筋网片除外围两根钢筋的相交点应全部绑扎外,其余各点可交错绑扎(双向板相交点须全部绑扎)。如板为双层钢筋,两层筋之间须加钢筋马镫以确保上部钢筋的位置。负弯距钢筋每个相交点均要绑扎。

在钢筋的下面垫好砂浆垫块,间距1.5 m。垫块的厚度等于保护层厚度。

(5)剪力墙钢筋绑扎

剪力墙筋应逐点绑扎,双排钢筋之间应绑拉筋或支撑筋,其纵横间距不大于600 mm,钢筋外皮绑扎垫块或用塑料卡。

剪力墙与框架柱连接处,剪力墙的水平横筋应锚固到框架柱内,其锚固长度要符合设计要求。

▶ 6.3.7 钢筋的安装与验收

钢筋安装时,受力钢筋的品种、级别、规格和数量必须符合设计要求。

钢筋的接头宜设置在受力较小处。同一纵向受力钢筋不宜设置两个或两个以上接头。接头末端至钢筋弯起点的距离不应小于钢筋直径的10倍。

当受力钢筋采用机械连接接头或焊接接头时,设置在同一构件内的接头宜相互错开。相临纵向受力钢筋机械连接接头及焊接接头连接区段的长度为35 d(d 为纵向受力钢筋的较大直径)且不小于500 mm。凡接头中点位于该连接区段长度内的接头,均属于同一连接区段。同一连接区段内,纵向受力钢筋机械连接及焊接的接头面积百分率为该区段内有接头的纵向受力钢筋截面面积与全部纵向受力钢筋截面面积的比值。同一连接区段内,纵向受力钢筋的接头面积百分率应符合设计要求,当设计无具体要求时,应符合下列规定:在受压区不宜大于50%;接头不宜设置在有抗震设防要求的框架梁端、柱端的箍筋加密区,当无法避开时,对等强度高质量机械连接接头不应大于50%;直接承受动力荷载的结构构件中,不宜采用焊接接头,当采用机械连接接头时不应大于50%。

同一构件中相邻纵向受力钢筋的绑扎搭接接头宜相互错开。绑扎搭接接头中钢筋的横向净距不应小于钢筋直径,且不应小于25 mm。钢筋绑扎搭接接头连接区段的长度为1.3l_l

(l_l 为搭接长度,见表6.18),凡搭接接头中点位于该连接区段长度内的搭接接头均属于同一连接区段。同一连接区段内,纵向钢筋搭接接头面积百分率为该区段内有搭接接头的纵向受力钢筋截面面积与全部纵向受力钢筋截面面积的比值(见图6.42)。同一连接区段内,纵向受拉钢筋搭接接头面积百分率应符合设计要求,当设计无具体要求时,应符合下列规定:对梁类、板类构件不宜大于25%,基础筏板不宜大于50%;对柱类构件不宜大于50%;当工程中确有必要增大接头面积百分率时,对梁类构件不应大于50%,对其他构件可根据实际情况放宽。

表6.18　纵向受力钢筋的最小搭接长度

钢筋类型		混凝土强度等级								
		C20	C25	C30	C35	C40	C45	C50	C55	≥C60
光面钢筋	235级	37 *d*	33 *d*	29 *d*	27 *d*	25 *d*	23 *d*	23 *d*	—	—
	300级	49 *d*	41 *d*	37 *d*	35 *d*	31 *d*	29 *d*	29 *d*	—	—
带肋钢筋	335级	47 *d*	41 *d*	37 *d*	33 *d*	31 *d*	29 *d*	27 *d*	27 *d*	25 *d*
	400级	55 *d*	49 *d*	43 *d*	39 *d*	37 *d*	35 *d*	33 *d*	31 *d*	31 *d*
	500级	67 *d*	59 *d*	53 *d*	47 *d*	43 *d*	41 *d*	39 *d*	39 *d*	37 *d*

注:①两根直径不同的钢筋搭接长度,以较细钢筋的直径计算。

②当纵向受拉钢筋搭接接头面积百分率大于25%,但不大于50%时,其最小搭接长度应按表6.18中的数值乘以系数1.2取用;当接头面积百分率大于50%时,应按表6.18中的数值乘以系数1.35取用。

③当符合下列条件时,纵向受拉钢筋的最小搭接长度应根据表6.18至注2确定后,按下列规定进行修正:

a.当带肋钢筋的直径大于25 mm时,其最小搭接长度应按相应数值乘以系数1.1取用;

b.对环氧树脂涂层的带钢筋,其最小搭接长度应按相应数值乘以系数1.25取用;

c.当在混凝土凝固过程中受力钢筋易受扰动时(如滑模施工),其最小搭接长度应按相应数值乘以系数1.1取用;

d.对末端采用机械锚固措施的带肋钢筋,其最小搭接长度可按相应数值乘以系数0.6取用;

e.当带肋钢筋的混凝土保护层厚度大于搭接钢筋直径的3倍,且配有箍筋时,其最小搭接长度可按相应数值乘以系数0.8取用;

f.对有抗震设防要求的结构构件,其受力钢筋的最小搭接长度对一、二级抗震等级应按相应数值乘以系数1.15采用,对三级抗震等级应按相应数值乘以系数1.05采用;在任何情况下受拉钢筋的搭接长度不应小于300 mm;

g.纵向受压钢筋搭接时,其最小搭接长度应根据表6.18至注③确定相应数值后乘以系数0.7取用,在任何情况下受压钢筋的搭接长度不应小于200 mm。

在梁、柱类构件的纵向受力钢筋搭接长度范围内,应按设计要求配置箍筋。当设计无具体要求时,应符合下列规定:箍筋直径不应小于搭接钢筋较大直径的0.25倍;受拉搭接区段的箍筋间距不应大于搭接钢筋较小直径的5倍,且不应大于100 mm;受压搭接区段的箍筋间距不应大于搭接钢筋较小直径的10倍,且不应大于200 mm;当柱中纵向受力钢筋直径大于25 mm时,应在搭接接头两个端面外100 mm范围内各设置两个箍筋,其间距宜为50 mm。

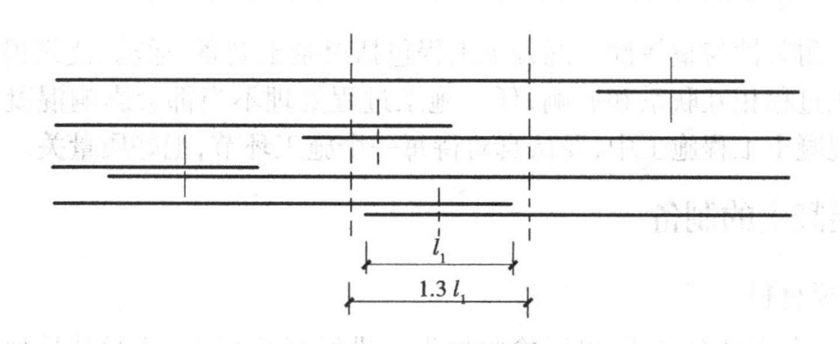

图6.42　钢筋绑扎搭接接头连接区段及接头面积百分率

注:图中所示搭接接头同一连接区段内的搭接钢筋为两根,当各钢筋直径相同时,接头面积百分率为50%。

钢筋安装位置的偏差,应按规定抽样进行检查。在同一检验批内,对梁、柱和独立基础,应抽查构件数量的10%,且不少于3件;对墙和板,应按有代表性的自然间抽查10%,且不少于3间;对大空间结构,墙可按相邻轴线间高度5 m左右划分检查面,板可按纵、横轴线划分检查面,抽查10%,且均不少于3面。钢筋安装位置的允许偏差和检验方法应符合表6.19的规定。

表6.19　钢筋安装位置的允许偏差和检验方法

项　目			允许偏差/mm	检验方法
绑扎钢筋网	长、宽		±10	钢尺检查
	网眼尺寸		±20	钢尺量连续三档,取最大值
绑扎钢筋骨架	长		±10	钢尺检查
	宽、高		±5	钢尺检查
受力钢筋	间距		±10	钢尺量两端、中间各一点,取最大值
	排距		±5	
	保护层厚度	基础	±10	钢尺检查
		柱、梁	±5	钢尺检查
		板、墙、壳	±3	钢尺检查
绑扎箍筋、横向钢筋间距			±20	钢尺量连续三档,取最大值
钢筋弯起点位置			20	钢尺检查
预埋件	中心线位置		5	钢尺检查
	水平高差		+3,0	钢尺和塞尺检查

注:①检查预埋件中心线位置时,应沿纵、横两个方向量测,并取其中的较大值。
②表中梁类、板类构件上部纵向受力钢筋保护层厚度的合格率应达到90%及以上,且不得有超过表中数值1.5倍的尺寸偏差。

6.4　混凝土工程

混凝土工程在混凝土结构工程中占有重要地位,混凝土工程质量的好坏直接影响到混凝土结构的承载力、耐久性与整体性。混凝土工程包括混凝土制备、运输、浇筑捣实和养护等施工过程,各个施工过程相互联系和影响,任一施工过程处理不当都会影响混凝土工程的最终质量。因此,在混凝土工程施工中,要认真对待每一个施工环节,把好质量关。

▶ 6.4.1 混凝土的制备

1)混凝土的原材料

水泥进场时应有产品合格证、出厂检验报告和进场复验报告,并对其品种、级别、包装或散装仓号、出厂日期等进行检查,并对其强度、安定性及其他必要的性能指标进行复验,其质量必须符合现行国家标准《硅酸盐水泥普通硅酸盐水泥》等的规定。当在使用中对水泥质量有怀疑或水泥出厂超过 3 个月(快硬硅酸盐水泥超过 1 个月)时,应进行复验,并按复验结果使用。钢筋混凝土结构、预应力混凝土结构中,严禁使用含氯化物的水泥。水泥检查时,按同一生产厂家、同一等级、同一品种、同一批号且连续进场的水泥,袋装不超过 200 t 为一批,散装不超过 500 t 为一批,每批抽样不少于一次。

普通混凝土所用的粗、细骨料的质量应符合《普通混凝土用砂、石质量及检验方法标准》(JGJ 52)的规定。混凝土用的粗骨料,其最大颗粒粒径不得超过构件截面最小尺寸的 1/4,且不得超过钢筋最小净间距的 3/4;对混凝土实心板骨料的最大粒径不宜超过板厚的 1/3,且不得超过 40 mm。

拌制混凝土宜采用饮用水,当采用其他水源时,水质应符合国家标准《混凝土拌和用水标准》(JGJ 63)的规定。

混凝土中掺外加剂的质量应符合现行国家标准《混凝土外加剂》(GB 8076)、《混凝土外加剂应用技术规程》(GB 50119)等和有关环境保护的规定。

混凝土中掺用矿物掺和料的质量应符合现行国家标准《用于水泥和混凝土中的粉煤灰》(GB 1596)等的规定。

2)混凝土实验室配合比

混凝土应按国家现行标准《普通混凝土配合比设计规程》的有关规定,根据混凝土强度等级、耐久性和工作性等要求进行配合比设计。对有特殊要求的混凝土,其配合比设计尚应符合国家现行有关标准的专门规定。

混凝土的配合比,应保证结构设计对混凝土强度等级及施工对混凝土和易性的要求,并应符合合理使用材料、节约水泥的原则,必要时还应符合与使用环境相适应的耐久性(如抗冻性、抗渗性等)方面的要求。

混凝土配制强度应按下列规定确定:

①当混凝土的设计强度等级小于 C60 时,配制强度应按下式确定:

$$f_{cu,0} \geqslant f_{cu,k} + 1.645\sigma \tag{6.10}$$

式中 $f_{cu,0}$——混凝土配制强度,MPa;

$f_{cu,k}$——混凝土立方体抗压强度标准值,这里取混凝土的设计强度等级值,MPa;

σ——混凝土强度标准差,MPa。

②当设计强度等级不小于 C60 时,配制强度应按下式确定:

$$f_{cu,0} \geqslant 1.15 f_{cu,k} \tag{6.11}$$

混凝土强度标准差应按下列规定确定:

①当具有近1～3个月的同一品种、同一强度等级混凝土的强度资料，且试件组数不小于30时，其混凝土强度标准差σ应按下式计算：

$$\sigma = \sqrt{\frac{\sum_{i=1}^{n} f_{cu,i}^{2} - nm_{fcu}^{2}}{n-1}} \tag{6.12}$$

式中 σ——混凝土强度标准差；

$f_{cu,i}$——第i组的试件强度，MPa；

m_{fcu}——n组试件的强度平均值，MPa；

n——试件组数。

对于强度等级不大于C30的混凝土，当混凝土强度标准差计算值不小于3.0 MPa时，应按式(6.12)计算结果取值；当混凝土强度标准差计算值小于3.0 MPa时，应取3.0 MPa。

对于强度等级大于C30且小于C60的混凝土，当混凝土强度标准差计算值不小于4.0 MPa时，应按式(6.12)计算结果取值；当混凝土强度标准差计算值小于4.0 MPa时，应取4.0 MPa。

②当没有近期的同一品种、同一强度等级混凝土强度资料时，其强度标准差σ可按表6.20取值。

表6.20 混凝土强度标准值σ

混凝土强度等级	低于C20	C25～C45	高于C45
$\sigma/(\text{N}\cdot\text{mm}^{-2})$	4.0	5.0	6.0

注：表中σ值反映我国施工单位的混凝土施工技术和管理的平均水平，采用时可根据本单位情况做适当调整。

普通混凝土配合比设计方法请查阅《普通混凝土配合比设计规程》。

3）混凝土的施工配合比

混凝土实验室配合比是根据完全干燥的砂、石骨料配制的，而在现场使用的砂、石一般都露天堆放，不可避免含一些水分。所以混凝土拌制前，应测定砂、石含水率，并将实验室混凝土配合比换算成在实际含水率情况下的施工配合比。

设混凝土实验室配合比为：水泥∶胶凝材料∶砂子∶石子∶水＝1∶5∶s∶g∶w，测得砂子的含水率为w_s，石子的含水率为w_g，水灰比W/C不变。则施工配合比应为：

$$1:f:s(1+w_s):g(1+w_g) \tag{6.13}$$

【例6.4】 已知C20混凝土的实验室配合比为水泥∶砂∶石子∶水＝1∶2.55∶5.12∶0.65，经测定砂的含水率为3%，石子的含水率为1%，每1 m^3混凝土的水泥用量为310 kg，试求施工配合比、每1 m^3混凝土各种材料用量以及采用JZ350型搅拌机时每盘加料量。

【解】 (1)根据题意，施工配合比为：

$1:2.55\times(1+3\%):5.12\times(1+1\%)=1:2.63:5.17$

水灰比0.65不变。

(2)每1 m^3混凝土各材料用量为：

水泥：310 kg

砂子：$310\text{ kg}\times2.63=815.3\text{ kg}$

石子：$310\text{ kg}\times5.17=1\,602.7\text{ kg}$

水：$310\text{ kg}\times0.65-310\text{ kg}\times2.55\times3\%-310\text{ kg}\times5.12\times1\%=161.9\text{ kg}$

(3)每盘加料量

求出每1 m^3 混凝土各材料用量后，还必须根据工地现有搅拌机出料容量确定每盘需用几袋水泥，然后按水泥用量算出砂、石子的每盘用量。

如采用JZ350型搅拌机，出料容量为0.35 m^3，则每搅拌一次的装料数量为：

水泥：310 kg×0.35＝108.5 kg（取两袋水泥，即100 kg）

砂子：815.3 kg×100/310＝263 kg

石子：1 602.7 kg×100/310＝517 kg

水：161.9 kg×100/310＝52.2 kg

4）材料称量

施工配合比确定以后，就需对材料进行称量，称量误差对混凝土的强度会产生不同程度的影响。资料表明：当水的误差为＋1%，水泥的误差为－1%时，混凝土的强度降低4.2%；当水的误差为＋2%，水泥的误差为－1%时，混凝土的强度将降低8.9%；当水的误差为＋5%，水泥的误差－10%时，混凝土的强度将降低31.4%。可见称量准确是保证混凝土强度的一个重要环节。我国施工规范规定混凝土原材料的称量误差不得超过表6.21中的规定。

表6.21　混凝土原材料称量的允许偏差

材料名称	允许偏差
水泥、掺和料	±2%
粗、细骨料	±3%
水、外加剂	±2%

5）混凝土的搅拌

(1)混凝土搅拌机

混凝土搅拌机按工作原理可分为自落式搅拌机和强制式搅拌机两大类，见表6.22。

表6.22　混凝土搅拌机类型

<table>
<tr><th colspan="3">自落式</th><th colspan="4">强制式</th></tr>
<tr><td rowspan="3">鼓筒式</td><td colspan="2">双锥式</td><td colspan="3">立轴式</td><td rowspan="3">卧轴式
（单轴双轴）</td></tr>
<tr><td rowspan="2">反转出料</td><td rowspan="2">倾翻出料</td><td rowspan="2">涡桨式</td><td colspan="2">行星式</td></tr>
<tr><td>定盘式</td><td>盘转式</td></tr>
<tr><td></td><td></td><td></td><td></td><td></td><td></td><td></td></tr>
</table>

①自落式搅拌机。自落式搅拌机按搅拌筒的形状和卸料方式的不同，可分为鼓筒式、锥形翻转出料式和锥形倾翻出料式3种类型。

自落式搅拌机的搅拌筒内壁焊有弧形叶片，当搅拌筒绕水平轴旋转时，弧形叶片不断将物料提高一定高度，然后自由落下而互相混合。自落式搅拌机宜用于搅拌塑性混凝土。

双锥反转出料式搅拌机是自落式搅拌机中较好的一种，它正转搅拌，反转出料，构造简易，制造容易。双锥反转出料式搅拌机的搅拌作用强烈，宜用于搅拌塑性混凝土。

锥形倾翻出料式搅拌机搅拌效率高，可以搅拌流动性和非流动性混凝土。由于物料在搅拌筒内提升的高度不大，所以叶片不致撞坏，可以制成大容量的搅拌机，搅拌含有大粒径的混凝土。它卸料时是依靠使搅拌筒倾倒的装置，将料卸出。锥形倾翻出料式搅拌机适合于大容量、大骨料、大坍落度混凝土搅拌，在我国多用于水电工程、桥梁工程和道路工程。

②强制式搅拌机。强制式搅拌机中不同角度和位置的叶片转动时通过物料，克服了物料的惯性、摩擦力和粘滞力，强制其产生环向、径向、竖向运动。这种由叶片强制物料产生剪切位移而达到均匀混合的机理，称为剪切搅拌机理。

强制式搅拌机的搅拌作用比自落式搅拌机强烈，宜用于搅拌干硬性混凝土和轻骨料混凝土。但强制式搅拌机的转速比自落式搅拌机高，动力消耗大，叶片、衬板等磨损也大。

强制式搅拌机分为立轴式与卧轴式，卧轴式有单轴、双轴之分，而立轴式又分为涡浆式和行星式。

选择搅拌机时，要根据工程量大小、混凝土的坍落度、骨料尺寸等而定，既要满足技术上的要求，亦要考虑经济效益和节约能源。

(2)搅拌制度

为了获得质量优良的混凝土拌和物，除正确选择搅拌机外，还必须正确确定搅拌制度，即搅拌时间、投料顺序和装料容积等。

①搅拌时间。从原材料全部投入搅拌筒时起到开始卸料时止所经历的时间称为搅拌时间。一般情况下，混凝土的匀质性和强度是随着搅拌时间的延长而提高，但搅拌时间超过某一限度后，混凝土的匀质性和强度便无明显改善了。为了保证混凝土的质量，应控制混凝土搅拌的最短时间，见表6.23。

表6.23　混凝土搅拌的最短时间　　单位：s

混凝土塌落度/mm	搅拌机机型	搅拌机容量/L		
		<250	250~500	>500
≤40	自落式	90	120	150
	强制式	60	90	120
>40且<100	自落式	90	90	120
	强制式	60	60	90
≥100	自落式	90	90	90
	强制式	60	60	60

注：①掺有外加剂时，搅拌时间应适当延长。

②全轻混凝土宜采用强制式搅拌机搅拌，砂轻混凝土可用自落式搅拌机搅拌，但搅拌时间应延长60~90 s。

③轻骨料宜在搅拌前预湿，采用强制式搅拌机的加料顺序是先加粗细骨料和水泥拌制60 s，再加水继续搅拌；采用自落式搅拌机的加料顺序是：先加1/2用水量，然后加粗细骨料和水泥，均匀搅拌60 s，再加剩余用水量继续搅拌。

④当采用其他形式的搅拌设备时，搅拌的最短时间应按设备说明书的规定或经试验确定。

②投料顺序。投料顺序应从提高搅拌质量、减少叶片和衬板的磨损、减少拌和物与搅拌筒的粘结、减少水泥飞扬、改善工作环境等方面综合考虑确定。常用的有一次投料法和两次投料法。

一次投料法是在上料斗中先装石子,再加水泥和砂,然后一次投入搅拌机。对自落式搅拌机要在搅拌筒内先加部分水,投料时石子盖住水泥,水泥不致飞扬,且水泥和砂先进入搅拌筒形成水泥砂浆,可缩短包裹石子的时间。对立轴强制式搅拌机,因出料口在下部,不能先加水,应在投入原料的同时,缓慢均匀分散地加水。

二次投料法目前常用的有预拌水泥砂浆法和预拌水泥净浆法。预拌水泥砂浆法是指先将水泥、砂和水加入搅拌筒内进行充分搅拌,成为均匀的水泥砂浆后,再加入石子搅拌成均匀的混凝土;预拌水泥净浆法是先将水泥和水充分搅拌成均匀的水泥净浆后,再加入砂和石子搅拌成混凝土。与一次投料法相比,二次投料法可使混凝土强度提高10% ~15%,节约水泥15% ~20%。

③装料容积。装料容积是搅拌前各种原材料的松散体积之和。装料容积一般为搅拌机搅拌筒的几何容积的1/3 ~1/2,如任意超载就会使材料在搅拌筒内没有充分的空间进行掺和,影响混凝土拌和物的均匀性和质量;如装料过少,则又不能充分发挥搅拌机的效率。

搅拌完毕混凝土的体积称为出料容积,一般为搅拌机装料容积的0.55 ~0.75。我国规定混凝土搅拌机的规格以其出料容积来表示。

▶ 6.4.2 混凝土的运输

混凝土从拌制地点运往浇筑地点有多种运输方法,选用时应根据建筑物的结构特点、混凝土的总运输量与每日所需的运输量、水平及垂直运输距离、现有设备情况,以及气候、地形、道路条件等因素综合考虑。

1)基本要求

①混凝土运输的过程应保持其匀质性,不应产生分层离析现象,不应漏浆。为了避免混凝土在运输过程中发生离析,混凝土的运输路线应尽量缩短,道路应平坦,车辆应行驶平稳。当混凝土从高处倾落时,其自由倾落高度不应超过2 m,否则应使其沿窜筒、溜槽或震动溜槽等下落(见图6.43)。混凝土经运输后,如有离析现象,必须在浇筑前进行二次搅拌。

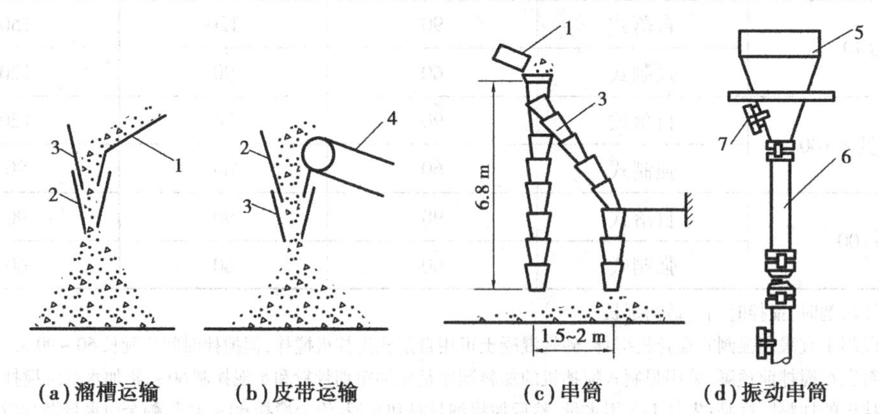

图6.43 防止混凝土离析的措施

1—溜槽;2—挡板;3—串筒;4—皮带运输机;5—漏斗;6—节管;7—振动器

②混凝土运至浇筑地点,其塌落度应符合浇筑时所要求的塌落度值。为了避免混凝土在运输过程中塌落度损失太大,应尽可能减少转运次数,盛混凝土的容器应严密不漏浆、不吸

水。容器在使用前应先用水湿润,炎热及大风天气时,应遮盖容器,以防水分蒸发太快。严寒季节,应采取保温措施,以免混凝土冻结。

③混凝土从搅拌机中卸出后,应及早运至浇筑地点,在混凝土初凝前浇筑完毕。混凝土从搅拌机中卸出到浇筑完毕的延续时间不宜超过表6.24的规定。

表6.24　混凝土从搅拌机中卸出到浇筑完毕的延续时间　单位:min

混凝土强度等级	气温	
	不高于25 ℃	高于25 ℃
不高于C30	120	90
高于C30	90	60

注:①掺用外加剂或采用快硬水泥拌制的混凝土,其延续时间应按试验确定。
②对轻骨料混凝土,其延续时间应适当缩短。

2)运输工具

混凝土的运输分为地面运输、垂直运输和楼面运输3种情况。运输工具种类很多,可根据施工条件进行选择。

(1)手推车和机动翻斗车

这两种主要用于短距离水平运输,具有轻巧、方便的特点。手推车容量为0.07~0.1 m^3,机动翻斗车容量为0.4 m^3。

(2)混凝土搅拌运输车

混凝土搅拌运输车(见图6.44)是将混凝土搅拌筒斜放在汽车底盘上的专门用于搅拌、运输混凝土的车辆,是长距离运输混凝土的有效工具。混凝土搅拌运输车既可以运送拌和好的混凝土拌和料,也可以将混凝土干料装入搅拌筒内,在运输途中加水搅拌,以减少长途运输引起的混凝土坍落度损失。

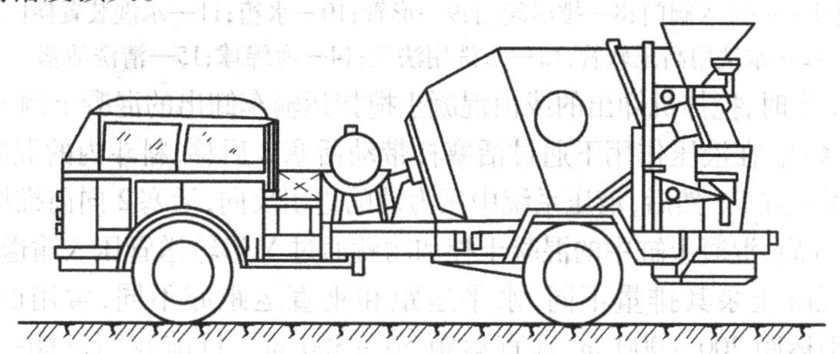

图6.44　混凝土搅拌运输车

目前现场施工用混凝土多数为商品混凝土,从商品混凝土搅拌站将混凝土运送至各施工现场通常有较长的距离,如用传统的运输方式混凝土在运输过程中将发生较严重的离析,混凝土搅拌运输车就是为适应这种新的生产方式而产生的一种混凝土地面运输的专用机械。

(3)井架和塔式起重机

井架主要用于多层或高层建筑施工中混凝土的垂直运输,是目前施工现场使用较普遍的设备,它由塔架、卷扬机、吊盘、拔杆和缆风绳等组成。井架式升降机具有构造简单、装拆方便、提升与下降速度快等特点。

塔式起重机既能完成混凝土的垂直运输,又能完成一定的水平运输。在其工作幅度范围内能直接将混凝土从装料点吊升到浇筑点送入模板内,中间不需转运,是一种灵活而有效的运输混凝土的方法,在现浇混凝土工程中得到广泛应用。

(4)混凝土泵

混凝土泵是一种有效的混凝土运输和浇筑工具,它以泵为动力,沿管道输送混凝土,可以一次完成水平及垂直运输,将混凝土直接输送到浇筑地点,是一种高效的混凝土运输方法。

常用的混凝土泵有活塞泵和气压泵。活塞泵根据其构造原理不同分为机械式和液压式两种;液压式活塞泵分为油压式和水压式两种。我国目前主要采用液压活塞泵,它主要由料斗、液压缸和活塞、混凝土缸、分配阀、Y 形输送管、冲洗设备、液压系统和动力系统等组成,如图 6.45 所示。

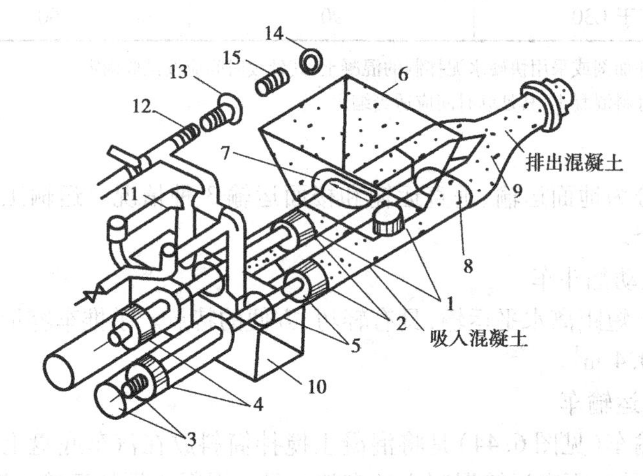

图 6.45　液压活塞式混凝土泵工作原理图

1—混凝土缸;2—混凝土活塞;3—液压缸;4—液压活塞;5—活塞杆;6—料斗;7—吸入阀门;8—排出阀门;9—形管;10—水箱;11—水洗装置换向阀;12—水洗用高压软管;13—水洗用法兰;14—海绵球;15—清洗活塞

液压活塞泵工作时,搅拌机卸出的或由混凝土搅拌运输车卸出的混凝土倒入料斗 6,分配阀 7 开启、分配阀 8 关闭,在液压作用下通过活塞杆带动活塞 2 后移,料斗内的混凝土在重力和吸力作用下进入混凝土缸 1。然后,液压系统中压力油的进出反向,活塞 2 向前推压,同时分配阀 7 关闭,而分配阀 8 开启,混凝土缸中的混凝土拌和物就通过 Y 形输送管压入输送管。

不同型号的混凝土泵其排量不同,水平运距和垂直运距亦不同,常用的混凝土排量为 30 ~ 90 m^3/h,水平运距 200 ~ 900 m,垂直运距 50 ~ 300 m。目前我国已能一次垂直泵送达 400 m。

常用的混凝土输送管为钢管,直径为 100 ~ 200 mm,每段长约 3 m,还配有 15°、30°、45°、90°等弯管。

将混凝土泵装在汽车上便成为混凝土泵车,在车上还装有可以伸缩或屈折的“布料杆”,其末端是一软管,可将混凝土直接送至浇筑地点,十分方便。

为保证混凝土的顺利泵送,碎石最大粒径与输送管内径之比一般不宜大于 1∶3,卵石可为 1∶2.5,以免堵塞。砂宜用中砂,通过 0.315 mm 筛孔的砂应不少于 15%。砂率宜控制在 38% ~ 45%,如粗骨料为轻骨料还可适当提高。水泥用量不宜过少,否则泵送阻力增大,最小水泥用量为 300 kg/m^3。水灰比宜为 0.4 ~ 0.6。

▶ 6.4.3 混凝土的浇筑

1)混凝土浇筑前的准备工作

①对模板及其支架进行检查,应确保标高、位置、尺寸正确,强度、刚度、稳定性及严密性满足要求。模板中的垃圾、泥土和钢筋上的油污应加以清除。木模板应浇水润湿,但不允许留有积水。

②对钢筋及预埋件,应请工程监理人员共同检查钢筋的级别、直径、排放位置及保护层厚度是否符合设计和规范要求,并认真做好隐蔽工程记录。

③准备和检查材料、机具等。注意天气预报,不宜在雨雪天气浇筑混凝土。

④做好施工组织工作和技术、安全交底工作。

2)混凝土浇筑的一般规定

①混凝土应在初凝前浇筑,如混凝土在浇筑前有离析现象,必须重新拌和后才能浇筑。

②浇筑时,混凝土的自由倾落高度,对于素混凝土或少筋混凝土,由料斗进行浇筑时不应超过2 m,对竖向结构(如柱、墙)浇筑混凝土的高度不超过3 m。否则应采用串筒、溜槽和振动串筒下料,以防产生离析。

③浇筑竖向结构混凝土前,底部应先浇入50~100 mm厚与混凝土成分相同的水泥砂浆,以避免构件下部产生蜂窝、麻面、露石等现象。

④混凝土运至现场后,传统混凝土浇筑方式的坍落度应满足表6.25的要求经验值。为了使混凝土振捣密实,混凝土必须分层浇筑,混凝土浇筑层厚度应符合表6.26的规定。

表6.25 混凝土浇筑时的坍落度 单位:mm

结构种类	坍落度
基础或地面等的垫层、无配筋的大体积结构(挡土墙、基础等)或配筋稀疏的结构	10~30
梁板和大型及中型截面的柱子等	30~50
配筋密列的结构(斗仓、筒仓、细柱等)	50~70
配筋特密的结构	70~90

注:①本表是采用机械振捣混凝土时的坍落度,当采用人工振捣时,其值可适当增大。

②当需要配制大坍落度混凝土时,应掺入外加剂。

表6.26 混凝土浇筑层厚度 单位:mm

<table>
<tr><th colspan="2">捣实混凝土的方法</th><th>浇筑层的厚度</th></tr>
<tr><td colspan="2">插入式振捣</td><td>振捣器作用长度的1.25倍</td></tr>
<tr><td colspan="2">表面振捣</td><td>200</td></tr>
<tr><td rowspan="3">人工振捣</td><td>在基础、无筋混凝土或配筋稀疏的结构中</td><td>250</td></tr>
<tr><td>在梁、墙板、柱结构中</td><td>200</td></tr>
<tr><td>在配筋密列的结构中</td><td>150</td></tr>
</table>

续表

捣实混凝土的方法		浇筑层的厚度
轻骨料混凝土	插入式振捣	300
	表面振捣(振动时需加荷)	200

⑤为保证混凝土的整体性,浇筑工作应连续进行。当由于技术或施工组织上的原因必须间歇时,其间歇时间应尽可能缩短,并应在前层混凝土凝结之前,将下层混凝土浇筑完毕。按传统施工经验,混凝土运输、输送入模和间歇的全部时间不得超过表6.27的规定,若超过时间应设置施工缝。

⑥正确留置施工缝。施工缝位置应在混凝土浇筑之前确定,并宜留置在结构剪力较小而且施工方便的部位。柱、墙应留水平缝,梁、板应留垂直缝。

表6.27　混凝土运输、输送入模及其间歇总的时间限值　单位:min

条　件	气　温	
	≤25 ℃	>25 ℃
不掺外加剂	180	150
掺外加剂	240	210

a.柱子施工缝宜留在基础的顶面、梁或吊车梁牛腿的下面、吊车梁的上面、无梁楼板柱帽的下面(见图6.46)。

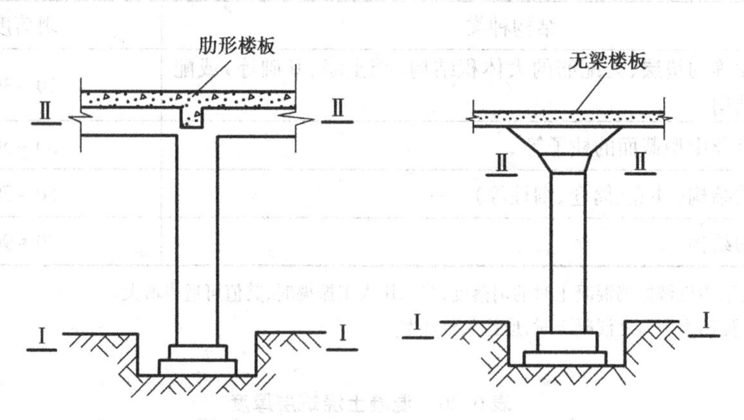

图6.46　柱子施工缝的留设位置

注:Ⅰ—Ⅰ,Ⅱ—Ⅱ表示施工缝的位置

b.与板连成整体的大截面梁,施工缝留置在板底面以下20~30 mm处。当板下有梁托时,留在梁托下部。

c.单向平板的施工缝,可留在平行于短边的任何位置处。对于有主次梁的楼板结构,宜顺着次梁方向浇筑,施工缝应留在次梁跨度的中间1/3范围内,如图6.47所示。

d.双向受力的楼板、大体积混凝土结构、拱、薄壳、多层框架等及其他复杂的结构,应按设计要求留置施工缝。

e. 楼梯的施工缝应留在楼梯长度中间 1/3 长度范围内。

f. 墙体的施工缝留置在门洞口过梁跨中 1/3 范围内，也可留置在纵横墙的交接处。

g. 承受动力作用的设备基础，不应留置施工缝。当必须留置时，应征得设计单位同意。

h. 在设备基础的地脚螺栓范围内，水平施工缝必须留在低于地脚螺栓底端处，其距离应大于 150 mm；当地脚螺栓直径小于 30 mm 时，水平施工缝可以留在不小于地脚螺栓埋入混凝土部分总长度的 3/4 处。垂直施工缝应留在距地脚螺栓中心线大于 250 mm 处，并不小于 5 倍螺栓直径。

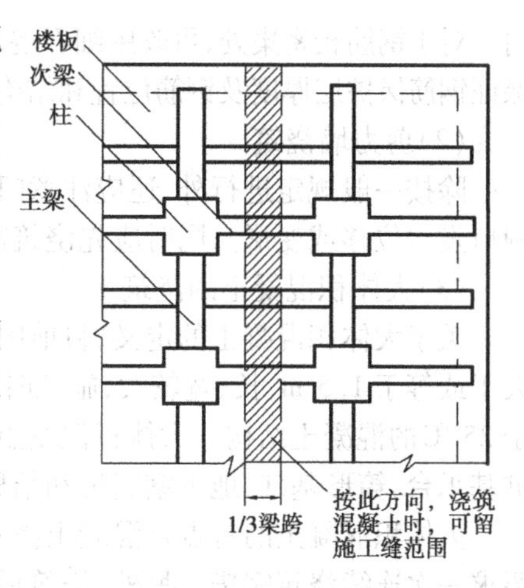

图 6.47　有主次梁楼板施工缝留设位置

⑦施工缝的处理。在施工缝处开始继续浇筑混凝土时，必须待已浇筑混凝土的抗压强度不小于 1.2 N/mm² 时才可进行。在施工缝处继续浇筑前，应清除表层的水泥薄膜和松动石子及软弱混凝土层，必要时还要加以凿毛，钢筋上的油污、水泥砂浆及浮锈等杂物也应加以清除，然后用水冲洗干净，并保持充分湿润，且不得积水。在浇筑前，宜先在施工缝处铺一层水泥砂浆或与混凝土成分相同的水泥砂浆。施工缝处的混凝土应细致捣实，使新旧混凝土紧密结合。

3）混凝土的浇筑方法

（1）钢筋混凝土框架结构的浇筑

框架结构的主要构件有基础、柱、梁、楼板等，其中框架梁、板、柱等构件是沿垂直方向重复出现的，因此一般按结构层来分层施工。如果平面面积较大，还应分段进行，以便各工序流水作业，在每层每段中，混凝土的浇筑顺序为先浇捣柱子，后浇捣梁、板。

柱基础浇筑时应先边角后中间，按台阶分层浇筑，确保混凝土充满模板各个角落，防止一侧倾倒混凝土挤压钢筋造成柱连接钢筋的位移。

柱宜在梁板模板安装后钢筋未绑扎前浇筑，以便利用梁板模板作横向支撑和柱浇筑操作平台用。一排柱子的浇筑顺序应从两端同时向中间推进，以防柱模板在横向推力下向一方倾斜。当柱子断面小于 400 mm×400 mm，并有交叉箍筋时，可在柱模侧面每段不超过 2 m 的高度开口，插入斜溜槽分段浇筑。开始浇筑柱时，底部应先填 50～100 mm 厚与混凝土成分相同的水泥砂浆，以免底部产生蜂窝现象。随着柱子浇筑高度的上升，混凝土表面将积聚大量浆水，因此混凝土的水灰比和坍落度应随浇筑高度上升予以递减。

在浇筑与柱连成整体的梁或板时，应在柱浇筑完毕后停歇 1～1.5 h，使其获得初步沉实，排除泌水，而后再继续浇筑梁或板。肋形楼板的梁板应同时浇筑，其顺序是先根据梁高分层浇筑成阶梯形，当达到板底位置时即与板的混凝土一起浇筑，而且倾倒混凝土的方向应与浇筑方向相反。当梁的高度大于 1 m 时，可先单独浇梁，并在板底以下 20～30 mm 处留设水平施工缝。浇筑无梁楼盖时，在柱帽下 50 mm 处暂停，然后分层浇筑柱帽，下料应对准柱帽中心，待混凝土接近楼板底面时，再连同楼板一起浇筑。此外，与墙体同时整浇的柱子，两侧浇筑高差不能太大，以防柱子中心移动。

楼梯宜自下而上一次浇筑完成，当必须留置施工缝时，其位置应在楼梯长度中间 1/3 范围内。对于钢筋较密集处,可改用细石混凝土,并加强振捣以保证混凝土密实。应采取有效措施保证钢筋保护层厚度及钢筋位置和结构尺寸的准确,注意施工中不要踩倒负弯矩部分的钢筋。

(2)剪力墙浇筑

除按一般规定进行外,还应注意门窗洞口应两侧同时下料,浇筑高差不能太大,以免门窗洞口发生位移或变形。同时应先浇筑窗台下部,后浇筑窗间墙,以防窗台下部出现蜂窝孔洞。

(3)大体积混凝土的浇筑

关于大体积混凝土的定义,目前国内尚无一个确切的定义。大体积混凝土一般是指厚度大于或等于1.5 m,长、宽较大,施工时水化热引起混凝土内的最高温度与外界温度之差不低于25 ℃的混凝土结构。大体积混凝土结构多为工业建筑中的设备基础及高层建筑中厚大的桩基承台、箱形基础、地下室底板和结构转换层等。

大体积混凝土的特点是混凝土浇筑面和浇筑量大,整体性要求高,往往不允许留施工缝,要求一次连续浇筑完毕。另外,浇筑后水泥的水化热量大且聚集在构件内部,形成较大的内外温差,易造成混凝土表面产生收缩裂缝等。

①浇筑方案的选择。为了保证混凝土浇筑工作能连续进行,不留施工缝,应在下一层混凝土初凝之前将上一层混凝土浇筑完毕。要求混凝土按不小于下述的浇筑量进行浇筑:

$$V = \frac{BLH}{t_1 - t_2} \tag{6.14}$$

式中 V——混凝土最小浇筑量,m^3/h;

B,L,H——分别为混凝土浇筑浇筑层的宽度、长度、厚度,m;

t_1—— 混凝土的初凝时间,h;

t_2——混凝土的运输时间,h。

大体积混凝土结构的浇筑方案,可分为全面分层、分段分层和斜面分层3种(见图6.48):

a. 全面分层:在整个结构内全面分层浇筑混凝土,要做到第一层全部浇筑完毕,在初凝前再回来浇筑第二层,如此逐层进行,直到浇筑完成。采用此方案,结构平面尺寸不宜过大,施工时从短边开始,沿长边进行。必要时亦可从中间向两端或从两端向中间同时进行。

b. 分段分层:混凝土从底层开始浇筑,进行一定距离后回来浇筑第二层,如此依次向前浇筑以上各层。每段的长度可根据混凝土浇筑到末端后,下层末端的混凝土还未初凝来确定。分段分层浇筑方案适用于厚度不太大而面积或长度较大的结构。

c. 斜面分层:适用于结构的长度超过厚度3倍的情况,斜面坡度为1∶3,施工时混凝土的振捣工作应从浇筑层下端开始,逐渐上移,以保证混凝土施工质量。

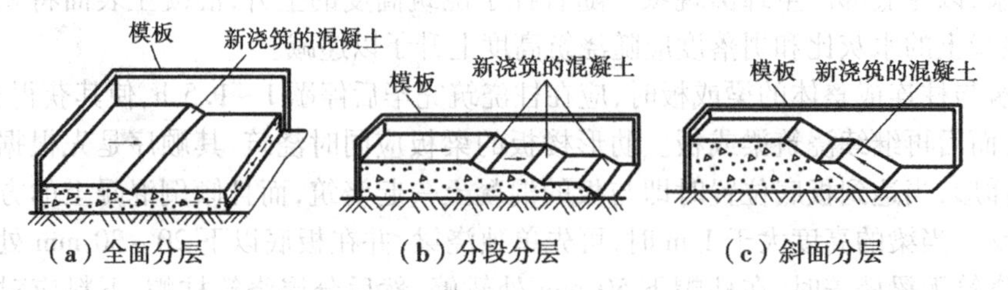

图6.48 大体积混凝土浇筑方案

②大体积混凝土温度裂缝的产生原因。混凝土在凝结硬化过程中,水泥进行水化反应会产生大量的水化热。强度增长初期,属于升温阶段,水化热产生越来越多,蓄积在大体积混凝土内

部,热量不易散失,致使内部混凝土温度越来越高。由于大体积混凝土外部散热条件要好一些,其温度上升较内部混凝土而言要缓慢一些,从而在内外混凝土之间形成温差,此温差导致内外混凝土变形程度不一致,内部混凝土受压,外部混凝土受拉,由于混凝土抗压强度远远高于抗拉强度,故当温差超过一定程度后,就易拉裂外表混凝土,即在混凝土表面形成裂缝。

当混凝土内部温升达到最高值后,温度就开始下降,此阶段属于降温阶段。降温阶段,混凝土体积开始收缩,但其收缩又受到基岩或混凝土垫层的约束,从而在混凝土块体内产生拉应力。一旦拉应力超过混凝土的极限抗拉强度,便在基础底部产生裂缝,若温度应力继续增大,裂缝向上延伸,直至贯穿裂缝,就将严重破坏结构的整体性,对于基础的承载能力和安全极为不利,在工程施工中必须避免。

③防治温度裂缝的措施。温度应力是产生温度裂缝的根本原因,根据日本经验,应将工程温差控制在25 ℃范围内。工程施工可采用以下措施来控制内外温差:

a. 选用水化热较低的水泥,如矿渣水泥、火山灰质水泥或粉煤灰水泥;

b. 在保证混凝土强度的条件下,尽量降低每立方米混凝土的用水量和水泥用量;

c. 为了减少水泥用量,提高混凝土的和易性,可在混凝土中掺入适量的矿物掺量,如粉煤灰等,也可采用减水剂;

d. 粗骨料宜选用粒径较大的卵石,应尽量降低砂石的含泥量以减少混凝土的收缩量;

e. 尽量降低混凝土的入模温度,可在砂、石堆场,运输设备上搭设简易遮阳装置或覆盖草包等隔热材料,采用低温水或冰水拌制混凝土;

f. 尽量延长混凝土的浇筑时间,以便在浇筑过程中尽量多地释放水化热,可在混凝土中掺加缓凝剂,尽量减薄浇筑层厚度等;

g. 对表层混凝土做好保温措施,以减少表层混凝土热量的散失,降低内外温差;

h. 必要时可在混凝土内部埋设冷却水管,利用循环水来降低混凝土温度;

i. 从混凝土表层到内部设置若干个温度观测点,加强观测,一旦出现温差过大的情况,便于及时处理;

j. 为了控制大体积混凝土裂缝的开展,可在施工期间设置作为临时伸缩缝的"后浇带",将结构分成若干段,以有效削减温度收缩应力。待所浇筑的混凝土经一段时间的养护干缩后,再在后浇带中浇筑补偿收缩混凝土,使分块的混凝土连成一个整体。在正常施工条件下,后浇带的宽为1.0 m左右,混凝土浇筑30 ~40 d后用比原结构强度高一级的混凝土浇筑,并保持不少于15 d的养护。

(4)水下浇筑混凝土

在灌注桩、地下连续墙等基础以及水工结构工程中,常要直接在水下浇筑混凝土。其方法是利用导管输送混凝土并使之与环境水隔离,依靠管中混凝土的自重,管口周围的混凝土在已浇筑的混凝土内部流动、扩散,以完成混凝土的浇筑工作(见图6.49)。

施工时,先将导管放入水中(其下部距离底面约100 mm),用麻绳或铅丝将球塞悬吊在导管内水位以上的0.2 m(塞顶铺2 ~3层稍大于导管内径的水泥纸袋,再散铺一些干水泥,以防混凝土中骨料卡住球塞),然后浇入混凝土。当球塞以上导管和承料漏斗装满混凝土后,剪断球塞吊绳,混凝土靠自重推动球塞下落,冲向基底,并向四周扩散。球塞冲出导管,浮至水面,可重复使用。冲入基底的混凝土将管口包住,形成混凝土堆。同时不断地将混凝土浇入导管中,管外混凝土面不断被管内的混凝土挤压上升。随着管外混凝土面的上升,导管也逐渐提

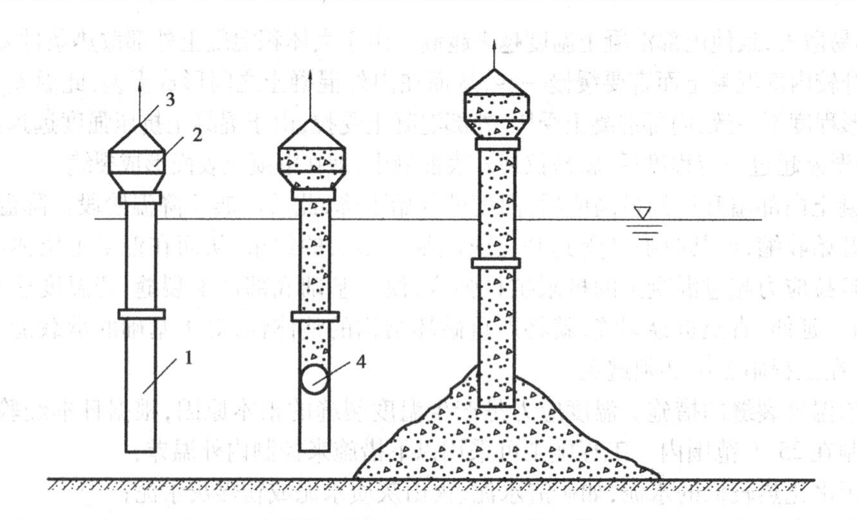

图6.49 导管法水下浇筑混凝土

1—导管;2—承料漏斗;3—提升机具;4—球塞

高(到一定高度,可将导管顶段拆下)。但不能提升过快,必须保证导管下端始终埋入混凝土内,其最大埋置深度不宜超过5 m。混凝土浇筑的最终高程应高于设计标高约100 mm,以便清除强度低的表层混凝土。

导管由每段长度为1.5~2.5 m、管径200~300 mm、厚3~6 mm的钢管用法兰盘加止水胶垫用螺栓连接而成。承料漏斗位于导管顶端,漏斗上方装有振动设备以防混凝土在导管中阻塞。提升机具用来控制导管的提升与下降,常用的提升机具有卷扬机、电动葫芦、起重机等。球塞可用软木、橡胶、泡沫塑料等制成,其直径比导管内径小15~20 mm。

水下浇筑的混凝土必须具有较大的流动性和黏聚性,以及良好的流动性保持能力,能依靠其自重和自身的流动能力来实现摊平和密实,有足够的抵抗泌水和离析的能力,以保证混凝土在扩散过程中不离析,且在一定时间内,其原有的流动性不降低。因此,要求水下浇筑混凝土中水泥用量及砂率宜适当增加,泌水率控制在1%~2%以内,粗骨料粒径不得大于导管的1/5或钢筋间距的1/4,并不宜超过40 mm,混凝土的坍落度为150~180 mm。施工开始时采用低坍落度,正常施工则用较大的坍落度,且维持坍落度的时间不得少于1 h,以便混凝土能在较长时间内靠其自身的流动能力实现其密实成型。

每根导管的作用半径一般不大于3 m,所浇混凝土覆盖面积不宜大于30 m^2,当面积过大时,可用多根导管同时浇筑。混凝土浇筑应从最深处开始,相邻导管下口的标高差不应超过导管间距的1/20~1/15,并保证混凝土表面均匀上升。

导管法浇筑水下混凝土的关键:一是保证混凝土的供应量应大于导管内混凝土必须保持的高度和开始浇筑时导管埋入混凝土内必须的埋置深度所要求的混凝土量;二是严格控制导管提升高度,且只能上下升降,不能左右移动,以避免造成管内返水事故。

4)混凝土的振捣

混凝土浇筑入模后,内部还存在着很多空隙。混凝土的振捣就是使浇入模内的混凝土完成成型与密实过程,保证混凝土构件外形正确、表面平整,混凝土的强度和其他性能能符合设计要求。

混凝土的振捣方法有人工振捣和机械振捣两种。人工振捣是利用捣锤或插钎等工具的冲击力来使混凝土密实成型，其效率低、效果差。机械振捣是将振动器的振动力传给混凝土，使之发生强迫振动而密实成型，其效率高、质量好。在建筑工地主要采用机械振捣法。

混凝土振捣机械的类型按其工作方法的不同，可分为内部振动器、表面振动器、外部振动器和振动台等，如图6.50所示。

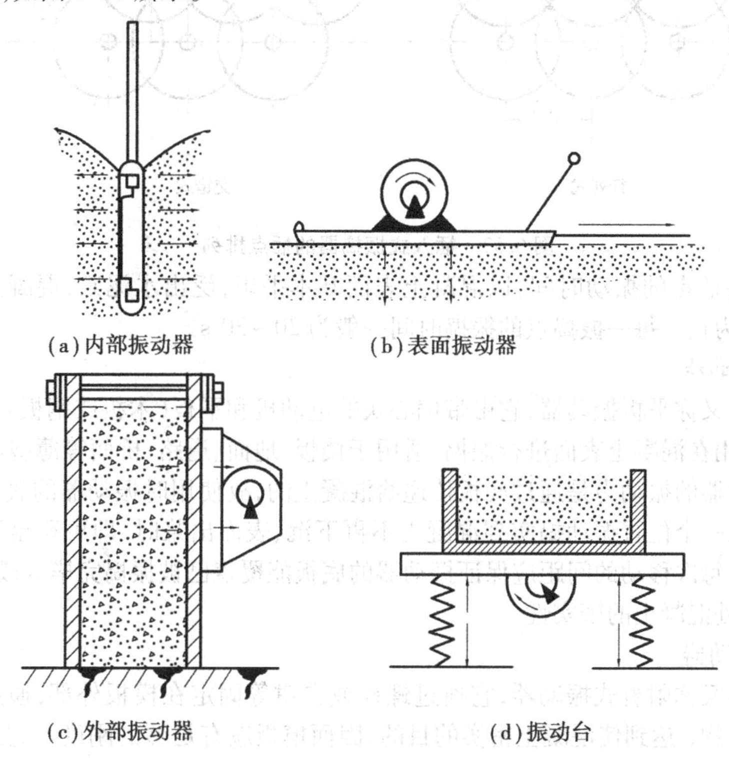

图6.50　振动机械示意图

(1)内部振动器

内部振动器又称插入式振动器，其构造如图6.51所示。其工作部分是一棒状空心圆柱体，内部装有偏心振子，在电动机带动下高速转动而产生高频微幅的振动。多用于振实梁、柱、墙、厚板和大体积混凝土结构等。

插入式振动器的振捣方法有两种：一是垂直振捣，即振动棒与混凝土表面垂直；二是斜向振捣，即振动棒与混凝土表面成40°～45°。使用插入式振动器垂直振捣时，振动棒应垂直插入，并插入下层尚未初凝的混凝土中50～100 mm，以促使上下层结合。

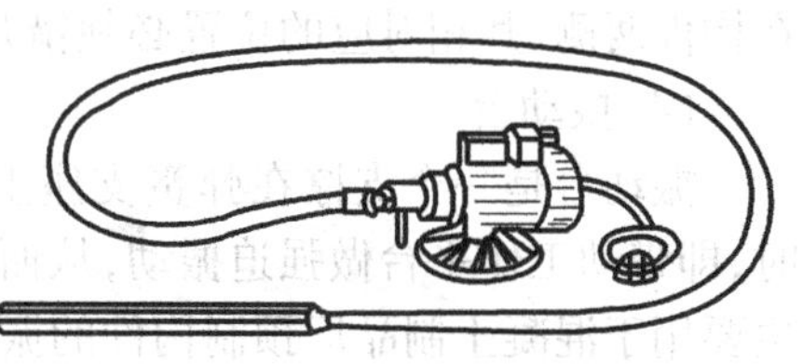

图6.51　插入式振动器

振捣器的操作要做到快插慢拔，振动棒各插点的间距应均匀，不要忽远忽近，不得遗漏，达到均匀振实。插点间距一般不要超过振动棒有效作用半径 R 的1.5倍，振动棒与模板的距离不应大于其有效作用半径 R 的0.5倍。插点的分布有行列式和交错式两种，如图6.52所示。其中交错式重叠、搭接较多，能更好地防止漏振，保证混凝土的密实性。使用振动器时，不允许将其支承在结构钢筋上或碰撞钢筋，不宜紧靠模板振捣。

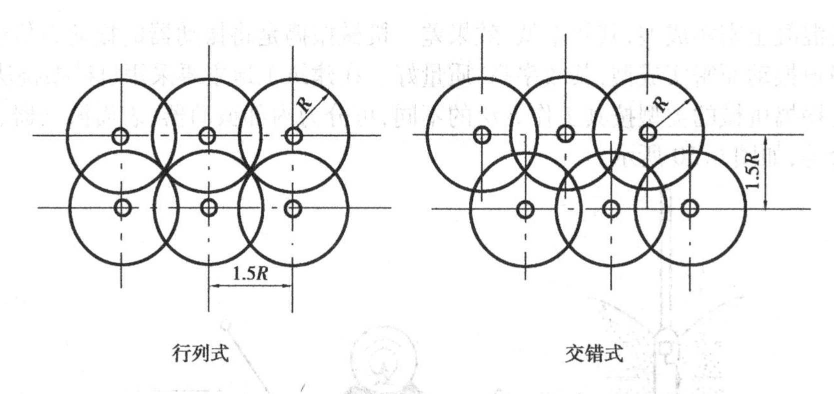

图 6.52　插入式振捣器的插点排列

振动棒在各插点的振动时间，以混凝土表面基本平坦，泛出水泥浆，混凝土不再显著下沉，无气泡排出为止。每一振捣点的振捣时间一般为 20 ~ 30 s。

(2)表面振动器

表面振动器又称平板振动器，它由带偏心块的电动机和平板（木板或钢板）等组成。其作用深度较小，多用在混凝土表面进行振捣，适用于楼板、地面、道路、桥面等薄型水平构件。

平板式振动器的振动力是通过底板传递给混凝土的，故使用时振动器的底部应与混凝土面保持接触。在一个位置振动捣实到混凝土不再下沉、表面出浆时，即可移至下一位置继续进行振动捣实。每次移动的间距应保证振动器的底板能覆盖已被振捣完毕区段边缘50 mm左右，以保证衔接处混凝土的密实性。

(3)外部振动器

外部振动器又称附着式振动器，它通过螺栓或夹钳等固定在模板外部，通过模板将振动传给混凝土拌和物，达到使混凝土密实的目的，因而模板应有足够的刚度。它适用于振捣断面小且钢筋较密的构件，如薄腹梁、箱形桥面梁等以及地下密封的结构。其有效作用范围可通过实测确定。

附着式振动器的振动效果与模板的质量、刚度、面积以及混凝土构件的厚度有关。故所选用的振动器的性能参数必须与这些因素相适应，否则将达不到捣实的效果，影响混凝土构件的质量。在一个构件上如需安装几台附着式振动器时，它们的振动频率必须一致。若安装在构件两侧，其相对应的位置必须错开，使振捣均匀。

(4)振动台

振动台是一个支撑在弹簧支座上的工作平台，平台下面有振动机构。当振动机构运转时，即带动工作平台做强迫振动，从而使在工作平台上制作构件的混凝土得到振动。振动台主要用于混凝土制品厂预制构件的振捣，具有生产效率高、振动效果好的优点。

▶ 6.4.4　混凝土的养护

混凝土的凝结与硬化是由于水泥水化反应的结果。为使已浇筑的混凝土获得所要求的物理力学性能，在混凝土浇筑后的初期，采取一定的工艺措施，建立适当的水化反应条件的工作，称为混凝土的养护。由于温度和湿度是影响水泥水化反应的两个主要因素，因此，混凝土的养护就是对在凝结硬化过程中的混凝土进行温度和湿度的控制。

混凝土养护常用的方法有同条件养护、标准养护、热养护等。本节着重叙述在常温条件下施工现场广泛应用的同条件养护。

混凝土的同条件养护，是指在平均气温高于 +5 ℃的条件下，对混凝土采取的覆盖、浇水、挡风、保温等养护措施，养护的构件混凝土与试块同在一起养护的方法。同条件养护又分为覆盖浇水养护和塑料薄膜保湿养护两种。

1)覆盖浇水养护

覆盖浇水养护是指混凝土在浇筑完毕后12 h内，用草帘、芦席、麻袋、锯木、湿土和湿砂等将混凝土覆盖，并经常洒水使其保持湿润。

养护时间长短取决于水泥品种，对采用硅酸盐水泥、普通硅酸盐水泥或矿渣硅酸盐水泥拌制的混凝土，不得少于 7 d；对掺用缓凝型外加剂或有抗渗要求的混凝土，不得少于 14 d。浇水次数应能保持混凝土处于湿润状态，混凝土养护用水应与拌制用水相同。

2)塑料薄膜养护

塑料薄膜保湿养护是用塑料薄膜将混凝土表面予以密封，防止混凝土中的水分蒸发，保证水泥水化反应正常进行的一种养护方法。它与湿养护法相比，可改善施工条件，节省人工，节约用水，保证混凝土的养护质量。塑料薄膜养护适用于不易洒水养护的高耸构筑物和大面积混凝土结构及缺水地区。塑料薄膜养护有两种做法：

(1)塑料布直接覆盖法

该法采用塑料布覆盖在混凝土表面对混凝土进行养护。养护时，应掌握好铺放塑料布的时间，一般以不会与混凝土表面粘着时为准。塑料布必须把混凝土全部敞露的表面覆盖严密，周边应压严，防止水分蒸发，并应保持塑料布内有凝结水。塑料布的缺点是容易撕裂，且易使混凝土表面产生斑纹，影响外观。故只适宜用于表面外观要求不高的工程。

(2)喷涂塑料薄膜养生液法

该法是在新浇筑的混凝土表面喷涂一层液态薄膜养护剂(又称薄膜养生液)，养护剂在混凝土表面能很快形成一层不透水的密封膜层，阻止混凝土中的水分蒸发，使混凝土中的水泥获得充分水化条件的一种养护方法。此法不受施工场地、构件形状和部位的限制，施工方便，既能保证工程质量，又可节省劳动力，节约用水，改善施工条件，并可为后续施工工作及早提供工作面从而加快工程进度，具有较好的技术经济效果。

薄膜养护剂应在5 ℃以上的气温下使用。在建筑工程中常用的喷涂设备为农用农药喷雾器或普通的油漆喷枪。薄膜养护剂的用量应根据产品说明书确定，如未有规定，可采用不少于2.5 m^2/kg 控制。在干燥炎热气候条件下，应按规定用量喷涂2次，第二层养护剂应在第一层完全干透后才可喷涂。喷涂第二层时，喷枪移动方向应与第一次垂直。喷涂时应注意喷涂均匀，不得出现漏喷之处。由于养护剂粘度较低，易于在混凝土表面低凹处聚积，故混凝土表面应尽量抹压平整，不出现局部凹凸不平现象。

▶ 6.4.5 混凝土的施工质量验收与评定方法

混凝土质量检查包括施工中检查和施工后检查。施工中检查主要是对混凝土拌制和浇筑过程中所用材料的质量及用量、搅拌地点和浇筑地点混凝土坍落度等的检查，在每一工作班内至少检查一次。当混凝土配合比由于外界影响有变动时，应及时检查。对混凝土的搅拌时间也应随时检查。

施工后的检查主要是对已浇筑完毕混凝土的外观质量、强度及其结构实体进行检验。对有抗冻、抗渗要求的混凝土,尚应进行抗冻、抗渗性能检查。

1)混凝土外观检查

混凝土结构件拆模后,应从外观上检查其表面有无麻面、蜂窝、孔洞、露筋、缺棱掉角、裂缝等缺陷,外形尺寸是否超过允许偏差值,如有应及时加以修正。

现浇结构的外观质量缺陷应由监理(建设)单位、施工单位等各方根据其对结构性能和使用功能影响的严重程度按表6.28确定。

现浇结构的外观质量不应有严重缺陷,对已经出现的严重缺陷,应由施工单位提出技术处理方案,并经监理(建设)单位认可后进行处理,对经处理的部位,应重新检查验收。现浇结构的外观质量不宜有一般缺陷,对已经出现的一般缺陷,应由施工单位按技术处理方案进行处理,并重新检查验收。

表6.28 现浇结构外观质量

名称	现象	严重缺陷	一般缺陷
露筋	构件内钢筋未被混凝土包裹而外露	纵向受力钢筋有露筋	其他钢筋有少量露筋
蜂窝	混凝土表面缺少水泥浆而形成石子外露	构件主要受力部位有蜂窝	其他部位有少量蜂窝
孔洞	混凝土中孔穴深度和长度均超过保护层厚度	构件主要受力部位有孔洞	其他部位有少量孔洞
夹渣	混凝土中夹有杂物且深度超过保护层厚度	构件主要受力部位有夹渣	其他部位有少量夹渣
疏松	混凝土中局部不密实	构件主要受力部位有疏松	其他部位有少量疏松
裂缝	缝隙从混凝土表面延伸至混凝土内部	构件主要受力部位有影响结构性能或使用功能的裂缝	其他部位有少量不影响结构性能或使用功能的裂缝
连接部位缺陷	构件连接处混凝土缺陷及连接钢筋、连接铁件松动	连接部位有影响结构传力性能的缺陷	连接部位有基本不影响结构传力性能的缺陷
外形缺陷	缺棱掉角、棱角不直、翘曲不平、飞出凸肋等	清水混凝土构件内有影响使用功能或装饰效果的外形缺陷	其他混凝土构件有不影响使用功能的外形缺陷
外表缺陷	构件表面麻面、掉皮、起砂、沾污等	具有重要装饰效果的清水混凝土构件有外表缺陷	其他混凝土构件有不影响使用功能的外表缺陷

现浇结构不应有影响结构性能和使用功能的尺寸偏差。混凝土设备基础不应有影响结构性能和设备安装的尺寸偏差。对超过尺寸允许偏差且影响结构性能和安装、使用功能的部位,应由施工单位提出技术处理方案,并经监理(建设)单位认可后进行处理,对经处理的部位,应重新检查验收。

现浇结构尺寸偏差应符合表6.29的规定。

表 6.29 现浇结构尺寸允许偏差和检验方法

项目			允许偏差/mm	检验方法
轴线位置	基础		15	钢尺检查
	独立基础		10	
	墙、柱、梁		8	
	剪力墙		5	
垂直度	层高	≤5m	8	经纬仪或吊线、钢尺检查
		>5m	10	经纬仪或吊线、钢尺检查
	全高(H)		H/1 000 且≤30	经纬仪、钢尺检查
标高	层高		±10	水准仪或拉线、钢尺检查
	全高		±30	
截面尺寸			+8，-5	钢尺检查
电梯井	井筒长、宽对定位中心线		+25,0	钢尺检查
	井筒全高(H)垂直度		H/1 000 且≤30	经纬仪、钢尺检查
表面平整度			8	2 m 靠尺和塞尺检查
预埋设施中心线位置	预埋件		10	钢尺检查
	预埋螺栓		5	
	预埋管		5	
预埋洞中心线位置			15	钢尺检查

2)混凝土强度检查

混凝土强度检查主要是指抗压强度的检查。它包括两个方面的目的：一是作为评定结构或构件是否达到设计混凝土强度的依据，是混凝土质量的控制性指标，应采用标准试件的混凝土强度；二是为结构拆模、出池、出厂、吊装、张拉、放张及施工期间临时负荷确定混凝土的实际强度，应采用与结构构件同条件养护的标准尺寸试件的混凝土强度。

(1)试件的留设

用于检查结构构件混凝土强度的试件，应在混凝土的浇筑地点随机制作，采用标准养护。标准养护就是在温度(20±2)℃和相对湿度为90%以上的潮湿环境或水中的标准条件下进行养护。评定强度用试块需在标准养护条件下养护28 d，再进行抗压强度试验，所得结果就作为判定结构或构件是否达到设计强度等级的依据。

强度评定用试块是边长为150 mm的立方体。实际施工中允许采用的混凝土试块的最小尺寸应根据骨料的最大粒径确定，当采用非标准尺寸的试块时，应将其抗压强度值乘以换算系数，换算为标准尺寸试件的抗压强度值。试件尺寸及强度换算系数应符合表6.30的规定。

表 6.30 试件尺寸及换算系数

骨料最大粒径/mm	试件尺寸/mm	换算系数
≤31.5	100×100×100	0.95
≤40	150×150×150	1.00
≤63	200×200×200	1.05

(2)试件组数确定

结构混凝土的强度等级必须符合设计要求。用于检查结构构件混凝土强度的试件，应在混凝土的浇筑地点随机抽取，取样与试件留置应符合下列规定：

①每拌制 100 盘且不超过 100 m^3 的同配合比的混凝土，取样不得少于 1 次。

②每工作班拌制的同一配合比的混凝土不足 100 盘时，取样不得少于 1 次。

③当一次连续浇筑超过 1 000 m^3 时，同一配合比的混凝土每 200 m^3 取样不得少于 1 次。

④每一楼层、同一配合比的混凝土，取样不得少于 1 次。

⑤每次取样应至少留置一组标准养护试件，同条件养护试件的留置组数应根据实际需要确定。

对有抗渗要求的混凝土结构，其混凝土抗渗试件应在浇筑地点随机取样。同一工程、同一配合比的混凝土，取样不应少于 1 次，留置组数可根据实际需要确定。

(3)每组试件的强度

每组 3 个试件应在浇筑地点制作，在同盘混凝土中取样，并按下列规定确定该组试件的混凝土强度代表值。

①取 3 个试件强度的算术平均值。

②当 3 个试件强度中的最大值和最小值之一与中间值之差超过中间值的 15% 时，取中间值。

③当 3 个试件强度中的最大值和最小值与中间值的差均超过中间值的 15% 时，该组试件不应作为强度评定的依据。

(4)混凝土强度评定

混凝土强度应分批进行验收。同一验收批的混凝土应由强度等级相同、生产工艺和配合比基本相同的混凝土组成。对现浇混凝土结构构件，尚按单位工程的验收项目划分验收批，每个验收项目应按现行国家批准《建筑工程质量检验评定统一标准》确定。对同一验收批的混凝土强度，应以同批内标准试件的全部强度代表值来评定。

混凝土强度的检验评定，应根据不同情况分 3 种方法进行，即标准差已知的统计方法、标准差未知的统计方法和非统计方法。

①标准差已知的统计方法。当连续生产的混凝土，生产条件在较长时期内保持一致，且同一品种、同一强度等级混凝土的强度变异性保持稳定时，应由连续的 3 组试件代表一个检验批，其强度应同时满足下列要求：

$$m_{fcu} \geqslant f_{cu,k} + 0.7\sigma_0 \quad (6.15)$$

$$f_{cu,min} \geqslant f_{cu,k} - 0.7\sigma_0 \quad (6.16)$$

当混凝土强度等级不高于 C20 时，其强度的最小值应满足：

$$f_{cu,min} \geqslant 0.85 f_{cu,k} \quad (6.17)$$

当混凝土强度等级高于 C20 时，其强度的最小值应满足：

$$f_{cu,min} \geq 0.90 f_{cu,k} \tag{6.18}$$

式中　m_{fcu}——同一检验批混凝土立方体抗压强度的平均值，N/mm^2；

$f_{cu,k}$——混凝土立方体抗压强度标准值，N/mm^2；

σ_0——检验批混凝土立方体抗压强度的标准差，N/mm^2；

$f_{cu,min}$——同一检验批混凝土立方体抗压强度的最小值，N/mm^2。

检验批混凝土立方体抗压强度的标准差，应根据前一个检验期内同一品种混凝土试件的强度数据，按下列公式确定：

$$\sigma_0 = \sqrt{\frac{\sum_{i=1}^{n} f_{cu,i}^2 - n m_{fcu}^2}{n-1}} \tag{6.19}$$

式中　$f_{cu,i}$——前一检验期内第 i 批混凝土试件立方体抗压强度代表值，该检验期不应少于 60 d，也不得大于 90 d；

n——前一检验期内的样本容量，在该期间内样品容量不应少于 45 组。

每个检验期内持续时间不应超过 3 个月，且在检验期内检验批总批数不得少于 45 批。

②标准差未知的统计法。生产连续性较差，无法维持基本相同的生产条件，且混凝土强度变异性不能保持稳定时，则只能根据每一检验批抽样的样本强度数据进行评定。强度评定时，应由不少于 10 组的试件组成一个检验批，其强度应同时符合下列要求：

$$m_{fcu} - \lambda_1 S_{fcu} \geq f_{cu,k} \tag{6.20}$$

$$f_{cu,min} \geq \lambda_2 f_{cu,k} \tag{6.21}$$

式中　S_{fcu}——同一检验批混凝土立方体抗压强度的标准差，N/mm^2。当 S_{fcu} 的计算值小于 $2.5\ N/mm^2$ 时，取 $S_{fcu} = 2.5\ N/mm^2$；

λ_1、λ_2——合格判定系数，按表 6.31 取用。

表 6.31　合格判定系数

试件组数	10～14	15～19	≥20
λ_1	1.15	1.05	0.95
λ_2	0.90	0.85	

检验批混凝土强度的标准差可按下列公式计算：

$$S_{fcu} = \sqrt{\frac{\sum_{i=1}^{n} f_{cu,i}^2 - n m_{fcu}^2}{n-1}} \tag{6.22}$$

式中　$f_{cu,i}$——检验批内第 i 组混凝土试件的抗压强度值，N/mm^2；

n——检验批内混凝土试件的总组数。

③非统计方法。对于小批量零星生产的预制构件的混凝土或现场搅拌量不大的混凝土（试件数量小于 10 组），可采用非统计方法评定。此时，验收批混凝土的强度必须同时满足下列要求：

$$m_{fcu} \geq \lambda_3 f_{cu,k} \tag{6.23}$$

$$f_{cu,min} \geqslant \lambda_4 f_{cu,k} \tag{6.24}$$

式中，λ_3 和 λ_4 为合格评定系数。当混凝土强度等级 < C60 时，$\lambda_3 = 1.15$，$\lambda_4 = 0.95$；当≥C60 时，$\lambda_3 = 1.10$，$\lambda_4 = 0.95$。

当对混凝土试件强度的代表性有怀疑时，可采用非破损检验方法（如回弹法、超声法等）或从结构、构件中钻取芯样的方法，按有关标准的规定，对结构构件中的混凝土强度进行推定，作为是否应进行处理的依据。但非破损检验决不能代替混凝土标准试件来作混凝土强度的合格评定。当采用钻芯检验时，其取样应在结构或构件受力较小，避开主筋、预埋件和管线，便于钻芯机安装与操作的部位。对薄壁构件及钻取芯样对整个结构物安全有影响时，不能采用此法。

3）结构实体检验

对涉及混凝土结构安全的重要部位，应进行结构实体检验。结构实体检验应在监理工程师（或建设单位项目专业技术负责人）见证下，由施工项目技术负责人组织实施，承担结构实体检验的试验室应具有相应的资质。

结构实体检验的内容应包括混凝土强度、钢筋保护层厚度以及工程合同约定的项目，必要时可检验其他项目。

（1）混凝土强度检验

对混凝土强度的检验，应以在混凝土浇筑地点制备，并与结构实体同条件养护的试件强度为依据。对混凝土强度的检验也可根据合同约定，采用非破损或局部破损的检测方法，按国家现行有关标准的规定进行。

当同条件养护试件强度的检验结果符合现行国家标准《混凝土强度检验评定标准》GBJ 107的有关规定时，混凝土强度应判为合格。

①同条件养护试件的留置方式和取样数量应符合下列要求：

a. 同条件养护试件所对应的结构构件或结构部位应由监理（建设）施工等各方共同选定；

b. 对混凝土结构工程中的各混凝土强度等级均应留置同条件养护试件；

c. 同一强度等级的同条件养护试件，其留置的数量应根据混凝土工程量和重要性确定，留置的数量应≥10 组，且不应少于 3 组；

d. 同条件养护试件拆模后，应放置在靠近相应结构构件或结构部位的适当位置，并应采取相同的养护方法。

②同条件养护试件应在达到等效养护龄期时进行强度试验。等效养护龄期应根据同条件养护试件强度与在标准养护条件下 28 d 龄期试件强度相等的原则确定。

同条件自然养护试件的等效养护龄期及相应的试件强度代表值，宜根据当地的气温和养护条件按下列规定确定：

a. 等效养护龄期可取按日平均温度逐日累计达到 600 ℃ · d 时所对应的龄期，0 ℃及以下的龄期不计入，等效养护龄期不应小于 14 d，也不宜大于 60 d；

b. 同条件养护试件的强度代表值，应根据强度试验结果按现行国家标准《混凝土强度检验评定标准》GBJ 107 的规定确定后乘折算系数取用，折算系数宜取为 1.10，也可根据当地的试验统计结果做适当调整。

（2）钢筋保护层厚度检验

钢筋保护层厚度检验的结构部位和构件数量应符合下列要求：

①钢筋保护层厚度检验的结构部位,应由监理(建设)施工等各方根据结构构件的重要性共同选定。对梁类、板类构件应各抽取构件数量的 2%,且不少于 5 个构件进行检验,当有悬挑构件时,抽取的构件中悬挑梁类、板类构件所占比例均不宜小于 50%。

②对选定的梁类构件,应对全部纵向受力钢筋的保护层厚度进行检验,对选定的板类构件应抽取不少于 6 根纵向受力钢筋的保护层厚度进行检验,对每根钢筋应在有代表性的部位测量 1 点。

③钢筋保护层厚度的检验,可采用非破损或局部破损的方法,也可采用非破损方法,并用局部破损方法进行校准。当采用非破损方法检验时,所使用的检测仪器应经过计量检验,检测操作应符合相应规程的规定,钢筋保护层厚度检验的检测误差不应大于 1 mm。

④钢筋保护层厚度检验时,纵向受力钢筋保护层厚度的允许偏差,对梁类构件为 +10 ~ −7 mm,对板类构件为 +8 ~ −5 mm。

⑤对梁类、板类构件纵向受力钢筋的保护层厚度,应分别进行验收。结构实体钢筋保护层厚度验收合格应符合下列规定:当全部钢筋保护层厚度检验的合格点率为 90% 及以上时,钢筋保护层厚度的检验结果应判为合格;当全部钢筋保护层厚度检验的合格点率小于 90%,但不小于 80%,可再抽取相同数量的构件进行检验,当按两次抽样总和计算的合格点率为 90% 及以上时,钢筋保护层厚度的检验结果仍应判为合格。每次抽样检验结果中不合格点的最大偏差均不应大于 d 条中规定允许偏差的 1.5 倍。

6.5　预应力混凝土工程

预应力混凝土是在结构或构件受拉区域,通过对钢筋进行张拉后将钢筋的回弹力施加给混凝土,使混凝土受到一个预压应力,产生一定的压缩变形。当该构件受力后,受拉区混凝土的拉伸变形,首先与压缩变形抵消,然后随着外力的增加,混凝土才逐渐被拉伸,明显推迟了裂缝出现时间。

预应力混凝土的优点是能提高钢筋混凝土构件的刚度、抗裂性和耐久性,可有效地利用高强度钢筋和高强度等级的混凝土。与普通混凝土相比,在同样条件下具有截面小、自重轻、质量好、材料省,并能扩大预制装配化程度。

与普通钢筋混凝土施工相比较,预应力混凝土施工需要专门的机械设备,工艺比较复杂,操作要求较高。但随着施工队伍素质的提高和预应力机具设备的完善,预应力施工技术的发展是乐观的,现已广泛地应用在单层厂房、高层建筑、电视塔、大型桥梁、特种工程、体育场馆、大悬挑等工程结构中。

预应力混凝土工程施工主要包括先张法和后张法两种。后张法预应力混凝土中,预应力筋可分为有粘结和无粘结预应力混凝土施工工艺等。

▶ 6.5.1　先张法施工

先张法是在浇筑混凝土之前,先张拉预应力钢筋,并将预应力筋临时固定在台座或钢模上,然后浇筑混凝土,待混凝土达到一定强度后,混凝土与预应力筋具有一定的粘结力时,放松预应力筋,借助混凝土与预应力筋的粘结力,在预应力筋弹性回缩时,使混凝土构件受拉区的混凝土获得预压应力。先张法一般用于中小型预制预应力混凝土构件的生产。

先张法生产时,可采用台座法和机组流水法。本节主要介绍台座法。

1)台座

台座是先张法生产的主要设备。预应力筋张拉、锚固,混凝土浇筑、振捣和养护及预应力筋放张等全部施工过程都在台座上完成,预应力筋放松前,台座承受全部预应力筋的拉力。因此,台座应有足够的强度、刚度和稳定性。台座按构造形式不同,可分为墩式台座和槽形台座。

(1)墩式台座

墩式台座由台墩、台面与横梁等组成。台墩和台面共同承受拉力。墩式台座用以生产各种形式的中小型构件。

①台墩。台墩是承力结构,一般由钢筋混凝土浇筑而成。

台墩应具有足够的强度、刚度和稳定性。稳定性验算一般包括抗倾覆验算与抗滑移验算。台墩的抗倾覆验算的计算简图如图6.53所示,按式(6.25)计算:

$$K = \frac{M_1}{M} = \frac{GL + E_p e_2}{Ne_1} \tag{6.25}$$

式中 K——台座的抗倾覆安全系数,不应小于1.50;

M——由预应力筋张拉力产生的倾覆力矩;

N——预应力筋张拉力合力;

e_1——张拉力合力 N 的作用点至倾覆点的力臂;

e_2——被动土压力合力至倾覆点的力臂;

M_1——由台座自重和土压力等产土的抗倾覆力矩;

G——台墩的自重;

L——台墩重心至倾覆点的力臂;

E_p——台墩后面的被动土压力合力,当台墩埋置深度较浅时,可忽略不计。

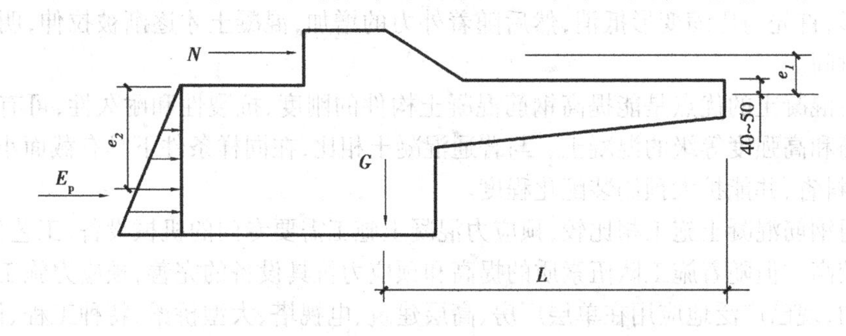

图6.53 台墩稳定性验算简图

考虑到混凝土台墩和混凝土台面相互作用的顶点角部会出现因应力集中而局部破损的现象,所以抗倾覆验算的倾覆点应取在混凝土台面以下40~50 mm处。

台墩抗滑移能力按式(6.26)验算:

$$K_c = \frac{N_1}{N} \tag{6.26}$$

式中 K_c——抗滑移安全系数,不应小于1.30;

N——预应力筋张拉力合力;

N_1——抗滑移力,对于独立的台墩,由侧壁上压力和底部摩阻力等产生。

对与台面共同工作的台墩,其水平推力几乎全部传给台面,不存在滑移问题,可不作抗滑移计算,此时应验算台面的强度。

②台面。台面是预应力构件成型的胎模,要求地基坚实平整,它是在厚150 mm夯实碎石垫层上,浇筑60~80 mm厚C20混凝土面层,原浆压实抹光而成。台面要求坚硬、平整、光滑,沿其纵向有3%的排水坡度。

③横梁。横梁以墩座牛腿为支承点安装在台墩上,是锚固夹具临时固定预应力筋的支承点,也是张拉机械张拉预应力筋的支座。横梁常采用型钢或钢筋混凝土制作。

(2)槽式台座

槽式台座由混凝土压杆、上下横梁和台面等组成,其构造如图6.54所示。槽式台座既可承受较大的张拉力,其上加砌砖墙,加盖后还可进行蒸汽养护,适用于张拉力较大的吊车梁、屋架、箱梁等大型构件。设计槽式台座时,也应进行抗倾覆稳定性和强度验算。

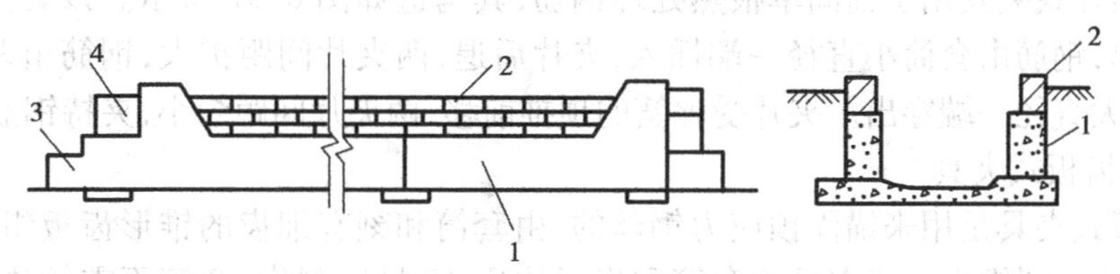

图6.54　槽式台座

1—混凝土压杆;2—砖墙;3—上横梁;4—下横梁

2)张拉夹具

夹具是先张法构件施工时保持预应力筋拉力,并将其固定在张拉台座(或设备)上的临时性锚固装置。

(1)单根镦头夹具

预应力钢丝或钢筋的固定端常采用镦头锚固。冷拔低碳钢丝可采用冷镦或热镦方法制作镦头,碳素钢丝只能采用冷镦方法制作镦头。直径小于22 mm的钢筋可在对焊机上采用热镦方法制作镦头,大直径的钢筋只能采用热镦方法锻制镦头。镦头夹具构造如图6.55所示。

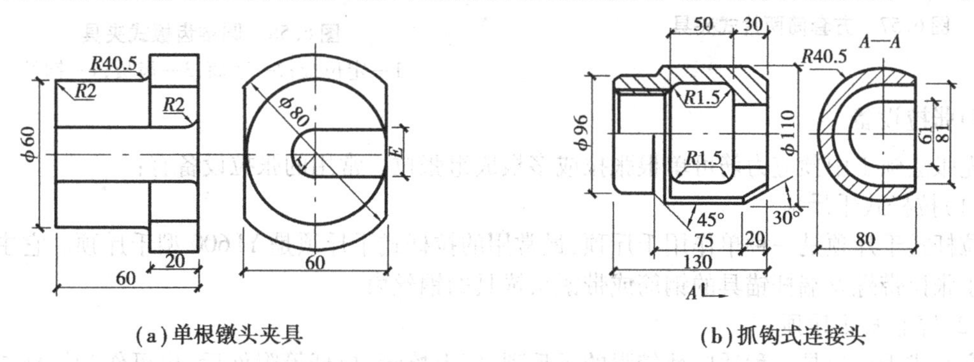

图6.55　单根镦头夹具及张拉连接头

(2)圆套筒三片式夹具

圆套筒三片式夹具由套筒和三片夹片组成,如图6.56所示。圆套筒三片式夹具可以锚固直径为12 mm与14 mm的单根冷拉钢筋。套筒和夹片用45号钢制作,套筒和夹片热处理后硬度应达HRC35~40和HRC40~45。

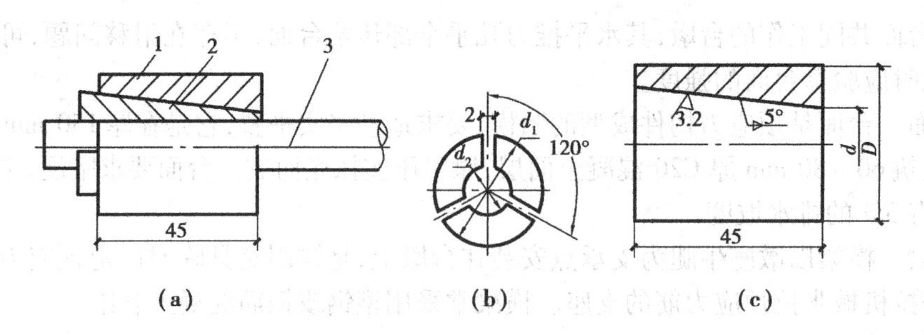

图 6.56 圆套筒三片式夹具

1—套筒;2—夹片;3—预应力钢筋

(3)方套筒两片式夹具

方套筒两片式夹具用于锚固单根热处理钢筋,其构造如图 6.57 所示。该夹具的特点是操作非常简单,钢筋由套筒小直径一端插入,夹片后退,两夹片间距扩大,钢筋由两夹片之间通过,由套筒大直径一端穿出。夹片受弹簧的顶推前移,两夹片间距缩小,夹持钢筋。

(4)圆锥齿板式夹具

圆锥齿板式夹具是用来锚固预应力钢丝的,由套筒和刻有细齿的锥形齿板组成,其构造如图 6.58 所示。圆锥齿板式夹具的套筒和齿板均用 45 号钢制作,套筒不需做热处理,齿板热处理后的硬度应达 HRC40 ~ 50。

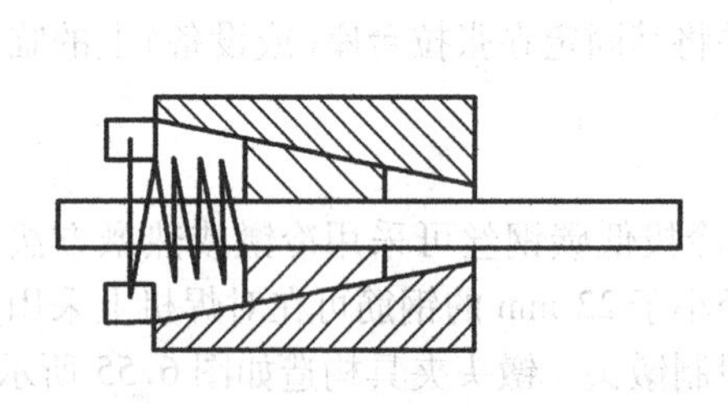

图 6.57 方套筒两片式夹具

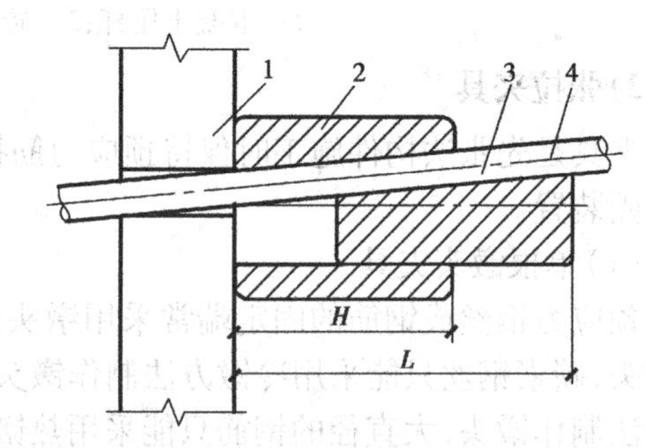

图 6.58 圆锥齿板式夹具

1—定位板;2—套筒;3—齿板;4—钢丝

3)张拉设备

先张法施工中预应力筋可单根张拉或多根成组张拉。常用的张拉设备有:

(1)拉杆式千斤顶

拉杆式千斤顶是一种单作用千斤顶,最常用的拉杆式千斤顶是 YL600 型千斤顶。它主要适用于张拉带螺丝端杆锚具的钢筋或带镦头锚具的钢丝束。

(2)穿心式千斤顶

穿心式千斤顶是一种适应性较强的千斤顶,配上撑脚、拉杆等附件后,也可作为拉杆式千斤顶使用。穿心式千斤顶适用于直径 12 ~ 20 mm 的单根钢筋、钢绞线或钢丝束的张拉。

(3)电动螺杆张拉机

电动螺杆张拉机由张拉螺杆、变速箱、拉力架、承力架和张拉夹具等组成,如图 6.59 所示。最大张拉力为 300 ~ 600 kN,张拉行程为 800 mm。为了便于转移和工作,将其装置在带轮的小车上。电动螺杆张拉机可以张拉预应力钢筋也可以张拉预应力钢丝。

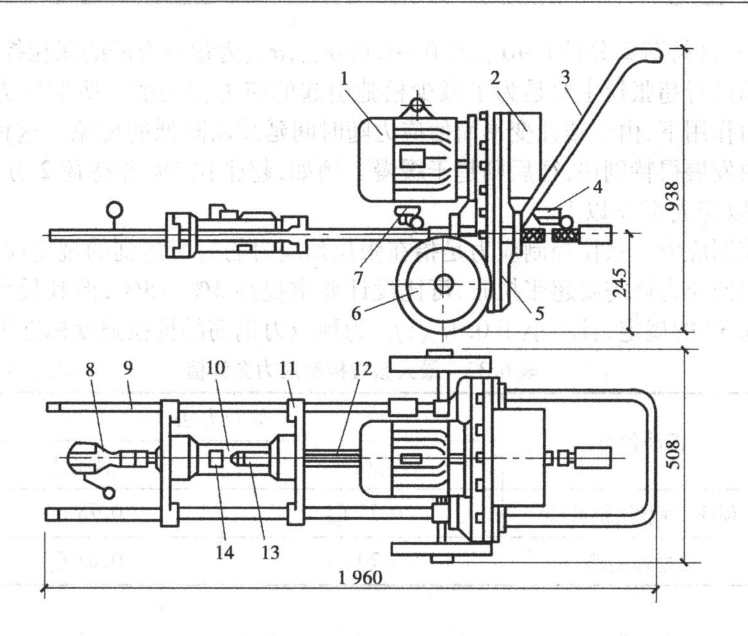

图 6.59　DL_1 型电动螺杆张拉机

1—电动机;2—配电箱;3—手柄;4—前限位开关;5—减速箱;6—胶轮;7—后限位开关;
8—钢丝钳;9—支撑杆;10—弹簧测力计;11—滑动架;12—滑动架;13—计量标尺;14—微动开关

(4)电动卷扬张拉机

在台座上生产构件多进行单根张拉,由于张拉力较小,一般用小型电动卷扬机张拉,以弹簧、杠杆等简易设备测力。用弹簧测力时宜设置行程开关,以便张拉到规定的拉力时能自行停车。电动卷扬张拉机如图 6.60 所示。

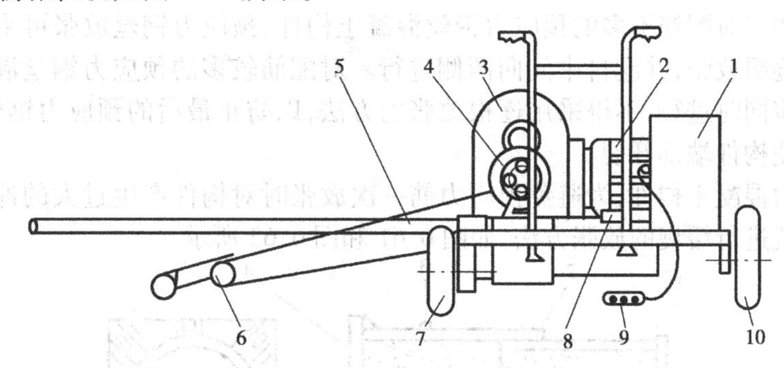

图 6.60　LYZ-1A 型电动卷扬机张拉机

1—电气箱;2—电动机;3—减速箱;4—卷筒;5—撑杆;
6—夹钳;7—前轮;8—测力计;9—开关;10—后轮

4)先张法施工工艺

先张法的主要施工工序为:在台座上张拉预应力筋至预定长度后,将预应力筋固定在台座的传力架上,然后浇筑混凝土,待混凝土达到一定强度后切断预应力筋。

(1)预应力筋的张拉

预应力筋的张拉应根据设计要求进行。

①张拉程序。预应力筋的张拉程序可按下列之一进行:

$0 \to 1.05\sigma_{con}$（持荷2分钟）$\to \sigma_{con}$或$0 \to 1.03\sigma_{con}$，σ_{con}为预应力筋的张拉控制应力。

预应力筋进行超张拉主要是为了减少松弛引起的应力损失值。所谓应力松弛是指钢材在常温高应力作用下，由于塑性变形而使应力随时间延续而降低的现象。这种现象在张拉后的头几分钟内发展得特别快，往后则趋于缓慢。例如，超张拉5%并持荷2分钟，再回到控制应力，松弛可以完成50%以上。

②张拉控制应力。张拉控制应力是指在张拉预应力筋时所达到的规定应力，应符合设计要求。施工中预应力筋需要超张拉时，可比设计要求提高3% ~5%，但其最大张拉控制应力不得超过表6.32的规定，且不小于$0.4f_{ptk}$（f_{ptk}为预应力钢筋的抗拉强度标准值）。

表6.32　最大张拉控制应力允许值　　单位：N/mm^2

钢筋种类	张拉方法	
	先张法	后张法
预应力钢丝、钢绞线	$0.75f_{ptk}$	$0.75f_{ptk}$
热处理钢筋	$0.70f_{ptk}$	$0.65f_{ptk}$

（2）预应力筋的放张

先张法施工的预应力放张时，预应力混凝土构件的强度必须符合设计要求。设计无要求时，其强度不低于设计的混凝土强度标准值的75%。

①放张顺序。如设计无规定时，预应力筋的放张顺序可按以下要求进行：承受轴心预应力构件的所有预应力筋应同时放张；承受偏心预压力构件，应先同时放张预压力较小区域的预应力筋，再同时放张预压力较大区域的预应力筋。不能按上述要求规定放张时，应分阶段、对称、相对交错地放张。

②放张方法。对配筋不多的预应力钢丝混凝土构件，预应力钢丝放张可采用剪切、割断和熔断的方法逐根放张，并应自中间向两侧进行。对配筋较多的预应力钢丝混凝土构件，预应力钢丝放张应同时进行，不得采用逐根放张的方法，以防止最后的预应力钢丝因应力增加过大而断裂或使构件端部开裂。

对于预应力混凝土构件，为避免预应力筋一次放张时对构件产生过大的冲击力，可利用楔块或砂箱装置进行缓慢的放张方法，如图6.61和图6.62所示。

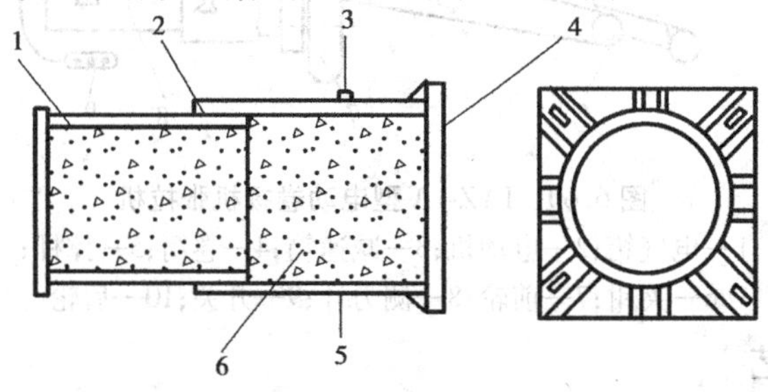

图6.61　砂箱放张

1—活塞；2—钢套管；3—进砂口；4—钢套管底板；5—出砂口；6—砂子

楔块装置放置在台座与横梁之间，放张预应力筋时，旋转螺母使螺杆向上运动，带动楔块向上移动，横梁向台座方向移动，预应力筋得到放松。

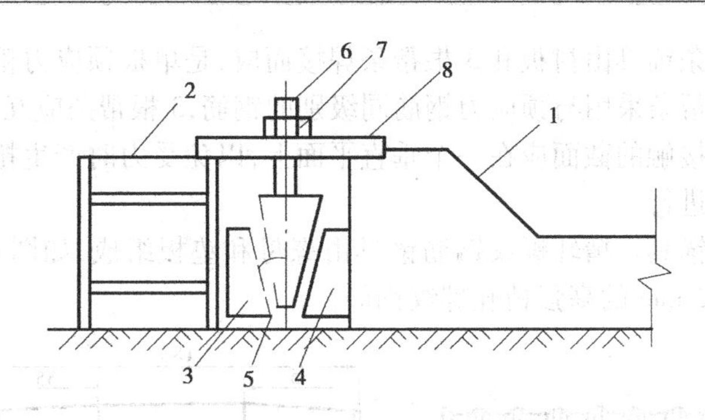

图 6.62 楔块放张

1—台座;2—横梁;3、4—钢块;5—钢楔块;6—螺栓;7—承力板;8—螺母

砂箱装置放置在台座与横梁之间。砂箱装置由钢制的套箱和活塞组成,内装石英或铁砂。预应力筋放张时,将出砂口打开,砂缓慢流出,从而使预应力筋慢慢的放张。

▶ 6.5.2 后张法施工

后张法是先制作混凝土构件,并在预应力筋的位置预留出相应孔道,待混凝土强度达到设计规定的数值后,穿入预应力筋进行张拉,并利用锚具把预应力筋锚固,最后进行孔道灌浆。

后张法施工由于直接在混凝土构件上进行张拉,所以不需要固定的台座设备,不受地点限制,适用于在施工现场生产大型预应力混凝土构件,特别是大跨度构件。

1)锚具

预应力锚具是确保预应力结构能保持持久正常工作状态的关键部件,它是随着预应力主材生产技术的发展而研制开发的。对锚具的要求:形状要准确、工作可靠、构造简单、施工方便;有足够的强度和刚度,受力后变形小,锚固可靠,不产生预应力筋的滑移和断裂现象。

(1)单根粗钢筋锚具

单根钢筋锚具夹具常用的有螺丝端杆锚具、帮条锚具和精轧螺纹钢筋锚具等。

①螺丝端杆锚具。螺丝端杆锚具是单根预应力粗钢筋张拉端常用的锚具,由螺丝端杆、螺母及垫板组成,如图 6.63 所示。

锚具长度一般为 320 mm,当为一端张拉或预应力筋的长度较长时,螺杆的长度应增加 30 ~ 50 mm。

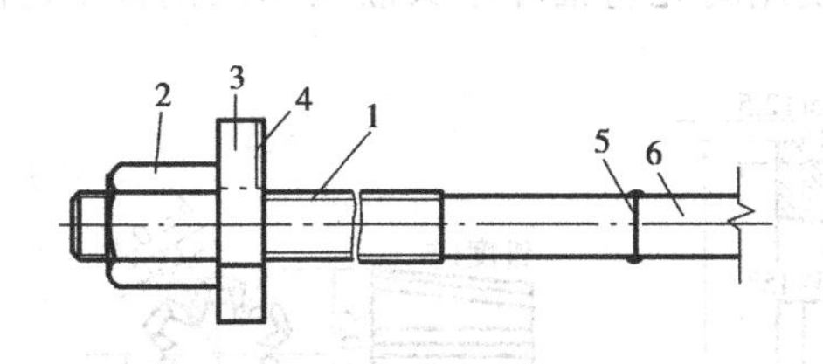

图 6.63 螺丝端杆锚具

1—螺丝端杆;2—螺母;3—垫板;

4—排气槽;5—对接接头;6—预应力钢筋

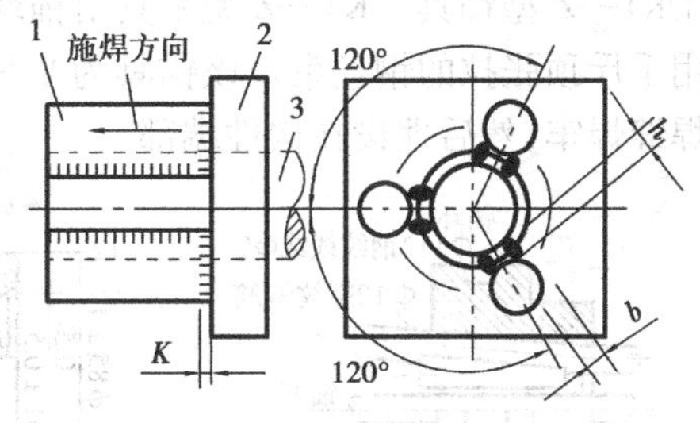

图 6.64 帮条锚具

1—帮条;2—施焊方向;3—衬板;4—主筋

螺丝端杆与预应力筋用对焊连接,焊接应在预应力筋冷拉之前进行。预应力筋冷拉时,螺母置于端杆顶部,拉力应由螺母传递至螺丝端杆和预应力筋上。

②帮条锚具。帮条锚具由衬板和3根帮条焊接而成，是单根预应力粗钢筋非张拉端用锚具，如图6.64所示。帮条采用与预应力钢筋同级别的钢筋，3根帮条应互成120°，衬板采用3号钢。帮条与衬板相接触的截面应在一个垂直平面上，以免受力时产生扭曲。帮条的焊接宜在预应力钢筋冷拉前进行。

③精轧螺纹钢筋锚具。精轧螺纹钢筋锚具由螺母和垫板组成，如图6.65所示。适用于锚固直径25 mm和32 mm的高强精轧螺纹钢筋。

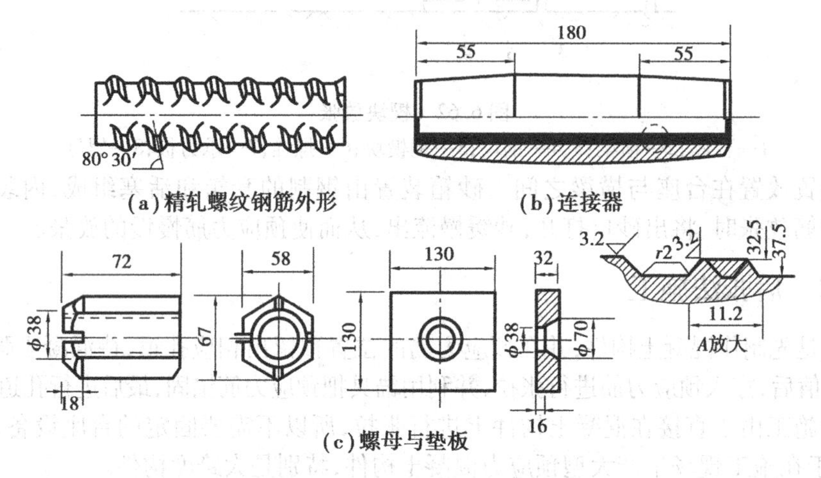

图6.65　精轧螺纹钢筋锚具

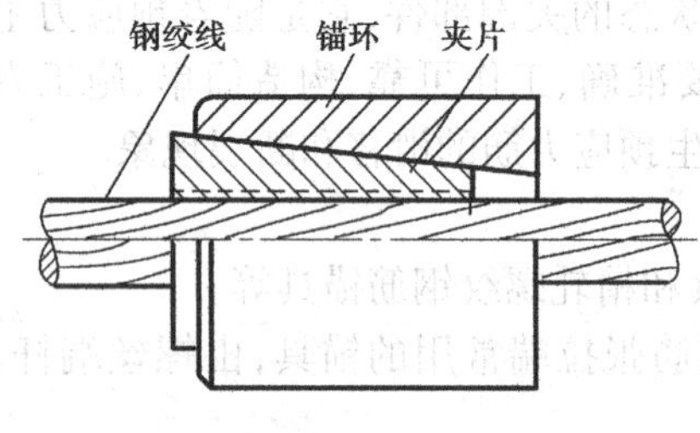

图6.66　单根钢绞线锚具

(2)单根钢绞线锚具

单根钢绞线锚具由锚环与夹片组成，如图6.66所示。夹片形状为三片式，斜角为4°。夹片的齿形为“短牙三角螺纹”，这是一种齿顶较宽、齿高较矮的特殊螺纹，强度高、耐腐蚀性强。适用于锚固Φʲ12和Φʲ15钢绞线，也可作先张法的夹具使用。锚具尺寸按钢绞线直径而定。

(3)钢丝束锚具

①KT—Z型锚具。KT—Z型锚具由锚环和锚塞组成，如图6.67所示。用于锚固以锥锚式双作用千斤顶张拉的钢丝束。该锚具为半埋式，使用时先将锚环小头嵌入承压钢板中，并用断续焊缝焊牢，然后埋设在构件端部。

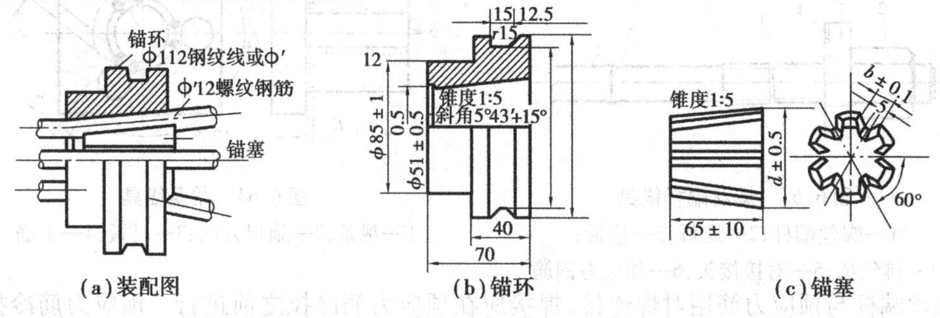

图6.67　KT-Z型锚具

②JM 型锚具。由锚环和夹片组成,其构造如图 6.68 所示。JM 型锚具是一种利用楔块原理锚固多根预应力筋的锚具,它既可作为张拉端的锚具,又可作为固定端的锚具或作为重复使用的工具锚。

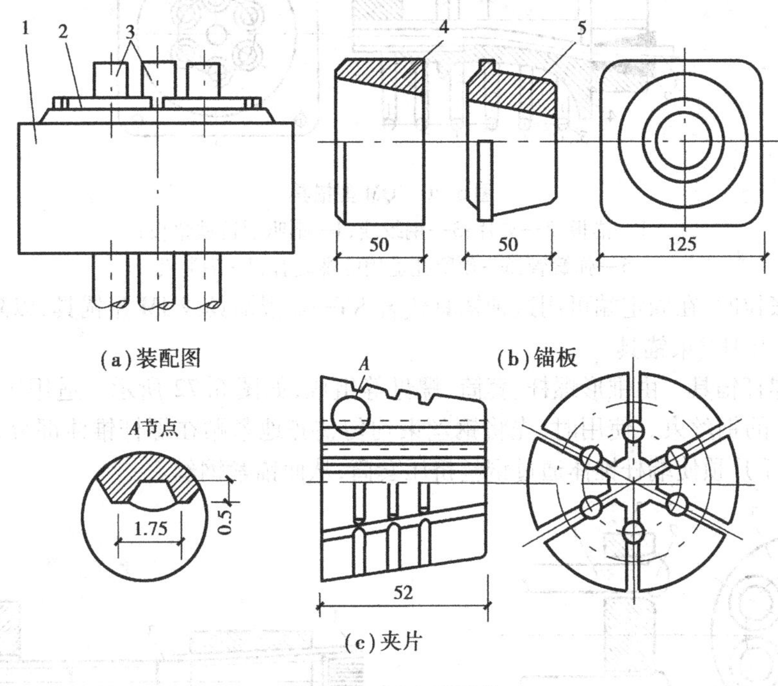

图 6.68　JM12 型锚具

1—锚环;2—夹片;3—钢筋束和钢绞线束;4—圆锚环;5—方锚环

③XM 型锚具。XM 型锚具由锚板与夹片组成,如图 6.69 所示。它既适用于锚固钢绞线束,又适用于锚固钢丝束,既可锚固单根预应力筋,又可锚固多根预应力筋。当用于锚固多根预应力筋时,既可单根张拉、逐根锚固,又可成组张拉、成组锚固。近年来随着预应力混凝土结构和无粘结预应力结构的发展,XM 型锚具已得到广泛应用。

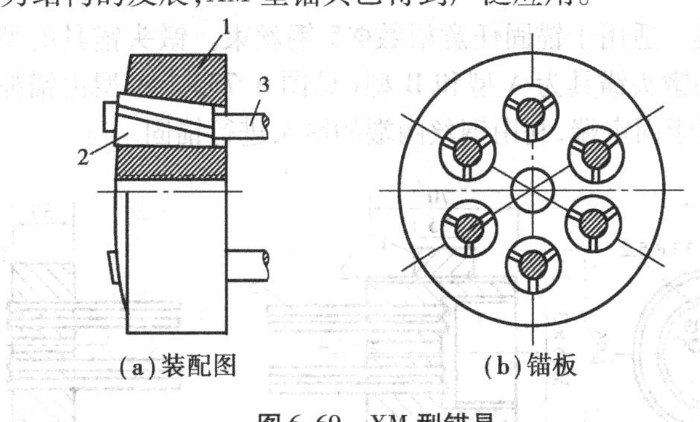

图 6.69　XM 型锚具

1—锚板;2—夹片(三片);3—钢绞线

④QM 型锚具。QM 型锚具与 XM 型锚具相似,它也是由锚板和夹片组成,如图 6.70 所示。但锚孔是直的,锚板顶面是平的,夹片垂直开缝。此外,备有配套喇叭形铸铁垫板与弹簧等。适用于锚固 4 ~31 根Φ^{j}12 或 3 ~19 根Φ^{j}15 钢绞线束。

⑤固定端用镦头锚具。由锚固板和带镦头的预应力筋组成,如图 6.71 所示。当预应力

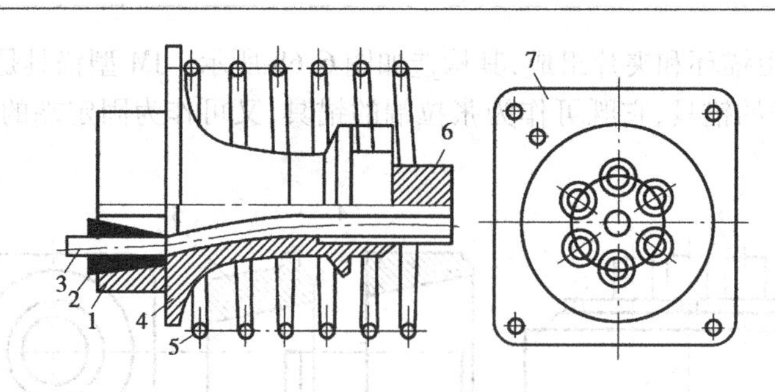

图 6.70　QM 型锚具

1—锚板;2—夹片;3—钢绞线;4—喇叭形铸铁垫板;
5—弹簧管;6—预留孔道用的螺旋管;7—灌浆孔

钢筋束一端张拉时,在固定端可用这种锚具代替 KT—Z 型锚具或 JM 型锚具,以降低成本。

(4)预应力钢丝束锚具

①锥形螺杆锚具。由锥形螺杆、套筒、螺母等组成,如图 6.72 所示。适用于锚固 14 ~ 28 根直径 5 mm 的钢丝束。使用时,先将钢丝束均匀整齐地紧贴在螺杆锥体部分,然后套上套筒,用拉杆式千斤顶使端杆锥体通过钢丝挤压套筒,从而锚紧钢丝。

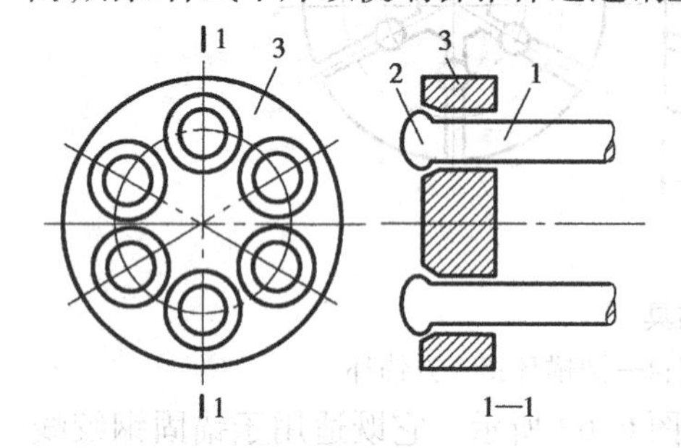

图 6.71　固定端用镦头锚具

1—预应力筋;2—墩粗头;3—锚固板

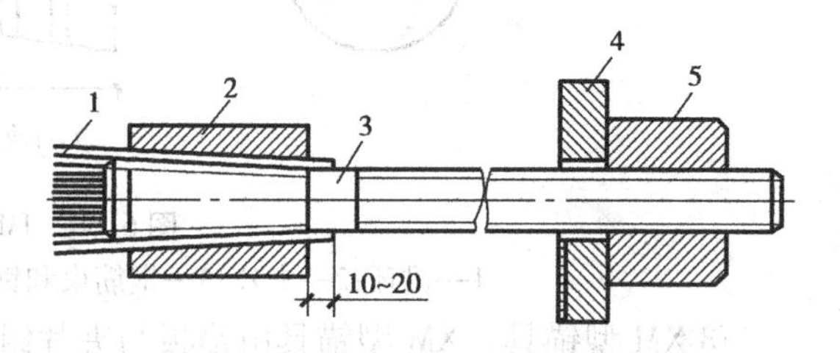

图 6.72　锥形螺杆锚具

1—钢丝束;2—套筒;3—锥形螺杆;
4—垫板;5—螺母

②钢丝束镦头锚具。适用于锚固任意根数Φ^{S}5 钢丝束。镦头锚具的型式与规格,可根据需要自行设计。常用的镦头锚具为 A 型和 B 型(见图 6.73)。A 型由锚杯与螺母组成,用于张拉端;B 型为锚板,用于固定端,利用钢丝两端的镦头进行锚固。

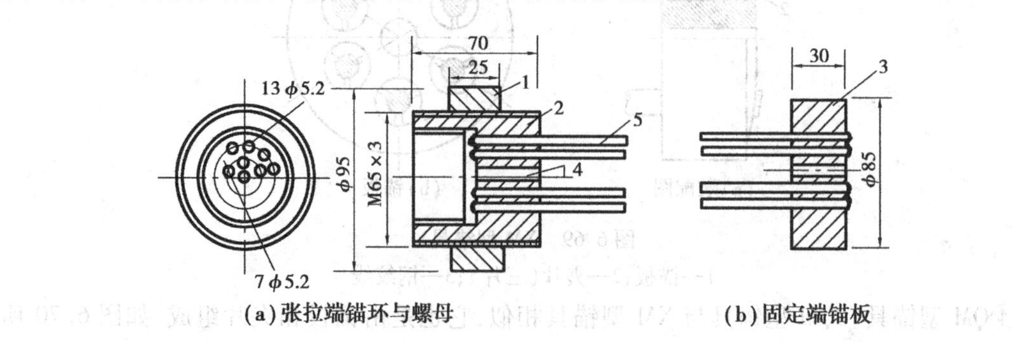

(a)张拉端锚环与螺母　　(b)固定端锚板

图 6.73　钢丝束镦头锚具

1—螺母;2—锚环;3—锚板;4—排气孔;5—钢丝

预应力钢丝束张拉时，在锚杯内口拧上工具式拉杆，通过拉杆式千斤顶进行张拉，然后拧紧螺母将锚杯锚固。钢丝束镦头锚具构造简单、加工容易、锚夹可靠、施工方便，但对下料长度要求较严，尤其当锚固的钢丝较多时，长度的准确性和一致性更须重视，这将直接影响预应力筋的受力状况。

③钢质锥形锚具。由锚杯和锚塞组成，如图 6.74 所示。用于锚固以锥锚式双作用千斤顶张拉的钢丝束。锚环内孔的锥度应与锚塞的锥度一致。锚塞上刻有细齿槽，夹紧钢丝防止滑动。

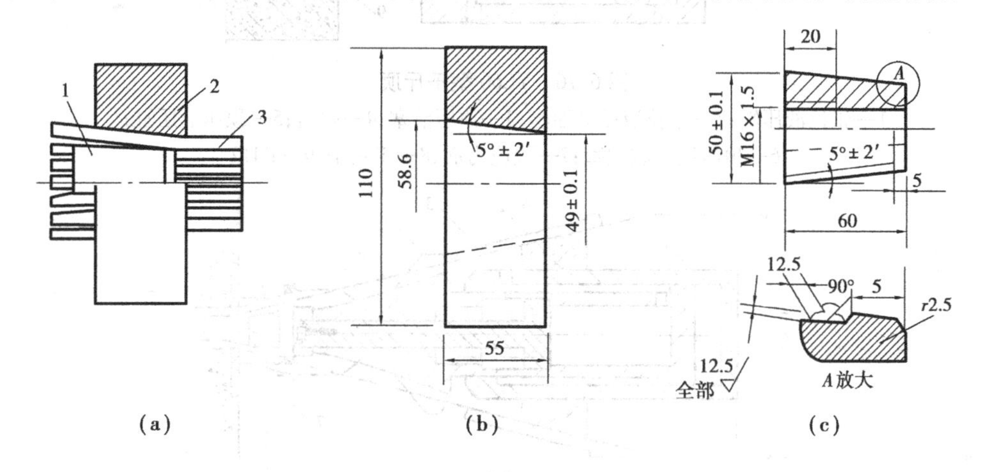

图 6.74　钢质锥形锚具

1—锚环；2—锚塞；3—钢丝束

2)张拉设备

(1)拉杆式千斤顶

拉杆式千斤顶是一种单作用千斤顶，最常用的拉杆式千斤顶是 YL600 型千斤顶，如图 6.75所示。它主要适用于张拉带螺丝端杆锚具的钢筋或带镦头锚具的钢丝束。

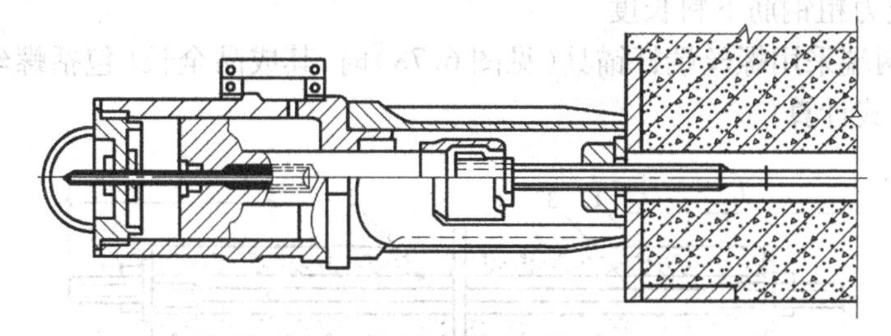

图 6.75　拉杆式千斤顶

(2)穿心式千斤顶

穿心式千斤顶是一种适应性较强的千斤顶，它既适用于 JM12 型、QM 型、XM 型和 KT—Z 型锚具，配上撑脚、拉杆等附件后，也可作为拉杆式千斤顶使用，根据使用功能不同可分为 YC 型、YC—D 型与 YCQ 型系列产品。YC60 型千斤顶的构造如图 6.76 所示。

(3)锥锚式千斤顶

锥锚式千斤顶是具有张拉、顶锚和退楔功能的千斤顶，用于张拉带钢质锥形锚具的钢丝束。锥锚式千斤顶由张拉油缸、顶压油缸、退楔装置、楔形卡环、退楔翼片等组成，如图 6.77 所示。

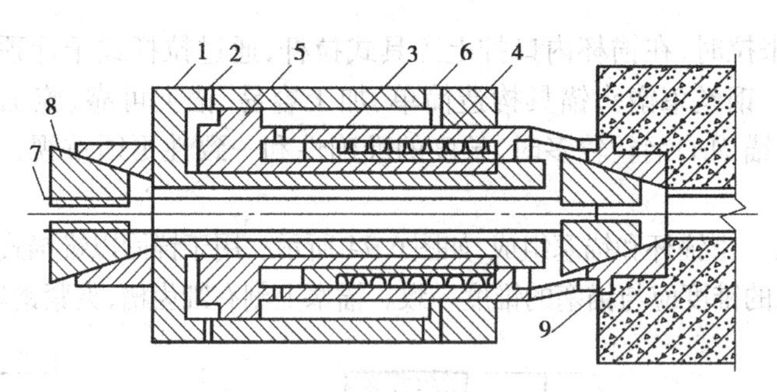

图 6.76　YC60 型千斤顶

1—张拉液压缸；2—张拉液压缸油嘴；3—顶压活塞；4—弹簧；5—顶压液压缸；6—顶压液压缸油嘴；7—预应力筋；8—工具锚；9—JM12

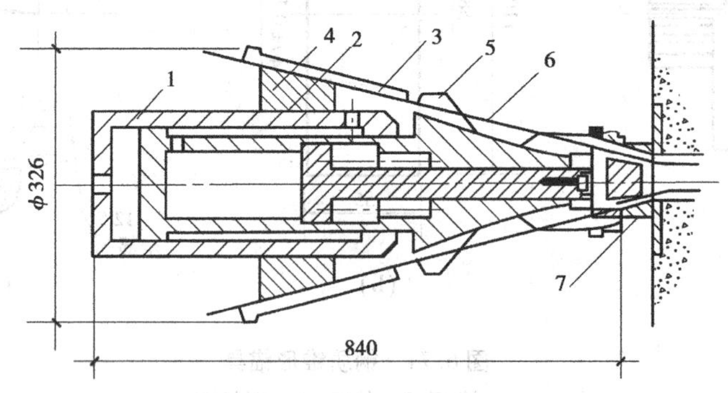

图 6.77　锥锚式千斤顶

1—主缸；2—副缸；3—楔块；4—锥形卡环；5—退楔翼片；6—钢丝；7—锥形锚头

3)预应力筋的制作

预应力筋的制作，主要根据所用的预应力钢材品种、锚(夹)具形式及生产工艺等确定。

(1)单根预应力粗钢筋下料长度

当预应力筋两端采用螺丝端杆锚具(见图 6.78)时，其成品全长(包括螺丝端杆在内冷拉后的全长)可按下式计算：

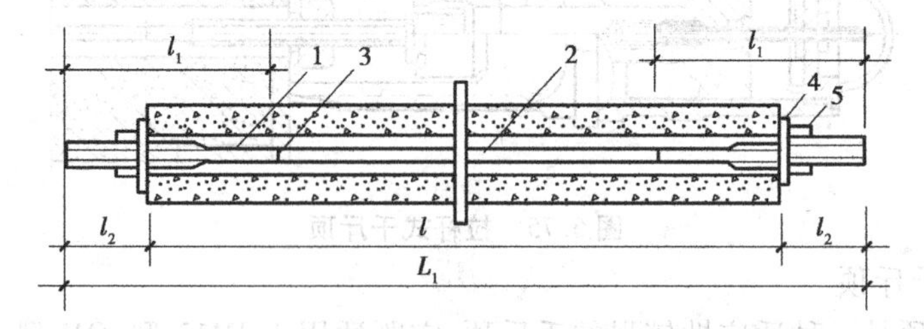

图 6.78　粗钢筋下料长度计算简图

1—螺丝端杆；2—预应力筋；3—对焊接头；4—垫板；5—螺母

预应力的成品：$L_1 = l + 2l_2$

预应力钢筋部分的成品长度：$L_0 = L_1 - 2l_1$

预应力筋钢筋部分的下料长度：

$$L = \frac{L_0}{1 + \gamma - \delta} + n\Delta = \frac{l + 2l_2 - 2l_1}{1 + \gamma - \delta} + n\Delta \tag{6.27}$$

式中　l——构件孔道长度,mm;

l_1——螺丝端杆长度,一般为 320 mm;

l_2——螺丝端杆伸出构件外的长度(可取 120 ~ 150 mm),或按对张拉端为 $l_2 = 2H + h + 5$(mm),锚固端为 $l_2 = H + h + 10$(mm),其中,H 为螺母高度,h 为垫板厚度计算;

γ——预应力钢筋的冷拉率(由试验确定);

δ——钢筋冷拉弹性回缩率(由试验确定,一般取 0.4% ~0.6%);

n——对焊接头的数量(包括钢筋与螺丝端杆的对焊接头);

Δ——每个对焊接头的压缩量(取一个钢筋直径,一般为 20 ~30 mm)。

(2)预应力钢丝束下料长度

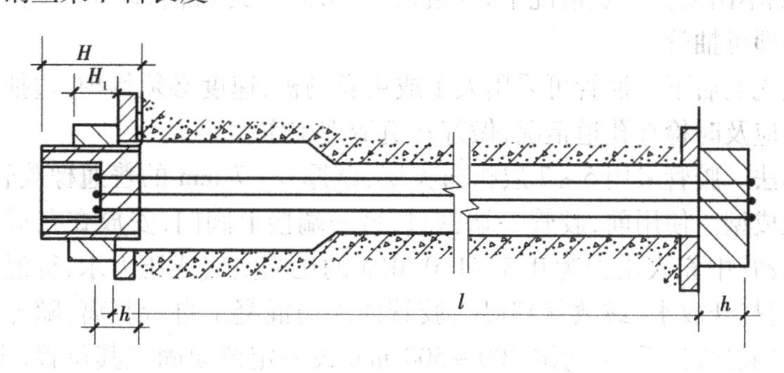

图 6.79　采用镦头锚具时钢丝下料长度计算简图

采用镦头锚具(见图 6.79)时,钢丝的下料长度 L 用式(6.28)计算:

$$L = l + 2h + 2\delta - K(H - H_1) - \Delta L - C \tag{6.28}$$

式中　l——孔道长度,mm;

h——锚环底厚或锚板厚度,mm;

δ——钢丝镦头预留量,取 10 mm;

K——系数,一端张拉时取 0.5,两端张拉时取 1.0;

H——锚杯高度,mm;

ΔL——钢丝束张拉伸长值,mm;

C——张拉时混凝土构件弹性压缩值,mm。

(3)预应力钢绞线束下料长度

采用夹片式锚具(JM12 型锚具)当两端张拉时,钢绞线束的下料长度 L 用式(6.29)计算:

$$L = l + 2a \tag{6.29}$$

式中　l——构件孔道长度,mm;

a——张拉端所需的外露工作长度(一般取 700 mm)。

钢绞线束下料后,将其逐根理顺并每隔一定距离用铁丝绑扎成束。

4)后张法施工工艺

(1)孔道留设

孔道留设是有粘结预应力后张法构件制作中的关键工作。孔道留设方法有钢管抽芯法、胶管抽芯法和预埋波纹管法。在留设孔道的同时还要在设计规定位置留设灌浆孔,一般在构件两端和中间每隔12 m留一个直径20 mm的灌浆孔,并在构件两端各设一个排气孔。

①钢管抽芯法。钢管抽芯法是预先将钢管埋设在模板内孔道位置处,在浇筑混凝土后,每隔一定时间慢慢转动钢管,使之不与混凝土粘结。待混凝土初凝后、终凝前抽出钢管形成孔道。钢管抽芯法只用于留设直线孔道,钢管长度不宜超过15 m,钢管两端各伸出构件500 mm左右,以便转动和抽管。

钢管要平直、光滑,预埋前应除锈、刷油,安放时位置要准确。钢管在构件中的位置,采用间距1.0~1.5 m的井字形钢筋网架固定。浇筑混凝土时,应防止振动器直接接触钢管,以免发生钢管变形和位移。

抽管时间与水泥品种、浇筑气温和养护条件有关。抽管过早,会造成塌孔;抽管过晚,则抽管困难,甚至抽不出来。一般情况下,在混凝土初凝后、终凝前,以手指按压混凝土不粘浆又无明显印痕时即可抽管。

抽管顺序宜先上后下。抽管可采用人工或用卷扬机,速度必须均匀,边抽边转,与孔道保持直线。抽管后应及时检查孔道情况,做好孔道清理工作。

②胶管抽芯法。胶管采用5~7层帆布夹层,壁厚6~7 mm的普通橡胶管,适用于直线、曲线或折线孔道成型。使用前,胶管一端密封,另一端接上阀门,安放在孔道设计位置上,在浇筑混凝土前,胶管中充入压力为0.8~1.0 MPa的压缩空气或压力水,待混凝土初凝后、终凝前,将胶管阀门打开放水(或放气)降压,胶管回缩与混凝土自行脱离,随即抽出胶管,形成孔道。胶管穿入钢筋骨架后,应每隔300~500 mm设一定位架固定其位置,定位架用电焊焊牢在钢筋骨架上。抽管顺序一般应先上后下,先曲后直。

③预埋波纹管法。预埋波纹管法是用钢筋井字架将波纹管固定在设计位置上,在混凝土构件中埋管成型的一种施工方法。适用于预应力筋密集或曲线预应力筋的孔道埋设,是目前最常用的孔道留设方法。

波纹管安装前,应按设计图中预应力筋的曲线坐标在侧模板上弹线,以波纹管底为准,定出波纹管曲线位置。波纹管可采用钢筋托架固定,间距为600 mm。钢筋托架应焊在箍筋上,箍筋下面要用垫块垫实。

(2)预应力筋张拉

预应力张拉时,构件混凝土强度应符合设计要求,当设计无具体要求时,不应低于混凝土设计强度标准值的75%。

①张拉控制应力及张拉程序。预应力筋的张拉控制应力应符合设计要求和表6.32的规定。

预应力筋的张拉程序,主要根据构件类型、张锚体系、松弛损失取值等因素来确定。用超张拉方法时,预应力筋的张拉程序为:

$$0 \rightarrow 1.05\sigma_{con}(\text{持荷 2 min}) \rightarrow \sigma_{con}$$

如果预应力筋张拉吨位不大,根数很多,而设计中又要求采取超张拉以减少应力松弛损失时,其张拉程序为:

$$0 \rightarrow 1.03\sigma_{con}$$

②张拉方法。张拉方法有一端张拉和两端张拉。两端张拉的目的是减少预应力筋与孔壁之间的摩擦造成的预应力损失。

对于抽芯成形孔道,曲线预应力筋和长度大于24 m的直线预应力筋,应采用两端同时张拉的方法。长度不大于24 m的直线预应力筋,可一端张拉,但张拉端宜分别设置在构件两端。

对预埋波纹管孔道,曲线预应力筋和长度大于30 m的直线预应力筋宜在两端张拉,长度不大于30 m的直线预应力筋可在一端张拉。

安装张拉设备时,应使直线预应力筋张拉力的作用线与孔道中心线重合,曲线预应力筋张拉力的作用线与孔道中心线末端的切线重合。

③张拉顺序。预应力筋张拉顺序应按设计规定进行,如设计无规定时,应采取分批分阶段对称地进行。对称张拉是为避免张拉时构件截面呈过大的偏心受压状态。分批张拉,要考虑后批预应力筋张拉时产生的混凝土弹性压缩,会对先批张拉的预应力筋的张拉应力产生影响。设分两批张拉,则第一批张拉的预应力筋的张拉控制应力应为:

$$\sigma'_{con} = \sigma_{con} + \alpha_E \sigma_{pc} \tag{6.30}$$

式中　σ'_{con}——第一批预应力筋的张拉控制应力;

σ_{con}——设计控制应力,即第二批预应力筋的张拉控制应力;

α_E——钢筋与混凝土的弹性模量比值;

σ_{pc}——第二批预应力筋张拉时,在已张拉预应力筋重心处产生的混凝土法向应力。

平卧重叠浇筑的预应力混凝土构件,张拉预应力筋的顺序是先上后下,逐层进行。

(3)孔道灌浆

孔道灌浆的作用是保护预应力筋,防止其锈蚀,并使预应力筋与结构混凝土形成整体,增加结构的抗裂性和耐久性。

灌浆施工:预应力筋张拉后,应尽快地用灰浆泵将水泥浆压灌到预应力孔道中。灌浆前用压力水冲洗和湿润孔道,灌浆过程中用电动或手动灰浆泵进行灌浆。灌浆工作应缓慢均匀连续进行,不得中断,并应排气通畅。灌满孔道两端冒出浓浆并封闭气孔后,宜再继续加压至0.5~0.6 MPa,并稳定一段时间,再封闭灌浆孔,以确保孔道灌浆的密实性。灌浆顺序应先下后上,以免上层孔道漏浆把下层孔道堵塞。

▶ 6.5.3　预应力混凝土施工质量检查

浇筑混凝土之前应进行预应力隐蔽工程验收,其内容包括:预应力筋的品种、规格、数量、位置等;预应力筋锚具和连接器的品种、规格、数量、位置等;预留孔道的规格、数量、位置、形状及灌浆孔、排气兼泌水管等;锚固区局部加强构造等。

预应力筋张拉机具设备及仪表,应定期维护和校验。张拉设备应配套标定,并配套使用。张拉设备的标定期限不应超过半年。当在使用过程中出现反常现象时或在千斤顶检修后,应重新标定。张拉设备标定时,千斤顶活塞的运行方向应与实际张拉工作状态一致。压力表的精度不应低于1.5级,标定张拉设备用的试验机或测力计精度不应低于±2%。

1)原材料

预应力筋进场时,应有产品合格证和出厂检验报告,并按现行国家标准《预应力混凝土用钢绞线》GB/T 5224等的规定抽取试件做力学性能检验,其质量必须符合有关标准的规定。钢绞线应成批验收,每批钢绞线由同一牌号、同一规格、同一生产工艺捻制的钢绞线组成。每批质量不大于60吨。预应力筋使用前应进行外观检查,其质量应符合下列要求:有粘结预应力筋展开后应平顺,不得有弯折,表面不应有裂纹、小刺、机械损伤、氧化铁皮和油污等;无粘结预应力筋护套应光滑、无裂缝、无明显褶皱。

预应力筋用锚具、夹具和连接器应按设计要求采用,其性能应符合现行国家标准《预应力筋用锚具、夹具和连接器》GB/T 14370 等的规定。预应力筋用锚具、夹具和连接器使用前应进行外观检查,其表面应无污物、锈蚀、机械损伤和裂纹。

预应力混凝土用金属螺旋管的尺寸和性能应符合国家现行标准《预应力混凝土用金属螺旋管》JG/T 3013 的规定。预应力混凝土用金属螺旋管在使用前应进行外观检查,其内外表面应清洁、无锈蚀,不应有油污、孔洞和不规则的褶皱,咬口不应有开裂或脱扣。

2)预应力制作与安装

预应力筋安装时其品种、级别、规格、数量必须符合设计要求。预应力筋的下料应符合下列要求:

①预应力筋应采用砂轮锯或切断机切断,不得采用电弧切割。

②当钢丝束两端采用镦头锚具时,同一束中各根钢丝长度的极差不应大于钢丝长度的1/5 000,且不应大于5 mm。当成组张拉长度不大于10 m 的钢丝时,同组钢丝长度的极差不得大于2 mm。

预应力筋端部锚具的制作质量应符合下列要求:

①挤压锚具制作时压力表油压应符合操作说明书的规定,挤压后预应力筋外端应露出挤压套筒1 ~5mm。

②钢绞线压花锚成形时,表面应清洁、无油污,梨形头尺寸和直线段长度应符合设计要求。

③钢丝镦头的强度不得低于钢丝强度标准值的98%。

后张法有粘结预应力筋预留孔道的规格、数量、位置和形状除应符合设计要求外,尚应符合下列规定:

①预留孔道的定位应牢固,浇筑混凝土时不应出现移位和变形。

②孔道应平顺,端部的预埋锚垫板应垂直于孔道中心线。

③成孔用管道应密封良好,接头应严密且不得漏浆。

④灌浆孔的间距:对预埋金属螺旋管不宜大于30 m,对抽芯成形孔道不宜大于12 m。

⑤在曲线孔道的曲线波峰部位,应设置排气兼泌水管,必要时可在最低点设置排水孔。

⑥灌浆孔及泌水管的孔径应能保证浆液畅通。

预应力筋束形控制点的竖向位置偏差应符合表6.33 的规定。

表6.33 束形控制点的竖向位置允许偏差

截面高(厚)度/mm	$h \leq 300$	$300 < h \leq 1\ 500$	$h > 1\ 500$
允许偏差/mm	±5	±10	±15

注:束形控制点的竖向位置偏差合格点率应达到90%及以上,且不得有超过表中数值1.5 倍的尺寸偏差。

3)预应力筋张拉和放张

预应力筋张拉或放张时,混凝土强度应符合设计要求;当设计无具体要求时,不应低于设计的混凝土立方体抗压强度标准值的75%。

预应力筋的张拉力、张拉或放张顺序及张拉工艺应符合设计及施工技术方案的要求,并应符合下列规定：

①当施工需要超张拉时，最大张拉应力不应大于国家现行标准《混凝土结构设计规范》GB 50010 的规定。

②张拉工艺应能保证同一束中各根预应力筋的应力均匀一致。

③后张法施工中，当预应力筋是逐根或逐束张拉时，应保证各阶段不出现对结构不利的应力状态，同时宜考虑后批张拉预应力筋所产生的结构构件的弹性压缩对先批张拉预应力筋的影响，确定张拉力。

④先张法预应力筋放张时，宜缓慢放松锚固装置，使各根预应力筋同时缓慢放松。

⑤当采用应力控制方法张拉时，应校核预应力筋的伸长值。实际伸长值与设计计算理论伸长值的相对允许偏差为6%。

预应力筋张拉锚固后实际建立的预应力值与工程设计规定检验值的相对允许偏差为5%。

张拉过程中应避免预应力筋断裂或滑脱，当发生断裂或滑脱时必须符合下列规定：

①对后张法预应力结构构件，断裂或滑脱的数量严禁超过同一截面预应力筋总根数的3%，且每束钢丝不得超过一根；对多跨双向连续板，其同一截面应按每跨计算。

②对先张法预应力构件，在浇筑混凝土前发生断裂或滑脱的预应力筋必须予以更换。

锚固阶段张拉端预应力筋的内缩量应符合设计要求，当设计无具体要求时，应符合表6.34 的规定。

表 6.34　张拉端预应力筋的内缩量限值

锚具类别		内缩量限值/mm
支承式锚具（镦头锚具等）	螺帽缝隙	1
	每块后加垫板的缝隙	1
锥塞式锚具		5
夹片式锚具	有预压	5
	无预压	6~8

先张法预应力筋张拉后与设计位置的偏差不得大于 5 mm，且不得大于构件截面短边边长的4%。

4）灌浆及封锚

后张法有粘结预应力筋张拉后应尽早进行孔道灌浆，孔道内水泥浆应饱满、密实。灌浆用水泥浆的水灰比不应大于0.45，搅拌后 3 h 泌水率不宜大于2%，且不应大于3%，泌水应能在24 h 内全部重新被水泥浆吸收。灌浆用水泥浆的抗压强度不应小于30 N/mm^2。

锚具的封闭保护应符合设计要求；当设计无具体要求时，应符合下列规定：

①应采取防止锚具腐蚀和遭受机械损伤的有效措施。

②凸出式锚固端锚具的保护层厚度不应小于50 mm。

③外露预应力筋的保护层厚度：处于正常环境时不应小于20 mm；处于易受腐蚀环境时，不应小于50 mm。

后张法预应力筋锚固后的外露部分宜采用机械方法切割，其外露长度不宜小于预应力筋直径的1.5 倍，且不宜小于30 mm。

6.6 混凝土结构工程施工的安全技术

6.6.1 模板工程施工安全技术

模板工程的安全技术主要有:

①进入施工现场人员必须戴好安全帽,高空作业人员必须佩带安全带,并应系牢。

②经医生检查,认为不适宜高空作业的人员不得进行高空作业。

③工作前应先检查使用的工具是否牢固,扳手等工具必须用绳链系挂在身上,钉子必须放在工具袋内,以免掉落伤人。工作时要思想集中,防止钉子扎脚和空中滑落。

④安装与拆除5 m以上的模板应搭脚手架,并设防护栏杆,防止上下在同一垂直面操作。

⑤高空、复杂结构模板的安装与拆除,事先应有有效的安全措施。

⑥遇六级以上大风时,应暂停室外的高空作业,雪霜雨后应先清扫施工现场,略干不滑时再进行工作。

⑦二人抬运模板时要互相配合,协同工作。传递模板、工具,应用运输工具或绳子系牢后升降,不得乱抛。组合钢模板装拆时,上下应有人接应。钢模板及配件应随装拆随运送,严禁从高处掷下,高空拆模时,应有专人指挥,并在下面标出工作区,用绳子和红白旗加以围栏,暂停人员过往。

⑧不得在脚手架上堆放大批模板等材料。

⑨支撑、牵杠等不得搭在门窗框和脚手架上。通路中间的斜撑、拉杆等应设在1.8 m高以上。

⑩支模过程中,如需中途停歇,应将支撑、搭头、柱头板等钉牢。拆模间歇时,应将已活动的模板、牵杠、支撑等运走或妥善堆放,防止因踏空、扶空而坠落。

⑪模板上有预留洞者,应在安装后将洞口盖好;混凝土板上的预留洞,应在模板拆除后将洞口盖好。

⑫拆除模板一般用长撬棒,人不许站在正在拆除的模板上。拆除楼板模板时,要防止整块模板掉下,尤其是用定型模板做平台模板时,更要注意。拆模人员要站在门窗洞口外拉支撑,防止模板突然全部掉落而伤人。

⑬在组合钢模板上架设电线和使用电动工具,应用36 V低压电源或采取其他有效的安全措施。

⑭高空作业要搭设脚手架或操作台,上、下要使用梯子,不许站立在墙上工作,不准站在大梁底模上行走。操作人员严禁穿硬底鞋及有跟鞋作业。

⑮装拆模板时,作业人员要站立在安全地点进行操作,防止上下在同一垂直面工作,操作人员要主动避让吊物,增强自我保护和相互保护的安全意识。

⑯拆模必须一次性拆清,不得留下无撑模板。拆下的模板要及时清理,堆放整齐。

⑰拆除的钢模作平台底模时,不得一次将顶撑全部拆除,应分批拆下顶撑,然后按顺序拆下搁栅、底模,以免发生钢模在自重荷载下一次性大面积脱落。

⑱在钢模及构件垂直运输时,吊点必须符合要求,以防坠落伤人。

⑲拆模时,临时脚手架必须牢固,不得用拆下的模板作脚手板。脚手板搁置必须牢固平

整，不得有空头板，以防踏空坠落。

⑳混凝土板上的预留孔，应在施工组织设计时就做好技术交底，以免操作人员从孔中坠落。

▶ 6.6.2　钢筋工程施工安全技术

钢筋工程的安全技术主要有：

①钢材、半成品等应按规格、品种分别堆放整齐，加工制作现场要平整，工作台稳固，照明灯具必须加网罩。

②所需各种钢筋机械，必须制定安全技术操作规程，并认真遵守，钢筋机械的安全防护设施必须安全可靠。

③钢筋拉直时卡头要卡牢，拉筋线 2 m 区域内禁止行人来往。人工拉直时，不准用胸、肚接触推扛，并缓慢松解，不得一次松开。

④展开盘圆钢筋要一次卡牢，防止回弹，切割时先用脚踩紧。

⑤搬运钢筋要注意附近有无障碍物、架空电线和其他临时电气设备，防止钢筋在回转时碰撞电线或发生触电事故。

⑥多人合作运钢筋，运作要一致，人工上下传送不得在同一垂直线上，钢筋堆放要分散、牢稳，防止倾倒或塌落。

⑦起吊钢筋时，规格必须统一，不准长短参差不一，细长钢筋不准一点起吊。

⑧起吊钢筋骨架，下方禁止站人，必须待骨架降到距模板 1 m 以下才准靠近，就位支撑好方可摘钩。

⑨钢筋断料、配料、弯曲等工作应在地面进行，不准在高空操作。

⑩切割机使用前，须检查机械运转是否正常，有否漏电，电源线须装漏电开关，切割机不准堆放在易燃物品边。

⑪绑扎立柱、墙体钢筋，不得站在钢筋骨架上或攀登骨架上下。

⑫高空作业时，不得将钢筋集中堆在模板和脚手板上，也不要把工具、钢箍、短钢筋随意放在脚手板上，以免滑下伤人。

⑬雷雨时必须停止露天操作，预防雷击钢筋伤人。

▶ 6.6.3　混凝土工程施工安全技术

混凝土工程的安全技术主要有：

①串搭车道板时，两头需搁置平稳，并用钉子固定，在车道板下面每隔 1.5 m 需加横楞、顶撑，2 m 以上的高空架道，必须装有防护栏杆。车道板上应经常清扫垃圾、石子等以防行车受阻、人仰车翻。

②车道板单车行走不小于 1.4 m 宽，双车来回不小于 2.8 m 宽。

③运料时，前后应保持一定车距，不准奔走、抢道或超车。到终点卸料时，双手应扶牢车柄倒料，严禁双手脱把，防止翻车伤人。

④用塔吊、料斗浇捣混凝土时，指挥料斗人员与塔吊驾驶员应密切配合。当塔吊放下料斗时，操作人员应主动避让，应随时注意料斗碰头，并应站立稳当，防止料斗碰人坠落。

⑤在离地面 2 m 以上浇捣过梁、雨篷、小平台等时，不准站在搭头上操作，如无可靠的安

全设备时,必须戴好安全带,并扣好保险钩。

⑥使用振动机前应检查电源电压,输电是否安装漏电开关,保护电源线路是否良好。电源线不得有接头,机械运转应正常,振动机移动时不能硬拉电线,更不能在钢筋和其他锐利物上拖拉,防止割破、拉断电线而造成触电伤亡事故。使用振动机的工人应手戴绝缘手套,脚穿绝缘橡胶鞋。

⑦搅拌机应由专人操作,中途发生故障时应立即切断电源进行修理,运转时不得将铁锹伸入搅拌筒内卸料,其机械传动外露装置应加保护罩。

⑧井架吊篮起吊或放下时,必须关好井架安全门,头、手不准伸入井架内,待吊篮停稳,方能进入吊篮内工作。

⑨严禁操作人员在酒后进入施工现场作业。

⑩每个工人进入施工现场都必须头戴安全帽。

⑪所有的工人都不得从高处向下扔掷模板、工具等物体。

⑫在楼板临边倾倒混凝土浆时,应注意防止混凝土浆掉到外架中而弹伤人员。

▶ 6.6.4 预应力混凝土工程施工安全技术

预应力混凝土工程的安全技术主要有:

①操作人员上岗必须戴防护眼镜或防护面罩,防止高压油泄漏伤害眼睛。

②操作千斤顶和测量伸长值的人员,要严格遵守操作规程,应站在千斤顶侧面操作。油泵开运过程中,不得擅自离开岗位,如需离开,必须把油阀门全部松开,并切断电路。

③钢丝、钢绞线、热处理钢筋、冷轧带肋钢筋和冷拉HRB335、HRB400钢筋,严禁采用电弧切割,应使用砂轮锯或切断机切断。施工过程中应避免电火花损伤预应力筋,因为预应力筋遇电火花损伤,容易在张拉阶段脆断。

④先张法施工的安全技术:

a. 在先张法的台座两端、后张法的构件两端应设防护装置,如麻袋装土筑成的屏障;

b. 沿台座或构件的长度方向间隔设置防护架且有明显警示标志,非施工人员不得进入施工现场,以防止锚具滑脱、预应力筋断裂伤人事故的发生;

c. 张拉时,张拉工具与预应力筋应在一条直线上。顶紧锚塞时,用力不要过猛,以防钢丝折断。拧紧螺母时,应注意压力表读数,一定要保持所需的张拉力。

⑤后张法施工的安全技术:

a. 在进行预应力张拉时,任何人员不得站在预应力筋的两端,同时在千斤顶的后面应设立防护装置;

b. 张拉时应认真做到孔道、锚环与千斤顶三对中,以便保证张拉工作顺利进行;

c. 采用锥锚式千斤顶张拉钢丝束时,应先使千斤顶张拉缸进油,至压力表略有起动时暂停,检查每根钢丝的松紧进行调整,然后再打紧楔块。

复习思考题

1. 混凝土结构工程由哪些部分组成?

2. 简述钢筋混凝土施工工艺过程。

3. 模板有哪些种类？对模板有何要求？
4. 试述钢定型模板的特点及组成。
5. 滑升模板的施工特点是什么？
6. 设计模板应考虑哪些原则？
7. 模板设计应考虑哪些荷载？
8. 现浇结构拆模时应注意哪些问题？
9. 试述钢筋的种类及其主要性能。
10. 试述钢筋验收的方法。
11. 试述钢筋冷拉及冷拉控制方法。
12. 试述钢筋冷拔原理及工艺，钢筋冷拔与冷拉有何区别？
13. 试述钢筋的焊接方法，如何保证焊接质量？
14. 简述机械连接方法。
15. 钢筋加工过程有哪些？
16. 现场绑扎钢筋应符合哪些规定？
17. 如何计算钢筋的下料长度？
18. 试述钢筋代换的原则及方法。
19. 试述常用水泥的特点及适用范围。
20. 混凝土配料时为什么要进行施工配合比换算？如何换算？
21. 搅拌机为何不宜超载？试述进料容量与出料容量的关系。
22. 如何使混凝土搅拌均匀？为何要控制搅拌机的转速和搅拌时间？
23. 混凝土运输有何要求？混凝土在运输和浇筑中如何避免产生分层离析？
24. 混凝土浇筑时应注意哪些事项？如何防止混凝土离析？
25. 试述施工缝留设的原则和处理方法。
26. 大体积混凝土施工应注意哪些问题？
27. 如何进行水下混凝土浇筑？
28. 混凝土成型方法有哪几种？
29. 试述振捣器的种类及适用范围。
30. 使用插入式振捣器时，为何要上下抽动、快插慢拔？插点布置方式有哪几种？
31. 试述湿度、温度与混凝土硬化的关系。
32. 同条件养护的方法有哪些？
33. 混凝土的外观质量缺陷有哪些？
34. 如何检查和评定混凝土的质量？
35. 影响混凝土质量有哪些因素？在施工中如何才能保证质量？
36. 什么是预应力混凝土？其优点有哪些？
37. 试比较先张法与后张法施工的不同特点及其适用范围。
38. 试述先张法的台座、夹具和张拉机具的类型及特点。
39. 先张法施工时，预应力筋什么时候才可放张？怎样进行放张？
40. 什么叫超张拉？为什么要超张拉并持荷 2 min？采用超张拉时为什么要规定最大限值？

41. 试分析各种锚具的性能、适用范围及优缺点。
42. 分批张拉预应力筋时,如何弥补混凝土弹性压缩应力损失?
43. 试述预留孔道的基本要求及孔道留设方法。
44. 为什么要进行孔道灌浆？怎样进行孔道灌浆？对灌浆材料有何要求？
45. 简述模板工程施工安全技术要求。
46. 简述钢筋工程施工安全技术要求。
47. 简述混凝土工程施工安全技术要求。
48. 简述预应力混凝土工程施工安全技术要求。

习 题

1. 一根长 30 m 的 HRB335 级钢筋,直径为 18 mm,冷拉采用应力控制,试计算伸长值及拉力。

2. 一根直径为 20 mm,长 30 m 的 HRB400 级钢筋,经冷拉后,已知伸长值为 1 200 mm,此时拉力为 200 kN,试判断该钢筋是否合格?

3. 冷拉设备采用 50 kN 电动卷扬机,卷筒直径为 400 mm,转速为 6.32 r/min,5 门滑轮组,实测设备阻力为 10 kN,现用应力控制法冷拉 HRB335 级钢筋,直径为 20 mm,试求设备拉力与冷拉速度是否满足要求?

4. 某建筑物有 5 根梁,每根梁配筋如下所示,试编制 5 根梁钢筋配料单。

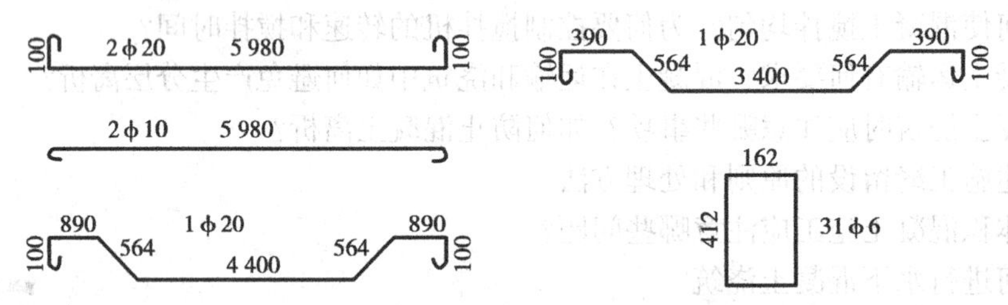

5. 某主梁筋设计为 5 根 Φ 25 纵向受力钢筋,现在无此钢筋,仅有 Φ 28 与 Φ 20 的钢筋,已知梁宽为 300 mm,应如何代换?

6. 某梁采用 C30 混凝土,原设计纵筋为 6 Φ 20($f_y=300\ \text{N/mm}^2$),已知梁断面 $b\times h=300\ \text{mm}\times600\ \text{mm}$,试用 HPB235 级钢筋($f_y=210\ \text{N/mm}^2$)进行代换。

7. 设混凝土水灰比为 0.6,已知设计配合比为水泥: 砂: 石子 =260 kg: 650 kg: 1 380 kg,现测得工地砂含水率为 3%,石子含水率为 1%,试计算施工配合比。若搅拌机的出料容积为 400 L,每次搅拌所需材料又是多少?

8. 一设备基础长、宽、高分别为 20 m、8 m、3 m,要求连续浇筑混凝土,搅拌站设有 3 台 400 L 搅拌机,每台实际生产率为 5 m^3/h,若混凝土运输时间为 24 min,初凝时间为 2 h,每浇筑层厚度为 300 mm,试确定:

(1)混凝土浇筑方案;

(2)每小时混凝土的浇筑量;

(3)完成整个浇筑工作所需的时间。

9. 某混凝土工程,混凝土设计强度等级为 C30,标准试件立方体抗压强度代表值分别为

34.2,35.1,33.5,36.5,36.0,34.5 N/mm²,试评定混凝土强度是否合格。

10. 先张法生产预应力混凝土空心板,混凝土强度等级为C40,预应力钢丝采用Φ5,其极限抗拉强度f_{pyk}=1 570 N/mm²,单根张拉,若超张拉系数为1.05:

(1)试确定张拉程序及张拉控制应力;

(2)计算张拉力并选择张拉机具;

(3)预应力筋放张时,计算混凝土应达到的强度值。

11. 某预应力混凝土屋架,孔道长20 800 mm,预应力筋采用2 $Φ^L$25,f_{pyk}=500 N/mm²,冷拉率为4%,弹性回缩率为0.5%,每根预应力筋均用3根钢筋对焊,每个对焊接头的压缩长度为25 mm,试计算:

(1)两端用螺丝端杆锚具时,预应力筋的下料长度(螺丝端杆长320 mm,外露长120 mm);

(2)一端为螺丝端杆,另一端为帮条锚具时预应力筋的下料长度(帮条长50 mm,衬板厚15 mm)。

12. 某屋架下弦预应力筋为4 $Φ^L$25,f_{pyk}=500 N/mm²。现采用对角张拉,分两批进行,第二批张拉时,混凝土产生的法向应力为12 N/mm²。钢筋的弹性模量E_s=180 kN/mm²,混凝土的弹性模量E_c=28 kN/mm²,若超张拉系数为1.05,张拉控制应力σ_{con}=380 N/mm²,试计算第二批钢筋张拉后,第一批张拉的钢筋应力将降低多少?

7

结构安装工程施工

[本章导读]

了解结构安装工程常用起重机械及其性能和使用范围;熟悉单层工业厂房结构的构件安装工艺、安装方法及安装方案的制订;了解多层装配式框架结构的安装方案;掌握结构安装工程的质量标准和安全技术要求。

7.1 概　述

结构安装工程是将预制构件用起重机械吊装到设计位置的施工全过程。在装配式结构房屋施工中结构安装是主导工程,它直接影响施工进度、工程质量和工程成本。

结构安装工程有以下施工特点:

①预制构件的类型、外形尺寸直接影响构件在施工现场的排放位置、形式和吊装进度。

②预制构件的质量(如外形尺寸、预埋件位置是否正确;强度是否达到设计要求等)直接影响结构吊装质量。

③预制构件的尺寸、质量和安装高度是选择起重机械的主要依据,结构安装方法又取决于所选用的起重机械。

④构件平面布置亦随吊装方法,选用起重机械的不同而异。

⑤有的构件(如柱、屋架)在运输和起吊时,因吊点或支撑点与使用时受力状况不同,可能使内力增加,甚至改变方向(如压力变为拉力),因此,对这类构件须进行运输、吊装强度和抗裂度验算,必要时应采取相应技术措施。

⑥高空作业多,易发生工伤事故,应认真考虑安全技术措施。

根据上述施工特点,在拟定结构安装工程施工方案时,首先应根据厂房的平面尺寸、跨度、结构特点、构件类型、质量、安装高度以及施工现场具体条件,并结合现有设备情况合理选择起重机械;然后,根据所选起重机械的性能确定构件吊装工艺、结构安装方法、起重机开行路线、构件现场预制平面布置及构件的就位吊装平面布置。

7.2 建筑起重机械

结构安装工程常用的起重机械有桅杆式起重机、履带式起重机、汽车式起重机、轮胎式起重机、塔式起重机等。常用的索具设备有卷扬机、钢丝绳、滑轮吊钩、卡环、吊索、横吊梁等。

7.2.1 桅杆式起重机

建筑工程中常用的桅杆式起重机有独脚把杆、人字把杆、悬臂把杆和牵缆式起重机等。桅杆式起重机制作简单、装拆方便、起重量较大、受地形限制小,能用于其他起重机械不能安装的一些特殊工程和设备;但这类机械的服务半径小,移动困难,需要较多的缆风绳。

1)独脚把杆

独脚把杆是由把杆、起重滑车组、卷扬机、缆风绳和锚碇等组成,如图7.1(a)所示。它只能举升重物,不能水平移动重物。使用时,β 角应该保持不大于10°,以便吊装的构件不碰撞把杆,底部要设置拖子以便移动,缆风绳数量一般为6~12根,缆风绳与地面的夹角 α 为30°~45°。根据独脚把杆所用的材料,可分为木独脚把杆、钢管独脚把杆、金属格构式独脚把杆。3种独脚把杆的起重高度和起重量是不同的。木独脚把杆起重高度一般为8~15 m,起重量10 t以下;钢管独脚把杆起重高度可达30 m,起重量可达45 t;金属格构式独脚把杆起重高度可达70~80 m,起重量可达100 t。

2)人字把杆

人字把杆一般是由两根圆木或者两根钢管用钢丝绳绑扎或者铁件铰接而成,两杆夹角一般为20°~30°,底部设有拉杆或拉绳以平衡水平推力,把杆下端两脚的距离为高度的1/3~1/2,如图7.1b所示。其中一根把杆的底部装有一导向滑轮,起重索通过它连到卷扬机,另用一根丝绳连接到锚碇,以保证在起重时底部稳定。人字把杆是前倾的,但每高1 m,前倾不超过10 cm,并在后面用两根缆风绳拉结。

人字把杆的特点是侧向稳定性比独脚把杆好,但是构件起吊活动范围小,缆风绳的数量较少。人字把杆的缆风绳数量由把杆的起重量和起重高度决定,一般不少于5根。人字把杆一般用于安装重型构件或者作为辅助设备以吊装厂房屋盖体系上的构件。

3)悬臂把杆

在独脚把杆的中部或者2/3高度处装上一根可以回转和起伏的起重臂,即成悬臂把杆如图7.1(c)所示。由于悬臂起重杆铰接于把杆中部,起吊质量大的构件会使把杆产生较大的弯矩。为了使把杆在铰接处得到加强,可用撑杆和拉条(或者钢丝绳)进行加固。悬臂把杆的主要特点是能够获得较大的起重高度,起重杆能够在左右摆动120°~270°,但是起重量比较小,一般用于吊装轻型构件,但能够获得较大的起重高度,用于吊装高炉等构筑物。

4)牵缆式桅杆起重机

在独脚把杆下端装上一根可以回转和起伏的起重臂,即成牵缆式桅杆起重机,如图7.1

(d)所示。起重臂可以起伏,机身可以回转360°,起重半径大,而且灵活,可以把构件吊到工作范围内任何位置上。

牵缆式桅杆起重机所用的材料不同,其性能和作用是不相同的。用角钢组成的格构式截面杆件的牵缆式起重机,桅杆高度可达80 m,起重量可达60 t左右,大多用于重型工业厂房的吊装、化工厂大型塔罐或者高炉的安装。起重量在5 t以下的牵缆式桅杆起重机,大多数用圆木制作,用于吊装一般小型构件。起重量在10 t左右的牵缆式桅杆起重机,大多数用无缝钢管制作,桅杆高度可达25 m,用于一般工业厂房的吊装。

牵缆式桅杆起重机要设较多的缆风绳,比较适用于构件多且集中的工程。

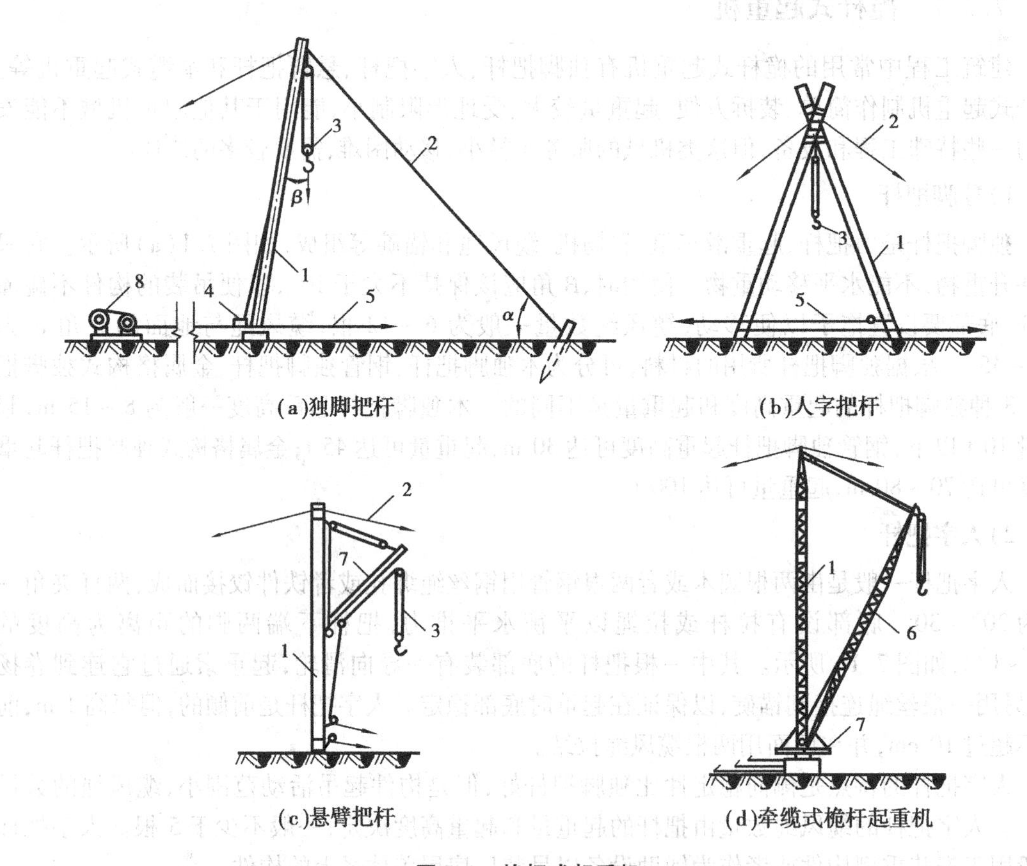

图7.1　桅杆式起重机

1—把杆;2—缆风绳;3—起重滑轮组;4—导向装置;
5—拉索;6—起重臂;7—回转盘;8—卷扬机

▶ 7.2.2　自行式起重机

1)履带式起重机

履带式起重机主要由机身、回转装置、行走装置(履带)、工作装置(起重臂、滑轮组、卷扬机)以及平衡重等组成,如图7.2所示。履带式起重机是一种360°全回转的起重机,它利用两条面积较大的履带着地行走。它操作灵活、行走方便,有较大的起动,能够负载行驶。缺点是稳定性差,行走时对路面破坏较大,行走速度慢,在城市中和长距离转移时需要拖车进行运输,不宜超负荷吊装。

起重臂是用角钢组成的格构式杆件,下端铰接在机身的前面,能够随机身回转。起重臂可分节接长,设有两套滑轮组,其钢丝绳通过起重臂顶端连到机身内的卷扬机上。

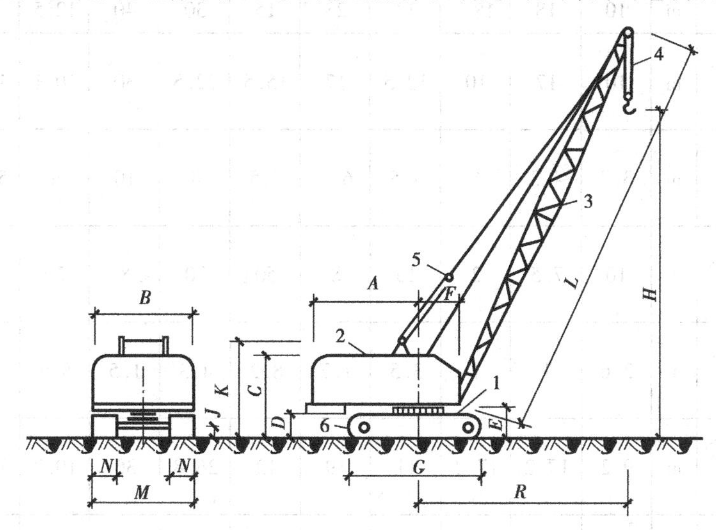

图 7.2 履带式起重机

1—底盘;2—机棚;3—起重滑轮组;4—钢丝绳;5—变幅滑轮组;6—履带;

A、B…—外形尺寸符号;L—起重臂长度;R—工作幅度;H—起重高度

常用的履带式起重机有 W1-50、W1-100、W1-200、Э-1252 等,上述起重机的外型尺寸及技术性能见表 7.1、表 7.2。

表 7.1 履带式起重机外形尺寸　　单位:mm

符号	名称	型号			
		W1-50	W1-100	W1-200	Э-1252
A	机身尾部回加转中心距离	2 900	3 300	4 500	3 540
B	机身宽度	2 700	3 120	3 200	3 120
C	机身顶部到地面高度	3 220	3 675	4 125	4 180
D	机身底部距离地面高度	1 000	1 095	1 190	1 095
E	起重臂下铰点中心距离面高度	1 555	1 700	2 100	1 700
F	起重臂下铰点中心至回转中心距离	1 000	1 300	1 600	1 300
G	履带长度	3 420	4 005	4 950	4 005
M	履带架宽度	2 850	3 200	4 050	3 200
N	履带桥宽度	550	675	800	675
J	行走底架距地面高度	300	275	390	270
K	机身上部支架距地面高度	3 800	4 170	6 300	3 930

表 7.2　履带式起重机性能表

参数		单位	型号										
			W1-50			W1-100		W1-200			Э-1252		
起重臂长度		m	10	18	18*	13	23	15	30	40	12.5	20	25
最大起重半径		m	10	17	10	12.5	17	15.5	22.5	30	10.1	15.5	19
最小起重半径		m	3.7	4.3	6	4.5	6.5	4.5	8	10	4	5.65	6.5
起重量	最小起重半径时	t	10	7.5	2	15	8	50	20	8	20	9	7
	最大起重半径时	t	2.6	1	1	3.5	1.7	8.2	4.3	1.5	5.5	2.5	1.7
起升高度	最小起重半径时	m	9.2	17.2	17.2	11	19	12	26.8	36	10.7	17.9	22.8
	最大起重半径时	m	3.7	7.6	14	5.8	16	3	19	25	8.1	12.7	17

* 18 m 带鹅头起重杆。

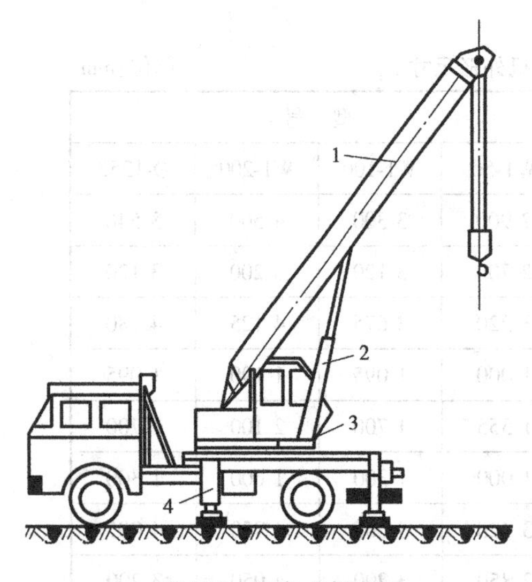

图 7.3　汽车式起重机

1—可伸缩的起重臂；2—变幅液压千斤顶；3—可回转的起重平台；4—可伸缩的支脚

起重量 Q、起重半径 R、起重高度 H 是履带式起重机主要技术性能的 3 个主要参数。起重半径 R 指起重机回转中心到吊钩的水平距离，起重高度 H 是指吊钩到地面的距离，起重量 Q 是指起吊的质量。

起重量 Q、起重半径 R、起重高度 H 这 3 个参数之间存在相互制约的关系，其数值变化取决于起重臂的长度及其仰角的大小。每一种起重机械都有几种臂长，臂长不变时，起重机仰角增大，起重量 Q 和起重高度 H 增大，起重半径减小；仰角不变时，随着起重臂长的增加，起重半径 R 和起重高度 H 增加，而起重量 Q 减少。

2）汽车式起重机

汽车式起重机是把机身和起重作业装置安装在汽车通用或专用底盘上，汽车的驾驶室与起重的操纵室分开，具有载重汽车行驶性能的轮式起重机。根据吊臂的结构可分为定长臂、接长臂和伸缩臂 3 种，前两种多采用桁架结构臂，后一种采用箱形结构臂。根据动力传动，可分为机械传动、液压传动和电力传动 3 种。

汽车式起重机的特点是灵活性好,能够迅速转换场地,所以广泛应用在建筑工地。

汽车式起重机的品种和产量近年来得到极大发展,我国生产的汽车式起重机型号有QY5、QY8、QY12、QY16、QY40、QY65、QY100 型等。图 7.3 为 QY16 型汽车式起重机,最大起重量为 16 t,臂长为 20 m,可用在一般单层工业厂房的结构吊装。

我国一些常用的汽车式起重机的技术性能见表 7.3。

表 7.3 国产液压汽车起重机的技术性能

项 目	QT5	QY5	QY8	QY8	QY12	QY16	QY16	QY40
底盘型号	SH142	CA10B	JN150C	DC150	JN150	专用	长江牌	专用
最大起重量/t	5	5	8	8	12	16	16	40
整机质量/t	7.9	7.95	15	15	17.3	21.5	21.5	45
吊臂节数	2	2	2	2	2	3	3	4
吊臂全伸长度/m	10.6	10.6	11.7	12.28	13.2	21	20	34.4
吊臂全缩长度/m	6.6	6.6	6.95	7.525	8.5	9.5	8.2	11.0
最大起升高度/m	11.15	10.82	12	12	12.8	21.1	20	35
最小工作半径/m	3	3	3.2	3.2	3.6	4	3.5	3.8
副臂伸出长度/m	5	5	—	—	—	—	—	—
吊臂伸出速度/$(m \cdot s^{-1})$	0.14	0.14	0.09	—	0.21	0.33	0.07	23.4/180
起升速度/$(m \cdot min^{-1})$	10	10	8	—	7.5	8	8.75	—
变幅速度/$[(°) \cdot s^{-1}]$	70/17	70/17	/27	/12	/18	/14	/60	78/103

汽车式起重机在作业时,不能负荷行驶;汽车式起重机在作业时,必须先打好支腿,增大机械的支承面积,增加汽车式起重机作业时的稳定性。

3)轮胎式起重机

轮胎式起重机的构造基本上与履带式起重机相同,但其行驶装置系彩轮胎。轮胎式起重机不采用汽车底盘,而另行设计轴距较小的专门底盘。轮胎式起重机在底盘上装有可伸缩的支腿,起重时可使用支腿以增加机身的稳定性,并保护轮胎,必要时支腿下面可以加垫,以扩大支撑面,如图 7.4 所示。

轮胎式起重机的优点是行驶速度快,能够迅速转移工作地点,不破坏路面,便于在城市道路上作业。轮胎式起重机的缺点是不适合在松软或者泥泞的地面上作业。

国产轮胎式起重机分为机械传动和液压传动两种。常用的轮胎式起重机的型号有QL2-8、QL3-16、QL3-25、QL3-40、QL1-16 等,多用于工业厂房结构安装。轮胎式起重机的主要的技术性能见表 7.4。

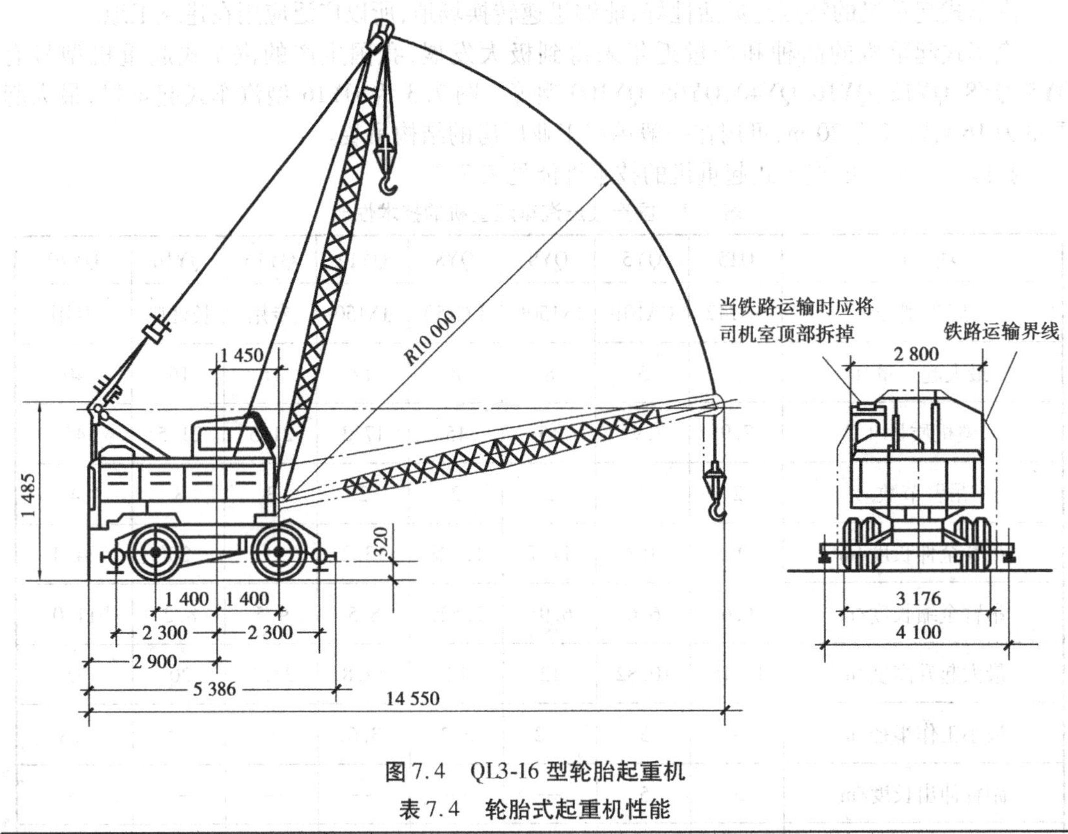

图 7.4　QL3-16 型轮胎起重机

表 7.4　轮胎式起重机性能

参　数			单位	型　号									
				QL3-16			QL3-25					QL1-16	
起重臂长度			m	10	15	20	12	17	22	27	32	10	15
最小起重半径			m	4	4.7	8	4.5	6	7	8.5	10	4	4.7
最大起重半径			m	11.0	15.5	20.0	11.5	14.5	19	21	21	11	15.5
起重量	最小起重半径时	用支腿	t	16	11	8	25	14.5	10.6	7.2	5	16	11
		不用支腿	t	7.5	6	—	6	3.5	3.4	—	—	7.5	6
	最大起重半径时	用支腿	t	2.8	1.5	0.8	4.6	2.8	1.4	0.8	0.6	2.8	1.5
		不用支腿	t	—	—	—	—	0.5	—	—	—	—	—
起重高度	最小起重半径时		m	8.3	13.2	17.95					8.3	8.3	13.2
	最大起重半径时		m	5.3	4.6	6.85						5.0	4.6

▶ 7.2.3　塔式起重机

塔式起重机具有竖直的塔身，其起重臂安装在塔身顶部与塔身组成“Γ”形，使塔式起重机具有较大的工作空间。它的安装位置能靠近施工的建筑物，有效工作幅度较其他类型起重机大。塔式起重机种类繁多，广泛应用于多层及高层建筑工程施工中。

行走式塔式起重机的旋转方式有塔顶回转式和塔身回转式。自升式塔式起重机的旋转方式均为塔顶回转式。行走式塔式起重机起重臂变幅方式一般为动臂变幅式,自升式塔式起重机起重臂变幅方式一般为小车变幅式。

1)轨道式塔式起重机

轨道式塔式起重机是一种在轨道上行驶的自行式塔式起重机。其中,有的只能在直线轨道上行驶,有的可沿"L"形或"U"形轨道行驶。作业范围在2倍幅度的宽度和行走线长度的矩形面积内,并可负荷行驶。常用的轨道式塔式起重机有以下几种:

(1)QT1-2型塔式起重机

QT1-2型塔式起重机是一种塔身回转式轻型塔式起重机,主要由底盘、塔身和起重臂组成。这种起重机可以折叠,能整体运输。轨距2.8 m,起重力矩160 kN·m,最大起重量20 kN,最大起重高度28.30 m,最大起重半径16 m,如图7.5所示。其特点是重心低、转动灵活、稳定性好、运输和安装方便。但回转平台较大,起重高度小。适用于5层以下民用建筑结构安装及预制构件厂装卸作业。

(2)QT1-6型塔式起重机

QT1-6型塔式起重机是塔顶回转式中型塔式起重机,由底座、塔身、起重臂、塔顶及平衡重物等组成。起重机底座有两种:一种有4个行走轮,只能直线行驶;另一种有8个行走轮,能转弯行驶,内轨半径不小于5 m。此起重机的最大起重力矩为510 kN·m,最大起重量60 kN,最大起重高度40.60 m,最大起重半径20 m,如图7.6所示。其特点是能转弯行驶,可根据需要适当增加塔身节数以增加起重高度,故适用面较广。但重心高,对整机稳定及塔身受力不利,装拆费工时。

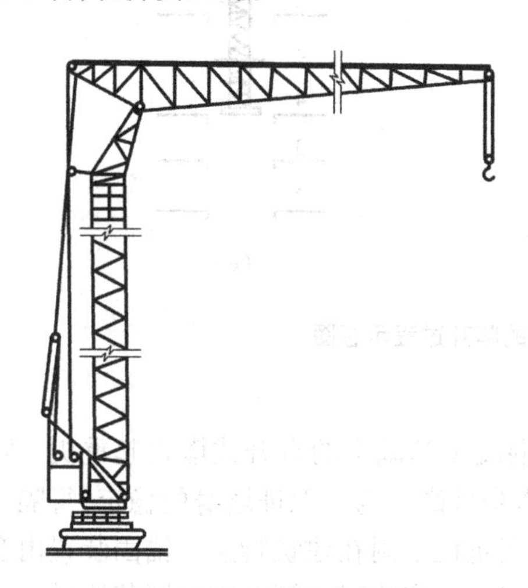

图7.5 QT1-2型塔式起重机

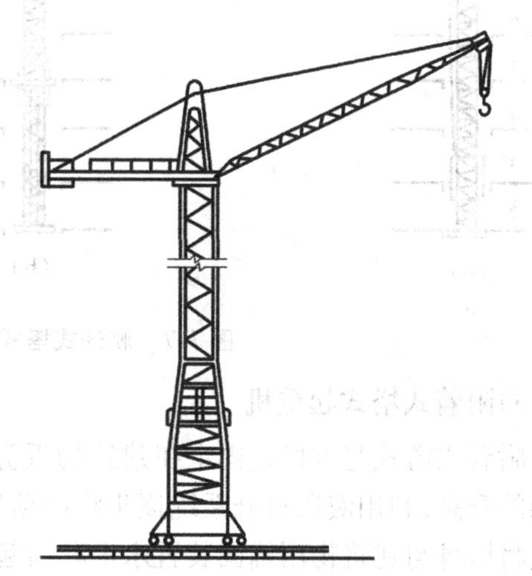

图7.6 QT1-6型塔式起重机

(3)QT-60/80型塔式起重机

QT-60/80型塔式起重机也是塔顶回转式中型塔式起重机,但起重量及起重高度比QT1-6型塔式起重机大。低塔(塔高30 m)最大起重力矩为800 kN·m,最大起重量为104 kN,最大起重高度48 m,最大起重半径30 m;中塔(塔高40 m)最大起重力矩为700 kN·m,最大起重量为90 kN,最大起重高度58 m,最大起重半径30 m;高塔(塔高50 m)最大起重力矩为600 kN·m,最大起重量为78 kN,最大起重高度68 m,最大起重半径30 m。这种起重机适用于层数较多的工业与民用建筑结构安装,尤其适合装配式大板房屋施工。

2)爬升式塔式起重机

爬升式塔式起重机是自升式塔式起重机的一种,它由底座、套架、塔身、塔顶、行车式起重臂、平衡臂等部分组成。它安装在高层装配式结构的框架梁或电梯间结构上,每安装1~2层楼的构件,便靠一套爬升设备使塔身沿建筑物向上爬升一次。这类起重机主要用于高层(10层)框架结构安装及高层建筑施工。其特点是机身小、质量轻、安装简单、不占用建筑物外围空间,适用于现场狭窄的高层建筑结构安装。但是,采用这种起重机施工,将增加建筑物的造价,司机的视野不良,需要一套辅助设备用于起重机拆卸。起重机型号有QT5-4/40型、QT3-4型等。

爬升式塔式起重机的爬升过程如图7.7所示。首先,起重小车回至最小幅度,下降吊钩并用吊钩吊住套架的提环(见图7.7a);然后,放松固定套架的地脚螺栓,将其活动支腿收进套架梁内,将套架提升两层楼高度,摇出套架活动支腿,用地脚螺栓固定(见图7.7b);最后,松开底座地脚螺栓,收回其活动支腿,开动爬升机构将起重机提升两层楼高度,摇出底座活动支腿,用地脚螺栓固定(图7.7c)。

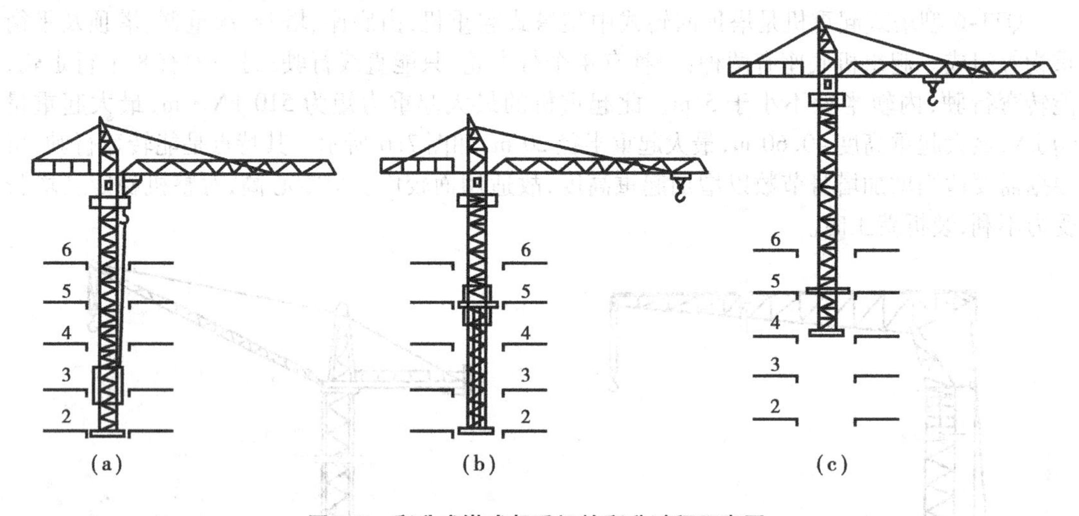

图7.7 爬升式塔式起重机的爬升过程示意图

3)附着式塔式起重机

附着式塔式起重机是固定在建筑物近旁钢筋混凝土基础上的自升式塔式起重机。随建筑物的升高,利用液压自升系统逐步将塔顶顶升、塔身接高。为了保证塔身的稳定,每隔一定高度将塔身与建筑物用锚固装置水平联结起来,使起重机依附在建筑物上。锚固装置由套装在塔身上的锚固环、附着杆及固定在建筑结构上的锚固支座构成。第一道锚固装置设于塔身高度的30~50 m处,自第一道向上每隔20 m左右设置一道,一般锚固装置设3或4道。这种塔身起重机适用于高层建筑施工。

附着式塔式起重机的型号有:QT4-10型(起重量30~100 kN)、ZT-1200(起重量40~80 kN)、ZT-100型(起重量30~60 kN)、QT1-4型(起重量16~40 kN)、QT(B)-3~5型(起重量30~50 kN)。

QT4-10型附着式起重机的自升系统包括顶升套架、长行程液压千斤顶、承座顶升横梁、定位销等。起重机自升及塔身接高过程:

①将标准节吊到摆渡小车上,将过渡节与塔身标准节相连的螺栓松开,如图7.8(a)所示。

②开动液压千斤顶,将塔顶及顶升套架顶升到超过一个标准节的高度,然后用定位销将顶升套架固定,如图7.8(b)所示。

③液压千斤顶回缩,借助手摇链轮将装有标准节的摆渡小车拉到套架中间的空间里,如图7.8(c)所示。

④用液压千斤顶稍微提升标准节,退出摆渡小车,然后将标准节落在塔身上,并用螺栓加以联结,如图7.8(d)所示。

⑤拔出定位销,下降过渡节,使之与新标准节联成整体,如图7.8(e)所示。

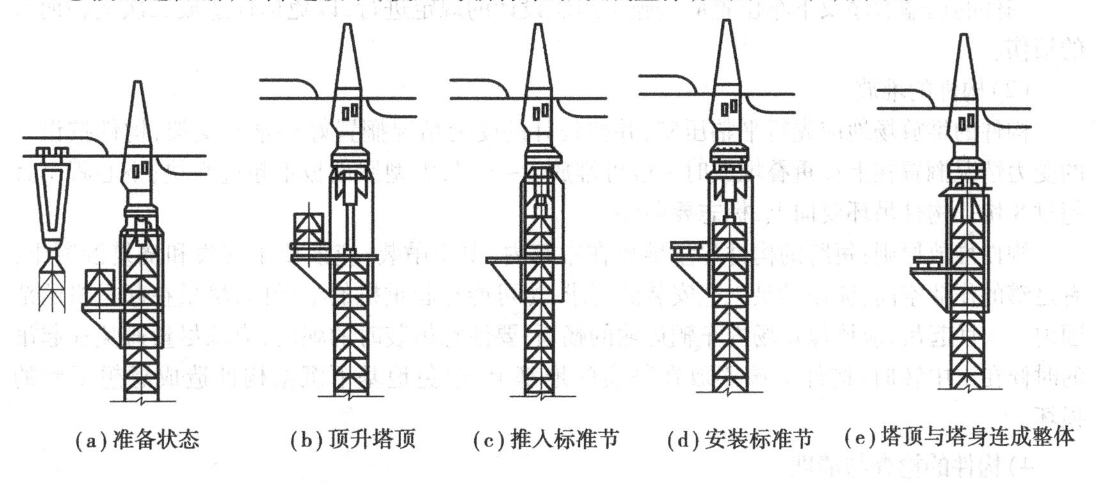

(a)准备状态　(b)顶升塔顶　(c)推入标准节　(d)安装标准节　(e)塔顶与塔身连成整体

图7.8　附着式塔式起重机的自升过程示意图

7.3　混凝土结构单层工业厂房结构安装

7.3.1　结构安装前的准备工作

混凝土结构单层工业厂房构件安装前的准备工作包括场地清理,道路修筑,基础准备,构件的运输、堆放、检查、清理、弹线放样以及吊装机具的准备等。

1)场地清理和道路修筑

①清理施工场地,以便有一个平整舒适的作业场所。

②道路修筑是指运输车辆和起重机械能够很方便地进出施工现场。

③符合施工现场要求的"三通一平"。

2)杯形基础的准备

杯形基础的准备工作主要是在柱子安装前对杯底抄平,并在杯口顶面弹线放出柱子安装的位置线。

杯底的抄平是对杯底标高的检查和调整,以保证吊装后牛腿面标高的准确。杯底标高在制作时一般比设计要求低(一般预留50 mm),以便柱子长度有误差时能抄平调整。一般用水泥沙浆或细石混凝土将杯底抹平,垫至所需标高。基础标高的控制可用水准仪进行测量,小柱测中间一点,大柱测4个角点。

基础顶面定位弹线要根据厂房的定位轴线测出,并与柱的安装中心线相对应。一般在基础顶面弹十字交叉的安装中心线,并画上红三角。

3)构件的运输与堆放

(1)构件的运输

一些质量不大而数量很多的构件,可在预制厂制作,用汽车运到工地。构件在运输过程中要保证构件不变形、不损坏。构件的混凝土强度达到设计强度的75%时方可运输。构件的支垫位置要正确,要符合受力情况,上下垫木要在同一水平线上。

构件的运输顺序及下车位置应按施工组织设计的规定进行,以免构件造成二次运输而致的损伤。

(2)构件的堆放

构件的堆放场地应先行平整压实,并按设计的受力情况搁置好垫木或支架,构件按设计的受力情况搁置在上。重叠堆放时一般可堆放2~3层;大型屋面板不超过6块;空心板不宜超过8块。构件吊环要向上,标志要向外。

构件堆放原则:每跨的构件尽量堆放在本跨内,便于吊装;应该便于支模和浇筑混凝土,有足够的作业空间;应该满足工艺安装的要求,尽可能在起重机的半径内,尽量在起重机的范围内一次性起吊;应该保持场内车辆运输的畅通;要注意吊装时的朝向,应该尽量避免在起吊的时候在空中转向;构件应该摆放在坚实的地基上,避免地基下沉给构件造成意想不到的损坏。

4)构件的检查与清理

为了保证吊装的安全和建筑工程的质量,在结构吊装之前,应对所有构件进行全面检查。

①检查构件的外形尺寸,并和安装位置尺寸进行比较。

②检查预埋件的位置和大小。

③检查构件的表面外形,有无损伤、缺陷、变形、扭曲、裂缝等,表面是否有污物,若有污物需要加以清除。

④检查构件吊环的位置,吊环有无损伤、变形等。

⑤检查构件的强度。构件吊装时混凝土强度不低于设计强度的75%,对于一些大跨度的构件(如屋架)则应达到100%。

5)构件的弹线放样

在每一个构件上弹出安装的定位墨线和校正所用的墨线,作为构件安装、定位、校正的依据。

①柱子:在柱身三面弹出安装中心线,所弹中心线的位置与柱基杯口上的安装中心线相吻合。此外,在柱顶与牛腿面上还要弹出安装屋架及吊车梁的定位线。

②屋架:屋架上弦顶面应弹出几何中心线,并从跨中间两端分别弹出天窗架、屋面板或檩条的安装定位线;在屋架两端弹出安装中心线以及安装构件的两侧端线。

③梁:在两端及顶面弹出安装中心线和两端线。

④编号:按图纸将构件与安装的位置进行对应编号。安装时,可以根据相对应的编号进行安装、定位、校正。

▶ 7.3.2 构件安装工艺

单层工业厂房结构的构件有柱、吊车梁、连系梁、地基梁、屋架、托架、天窗架、屋面板及支撑系统等。柱和屋架等大型构件一般均在施工现场就地预制,其他构件则多集中在构件预制厂生产,然后运到现场安装。

1)柱子的吊装

柱子吊装的施工过程包括:绑扎→吊升→对位、临时固定→校正→最后固定等工序。

柱子在吊装前除应做好上述准备工作外,还需对基础杯底进行抄平,确定绑扎方法、绑扎位置和绑扎点数,必要时还应根据吊点位置进行吊装的强度和抗裂度验算,确定柱的吊升方法等工作。

(1)基础准备及柱的弹线

基础准备系指柱吊装前对杯底抄平和杯口顶面弹线。杯底抄平是对杯底标高进行的一次检查和调整,以保证柱吊装后牛腿顶面标高的准确。调整方法是:首先,测出杯底的实际标高 h_1,量出柱底至牛腿顶面的实际长度 h_2;然后,根据牛腿顶面的设计标高 h 与杯底实际标高 h_1 之差,可得柱底至牛腿顶面应有的长度 h_3($h_3 = h - h_1$);其次,将其 h_3 与量得的实际长度 h_2 相比,得到施工误差,即杯底标高应有的调整值 Δh($\Delta h = h_3 - h_2 = h - h_1 - h_2$),并在杯口内标出;最后,施工时,用1:2水泥砂浆或细石混凝土将杯底抹平至标志处。为使杯底标高调整值 Δh 为正值,柱基施工时,杯底标高控制值一般均要低于设计值50 mm。

例如,柱牛腿顶面设计标高 +7.80,杯底设计标高 -1.20,柱基施工时,杯底标高控制值取 -1.25,施工后,实测杯底标高为 -1.23,量得柱底至牛腿面的实际长度为9.01 m,则杯底标高调整值为 $\Delta h = h - h_1 - h_2 = 7.80 + 1.23 - 9.01 = +0.02$ m。正值 +0.02 m 即在杯底中抄平厚度为2 cm;如为负值时即在杯底中挖去的厚度,这给施工造成较大的麻烦。

柱应在柱身的三个面弹出安装中心线、基础顶面线、地坪标高线。矩形截面柱安装中心线按几何中心线;工字形截面柱除在矩形部分弹出中心线外,为便于观测和避免视差,还应在翼缘部位弹一条与中心线平行的线。此外,在柱顶和牛腿顶面还要弹出屋架及吊车梁的安装中心线(见图7.9所示)。

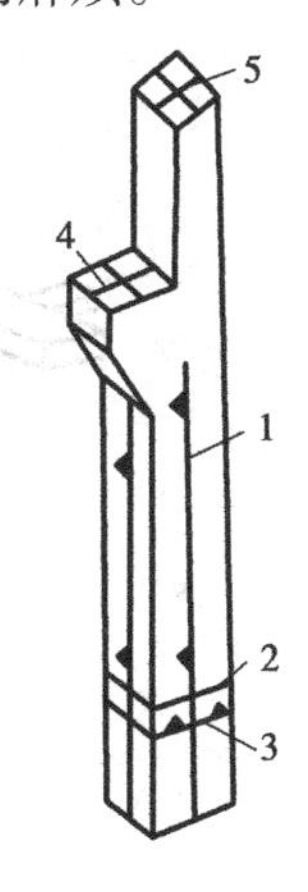

图7.9 柱子弹线图

1—柱子中心线;
2—地基标高线;
3—基础顶面线;
4—吊车梁对位线;
5—柱顶中心线

基础杯口顶面弹线要根据厂房的定位轴线测出,并应与柱的安装中心线相对应,以作为柱安装、对位和校正时的依据。

(2)柱的绑扎

柱一般均在现场就地预制,用砖或土作底模平卧生产,侧模可用木模或组合钢模。在制作底模和浇筑混凝土之前,就要确定绑扎方法、绑扎点数目和位置,并在绑扎点预埋吊环或预留孔洞,以便在绑扎时穿钢丝绳。柱的绑扎方法、绑扎点数目和位置,要根据柱的形状、断面、长度、配筋以及起重机的起重性能确定。

①绑扎点数目与位置。柱的绑扎点数目与位置应按起吊时由自重产生的正负弯矩绝对值基本相等且不超过柱允许值的原则确定,以保证柱在吊装过程中不折断、不产生过大的变形。中、小型柱大多可绑扎一点;对有牛腿的柱,吊点一般在牛腿下200 mm处;重型柱或配筋少而

细长的柱(如抗风柱),则需绑扎两点,且吊索的合力点应偏向柱重心上部。工字形截面柱和双肢柱的绑扎点应选在实心处,否则应在绑扎位置用方木垫平。

②绑扎方法:

a.斜吊绑扎法(见图7.10)。柱子在平卧状态下绑扎,不需翻身直接从底模上起吊;起吊后,柱呈倾斜状态,吊索在柱子宽面一侧,起重钩可低于柱顶,起重高度可较小;但对位不方便,宽面要有足够的抗弯能力。

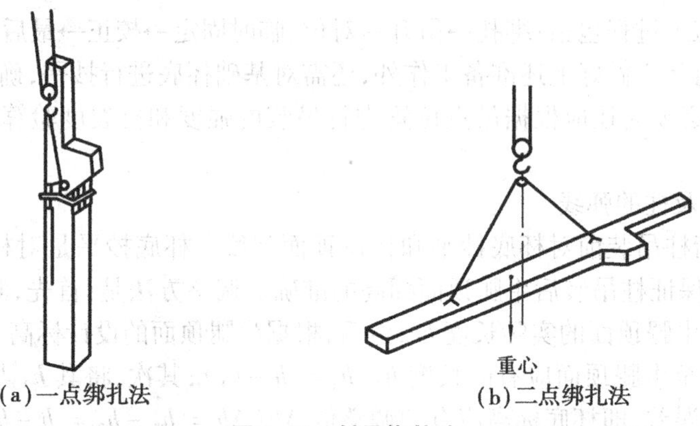

(a)一点绑扎法　(b)二点绑扎法

图7.10　斜吊绑扎法

b.直吊绑扎法(见图7.11)。吊装前需先将柱子翻身再绑扎起吊;起吊后,柱呈直立状态,起重机吊钩要超过柱顶,吊索分别在柱两侧,故需要铁扁担,需要的起重高度比斜吊法大;柱翻身后刚度较大,抗弯能力增强,吊装时柱与杯口垂直,对位容易。

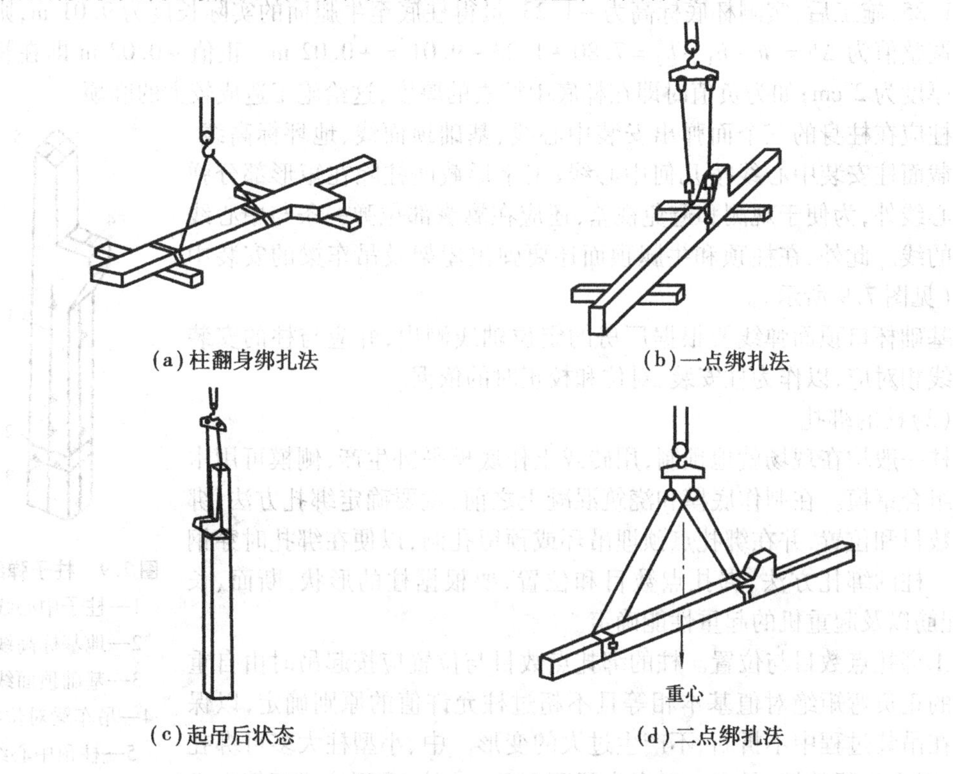

(a)柱翻身绑扎法　(b)一点绑扎法

(c)起吊后状态　(d)二点绑扎法

图7.11　直吊绑扎法

(3)柱的吊升

柱的吊升法方法应根据柱的质量、长度、起重机的性能和现场条件确定。根据柱在吊升过程中运动的特点,吊升方法可分为旋转法和滑行法两种。重型柱子有时还可用两台起重机抬吊。

a.单机旋转法(见图7.12)。柱吊升时,起重机边升钩边回转,使柱身绕柱脚(柱脚不动)旋转直到竖直,起重机将柱子吊离地面后稍微旋转起重臂使柱子处于基础正上方,然后将其插入基础杯口。

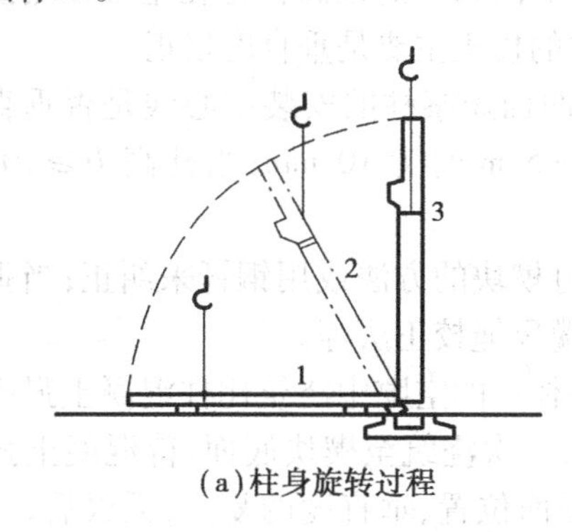

(a)柱身旋转过程

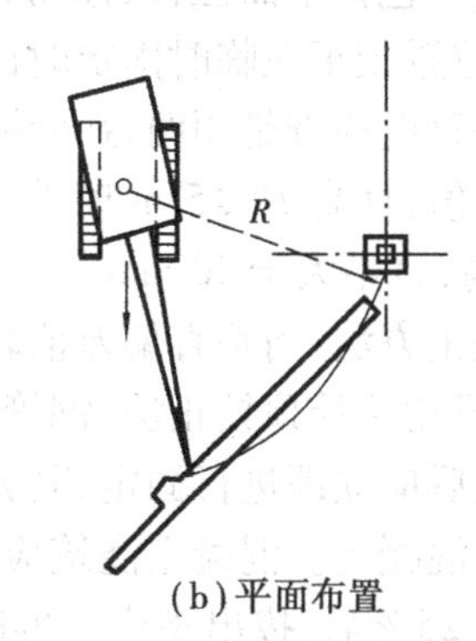

(b)平面布置

图7.12 单机旋转法

为了操作方便和起重臂不变幅,柱在预制或排放时,应使柱基中心、柱脚中心和柱绑扎点均位于起重机的同一起重半径的圆弧上,该圆弧的圆心为起重机的回转中心,半径为圆心到绑扎点的距离,并应使柱脚尽量靠近基础。这种布置方法称为“三点共弧”。

若施工现场条件限制,不能将柱的绑扎点、柱脚和柱基三者同时布置在起重机的同一起重半径的圆弧上时,可采用柱脚与基础中心两点共弧布置,但这种布置,柱在吊升过程中起重机要变幅,影响工效。

旋转法吊升柱受振动小,生产效率较高,但对平面布置要求高,对起重机的机动性要求高。当采用自行杆式起重机时,宜采用此法。

b.单机滑行法。柱吊升时,起重机只升钩不转臂,使柱脚沿地面滑行,柱子逐渐直立,起重机将柱子吊离地面后稍微旋转起重臂使柱子处于基础正上方,然后将其插入基础杯口。

采用滑行法布置柱的预制或排放位置时,应使绑扎点靠近基础,绑扎点与杯口中心均位于起重机的同一起重半径的圆弧上。

滑行法吊升柱受振动大,但对平面布置要求低,对起重机的机动性要求低。滑行法一般用于:柱较重、较长而起重机在安全荷载下回转半径不够时,或现场狭窄无法按旋转法排放布置时,以及采用桅杆式起重机吊装柱时等情况。为了减小柱脚与地面的摩阻力,宜在柱脚处设置托木、滚筒等。

如果用双机抬吊重型柱,仍可采用旋转法(两点抬吊)和滑行法(一点抬吊)。滑行法中,为了使柱身不受振动,又要避免在柱脚加设防护措施的繁琐,可在柱下端增设一台起重机,将柱脚递送到杯口上方,成为三机抬吊递送法。

(4)柱的对位、临时固定

如柱采用直吊法时,柱脚插入杯口后应悬离杯底适当距离进行对位;如用斜吊法,可在柱脚接近杯底时,于吊索一侧的杯口中插入两个楔子,再通过起重机回转进行对位。对位时应从柱四周向杯口放入8个楔块,并用撬棍拨动柱脚,使柱的吊装中心线对准杯口上的吊装准线,并使柱基本保持垂直。

柱对位后,应先把楔块略为打紧,再放松吊钩,检查柱沉至杯底后的对中情况,若符合要求,即可将楔块打紧作柱的临时固定,然后起重钩便可脱钩。

吊装重型柱或细长柱时,除需按上述进行临时固定外,必要时应增设缆风绳拉锚。

(5)柱的校正、最后固定

柱的校正包括平面位置、标高和垂直度的校正。因为柱的标高校正在基础杯底抄平时已进行,平面位置校正在临时固定时已完成,所以,柱的校正主要是垂直度校正。

柱的垂直度检查是用两台经纬仪从柱的相邻两面观察柱的安装中心线是否垂直。垂直偏差的允许值:柱高 $H \leqslant 5$ m 时为 5 mm;柱高 $H > 5$ m 时为 10 mm;当柱高 $H \geqslant 10$ m 时为 1/1 000柱高,且不大于 20 mm。

柱的校正方法,当垂直偏差值较小时,可用敲打楔块的方法或用钢钎来纠正;当垂直偏差值较大时,可用千斤顶校正法、钢管撑杆斜顶法及缆风绳校正法等。

柱校正后应立即进行固定,其方法是在柱脚与杯口的空隙中浇筑比柱混凝土强度等级高一级的细石混凝土。混凝土浇筑应分两次进行,第一次浇筑至楔块底面,待混凝土强度达到设计强度的25%后,拔出楔块。再进行一次柱的平面位置、垂直度的复查,无误后,进行二次浇筑混凝土至杯口顶面。待第二次浇筑的混凝土强度达70%后,方能吊装上部构件。

2)吊车梁的吊装

吊车梁吊装的施工过程包括:绑扎→吊升→对位、临时固定→校正→最后固定等工序。

吊车梁吊装时应两点对称绑扎,吊钩垂线对准梁的重心,起吊后吊车梁保持水平状态。在梁的两端设溜绳控制,以防碰撞柱子。对位时应缓慢降钩,将梁端吊装准线与牛腿顶面吊装准线对准。吊车梁的自身稳定性较好,用垫铁垫平后,起重机即可脱钩,一般不需采用临时固定措施。当梁高与底宽之比大于4时,为防止吊车梁倾倒,可用铁丝将梁临时绑在柱子上。

吊车梁的校正工作一般应在厂房结构校正和固定后进行,以免屋架安装时引起柱子变位,而使吊车梁产生新的误差。对较重的吊车梁,由于脱钩后校正困难,可边吊边校。但屋架固定后要复查一次。校正包括标高、垂直度和平面位置。标高的校正已在基础杯底调整时基本完成,如仍有误差,可在铺轨时,在吊车梁顶面抹一层砂浆来找平;平面位置的校正主要检查吊车梁纵轴线和跨距是否符合要求(纵向位置校正已在对位时完成);垂直度用锤球检查,偏差应在5 mm以内,可在支座处加铁片垫平。

吊车梁平面位置的校正方法,通常用通线法(拉钢丝法)或仪器放线法(平移轴线法)。通线法是根据柱的定位轴线,在厂房跨端地面定出吊车梁的安装轴线位置并打入木桩。用钢尺检查两列吊车梁的轨距是否符合要求,然后用经纬仪将厂房两端的4根吊车梁位置校正正确。在校正后的柱列两端吊车梁上设支架(高约200 mm),拉钢丝通线并悬挂悬物拉紧。检查并拨正各吊车梁的中心线(见图7.13)。

仪器放线法适用于当同一轴线上的吊车梁数量较多时,如仍采用通线法,使钢丝过长,不宜拉紧而产生较大偏差之时。此法是在柱列外设置经纬仪,并将各柱杯口处的吊装准线投射到吊车梁顶面处的柱身上(或在各柱上放一条与吊车梁轴线等距离的校正基准线),并做出标志(见图7.14)。

若标志线至柱定位轴线的距离为 a,则标志到吊车梁安装轴线的距离应为 $\lambda - a$,依此逐

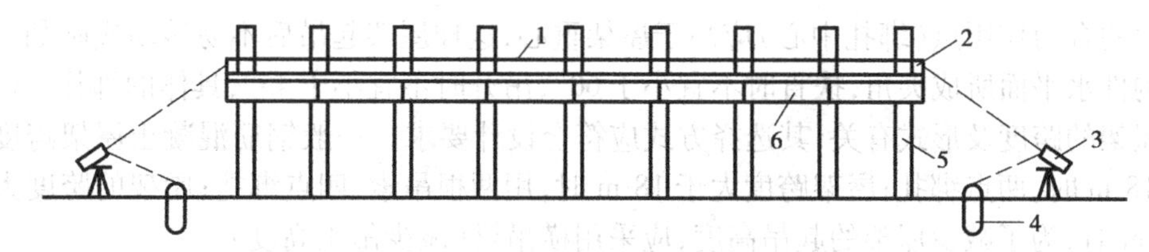

图 7.13 通线法校正吊车梁示意图

1—通线;2—支架;3—经纬仪;4—木桩;5—柱子;6—吊车梁

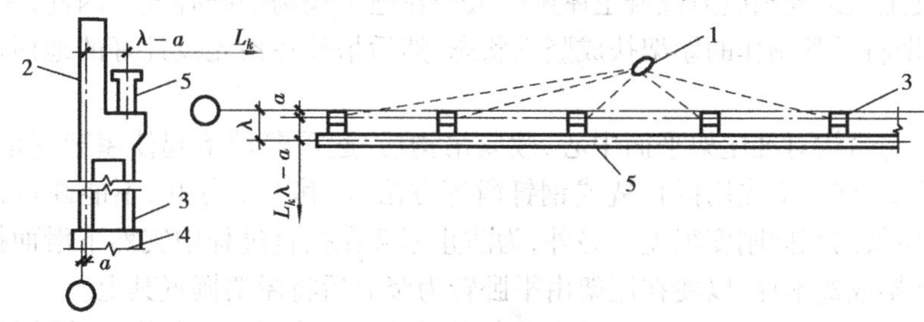

图 7.14 仪器放线法校正吊车梁示意图

1—经纬仪;2—标志线;3—柱;4—柱基础;5—吊车梁

根拨正吊车梁的中心线并检查两列吊车梁间的轨距是否符合要求。吊车梁校正后,立即电焊作最后固定,并在吊车梁与柱的空隙处灌筑细石混凝土。

3)屋架的吊装

屋盖结构一般是以节间为单位进行综合吊装,即每安装好一榀屋架,随即将这一节间的其他构件全部安装上去,再进行下一节间的安装。

屋架吊装的施工顺序是:绑扎→扶直就位→吊升→对位、临时固定→校正和最后固定。

(1)屋架的绑扎方法

屋架的绑扎方法有两点绑扎和四点绑扎两种,如图 7.15(a)、(b)、(c)所示。图 7.15(d)为组合屋架,由于下弦为钢拉杆,其整体性和侧向刚度都较差,下弦不能承受过大压力,故绑扎时也应采用横吊梁,四点绑扎,并绑木杆加固下弦。

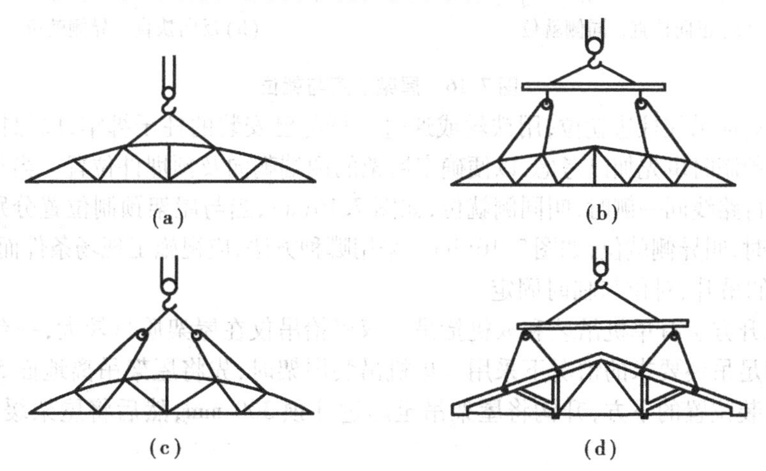

图 7.15 屋架绑扎方法

屋架在扶直就位和吊升两个施工过程中,绑扎点均应选在上弦节点处,左右对称。绑扎吊索内力的合力作用点(绑扎中心)应高于屋架重心,这样屋架起吊后不易转动或倾翻。绑扎吊索与构件水平面所成夹角,扶直时不宜小于60°,吊升时不宜小于45°,具体的绑扎点数目及位置与屋架的跨度及形式有关,其选择方式应符合设计要求。一般钢筋混凝土屋架跨度小于或等于18 m时,两点绑扎;屋架跨度大于18 m时,用两根吊索,四点绑扎;屋架的跨度大于或等于30 m时,为了减少屋架的起吊高度,应采用横吊梁(减少吊索高度)。

(2)屋架的扶直与就位

钢筋混凝土屋架或预应力混凝土屋架一般均在施工现场平卧叠浇。因此,屋架在吊装前要扶直就位,即将平卧制作的屋架扶成竖立状态,然后吊放在预先设计好的地面位置上,准备起吊。

扶直时先将吊钩对准屋架平面中心,收紧吊钩后,起重臂稍抬起使屋架脱模。若叠浇的屋架间有严重黏结时,应先用撬杠撬或钢钎凿等方法,使其上下分开,不能硬拉,以免造成屋架损破,因为屋架的侧向刚度很差。另外,为防止屋架在扶直过程中突然下滑而损坏,需在屋架两端搭井字架或枕木垛,以便在屋架由平卧转为竖立后将屋架搁置其上。

根据起重机与屋架的相对位置不同,屋架的扶直与就位有:正向扶直,同侧就位;反向扶直,异侧就位两种。起重机位于屋架下弦一侧时为正向扶直,如图7.16(a)所示;起重机位于屋架上弦一边时为反向扶直,如图7.16(b)所示。两种扶直方法的不同点在于:扶直过程中,前者边升钩边起臂,后者则边升钩边降臂。由于升臂较降臂易操作,且较安全,所以在现场预制平面布置中应尽量采用正向扶直方法。

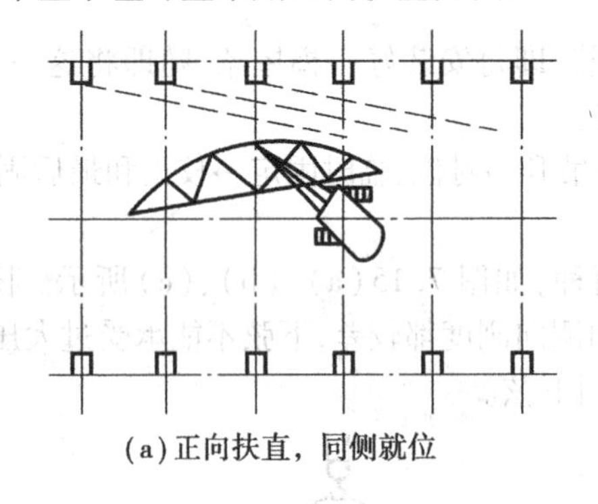
(a)正向扶直,同侧就位

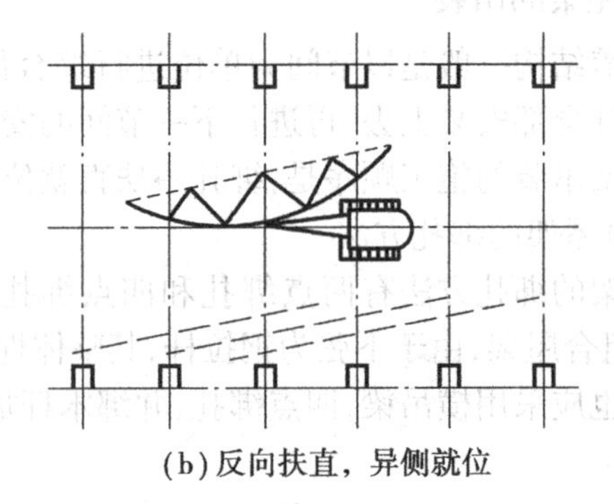
(b)反向扶直,异侧就位

图7.16　屋架扶直与就位

屋架扶直后应吊往柱边就位,用铁丝或通过木杆与已安装的柱子绑牢,以保持稳定。屋架就位位置应在预制时事先加以考虑,以便确定屋架的两端朝向及预埋件位置。当与屋架预制位置在起重机开行路线同一侧时,叫同侧就位,如图7.16(a);当与屋架预制位置分别在起重机开行路线各一侧时,叫异侧就位,如图7.16(b)。采用哪种方法,应视施工现场条件而定。

(3)屋架的吊升、对位与临时固定

屋架的吊升方法有单机吊装和双机抬吊。双机抬吊仅在屋架质量较大,一台起重机的吊装能力不能满足吊装要求的情况下采用。单机吊装屋架时,先将屋架吊离地面500 mm,然后将屋架吊至吊装位置的下方,升钩将屋架吊至超过柱顶300 mm,然后将屋架缓降至柱顶,进行对位。

屋架对位应以建筑物的定位轴线为准,对位前应事先将建筑物轴线用经纬仪投放在柱顶面上。对位以后,立即临时固定,临时固定稳妥后,起重机才可脱钩。第一榀屋架的临时固定必须十分可靠,因为屋架对位后它只是单片结构,侧向刚度较差。第一榀屋架的临时固定,可用4根缆风绳从两边拉牢,若先吊装抗风柱时也可将屋架与抗风柱连接作为临时固定。第二榀屋架以及其后各榀屋架的临时固定可用屋架校正器(工具式支撑)撑牢在前一榀屋架上。每榀屋架至少用两个屋架校正器,如图7.17所示。

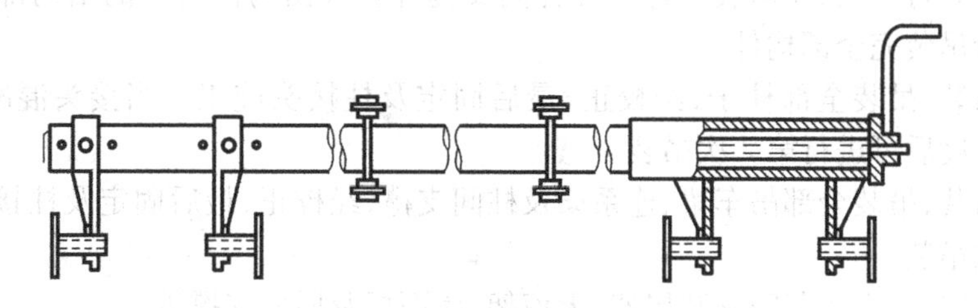

图7.17　屋架校正器

(4)屋架的校正与最后固定

屋架的校正内容是检查并校正其垂直度,用经纬仪或锤球检查,用屋架校正器或缆风绳校正。

用经纬仪检查屋架垂直度时,在屋架上弦安装3个卡尺(1个安装在屋架中央,2个安装在屋架两端),自屋架上弦几何中心线量出500 mm,在卡尺上作出标志。然后,在距屋架中线500 mm处的地面上,设一台经纬仪,用其检查3个卡尺上的标志是否在同一垂直面上。

用锤球检查屋架垂直度时,卡尺标志的设置与经纬仪检查方法相同,标志距屋架几何中心线的距离取300 mm。在两端卡尺标志之间连一通线,从中央卡尺的标志处向下挂锤球,检查3个卡尺的标志是否在同一垂直面上。屋架校正如图7.18所示。

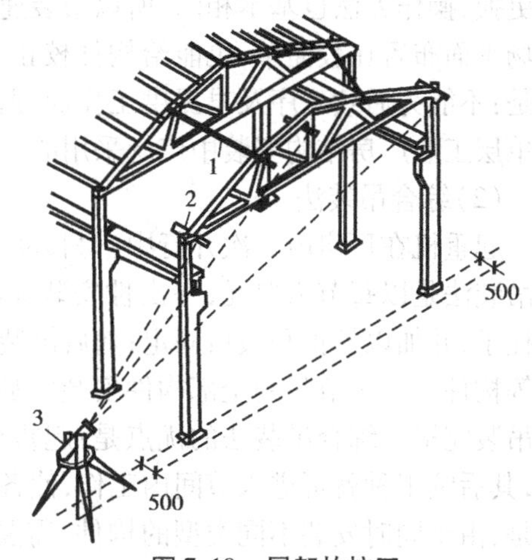

图7.18　屋架的校正
1—屋架校正器;
2—卡尺;3—经纬仪

屋架校正完毕,立即用电焊固定。

4)天窗架和屋面板的吊装

天窗架的吊装应在天窗架两侧的屋面板吊装后进行,其吊装方法与屋架基本相同。

屋面板一般有预埋吊环,用带钩的吊索钩住吊环即可吊装。大型屋面板有4个吊环,起吊时,应使4根吊索拉力相等,屋面板保持水平。为充分利用起重机的起重能力,提高工效,也可采用一次吊升若干块屋面板的方法。

屋面板的安装顺序应自两边檐口左右对称地逐块铺向屋脊,避免屋架受荷不均匀。屋面板对位后,应立即用电焊固定。

▶　7.3.3　单层厂房结构吊装方案

单层厂房结构安装工程施工方案内容包括:结构吊装方法、起重机的选择、起重机的开行路线及构件的平面布置等。施工方案应根据厂房的结构形式、跨度、构件的质量及安装高度、吊装工程量及工期要求,并考虑现有起重设备条件等因素综合确定。

1)结构吊装方法

单层厂房结构吊装方法有分件吊装法和综合吊装法。

(1)分件吊装法

起重机每开行一次,仅吊装一种或几种同类构件。根据构件所在的结构部位的不同,通常分3次开行吊装完全部构件。

第1次吊装,吊装全部柱子,经校正、最后固定及柱接头施工。当接头混凝土强度达到70%的设计强度后可进行第2次吊装。

第2次吊装,吊装全部吊车梁、连系梁及柱间支撑,经校正、最后固定及柱接头施工,之后可进行第3次吊装。

第3次吊装,依次按节间安装屋架、天窗架、屋面板及屋面支撑等。

吊装的顺序如图7.19所示。分件吊装法由于每次基本是吊装同类型构件,索具不需经常更换,操作方法也基本相同,所以吊装速度快,能充分发挥起重机效率,构件可以分批供应,现场平面布置比较简单,也能给构件校正、接头焊接、灌筑混凝土、养护提供充分的时间。缺点是:不能为后续工序及早提供工作面,起重机的开行路线较长。但本法仍为目前国内装配式单层工业厂房结构安装中广泛采用的一种方法。

(2)综合吊装法

起重机在厂房内一次开行中(每移动一次)就吊装完一个节间内的各种类型的构件。综合吊装法是以每节为单元,一次性安装完毕。吊装的顺序,如图7.20所示。即先安装4~6根柱子,并加以校正和最后固定;随后吊装这个节间内的吊车梁、连系梁、屋架、天窗架和屋面板等构件。一个节间的全部构件安装完后,起重机移至下一节间进行安装,直至整个厂房结构吊装完毕。综合吊装法的优点是:起重机开行路线短,停机点少,能持续作业;吊完一个节间,其后续工种就可进入节间内工作,使各工种进行交叉平行流水作业,有利于缩短工期。缺点是:由于同时安装不同类型的构件,需要更换不同的索具,安装速度较慢;使构件供应紧张和平面布置复杂;构件的校正困难、最后固定时间紧迫。综合吊装法需要进行周密的安排和布置,施工现场需要很强的组织能力和管理水平,目前这种方法较少采用。

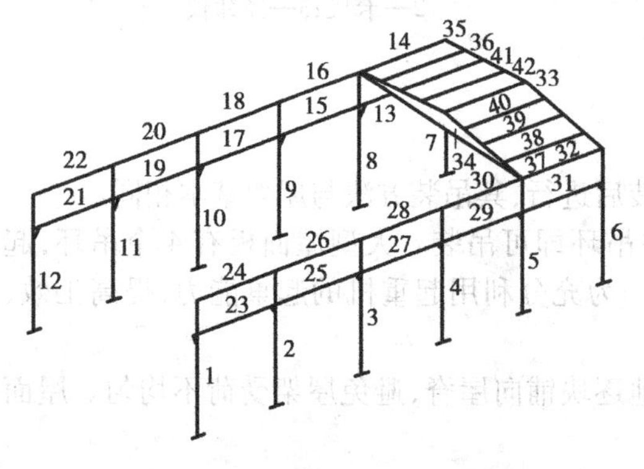

图7.19 分件吊装时的构件吊装顺序

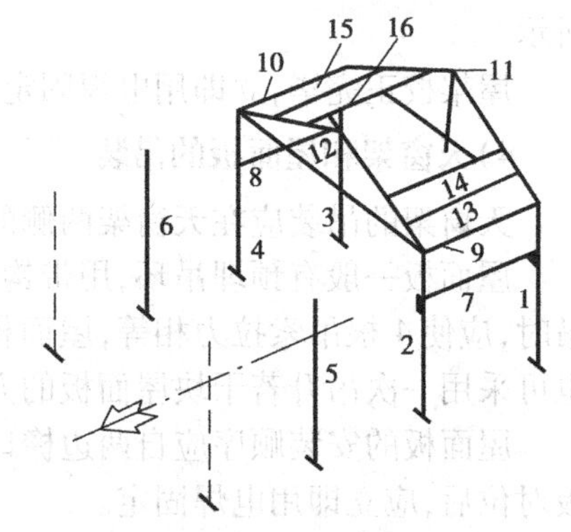

图7.20 综合吊装时的构件吊装顺序

2)起重机的选择

(1)起重机类型的选择

起重机的类型主要是根据厂房的结构特点、跨度、构件质量、吊装高度、吊装方法及现有起重设备条件等来确定。要综合考虑其合理性、可行性和经济性。一般中小型厂房跨度不大,构件的质量及安装高度也不大,厂房内的设备多在厂房结构安装完毕后进行安装,所以多采用履带式起重机、轮胎式起重机或汽车式起重机,以履带式起重机应用最普遍。缺乏上述起重设备时,可采用桅杆式起重机(独脚拔杆、人字拔杆等)。重型厂房跨度大、构件重、安装高度大,厂房内的设备往往要同结构吊装穿插进行,所以一般采用大型履带式起重机、轮胎式起重机、重型汽车式起重机,以及重型塔式起重机与其他起重机械配合使用。

(2)起重机型号的选择

确定起重机的类型以后,要根据构件的尺寸、质量及安装高度来确定起重机型号。所选定的起重机的3个工作参数:起重量 Q、起重高度 H、起重半径 R 要满足构件吊装的要求。

①起重量。起重量必须大于或等于所安装构件的质量与索具质量之和,即

$$Q \geqslant Q_1 + Q_2$$

式中 Q——起重机的起重量,kN;

Q_1——构件的质量,kN;

Q_2——索具的质量(包括临时加固件质量),一般取2 kN。

②起重高度。起重高度必须满足所吊装构件的安装高度要求(见图7.21),即

$$H \geqslant h_1 + h_2 + h_3 + h_4$$

式中 H——起重机的起重高度(从停机面算起至吊钩),m;

h_1——安装支座顶面高度(从停机面算起),m;

h_2——安装间隙,视具体情况而定,但不小于0.3 m;

h_3——绑扎点至起吊后构件底面的距离,m;

h_4——索具高度(从绑扎点到吊钩中心距离),m。

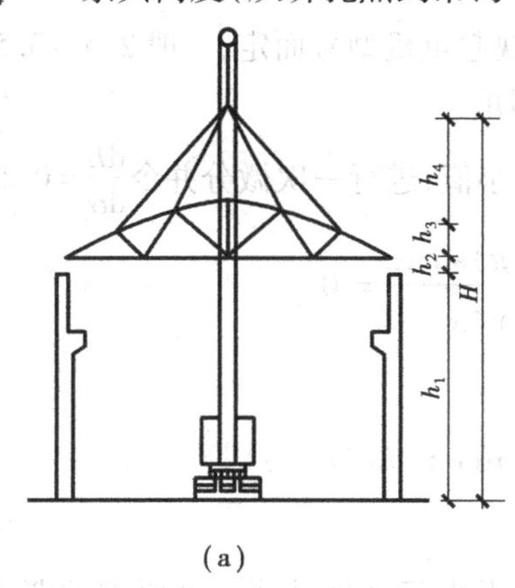

(b)

图7.21 起重高度

③起重半径。

a.当起重机可以不受限制地开到吊装位置附近时,对起重机的起重半径没有要求。

b.对起重机的起重半径有要求的情况有:起重机需要跨越地面上某些障碍物吊装构件时,如跨过地面上已预制好或就位好的屋架吊装吊车梁时;吊柱子等构件时,开行路线已定的情况下;吊装屋架等构件时,开行路线及构件就位位置已定的情况下。

④最小臂长。下述情况对起重机臂长有最小臂长的要求:吊装平面尺寸较大的构件时,应使构件不与起重臂相碰撞(如吊屋面板);跨越较高的障碍物吊装构件时,应使起重臂不碰

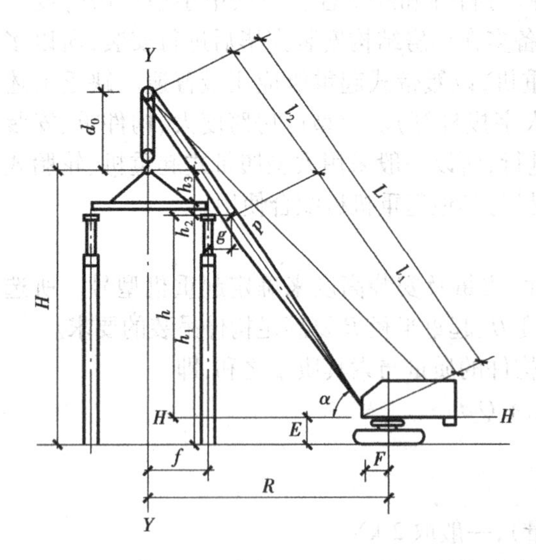

图 7.22 吊装屋面板时起重机最小臂长计算简图

到障碍物，如跨过已安装好的屋架或天窗架，吊装屋面板、支撑等构件时，应使起重臂不碰到已安装好的结构。最小臂长要求实质是一定的起重高度下的起重半径要求。确定起重机的最小臂长的方法可用数解法或图解法，下面介绍数解法。

由图 7.22 所示的几何关系，起重臂长 L，可分解为长度 l_1 及 l_2 两段所组成，可表示为其仰角 α 的函数。即：

$$L = l_1 + l_2 = \frac{h}{\sin\alpha} + \frac{f+g}{\cos\alpha} \tag{7.1}$$

$$\alpha \geqslant \alpha_0 = \arctan\frac{H - h_1 + d_0}{f+g} \tag{7.2}$$

式中 L——起重臂的长度，m；

h——起重臂下铰点至吊装构件支座顶面的高度，$h = h_1 - E$，m；

h_1——停机面至构件吊装支座的高度，m；

E——初步选定的起重机的臂下铰点至停机面的距离，可由起重机外型尺寸确定，m；

f——起重钩需跨过已安装好的结构构件的水平距离，m；

g——起重臂轴线与已安装好的屋架构件轴线间的水平距离（至少取 1 m），m；

H—— 起重高度，m；

d_0—— 吊钩中心至定滑轮中心的最小距离，视起重机型号而定，一般 2.5 ~3.5 m；

α_0—— 满足起重高度等要求的起重臂最小仰角。

确定最小起重臂长度，就是求式(7.1)中 L 的极小值，进行一次微分并令 $\frac{dL}{d\alpha}=0$ 得：

$$\frac{dL}{d\alpha} = \frac{-h\cos\alpha}{\sin^2\alpha} + \frac{(f+g)\sin\alpha}{\cos^2\alpha} = 0$$

解上式，可得：

$$\alpha = \arctan\sqrt[3]{\frac{h}{f+g}} \quad 或 \quad \alpha = \arctan[h/(f+g)]^{\frac{1}{3}} \tag{7.3}$$

将 α 值代入式(7.1)，即得最小起重臂长。

为了使所求得的最小臂长顶端至停机面的距离不小于满足吊装高度要求的臂顶至停机面的最小距离，要求 $\alpha \geqslant \alpha_0$；若 $\alpha < \alpha_0$，则取 $\alpha = \alpha_0$。

3）起重机型号、臂长的确定

(1)吊一种构件时

①起重半径 R 无要求时。根据起重量 Q 及起重高度 H，查阅起重机性能曲线或性能表，来选择起重机型号和起重机臂长 L，并可查得在选择的起重量和起重高度下相应的起重半径 R，即为起吊该构件时的最大起重半径 R_{max}，同时可作为确定吊装该构件时起重机开行路线及停机点的依据。

②起重半径 R 有要求时。根据起重量 Q、起重高度 H 及起重半径 R 3 个参数,查阅起重机性能曲线或性能表,来选择起重机型号和起重机臂长 L,并确定吊装该构件时的起重半径,作为确定吊装该构件时起重机开行路线及停机点的依据。

③最小臂长 L_{min} 有要求时。根据起重量 Q 及起重高度 H,初步选定起重机型号,并根据由数解法或图解法所求得的最小起重臂长的理论值 L_{min},查起重机性能曲线或性能表,从规定的几种臂长中选择一种臂长 $L > L_{min}$,即为吊装构件时所选的起重臂长度 L。

根据实际选用的起重臂长 L 及相应的 α 值,可求出起重半径

$$R = F + L\cos\alpha$$

式中 R——起重半径,m;

F——起重机起重臂下铰点中心至回转中心距离,m;

L——起重臂臂长,m;

α——起重臂仰角,度。

然后按 R 和 L 查起重机性能曲线或性能表,复核起重量 Q 及起重高度 H,如能满足要求,即可按 R 值确定起重机吊装构件时的停机位置。

吊装屋面板时,一般是按上述方法首先确定吊装跨中屋面板所需臂长及起重半径,然后复核最边缘一块屋面板是否满足要求。

(2)吊多个构件时

①构件全无起重半径 R 要求时。首先列出所有构件的起重量 Q 及起重高度 H 要求,找出最大值 Q_{max}、H_{max},根据最大值 Q_{max}、H_{max} 查阅起重机性能曲线或性能表,来选择起重机型号和起重机臂长 L,然后确定吊装各构件时的起重半径 R,作为确定吊装该构件时起重机开行路线及停机点的依据。

②有部分构件有起重半径 R(或最小臂长 L_{min})要求时。在根据最大值 Q_{max}、H_{max} 选择起重机型号和起重机臂长时,尽可能地考虑有起重半径 R(或最小臂长 L_{min})要求的构件的情况,然后对有起重半径 R(或最小臂长 L_{min})要求的构件逐一进行复核。起重机型号和臂长选定后,根据各构件的吊装要求,确定其吊装时采用的起重半径,作为确定吊装该构件时起重机开行路线及停机点的依据。

4)起重机开行路线及构件平面布置

起重机开行路线及构件平面布置与结构吊装方法、构件吊装工艺、构件尺寸及质量、构件的供应方式等因素有关。构件的平面布置不仅要考虑吊装阶段,而且要考虑其预制阶段。一般柱的预制位置即为其吊装前的就位位置;而屋架则要考虑预制和吊装两个阶段的平面布置;吊车梁、屋面板等构件则要按供应方式确定其就位堆放位置。

构件平面布置时应根据下列基本原则:

①各跨构件宜布置在本跨内,如确有困难时,也可布置在跨外便于吊装的地方。

②要满足吊装工艺的要求,尽可能布置在起重机的工作幅度内,减少起重机"跑吊"(负重行走)的距离及起重臂起伏的次数。

③应首先考虑重型构件(如柱等)的布置,尽量靠近安装地点。

④应便于支模及混凝土的浇筑工作,对预应力构件尚应考虑抽管、穿筋等操作所需的场地。

⑤各种构件布置均应力求占地最少,但要保证起重机和运输道路的畅通,起重机回转时不致与构件相碰。

⑥构件均应布置在坚实的地基上，新填土要分层夯实，防止地基下沉，以免影响构件质量。

(1)柱子吊装起重机开行路线及构件平面布置

①起重机开行路线(见图7.23)：

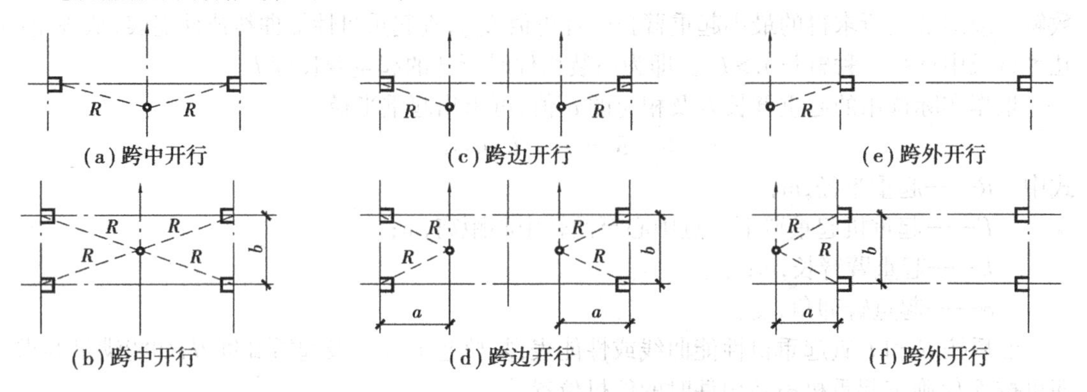

图7.23 吊装柱时起重机的开行路线及停机位置

吊装柱时视厂房跨度大小、柱的尺寸和质量及起重机的性能，起重机开行路线有跨中开行、跨边开行及跨外开行3种。

a. 跨中开行。要求$R \geqslant L/2$(L为厂房跨度)，每个停机点可吊2根柱子，停机点在以基础中心为圆心、R为半径的圆弧与跨中开行路线的交点处；特别地，当$R=[(L/2)^2+(b/2)^2]^{1/2}$时($b$为厂房柱距)，则一个停机点可吊装四根柱子，停机点在该柱网对角线交点处。

b. 跨边开行。起重机在跨内沿跨边开行，开行路线至柱基中心距离为a，$a \leqslant R$且$a<L/2$，每个停机点吊一根柱子；特别地，当$R=[a^2+(b/2)^2]^{1/2}$时，则一个停机点可吊2根柱子。

c. 跨外开行。起重机在跨外沿跨边开行，开行路线至柱基中心距离为$a \leqslant R$，每个停机点吊一根柱子；特别地，当$R=[a^2+(b/2)^2]^{1/2}$时，则一个停机点可吊2根柱子。

②柱的平面布置。柱子的布置方式与场地大小、安装方法有关，一般有斜向布置、纵向布置和横向布置3种。

● 柱的斜向布置

柱子如采用旋转法吊装时，可按3点共弧斜向布置，如图7.24(a)所示，其预制位置可采用作图法确定，步骤如下：

a. 确定起重机开行路线到柱基中线的距离L。这段距离和起重机吊装柱子时与起重机相应的起重半径R、起重机的最小起重半径$R_{\min}$有关，要求：$R_{\min}<L \leqslant R$。同时，开行路线不要通过回填土地段，不要过分靠近构件，防止起重机回转时碰撞构件。

b. 确定起重机的停机位置。以柱基中心点M为圆心，所选的起重半径R为半径，画弧交开行路线于O点，O点即为安装该柱的停机点。

c. 确定柱预制位置。以停机点O为圆心，OM为半径画弧，在靠近柱基的弧上选点K作为柱脚中心点，再以K点为圆心，柱脚到吊点的长度为半径画弧，与OM半径所画的弧相交于S，连接KS线，得出柱中心线，即可画出柱子的模板图。同时量出柱顶、柱脚中心点到柱列纵横轴线的距离A、B、C、D，作为支模时的参考。

柱的布置应注意牛腿的朝向，避免安装时在空中调头，当柱布置在跨内时，牛腿应面向起重机；布置在跨外时，牛腿应背向起重机。

若场地限制或柱过长,难于做到3点共弧时,可按两点共弧布置。一种是将杯口、柱脚中心点共弧,吊点放在起重半径 R 之外,如图7.24(b)所示。安装时,先用较大的工作幅度 R,吊起柱子,并抬升起重臂,当工作幅度变为 R 后,停止升臂,随后用旋转法吊装。另一种是将吊点与柱基中心共弧,柱脚可斜向任意方向,如图7.24(c)所示,吊装时可用旋转法,也可用滑行法。

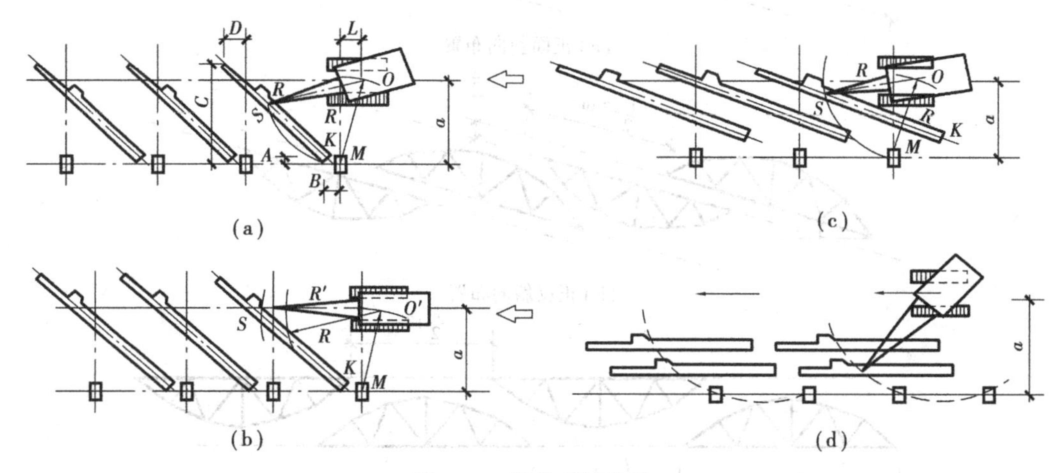

图7.24　柱的平面布置

● 柱的纵向布置

对一些较轻的柱,起重机能力有富余,考虑到节约场地、方便构件制作,可顺柱列纵向布置,如图7.24(d)所示。柱纵向布置时,起重机的停机点应安排在两柱基的中点,这样每个停机点可吊两根柱子。柱可两根叠浇生产,层间应涂刷隔离剂,上层柱在吊点处需先埋吊环;下层柱则在底模预留砂孔,便于起吊时穿钢丝绳。

(2)吊车梁吊装起重机开行路线及构件平面布置

吊车梁吊装起重机开行路线一般是在跨内靠边开行,开行路线至吊车梁中心线距离为 $a \leqslant R$。若在跨中开行,一个停机点可吊两边的吊车梁。吊车梁一般在场外预制,有时也在现场预制;吊装前就位堆放在柱列附近,或者随吊随运。

(3)屋盖系统吊装起重机开行路线及构件平面布置

①屋架预制位置与屋架扶直就位起重机开行路线。屋架一般在跨内平卧叠浇预制,每叠3~4榀。布置方式有正面斜向、正反斜向、正反纵向布置3种,如图7.25所示。

图7.25中虚线表示预应力屋架抽管及穿筋所需留设的距离,相邻两叠屋架间应留1 m间距以便支模及浇筑混凝土。正面布置扶直时为正向扶直,反面布置扶直时为反向扶直。应优先选用正面斜向布置,以利于屋架的扶直。屋架预制位置的确定应与柱子的平面布置及起重机开行路线和停机点综合考虑。

屋架吊装前应先扶直并排放到吊装前就位位置准备吊装。屋架扶直就位时,起重机跨内开行,必要时需负重行走。

②屋架就位位置与屋盖系统吊装起重机开行路线。屋架扶直以后,用起重机把屋架吊起并移到吊装前的排放位置(即就位)。屋架吊装前先扶直就位再吊装,可以提高起重机的吊装效率并适应吊装工艺的要求。屋架的就位排放方式一般有两种:即靠柱边成组斜向就位(见图7.26)和纵向就位(见图7.27)两种。

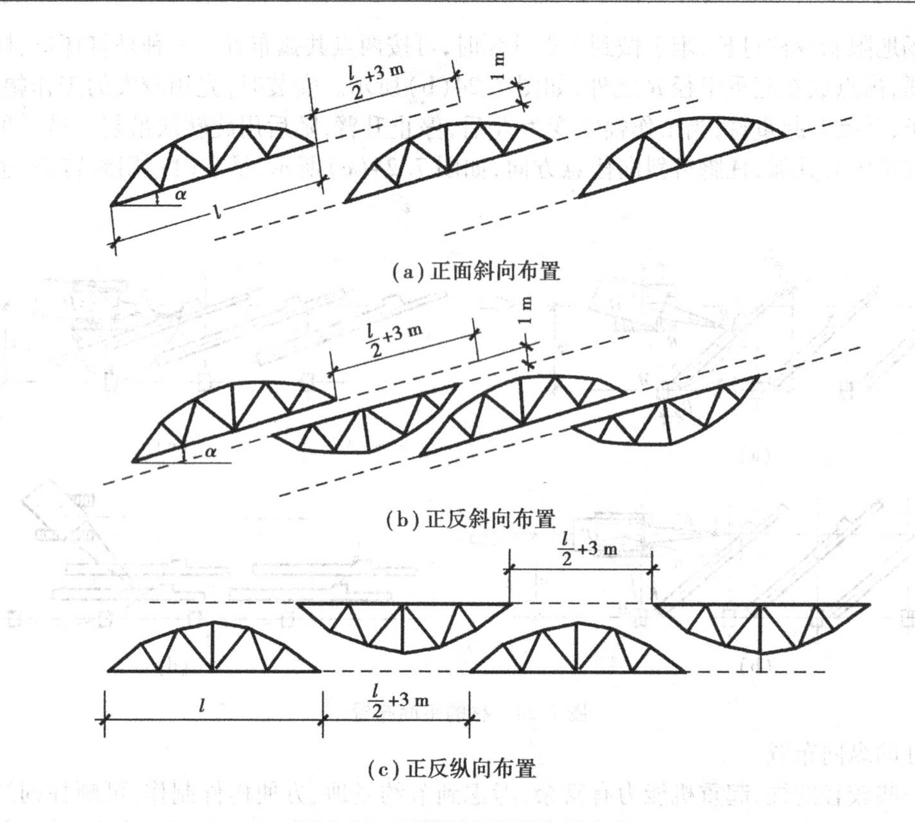

图 7.25　屋架现场预制布置方式

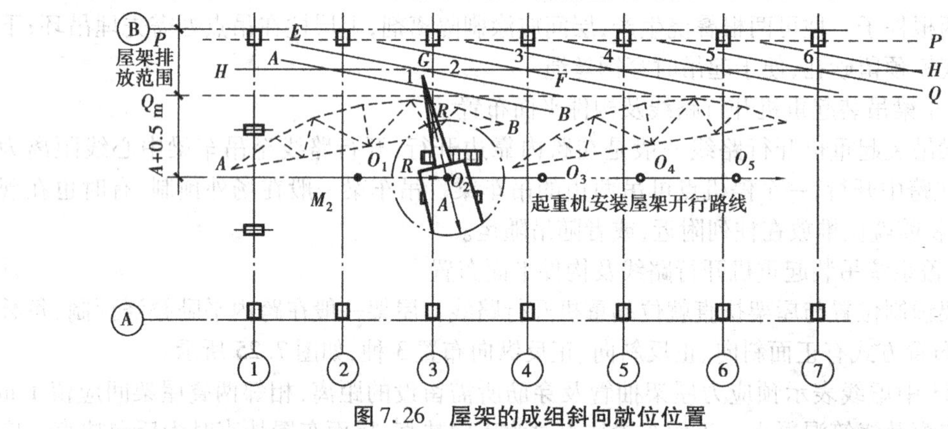

图 7.26　屋架的成组斜向就位位置

（虚线表示屋架预制位置）

吊装屋架及屋盖结构中其他构件时，起重机均跨中开行。屋架的斜向排放方式，用于质量较大的屋架，起重机定点吊装。

①屋架斜向就位（如图 7.26 所示）

屋架斜向就位的步骤为：

a. 确定起重机开行路线及停机点。起重机跨中开行，在开行路线上定出吊装每榀屋架的停机点，以选择吊装屋架的起重半径 R 为半径画弧交开行路线与 O 点，该点即为吊装该屋架时的停机点。如②轴线的屋架以中心点 M_2 为圆心、吊装屋架的起重半径 R 为半径画弧，交开

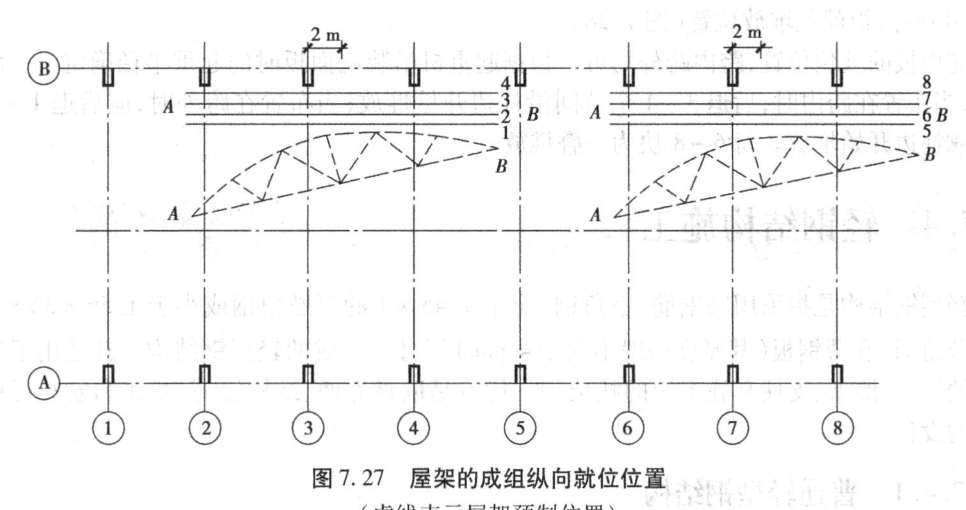

图 7.27 屋架的成组纵向就位位置

（虚线表示屋架预制位置）

行路线于 O_2；O_2 即为安装②轴线屋架时的停机点。

b. 确定屋架排放范围。屋架宜靠柱边就位，即可利用柱子作为屋架就位后的临时支撑。首先定出外边线 *P-P* 线，该线距柱边缘不小于 200 mm，场地受限制时，屋架端头可以伸出跨外一些。再确定内边线 *Q-Q* 线，起重机在吊装时要回转，若起重机尾部至回转中心距离为 *A*，则该线距开行路线不小于 $A+0.5$ m 范围内不宜有构件堆放，所以，由此即可定出内边线 *Q-Q*。在 *P-P* 和 *Q-Q* 两线间即为屋架的排放范围。

c. 确定屋架的就位位置。屋架排放范围确定之后，在 *P-P* 线与 *Q-Q* 线之间定出中心线 *H-H* 线；屋架即在 *P-P*、*Q-Q* 线之间排放，其中心点均应在 *H-H* 线上。

屋架就位位置确定方法是：

一般从第二榀开始，以停机点 O_2 为圆心，以起重半径 *R* 为半径，画弧线交于 *H-H* 线上于 *G* 点，*G* 点即为②轴线屋架就位中心点。再以 *G* 点为圆心，以 1/2 屋架跨度为半径，画弧线交于 *P-P*、*Q-Q* 两线于 *E* 和 *F* 点，连接 *EF*，即为②轴线屋架吊装前就位的位置。依此类推，其他屋架就位位置均应平行于此屋架。

只有①轴线的屋架，当已安装好抗风柱时，需要退到②轴线屋架附近就位。即第一榀因有抗风柱，可灵活布置。

②屋架纵向就位（如图 7.27 所示）

屋架纵向就位的步骤为：

屋架纵向就位，一般以 4～5 榀为一组靠近边柱顺轴线纵向排放。屋架与柱之间，屋架与屋架之间的净距离不小于200 mm，相互之间用铁丝绑扎及支撑拉紧撑牢。每组屋架之间应预留 3 m 左右的间距，作为横向通道。为防止在吊装过程与已安装屋架相碰，每组屋架的跨中要安排在该组屋架倒数第二榀安装轴线之后约 2 m 外。屋架的纵向就位排放方式用于质量较轻的屋架，允许起重机吊装时负荷行驶。

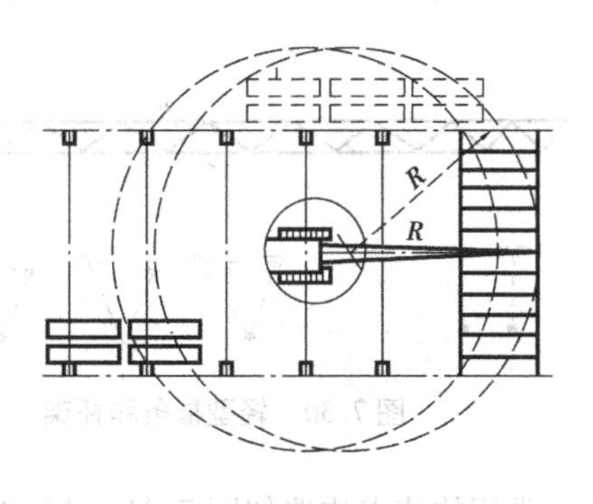

图 7.28 屋面板就位堆放位置

(4)屋面板就位堆放位置(图7.28)

屋面板的就位位置,跨内跨外均可。根据起重机吊装屋面板时的起重半径确定。一般情况下,当布置在跨内时,后退3~4个节间沿柱边开始堆放;当布置在跨外时,应后退1~2个节间靠柱边开始堆放。每6~8块为一叠堆放。

7.4 轻钢结构施工

轻型钢结构是指采用圆钢筋、小角钢(小于∟45×4的等肢角钢或小于∟56×36×4的不等肢角钢)和薄钢板(其厚度一般不大于4 mm)等材料组成的轻型钢结构。其适用于轻型屋盖的屋架、檩条、支柱和施工用的托架等。优点是取材方便、结构轻巧、制作和安装可用较简单的设备。

▶ 7.4.1 普通轻型钢结构

1)结构形式和构造要求

(1)结构形式

①轻型钢屋架。适用于陡坡轻型屋面的有芬克式屋架和三角拱式屋架,适用于平坡轻型屋面的有棱形屋架(见图7.29)。

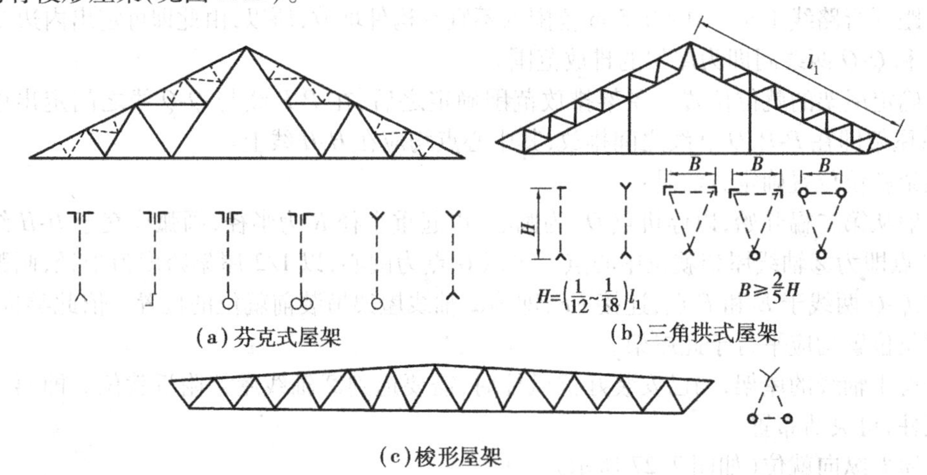

图7.29 轻型钢屋架

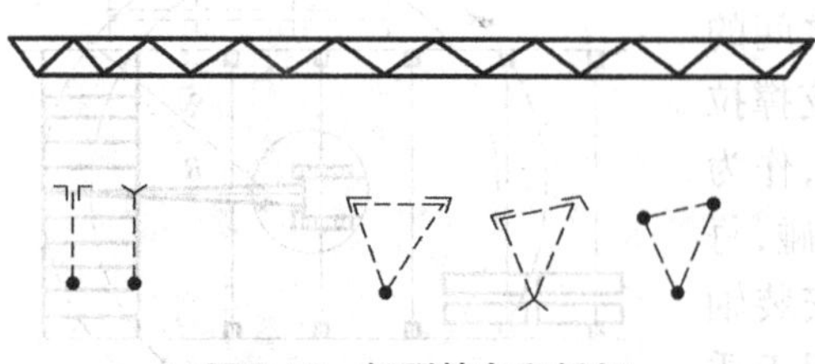

图7.30 轻型檩条和托架

②轻型檩条和托架。杆件截面形式,对压杆尽可能用角钢,拉杆或压力很小的杆件用圆钢筋,这样经济、效果好(见图7.30)。

(2)节点构造

轻型钢结构桁架,应使杆件重心线在节点处交汇于一点,否则计算时应考虑偏心影响。轻型钢结构的杆件比较柔细,节点构造偏心对结构的承载力影响较大,制作时应注意。常用的节点构造如图7.31、图7.32和图7.33所示。

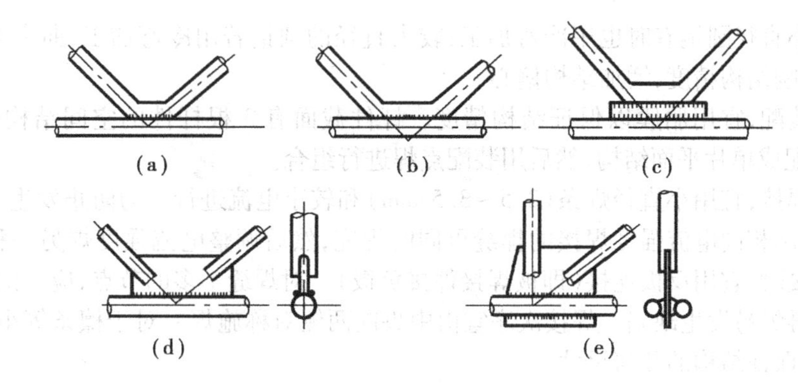

图7.31 圆钢与圆钢的连接构造

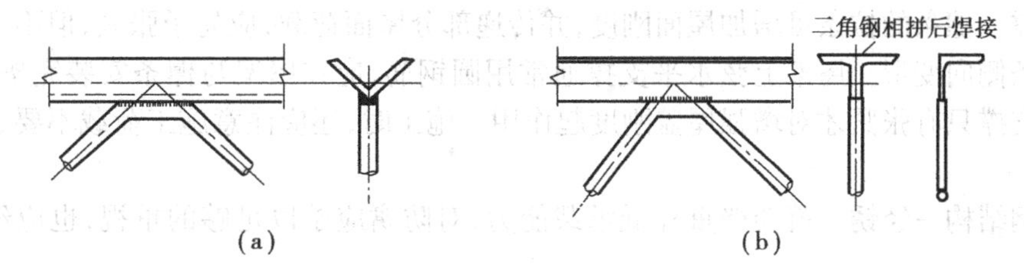

图7.32 圆钢与角钢的连接构造

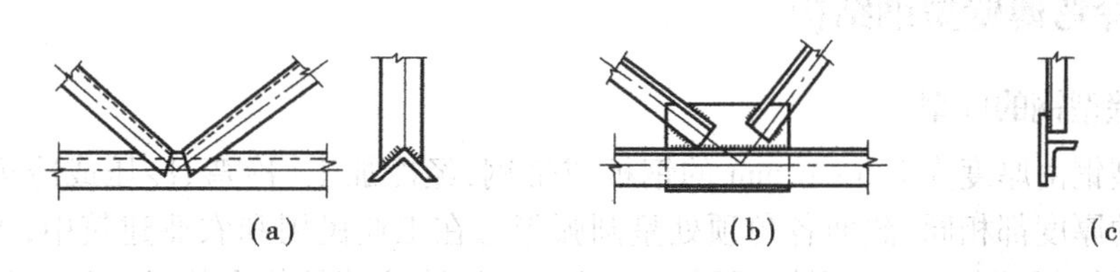

图7.33 单肢角钢的连接构造

(3)焊缝要求

圆钢与圆钢、圆钢与钢板(或型钢)之间的焊缝有效厚度不应小于0.2倍圆钢的直径(当焊接的两圆钢直径不同时取平均直径)或3 mm,并不大于1.2倍钢板厚度,计算长度不应小于20 mm。

(4)构件最小尺寸

钢板厚度不宜小于4 mm,圆钢直径不宜小于下列数值:屋架构件为12 mm,檩条构件和檩条间拉条为8 mm;支撑杆件为16 mm。

2)制作和安装要点

①构件平直。小角钢和圆钢等在运输、堆放过程中易发生弯曲和翘曲等变形,备料时应平直整理,使其达到合格要求。

②结构放样要求具有较高的精度,减少节点偏心。

③杆件切割,宜用机械切割。特殊形式的节点板和单角钢端头非平面切割通常用气割。气割端头要求打磨清洁。

④圆钢弯曲,宜用热弯加工,圆钢筋的弯曲部分应在炉中加热至900 ~1 000 ℃,从炉中取出锻打成型,也可用烘枪(氧炔焰)烘烤至上述温度后锻打成型。弯曲的钢筋腹杆(蛇形钢筋)通常以两节以上为一个加工单件,但也不宜过长,太长弯成的构件不易平整,太短会增加

节点焊缝。小直径圆钢有时也用冷弯加工;较大直径的圆钢若用冷弯加工,曲率半径不能过小,否则会影响结构精度,增加结构偏心。

⑤结构装配,宜用胎膜以保证结构精度。杆件截面有3根杆件的空间结构(如梭型桁架),可先装配成单片平面结构,然后用装配点焊进行组合。

⑥结构焊接,宜用小直径焊条(2.5~3.5 mm)和较小电流进行。为防止发生未焊透和咬肉等缺陷,对用相同电流强度焊接的焊缝可同时焊完,然后调整电流强度焊另一种焊缝。用直流电机焊接时,宜用反极连接(即被焊接件接负极)。对焊缝不多的节点,应一次施焊完毕,中途停熄后再焊易发生缺陷。焊接次序宜由中央向两侧对称施焊。对于檩条等小构件,可用固定夹具,以保证结构的几何尺寸。

⑦安装要求。屋盖系统的安装顺序一般是屋架、屋架间垂直支撑、檩条、檩条拉条、屋架间水平支撑。檩条的拉条可增加屋面刚度,并传递部分屋面荷载,应先予张紧,但不能张拉过紧而使檩条侧向变形。屋架上弦水平支撑通常用圆钢筋,应在屋架与檩条安装完毕后拉紧。这类柔性支撑只有张紧才对增强屋盖刚度起作用。施工时,还应注意施工荷载不要超过设计规定。

⑧轻钢结构一经锈蚀就会严重降低承载能力,对防腐应予以足够的重视,也应经常加以维护。

▶ 7.4.2 冷弯薄壁型钢结构

1)冷弯薄壁型钢的成型

冷弯薄壁型钢由厚度为1.5~6 mm的钢板或带钢,经冷加工(冷弯、冷压或冷拔)成型,同一截面部分的厚度都相同,截面各角顶处呈圆弧形。在工业民用和农业建筑中,可用薄壁型钢制作各种屋架(见图7.34)、刚架、网架、檩条、墙梁、墙柱等结构和构件。压型钢板常用0.4~1.2 mm厚的镀锌钢板和彩色涂塑镀锌钢板,冷加工成型,可广泛用作屋面板、墙面板和隔墙。在上下两层压型钢板间填充轻质保温材料,还可制成保温或隔热的夹层板。在双向有凹凸的压型钢板上还可浇筑混凝土制成"钢—混凝土"组合楼板,此时压型钢板代替了受力钢筋,同时又可兼作浇筑混凝土的模板。

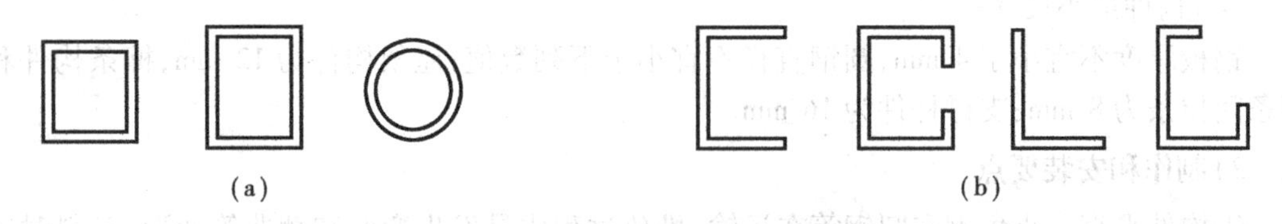

图7.34 冷弯薄壁型钢屋架杆件截面

2)冷弯薄壁型钢的放样、下料和切割

薄壁型钢的放样与一般钢结构相同。常用的薄壁型钢屋架,不论用圆钢管或方钢管,其节点多不用节点板,构造都比普通钢结构要求高,因此放样和下料应具有足够的精度。常用的节点构造如图7.35所示。

矩形和圆形管端部的画线,可先制成斜切的样板,直接覆盖在杆件上进行画线。圆钢管端部有弧形断口时,最好用展开的方法放样制成样板。小圆钢管也可用硬纸板按管径和角度

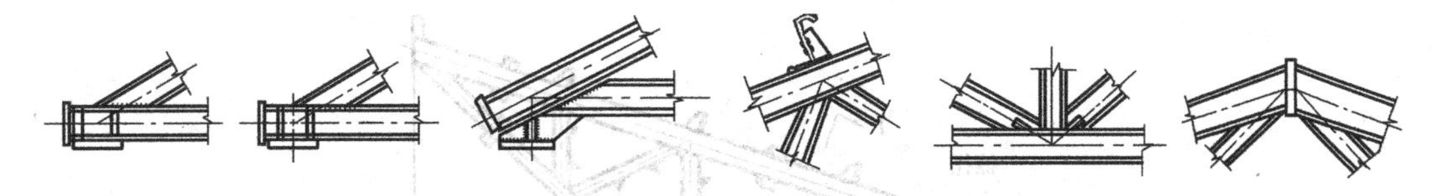

图7.35 薄壁型钢屋架常用的节点构造

逐步凑出近似的弧线，然后覆于圆管上画线。如图7.36所示。

薄壁型钢号料时，规范规定不容许在非切割构件表面打凿子印和钢印，以免削弱截面。切割薄壁型钢最好用摩擦锯，效率高，锯口平整。用一般锯床切割极容易损坏锯片，一般不宜采用。如无摩擦锯，可用氧气、乙炔焰切割。要求用小口径喷嘴，切割后用砂轮、风铲整修，清除毛刺、熔渣等。

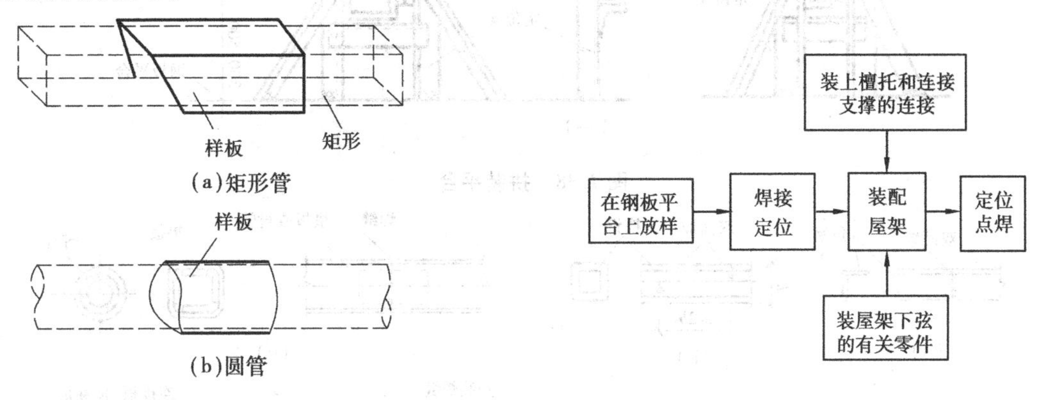

图7.36 画线样板

图7.37 薄壁型钢屋架的装配过程

3)冷弯薄壁型钢结构的装配和焊接

冷弯薄壁型钢屋架的装配一般用一次装配法，其装配过程如图7.37所示。

装配平台必须稳固，使构件重心线在同一水平面上，高差不大于3 mm，见图7.38。装配时一般先拼弦杆，保证弦杆与檩条、支撑连接处的位置正确。腹杆在节点上可略有偏差，但在构件表面的中心线不宜超过3 mm。芬克式屋架由3个运输单元组成时，应注意3个单元间连接螺孔位置的正确，以免安装时连接困难。为此，先把下弦中间一段运输单元固定在胎膜的小型钢支架上，随后进行其左右两个半榀屋架的装配。连接左右两个半榀屋架的屋脊节点也应采取措施保证螺孔位置的正确。规范规定，连接孔中心线的误差不得大于1.5 mm。

为减少冷弯薄壁型钢焊接接头的焊接变形，杆端顶接缝隙控制在1 mm左右。薄壁型钢的工厂接头、开口截面可采用双面焊的对接接头；用两个槽形截面拼合的矩形管，横缝可用双面焊，纵缝用单面焊，并使纵横错开2倍截面高度。一般管子的接头，受拉杆最好用有衬垫的单面焊，对接缝接头，衬垫可用厚度1.5～2 mm的薄钢板或薄钢管。圆管也可用同直径的圆管接头，纵向切开后镶入圆管中。受压杆允许用隔板连接。杆件的工地连接可用焊接或螺栓连接。对受拉杆件的焊接质量应特别注意。冷弯薄壁型钢焊接接头如图7.39所示。

薄壁杆件装配点焊应严格控制壁厚方向的错位，不得超过板厚的1/4或0.5 mm。

薄壁型钢结构的焊接应严格控制质量，焊前应熟悉焊接工艺、焊接程序和技术措施，如缺乏经验可通过实验以确定焊接参数，一般可参考表7.5。

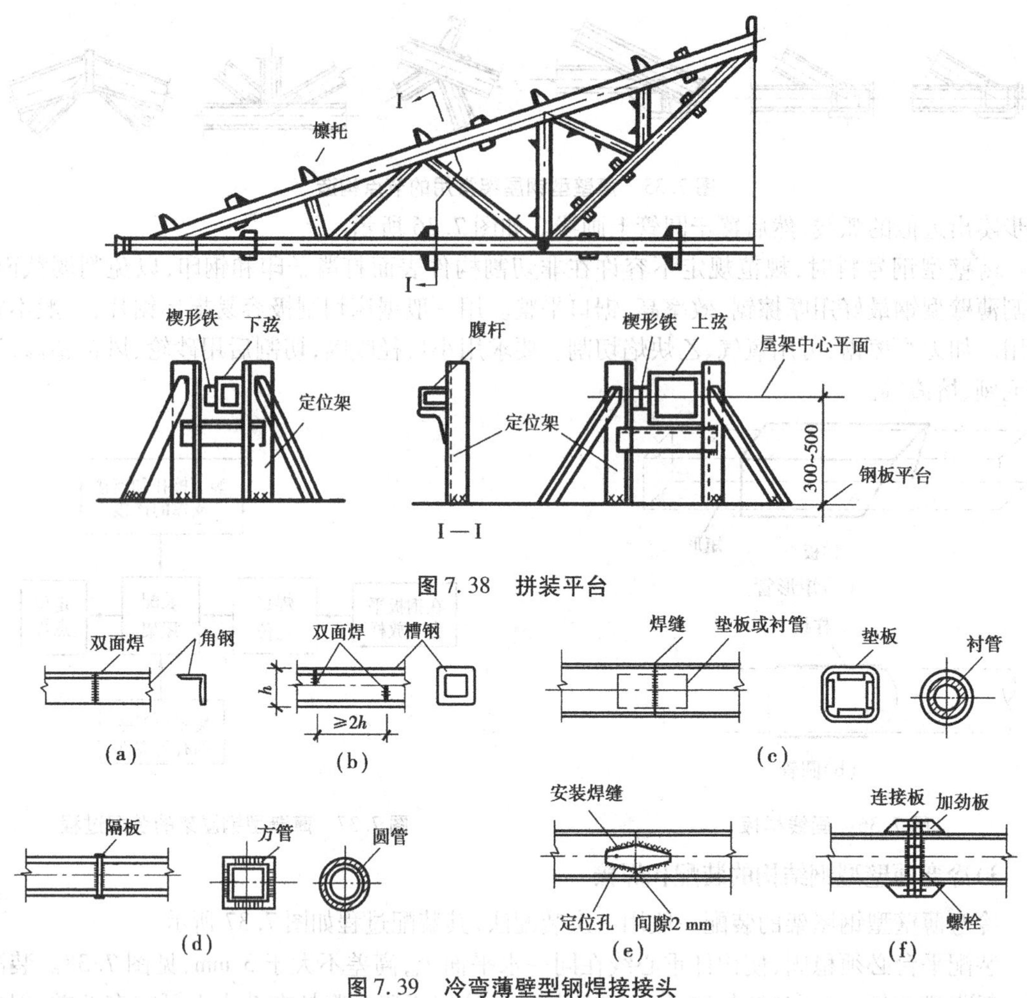

图 7.38　拼装平台

图 7.39　冷弯薄壁型钢焊接接头

表 7.5　焊接参数参考表

名　称	钢板厚度/mm	焊条直径/mm	电流强度/A	名　称	钢板厚度/mm	焊条直径/mm	电流强度/A
对接焊缝	1.5~2.0	2.5	60~100	角焊缝	1.5~2.0	2.5~3.2	80~140
	2.5~3.5	3.2	110~140		2.5~3.5	3.2	120~170
	4~5	4	160~200		4~5	4	160~220

注:①表中电流是按平焊考虑的,对于立焊、横焊和仰焊时的电流可比表中数字减小 10% 左右;

②焊接 16 锰钢时,电流要减小 10%~15%;

③不同厚度的钢板焊接时,电流强度按较薄的钢板选择。

为保证焊接质量,对薄壁截面焊接处附近的铁锈、污垢和积水要清除干净,焊条应烘干,并不得在非焊缝处的构件表面起弧和灭弧。

薄壁型钢屋架节点的焊接,常因装配间隙不均匀而使一次焊成的焊缝质量较差,故可采用两层焊。尤其对冷弯型钢,因弯角附近的冷加工变形较大,焊后热影响区的塑性较差,对主要受力节点宜用两层焊,先焊第一层,待冷却后再焊第二层,以提高焊缝质量。

4)冷弯薄壁型钢构件矫正

冷弯薄壁型钢和其结构在运输和堆放时应轻吊轻放,尽量减少局部变形。规范规定薄壁方管的$\delta/b\leqslant 0.01$(b为局部变形的量测标距,取变形所在的截面宽度;δ为纵向量测的变形值)。如超过此值,对杆件的承载力会明显影响,且局部变形的矫正也困难。采用撑直机或锤击调直型钢或成品整理时,也要防止局部变形。整理时最好逐步顶撑调直,接触处应设衬垫,最好在型钢弯角处加力。成品的调直可用自制的手动简便顶撑工具。如用锤击方法调理,注意设衬垫。成品用火焰矫正时,不宜浇水冷却。

5)冷弯薄壁型钢结构安装

冷弯薄壁型钢结构安装前要检查和矫正构件相互之间的关系尺寸、标高和构件本身安装孔的关系尺寸。检查构件的局部变形,如发现问题在地面预先矫正或妥善解决。

吊装时要采取适当措施防止产生过大的弯扭变形,应垫好吊索与构件的接触部位,以免损伤构件。

不宜利用已安装就位的冷弯薄壁型钢构件起吊其他重物,以免引起局部变形,不得在主要受力部位加焊其他物件。

安装屋面板之前,应采取措施保证拉条拉紧和檩条的正确位置,檩条的扭角不得大于3°。

6)冷弯薄壁型钢结构防腐蚀

冷弯薄壁型钢厚度小,如何防止锈蚀以增加耐久性是必须重视的问题。在冷弯薄壁型钢结构设计时应注意使用环境,有强烈侵蚀作用的房屋中不宜采用;选用合理的结构形式和构造细节,如尽量选用圆管、方管等表面积小的截面和采用便于检查、清刷和油漆的构造细节。事实证明,如制造时清除铁锈彻底、底漆质量好,一般的厂房冷弯薄壁型钢结构可8~10年维修一次,与普通钢结构相同;否则,容易腐蚀,影响结构的耐久性。闭口截面构件经焊接封闭后,其内壁可不做防腐处理。

冷弯薄壁型钢结构必须进行表面处理,要求彻底清除铁锈、污垢及其他附着物。特别要注意节点和不便清除的部位。防腐可视具体情况选用镀锌或各种底漆和面漆。

冷弯薄壁型钢结构防腐处理应符合:

①钢材表面处理后应及时涂刷防腐涂料,以免再度生锈。

②当防腐涂料采用红丹防腐漆和环氧底漆时,安装焊缝部位两侧附近不涂。

③冷弯薄壁型钢结构安装就位后,应对在运输、吊装过程中漆膜脱落部位,以及安装焊缝两侧未涂油漆部位补涂油漆,使之不低于相邻部位的防护等级。

④冷弯薄壁型钢结构与钢筋混凝土或钢丝网水泥构件直接接触的部位,应采取适当措施,使油漆不变质。

⑤可能淋雨或积水的构件中的节点板缝等不宜再次油漆维护的部位,均应采取适当措施密封。

冷弯薄壁型钢结构在使用期间,应定期进行检查与维护。冷弯薄壁型钢结构的维护应符合:

①当涂层表面开始出现锈斑或局部脱漆时,应重新涂装,不应到漆膜大面积劣化、返锈时才进行维护。

②重新涂装前应进行表面处理,彻底清除结构表面的积灰、铁锈、污垢及其他附着物,除锈后应立即涂漆维护。

③重新涂装时也应采用相应的配套涂料。

④重新涂装的涂层质量应符合国家现行的《钢结构施工及验收规范》(GB 50205—2001)的规定。

▶ 7.4.3 新型门式刚架结构

门式刚架轻型房屋钢结构经数十年发展,目前已广泛地应用于各种房屋中。中国工程建设标准化协会1998年批准并于1999年发布了协会标准:《门式刚架轻型房屋钢结构技术规程》(CECS102:98),对这种结构的设计、制作和安装的技术要求作出了配套规定。这里所说的新型门式刚架结构,专指主要承重结构为单跨或多跨实腹门式刚架、具有轻型屋盖和轻型外墙、可以设置起重量不大于200 kN的A1~A5(中、轻级)工作级别桥式吊车或30 kN悬挂式起重机的单层房屋钢结构。

门式刚架分为单跨、双跨、多跨刚架以及带挑檐的和带毗屋的刚架等形式。多跨刚架中间柱与刚架斜梁的连接,可采用铰接(俗称摇摆柱)。多跨刚架宜采用双坡或单坡屋盖,必要时也可采用由多个双坡单跨相连的多跨刚架形式。门式刚架形式如图7.40所示。

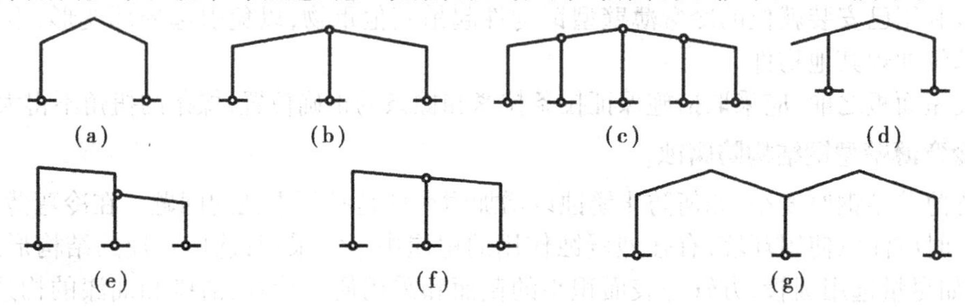

图7.40 门式刚架形式

在门式刚架轻型房屋钢结构体系中,屋盖应采用压型钢板屋面板和冷弯薄壁型钢檩条;主刚架可采用变截面实腹刚架;外墙宜采用压型钢板墙板和冷弯薄壁型钢墙梁,也可以采用砌体外墙或底部为砌体、上部为轻质材料的外墙。主刚架斜梁下翼缘和刚架柱内翼缘的出平面稳定性,由与檩条或墙梁相连接的支撑来保证。主刚架间的交叉支撑可采用张紧的圆钢。

单层门式刚架轻型房屋可采用隔热卷材做屋盖隔热和保温层,也可以采用带隔热层的板材作屋面。根据跨度、高度及荷载不同,门式刚架的梁、柱可采用变截面或等截面的实腹焊接工字形截面或轧制H形截面。设有桥式吊车时,柱宜采用等截面构件。变截面构件通常改变腹板的高度,做成楔形,必要时也可以改变腹板厚度。结构构件在运输单元内一般不改变翼缘截面,必要时可改变翼缘厚度,邻接的运输单元可采用不同的翼缘截面。

门式刚架可由多个梁、柱单元构件组成,柱一般为单独单元构件,斜梁可根据运输条件划分为若干个单元。单元构件本身采用焊接,单元之间可通过端板用高强度螺栓连接。门式刚架轻型房屋屋面坡度宜取1/20~1/8,在雨水较多的地区宜取其中的较大值。

门式刚架的柱脚多按铰接支承设计,通常为平板支座,设一对或两对地脚螺栓。当用于工业厂房且有桥式吊车时,宜将柱脚设计为刚接。

①轻钢结构的制作和安装必须严格按照施工图进行,应符合国家现行的有关标准规范的规定。

②轻钢结构施工前,制作和安装单位应按施工图设计的要求、编制制作工艺和安装施工组织设计,并在施工过程中认真执行,严格实施。

③轻钢结构施工使用的器具、仪器、仪表等,应经计量检定合格后方可使用。必要时,制

造单位与安装单位应互相核对。

④轻钢结构工程所采用的钢材、连接材料和涂装材料等，除应具有出厂书外，尚应进行必要的检验，以确认其材质符合要求。

综上所述，轻钢结构施工步骤是：熟悉施工图纸→编制施工方案→地基与基础施工→构件制作、检查→结构安装→其他围护与装饰装修。其中，结构安装是关键工序，必须做好专项施工方案的论证，保证施工的质量与安全。

7.5 工程案例

某厂单层工业厂房结构的金工车间，跨度18 m，长66 m，柱距6 m，共11个节间，厂房平面图、剖面图如图7.41所示。

制订安装方案前，应先熟悉施工图，了解设计意图，将主要构件数量、质量、长度、安装标高分别算出，并列表7.6以便计算时查阅。

表7.6 车间主要构件一览表

厂房轴线	构件名称及编号	构件数量	构件质量/t	构件长度/m	安装标高/m
Ⓐ,Ⓑ,①,⑭	基础梁 JL	28	1.51	5.95	—
Ⓐ,Ⓑ	连系梁 LL	22	1.75	5.95	+6.60
Ⓐ,Ⓑ Ⓐ,Ⓑ 1/A 2/A	柱 Z_1 柱 Z_2 柱 Z_3	4 20 4	6.95 6.95 5.6	12.05 12.05 13.74	-1.25 -1.25 -1.25
①,⑭	屋架 YWJ18-1	12	4.8	17.70	+10.80
Ⓐ,Ⓑ Ⓐ,Ⓑ	吊车梁 DL—8Z DL—8B	18 4	3.85 3.85	5.95 5.95	+6.60 +6.60
	屋面板 YWB	132	1.16	5.97	+13.80
Ⓐ,Ⓑ	天沟板 TGB	22	0.86	5.97	+11.40

1）起重机的选择及工作参数计算

根据厂房基本概况及现有起重设备条件，初步选用W1—100型履带式起重机进行结构吊装。主要构件吊装的参数计算如下：

（1）柱

柱子采用一点绑扎斜吊法吊装。

柱 Z_1Z_2 要求起质量：

$$Q = Q_1 + Q_2 = 6.95\ \text{t} + 0.2\ \text{t} = 7.15\ \text{t}$$

柱 Z_1Z_2 要求起升高度（如图7.42所示）：

$$H = h_1 + h_2 + h_3 + h_4 = 0 + 0.3\ \text{m} + 6.9\ \text{m} + 2.0\ \text{m} = 9.2\ \text{m}$$

柱 Z_3 要求起质量：$Q = Q_1 + Q_2 = 5.6\ \text{t} + 0.2\ \text{t} = 5.8\ \text{t}$

柱 Z_3 要求起升高度（如图7.42所示）：

$$H = h_1 + h_2 + h_3 + h_4 = 0 + 0.30\ \text{m} + 11.35\ \text{m} + 2.0\ \text{m} = 13.65\ \text{m}$$

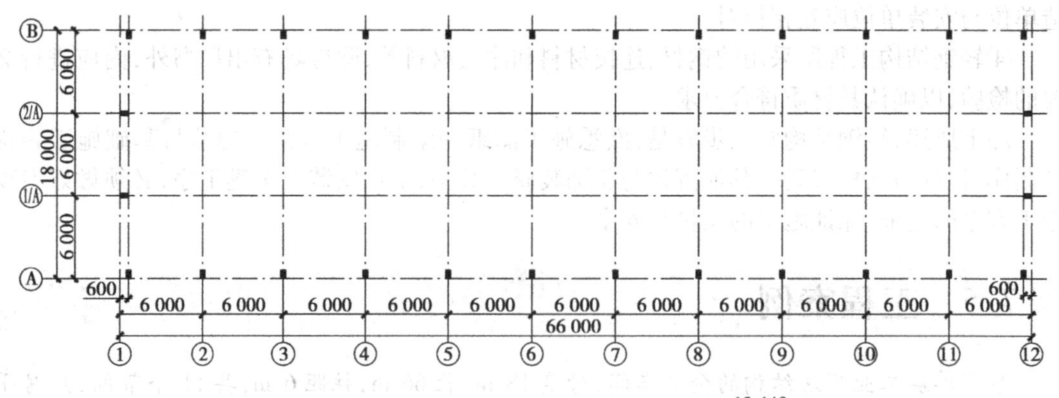

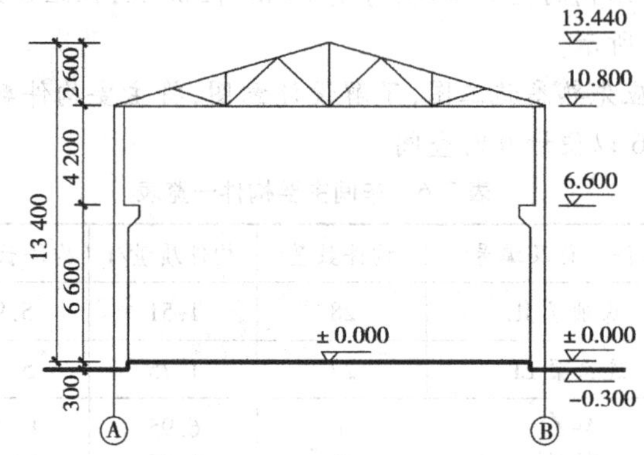

图 7.41 某厂房结构的平面图和剖面图

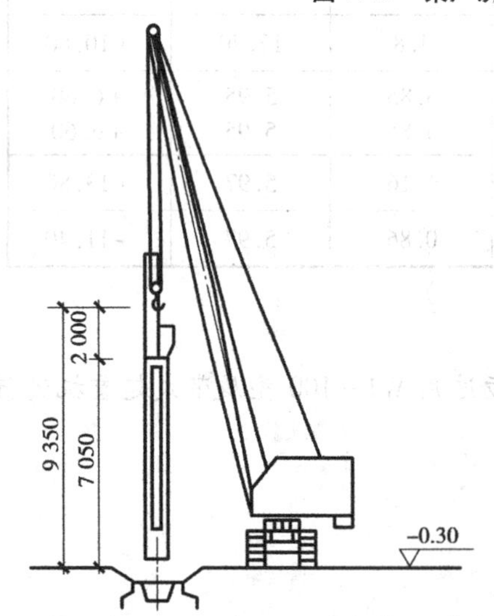

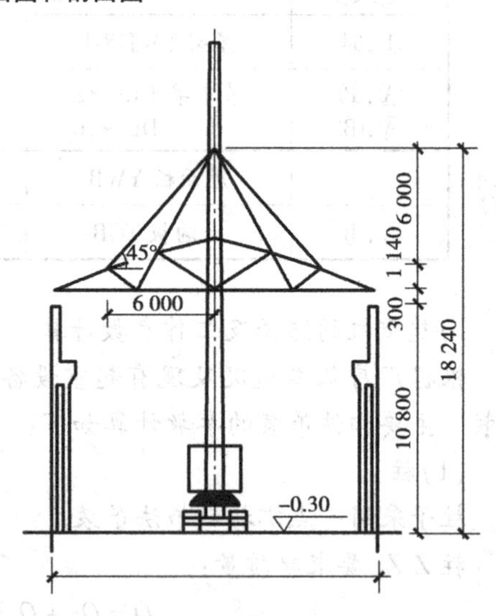

图 7.42 柱的起重高度

图 7.43 屋面板的起重高度

(2)屋面板

吊装跨中屋面板时,起重量:

$$Q = Q_1 + Q_2 = 1.16\ \text{t} + 0.2\ \text{t} = 1.36\ \text{t}$$

起升高度(如图 7.43 所示):

$$H=h_1+h_2+h_3+h_4=(10.8+2.64)\ \text{m}+0.3\ \text{m}+0.24\ \text{m}+2.5\ \text{m}=16.48\ \text{m}$$

安装屋面板时起重机吊钩需跨过已安装的屋架3 m,且起重臂轴线与已安装的屋架上弦中线最少需保持1 m的水平间隙。因此,起重机的最小起重臂长度及所需起重仰角 α 为:

$$\alpha=\arctan\sqrt{\frac{h}{f+g}}=\arctan\sqrt{\frac{10.8+2.64-1.7}{3+1}}=55.07°$$

$$L=\frac{h}{\sin\alpha}+\frac{f+g}{\cos\alpha}=\frac{11.74}{\sin 55.07°}+\frac{3+1}{\cos 55.07°}=21.34(\text{m})$$

根据上述计算,选 W_1-100 型履带式起重机吊装屋面板,起重臂长 L 取 23 m,起重仰角 $\alpha=55°$,再对起重高度进行核算:

假定起重机顶端至吊钩的距离 $d=3.5$ m,则实际的起重高度为:

$$H=L\sin 55°+E-d=23\sin 55°\ \text{m}+1.7\ \text{m}-3.5\ \text{m}=17.04\ \text{m}>16.48\ \text{m}$$

即 $d=23\sin 55°\ \text{m}+1.7\ \text{m}-16.48\ \text{m}=4.06\ \text{m}$,满足要求。

此时起重机吊板的起重半径为:

$$R=F+L\cos\alpha=1.3\ \text{m}+23\cos 55°\ \text{m}=14.49\ \text{m}$$

再以选定的23 m长起重臂及 $\alpha=55°$ 倾角用作图法来复核一下能否满足吊装最边缘一块屋面板的要求。

在图7.44中,以最边缘一块屋面板的中心 K 圆心,以 $R=14.49$ m为半径画弧,交起重机开行路线于 O_1 点,O_1 点即为起重机吊装边缘一块屋面板的停机位置。用比例尺量 $KQ=3.8$ m。过 O_1K 按比例作2—2剖面。从2—2剖面可以看出,所选起重臂及起重仰角可以满足吊装要求。

屋面板吊装工作参数计算及屋面板的就位布置图如图7.44所示。

根据以上各种工作参数计算,确定选用23 m长度的起重臂,并查 W_1-100 型起重机性能曲线,列出表7.7,再根据合适的起重半径 R,作出制定构件平面布置图的依据。

表7.7　结构吊装工作参数表

构件名称	Z_1 柱			Z_2 柱			屋　架			屋面板		
吊装工作参数	Q/t	H/m	R/m	Q/t	H/m	R/m	Q/t	H/m	R/m	Q/t	H/m	R/m
计算所需工作参数	7.15	9.2		5.8	13.65		5.0	18.24		1.36	16.48	
采用数值	7.2	19	7	6	19	6.5	6	19	8	2.3	17	14.5

2)现场预制构件的平面布置与起重机的开行路线

构件吊装采用分件吊装的方法。柱子、屋架现场预制,其他构件(如吊车梁、连系梁、屋面板)均在现场附近预制构件厂预制,吊装前运到现场排放吊装。

(1) Ⓐ列柱预制

在场地平整及杯形基础浇筑后即可进行柱子预制。根据现场情况及起重半径 R,先确定起重机开行路线,吊装Ⓐ列柱时,跨内、跨边开行,且起重机开行路线距Ⓐ轴线的距离为4.8 m;然后以各杯口中心为圆心,以 $R=6.5$ m为半径画弧与开行线路相交,其交点即为吊装各柱的停机点,再以各停机点为圆心,以 $R=6.5$ m为半径画弧,该弧均通过各杯口中心,并在杯口附近的圆弧上定出一点作为柱脚中心,然后以柱脚中心为圆心,以柱脚至绑扎点的距离

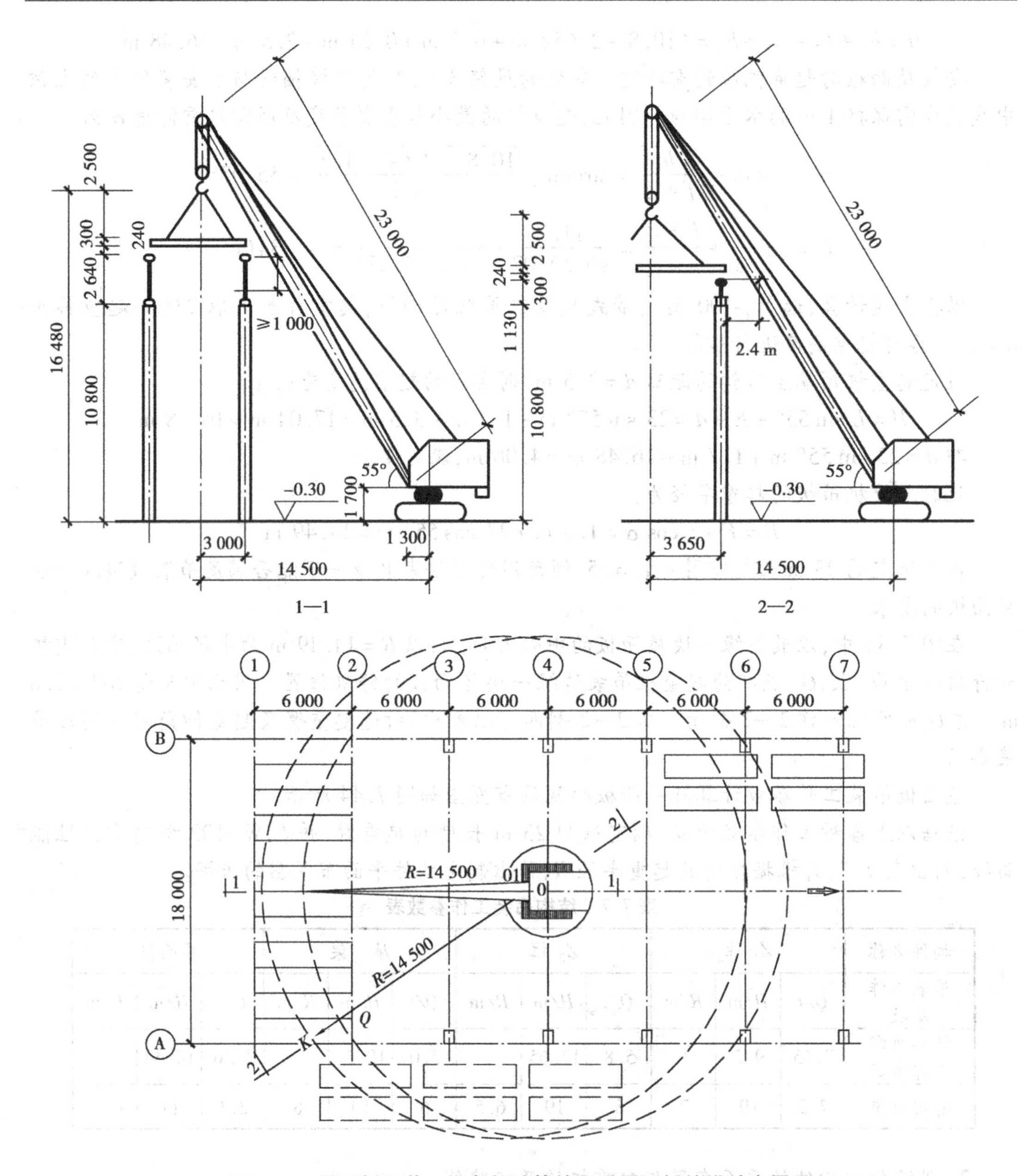

图 7.44　屋面板吊装工作参数计算简图及屋面板的排放布置图

7.05 m为半径作弧与以停机点为圆心，以 $R=6.5$ m 为半径的圆弧相交，此交点即柱的绑扎点。根据圆弧上的两点（柱脚中心及绑扎点）作出柱子的中心线，并根据柱子尺寸确定出柱的预制位置，如图 7.45(a) 所示。

(2)Ⓑ列柱预制

根据施工现场情况确定Ⓑ列柱跨外预制，由Ⓑ轴线与起重机的开行路线的距离为4.2 m，定出起重机吊装Ⓑ列柱的开行路线，然后按上述同样的方法确定停机点及柱子的布置位置。如图 7.45(a) 所示。

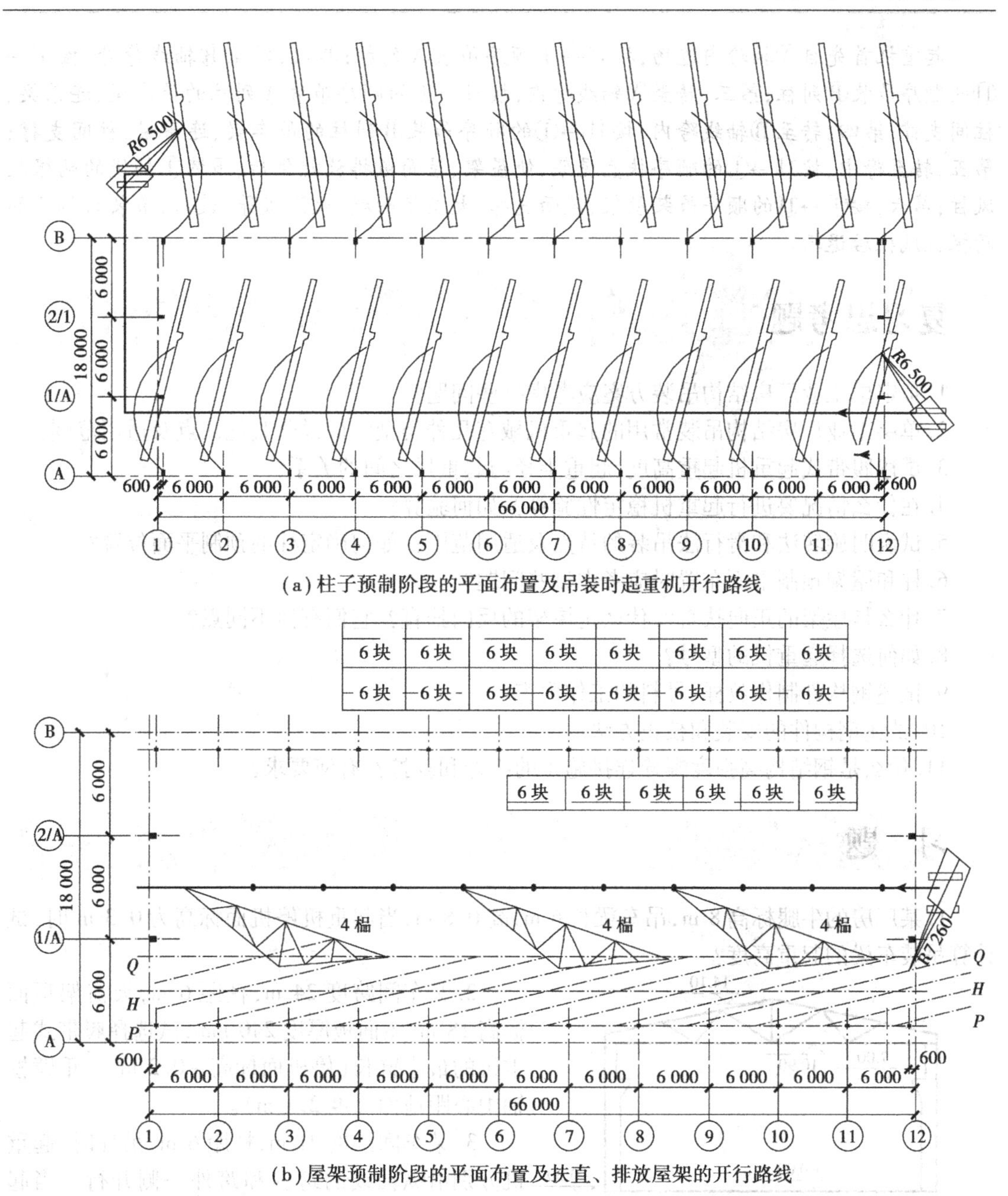

(a)柱子预制阶段的平面布置及吊装时起重机开行路线

(b)屋架预制阶段的平面布置及扶直、排放屋架的开行路线

图7.45 预制构件的平面布置及吊装时起重机开行线路

(3)抗风柱的预制

抗风柱在①轴及⑭轴外跨外布置,其预制位置不能影响起重机的开行。

(4)屋架的预制

屋架的预制安排在柱子吊装完后进行;屋架以3~4榀为一叠安排在跨内叠浇。在确定屋架的预制位置之前,先定出各屋架排放的位置,据此安排屋架的预制位置。屋架的预制位置及排放布置如图7.45(b)所示。按图7.45的布置方案,起重机的开行路线及构件的安装顺序如下:

起重机首先自Ⓐ轴跨内进场,按⑭→①顺序吊装Ⓐ列柱;其次,转至Ⓑ轴线跨外,按①→⑭的顺序吊装Ⓑ列柱;第三,转至Ⓐ轴线跨内,按⑭→①的顺序吊装Ⓐ列柱的吊车梁、连系梁、柱间支撑;第四,转至Ⓑ轴线跨内,按⑭→①的顺序吊装Ⓑ列柱的吊车梁、连系梁、柱间支撑;第五,转至跨中,按⑭→①的顺序扶直屋架,使屋架、屋面板排放就位后,吊装①轴线的两根抗风柱;第六,按①→⑭的顺序吊装屋架、屋面支撑、大型屋面板、天沟板等;最后,吊装⑭轴线的两根抗风柱后退场。

复习思考题

1. 拟定单工业厂房结构吊装方案应考虑哪些问题?
2. 单层工业厂房结构吊装常用的起重机械有几种类型?试说明其优缺点及适用范围?
3. 试述履带式起重机起重高度、起重半径与起重量之间的关系?
4. 在什么情况要进行起重机稳定性验算?如何验算?
5. 试说明旋转法和滑行法吊装的特点及适用范围?如何确定柱的预制平面位置?
6. 柱和屋架预制平面布置时应考虑哪些问题?
7. 什么是屋架的正向扶直?什么是屋架的反向扶直?它们有何不同点?
8. 如何选择起重机的型号?
9. 试述钢构件制作放样、号料的工作内容。
10. 试述钢构件的安装和校正方法。
11. 什么是钢结构高强度螺栓连接施工的终拧和复拧?有何要求?

习　题

1. 某厂房的牛腿标高 8 m,吊车梁长 6 m,高 0.8 m,当起重机停机面标高为 0.3 m 时,试计算吊装车梁的起重高度?

2. 某车间跨度 24 m,柱距 6 m,天窗架顶面标高 18 m,屋面板厚度 240 mm,试选择履带式起重机的最小臂长(停机面标高 -0.2 m,起重臂枢轴中心距地面高度 2.1 m)。

3. 某车间跨度 21 m,柱距 6 m,吊柱时,起重机分别沿纵轴线的跨内和跨外一侧开行。当起重半径为 7 m,开行路线距柱纵轴线为 5.5 m 时,试对柱作"三点共弧"布置,并确定停机点?

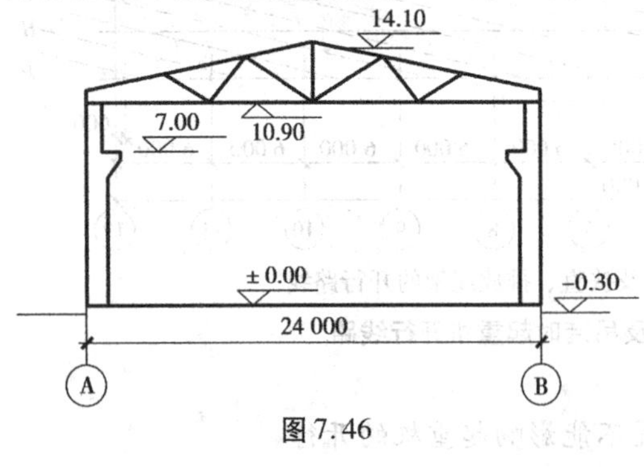

图 7.46

4. 某单层工业厂房跨度 18 m,柱距 6 m,9 个节间,选用 W1-100 型履带式起重机进行结构吊装,吊装屋架时的起重半径为 9 m,试绘制屋架斜向就位图?

5. 某单层工业厂房为装配式混凝土结构,预应力折线形屋架重 49.5 kN,屋架高 3.2 m,柱重 52 kN,车间跨度 24.0 m,如图 7.46 所示。试选用安装构件时所需的履带式起重机的型号。

8 建筑装饰装修工程施工

[本章导读]

通过本章学习,掌握抹灰工程、饰面板(砖)工程的施工方法,学会一般抹灰及饰面板(砖)的铺贴,并能使用检测工具检查抹灰、铺地砖、贴墙砖施工质量;熟悉门窗、吊顶、隔墙、幕墙、涂饰、裱糊及楼地面工程的装饰装修分项工程的施工工艺及质量标准。

建筑装饰是指为保护建筑物的主体结构、完善建筑物的使用功能和达到美化建筑物的效果,采用装饰材料对建筑物的内外表面及空间进行的各种处理的过程。它的主要功能是:保护建筑物各种构件免受自然界风、霜、雨、雪、大气等的侵蚀,提高构件的耐久性,延长建筑物的使用寿命;增强构件保温、隔热、隔音、防潮等的能力,满足使用功能;改善室内外环境,提高建筑物的艺术性,达到美化环境的目的;综合处理,协调建筑结构与设备之间的关系。

建筑装饰工程根据工程部位不同分为室内装饰和室外装饰;根据所用材料和施工工艺的不同,又可分为抹灰工程、饰面板(砖)工程、涂饰与裱糊工程、楼地面工程、门窗工程、吊顶工程、幕墙工程、隔墙与隔断工程、外保温工程等内容。

装饰工程的特点是工期长、用工多、造价高、质量要求高、成品保护难等。

8.1 抹灰工程

▶ 8.1.1 抹灰工程的分类

抹灰工程按装饰效果的要求不同,分为一般抹灰和装饰抹灰两大类;按施工部位的不同,分为墙面抹灰、地面抹灰和天棚抹灰。

1)一般抹灰

一般抹灰指用石灰砂浆、水泥混合砂浆、水泥砂浆、聚合物水泥砂浆、膨胀珍珠岩水泥砂浆以及麻刀石灰、纸筋石灰和石灰膏等抹灰材料涂抹在墙面或顶棚等的做法。按装饰质量要求的不同,一般抹灰可以分为普通抹灰和高级抹灰。

普通抹灰:一遍底层,一遍中层,一遍面层。适用于一般室内装饰,如住宅、办公楼等的内装饰。要求阳角找方、设置标筋,分层涂抹,表面光滑、洁净、接槎平整、灰缝清晰。

高级抹灰:一遍底层,数遍中层,一遍面层。适用于内装饰要求较高的宾馆、博物馆等的内装饰。要求阴阳角找方、设置标筋,分层涂抹、擀平、修整,表面光滑、洁净、颜色均匀、无抹纹,灰线平直方正、清晰美观。

2)装饰抹灰

装饰抹灰包括水刷石、干粘石、斩假石、水磨石、喷涂等项目,适用于宾馆、办公等建筑物,较一般抹灰标准高。

▶ 8.1.2 抹灰层的组成

为保证抹灰表面的平整,避免开裂,抹灰施工一般分3层进行,分别为底层、中层和面层,如图8.1所示。

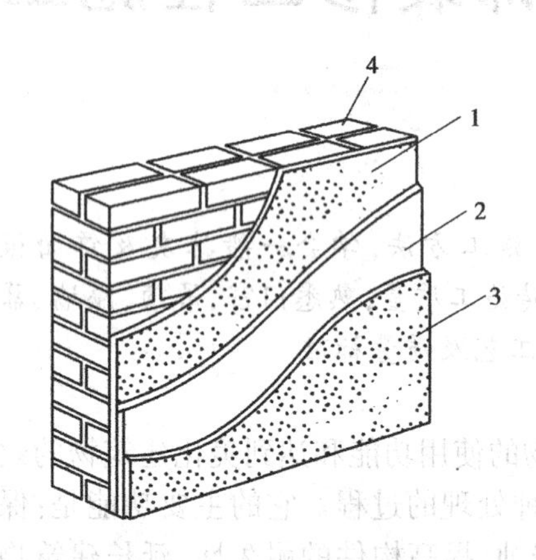

图8.1 抹灰层的组成

1—底层;2—中层;
3—面层;4—基体

1)底层

底层也称黏结层,主要使抹灰层与基层牢固黏结和初步找平,厚度为5~7 mm,所用材料应与基层相适应。如对砖墙基层,由于水泥砂浆与石灰砂浆均与黏土砖有较好的黏结力,故室内一般多用石灰砂浆或水泥混合砂浆,外墙面和有防潮要求的地下室等则用水泥砂浆或混合砂浆;对于混凝土基层,用水泥砂浆或水泥混合砂浆;对于加气混凝土墙体,抹混合砂浆或水泥砂浆;对于板条和金属网基层,为防止砂浆脱落,砂浆中还应掺有适当数量的麻刀或纸筋等以加强拉结。

2)中层

中层主要起找平作用,以弥补底层因砂浆收缩而出现的裂缝,厚度5~12 mm,所用材料与底层基本相同。

3)面层

面层是装饰层,起装饰作用,厚度2~5 mm,所用材料根据设计要求的装饰效果而定。

抹灰工程在分层施工时,每层的厚度不宜太大,总厚度平均为15~20 mm,最厚不超过25 mm。

▶ 8.1.3 抹灰材料的要求

抹灰工程的常用材料有水泥、石灰或石灰膏等胶结材料,砂、石等材料,麻刀、纸筋等纤维材料。

抹灰工程常用的水泥应为不小于32.5级的普通硅酸盐水泥、矿渣硅酸盐水泥以及白水泥、彩色水泥,后两种水泥用于制作水磨石、水刷石及花饰等。不同品种水泥不得混用,出厂超过3个月的水泥应经试验合格后方可使用。抹灰用的石灰膏可用块状生石灰熟化,熟化时用孔径不大于3 mm×3 mm的筛过滤,储存在沉淀池中,常温下熟化时间不应少于15天,罩面用的磨细石灰粉的熟化期不应少于3天。石灰膏不冻结、不风化。

抹灰用砂最好为中砂,或中砂与粗砂混合使用,使用前应过筛,不得含有泥块及杂质。装饰抹灰使用的材料,如彩色石粒、彩色瓷粒等,应耐光坚硬,使用前冲洗干净。

纤维材料在抹灰中起拉结和骨架作用。其中麻刀应均匀、坚韧、干燥、不含杂质,长度以20~30 mm为宜。纸筋应洁净、捣烂、用清水浸透,罩面用纸筋宜用机碾磨细。稻草、麦秸长度不大于30 mm,并经石灰水浸泡15天后使用。

▶ 8.1.4 抹灰工程的施工

1)抹灰顺序

先室外后室内,先上后下;室内先天棚后墙面,先房间、走廊,然后是楼梯和大厅;先室外抹灰,拆除脚手架,堵上脚手架眼再进行室内抹灰;内外抹灰从上向下进行,以利于保护已完墙面的抹灰。对砌体基层,应待砌体充分沉降后方可抹底层灰,以防砌体沉降拉裂抹灰层。

2)一般抹灰

一般抹灰工艺:基层清理→浇水湿润基层→找规矩、做灰饼→设置标筋→阳角做护角→抹底层灰、中层灰→抹窗台板、踢脚线→抹面层灰并修整→表面压光。其施工要点如下:

(1)基层处理

①清理基层。砖石、混凝土基层表面凹凸的部位,用1∶3水泥砂浆补平,表面太光的要剔毛,或用掺108胶的水泥浆薄抹一层。表面的砂浆污垢及其他杂质应清除干净,并洒水湿润。

②填缝、堵洞。门窗口与立墙交接处应用水泥砂浆或水泥混合砂浆嵌填密实,单排脚手架外墙面的脚手孔洞应堵塞严密。

③勾缝。预制混凝土楼板顶棚抹灰前,需用1∶0.3∶3水泥混合砂浆将顶缝勾实抹平;若板缝较大,要用细石混凝土灌注密实。若板缝处理不当,抹灰后在板缝处易出现裂缝。

④不同基层材料接合处应铺钉一层金属网或纤维布,搭接宽度从缝边起每侧不得小于100 mm,以免抹灰层因基层温度变化胀缩不一而产生裂缝。

(2)设置灰饼、标筋

为了有效地控制抹灰层的厚度和垂直度,使抹灰平整,抹灰前应设置灰饼、标筋作为底、中层抹灰的依据。高级抹灰、装饰抹灰及饰面工程,应在弹线时找方。

抹灰饼前,先用托线板检查墙面的平整度和垂直度,以确定抹灰厚度。一般最薄处不小于7 mm。在距顶棚20 cm处按抹灰厚度用砂浆做两个边长约5 cm的四方形标准块,称为灰饼。然后根据这两个灰饼,用托线板或线锤吊挂垂直,做出墙面下角的两个灰饼(下灰饼的位置一般在踢脚线上方200~250 mm处),遇到门窗垛处应补做灰饼。随后以左右两灰饼面为准,分别拉线,每隔1.2~1.5 m上下左右做若干灰饼。

灰饼做好后,在竖向灰饼之间用灰浆抹一条宽100 mm左右的垂直灰埂,称为标筋。设标筋时,以垂直方向的上下两个灰饼之间的厚度为准,用灰饼相同的砂浆冲筋。标筋间挂线,用引线控制抹灰层厚度。抹灰墙面不大时,可做两条标筋,待稍干后可进行底层抹灰。

顶棚抹灰一般不设灰饼标筋,而是在靠近顶棚四周的墙面上弹一条水平线以控制抹灰厚度,并作为抹灰找平的依据。设置灰饼标筋的做法如图 8.2 所示。

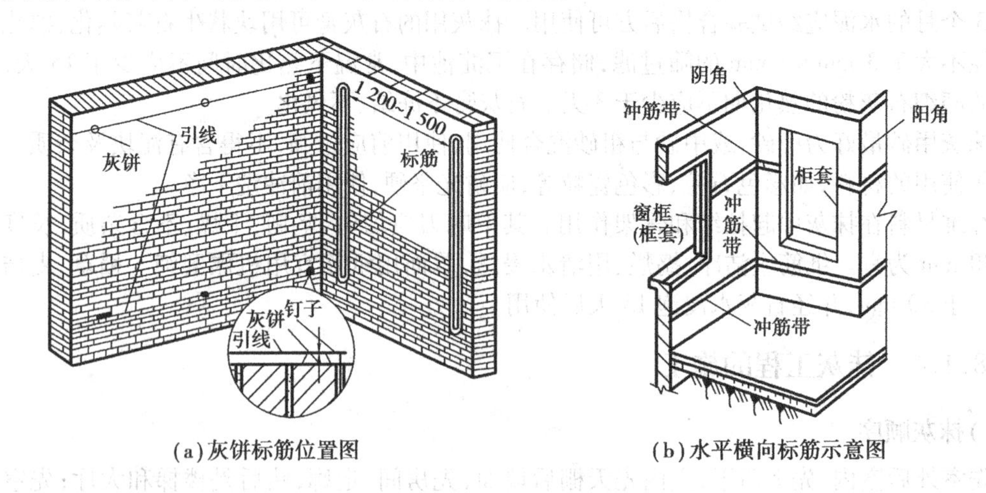

(a)灰饼标筋位置图　　(b)水平横向标筋示意图

图 8.2　挂线做灰饼标筋(冲筋)

(3)做护角

在室内的门窗洞口及墙面、柱子的阳角处应做护角,可使阳角线条清晰、挺直,增加阳角的硬度和强度,减少使用过程中的碰撞损坏。护角应采用 1∶2 水泥砂浆,高度自地面起不低于 2 m,每侧宽度不小于 50 mm。护角做好后,也起到标筋的作用。

(4)抹底层灰

为使底层砂浆与基层黏结牢固,抹灰前基层要浇水湿润,防止基层过干而吸去砂浆中的水分,使抹灰层产生空鼓和脱落。基层为黏土砖时,一般宜浇水 2 遍,使砖面渗水深度达 8 ~10 mm。基层为混凝土时,抹灰前先刮素水泥浆一道。在加气混凝土基层上抹石灰砂浆时,在湿润墙上刷 108 胶水泥浆一遍,随刷随抹水泥砂浆或水泥混合砂浆。

(5)抹中层灰

待底层灰凝结,至 7 ~8 成干后(用手指按压不软,但有指印和潮湿感)即可抹中层灰。中层灰每层厚度一般为 5 ~7 mm,砂浆配合比同底层砂浆。中层灰厚度以标筋厚度为准,满铺砂浆以后,用木刮尺紧贴标筋,将中层灰刮平,再用木抹子搓平。最后用 2 m 的靠尺检查平整度和垂直度,检查的点数应充足,超过标准处立即修整,直到符合标准为止。

(6)抹面层灰

当中层灰干至七八成后,即可抹面层灰(也称罩面);如中层灰已干透发白,应先适度洒水湿润后再抹罩面灰。用于罩面的常有麻刀灰、纸筋灰、石膏灰、石灰砂浆或水泥砂浆,用铁抹子抹平,一般由阴角或阳角开始,从左向右进行,分 2 遍连续适时压实收光。面层宜分层涂抹,每层厚度不得大于 2 mm,面层过厚易产生收缩裂缝,影响工程质量。

墙面阳角抹灰,先用靠尺在墙角的一面用线锤找直,然后在墙角的另一面顺靠尺抹上砂浆。

室外抹灰常用水泥砂浆罩面。竖向每步架做一个灰饼,步架间做标筋。由于外墙面积大,为了不显接槎,防止抹灰面收缩开裂,一般应设有分格条,留槎应在分格缝处。

外墙窗台、窗楣、雨篷、阳台、压顶及突出腰线的上面应做流水坡度,下面应做滴水线或滴水槽。滴水槽的深度和宽度均不小于 10 mm,并整齐一致。

3)装饰抹灰工程的施工

装饰抹灰与一般抹灰的区别在于二者具有不同的装饰面层,其底层和中层的做法基本相同,而面层则采用装饰性强的材料或用特殊的处理方法做成。装饰抹灰施工方法依据材料要求不同而定,可以分成石粒类和砂浆类抹灰。石粒类有水刷石、干粘石、斩假石、水磨石等,砂浆类有拉毛、假面砖、喷涂、喷砂及彩色抹灰等。

(1)水刷石

水刷石主要用于室外的装饰抹灰,墙面施工工序:堵门窗口缝→清理基层→浇水湿润墙面→设置标筋→抹底层砂浆→抹中层砂浆→弹线和粘贴分格条→抹水泥石子浆→洗刷→养护。

水刷石抹灰分3层。底层砂浆同一般抹灰,抹中层砂浆时表面压实搓平后划毛。中层砂浆凝结后,至七成干时,按设计要求弹分格线,贴分格条。贴条必须位置准确、横平竖直。面层施工前必须在中层砂浆面上薄刮水灰比为0.37~0.40的水泥浆一道作为结合层,使面层与中层结合牢固。随后抹1∶1.2~1∶2.0的水泥石子浆,厚10~12 mm,抹平后用铁压板压实。当面层达到用手指按无明显指印时,用刷子蘸清水自上而下刷去面层的水泥浆,使石子均匀露出灰浆面1~2 mm高度,然后用喷水壶自上而下喷清水,将石子表面水泥浆冲洗干净。

完工后水刷石表面应石粒清晰、分布均匀、紧密平整、色泽一致,无掉粒和接槎痕迹。水刷石完成第二天起要经常洒水养护,养护时间不少于7天。

(2)干粘石

干粘石多用于建筑物外墙面,但容易碰掉,故离室外地坪高度1 m以下不宜采用干粘石。施工工序:堵门窗口缝→清理基层→湿润墙面→设置标筋→抹底层砂浆→抹中层砂浆→弹线和粘贴分格条→抹面层砂浆→撒石子→修整拍平。

底层同水刷石做法。中层抹灰表面刮毛,当中层已干燥时先用水湿润,薄刮水灰比为0.37~0.40的水泥浆一道,随即按格涂抹厚4~6 mm水泥砂浆黏结层。紧接着用人工甩或喷枪喷的方法,将配有不同颜色的、粒径为4~6 mm的石子均匀地喷甩至黏结层上,用抹子拍平压实。石子嵌入黏结层深度不小于石子粒径的1/2,但不得拍出灰浆,影响美观。如发现饰面上的石子有不匀或过稀现象时,一般不宜补甩,应将石子用抹子或手直接补粘。待水泥砂浆有一定强度后洒水养护。完工后的干粘石表面应色泽一致,不露浆、不漏粘,石粒应黏结牢固、分布均匀,阳角处应无明显黑边。

(3)斩假石

斩假石又称剁斧石,是仿制天然花岗岩、青条石的一种饰面,常用于勒脚、台阶、外墙面等。施工工序:堵门窗口缝→清理基层→湿润墙面→设置标筋→抹底层砂浆→抹中层砂浆→弹线和粘贴分格条→抹水泥石子浆面层→养护→斩剁→清理。

施工时底层与中层抹灰表面应刮毛,弹线分格并粘分格条,浇水湿润中层抹灰,薄刮一道水灰比为0.37~0.40的水泥浆,然后抹10 mm厚的1∶(1.25~1.5)水泥石子浆面层,赶平压实,洒水养护2~3 d,待面层强度达60%~70%即可试剁,若石子不脱落,即可用斧斩剁加工。斩剁时必须保持面层湿润,如面层过于干燥,应予以洒水,但斩剁完部分不得洒水。斩时先上后下、先左后右,达到设计纹理,剁纹的深度一般为1/3石粒为宜。加工时应先将面层斩毛,剁的方向要一致,剁纹深浅均匀,不得漏剁,一般2遍成活。斩好后应及时取出分格条,修整分格缝,清理残屑,将斩假石墙面清扫干净,即成为似用石料砌的装饰面。

(4)水磨石

水磨石主要用于地面装饰工程,其特点是:可按设计和使用要求做成各种彩色图案,表面光滑美观,整体性好,坚固耐磨不起灰。但其施工工序较复杂,且多为湿作业,施工期长。面层施工工艺顺序:抹找平层砂浆→弹分格线→粘贴分格条→养护、扫水泥素浆→铺水泥石子浆→清边拍实→滚压并补拍→养护→头遍磨光→擦水泥浆→养护→二遍磨光→擦二遍水泥浆→养护→三遍磨光→清洗、晾干→擦草酸→清洗、晾干→打光蜡。

施工时先用1∶3水泥浆打底,按设计图案弹线分格,用素水泥浆固定分隔条(铜条、铝条、玻璃条),如图8.3所示。面层铺设前底层应浇水湿润,薄刮一层水泥浆作为黏结层,随即铺设一定色彩的水泥石子浆(水泥∶石粒=1∶1.25~2.0),厚度比分隔条高1~2 mm,铺平后用滚筒压实,待表面出浆后用抹子抹平。在滚压过程中,如发现表面石子偏少,可在水泥浆较多处补撒石粒并拍平,以使面层石粒均匀。若有不同颜色图案时,应先做深色部分,后做浅色部分,待前一种凝固后,再做后一种。铺完面层1天后进行洒水养护。

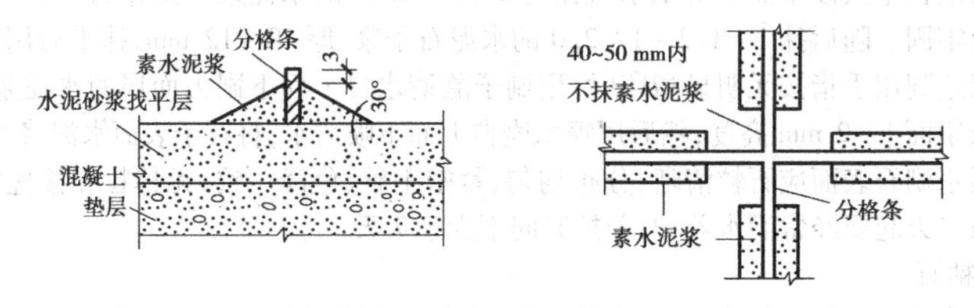

图8.3　分格条粘嵌示意图

磨光开始时间应根据气温、水泥品种及磨石机具与方法而定,一般常温下需养护3~7天。开磨前应先试磨,以表面石粒不松动、不脱落且表面不过硬为准。普通水磨石面层磨光遍数应不少于3遍。第1遍粗磨,磨至石子外露,整个表面基本平整均匀,分隔条全部外露,然后将磨出的泥浆冲洗干净,擦同色水泥浆填补砂眼,洒水养护2~3天再磨。第2遍为中磨,方法同第一次,要求磨去磨痕,磨到光滑为止,然后再上一次浆,养护2~3天再磨。第3遍为细磨,要求达到表面石子粒径显露、平整光滑、无砂眼细孔,用水冲洗后晾干,用草酸擦洗。如为高级水磨石面层时,在第3遍磨光后,再经上浆、养护,继续进行第4遍、第5遍磨光。

磨完后还需在面层上薄薄地涂一层蜡,稍干后用钉有细帆布或麻布的木块代替金刚石,装在磨石机的磨盘上研磨几遍,直到光滑亮洁为止。

现浇水磨石面层的质量要求为:表面应光滑,无明显裂纹、砂眼和磨纹;石粒密实,显露均匀;颜色图案一致,不混色;分隔条牢固、顺直和清晰。

(5)喷涂、弹涂、滚涂

喷涂、弹涂、滚涂是聚合物砂浆装饰外墙面的施工办法,在水泥砂浆中加入一定的聚乙烯醇缩甲醛胶(或108胶)、颜料、石膏等材料形成。不同的施工方法产生不同的效果。

①喷涂是把聚合物水泥砂浆用砂浆泵或喷斗将砂浆喷涂于外墙面而形成的装饰抹灰。

喷涂外墙饰面:用1∶3水泥砂浆打底分2遍成活,然后用空气压缩机、喷枪将面层砂浆均匀地喷至墙面上,连续喷3遍成活。第1遍喷至底层变色,第2遍喷至出浆不流为度,第3遍喷至全部出浆,颜色均匀一致。面层干燥后,再在表面喷甲基硅醇钠憎水剂,使之形成防水薄膜。

②弹涂是利用弹涂器将不同色彩的聚合物水泥砂浆弹在色浆面层上,形成有类似于干粘石效果的装饰面。

弹涂外墙饰面:用1∶3水泥砂浆打底,木抹子搓平,喷色浆一遍;将拌和好的表面弹点色浆,放在筒形弹力器内,用手或电动弹力棒将色浆甩出,甩出色浆点直径1~3 mm,弹涂于底色浆上。表面色浆由2或3种颜色组成,颜色应均匀,相互衬托一致,干燥后表面喷甲基硅醇钠憎水剂。

③滚涂是将2~3 mm厚带颜色的聚合物均匀地涂抹在底层上,用平面或刻有花纹的橡胶、泡沫塑料滚子在罩面上直上直下施滚涂拉,并一次成活滚出所需花纹。

滚涂外墙饰面是在水泥砂浆中掺入聚乙烯醇缩甲醛形成一种新的聚合物砂浆,用它抹于墙面上,再用辊子滚出花纹。施工操作:用1∶3水泥砂浆打底,木抹子搓平搓细,浇水湿润,用稀释的108胶黏结分格条,再抹饰面灰。用平面或刻有花纹的橡胶、泡沫塑料滚子在墙面上滚出花纹。面层施工时,一人在前面涂抹砂浆,用抹子压抹刮平;另一人紧接着用滚子上下左右均匀滚压,最后一遍必须自上而下滚压,使色彩均匀一致,不显接槎。面层干燥后,表面喷甲基硅醇钠憎水剂。

▶ 8.1.5 抹灰工程的质量控制与检验方法

1)一般抹灰的质量控制要点和检验方法

(1)抹灰前的基层处理

基层是否清理干净,墙面浇水是否得当。

(2)砂浆和材料

砂浆的和易性和强度是否满足设计要求;底层和中层的砂浆配合比是否基本相同;水泥、砂、石灰膏等材料是否符合质量要求。

(3)抹灰层

底层与基层的黏结及各抹灰层之间黏结是否牢固,有无脱皮、空鼓、爆灰、裂缝等现象。各层抹灰的厚度及总抹灰层的厚度是否满足规定要求。不同材料基底交接处表面的抹灰,应采取防止开裂的加强措施。当采用加强网时,加强网与各基体的搭接宽度不应小于100 mm。抹灰分格缝的设置应符合设计要求,宽度和深度应均匀,表面光滑、棱角整齐,有排水要求的应做成滴水线。

一般抹灰工程质量检查可以采取观察、检查隐蔽工程验收记录和施工记录及用工具的方法检查。一般抹灰允许偏差和检验方法见表8.1。

表8.1 一般抹灰的允许偏差和检验方法

序号	项 目	允许偏差/mm		检查方法
		普 通	高 级	
1	立面垂直度	4	3	用2 m垂直检测尺检查
2	表面平整度	4	3	用2 m垂直检测尺检查
3	阴、阳角找方	4	3	用直角检测尺检查
4	分格缝直线度	4	3	拉5 m线,不足5 m拉通线,用钢直尺检查
5	墙裙勒脚上口直线	4	3	拉5 m线,不足5 m拉通线,用钢直尺检查

2)装饰抹灰的质量控制要点和检验方法

(1)抹灰前的基层处理

基层表面的尘土、油污等是否清理干净,墙面是否已浇水湿润。

(2)材料

材料的品种和性能是否满足设计要求,水泥的凝结时间和安定性是否已复验并满足要求,砂浆的配合比是否满足设计规定。

(3)面层

水刷石表面应石粒清晰、分布均匀、紧密平整、色泽一致,无掉粒接槎。斩假石表面剁纹均匀、深浅一致,无漏剁处。干粘石表面不露浆、石粒黏结牢固,分布均匀。有排水要求的做成滴水线。

装饰抹灰工程质量检查可以采取观察、检查隐蔽工程验收记录和施工记录及用工具的方法检查。装饰抹灰允许偏差和检验方法见表8.2。

表8.2 装饰抹灰的允许偏差和检验方法

序号	项　目	允许偏差/mm				检查方法
		水刷石	斩假石	干粘石	假面砖	
1	立面垂直度	5	4	5	5	用2 m垂直检测尺检查
2	表面平整度	3	3	5	4	用2 m靠尺和塞尺检查
3	阴、阳角找方	3	3	4	4	用直角检测尺检查
4	分格缝直线度	3	3	3	3	拉5 m线,不足5 m拉通线,用钢直尺检查
5	墙裙、勒脚上口直线度	3	3	—	—	拉5 m线,不足5 m拉通线,用钢直尺检查

8.2 饰面板(砖)工程

饰面板(砖)工程是将饰面材料镶贴或安装到基层上形成装饰面层。饰面材料种类很多,但基本上可以分为饰面砖和饰面板两大类。前者多采用直接在结构上粘贴的施工方法,后者多采用构造连接的施工方法。常用的块料面层按材料品种分为大理石、花岗石、瓷砖、预制水磨石、陶瓷锦砖、面砖、缸砖等。块料面层施工一般以挂、贴的方式镶贴于建筑物内外墙上。小块料一般用粘贴法,大块料(边长大于400 mm)一般采用安装施工。

▶ 8.2.1 材料与施工要求

1)天然与人造石材

(1)天然大理石

①性能及规格。大理石是由石灰岩变质而成的一种变质岩。它结构密致、强度高、吸水率低,但表面硬度低,不耐磨,抗腐蚀性能差。主要用于建筑物的内墙面、柱面、室内地面等,

一般不宜用于室外。

大理石饰面板的品种常以其磨抛光后的花纹、颜色及产地命名。有定型和不定型两种规格。一般厚度 20 mm,新型品种有 7 ~ 10 mm 的薄型板。不定型产品可根据用户要求加工。

②材料要求。表面应平整、边缘整齐、棱角不得损坏;不得有损伤、风化现象;安装用的各种连接件,如锚固件等应镀锌或做防锈处理;施工所用胶结材料的品种、配合比应满足设计规定。

(2)天然花岗石

①性能及规格。花岗石是岩浆岩的统称,如花岗岩、片麻岩、安山岩等。质地坚硬,具有良好的抗风化作用。耐磨、耐酸碱、使用年限长。广泛用于室内外的墙面、柱面、地面装饰表面。按加工方法不同分为粗面板、镜面板、磨光板等。

②材料要求同大理石。

(3)人造石饰面板

人造石饰面板是用天然大理石、花岗石等碎石、石屑作为填充材料,用不饱和聚酯树脂或水泥为黏结剂,经搅拌成型、研磨、抛光等工序制成。人造大理石一般分为 4 类,有水泥型、聚酯型、复合型和烧结型。

材料要求同天然大理石。

2)饰面砖

饰面砖包括室内釉面砖、室外面砖、陶瓷锦砖、玻璃锦砖等。

(1)内墙釉面砖

釉面砖又称瓷片、瓷砖、釉面陶土砖,是一种上釉的薄片状精陶装饰材料,主要用于墙柱面和灶台、浴台等装饰。它有一定吸水率,方便与砂浆的黏结,但是超过一定拉力会产生开裂,所以只适合在室内粘贴。

使用时要求颜色均匀、尺寸一致,边缘整齐、棱角不得损坏,无缺釉、脱釉、裂缝及凹凸不平的现象。

(2)外墙面砖

外墙面砖是用优质耐火黏土为原料,经混炼成型、素烧、施釉、煅烧而成。它质地细密、釉质耐磨,具有较好的耐久性和耐水性。

3)金属饰面板

金属饰面板属于中高档装饰材料。在现代装饰中,金属装饰以其独特的金属质感、丰富多变的色彩与图案、理想的造型而得到广泛应用。它可分为单一材料和复合材料两类。前者为不锈钢板、铝合金板、铜板等;后者为烧漆板、彩色镀锌板、涂塑板等。要求表面平整光滑,无裂缝和皱折,颜色一致、边角整齐、涂膜厚度均匀。

金属饰面板一般安装在承重龙骨和外墙上,节点构造复杂,施工精度要求高。

▶ 8.2.2 饰面板(砖)的施工

1)石材板镶贴安装

当板边长大于 400 mm 或镶贴高度超过 1 m 时,采用传统湿作业法、改进湿作业法、干挂法(即安装法);尺寸小、板薄时采用粘贴法。

(1)传统湿作业法(挂装灌浆法)

施工程序:基层处理→绑扎钢筋网片→弹基准线→预拼、选板、编号→板材钻孔→饰面板安装→分层灌浆→嵌缝、清洁板面→抛光打蜡。

①基层处理。表面清扫干净并浇水湿润。对凹凸过大的应找平,表面光滑平整的应凿毛。

②绑扎钢筋网。先凿出墙、柱预埋钢筋,使其裸露,按施工排板图要求在预埋钢筋处焊接或绑扎钢筋骨架。如墙上无预埋件,需在墙上钻孔埋膨胀螺栓或短钢筋固定钢筋网。

③预排、选板、编号。为使安装好的饰面板上下左右花纹一致、接缝严密,安装前必须预排、选板、编号。

④板材钻孔。钢筋网固定于墙上预埋钢筋(间距不大于 500 mm)上,横向钢筋与板材孔眼位置一致。饰面板安装前,大饰面板须进行打眼。板宽 500 mm 以内,每块板的上、下两边打眼数量均不少于 2 个。打眼的位置应与钢筋网的横向钢筋的位置对齐。饰面板钻孔位置,一般在板的背面算起 2/3 处,使横孔、竖孔相连通,钻孔大小能满足穿丝即可(见图 8.4、图8.5)。

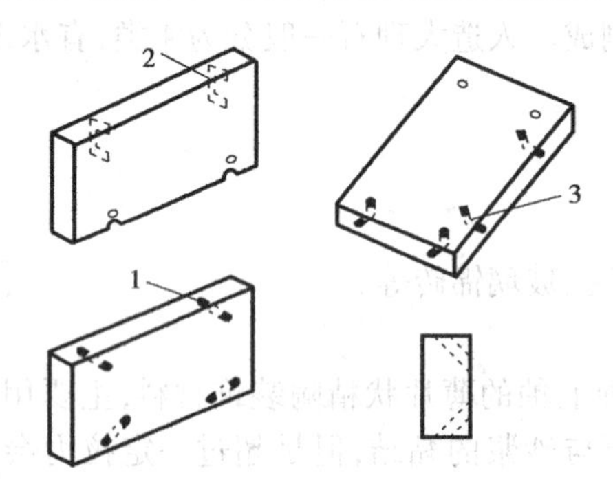

图 8.4　饰面板打眼示意图

1—板面斜眼; 2—板面打两面牛鼻子眼;3—打三面牛鼻子眼

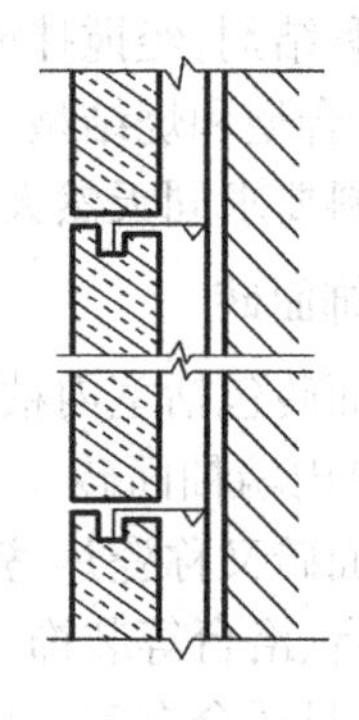

图 8.5　花岗石直角挂钩

⑤安装。从最下一行开始,拉上水平通线,从中间或一端开始固定板材。先绑板块下口,再绑上口绑丝,并用托线板靠直找平,用木楔垫稳。安装好一层板块,在板块横竖接缝处每隔 100 ~ 150 mm 用糊状石膏做临时固定,竖向缝隙均用石膏灰或泡沫塑料条封严,待石膏凝结硬化后,清除填缝材料(见图 8.6)。

⑥灌缝。用 1 : 2.5 水泥砂浆分层灌注,每层灌高为 200 ~ 300 mm,插捣密实。板材和基层间的缝隙一般为 20 ~ 50 mm,即为灌浆厚度。待初凝后再继续灌浆,直到距上口 50 ~ 100 mm。剔除上口临时固定的石膏,清理干净缝隙,再安装第二行板材。依次由下向上安装固定、灌浆。每日安装加固后,需将饰面清理干净,光泽不够时,需打蜡处理。

(2)改进湿作业法

改进湿作业法也称 U 形钉锚固灌浆法。这种方法不用绑扎钢筋骨架,基体处理完后,利用 U 形钉将板材紧固在基体上,然后分层灌浆,如图 8.7 所示。其具体施工工艺流程为:基层处理→板块钻孔→弹线分块、预拼编号→基体钻斜孔→固定校正→灌浆→清理→嵌缝。

(3)干挂法

干挂法是将石材饰面板通过连接件固定于结构表面的施工方法,如图 8.8 所示。它与板块之间形成空腔,受结构变形影响小,抗震能力强,施工速度快,提高了装饰质量,已成为大型

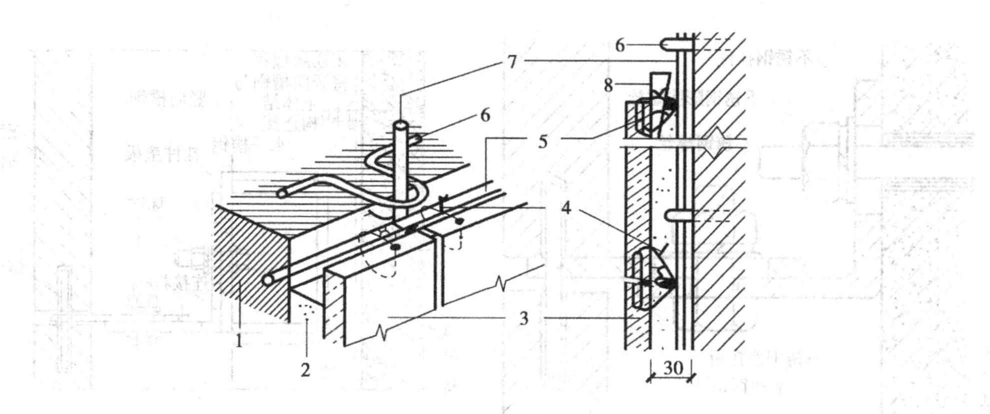

图 8.6 饰面板传统安装方法

1—墙体；2—水泥砂浆；3—饰面板；4—钢丝；

5—横筋；6—铁环；7—立筋；8—定位木楔

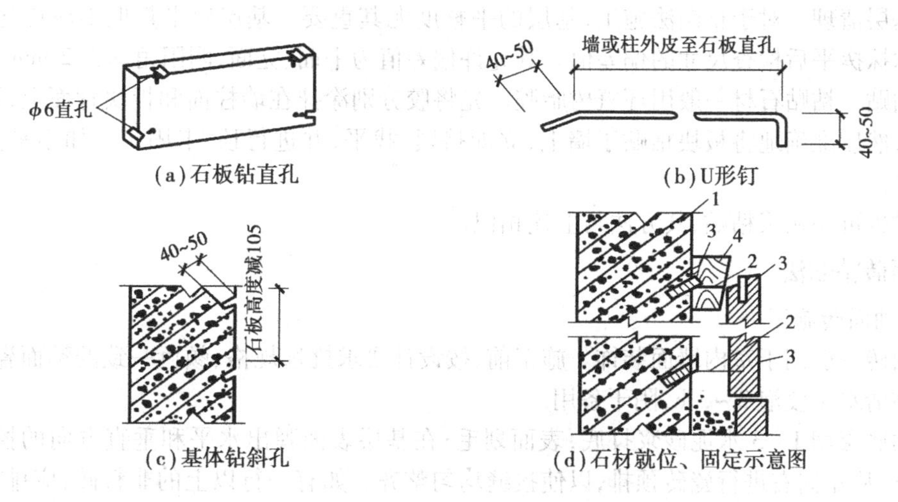

图 8.7 改进湿作业法

1—基体；2—U 形钉；3—硬木小楔；4—大头木楔

公共建筑石材饰面安装的主要方法。

①板材钻孔、粘贴增强层。根据设计尺寸在石板上下侧边钻孔，孔径 6 mm，孔深 20 mm。在石板背面涂刷合成树脂胶黏剂，粘贴玻璃纤维网格布。

②石板就位、临时固定。在墙面吊垂线及拉水平线，以控制饰面的垂直、平整。支底层石板托架，将底层石板就位并做临时固定。

③基体钻孔、安装饰面板。用冲击钻在基体结构钻孔，打入膨胀铆螺栓，同时镶装 L 形不锈钢连接件。用胶黏剂灌入石材的孔眼，插入销钉，校正并临时固定板块。如此逐层直到顶层。

④嵌缝清理。进行嵌缝，清理饰面，擦蜡出光。

(4)粘贴法

粘贴法适用于小规格和薄板石材。粘贴法施工程序：基层处理→抹底层灰、中层灰→弹线分格→选料、预排→石材粘贴→嵌缝、清理→抛光打蜡。

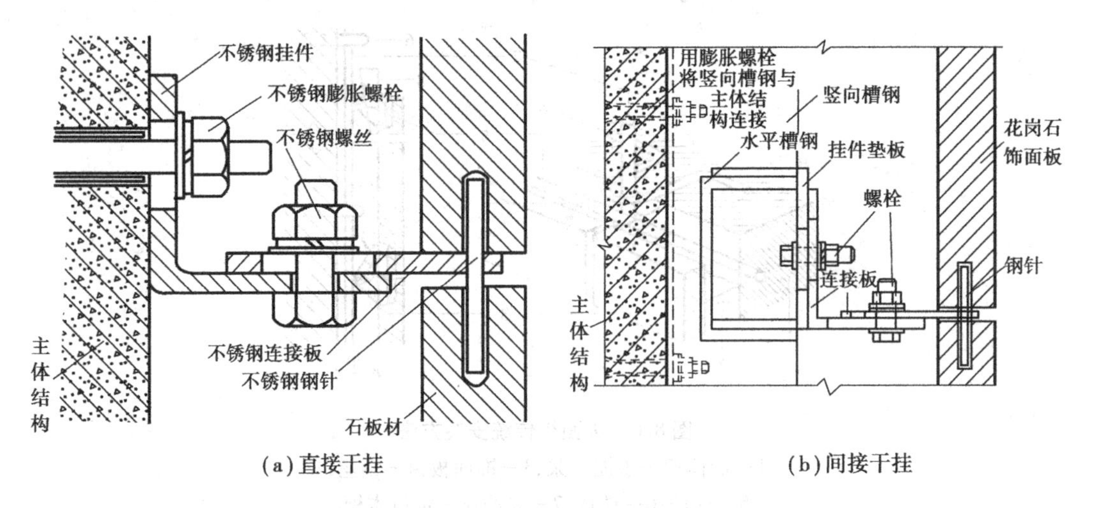

图8.8　干挂工艺构造示意图

①基层清理。对于粘贴法施工,基层的平整度尤其重要。基层应平整但不应压光,中层抹灰用木抹搓平后检查尺寸的偏差值。其允许偏差值为平面、立面、阴阳角均为2 mm。

②粘贴。粘贴石材一般用环氧树脂胶。先将胶分别涂抹在墙柱面和板块背面上,刷胶要均、饱满,然后准确地将板块粘贴于墙上,立即挤紧、找平,并进行顶、卡固定。如不平直可用木楔调整。

石材也可用灰浆粘贴,其方法与上述相似。

2)面砖粘贴法

(1)釉面砖施工

釉面砖一般用于室内墙面装饰。施工前,按设计要求挑选规格、颜色一致的釉面瓷砖,使用前应在清水中浸泡2~3 h,阴干备用。

墙面底层用1∶3水泥砂浆打底,表面划毛;在基层表面弹出水平和垂直方向的控制线,自上向下,从左向右进行瓷砖预排,以使接缝均匀整齐。如有一行以上的非整砖,应排在阴角和接地部位。

用弹线做标志,控制粘贴的水平高度。靠地先贴一皮砖,拉好水平、厚度控制线,按自下而上、先左后右的顺序逐块镶贴。砖随贴随用铲子、橡皮榔头轻轻敲击,使其黏结牢固。饰面接缝无设计规定时,其宽度控制为1~1.5 mm。

室内釉面瓷砖施工时,用与瓷砖颜色相同的水泥浆均匀擦缝,用布、棉丝清洗干净瓷砖表面,全部工程完后应彻底清理表面污垢。

如墙面留有洞口,应对准孔洞画好位置,然后用刀、钳子将瓷砖切割成所需要的形状。

(2)外墙面砖

施工工艺流程:施工准备→基体处理→排砖→拉通线、找规矩、做标志→刮糙找平→弹线分格→固定底尺→镶贴→起出分格条→勾缝清洗。

首先应按面砖颜色、大小、厚薄进行分选归类。其次根据设计要求确定面砖排列方法和砖缝大小,保证主要墙面不出现非整砖,然后进行弹线分格。

当采用落地式脚手架时,外墙面砖的镶贴应自上而下进行,随镶贴随拆除脚手架。但在每步架高度内应自下而上进行。镶贴时先按水平线垫平底尺板,逐皮向上铺贴。窗台、腰线等仰面贴面砖时要等底灰七八成干后进行。

最后是勾缝和清洗。勾缝后的凹缝深度为3 mm左右,密缝处用与面砖同色水泥浆擦缝。作业时随时将砖表面砂浆擦净。勾缝砂浆硬化后进行清洗。

3)金属板施工

不锈钢、铜板比较薄,不能直接固定于柱、墙面上。为了保证安装后表面平整、光洁无钉孔,需用木方、胶合板做好胎模,组合固定于墙、柱面上。

(1)柱面不锈钢板、铜板饰面安装

将柱面清理干净,按设计弹好胎模位置边框线。胎模尺度:竖向按板材长度确定,宽度根据柱形决定。方柱每个柱面为一个胎模,圆柱一般以半圆柱面或1/3 圆柱面为一个胎模。以柱外表尺寸为饰面胎模内径尺寸,胎模之间留出10 mm左右的构造缝,用中密度板按柱外形裁出胎模。中密度板的外缘开槽固定木方尺寸为40 mm×40 mm或40 mm×30 mm,木方与中密度板形成胎模骨架,骨架的外表面要满足平整度、弧度和垂直度的要求;然后外侧铺钉一层三夹板,固定木条的钉帽应事先打扁,钉帽钉入板条内0.5~1 mm,钉眼用同色腻子抹平;最后在三夹板表面包铜板或不锈钢板(见图8.9)。

(2)墙面不锈钢板、铜板安装

清理好基层,按设计弹好骨架位置纵横线。在墙面钉骨架时,其大小以饰面板定基本单元,用膨胀螺钉将木骨架固定于墙面上。骨架符合质量要求后,在表面钉一层夹板作为贴面板衬材,夹板边不超出骨架。不锈钢、铜板预先按设计压好四边,尺寸准确。最后用胶密封纵横缝。

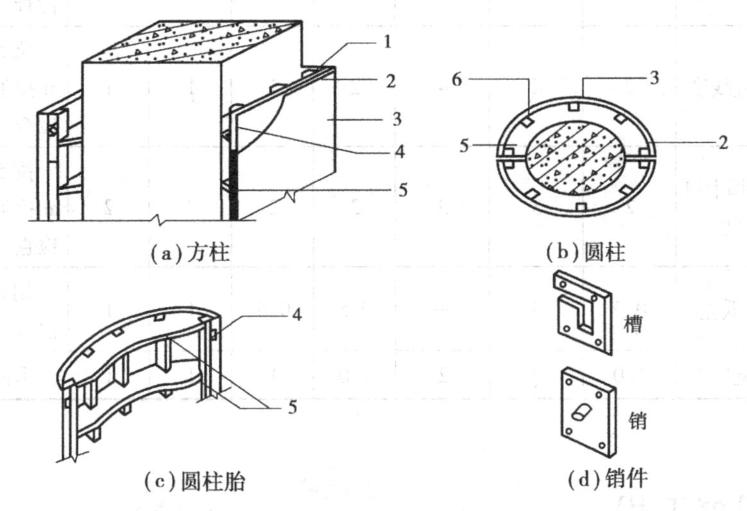

图8.9 柱面不锈钢板安装

1—木骨架;2—胶合板;3—不锈钢板;4—销件;5—中密度板;6—木质竖向龙骨

▶ 8.2.3 饰面板(砖)的质量控制与检验

(1)材料

板的品种、规格、颜色和性能必须符合设计要求。板孔、槽的数量、位置和尺寸应符合设计要求。

(2)安装

板安装工程的预埋件、连接件的数量、规格、位置、连接方法和防腐处理必须符合设计要求,后置埋件的现场拉拔强度必须符合设计要求。

(3)一般项目

饰面板表面应平整、洁净、色泽一致,无裂缝和缺陷、破损等。饰面板嵌缝密实平整,宽度和深度应符合设计要求。采用湿作业时石材应进行防碱处理,饰面板与基体之间的灌注材料应饱满、密实。

饰面板工程质量检查可以采取观察、检查隐蔽工程验收记录和施工记录及用工具的方法检查。饰面板安装的允许偏差和检验方法见表8.3。

表8.3　饰面板安装的允许偏差和检验方法

序号	项　目	允许偏差/mm							检查方法
		石　材			瓷板	木材	塑料	金属	
		光面石	剁斧石	蘑菇石					
1	立面垂直度	2	3	3	2	1.5	2	2	用2 m垂直检测尺检查
2	表面平整度	2	3	—	1.5	1	3	3	用2 m靠尺和塞尺检查
3	阴阳角找方	2	4	4	2	1.5	3	3	用直角检测尺检查
4	分格缝直线度	2	4	4	2	1	1	1	拉5 m线,不足5 m拉通线,用钢直尺检查
5	墙裙、勒脚上口直线度	2	3	3	2	2	2	2	拉5 m线,不足5 m拉通线,用钢直尺检查
6	接缝高低差	0.5	3	—	0.5	0.5	1	1	用钢直尺和塞尺检查
7	接缝宽度	1.0	2	2	1.0	1	1	1	用钢直尺检查

8.3　门窗工程

8.3.1　门窗的组成与分类

门窗一般由窗(门)框、窗(门)扇、玻璃、五金配件等部件组合而成。门窗的种类很多,各类门窗一般按开启方式、用途、所用材料和构造进行分类。

(1)按开启方式

窗:平开窗、推拉窗、上悬窗、中悬窗、下悬窗、固定窗等;门:平开门、推拉门、自由门、折叠门等。

(2)按制作门窗的材质

按制作门窗的材质分为木门窗 、钢制门窗、铝合金门窗、塑料门窗。

(3)按用途

门按用途分为防火门FM、隔声门GM、保温门BM、冷藏门LM、安全门AM、防护门HM、屏蔽门PM、防射线门RM、防风砂门SM、密闭门MM、泄压门EM、壁橱门CM、变压器间门YM、围墙门QM、车库门KM、保险门XM、引风门DM、检修门JM。

▶ 8.3.2　木门窗安装

木门窗应用最早且最普遍,但正被铝合金门窗、塑料门窗和钢门窗所代替。木门窗大多在木材加工厂内制作,现场施工一般以安装木门窗框及内扇为主要内容。

木门窗通常采用后塞口的方法进行安装,即将门窗框塞入预留的门窗洞口内。安装时先用木楔临时固定,同一层门窗应拉通线调整其水平,上下门窗应位于一条垂线上,然后用钉子将门窗框固定在墙内预埋的木砖上,上下横框用木楔楔紧。

木门窗扇的安装应先量好门窗框裁口尺寸,然后在门窗扇上画线,用粗刨刨去线外多余部分,用细刨刨光、平直,将门窗扇放入框内试装。试装合格后,剔出合页槽,用螺钉将门窗扇连接在边框上。门窗扇应安装牢固、开关灵活,留缝应符合规定,门窗上的小五金应安装齐全、位置适宜、固定可靠。木门窗安装的留缝限值、允许偏差和检验方法应符合表8.4的规定。

表8.4　木门窗安装的留缝限值、允许偏差和检验方法

项次	项　目		留缝限值/mm		允许偏差/mm		检验方法
			普通	高级	普通	高级	
1	门窗槽口对角线长度差		—	—	3	2	用钢尺检查
2	门窗框的正、侧面垂直度		—	—	2	1	用1 m垂直检测尺检查
3	框与扇、扇与扇接缝高低差		—	—	2	1	用钢直尺和塞尺检查
4	门窗扇对口缝		1~2.5	1.5~2	—	—	用塞尺检查
5	工业厂房双扇大门对口缝		2~5	—	—	—	
6	门窗扇与上框间留缝		1~2	1~1.5	—	—	
7	门窗扇与侧框间留缝		1~2.5	1~1.5	—	—	
8	窗扇与下框间留缝		2~3	2~2.5	—	—	
9	门扇与下框间留缝		3~5	3~4	—	—	
10	双层门窗内外框间距		—	—	4	3	用钢尺检查
11	无下框时门扇与地面间留缝	外　门	4~7	5~6	—	—	用塞尺检查
		内　门	5~8	6~7	—	—	
		卫生间门	8~12	8~10	—	—	
		厂房大门	10~20	—	—	—	

▶ 8.3.3 铝合金门窗安装

铝合金门窗一般采用后塞口方法安装，先安装门窗框，后安装门窗扇。门窗框加工尺寸应略小于洞口尺寸，因此门窗框应在主体结构基本结束后进行。

安装时应先在洞口弹出门、窗位置线，按弹线位置将门窗框就位，先用木楔临时固定，待检查立面垂直度、左右间隙、中线位置、上下位置符合要求后，用射钉将镀锌锚固板固定在结构上。

铝合金门窗框安装固定验收合格后，应及时进行门窗框与洞口之间间隙的填塞工作。若设计没有专门规定，应采用矿棉条或玻璃丝毡条分层填塞缝隙，表面留 5 ~ 8 mm 深的槽口填嵌密封油膏或在门窗框两侧做防腐处理后填1∶2 水泥砂浆。

铝合金门窗扇的安装应在室内外装修基本结束后进行，以免土建及其他安装工程施工时将其损坏或污染。安装推拉门窗扇时，应先装室内侧门窗扇，后装室外侧门窗扇；安装平开门窗扇时，应先把合页按要求位置固定在铝合金门窗框上，然后将门窗扇嵌入框内临时固定，调整合适后，再将门窗扇固定在合页上，保证上下两个合页轴在同一条轴线上。

安装玻璃时，小块玻璃用双手操作就位，若单块玻璃尺寸较大，通常使用玻璃吸盘就位。玻璃就位后，应及时用橡胶条固定密封，具体有 3 种做法：一是先用橡胶条挤紧，然后在橡胶条上注入密封胶；二是先用 1 cm 长的橡胶块将玻璃挤住，然后在间隙内注入密封胶；三是用橡胶压条封缝挤紧，不再注密封胶。铝合金门窗安装的允许偏差和检验方法应符合表 8.5 的规定。

表 8.5 铝合金门窗安装的允许偏差和检验方法

项次	项 目		允许偏差/mm	检验方法
1	门窗槽口宽度、高度	≤1 500 mm	1.5	用钢尺检查
		>1 500 mm	2	
2	门窗槽对角线长度差	≤2 000 mm	3	用钢尺检查
		>2 000 mm	4	
3	门窗框的正、侧面垂直度		2.5	用 1 m 垂直检测尺检查
4	门窗横框的水平度		2	用 1 m 水平尺和塞尺检查
5	门窗横框标高		5	用钢尺检查
6	门窗竖向偏离中心		5	用钢尺检查
7	双层门窗内外框间距		4	用钢尺检查
8	推拉门窗扇与框搭接量		1.5	用钢直尺检查

▶ 8.3.4 塑料门窗安装

塑料门窗是以硬质 PVC 挤出成型方法生产，具有造型美观、耐腐蚀、隔热隔声、密封性能好、不需进行涂装维护等优点，但容易老化和变形。为此采用在其框料内增加钢衬等方法来克服其缺点,如目前广泛使用的塑钢门窗。

塑钢门窗一般在专业工厂内加工制作,组装好后送往施工现场安装。塑料门窗进场后应存放在有靠架的室内,并避免受热变形。安装前应进行检查,不得有断裂、开焊等损坏。

门窗框的尺寸应比洞口尺寸略小,二者之间需留 20 mm 左右间隙,检查无误后,先装五金配件及镀锌固定件。安装时不能用螺丝直接锤击拧入,应先用手电钻钻孔,再用自攻螺丝拧入固定。

塑料门窗框与洞口的固定主要为连接件法,将门窗框放入洞口中,调整至横平竖直后,用木楔临时固定,用膨胀螺丝或射钉将镀锌连接件与洞口四周固定。塑料门窗框与洞口间的间隙,用软质保温材料,如泡沫塑料条或矿棉毡卷条等填塞(填塞不宜过紧,以免框架变形),外表面留出深 8 mm 左右的槽口用密封材料嵌填严密,也可以采用硅橡胶嵌缝,但不宜嵌填水泥砂浆。塑料门窗安装的允许偏差和检验方法应符合表 8.6 的规定。

表 8.6 塑料门窗安装的允许偏差和检验方法

项次	项　目		允许偏差/mm	检验方法
1	门窗槽口宽度、高度	≤1 500 mm	2	用钢尺检查
		>1 500 mm	3	
2	门窗槽对角线长度差	≤2 000 mm	3	用钢尺检查
		>2 000 mm	3	
3	门窗框的正、侧面垂直度		5	用 1 m 垂直检测尺检查
4	门窗横框的水平度		3	用 1 m 水平尺和塞尺检查
5	门窗横框标高		3	用钢尺检查
6	门窗竖向偏离中心		5	用钢直尺检查
7	双层门窗内外框间距		4	用钢尺检查
8	同樘平开门窗相邻扇高度差		2	用钢尺检查
9	平开门窗铰链部位配合间隙		+2; -1	用钢尺检查
10	推拉门窗扇与框搭接量		+1.5; -2.5	用钢尺检查
11	推拉门窗扇与竖框平行		2	用 1 m 水平尺和塞尺检查

8.4 吊顶工程

吊顶又称悬吊式顶棚,是指在建筑物结构层下部悬吊由骨架及饰面板组成的装饰构造层,具有保温、隔热、隔声作用,也是安装电气、通风空调、给排水、采暖、通讯等管线设备的隐蔽层。

吊顶按结构形式分为活动式装配吊顶、隐蔽式装配吊顶、金属装饰板吊顶、开敞式吊顶和整体式吊顶;按使用材料分为轻钢龙骨吊顶、铝合金龙骨吊顶、木龙骨吊顶、石膏板吊顶、金属装饰板吊顶、装饰板吊顶和采光板吊顶。

▶ 8.4.1　吊顶的组成及作用

吊顶顶棚主要是由悬挂系统、龙骨、饰面层及其相配套的连接件和配件组成。

(1)吊顶悬挂系统

吊顶悬挂系统包括吊杆(吊筋)、龙骨吊挂件,通过它们将吊顶的自重及其附加荷载传递给建筑物结构层。

吊顶悬挂系统的形式较多,可根据吊顶荷载要求及龙骨种类而定,其与结构层的吊点固定方式通常分上人型吊顶吊点和不上人型吊顶吊点两类,分别如图8.10、图8.11所示。

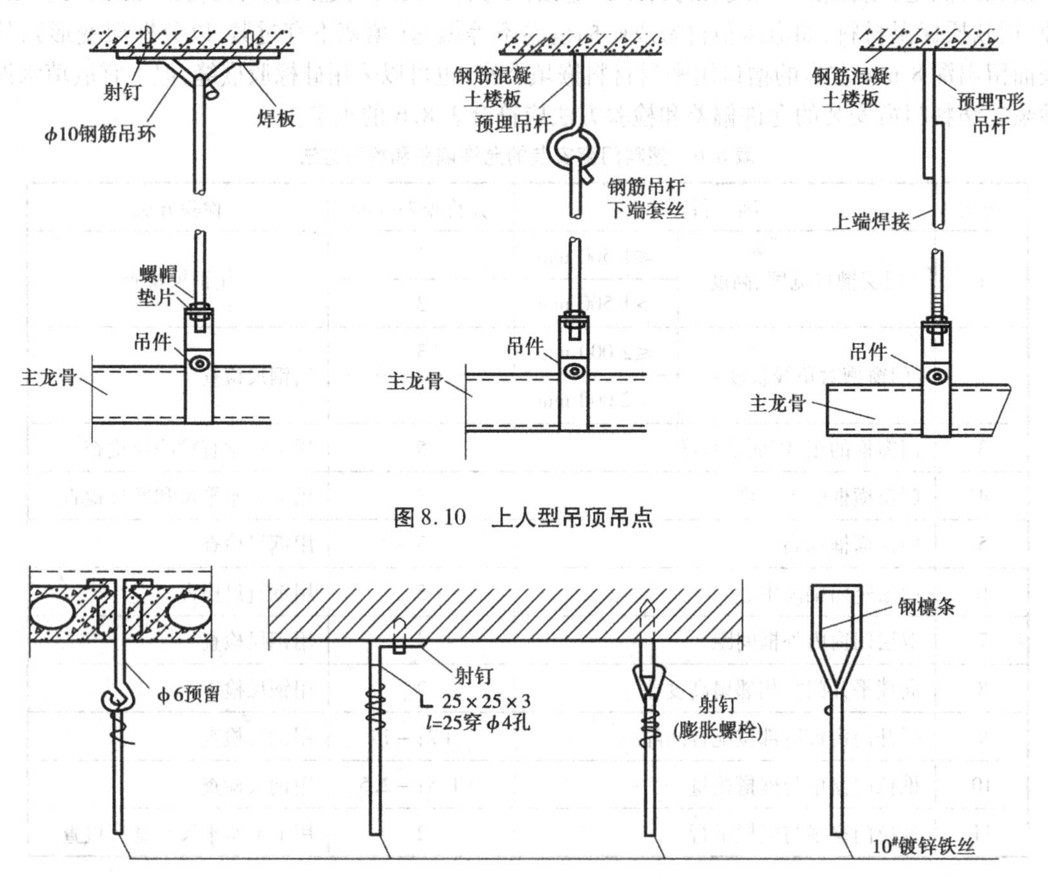

图8.10　上人型吊顶吊点

图8.11　不上人型吊顶吊点

(2)吊顶龙骨

吊顶龙骨由主龙骨、覆面次龙骨、横撑龙骨及相关组合件、固结材料等连接而成。吊顶造型骨架组合方式通常有双层龙骨构造和单层龙骨构造两种。

主龙骨是起主干作用的龙骨,是吊顶龙骨体系中主要的受力构件。次龙骨的主要作用是固定饰面板,为龙骨体系中的构造龙骨。

常用的吊顶龙骨分为轻金属龙骨和木龙骨两大类,本文主要介绍吊顶轻金属龙骨。

▶ 8.4.2　吊顶轻金属龙骨架

吊顶轻金属龙骨，是以镀锌钢带、铝带、铝合金型材、薄壁冷轧退火卷带为原料，经冷弯或冲压工艺加工而成的顶棚吊顶的骨架支承材料。其突出优点是自重轻、刚度大、耐火性能好。

吊顶轻金属龙骨通常分为轻钢龙骨和铝合金龙骨两类。轻钢龙骨的断面形状可分为U形、C形、Y形、L形等，分别作为主龙骨、覆面龙骨、边龙骨配套使用，在施工中轻钢龙骨应做防锈处理；铝合金龙骨的断面形状多为T形、L形，分别作为覆面龙骨、边龙骨配套使用。

(1)吊顶轻钢龙骨架

吊顶轻钢龙骨架作为吊顶造型骨架，由大龙骨(主龙骨、承载龙骨)、覆面次龙骨(中龙骨)、横撑龙骨及其相应的连接件组装而成，如图8.12所示。

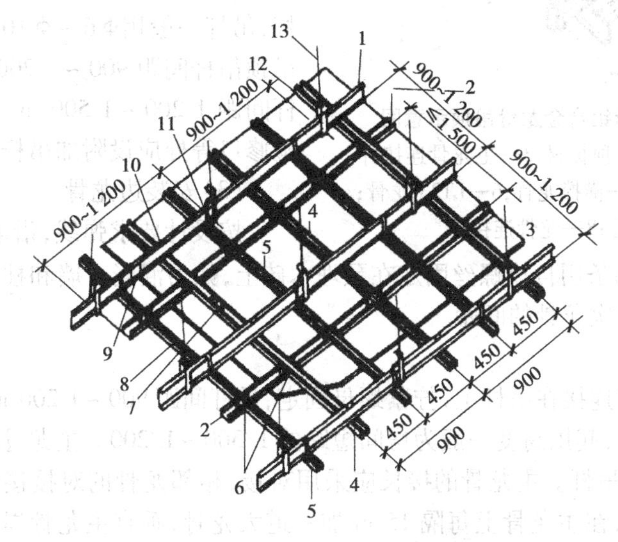

图8.12　U形龙骨吊顶示意图

1—BD大龙骨；2—UZ横撑龙骨；3—吊顶板材；4—UZ龙骨；5—UX龙骨；6—UZ3支托连接；7—UZ2连接件；8—UX2连接件；9—BD2连接件；10—UZ1吊挂；11—UX1吊挂；12—BD1吊件；13—吊杆 $\phi 8 \sim 10$

(2)吊顶铝合金龙骨架

吊顶铝合金龙骨架，其间距、尺寸取决于吊顶使用荷载大小，由L形、T形铝合金龙骨组装的轻型吊顶龙骨架，如图8.13所示。

▶ 8.4.3　吊顶饰面层

吊顶饰面层即为固定于吊顶龙骨架下部的罩面板材层。罩面板材品种很多，常用的有胶合板、纸面石膏板、装饰石膏板、钙塑饰面板、金属装饰面板(铝合金板、不锈钢板、彩色镀锌钢板等)、玻璃及PVC饰面板等。

饰面板与龙骨架底部可采用钉接或胶粘、搁置、扣挂等方式连接。

▶ 8.4.4　吊顶工程施工

主要施工工序为：弹线→固定吊杆→安装边龙骨→安装主龙骨→安装次龙骨→安装灯具→面板安装→板缝处理。

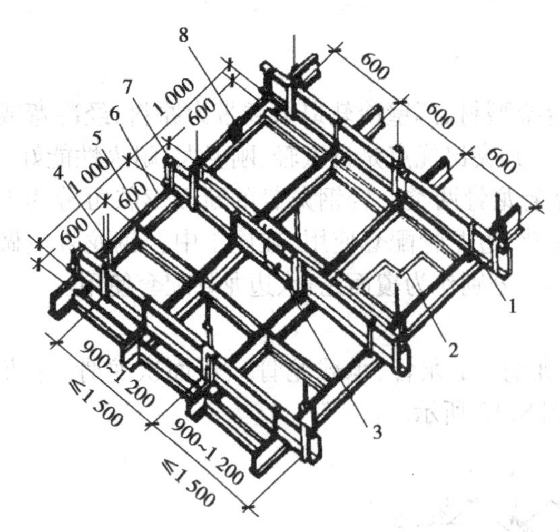

图8.13 L、T形铝合金龙骨吊顶示意图

1—龙骨吊顶;2—吊顶板材;3—主龙骨连接件;
4—主龙骨吊件;5—横撑龙骨;6—LT23 龙骨;
7—主龙骨;8—龙骨连接件

(1)弹线

弹线包括:顶棚标高线、造型位置线、吊挂点位置、大中型灯位线等。从墙上的水准50线量至吊顶设计高度加上一层饰面板的厚度,用粉线沿墙(柱)弹出水准线,即为吊顶次龙骨的下皮线。按吊顶平面图,在混凝土顶板弹出主龙骨的位置,并标出吊挂点位置、造型位置等。

(2)固定吊杆

采用图 8.10 和图 8.11 的方法固定吊杆,吊杆一般用Φ6~Φ10 的钢筋制作,上人吊顶吊杆间距 900~1 200 m,不上人吊顶吊杆间距 1 200~1 500 m。吊顶灯具、风口及检修口等处应设附加吊杆。

(3)安装边龙骨

按设计要求弹线,沿墙(柱)上的水平龙骨线把 L 形镀锌轻钢条用自攻螺丝固定在预埋木砖上,如为混凝土墙和柱,可用射钉固定,射钉间距应不大于吊顶次龙骨的间距。

(4)安装主龙骨

主龙骨用吊挂件连接在吊杆上,拧紧螺母固定,吊杆间距 900~1 200 mm。主龙骨应平行房间长向安装并起拱,起拱高度一般为房间短跨的 1/300~1/200。主龙骨的悬臂段不应大于 300 mm,否则应增加吊杆。主龙骨的接长应采用对接,相邻龙骨的对接接头要相互错开。跨度大于 15 m 的吊顶,在主龙骨上每隔 15 m 加一道大龙骨,垂直主龙骨焊接牢固。主龙骨挂好后应及时调整位置标高。

(5)安装次龙骨

次龙骨通过连接件紧贴主龙骨安装,间距应按饰面板的尺寸和接缝要求准确确定。用 T 形镀锌铁片把次龙骨固定在主龙骨上时,次龙骨的两端应搭在 L 形边龙骨的水平翼缘上。

(6)饰面板安装

饰面板安装前,吊顶内的各种管道和设备应安装完毕,并完成调试和验收。饰面板的安装应对称于顶棚的中心线,并由中心向 4 个方向推进,不可由一边向另一边分格。具体安装方法有:

①搁置法。将饰面板直接放置在 T 形龙骨组成的格框内。考虑有些轻质饰面板刮风时会被掀起(如空调口、通风口附近),可采用卡子固定,如矿棉板、金属饰面板的安装。

②嵌入法。将饰面板事先加工成企口暗缝,安装时将 T 形龙骨两肢插入企口缝中,如金属饰面板的安装可采用此法。

③粘贴法。将饰面板用胶黏剂直接粘贴在龙骨上,如石膏板、钙塑泡沫板、矿棉板的安装。

④钉固法。将饰面板用钉、螺丝等固定在龙骨上,如石膏板、钙塑泡沫板、矿棉板、胶合板、纤维板、PVC 饰面板、金属饰面板等的安装。

⑤卡固法。多用于铝合金吊顶,板材与龙骨用卡接固定。

8.5 隔墙与隔断工程

非承重的内墙统称隔墙,起着分割房间的作用,具有自重轻、厚度薄、便于拆装、具有一定刚度等优点,部分隔墙还有隔声、耐火、耐腐蚀以及通风、透光等要求。

8.5.1 隔墙的分类

隔墙的种类很多,按其构造方式分为骨架隔墙、板材隔墙、活动隔墙和玻璃隔墙等。

(1)骨架隔墙

骨架隔墙是指在隔墙龙骨的两侧安装墙面板以形成墙体的轻质隔断。这类隔墙多以轻钢龙骨、木龙骨等为骨架,以纸面石膏板、人造木板、水泥纤维板、塑料板、胶合板等为墙面板,并根据隔声、保温或防火的设计要求,在两层面板中设置填充材料,以达到预期效果。

(2)板材隔墙

板材隔墙是指不需要设置隔墙龙骨,由隔墙板材自承重,将预制或现制的隔墙板材连接固定于建筑主体结构上的隔墙工程。这类隔墙的工厂化程度较高,施工速度快,大大减轻了现场的作业工程量,广泛应用于工业化预装配式建筑的配套隔墙和高层建筑中。常用的板材有复合轻质隔墙、石膏空心板、预制或现制的钢丝网水泥板、加气混凝土轻质隔板、轻质陶粒混凝土条板等。

(3)活动隔墙

活动隔墙是地面和顶棚带有轨道,可以推拉的轻质隔断。

(4)玻璃隔墙

玻璃隔墙是以轻钢龙骨、铝合金龙骨及木龙骨为骨架,以玻璃为墙面板的隔墙,这种隔墙的透光率较高。

8.5.2 隔墙的施工工艺

本书主要介绍骨架隔墙和玻璃隔墙的施工工艺。

1)骨架隔墙

(1)弹线

在地面和墙面上弹出隔墙的宽度线和中心线,以及门窗洞口的位置线。

(2)安装龙骨

先安装沿地、沿顶龙骨,与地面、顶面接触处,先要铺填橡胶条或沥青泡沫塑料条,再按中距0.6~1.0 m用射钉(或电锤钻眼固定膨胀螺栓)将沿地、沿顶龙骨固定于地面和顶面。然后将预先裁好长度的竖向龙骨,装入横向沿地、沿顶龙骨内,翼缘朝向拟安装板材的方向,校正其垂直度,将竖向龙骨与沿地、沿顶龙骨固定好,固定方法可以用点焊、连接件或自攻螺钉固定。轻钢龙骨隔墙安装如图8.14所示。

(3)安装墙面板

将墙面板竖直贴在预定位置龙骨上,用电钻同时将板材与龙骨一起钻孔,拧上自攻螺丝,

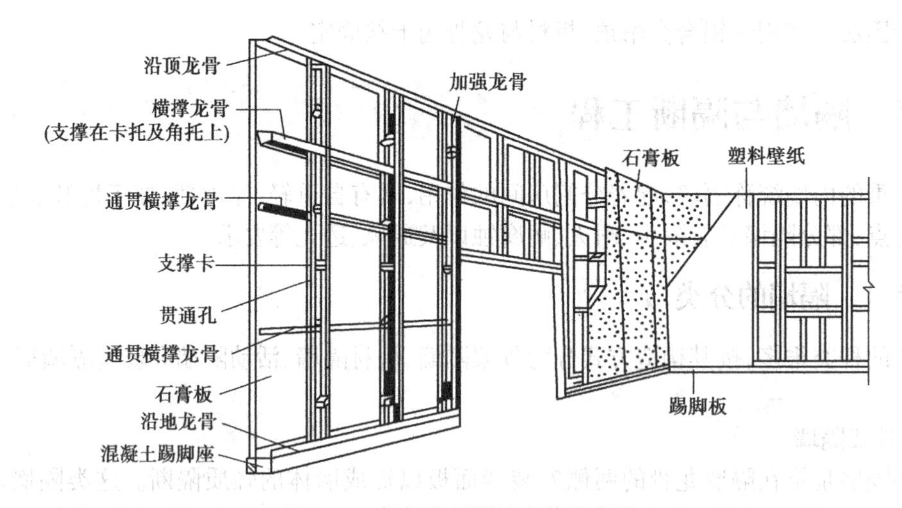

图 8.14　轻钢龙骨隔墙安装示意图

钉头埋入板材平面 2 ~3 mm,钉眼应用石膏腻子抹平。墙面板应竖向铺设,长边接缝应落在竖向龙骨上,接缝处用嵌缝腻子嵌平。

需要隔声、保温、防火的应根据设计要求在龙骨一侧安装好板材后,进行隔声、保温、防火等材料的填充,一般隔声、防火采用玻璃丝棉,保温采用聚苯板填充处理,最后封闭另一侧面板。

铺装罩面板时,端部的隔墙面板与周围的墙或柱应留有 3 mm 的槽口。先在槽口处加注嵌缝膏,然后铺板并挤压嵌缝膏使面板与邻近表层接触紧密。在丁字形或十字形相接处,如为阴角应用腻子嵌满,并贴上接缝带,如为阳角则应做护角。

(4)饰面施工

待嵌缝腻子完全干燥后,即可在隔墙表面进行涂料施工或裱糊墙纸。

骨架隔墙安装的允许偏差和检验方法应符合表 8.7 的规定。

表 8.7　骨架隔墙安装的允许偏差和检验方法

项次	项　目	允许偏差/mm		检验方法
		纸面石膏板	人造木板、水泥纤维板	
1	立面垂直度	3	4	用 2 m 垂直检测尺检查
2	表面平整度	3	3	用 2 m 靠尺和塞尺检查
3	阴阳角方正	3	3	用直角检测尺检查
4	接缝直线度	—	3	拉 5 m 线,不足 5 m 拉通线,用钢直尺检查
5	压条直线度	—	3	拉 5 m 线,不足 5 m 拉通线,用钢直尺检查
6	接缝高低差	1	1	用钢直尺和塞尺检查

2)玻璃隔墙施工工艺

(1)弹线

根据楼层标高水平线,顺墙高量至顶棚设计标高,沿墙弹隔断垂直标高线及天地龙骨的水平线，并在天地龙骨的水平线上画好龙骨的分档位置线。

(2)安装天地龙骨和边龙骨

首先根据设计要求安装固定天地龙骨，如无设计要求时，可以用ϕ 8～12 膨胀螺栓或 3～5 寸(1 寸＝3. 33 cm)钉子固定，膨胀螺栓固定点间距 600～800 mm。安装前应做好防腐处理。

然后根据设计要求沿墙边安装固定边龙骨，边龙骨应启抹灰收口槽。若无设计要求时，可以用ϕ 8～12 膨胀螺栓或 3～5 寸钉子与预埋木砖固定，膨胀螺栓固定点间距 800～1 000 mm。安装前应做好防腐处理。

(3)安装主龙骨

按分档线位置固定主龙骨，龙骨每端固定应不少于 3 颗钉子，使用 4 寸的铁钉固定牢固。

(4)小龙骨安装

按分档线位置固定小龙骨，用扣榫或钉子固定。安装小龙骨前，可以根据玻璃规格在小龙骨上安装玻璃槽。

(5)安装玻璃

根据设计要求将玻璃安装在小龙骨上。如用压条安装时，先固定玻璃一侧的压条，并用橡胶垫垫在玻璃下方，再用压条将玻璃固定；如用玻璃胶直接固定玻璃，将玻璃先安装在小龙骨的预留槽内，然后用玻璃胶封闭固定。

(6)打玻璃胶

首先在玻璃四周粘上纸胶带，将玻璃胶均匀地打在玻璃与小龙骨之间，待玻璃胶完全干后撕掉纸胶带。

(7)安装压条

将压条用钉子或玻璃胶固定于小龙骨上，如设计无要求，可以根据需要选用 10 mm×12 mm木压条、10 mm×10 mm 的铝压条或 10 mm×10 mm 的不锈钢压条。

玻璃隔墙安装的允许偏差和检验方法应符合表 8.8 的规定。

表 8.8　玻璃隔墙安装的允许偏差和检验方法

项次	项　目	允许偏差/mm		检验方法
		玻璃砖	玻璃板	
1	立面垂直度	3	2	用 2 m 垂直检测尺检查
2	表面平整度	3	—	用 2 m 靠尺和塞尺检查
3	阴阳角方正	—	2	用直角检测尺检查
4	接缝直线度	—	2	拉 5 m 线，不足 5 m 拉通线，用钢直尺检查
5	接缝高低差	3	2	用钢直尺和塞尺检查
6	接缝宽度	—	1	用钢直尺检查

▶ 8.5.3　隔断及其施工工艺

隔断是指用来分割室内空间的装饰构件，与隔墙有相似之处，但也有根本区别。隔断的作用在于变化空间或遮挡视线，增加空间的层次和深度。常见的隔断形式有：屏风式、镂空式、玻璃墙式、移动式或家具式隔断等。

(1)屏风式隔断

屏风式隔断通常不隔到顶,隔断与顶棚保持一段距离,形成大空间中的小空间。隔断高一般为1 050 mm、1 350 mm、1 500 mm、1 800 mm等,根据不同的使用要求选用。

屏风式隔断分固定式和活动式两种,固定式又分为立筋骨架式和预制板式。其中立筋骨架式与隔墙相似,骨架采用螺栓、焊接等方式与地面固定,两侧可铺钉饰面板,亦可镶嵌玻璃,玻璃可用磨砂玻璃、彩色玻璃及压花玻璃等。

活动式屏风隔断可以移动放置,在屏风扇面下安装金属支撑架,直接安置在地面上,也可在支架下安装橡胶滚动轮或滑动轮。

(2)镂空花格式隔断

此种隔断多用在公共建筑门厅、客厅等处,用以分割空间,有竹制、木制和混凝土等多种形式。竹制、木制隔断可用钉子固定,混凝土隔断可焊接在预埋铁件上。

(3)玻璃隔断

玻璃隔断有玻璃砖隔断和玻璃板隔断两种形式。玻璃砖隔断采用玻璃砖砌筑而成,既分割空间,又能通透光线,常用于公共建筑的接待室、会议室等处。玻璃隔断可采用普通平板玻璃、磨砂玻璃、刻花玻璃、压花玻璃、彩色玻璃以及各种颜色的有机玻璃等,将玻璃板镶入木框或金属框的骨架中,使隔断具有透光性、遮挡性和装饰性。

(4)其他隔断

其他隔断形式有拼装式、滑动式、折叠式、悬吊式、卷帘式和起落式等,具有使用灵活多变、可随意闭合和开启的特点。家具式隔断是利用各种家具来分隔空间的室内装饰方法,此种分割方法将空间使用功能与家具配套巧妙地结合起来,既节约费用,又节约面积,是现代室内装饰设计的常用方法。

8.6 幕墙工程

幕墙是由金属构件与各种板材组成的悬挂在主体结构上、不承担主体结构荷载与作用的建筑物外围护结构。

现代建筑,特别是高层建筑的外墙面装饰常常采用幕墙,常用的幕墙有玻璃幕墙、金属幕墙以及石材幕墙(干挂工艺)。其中玻璃幕墙的优点是自重轻、施工方便、工期短,结构轻盈美观,并具有良好的防水、保温、隔热、隔声、气密、防火、避雷和防结露等性能,因此玻璃幕墙在现代建筑中得到广泛应用,但因其具有光污染、耗能大等缺点,现在大城市中限制使用。

▶ 8.6.1 玻璃幕墙的组成

玻璃幕墙主要由饰面玻璃和固定玻璃的骨架组成。目前采用的幕墙玻璃主要有安全玻璃、中空玻璃、热反射镀膜玻璃、吸热玻璃、浮法玻璃、夹丝玻璃和防火玻璃等。玻璃幕墙所用龙骨包括立柱、横杆,其材料主要有槽钢、角钢和经过特殊挤压成型的铝合金型材。幕墙与楼层结构连接如图8.15所示。

▶ 8.6.2 玻璃幕墙的分类

根据安装方法的不同,玻璃幕墙可分为:

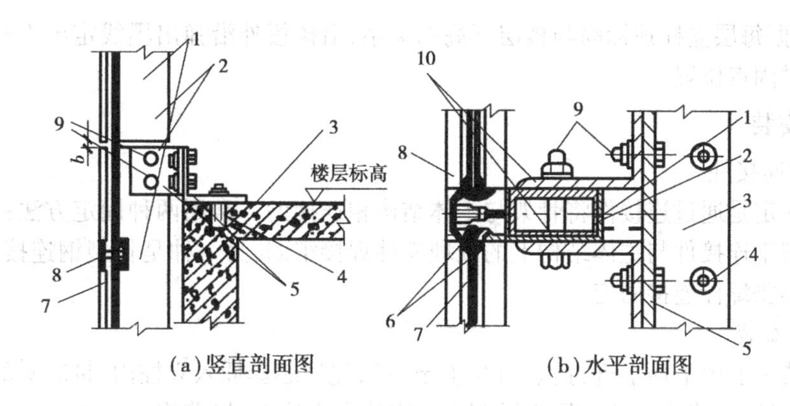

(a)竖直剖面图　　(b)水平剖面图

图 8.15　幕墙与楼层结构连接示意图

1—立柱;2—立柱滑动支座;3—楼层结构;4—膨胀螺栓;5—连接角钢
6—橡胶条和密封胶;7—玻璃;8—横杆;9—螺栓;10—防腐蚀垫片

(1)明框玻璃幕墙

明框玻璃幕墙是最传统的幕墙形式,幕墙玻璃板镶嵌在框内,金属框架构件显露在玻璃外表面。其最大特点在于横框和立柱本身兼龙骨及固定玻璃的双重作用,横梁上有固定玻璃的凹槽,而不需要其他配件,工作性能可靠,施工技术要求较低。

(2)半隐框玻璃幕墙

幕墙金属框架竖向或横向构件显露在玻璃外表面的有框玻璃幕墙,即将玻璃两对边嵌在框内,另两对边用结构胶粘在框上,形成半隐框玻璃幕墙。

(3)隐框玻璃幕墙

金属框架构件全部隐蔽在玻璃后面的有框玻璃幕墙,即将玻璃用结构胶黏结在框架的外表面,形成大面积全玻璃镜面。

(4)全玻幕墙

全玻幕墙又称无金属骨架玻璃幕墙,是由玻璃板和玻璃肋构成的玻璃幕墙。在建筑物底层、顶层及旋转餐厅,为游览观光需要,采取无骨架的全玻璃幕墙,整个幕墙在高度方向必须采用通长的大块玻璃;在宽度方向,则采用玻璃肋来解决玻璃拼接和加强受力性能的问题。

(5)点支撑玻璃幕墙

点支撑玻璃幕墙又称为挂架式玻璃幕墙,是由玻璃面板、点支撑装置和支撑结构构成的玻璃幕墙。它采用四爪式不锈钢挂架与立柱相焊接,每块玻璃四角在加工厂钻 4 个 ϕ20 mm 孔,挂架的每个爪与一块玻璃的一个孔相连接,即一个挂架同时与 4 块玻璃相连接,因此,每块玻璃需要 4 个挂件来固定。

▶ 8.6.3　玻璃幕墙的施工工艺

1)定位放线

测量放线是根据土建单位提供的中心线及标高点进行。幕墙设计一般是以建筑物的轴线为依据,所以必须对已完工的土建结构进行准确校核测量。

放线应根据土建轴线测量立柱轴线,确定幕墙立柱分隔的调整方案,沿楼板外沿弹出墨线定出幕墙平面基准线,从基准线测出一定距离为幕墙平面,以此线为基准弹出立柱的左右位置线;再根据每层立柱顶标高与楼层标高的关系,沿楼板外沿弹出墨线定出立柱顶标高线,确定立柱的锚固点位置。

2)骨架安装

(1)安装连接件

骨架的固定是通过连接件将骨架与主体结构相连接的。常用两种固定方法:一种是按照弹线位置将型钢连接件与主体结构上的预埋铁件焊接牢固,另一种是将型钢连接件与主体结构上的预埋膨胀螺栓连接固定。

(2)立柱安装

立柱安装一般由下而上进行(也可从上至下),先把芯套插入立柱内,带芯套的一端朝上,然后在立柱上钻孔,将连接角钢用不锈钢螺栓安装在立柱上,接着将已加工、钻孔后的立柱镶入连接件角钢内,用不锈钢螺栓初步固定。

立柱安装用螺栓固定后,对整个安装完的立柱进行校正,校正的同时也要对立柱安装工序进行全面验收,调整立柱的垂直度、平整度,检查是否符合设计分割尺寸及进出位置,如有偏差应及时调整,经检查合格后,将螺栓最终拧紧固定。

(3)横杆的安装

立柱安装完毕后,将横杆的位置线弹到立柱上。横杆一般分段在立柱上安装,若骨架为型钢,可采用焊接或螺栓连接;若是铝合金型材骨架,一般是通过铝拉铆钉与连接件进行固定。骨架横杆两端与立柱连接处设有弹性橡胶垫,以适应横向温度变形的需要。安装完一层后,应进行检查、调整,校正后再固定,以符合安装质量标准。

3)玻璃安装

玻璃是由工厂加工成型,在工地安装。首先要检查玻璃尺寸,其误差应在规定范围内;然后将玻璃表面尘土和污物擦拭干净,四周的铝框也要清洁干净,以保证嵌缝耐候胶黏结可靠。

玻璃安装一般采用吊篮进行,也可在室内外搭设的脚手架,用手动或电动吸盘器配合,自上而下进行安装。

4)嵌缝

玻璃安装就位后,在玻璃与槽壁间留有的空腔中嵌入橡胶条或注入耐候胶固定玻璃。注胶后,要用刮刀将胶缝压紧、抹平,将胶缝刮成设计形状,并将多余的胶刮掉,使胶缝平整光滑,玻璃清洁无污物。玻璃幕墙四周与主体结构之间的缝隙,应采用防火的保温材料填塞,内外表面应采用密封胶连续密封,接缝处应严密不漏水。

8.7 涂饰与裱糊工程

▶ 8.7.1 涂饰工程

1)涂料

涂料由胶结剂、颜料、溶剂和辅助材料等组成。由主要成膜物质、次要成膜物质、辅助成膜物质和其他外加剂、分散剂等组成。涂料一般包括油脂、合成树脂及乳液等。

涂料按刷涂位置,可分为外墙涂料、内墙涂料、天棚涂料、地面涂料、门窗涂料(油漆)、屋面涂料等;按用途,可分为一般涂料和防火涂料、防水涂料等。

涂饰工程所用品种、型号和性能,应根据涂饰的部位、基体材料及功能特征按设计要求选用,并应符合相应质量标准及国家环保的有关规定。施工中对环境温度、湿度、清洁度及基体的含水率要严格控制,并采取有效的防火、防中毒措施。

2)配套材料

(1)腻子

在涂刷涂料前,应先用腻子将基层或基体表面的缺陷和坑洼不平之处嵌实填平,并用砂纸打磨平整光滑。涂料工程所用腻子的塑性和易涂性应满足施工要求,干燥后应坚固、不起皮、不龟裂和粉化,易打磨,能与基层、底涂料和面涂料的性能配套使用。

(2)稀释剂

对于不同的漆,应根据漆中所含的成膜物质的性质和各种溶剂的溶解力、挥发速度和对漆膜的影响等选择并配制稀释剂。

3)涂饰工程施工

(1)基层处理

木材表面上的灰尘、污垢等应事先清理干净,木材表面的缝隙、毛刺和脂囊等修整后用与木材同色腻子填补,并用砂纸磨光。在涂饰前基层应刮腻子数遍找补,并在每遍腻子干燥后,用砂纸打磨。通常情况下,第一遍涂料涂刷后仍要用腻子找补。

金属表面应事先将灰尘、油渍、鳞皮、焊渣等清除干净,并采用手工或机械的方式除锈。潮湿的表面不得涂刷涂料。旧墙面涂饰前,要清除疏松的旧装修层并涂刷界面剂。

基层腻子应平整、坚实、牢固,无粉化、起皮和裂缝;厨房和卫生间墙面必须使用耐水腻子。

(2)刷涂料(油漆)

涂料(油漆)在使用前必须搅拌均匀,用于同一表面的涂料应注意颜色一致。涂料粘度应调整适合,如需稀释用专用材料稀释。

涂料的涂刷遍数根据涂饰工程的质量等级而定,后一遍必须在前一遍干燥成膜后才能涂刷。涂料的涂刷方法一般采用刷涂、喷涂、滚涂、弹涂和抹涂法等。

①刷涂法。人工刷涂时,用刷子蘸上涂料直接涂于物件表面上,其涂刷方向和行程长短应均匀一致;应勤蘸短刷,接槎应在分格缝处;所用涂料干燥较快时应缩短刷距。刷涂顺序为从里向外,从上向下,从左到右。

②滚涂法。用辊子蘸上少量涂料后再在被滚墙面上轻缓平稳地来回滚动,直上直下,避免扭蛇行,以保证厚度、色泽、质感一致。常用的辊子直径为40~50 mm、长180~240 mm。刷不到的边角部位,用刷子补刷。

③喷涂法。喷涂的机具有:手持喷枪、装有自动压力控制器的空气压缩机和高压胶管。喷涂时,涂料稠度、空气压力、喷射距离、喷枪运行中的角度和速度等方面均有一定要求。涂料稠度必须适中,太稠不便施工,太稀影响涂层厚度,且易流淌。空气压力在0.4~0.8 N/mm^2 选择。喷射距离一般为400~600 mm。喷枪运行中心线必须与墙面垂直。喷枪移动过快,涂层较薄,色泽不均;运行过慢,涂料黏附太多,易流淌。喷涂施工应连续作业,争取到分格缝处再停歇。

室内一般先喷涂顶棚后喷涂墙面,2 遍成活,间隔时间约为 2 h;室外喷涂一般为 2 遍,较好的饰面为3遍。作业分段线应设在水落管、接缝、雨罩等结构分格处。

④弹涂法。弹涂所用工具:电动彩弹机及相应的配套和辅助器具、料桶、料勺等。彩弹饰面施工必须根据事先设计的样板上的色泽和涂层表面形状的要求进行。在基层上先刷涂1~2道底涂层,待干燥后进行弹涂。弹涂时,弹涂器的喷出口应垂直于墙面,距离应保持在300~500 mm,按一定的速度自上而下、由左向右弹涂。

⑤抹涂法。在底层刷涂或滚涂1~2道底层涂料,待其干燥后(常温2 h以上),用不锈钢抹子将涂料抹到已刷的底层涂料上,一般抹1~2遍(总厚度2~3 mm),间隔1 h后再用不锈钢抹子压平。

4)涂饰工程质量控制与检查

(1)一般要求

①涂饰工程验收时应检查下列文件和记录:

a.涂饰工程的施工图、设计说明及其他设计文件;

b.材料的产品合格证书、性能检测报告和进场记录及施工记录。

②检查数量应符合下列规定:

a.室外工程每100 m^2 应至少检查一处,每处不得少于10 m^2;

b.室内每50间至少抽查10%,并不得少于3间。

(2)质量要求与检验方法

对于不同品种、规格、型号和性能各异的涂料,其质量要求也有区别。

①水性涂料:水性涂料包括薄涂料、厚涂料和复合涂料。水性涂料质量要求及检验方法见表8.9。

表8.9 水性涂料涂饰工程质量要求及检验方法

项 目	质量要求	检验方法
主控项目	水性涂料工程所用涂料的品种、型号和性能符合设计要求	检查产品合格证书、性能检测报告和进场验收记录
	水性涂料工程所用涂料的颜色、图案符合设计要求	观察
	水性涂料工程应涂饰均匀、黏结牢固,不得漏涂、透底、起皮掉粉	观察、手摸检查
	水性涂料工程的基层处理应符合一般要求	观察、手摸检查
一般项目	普通涂饰:颜色均匀一致,允许少量轻微泛碱、咬色流坠、砂眼、刷纹	观察
	高级涂饰:颜色均匀一致,不允许有泛碱、咬色流坠,无砂眼、刷纹	观察

②溶剂型涂料:所用涂料的品种、型号和性能应符合设计要求;颜色、光泽、图案应符合设计要求;应涂饰均匀、黏结牢固,不得有漏涂、透底、起皮和反锈。

色漆的涂饰质量和检验方法见表8.10。清漆的涂饰质量和检验方法见表8.11所示。

表 8.10 色漆的涂饰质量和检验方法

项次	项 目	普通涂饰	高级涂饰	检验方法
1	颜色	均匀一致	均匀一致	观察
2	光泽、光滑	光泽基本均匀、光滑无挡手感	光泽均匀一致、光滑	观察、手摸检查
3	刷纹	刷纹通顺	无刷纹	观察
4	裹棱、流坠、皱皮	明显处不允许	不允许	观察
5	装饰线、分色线直线度允许偏差/mm	2	1	拉5 m线,不足5 m拉通线,用钢尺检查

表 8.11 清漆的涂饰质量和检验方法

项次	项 目	普通涂饰	高级涂饰	检验方法
1	颜色	基本一致	均匀一致	观察
2	木纹	棕眼刮平、木纹清楚	棕眼刮平、木纹清楚	观察
3	光泽、光滑	光泽基本均匀、光滑无挡手感	光泽基本均匀一致,光滑	观察、手摸检查
4	刷纹	无刷纹	无刷纹	观察
5	裹棱、流坠、皱皮	明显处不允许	不允许	观察

5)涂料的安全技术

涂料材料和所用设备必须有专人保管,各类储存原料的桶必须有封盖。涂料库房内必须有消防设备,要隔绝火源,与其他建筑物相距应有25~40 m。操作者应做好自身保护工作,穿戴安全防护用具;使用溶剂时,应防护好眼睛、皮肤;熬胶、烧油应离开建筑物10 m以外。

▶ 8.7.2 裱糊工程

裱糊工程是将壁纸或墙布用胶黏剂裱糊在室内墙面、柱面及顶棚的一种装饰工艺。此种装饰具有色彩丰富、质感强、既耐用又易清洗的特点,可仿各种材料的纹理、图案,且施工速度快、湿作业少,多用于室内高级装饰。

1)裱糊工程材料

(1)壁纸

①普通壁纸。以纸做基材,表面涂以高分子乳液,经印花、压纹而成。这种壁纸花色品种多,适用面广,价格低廉,耐光、耐老化、耐水擦洗,便于维护。

②发泡壁纸,亦称浮雕壁纸。是以纸做基材,涂塑掺有发泡剂的聚氯乙烯糊状料,印花后,再经加热发泡而成,有高发泡印花和低发泡印花两种。其中高发泡壁纸发泡率较大,表面呈现突出的、富有弹性的凹凸花纹,具有装饰、吸声等功能。

③麻草壁纸。以纸为基层,以编织的天然麻草为面料,麻草事先染成不同的颜色和色调,与

纸基层复合加工而成。这种壁纸具有阻燃、吸声、散潮湿、不变形等特点,具有浓厚的自然气息。

④纺织纤维壁纸,亦称花色线壁纸。由棉、麻、丝等天然纤维或化学纤维制成各种色彩、花式的粗细纱或织物,粘到基层纸上,制成花样繁多的纺织纤维壁纸。这种壁纸材料质感强,色彩柔和、高雅,具有无毒、吸声、透气等多种功能。

⑤特种壁纸,亦称专用壁纸。是指具有特殊功能的塑料面层壁纸,如耐水壁纸、防火壁纸、抗腐蚀壁纸、抗静电壁纸、防污壁纸、图景画壁纸等。

(2)墙布

①玻璃纤维墙布。是以中碱玻璃纤维布为基材,表面印上彩色图案,经喷涂耐磨树脂保护层加工而成。它具有布纹质感强、色彩鲜艳、耐火、耐潮、不易老化等性能,可用皂水洗刷,但盖底能力稍差,涂层磨损后会散落出少量玻璃纤维。

②无纺墙布。是采用棉、麻等天然纤维或涤纶、腈纶等合成纤维,经过无纺成型、上树脂、印制彩色花纹而成的一种贴墙材料。它具有一定的透气性和防潮性、擦洗不褪色、富有弹性、不易折断、纤维不易老化和散失、色彩鲜艳、图案雅致、表面挺括等优点,但价格比较昂贵。

③装饰墙布。是以纯棉平纹布经过前处理、印花、涂层制作而成的。这种墙布具有强度大、静电小、变形小、无光、吸声、无毒、无味、耐擦洗、蠕变小、色泽花型美观大方等优点。

2)裱糊施工

裱糊施工的工序为:基层处理→弹线和裁料→湿润和刷胶黏剂→裱糊→赶压胶黏剂气泡→擦净挤出的胶液→清理修整。

(1)基层处理

基层要具有一定的强度,如水泥石灰砂浆、石灰砂浆、石膏灰、纸筋灰等抹灰面层,以及石膏板、石棉水泥板等板材表面,都可进行裱糊施工。

对基层的要求:坚固密实,平整光滑,表面颜色应一致,无粉化和剥落,无孔洞、大裂缝、毛刺和起鼓等,否则应进行基层处理。

墙上、顶棚上的钉帽应嵌入基层表面,并用腻子填平。外露的钢筋、铁丝及其他铁件均应清除、打磨,并涂刷防锈漆不少于2道。油污等用碱水清洗并用清水冲净。不同基体材料的对接处,如木夹板与石膏板、石膏板面与抹灰或混凝土面的对缝,都应嵌填接缝材料并粘贴接缝带。为防止基层吸水过快,引起胶黏剂脱水而影响黏结,可在基层表面刷一道用水稀释的108胶进行底胶封闭处理。

(2)弹线和裁料

为了使裱糊的壁纸或墙布的花纹、图案、线条纵横连贯,应先弹分格线,在墙面上弹出水平线、垂直线作为裱糊的依据。弹线时应从墙的阳角处开始,按壁纸的标准宽度找规矩弹线,保证壁纸裱糊后横平竖直、图案端正。裱糊顶棚时也应弹出基准线。

裁料前应先预拼试贴,观察接缝效果,确定裁纸尺寸及花式拼贴方法。根据弹线找规矩的实际尺寸统一规划裁纸,并按粘贴顺序编号。裁纸时应以上口为准,下口可比规定尺寸略长10~20 mm,如为带花饰的壁纸,应先将上口的花饰对好,小心裁割,不得错位。裁好的壁纸要卷起平放,不得立放。

(3)润纸和刷胶

塑料壁纸有遇水膨胀、干后收缩的特性,因此施工前应将壁纸放在水槽中浸泡3~5 min,取出后抖掉明水,静置20 min,然后再涂胶裱糊;金属壁纸浸水1~2 min,取出后抖掉明水,静置5~8 min即可刷胶裱糊;复合纸质壁纸由于湿强度较差,禁止浸水润纸处理,可在壁纸的背面均匀地涂刷胶黏剂,然后将其胶面对胶面地静置4~8 min即可上墙裱糊;纺织纤维壁纸不宜浸水,裱贴前只需用湿布在纸背稍揩一遍即可达到润纸的目的。

一般基层表面与壁纸背面应同时刷胶,刷胶要薄而均匀,不裹边、不起堆,以防溢出,污染壁纸。基层表面刷胶宽度要比壁纸宽20~30 mm,涂刷一段,裱糊一张,若用背面带胶的壁纸,则只需在基层表面涂刷胶黏剂。

(4)裱糊

壁纸上墙粘贴顺序是先上后下、先长墙后短墙、先高后低、先细部后大面,保证垂直后对花拼缝。应根据不同种类的壁纸、不同的裱贴部位,采用不同的裱贴方法。

①搭接法。搭接法多用于壁纸的裱糊,是在裱贴时相邻两幅在拼缝处,后贴的一幅压前一幅30 mm左右,然后用直尺和裁剪刀在搭接部位的中间将搭接的双层壁纸切透,撕去切掉的两小条壁纸,最后用刮板从上到下均匀地赶胶,将多余的胶从缝中刮出,并及时用湿布清理干净。无图案的壁纸多用这种方法裱贴。

②拼接法。拼接法多用于有图案的壁纸和墙布的裱糊,以保证图案的完整性和连续性。这种方法是指裱糊材料上墙前先按对花拼缝裁料,上墙时相邻的两幅裱糊材料先对图案、后拼缝,从上到下将图案吻合后,用刮板将壁纸赶平压实,缝隙中刮出的多余胶液用湿毛巾擦干净。

阳角处只能包角压实,不能对接和搭接,还应对阳角的垂直度和平整度严格控制。窄条纸的裁边应留在阴角处,其接缝应为搭接。大厅明柱应在侧面或不明显处对缝。裱糊到电灯开关、插座等处应裁口做标志,以后再安装纸面上的照明设备或附件。

③推贴法。推贴法裱贴多用于顶棚的裱糊,即先将壁纸卷成一卷,一人推着前进,另一人随后将壁纸赶平、赶密实。采用这种方法时胶黏剂宜刷在基层上,不宜刷在材料背面。

(5)清理修整

整个房间贴好后,要进行全面细致的检查,壁纸、墙布应表面平整、色泽一致,不得有波纹起伏、裂缝及皱折。对未贴好的局部进行清理修整。若出现空鼓、气泡,可用针刺放气,再用注射针挤进胶黏剂,用刮板刮压密实。要求修整后不留痕迹,然后进行成品保护。

8.8 楼地面工程

▶ 8.8.1 楼地面的构造

1)楼地面的组成

楼地面是底层地面和楼板面的总称。楼地面由面层、结合层、找平层、防潮层、保温层、垫层、基层等组成。根据不同的设计,其组成也不尽相同。地面的构造如图8.16所示。

面层:与人体、家具直接接触的表面层,承受各种物理化学作用,并起美化和改善环境及保护结构层的作用。

结合层:是面层与下一构造层间的做法,也可以作为多个面层的弹性基层,各种块材面层都需要结合层,可根据面层材料选择结合层的做法。

找平层:在垫层、楼板或填充层上起整平、找坡或加强作用的构造层,其施工质量直接影响到楼地面的质量。

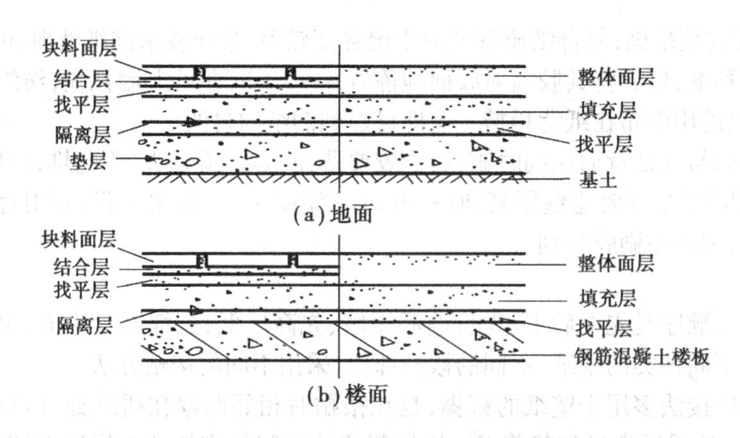

图8.16　地面构造示意图

填充隔离层:起隔声、保温、找坡、敷设管线作用的构造层。

垫层:仅用于地面下,传递地面荷载于基土上的构造层。

基层:是地面垫层下的土层。

此外,根据需要还可设防潮层、保温层等。

2)楼地面分类

按面层施工方法不同,可将楼地面分为3大类:一是整体楼地面,又分为水泥砂浆地面、混凝土地面、水磨石地面等;二是块材地面,又分为预制板材、大理石和花岗石、地面砖等;三是木竹地面。

▶ 8.8.2　楼地面施工

1)基层施工

(1)抄平弹线统一标高

检查墙、楼地面的标高,并在各房间内弹离楼地面高50 cm的水平控制线,简称50线,房间内的装饰以此为准。

(2)基土回填

基土是底层地面垫层下的土层,承受由整个地面传来荷载的地基结构层。基土如为淤泥、淤泥质土和杂填土、充填土以及其他高压缩性土等软弱土层,则应按照设计要求采取换土、机械夯实或加固等措施。基土施工应严格按照《建筑地面工程施工质量验收规范》(GB 50209—2002)的有关规定进行。填土土质应控制在最优含水量的状况下施工,分层填土、分层压实。经历压实后的基土表面应平整,标高应符合设计要求。基土施工完后,应及时施工其上垫层或面层,防止基土被破坏。

(3)板缝处理

楼面的基层是楼板,对于预制板楼板,应做好板缝灌浆、堵塞和板面清理工作。

2)垫层施工

垫层是承受并传递地面荷载于基土上的构造层。垫层施工通常是在基层回填土之上的工程做法,包括灰土垫层、砂垫层和砂石垫层、水泥混凝土垫层、碎石垫层和碎砖垫层、三合土垫层、炉渣垫层等。

(1)灰土垫层施工

灰土垫层是采用熟化石灰与黏土(或粉质黏土、粉土)按一定比例或按设计要求经拌和后铺设在基土层而成,其厚度不应小于100 mm。灰土拌合料要随拌随用,不得隔日夯实,也不得受雨淋。如遭受雨淋浸泡,应将积水及松软灰土除去,晾干后再补填夯实。垫层铺设完毕,应尽快进行面层施工,防止长期暴晒。

(2)砂垫层和砂石垫层施工

砂垫层和砂石垫层是分别采用砂和天然砂石铺设在基土层上而成,如有人工级配的砂石,应按一定比例拌和均匀后使用。砂垫层厚度不应小于60 mm,砂石垫层厚度不应小于100 mm。垫层应分层摊铺均匀,采用平振法、插振法、水撵法、夯实法、碾压法等方法处理密实,压实后的密实度应符合设计要求。

(3)混凝土垫层

水泥混凝土垫层的厚度不应小于60 mm。浇筑混凝土垫层前,应清除基层的淤泥和杂物。在墙上弹出控制标高线,垫层面积较大时,可采用细石混凝土或水泥砂浆做找平墩控制垫层标高。铺设前,将基层湿润,并在基底上刷一道素水泥浆或界面结合剂,随刷随铺混凝土。用表面振捣器振捣密实后,用木抹子将表面搓平,还应加强养护工作。垫层施工时应严格按照《建筑地面工程施工质量验收规范》(GB 50209—2002)的有关规定进行质量控制。

3)整体面层施工

整体面层包括水泥混凝土面层、水泥砂浆面层、水磨石面层、水泥钢(铁)屑面层、防油渗面层、不发火(防爆)面层等。

水泥砂浆面层是地面做法中最常用的一种整体面层。水泥砂浆地面面层的厚度为20 mm左右,用强度等级不低于32.5 MPa的水泥和中粗砂拌和配制,配合比为1∶2或1∶2.5。

铺设前,先刷一道含4%~5% 108胶的水泥浆,随即铺抹水泥砂浆,用刮尺赶平,并用木抹子压实,在砂浆初凝后终凝前用铁抹子原浆反复压光3遍,不允许撒干灰赶平收光。砂浆终凝后覆盖草帘、麻袋,浇水养护,养护时间不应少于7 d。水泥砂浆面层施工时应严格按照有关规范、规定进行质量控制。

4)板块面层施工

板块面层包括砖面层(陶瓷锦砖、缸砖、陶瓷地砖和水泥花砖面层等)、大理石面层和花岗石面层、预制板块面层(水泥混凝土板块、水磨石板块面层)、料石面层(条石、块石面层)、塑料板面层、活动地板面层、地毯面层等。

(1)板块面层施工工艺流程

选板→试拼→弹线→试排→铺板块面层→灌缝、擦缝→养护→打蜡(当面层为大理石或花岗石时有此工序)。

①选板。对板块逐块认真挑选,有翘曲、拱背、宽窄不一、不方正的挑出来,用在适当部位或剔除。

②试拼。在正式铺设前,应先对色、拼花,并编号。试拼时将花色和规格好的排放在显眼部位,花色和规格较差的铺砌在较隐蔽处。

③弹线。将找平的+500 mm水平基准线标高弹在四周墙上,以便拉线控制铺灰厚度和平整度。根据施工大样图,在房间的主要部位弹互相垂直的控制线,用以检查和控制板块的位置,控制线可以弹在基层上,并引至墙面底部。

④试排。在房间内的两个互相垂直的方向，铺设两条干砂，起标筋作用，其宽度大于板块，厚度不小于30 mm。根据试拼板编号及施工大样图，结合房间实际尺寸，把板块排好，以便检查板块之间的缝隙，核对板块与墙面、柱、洞口等部位的相对位置。当尺寸不足整块倍数时，将非整板块用于边角处。

⑤铺板块。一般房间应先里后外沿控制线进行铺设，即先从远离门口的一边开始，按照试拼编号，依次铺砌，逐步退至门口。铺砌前将板块浸水湿润，晾干后表面无明水时方可使用。先将找平层洒水湿润，均匀涂刷素水泥浆（水灰比为0.4～0.5），纵向先铺2～3行砖，以此为标筋拉纵横水平标高线。凡有柱子的大厅，宜先铺砌柱子与柱子中间的部分，然后向两边展开。板块安放时四角同时往下落，用橡皮锤或木锤轻击木垫板（不得用木锤直接敲击块料），根据水平线找平，铺完第一块向两侧和后退方向顺序镶铺，要对好纵横缝并调整好与相邻板块的标高。如发现空隙，应将板块掀起，用砂浆补实再行安装。

⑥灌缝、擦缝。板块与板块之间，接缝要严密，缝宽不大于1 mm，纵横缝隙要顺直。一般在铺砌后2昼夜进行灌浆擦缝。根据块料颜色，选择相同颜色矿物颜料和水泥拌和均匀调成1∶1稀水泥浆，用浆壶徐徐灌入块料之间的缝隙，并用长把刮板把流出的水泥浆向缝隙内喂灰。灌浆时，多余的砂浆应立即擦去，灌浆1～2 h后，用棉丝团蘸原稀水泥浆擦缝，与板面擦平，同时将板面上水泥浆擦净。

⑦养护。面层施工完毕后，封闭房间，派专人洒水养护不少于7 d。

⑧贴踢脚板。可采用灌浆法和粘贴法两种。两种方法都要试排，使踢脚板的缝隙与地面块料板接缝对齐为宜。墙面和附墙柱的阳角处，应采取正面板盖侧面板，或者切割成45°斜面碰角连接。

⑨打蜡。待砂浆强度达到70 MPa后，用油石分遍浇水磨光，最后用5%浓度草酸清洗，再打蜡。打蜡应在大理石（或花岗石）地面和踢脚板均做完，其他工序也完工，准备交付使用时再进行，要达到光滑、洁净。

（2）木、竹地板施工

木、竹地板面层多用于室内高级装修地面。木、竹面层包括实木地板面层、实木复合地板面层、中密度（强化）复合地板面层、竹地板面层等。这里主要介绍实木地板面层的施工。

实木地板面层具有弹性好、导热系数小、干燥、易清洁和不起尘等性能，是一种较理想的建筑地面材料，可采用单层木板面层或双层木板面层铺设。单层木板面层是在木搁栅上直接钉企口木板，适用于办公室、会议室、高档旅馆及住宅；双层木板面层是在木搁栅上先钉一层毛地板，再钉一层企口木板，其面层坚固、耐磨、洁净美观，但造价高，适用于室内体育训练、比赛、练习用房和舞厅、舞台等公共建筑。

木搁栅有空铺和实铺两种形式。实铺式地面是将木搁栅铺于钢筋混凝土楼板上，木搁栅之间填以炉渣隔音材料。空铺在木格栅之间无填充材料。木地板拼缝用得较多是企口缝、截口缝、平头接缝等，其中以企口缝最为普遍，如图8.17所示。

①长条板地面施工。将木搁栅直接固定在基底上，然后用圆钉将地板钉在木搁栅上。条形木地板的铺设方向应考虑铺钉方便、固定牢固和使用美观。走廊、过道等部位，宜顺着行走的方向铺设；房间内应顺着光线铺设，可以克服接缝处不平的缺陷。

用钉固定木板有明钉和暗钉两种钉法。明钉是将钉帽砸扁，垂直钉入板面与搁栅，一般钉两只钉，钉的位置应在同一直线上，并将钉帽冲入板内3～5 mm；暗钉是将钉帽砸扁，从板边的凹角处斜向钉入，但最后一块地板用明钉。

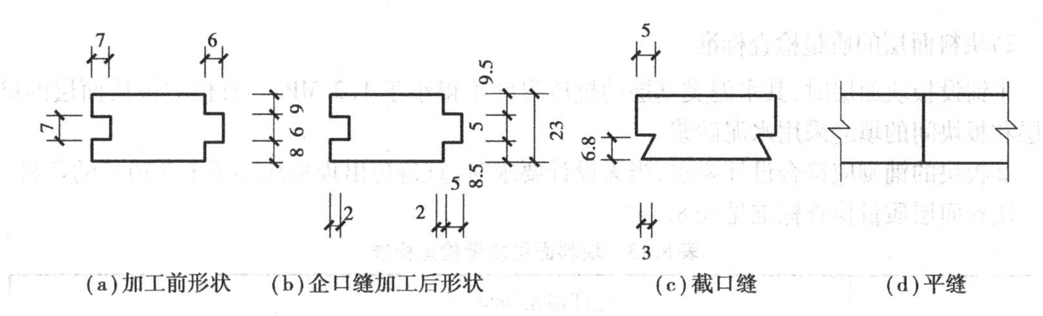

(a)加工前形状　(b)企口缝加工后形状　(c)截口缝　(d)平缝

图8.17　木板拼缝处理

②拼花板地面施工。拼花板地面一般采用黏结固定的方法施工。

弹线:按设计图案及板的规格,结合房间的具体尺寸弹出垂直交叉的方格线。放线时,先弹房间纵横中心线,再从中心向四边画出方格;房间四周边框留15~20 mm宽。方格是否方正是直接影响地板施工质量的主要因素。

粘贴:一般用玻璃胶粘贴。粘贴前对硬木拼板进行挑选,将色彩好的粘贴在房间明显或经常出入部位,稍差一些的粘贴于门背后隐密处;粘贴时从中心开始,然后依次排列;用胶时,基层和木板背面同时抹胶阴干一会,便可将木板按在基底上。

地板打磨刨平时应注意木纹方向,一次不要刨得太深,每次刨削厚度不大于0.5 mm,并应无刨痕。刨平后用砂纸打磨,做清漆涂刷时应透出木纹,以增加装饰效果。

③木踢脚板施工。踢脚板与木板面层间装钉木压条。要求踢脚板与墙紧贴,装钉牢固,上口平直。踢脚板接缝处应做企口或错口相接。

▶ 8.8.3　楼地面工程质量控制与检验

1)整体面层

①铺设整体面层时,其水泥类基层的抗压强度不得小于1.2 MPa;表面应粗糙、洁净、湿润,不得有积水。

②整体面层施工后,养护时间不应少于7 d;抗压强度应达到5 MPa后,方准上人行走;达到设计要求后,方可正常使用。

整体面层的质量检查标准见表8.12。

表8.12　整体面层的质量检查标准

项　次	项　目	允许偏差/mm						检查方法
		水泥混凝土面层	水泥砂浆面层	普通水磨石面层	高级水磨石面层	水泥钢屑面层	防油混凝土和不发火(防爆)面层	
1	表面平整度	5	4	3	2	4	5	用2 m靠尺和楔形塞尺检查
2	踢脚线上口平直	4	4	3	3	4	4	拉5 m线和用钢尺检查
3	缝格平直	3	3	3	2	3	3	

2）块料面层的质量检查标准

①铺设板块面层时，其水泥类基层的抗压强度不得小于1.2 MPa。石板类板块面层的结合层和板块间的填缝采用水泥砂浆。

②板块的铺砌应符合设计要求，当无设计要求时，宜避免出现板块小于1/4边长的角料。

块料面层质量检查标准见表8.13。

表8.13 块料面层质量检查标准

项次	项目	允许偏差/mm						检查方法
		陶瓷锦砖、高级水磨石板、陶瓷地砖面层	水磨石板块面层	大理石和花岗石面层	塑料板面层	水泥混凝土板面层	碎拼大理石、花岗石面层	
1	表面平整度	2.0	3.0	1.0	2.0	4.0	3.0	用2 m靠尺和楔形塞尺检查
2	缝格平直	3.0	3.0	2.0	3.0	3.0	—	拉5 m线和用钢尺检查
3	接缝高低差	0.5	1.0	0.5	0.5	1.5	—	用钢尺和楔形塞尺检查
4	踢脚线上口平直	3.0	4.0	1.0	2.0	4.0	1.0	拉5 m线和用钢尺检查
5	板块间隙宽度	2.0	2.0	1.0	—	6.0		用钢尺检查

复习思考题

1. 试述装饰工程的作用、分类与特点。
2. 简述一般抹灰工程的组成、分类及各抹灰层的作用。
3. 试述一般抹灰施工的分层做法及施工要点。
4. 常见的装饰抹灰有哪些种类？简述其各自做法。
5. 常见的饰面板（砖）材料有哪些？
6. 外墙面砖的施工工艺是什么？
7. 大理石的干挂和湿作业的施工工艺是什么？
8. 简述木门窗及铝合金门窗的安装方法及注意事项。
9. 简述吊顶的组成及其作用。简述轻钢龙骨吊顶的构造及施工要点。
10. 简述玻璃幕墙的分类及其施工工艺。
11. 简述隔墙及隔断的作用及分类。
12. 简述常见建筑涂料的种类及涂料施工的方法。
13. 裱糊工程常用的材料有哪些？裱糊施工包括哪些工序？
14. 试述楼地面的构造及分类。
15. 试述板块地面面层的施工方法和要点？

9 屋面及地下防水工程施工

［本章导读］

通过本章学习，掌握卷材防水屋面的概念、构造及各构造层的作用；掌握卷材防水屋面的一般施工方法。掌握涂膜防水屋面的概念；熟悉涂膜防水屋面的构造及施工方法。掌握刚性防水屋面的概念；熟悉刚性防水屋面的构造及施工方法。掌握地下防水的外贴法和内贴法施工方法、聚氨酯涂膜防水的施工方法。

防水工程在建筑工程施工中属关键项目和隐蔽工程，对保证工程质量具有重要地位。建筑工程防水按其部位，可分为屋面防水、地下防水、卫生间防水等。按其构造做法，可分为结构自防水和防水层防水两大类。结构自防水主要是依靠建筑构件材料自身的密实性及其某些构造措施（坡度、埋设止水带等），使结构起到防水作用；防水层防水是在建筑物构件的迎水面或背水面以及楼缝处，附加防水材料做成防水层，以起到防水作用，如卷材防水、涂膜防水、刚性防水等。防水工程又分为柔性防水（如卷材防水、涂膜防水等）和刚性防水（如细石防水混凝土、结构自防水等）。

9.1 屋面防水工程

屋面防水工程，是指为防止雨水或人为因素产生的水从屋面渗入建筑物所采取的一系列结构构造和建筑措施。按屋面防水工程的做法，可分为卷材防水屋面、涂膜防水屋面、刚性防水屋面等。

现行《屋面工程质量验收规范》（GB 50207—2012）根据建筑物的性质、重要程度、使用功能要求以及防水层合理使用年限等，将屋面防水分为4个等级，并按不同等级进行设防，并应符合表9.1的要求。

表9.1　屋面防水等级和设防要求

项　目	屋面防水等级			
	Ⅰ级	Ⅱ级	Ⅲ级	Ⅳ级
建筑物类别	特别重要或对防水有特殊要求的建筑	重要的建筑和高层建筑	一般的建筑	非永久性的建筑
防水层合理使用年限	25年	15年	10年	5年
设防要求	3道或3道以上防水设防	2道防水设防	1道防水设防	1道防水设防
防水层选用材料	宜选用合成高分子防水卷材、高聚物改性沥青防水卷材、金属板材、合成高分子防水涂料、细石防水混凝土等材料	宜选用高聚物改性沥青防水卷材、合成高分子防水卷材、金属板材、合成高分子防水涂料、细石防水混凝土、平瓦、油毡瓦等材料	宜选用高聚物改性沥青防水卷材、合成高分子防水卷材、三毡四油沥青防水卷材、金属板材、高聚物改性沥青防水涂料、细石防水混凝土、平瓦、油毡瓦等材料	可选用两毡三油沥青防水卷材、高聚物改性沥青防水涂料等材料

注:①本规范中采用的沥青均指石油沥青,不包括煤沥青和煤焦油等材料。

②石油沥青纸胎油毡和沥青复合胎柔性防水卷材,是限制使用材料。

③在Ⅰ、Ⅱ级屋面防水设防中,如仅作一道金属板材时,应符合有关技术规定。

▶ 9.1.1　卷材防水屋面

1)卷材防水屋面的构造及适用范围

卷材防水屋面是用胶结材料粘贴卷材进行防水的屋面。这种屋面具有质量轻、防水性能好的优点,其防水层的柔韧性好,能适应一定程度的结构振动和胀缩变形。所用卷材有沥青防水卷材、高聚物改性沥青防水卷材和合成高分子防水卷材三大系列。适用于防水等级为Ⅰ~Ⅳ类的屋面防水。卷材防水屋面的构造层次示意图如图9.1所示。

2)找平层施工

(1)一般规定

①找平层一般有水泥砂浆找平层、细石混凝土找平层和沥青混凝土找平层。找平层的厚度和技术要求应符合表9.2的规定。

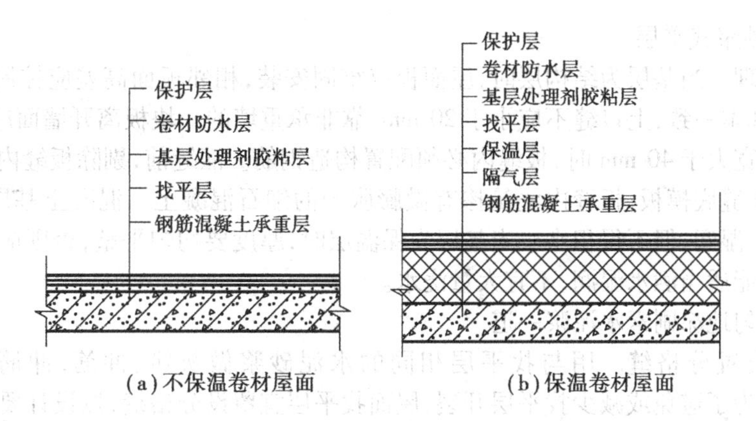

(a)不保温卷材屋面　　(b)保温卷材屋面

图9.1　卷材防水屋面的构造层次示意图

表9.2　找平层的厚度和技术要求

类　别	基层种类	厚度/mm	技术要求
水泥砂浆找平层	整体混凝土	15~20	1∶2.5~1∶3(水泥∶砂)体积比,水泥强度等级不低于32.5级
	整体或板状材料保温层	20~25	
	装配式混凝土板,松散材料保温层	20~30	
细石混凝土找平层	松散材料保温层	30~35	混凝土强度等级不低于C20
沥青砂浆找平层	整体混凝土	15~20	1∶8(沥青∶砂)质量比
	装配式混凝土板,整体或板状材料保温层	20~25	

②找平层宜留设分格缝,分格缝应留设在板端缝处,其纵横缝的最大间距为:采用水泥砂浆或细石混凝土找平层时,不宜大于6 m;采用沥青砂浆找平层时,不宜大于4 m。分格缝宽宜为20 mm,缝内嵌填密封材料。分格缝兼做排气屋面的排气道时,可适当加宽,并应与保温层连通。

③找平层表面应压实平整,排水坡度应符合设计要求。采用水泥砂浆找平层时,水泥砂浆抹平收水后应二次压光,充分养护,不得有疏松、起砂、起皮现象。

④基层与突出屋面结构(女儿墙、山墙、天窗壁、变形缝、烟囱等)的连接处和基层的转角处(水落口、檐口、天沟、檐沟、屋脊等)找平层均应做成圆弧。圆弧半径:沥青防水卷材应为100~150 mm;高聚物改性沥青防水卷材应为50 mm;合成高分子防水卷材应为20 mm。内部排水的水落口周围,找平层应做成略低的凹坑。

⑤找平层的排水坡度应符合设计要求。平屋面采用结构找坡不应小于3%,采用材料找坡宜为2%;天沟、檐沟纵向找坡不应小于1%,沟底水落差不得超过200 mm。

⑥找平层的基层采用装配式钢筋混凝土板时,应符合下列规定:

a.板端、侧缝应用细石混凝土灌缝,其强度等级不应低于C20;

b.板缝宽度大于40 mm或上窄下宽时,板缝内应设置构造钢筋;

c.板端缝应进行密封处理。

(2)水泥砂浆找平层

①基层处理。当基层为结构层时,屋面板应牢固安装,相邻板面高差应控制在 10 mm 以内,缝口大小基本一致,上口缝不应小于 20 mm,靠非承重墙的一块板离开墙面应有 20 mm 的缝隙。当板缝宽大于 40 mm 时,板缝内必须配置构造钢筋。灌缝前,剔除板缝内的石渣,用高压水冲洗,支牢缝底模板,板缝内浇筑掺有微膨胀剂的细石混凝土。混凝土基层表面要清扫干净,充分洒水湿润,但不得积水。当基层为保温层时,厚度要均匀平整,否则应重铺或修整。保温层表面只能适当洒水湿润,不宜大量浇水。

基层上均匀地涂刷素水泥浆一道。

②冲筋、设置分格缝。用与找平层相同的水泥砂浆做灰饼、冲筋,冲筋间距一般为 1.0 ~1.5 m。为了避免或减少找平层开裂,屋面找平层宜留设分格缝,按设计要求,在基层上弹线标出分格缝的位置,若为预制屋面板,则分格缝应与板缝对齐。

其纵横缝的最大间距不宜大于 6 m。安放分格缝小木方应平直、连续,其高度同找平层,宽度应符合设计要求,一般上宽下窄,便于取出。

③铺设砂浆。按由远到近的顺序铺设砂浆,分格缝内宜一次连续铺完,同时严格掌握坡度,可用铝质直尺找坡、找平。待砂浆稍收水后,用木抹子压实、抹平,用铁抹子压光。终凝前,轻轻取出分格缝条。

④养护。找平层铺设 12 h 以后,应覆盖洒水养护或喷涂冷底子油养护。

柔性防水层对基层的含水率必须达到规定要求,否则会引起防水层起鼓和剥离。因此,防水层施工前应对基层含水率进行测试,一般可将 1 m^2 卷材平坦地干铺在找平层上,3 ~4 h 后掀开检查,找平层覆盖部位及卷材上未见水印时,即可铺设防水层。刚性防水层、粉状憎水材料防水层等的基层,对含水率要求不严,无明显水迹即可。

(3)沥青砂浆找平层

①基层处理同水泥砂浆找平层。

②涂刷基层处理剂。在干燥的基层上满涂冷底子油一道,涂刷应薄而均匀,不得有气泡和空白。

③分格缝。分格缝小木方的安放与水泥砂浆找平层的做法相同。其纵横缝的最大间距不宜大于 4 m。

④铺沥青砂浆。沥青砂浆的摊铺温度一般控制在 150 ~160 ℃;当环境温度在 0 ℃以下时,沥青砂浆的摊铺温度应控制在 170 ~180 ℃。成活温度不低于 100 ℃。

铺设沥青砂浆时,每层压实厚度不超过 30 mm,虚铺厚度约为压实厚度的 1.3 ~1.4 倍。摊铺后,要及时将砂浆刮平,然后用平板振捣器或火滚(夏天可不生火)振实或碾压,至表面平整、稳定、密实度达到要求,没有蜂窝,不出现压痕为止。滚压不到的边角处,可用热烙铁烫压平整。铺设沥青砂浆时,尽量不留施工缝,一次铺成。否则,应留斜槎,并拍实。

3)卷材防水层施工

(1)材料选择

①基层处理剂。基层处理剂是为了增强防水材料与基层之间的黏结力,在防水层施工前,预先涂刷在基层上的涂料,其选择应与所用卷材的材性相容。常用的基层处理剂有用于沥青卷材防水屋面的冷底子油,用于高聚物改性沥青防水卷材屋面的氯丁胶沥青乳胶、橡胶改性沥青溶液、沥青溶液和用于合成高分子防水卷材屋面的聚胺酯煤焦油系的二甲苯溶液、

氯丁胶乳溶液、氯丁胶沥青乳胶等。

②胶黏剂。卷材防水层的黏结材料，必须选用与卷材相应的胶黏剂。沥青卷材可选用沥青玛琋脂，沥青玛琋脂的标号应根据屋面坡度、当地历年室外极端最高气温选用。

高聚物改性沥青卷材可选用橡胶或再生橡胶改性沥青的汽油溶液或水乳液作为胶黏剂，其黏结剪切强度应大于0.05 MPa，黏结剥离强度应大于0.08 MPa 。

合成高分子防水卷材可选用以氯丁橡胶和丁基酚醛树脂为主要成分的胶黏剂或以氯丁橡胶乳液制成的胶黏剂，其黏结剥离强度不应小于0.15 MPa ，其用量为0.4～0.5 kg/m^2。胶黏剂均由卷材生产厂家配套供应。

各种防水材料及制品均符合设计要求，具有质量合格证明，进场前应按规范要求进行抽样复验，严禁使用不合格产品。

③卷材厚度。卷材厚度的选用应符合表9.3的规定。

表9.3　卷材厚度的选用

屋面防水等级	设防道数	合成高分子防水卷材	高聚物改性沥青防水卷材	沥青防水卷材和沥青复合胎柔性防水材料	自粘聚酯胎改性沥青防水卷材	自粘橡胶沥青防水卷材
Ⅰ级	3道或3道以上设防	≥1.5 mm	≥3 mm		≥2 mm	≥1.5 mm
Ⅱ级	2道设防	≥1.2 mm	≥3 mm		≥2 mm	≥1.5 mm
Ⅲ级	1道设防	≥1.2 mm	≥4 mm	三毡四油	≥3 mm	≥2 mm
Ⅳ级	1道设防			二毡三油		

(2)卷材施工

①沥青卷材防水施工。沥青卷材防水层施工的一般工艺流程：基层表面清理、修补→涂刷冷底子油→节点附加层增强处理→定位→弹线→试铺→铺贴卷材→收头处理、节点密封→蓄水试验→保护层施工→检查验收。

a.铺设方向。沥青防水卷材的铺设方向应根据屋面坡度和屋面是否有振动来确定。当屋面坡度小于3%时，宜平行于屋脊铺贴；屋面坡度在3% ～15%时，可平行或垂直于屋脊铺贴；屋面坡度大于15%或屋面易受震动时，应垂直于屋脊铺贴。高聚物改性沥青防水卷材和合成高分子防水卷材可平行或垂直于屋脊铺贴，上下层卷材不得相互垂直铺贴。

b.施工顺序。屋面防水层施工时，应先做好节点、附加层和屋面排水比较集中部位(如屋面与水落口连接处、檐口、天沟、屋面转角处等)的处理，然后由屋面最低标高处向上施工。铺贴天沟、檐沟卷材时，宜顺天沟、檐口方向，尽量减少搭接。铺贴多跨和有高低跨的屋面时，应按先高后低、先远后近的顺序进行。大面积屋面施工时，应根据屋面特征及面积大小等因素合理划分流水施工段。施工段的界线宜设在屋脊、天沟、变形缝等处。

c.搭接方法及宽度要求。铺贴卷材采用搭接法，上下层及相邻两幅卷材的搭接缝应错开。平行于屋脊的搭接应顺流水方向，垂直于屋脊的搭接应顺主导方向。叠层铺设的各层卷材，在天沟与屋面的连接处应采用叉接法搭接，搭接缝应错开，接缝宜留在屋面或天沟侧面，不宜留在沟底。各种卷材搭接宽度应符合表9.4的要求。

表9.4 卷材搭接的宽度 单位:mm

<table>
<tr><td rowspan="2" colspan="2">铺贴方法
卷材种类</td><td colspan="2">短边搭接</td><td colspan="2">长边搭接</td></tr>
<tr><td>满粘法</td><td>空铺、点粘、条粘法</td><td>满粘法</td><td>空铺、点粘、条粘法</td></tr>
<tr><td colspan="2">沥青防水卷材</td><td>100</td><td>150</td><td>70</td><td>100</td></tr>
<tr><td colspan="2">高聚物改性沥青防水卷材</td><td>80</td><td>100</td><td>80</td><td>100</td></tr>
<tr><td rowspan="4">合成高分子防水卷材</td><td>胶黏剂</td><td>80</td><td>100</td><td>80</td><td>100</td></tr>
<tr><td>胶黏带</td><td>50</td><td>60</td><td>50</td><td>60</td></tr>
<tr><td>单缝焊</td><td colspan="4">60,有效焊接宽度不小于25</td></tr>
<tr><td>双缝焊</td><td colspan="4">80,有效焊接宽度10×2+空腔宽</td></tr>
</table>

d.铺贴方法。沥青卷材的铺贴方法有浇油法、刷油法、刮油法、撒油法等。通常采用浇油法或刷油法,在干燥的基层上满涂沥青胶,应随浇涂随铺油毡。铺贴时,油毡要展平压实,使之与下层紧密黏结,卷材的接缝应用沥青胶赶平封严。对容易渗漏水的薄弱部位应遵守规范规定。檐沟、无组织排水檐口、各种类型泛水收头、变形缝、高低跨变形缝、伸出屋面管道防水构造、直式和横式落水口、垂直和水平出入口防水、保温(隔热)层中排气槽构造等,分别如图9.2~9.10所示。

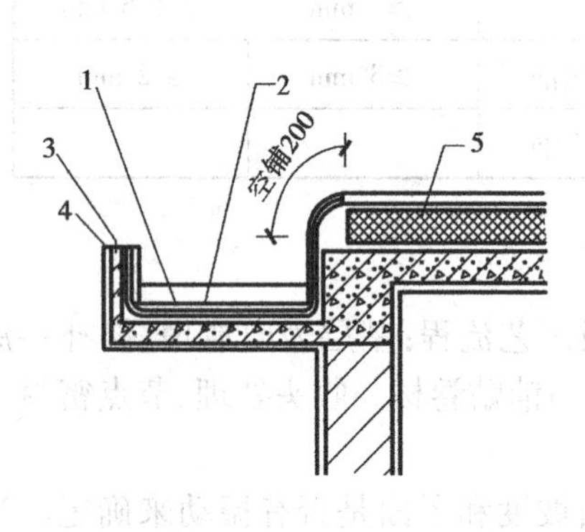

图9.2 檐沟

1—防水层;2—附加层;3—水泥钉;
4—密封材料;5—保温层

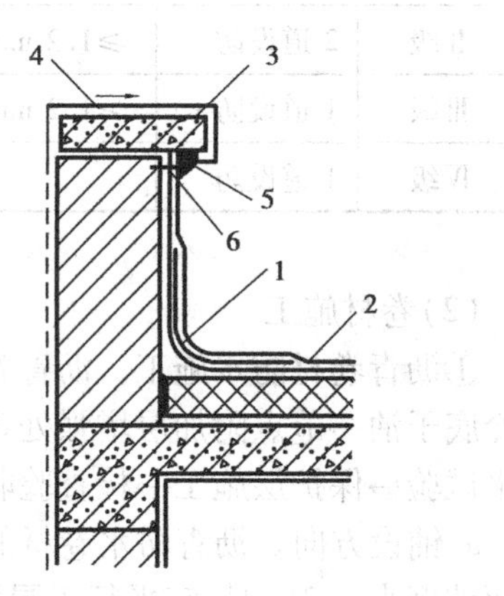

图9.3 女儿墙顶卷材泛水收头

1—附加层;2—防水层;3—压顶;4—防水处理;
5—密封材料;6—金属压条钉子固定

②高聚物改性沥青卷材防水施工。高聚物改性沥青卷材防水施工工艺流程与普通沥青卷材防水层相同。依据其特性,其施工方法有冷粘法、热熔法和自粘法之分。在立面或大坡度屋面铺贴高聚物改性沥青防水卷材时,应采用满粘法,并宜减少短边搭接。

a.冷粘法施工。冷粘法施工是利用毛刷将胶黏剂涂刷在基层或卷材上,然后直接铺贴卷材,使卷材与基层、卷材与卷材黏结。施工时,胶黏剂涂刷应均匀、不漏底、不堆积,排尽卷材下面的空气,并辊压黏结牢固。铺贴时应平整顺直,搭接尺寸准确,不扭曲、皱折,溢出的胶黏剂随即刮平封口。接缝口应用密封材料封严,宽度不小于10 mm。

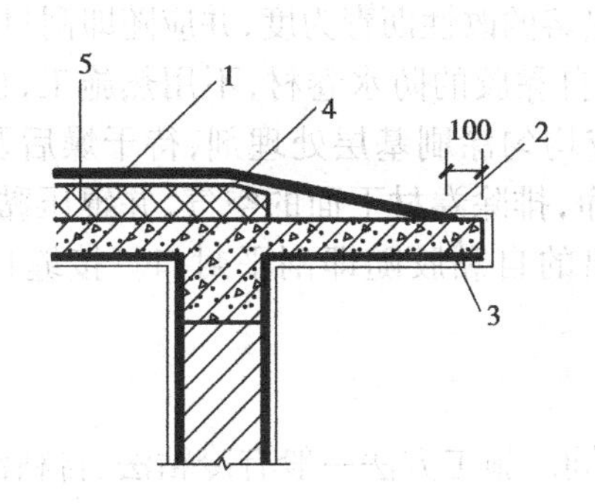

图9.4 无组织排水檐沟

1—防水层；2—附加层；3—水泥钉；
4—密封材料；5—保温层

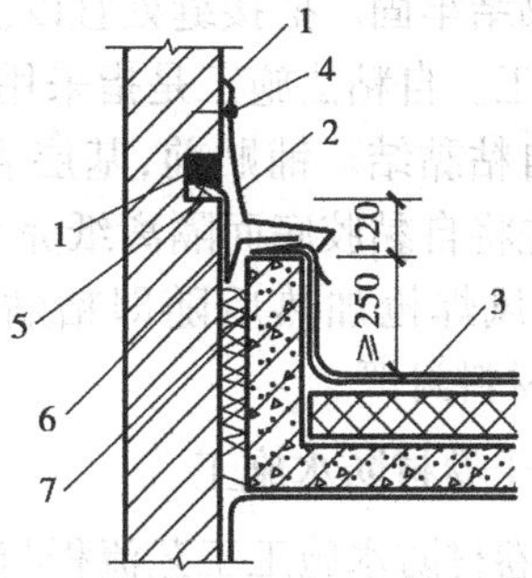

图9.5 高低跨变形缝防水构造

1—密封材料；2—金属、合成高分子盖板；3—防水层；
4—金属压条钉子固定；5—水泥钉；6—卷材封盖；7—泡沫塑料

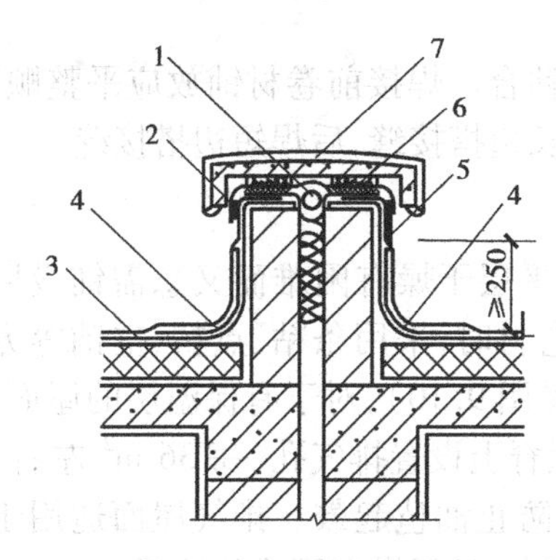

图9.6 变形缝防水构造

1—衬垫材料；2—卷材封盖；3—防水层；
4—附加层；5—泡沫塑料或沥青麻丝；
6—水泥砂浆；7—混凝土盖板

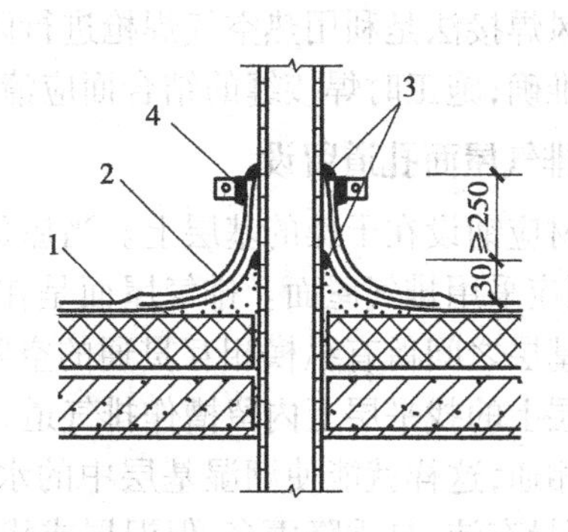

图9.7 伸出屋面管道防水构造

1—防水层；2—附加层；3—密封材料；4—金属箍固定

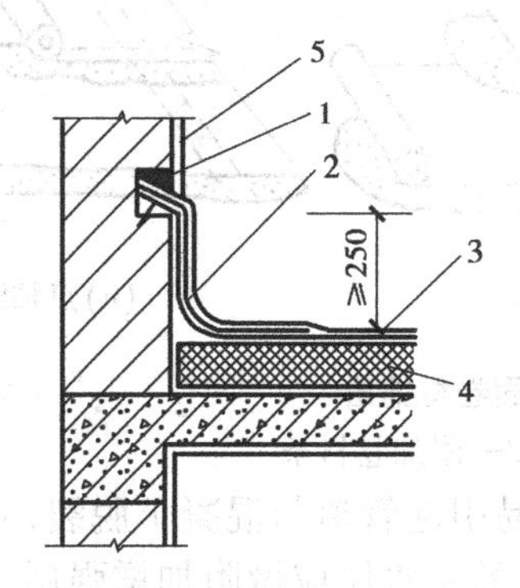

图9.8 砖墙上卷材泛水收头

1—密封材料；2—防水层；3—水泥钉；
4—保温层；5—女儿墙

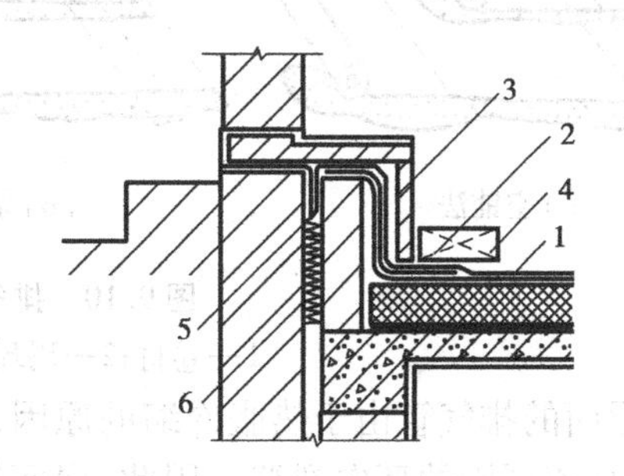

图9.9 水平出入口

1—防水层；2—附加层；3—护墙；4—踏步；
5—卷材封盖；6—泡沫塑料

b.热熔法施工。热熔法施工是指利用火焰加热器熔化热熔型防水卷材底层的热熔胶进行粘贴。施工时，在卷材表面热熔后（以卷材表面熔融至光亮黑色为度）应立即滚铺卷材，使之平展，并辊压黏结牢固。搭接缝处宜以溢出热熔的改性沥青为度，并应随即刮封接口。

c. 自粘法施工。自粘法施工是指采用带有自黏胶的防水卷材，不用热施工，也不需涂胶结材料，而进行自粘黏结。铺贴前，基层表面应均匀涂刷基层处理剂，待干燥后及时铺贴卷材。铺贴时，应先将自黏胶底面隔离纸完全撕净，排除卷材下面的空气，并辊压黏结牢固，搭接部位宜采用热风焊枪加热后随即粘贴，溢出的自黏胶随即刮平封口。接缝口用不小于10 mm宽的密封材料封严。

4）合成高分子卷材防水施工

合成高分子卷材防水施工工艺流程与前相同。施工方法一般有冷粘法、自粘法和热风焊接法3种。

冷粘法、自粘法施工要求与高聚物改性沥青防水卷材基本相同。但冷粘法施工时搭接部位应采用与卷材配套的接缝专用胶黏剂，在搭接缝粘合面上涂刷均匀，并控制涂刷与粘合的间隔时间，排除空气，辊压黏结牢固。

热风焊接法是利用热空气焊枪进行防水卷材搭接粘合。焊接前卷材铺放应平整顺直，搭接尺寸准确；施工时焊接缝的结合面应清扫干净，先焊长边搭接缝，后焊短边搭接缝。

5）排气屋面孔道留设

卷材应铺设在干燥的基层上。当屋面保温层或找平层干燥有困难而又急需铺设屋面卷材时，则应采用排气屋面。排气屋面是在铺贴第一层卷材时，采用条粘、点粘、空铺等方法使卷材与基层之间留有纵横相互贯通的空隙作排气道（见图9.10），对于有保温层的屋面，也可在保温层上的找平层上内留槽作排气道，并在屋面或屋脊上设置排气孔（每36 m^2 左右一个）与大气相通，这样就能使潮湿基层中的水分蒸发排出，防止油毡起鼓。排气屋面适用于气候潮湿，雨量充沛，夏季降雨多，保温层或找平层含水率较大，且干燥有困难的地区。

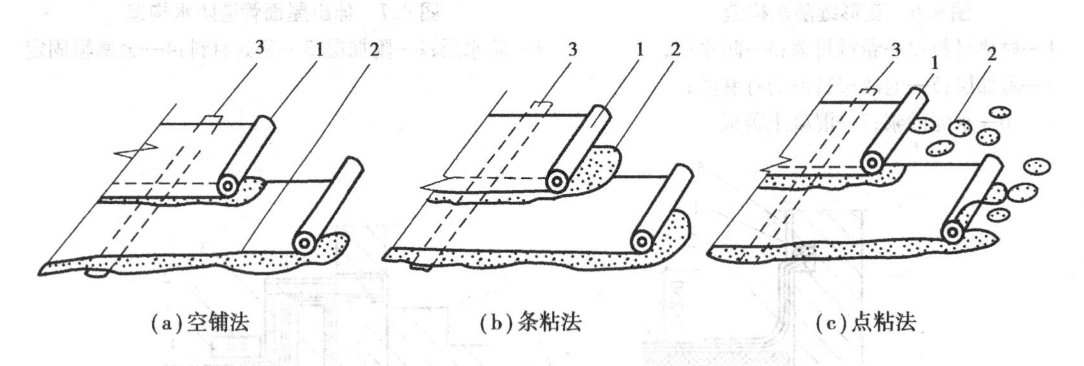

（a）空铺法　　（b）条粘法　　（c）点粘法

图9.10　排气屋面卷材铺法

1—卷材；2—玛琋脂；3—附加卷材条

高出屋面的排气管由于热胀冷缩的原因，容易引起管道与混凝土脱裂，混凝土的干缩变形，易形成孔道周围的环向裂缝。因此，屋面管道处防水层应做附加增强层。管道与找平层间应留设凹槽，并嵌填密封材料，防水层收头处应用金属箍箍紧，并用密封材料封严。为确保管道根部的水分迅速排走，此处的找平层应做成圆锥台（见图9.7）。具体做法如下：

①管道根部500 mm 范围内，砂浆找平层应抹出高30 mm 坡向周围的圆台，以防积水。

②管道与基层处应预留200 mm×200 mm 的凹槽，槽内用密封材料嵌填严密。

③管道根部四周做附加增强防水层，宽度不小于300 mm。

④防水层贴在管道上的高度不得小于 300 mm;附加层卷材应剪出切口,上下层切缝粘贴应错开,严密压实。

⑤附加层及防水层收头处用金属箍箍紧在管道上,并用密封材料封严。

6)屋面保护层施工

由于屋面防水层长期受阳光辐射、雨雪冰冻、上人活动等的影响,很容易使防水层遭到破坏,必须加以保护,以延长防水层的使用年限。常用的各种保护层的做法有以下几种:

(1)浅色、反射涂料保护层

在卷材防水层上直接涂刷浅色或反射涂料,起阻止紫外线、臭氧的作用并反射阳光,可降低防水层表面温度。目前常用的有铝基沥青悬浊液、丙烯酸浅色涂料等。涂刷方法与用量按各种材料使用说明书操作,涂刷工具、操作方法和要求与涂膜防水施工相同,涂刷应均匀,避免漏涂。

(2)绿豆砂保护层

绿豆砂保护层多用于非上人沥青卷材屋面。在卷材表面涂刷最后一道沥青玛瑅脂后,趁热铺撒一层粒径为 3 ~5 mm 的绿豆砂(或人工砂)。绿豆砂颗粒均匀,并用水冲洗干净,使用时应在铁板上预先加热干燥(温度 130 ~150 ℃)。撒时要均匀,不能有重叠堆积现象。扫过后马上用软辊轻轻滚一遍,使砂粒一半嵌入玛瑅脂内。

(3)细砂、蛭石及云母保护层

细砂多用于涂膜和冷玛瑅脂面层的保护层,当最后一次涂刷涂料或冷玛瑅脂时随即铺撒均匀。用砂作保护层时,应采用天然水成砂,砂粒粒径不得大于涂层厚度的 1/4。

蛭石或云母主要用于涂膜防水层的保护层,只能用于非上人屋面。当涂刷最后一道涂料时,应边涂刷边撒布细砂、云母或蛭石,同时用软质的胶辊在保护层上反复轻轻滚压,以使保护层牢固地黏结在涂层上。涂层干燥后,应扫除未黏结材料并收集起来再用。

(4)水泥砂浆保护层

水泥砂浆保护层厚度一般为 15 ~25 mm,配合比一般为水泥∶砂 =1∶(2.5 ~3)(体积比)。若为上人屋面时,砂浆层适当加厚。水泥砂浆保护层与防水层之间一般也应设置隔离层。

由于砂浆干缩较大,在保护层施工前,应根据结构情况每隔 4 ~6 m 用木模设置纵横分格缝,铺设水泥砂浆时,应随铺随压实,并用刮尺找平,排水坡度应符合设计要求。为了保证立面水泥砂浆保护层黏结牢固,在立面防水层施工时,预先在防水层表面粘上砂粒或小豆石,然后再做保护层。

(5)细石混凝土保护层

细石混凝土保护层施工前,应在防水层上铺设隔离层,并按设计要求支设好分格缝木模,当设计无要求时,每格面积不大于 36 m^2,分格缝宽度宜为 20 mm。一个分格内的混凝土应尽可能连续浇筑,不留施工缝。振捣时宜采用铁辊滚压或人工拍实,不宜采用机械振捣,以免破坏防水层。压实后随即用刮尺按排水坡度刮平,并在初凝前用木抹子提浆抹平,初凝后及时取出分格缝木模,终凝前用铁抹子压光。抹平压光时不宜在表面掺加水泥砂浆或水泥干灰,否则表面砂浆易产生裂缝或剥落现象。

若采用钢筋细石混凝土保护层时,钢筋网片的位置设置在保护层中间偏上部位,在铺设钢筋网片时用同强度的砂浆垫块支垫。

细石混凝土保护层浇筑完后应及时进行养护,养护时间不少于7 d。养护完后,将分格缝清理干净,嵌填密封材料。

(6)块材保护层

块材保护层的结合层一般采用砂或水泥砂浆。块材铺砌前应根据排水坡度要求挂线,以满足排水要求。保护层铺砌的块体应横平竖直。

在砂结合层上铺砌块体时,砂结合层应洒水压实,并用刮尺刮平,以满足块体铺设的平整度要求。块体应对接铺砌,缝隙宽度为10 mm左右。块体铺砌完成后,应适当洒水并轻轻拍平压实,以免产生翘角现象。板缝先用砂填至一半的高度,然后用1∶2水泥砂浆勾成凹缝。

为防止砂流失,在保护层四周500 mm范围内,应改用低强度等级水泥砂浆做结合层。采用水泥砂浆做结合层时,应在防水层上做隔离层。预制块材应先浸水湿润并阴干。如块材尺寸较大,可采用铺灰法铺砌。铺砌工作应在水泥砂浆凝结前完成,块体间预留10 mm的缝隙,铺砌1~2 d后用1∶2水泥砂浆勾成凹缝。

块体保护层每100 m^2以内应留设分格缝,以防止因热胀冷缩而造成板块拱起或板缝过大。分格缝缝宽20 mm,缝内嵌填密封材料。

对于上人屋面的预制块体保护层及块体材料应按照楼地面工程质量要求选用。

7)质量要求

卷材防水屋面的施工质量要求包括以下内容:

①卷材防水层所用卷材及其配套材料,必须符合设计要求。施工中要检查材料的出厂合格证、质量检验报告和现场抽样复验报告。

②卷材防水层不得有渗漏或积水现象。施工完成后要进行雨后或淋水、蓄水检验。

③卷材防水层在天沟、檐沟、檐口、水落口、泛水、变形缝和伸出屋面管道的防水构造,必须符合设计要求。

④卷材防水层的搭接应黏(焊)结牢靠,密封严密,不得有皱折、翘边和鼓泡缺陷;防水层的收头应与基层黏结并固定牢固,缝口封严,不得翘边。

⑤卷材防水层的撒布材料和浅色涂料保护层应铺撒或涂刷均匀,黏结牢固;水泥砂浆、块体或细石混凝土保护层与卷材防水层间应设置隔离层;刚性保护层的分格缝留置应符合设计要求。

⑥屋面的排气道应纵横贯通,不得堵塞。排气管应安装牢固,位置正确,封闭严密。

⑦卷材的铺贴方向应正确,卷材搭接宽度的允许偏差为-10 mm。

▶ 9.1.2 涂膜防水屋面

1)涂膜防水屋面的构造及适用范围

涂膜防水屋面是在屋面基层上涂刷防水涂料,经固化后形成一层有一定厚度和弹性的整体涂膜,从而达到防水目的的一种屋面防水形式。其典型的构造层次如图9.11所示。这种屋面具有施工操作简便、无污染、冷操作、无接缝、能适应复杂基层、防水性能好、温度适应性强、容易修补等特点。适用于防水等级为Ⅰ~Ⅲ级的屋面防水。

2)基层做法及要求

涂膜防水层是满涂于找平层(基层)上,要求找平层应有一定的强度,且要有一定的平整

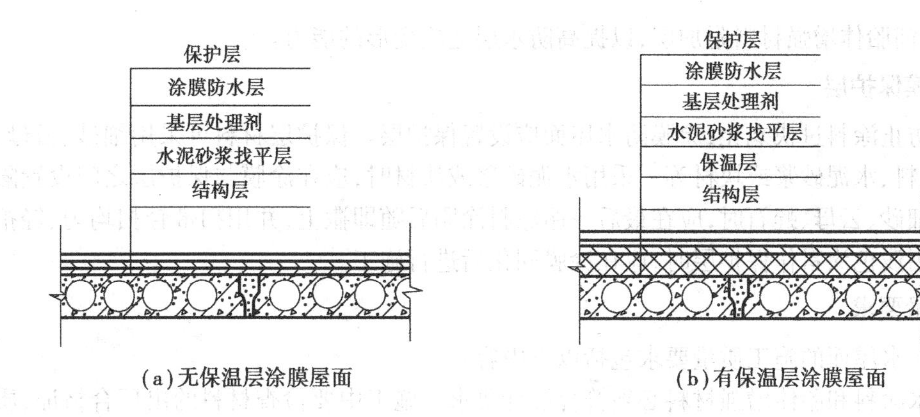

(a)无保温层涂膜屋面　(b)有保温层涂膜屋面

图9.11　涂膜防水屋面构造图

度,尽可能避免裂缝的发生。

但基层上应设分格缝,缝宽20 mm,并应留在板的支撑处,其间距不宜大于6 m。分格缝内嵌填密封材料,基层转角处应抹成圆弧形,其半径不小于50 mm。通常涂膜防水层的找平层宜采用掺膨胀剂的混凝土,强度等级不低于C20,厚度不低于15 mm。

分格缝应在浇筑找平层时预留,分格缝处应铺设带胎体增强材料的附加层,其宽度为200~300 mm,顺缝而设。天沟、檐口等部位,均应加铺宽度不小于200 mm的有胎体增强材料的附加层。

水落口周围与屋面交接处,应做密封处理,并加铺两层有胎体增强材料的附加层。涂膜伸入水落口的长度不小于50 mm。

泛水处应加铺有胎体增强材料的附加层,此处的涂膜防水层宜直接涂刷至女儿墙压顶下,压顶应采用铺贴卷材或涂刷防水涂料等做防水处理。

涂膜防水层的收头应用防水涂料多遍涂刷并用密封材料封固严密。

3)涂膜防水层施工

涂膜防水施工的一般工艺流程是:基层表面清理、修理→喷涂基层处理剂→特殊部位附加层增强处理→涂布防水涂料及铺贴胎体增强材料→清理与检修→保护层施工。

屋面基层(找平层)拆方格方木刮填修补、嵌缝等其他工序完成后,可进行整个屋面防水层的施工。首先,应在基层干燥后涂刷一层基层处理剂。基层处理剂可用冷底子油或用稀释后的防水涂料,基层处理剂要涂刷均匀、覆盖完全,等其干燥后再涂刷涂膜防水层。

防水涂料可采用手工抹压、涂刷和喷涂施工。沥青基涂料大多属于厚质涂料,含有较多的填充料,在使用前应搅拌均匀。涂层厚度应均匀一致、表面平整,由于各种涂料的技术性能不同,每道涂刷厚度应按涂料确定,一道涂层涂刷完毕应在其干燥结膜后,方可涂刷后一遍涂料。防水涂膜应由两层以上涂层组成,涂层总厚度应符合设计要求或规范规定的厚度。对于薄质涂料(高聚物改性沥青防水涂料、合成高分子防水涂料)其最上层涂层至少涂刮两遍。涂层的接槎是防水屋面的薄弱处,在施工时要引起重视,接槎应留在嵌缝油膏的嵌缝处。

为了加强防水涂料层对基层开裂、房屋伸缩变形和结构较小沉陷的抵抗能力,在涂刷防水涂料时,可铺设胎体增强材料(聚酯无纺布、化纤无纺布)等。胎体增强材料的层数按设计要求;其搭接宽度,长边不少于50 mm,短边不少于70 mm;上、下层及相邻两幅的搭接缝应错开1/3幅宽,上下层不得相互垂直铺贴。对于天沟、檐沟、檐口、泛水等易产生渗漏的特殊部位,必须加铺胎体增强材料附加层,以提高防水层适应变形的能力。

4)涂膜保护层

为了防止涂料过快老化,涂膜防水屋面应设置保护层。保护层材料可采用细砂、云母、蛭石、浅色涂料、水泥砂浆或块材等。采用水泥砂浆或块材时,应在涂膜与保护层之间设置隔离层。当用细砂、云母、蛭石时,应在最后一遍涂料涂刷后随即撒上,并用扫帚轻扫均匀、轻拍粘牢。当采用浅色涂料作保护层时,应在涂膜固化后进行施工。

5)质量要求

涂料防水屋面的施工质量要求包括以下内容:

①防水涂料和胎体增强材料必须符合设计要求。施工中要检查材料的出厂合格证、质量检验报告和现场抽样复验报告。

②涂膜防水层不得有渗漏或积水现象。施工完成后要进行雨后或淋水、蓄水检验。

③涂料防水层在天沟、檐沟、檐口、水落口、泛水、变形缝和伸出屋面管道处的防水构造,必须符合设计要求。

④涂膜防水层的平均厚度应符合设计要求,最小厚度不应小于设计厚度的80%。

⑤涂膜防水层与基层应黏结牢固,表面平整,涂刷均匀,无流淌、皱折、鼓泡、露胎体和翘边等缺陷。

⑥涂料防水层上的撒布材料或浅色涂膜保护层应铺撒或涂刷均匀,黏结牢固;水泥砂浆、块体或细石混凝土保护层与涂膜防水层间应设置隔离层。

▶ 9.1.3 刚性防水屋面

1)一般构造及适用范围

刚性防水屋面是指利用刚性防水材料做防水层的屋面。主要有普通细石混凝土、补偿收缩混凝土、预应力混凝土以及近年发展起来的钢纤维混凝土等防水屋面。由于刚性防水屋面的表面密度大、抗拉强度低、极限拉应变小,易受混凝土或砂浆的干湿变形、温度变形和结构变位而产生裂缝。因此,刚性防水屋面主要适用于防水等级为Ⅰ~Ⅲ级的屋面防水,不适用松散保温材料的屋面以及受较大震动或冲击和坡度大于15%的建筑屋面,而且刚性防水层的节点部位应与柔性材料结合使用,才能保证防水的可靠性。

当屋面结构层为装配式钢筋混凝土屋面时,应用细石混凝土嵌缝,其强度等级不应低于C20;灌缝的细石混凝土宜掺入膨胀剂。当屋面板的缝宽大于40 mm或上窄下宽时,板缝内应设置构造钢筋。灌缝高度与板面平齐,板端应用密封材料嵌缝密封处理。

施工环境温度宜为5~35 ℃,应避免在低温或烈日暴晒下施工,也不宜在大风的天气中施工,以避免混凝土、砂浆受冻或过快失水。冬季施工应遵守有关规定。

2)隔离层施工

在结构层与防水层之间增加一层低强度等级砂浆、卷材、塑料薄膜等材料起隔离作用,使结构层和防水层变形不受约束,以削减防水混凝土产生的应变而导致防水层开裂。

(1)黏土砂浆隔离层施工

预制板缝填嵌细石混凝土待强度达到30%后,板面应清扫干净、洒水湿润,但不得有积水,按石灰膏∶砂∶黏土 =1∶2.4∶3.6 比例,将材料拌和均匀,砂浆以干稠为宜,铺抹的厚度为 10 ~20 mm,要求表面平整、压实、抹光,待砂浆基本干燥以后,方可进行下道工序施工。

(2)石灰砂浆隔离层施工

施工方法同上,配合比为石灰膏∶砂 =1∶4。

(3)水泥砂浆找平层铺卷材隔离层施工

先用1∶3 水泥砂浆将结构层找平,并压实抹光养护,再在干燥的找平层上铺一层 3 ~8 mm干细砂滑动层,在其上铺一层卷材,搭接缝用热沥青玛琋脂黏结。也可以在找平层上直接铺一层塑料薄膜。

做好隔离层继续施工时,要注意对隔离层加强保护,混凝土运输不能直接在隔离层表面进行,应采取垫板等措施,绑扎钢筋时不得扎破表面,浇捣混凝土时更不能振酥隔离层。

3)细石混凝土防水层施工

(1)分格缝留置与铺设钢筋网片

①分格缝留置。分格缝留置是为了减少防水层因温差、混凝土干缩、徐变、荷载和振动、地基沉陷等变形而造成防水层开裂。应按设计要求进行分格、留缝,如无要求,可按下述原则设置:分格缝应设置在屋面板的支撑端,屋面转折处,防水层与突出屋面结构交接处,并应与板缝对齐,纵横分格缝一般不大于 6 m,分格面积小于 36 m^2,且分格缝上口宽宜为 30 mm,下宽为 20 mm。所有分格缝应纵横相互贯通,如有间隔应凿通,缝边如有缺边掉角必须修补完整,达到平整、密实,不得有蜂窝、露筋、起皮、松动现象,分格缝必须干净,缝壁和缝两外侧 50 ~60 mm 内的水泥浮浆、残余砂浆和杂物,必须用刷缝机或钢丝刷刷除,并用吹尘工具吹净。其基本构造如图 9.12 所示。

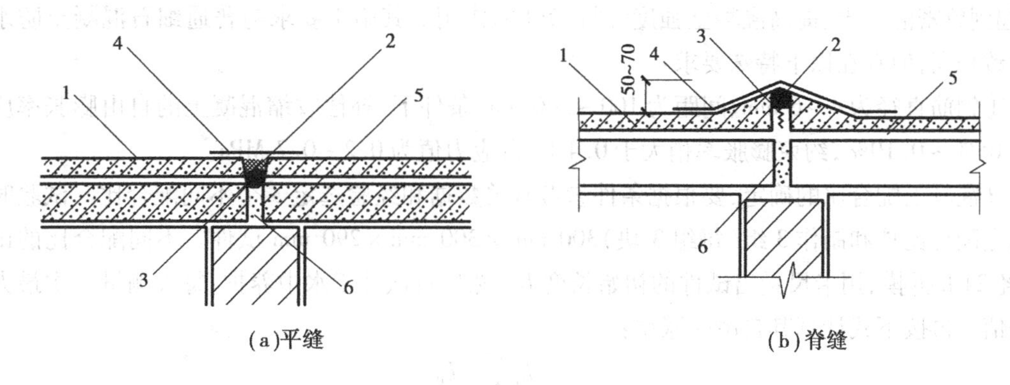

图 9.12　分格缝构造

1—刚性防水层;2—密封材料;3—背衬材料;

4—防水卷材;5—隔离层;6—细石混凝土

②铺设钢筋网片。钢筋网片按设计要求铺设,网片直径为 ϕ 4 ~6 mm、间距为双向 100 ~200 mm。采用绑扎和焊接均可,其位置在防水层厚度居中偏上为宜,保护层不小于 10 mm。钢筋要调直、除锈、去污,绑扎钢筋的搭接长度必须大于 250 mm,焊接搭接长度不小于 25 倍钢筋直径,同一截面内接头数量不得超过钢筋面积的 1/4,在分格缝处的钢筋要断开。

③支分格缝模板上宽下窄,且先浸水湿润并涂隔离剂,然后用砂浆固定在隔离层上。

(2)浇捣细石混凝土防水层

浇捣细石混凝土前,应将隔离层表面的浮渣、杂物清除干净,检查隔离层质量及平整度、排水坡度和完整性,支好分格缝模板,标出混凝土浇捣厚度(不小于40 mm)。

细石混凝土不得使用火山灰水泥,当采用矿渣水泥时,应采取减少泌水性的措施。粗、细骨料含泥量不应大于1%和2%,水灰比不应大于0.55,每立方米混凝土水泥用量不得少于330 kg,砂率宜为35%~40%,混凝土强度等级不应低于C20。

混凝土搅拌应采用机械搅拌,搅拌时间不宜小于2 min,混凝土在运输过程中应防止漏浆和离析。混凝土的浇捣按"先远后近"的原则进行。一个分格缝范围内的混凝土必须一次浇捣完成,不得留施工缝。

混凝土宜采用机械振捣,如无振捣器,可先用木棍等插捣,再用小滚(30~40 kg、长600 mm左右)来回滚压,边插捣边滚压,直至密实和泛浆,泛浆后用铁抹子压实抹平,并要确保防水层的厚度和排水坡度。

混凝土初凝后,及时取出分格缝隔板,用铁抹子第二次压实抹光,并及时修补分格缝的缺损部位,做到平直整齐;待混凝土终凝前进行第三次压实抹光,要求做到表面平光,不起砂、起层、无抹压痕迹,抹压时不得撒干水泥或干水泥砂浆。待混凝土终凝后必须立即进行养护,应优先采用表面喷洒养护剂养护,或淋水、锯末、草帘等含水养护,养护时间不得少于14 d。

4)补偿收缩混凝土防水层施工

补偿收缩混凝土是在细石混凝土中掺入膨胀剂拌制而成,硬化后的混凝土产生微膨胀,以补偿普通混凝土的收缩,它在配筋的情况下,由于钢筋限制其膨胀,从而使混凝土产生自应力,起到致密混凝土、提高混凝土强度和抗渗性的作用。其施工要求与普通细石混凝土防水层大致相同,但存在以下特殊要求:

①钢筋直径为4~6 mm、间距为100~200 mm条件下,补偿收缩混凝土的自由膨胀率应为0.05%~0.10%,约束膨胀率稍大于0.4%,自应力值为0.2~0.7 MPa。

②混凝土配合比的确定,要根据条件参考有关数据和经验选定3个不同配合比。试验时按选定配合比拌和制作3组(每组3块)300 mm×300 mm×290 mm试件。不同配合比的试件,经24 h拆模,用卡尺量出试件的初始长度L。然后置试件于水中养护,每天测量一次最大膨胀值。再按下式计算其自由膨胀率:

$$\varepsilon_{l_{\max}} = \frac{L_{\max} - L_0}{L_0}$$

式中　$\varepsilon_{l_{\max}}$——混凝土最大膨胀率;

$L_{\max}$——试件最大实测长度,mm;

L_0——试件一天龄期的初始实测长度,mm。

根据测量数据,计算出每组3个试件的最大自由膨胀率的算术平均值,其值在0.05%~0.10%的那一组混凝土的配合比,即为选用的配合比。

③膨胀剂的掺量一般按内掺法计算,即取代水泥百分数。每立方米所用膨胀剂的质量与每立方米所用水泥的质量之和作为每立方米混凝土的水泥用量。

④原材料的配合比为质量比，其允许偏差值为：水泥 ±1%，膨胀剂 ±1%，骨料 ±2%，水 ±1%。

⑤搅拌投料时，膨胀剂应与水泥同时加入，混凝土连续搅拌时间不得少于3 min。

5）质量要求

刚性防水屋面的施工质量要求包括以下内容：

①原材料及配合比必须符合设计要求。施工中要检查材料的出厂合格证、质量检验报告、现场抽样复验报告和计量措施。

②防水层不得有渗漏或积水现象。施工完成后要进行蓄水试验。

③防水层在天沟、檐沟、檐口、水落口、泛水、变形缝和伸出屋面管道的防水构造，必须符合设计要求。

④防水层表面应平整、压实抹光，不得有裂缝、起皮、起砂等缺陷；防水层的厚度和钢筋位置应符合设计要求；分格缝的位置和间距应符合设计要求；细石混凝土防水层表面平整度的允许偏差为5 mm，施工中采用2 m靠尺和楔形塞尺进行检查。

▶ 9.1.4 保温隔热层施工

保温隔热层适用于具有保温隔热要求的屋面工程。屋面保温可采用板状材料或整体现喷保温层，屋面隔热可采用架空、蓄水、种植等隔热层。架空屋面宜在通风较好的建筑物上采用，不宜在寒冷地区采用。蓄水屋面不宜在寒冷地区、地震地区和振动较大的建筑物上采用，不宜在防水等级为Ⅰ级、Ⅱ级的屋面上采用；种植屋面应根据地域、气候、建筑环境、建筑功能等条件，选择相适应的屋面构造形式。

1）保温层施工

保温层设在防水层上面时应做保护层，设在防水层下面时应做找平层。屋面坡度较大时，保温层应采取防滑措施。

板状材料保温层施工应符合下列规定：

①基层应平整、干燥和干净。

②干铺的板状保温材料，应紧靠在需保温的基层表面上，并应铺平垫稳。

③分层铺设的板块上、下层接缝应相互错开，板间缝隙应采用同类材料嵌填密实。

④粘贴板状材料时，胶黏剂应与保温材料的材料性能相容，并应贴严、粘牢。

整体现喷硬质聚氨酯泡沫塑料保温层施工应符合下列规定：

①基层应平整、干燥和干净。

②伸出屋面的管道应在施工前安装牢固。

③硬质聚氨酯泡沫塑料的配比应准确计量，发泡厚度均匀一致。

④施工环境气温宜为15～30 ℃，风力不宜大于三级，相对湿度宜小于85%。

2）倒置式保温屋面施工

保温层设在防水层上面时称倒置式保温屋面。倒置式屋面坡度不宜大于3%，保温层应采用吸水率低且长期浸水不腐烂的保温材料。保温层可采用干铺或粘贴板状保温材料，也可采用现喷硬质聚氨酯泡沫塑料。倒置式屋面的檐沟、水落口等部位,应采用现浇混凝土或砖砌堵头,并做好排水处理。倒置式屋面的保温层上面,可采用块体材料、水泥砂浆或卵石作保护层,卵石保护层与保温层之间应铺设聚酯纤维无纺布或纤维织物进行隔离保护。

3)隔热层施工

(1)架空隔热层施工

架空屋面的坡度不宜大于5%。架空隔热层的高度应按屋面宽度或坡度大小的变化确定,一般为180~300 mm。当屋面宽度大于10 m时,架空屋面应设置通风屋脊。架空隔热层施工时,应将屋面清扫干净,并根据架空板的尺寸弹出支座中线,再砌筑支座,砖墩支座宜用M5砂浆砌筑,也可用空心砖或C10混凝土。在支座底面的卷材、涂膜防水层上,应采取加强措施。铺设架空板时应将灰浆刮平,随时扫净屋面防水层上的落灰、杂物等,保证架空隔热层气流畅通。操作时不得损伤已完工的防水层。架空板的铺设应平整、稳固;缝隙宜采用水泥砂浆或混合砂浆嵌填,并应按设计要求留变形缝。架空板与女儿墙的距离不宜小于250 mm。

(2)蓄水屋面施工

蓄水屋面的坡度不宜大于0.5%。屋面应划分为若干蓄水区,每区的边长不宜大于10 m,在变形缝的两侧应分成两个互不连通的蓄水区。每个蓄水区的防水混凝土应一次浇筑完毕,不得留施工缝,立面与平面的防水层应同时做好。长度超过40 m的蓄水屋面应设分仓缝,分仓隔墙可采用混凝土或砖砌体。蓄水屋面应设排水管、溢水口和给水管,排水管应与水落管或其他排水出口连通。屋面的蓄水深度宜为150~200 mm,泛水的防水层高度应高出溢水口100 mm。蓄水屋面的所有孔洞应预留,不得后凿。所设置的给水管、排水管和溢水管等,应在防水层施工前安装完毕。

(3)种植屋面施工

种植屋面可用于平屋面或坡屋面。屋面坡度较大时,其排水层、种植介质应采取防滑措施。种植屋面根据植物及环境布局的需要,可分区布置,也可整体布置。种植介质四周应设挡墙,挡墙下部应设泄水孔。施工完的防水层,应按相关材料特性进行养护,并进行蓄水或淋水试验。平屋面宜进行蓄水试验,其蓄水时间不应少于24 h;坡屋面宜进行淋水试验。经蓄水或淋水试验合格后,应尽快进行介质铺设及种植工作。介质层材料和种植植物的质量应符合设计要求,介质材料、植物等应均匀堆放,不得损坏防水层。

9.2 地下结构防水工程

当建造的地下结构超过地下正常水位时,必须选择合理的防水方案,采取有效措施以确保地下结构的正常使用。目前,常用的防水方案有以下3类。

①结构自防水。它是以地下结构本身的密实性(即防水混凝土)实现防水功能,使结构承重和防水合为一体。

②设防水层。即在结构的外表面加设防水层,以达到防水的目的。常用的防水层有水泥砂浆防水层、卷材防水层、涂膜防水层等。

③防排结合。即采用防水加排水措施，排水方案可采用盲沟排水、渗排水、内排水等。

9.2.1 防水混凝土

目前常用的防水混凝土有普通防水混凝土、外加剂或掺和料防水混凝土和膨胀水泥防水混凝土。普通防水混凝土是以调整配合比的方法，提高混凝土自身的密实性和抗渗性。外加剂防水混凝土是在混凝土拌和物中加入少量改善混凝土抗渗性的有机或无机物，如减水剂、防水剂、引气剂等外加剂；掺和料防水混凝土是在混凝土拌和物中加入少量硅粉、磨细矿渣粉、粉煤灰等无机粉料，以增加混凝土密实性和抗渗性。防水混凝土中的外加剂和掺和料均可单掺，也可以复合掺用。膨胀水泥防水混凝土是利用膨胀水泥在水化硬化过程中形成大量体积增大的结晶（如钙矾石），改善混凝土的孔结构，提高混凝土抗渗性能。同时，膨胀后产生的自应力使混凝土处于受压状态，提高混凝土的抗裂能力。防水混凝土结构具有取材容易、施工简便、工期短、造价低、耐久性好等优点，因此在地下工程防水中应用广泛。

1）防水混凝土的一般规定

防水混凝土所选用的材料应符合下列规定：水泥品种应按设计要求选用，其强度等级不应低于32.5级，不得使用过期或受潮结块水泥；碎石或卵石的粒径宜为5～40 mm，含泥量不得大于1.0%，泥块含量不得大于0.5%；砂宜用中砂，含泥量不得大于3.0%，泥块含量不得大于1.0%；搅拌混凝土所用的水，应采用不含有害物质的洁净水；外加剂的技术性能，应符合国家或行业标准一等品及以上的质量要求；粉煤灰的级别不应低于二级，掺量不宜大于20%；硅粉掺量不应大于3%，其他掺和料的掺量应通过试验确定。

防水混凝土的配合比应符合下列规定：试配要求的抗渗水压值应比设计值提高0.2 MPa；水泥用量一般不少于300 kg/m^3；掺有活性掺和料时，水泥用量不得少于280 kg/m^3；砂率宜为35%～40%，水灰比不宜大于0.55；普通防水混凝土坍落度不宜大于50 mm，泵送时入泵坍落度宜为100～140 mm。

普通防水混凝土适用于一般民建结构及公共建筑的地下防水工程。膨胀水泥防水混凝土因密实性和抗裂性均较好而适用于地下工程防水和地上防水构筑物的后浇带。外加剂防水混凝土应按地下防水结构的要求及具体条件选用，其外加剂、掺量、特点及其适用范围可参见表9.5。

表9.5 外加剂防水混凝土适用范围

种类		特点	适用范围	掺量、外加剂占水泥重
三乙醇胺防水混凝土		早强、抗渗标号高	工期紧迫，要求早强、抗渗要求高的工程	0.05%左右
加气剂防水混凝土		抗冻性好	有抗冻要求、低水化热要求的工程	0.03%～0.05%
减水剂防水混凝土	木钙、糖蜜	混凝土流动性好，抗渗标号高	钢筋密集、薄壁结构，泵送混凝土、滑模结构等，或有缓凝与促凝要求的工程	0.2%～0.3%
	NNO，MF			0.5%～1.0%
氯化铁防水混凝土		抗渗性最好	水中结构，无筋、少筋结构，砂浆修补抹面	3%左右

2)防水混凝土结构的施工方法

防水混凝土结构工程质量的优劣,除取决于设计质量、材料性质与配合比成分以外,还取决于施工质量的好坏。因此,对施工过程中的各主要环节,均应严格遵循施工及验收规范和操作规程的规定,精心施工。

(1)模板

防水混凝土所用的模板应表面平整,拼缝严密不漏浆,吸水性小,有足够的承载力和刚度。模板固定尽量少用穿墙螺栓,不用对穿铁丝,以避免形成引水通路,影响防水效果。如固定模板的螺栓必须穿过防水混凝土结构时,应采取止水措施,在螺栓或套管上加焊止水环或螺栓加堵头(见图9.13)。预埋套管在拆模后将螺栓拔出,套管内用膨胀水泥砂浆封堵;堵头在拆模后将螺栓沿平凹坑底割去,再用膨胀水泥砂浆封堵。

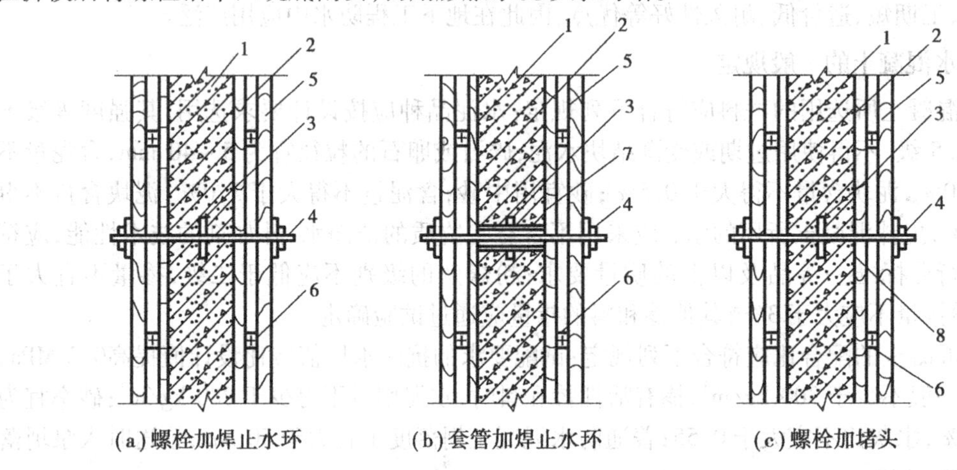

图9.13 螺栓穿墙止水措施

1—防水建筑;2—模板;3—止水环;4—螺栓;
5—垂直加劲肋;6—水平加劲肋;7—预埋套管;8—堵头

(2)混凝土浇筑

混凝土应严格按配料单进行配料,为了增强混凝土的均匀性,应采用机械搅拌,搅拌时间比普通混凝土略长,一般不少于2 min。对掺外加剂的混凝土,应根据外加剂的技术要求确定搅拌时间。防水混凝土在运输、浇筑过程中,应防止漏浆、离析和坍落度损失。浇筑时应严格做到分层连续进行,每层厚度不宜超过300~400 mm,上、下层浇筑时间间隔一般不得超过2 h,夏季应适当缩短。其自由下落高度不得超过1.5 m,并应采用机械振捣。

(3)养护

防水混凝土的养护对其抗渗性能影响很大,因为防水混凝土中胶合材料用量多,收缩性大,如养护不良,易使混凝土表面产生裂缝而导致抗渗能力降低。因此,在常温下,混凝土进入终凝(浇筑后4~6 h)即应覆盖,并经常浇水养护,保持湿润不少于14 d。

(4)拆模

防水混凝土拆模时,必须注意结构表面与周围气温的温差不应过大(不大于15 ℃),否则结构表面会产生温度应力而开裂,影响混凝土的抗渗性。拆模后应及时填土,以避免干缩和温差引起开裂。

(5)施工缝

施工缝是防水的薄弱部位,施工时应尽量连续浇筑,不留施工缝。地下室顶板与底板不宜留设施工缝,墙体不得留垂直缝,必须留设时应留在结构变形缝处。墙体水平缝应留在距底板表面不小于200 mm的墙体上,墙体有孔洞时,施工缝距孔洞边缘不应小于300 mm。常用的施工缝形式有凸缝、凹缝、阶梯缝和加止水带的平直缝(见图9.14)。在继续浇筑混凝土前,应将施工缝处松散的混凝土凿去,清理干净,保持湿润,先铺一层20~25 mm厚水泥砂浆,捣实后再继续浇筑混凝土。

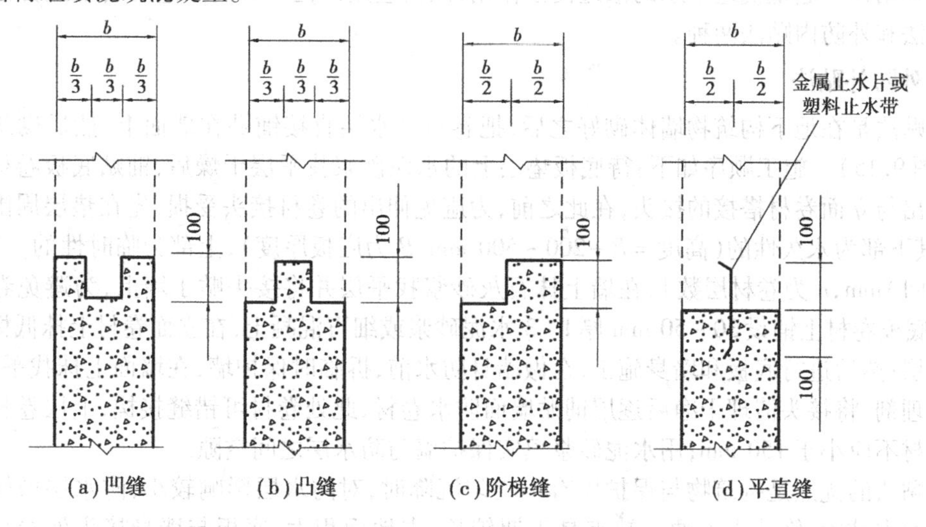

图9.14 水平施工缝构造图

▶ 9.2.2 水泥砂浆防水层施工

水泥砂浆防水层分为刚性多层抹面防水层、掺外加剂砂浆防水层两种,适用于地下砖石结构的防水层及防水混凝土结构的加强层。由于水泥砂浆防水层是一种刚性防水层,抵抗变形能力差,所以不适用于受振动、沉降或温度、湿度变化易产生裂缝的结构上,也不适用于有腐蚀性或高温环境中的工程。

这种防水层做在迎水面时,宜用五层交叉抹面做法;做在背水面时,宜采用四层交叉抹面做法(即在第四层的水泥砂浆面上抹平压光即可)。水泥砂浆防水层各层应紧密结合,每层宜连续施工;如必须留槎时,应用阶梯坡形槎,但离开阴阳角处不得小于200 mm,接槎要依层次顺序操作,层层搭接紧密。采用五层交叉抹面的具体做法如下:第一层,在浇水湿润的基层上先抹1 mm厚素灰(用铁抹子往返抹压5~6遍),再抹1 mm厚的素灰均匀找平;第二层,在素灰层初凝后终凝前进行,轻轻抹压水泥砂浆,使砂粒压入素灰层0.5 mm左右,并将水泥砂浆表面扫成横向条纹;第三层,在第二层凝固后进行,做法同第一层;第四层,做法同第二层,在水泥砂浆硬化过程中,用铁抹子分次抹压3~5遍,最后再压光;第五层,在第四层水泥砂浆抹压两遍后,均匀地将水泥浆刷在第四层表面,随第四层一并压光。

抹完后,要做好养护工作,以防止防水层开裂。养护温度不宜低于5 ℃,养护时间不少于14 d。

▶ 9.2.3 卷材防水层施工

卷材防水层是用防水材料和与其配套的胶结材料胶合而成的防水层，属于柔性防水层，具有较好的韧性和延伸性，能适应一定的结构振动和微小变形。

根据卷材铺贴在地下结构的内侧或外侧可分为外防水和内防水两种。外防水，即将卷材铺贴在地下防水结构的迎水面上，采用全外包，其防水效果较好，因其可借助土压力压紧卷材并与承重结构一起抵抗地下水的渗透侵蚀作用，因而应用广泛。外防水卷材的铺贴方法有外防外贴法和外防内贴法两种。

1）外防外贴法

外贴法是在地下构筑物墙体砌好之后，把卷材防水层直接铺贴在墙面上，然后砌筑保护墙（见图9.15）。施工顺序如下：待底板垫层上的水泥砂浆找平层干燥后，铺贴底板卷材防水层并伸出与立面卷材搭接的接头，在此之前，为避免伸出的卷材接头受损，先在垫层周围砌保护墙，其下部为永久性的（高度 $=B+200\sim500$ mm，B 为底板厚度），上部为临时性的[高度为 $150(n+1)$ mm，n 为卷材层数]，在墙上抹石灰砂浆找平层并将接头贴于墙上，为避免卷材受损，在底板卷材上铺设30～50 mm厚1∶3水泥砂浆或细石混凝土，在立面卷材上抹低标号砂浆保护层；然后进行底板和墙身施工，在做墙身防水前，拆临时保护墙，在墙面上抹找平层，刷基层处理剂，将接头清理干净后逐层铺贴墙面防水卷材，此处卷材可错缝接槎，上层卷材盖过下层卷材不应小于150 mm；用水泥砂浆填实保护墙与防水层之间空隙。

外贴法的优点是构筑物与保护墙有不均匀沉降时，对防水层影响较小；防水层做好后即可进行漏水试验，修补也方便。缺点是工期较长，占地面积大；底板与墙身接头处卷材易受损。在施工现场条件允许时，多采用此法施工。

2）外防内贴法

内贴法施工是在地下防水结构墙体未做之前，先砌筑保护墙，然后将卷材防水层铺贴在保护墙上，再进行墙体结构施工（见图9.16）。内贴法的施工顺序如下：在底板垫层边缘上做永久性保护墙，然后在保护墙及垫层上抹水泥砂浆找平层，找平层干燥后，涂刷基层处理剂，再铺贴卷材防水层（先贴立面，后贴水平面，先贴转角，后贴大面），铺贴完毕后做保护层，最后进行构筑物底板和墙体施工。

内贴法的优点是防水层的施工比较方便，不必留接头；施工占地面积小。缺点是构筑物与保护墙发生不均匀沉降时，对防水层的影响较大；保护墙稳定性差；竣工后如发现漏水较难修补。一般只有当施工场地受限制时才采用这种方法。

▶ 9.2.4 涂膜防水层施工

涂膜防水就是在结构表面基层上涂以一定厚度的防水涂料，经固化后形成封闭的具有良好弹性性能的涂膜防水层。涂膜防水具有质量轻、耐候性、耐水性、耐蚀性优良，适用性强，冷作业，易于维修等优点。但是，有涂布厚度不易均匀、抵抗结构变形能力差、与潮湿基层黏结力差、抵抗动水压力能力差等缺点。地下工程涂膜防水层的设置可分为内防水（即防水涂膜涂刷在结构内壁）、外防水（即防水涂膜涂刷在结构外壁）以及内外结合防水3种形式。

涂膜防水层应符合下列规定：

①涂料涂刷前应先在基面上涂一层与涂料相容的基层处理剂。

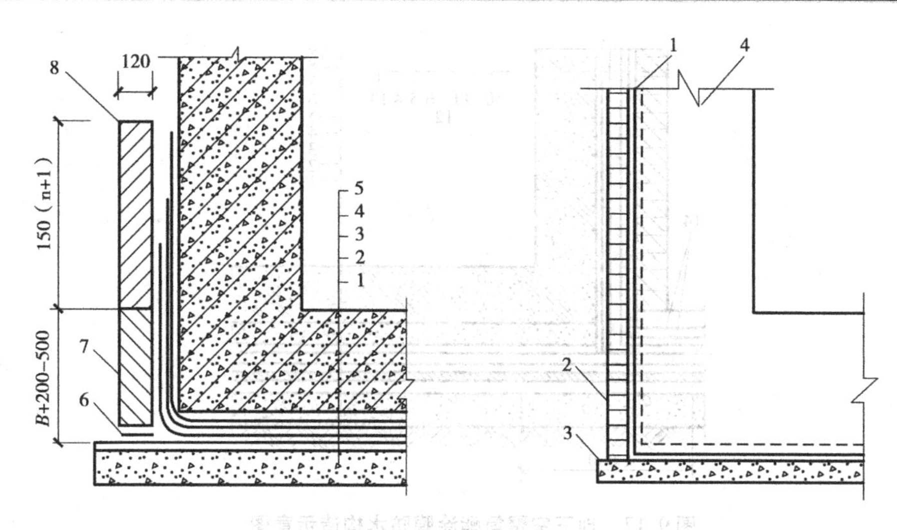

图9.15 外贴法

1—垫层;2—找平层;3—卷材防水层;
4—保护层;5—构筑物;6—油毡;
7—永久保护墙;8—临时性保护墙

图9.16 内贴法

1—卷材防水层;2—保护层;3—垫层;
4—尚未施工的构筑物

②涂膜应多遍完成,涂刷应待前一遍涂层干燥成膜后进行。

③每遍涂刷时应交替改变涂层的涂刷方向,同层涂膜的先后接槎宽度宜为 30~50 mm。

④涂膜防水层的施工缝(甩槎)应注意保护,搭接缝宽度应大于 100 mm,接涂前应将其甩槎表面处理干净。

⑤涂刷程序应先做转角处、穿墙管道、变形缝等部位的涂料加强层,后进行大面积涂刷。

⑥涂膜防水层中铺贴的胎体增强材料,同层相邻的搭接宽度应大于 100 mm,上、下层接缝应错开 1/3 幅宽。

目前,常用的地下防水是聚氨酯涂膜防水。聚氨酯防水材料是一种双组分化学反应固化型的高弹性防水涂料。聚氨酯防水涂料固化前为无定形粘稠状液态物质,在任何结构复杂的基层表面均易于施工,涂膜具有橡胶弹性,伸长性好,抗拉强度高,黏结性好,体积收缩小,涂膜防水层无接缝,整体性强,冷施工作业,施工方法简便,适用于厕浴间、地下室防水工程、贮水池、游泳池防漏工程等。

地下室聚氨酯涂膜防水构造见图 9.17。其聚氨酯涂膜防水施工方法要点如下:

①基层清扫:拟做防水施工的基层表面,必须彻底清扫干净。

②涂布底胶:将聚氨酯甲、乙两组分和二甲苯按比例搅拌均匀,涂刷在基层表面上。待干燥 4 h 以上,再进行下一工序。

③防水层施工:将聚氨酯防水涂料甲、乙组分按比例混合搅拌均匀,涂刷在基层表面上,涂刷厚度要均匀一致。在第一层涂膜固化 24 h 以后,再按上述配比和方法进行第二层涂刷。两次涂刷方向要相互垂直。当涂膜固化完全,检查验收合格后即可进行保护层施工。

④平面铺设油毡保护隔离层:当平面的最后一层聚氨酯涂膜完全固化,经过检查验收合格后,即可虚铺一层纸胎石油沥青油毡作保护隔离层。

⑤浇筑细石混凝土保护层:对平面部位可在石油沥青油毡保护隔离层上浇筑 40~50 mm 厚的细石混凝土保护层。施工时切勿损坏油毡和涂膜防水层,如有损坏必须立即涂刷聚氨酯

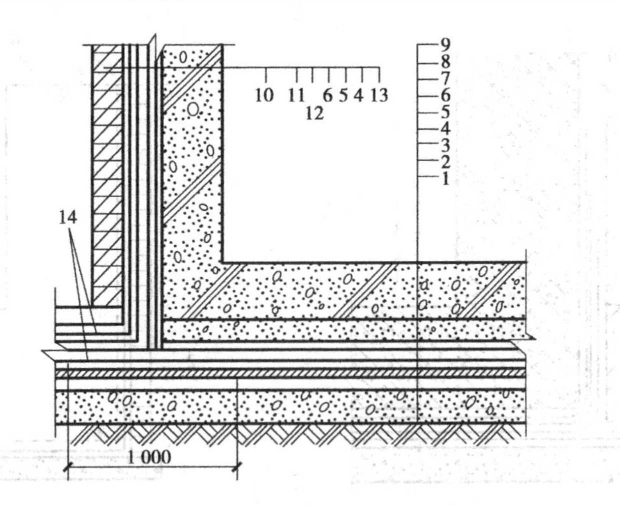

图 9.17 地下室聚氨酯涂膜防水构造示意图

1—夯实素土;2—素混凝土垫层;3—无机氯盐防水砂浆找平层;4—聚氨酯底胶;
5—第一、二层聚氨酯涂膜;6—第三层聚氨酯涂膜;7—虚铺沥青油毡保护隔离层;
8—细石混凝土保护层;9—钢筋混凝土底板;10—聚乙烯泡沫塑料软保护层;
11—第五层聚氨酯涂膜;12—第四层聚氨酯涂膜;13—钢筋混凝土立墙;
14—涤纶纤维无纺布增强层

的混合材料修复,再浇筑细石混凝土,以免留下渗漏水的隐患。

⑥在完成细石混凝土保护层的施工和养护后,即可结构施工。

⑦粘贴聚乙烯泡沫塑料保护层:对立墙部位,可在聚氨酯涂膜防水层的外侧直接粘贴5 ~6 mm厚的聚乙烯泡沫塑料片材保护层。施工方法是在涂完第四层防水涂膜、完全固化和经过认真的检查验收合格后,再均匀涂布第五层涂膜,在该层涂膜未固化前,应立即粘贴聚乙烯泡沫塑料片材作保护层;粘贴时要求片材拼缝严密,防止在回填土时损坏防水涂膜。

⑧回填:完成聚乙烯泡沫塑料片材保护层的施工后,经过检查验收合格后,即可回填。

复习思考题

1. 目前我国建筑工程常用的防水类型有哪几种?各有何特点?
2. 屋面防水等级及设防有何要求?
3. 找平层为什么要留置分隔缝,如何留置?
4. 试述卷材防水屋面的施工要点。
5. 如何处理刚性防水屋面的分格缝?
6. 如何预防刚性屋面的开裂?
7. 试述保温隔热层屋面防水的施工要求。
8. 试述混凝土结构自防水的施工要点。
9. 试述地下刚性多层防水的施工步骤。
10. 试述外防外贴法卷材防水的施工要点。
11. 试述外防内贴法卷材防水的施工要点。
12. 试述地下室聚氨酯涂膜防水的施工要点。

10 建筑节能工程施工

【本章导读】

通过本章学习，要求学生熟悉建筑节能的基本知识，掌握聚氨酯硬泡、EPS膨胀聚苯板薄抹灰、胶粉聚苯颗粒外墙外保温工程的施工工艺流程和施工技术要点；学会分析外墙外保温墙体裂缝和渗漏的原因，并能提出一些防治措施。

10.1 建筑节能施工概述

节约能源是我国社会发展的一项重要国策，建筑节能在节约能源的系统工程中占有举足轻重的地位，我国政府十分重视建筑节能工作。建筑节能技术涉及建筑材料、建筑设备、仪器仪表等的生产、选用、施工（安装）、运行、管理，包括制冷、采暖、热水、照明、动力等多专业学科，贯穿建材生产、建筑施工、建筑物运行等多个环节。

建筑节能技术具体包括3个方面：①对建筑物外围护结构采取隔热保温措施，提高保温隔热性能节能技术；②采暖供热、照明、空调制冷制热系统效率节能技术；③利用可再生能源（如太阳能、风能、水能、地热等）节能技术。

本章主要介绍建筑外围护结构节能施工技术，即聚氨酯硬泡沫、EPS膨胀聚苯板薄抹灰、胶粉聚苯颗粒外墙外保温工程施工。

▶ 10.1.1 建筑节能设计施工的一般要求

《民用建筑节能条例》对新建建筑节能的全过程监督管理、既有建筑的节能改造、可再生能源的应用、建筑节能政策扶持和经济激励措施以及各行为主体的责任、处罚等都作了详细而明确的规定。

夏热冬暖地区划分为南北两个区。北区内建筑节能设计应主要考虑夏季空调,兼顾冬季采暖;南区内建筑节能设计应考虑夏季空调,可不考虑冬季采暖。

夏季空调室内设计计算指标应按下列规定取值:居住空间室内设计计算温度26 ℃,计算换气次数1.0次/h。

北区冬季采暖室内设计计算指标应按下列规定取值:居住空间室内设计计算温度16 ℃,计算换气次数1.0次/h。

承担建筑节能工程的施工企业应具备相应的资质,施工现场应建立相应的质量管理体系、施工质量控制和检验制度,具有相应的施工技术标准。

设计不得降低建筑节能效果。当设计变更涉及建筑节能效果时,应经原施工图设计审查机构审查,在实施前应办理设计变更手续,并应获得监理或建设单位的确认。

单位工程的施工组织设计应包括建筑节能工程施工内容。建筑节能工程施工前,施工单位应编制建筑节能工程施工方案并经监理(建设)单位审查批准。施工单位应对从事建筑节能工程施工作业的人员进行技术交底和必要的实际操作培训。

工程监理单位应严格进行工程施工过程的监督管理,应在分部分项施工前督促实施有节能设计要求的材料和构件的送检。

建筑节能工程的施工作业环境和条件,应满足相关标准和施工工艺的要求。节能保温材料不宜在雨雪天气中露天施工。

建筑节能工程采用的新技术、新设备、新材料、新工艺,应按照有关规定进行评审、鉴定及备案。施工前应对新的或首次采用的施工工艺进行评价,并制订专门的施工技术方案。建筑节能工程施工前,对于采用建筑节能设计的房间和构造做法,应在现场采用相同材料和工艺制作样板间或样板件,经有关各方确认后方可进行施工。

工程验收单位应按照规定的要求进行分项、分部工程验收和竣工验收。

建筑工程验收工作应包括建筑节能的专项验收,建筑节能工程为单位建筑工程的一个分部工程。单位工程竣工验收应在建筑节能分部工程验收合格后进行。

工程验收时的资料核查、构造热工性能核查应由专业人员完成。建筑节能工程的质量检测,应由具备资质的检测机构承担。

▶ 10.1.2 建筑节能分部工程质量验收

1)验收具备条件和内容

①建筑节能分部工程的质量验收,应在检验批、分项工程全部验收合格的基础上进行。外墙节能构造实体检验应符合设计要求;外窗气密性现场检测结果应合格;建筑设备工程系统节能性能检测和系统联合试运转与调试应合格;确认建筑节能工程质量达到验收条件后方可进行。

②检查每个检验批、分项工程验收是否正确;注意查对所含检验批、分项工程有无漏缺,归纳是否完全,或有没有进行验收;分项工程数据是否完整,每个验收资料的内容是否有缺漏项,签字是否齐全及符合规定。

③建筑节能工程的检验批质量应验收合格,主控项目应全部合格,一般项目应合格;当采用计数检验时,至少应有90%以上的检查点合格,且其余检查点不得有严重缺陷。

④建筑节能分项工程质量验收合格,分项工程所含的检验批均应合格。

⑤质量控制数据应完整:核查和归纳各检验批、分项的验收记录数据,查对其是否完整;注意核对各种数据的内容、数据及验收人员的签字是否规范。

⑥建筑节能工程验收时,应核查的资料内容有:

a. 设计文件、图纸会审记录、设计变更和洽商;

b. 主要材料、设备和构件的质量证明文件、进场检验记录、进场核查记录、进场复验报告、见证试验报告;

c. 隐蔽工程验收记录和相关图像数据;

d. 分项工程质量验收记录,必要时应核查检验批验收记录;

e. 风管及系统严密性检验记录;

f. 现场组装的组合式空调机组的漏风量测试记录;

g. 设备单机试运转及调试记录;

h. 系统联合试运转及调试记录;

i. 系统节能性能检验报告;

j. 其他对工程质量有影响的重要技术数据。

2)验收程序

施工单位自检合格后,按照《建筑节能工程施工质量验收规范》,填写《建筑节能分部工程质量验收表》报监理,总监理工程师组织建设单位、设计单位、施工单位项目经理、项目技术负责人和相关专业的质量检查员、施工员进行验收。验收合格,签署相关文件;验收不合格,签返相关文件。

10.2 聚氨酯硬泡外墙外保温工程施工

聚氨酯硬泡外墙外保温系统是指由聚氨酯硬泡保温层、界面层、抹面层、饰面层或固定材料等构成,形成于外墙外表面的非承重保温构造的总称。

聚氨酯硬泡外墙外保温系统基本构造如图10.1所示。

聚氨酯硬泡(聚氨酯硬质泡沫)是以A组分料和B组分料混合反应形成的、具有防水和保温隔热等功能的硬质泡沫塑料。A组分料是指由组合多元醇(组合聚醚或聚酯)及发泡剂等添加剂组成的组合料,俗称白料;B组分料是指主要成分为异氰酸酯的原材料,俗称黑料。根据其施工形式可以分成以下几种。

①喷涂法施工聚氨酯硬泡。采用专用的喷涂设备,使A组分料和B组分料按一定比例从喷枪口喷出后瞬间均匀混合,之后迅速发泡,在外墙基层上形成无接缝的聚氨酯硬泡体。

②浇注法施工聚氨酯硬泡。采用专用的浇注设备,将由A组分料和B组分料按一定比例从浇注枪口喷出后形成的混合料,注入已安装于外墙的模板空腔中,之后混合料以一定速度发泡,在模板空腔中形成饱满连续的聚氨酯硬泡体。

③粘贴法施工聚氨酯硬泡。采用专门的黏结材料将聚氨酯硬泡保温板或保温装饰复合板粘贴于外墙基层表面,形成保温层或保温装饰复合层。

④干挂法施工聚氨酯硬泡。采用专门的挂件将聚氨酯硬泡保温板或保温装饰复合板固定于外墙基层表面,形成保温层或保温装饰复合层。

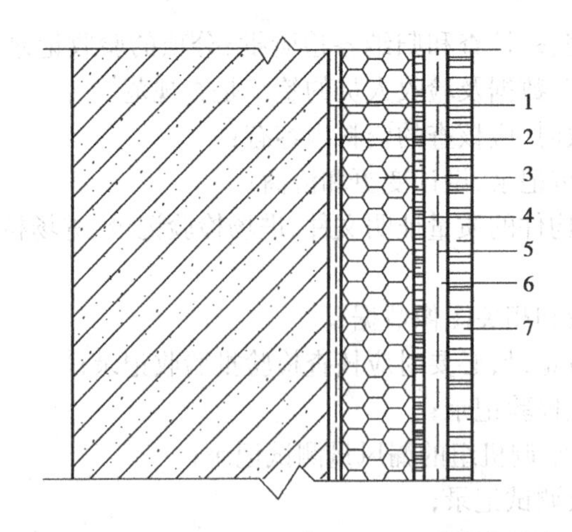

图 10.1　聚氨酯硬泡外墙外保温系统基本构造

1—基层墙体；2—防潮隔汽层（必要时）+胶黏剂（必要时）；3—聚氨酯硬泡保温层；
4—界面剂（必要时）；5—玻纤网布（必要时）；6—抹面胶浆（必要时）；7—饰面层

▶ 10.2.1 喷涂法施工

喷涂法施工聚氨酯硬泡外墙外保温可分为3种系统：饰面层为涂料系统（见图10.2）、饰面层为面砖系统（见图10.3）、饰面层为干挂石材或铝塑板等（见图10.4）。出于安全性考虑，不提倡在建筑物高于两层的部位采用面砖系统，如果在建筑物较高部位采用贴面砖做外饰面，则需要采取安全措施，并经过可靠试验验证，达到国家现行有关标准要求。

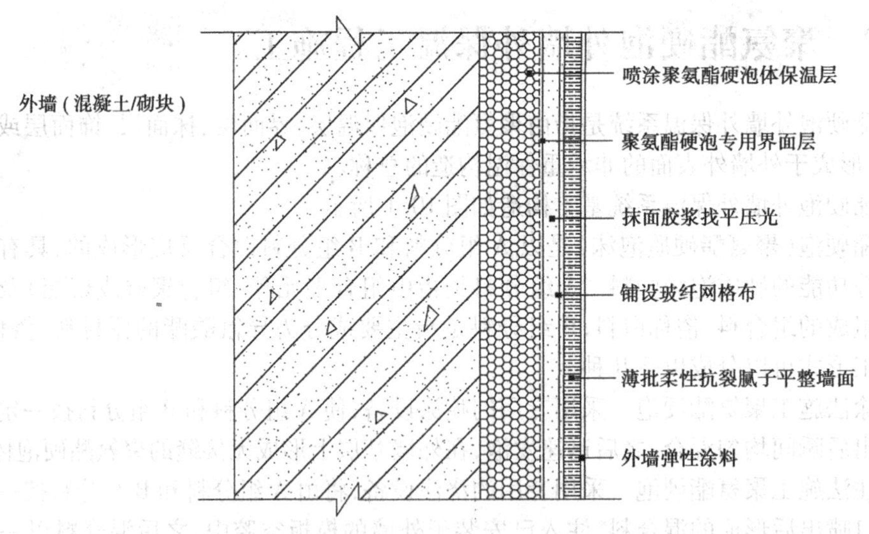

图 10.2　涂料饰面层构造

1）工艺流程

（1）饰面层为涂料系统的工艺流程

①清理墙体基面浮尘、滴浆及油污；

②吊外墙垂线、布饰面厚度控制标志；

③抹面胶浆找平扫毛（墙体平整度、垂直度符合验收标准时可不进行此工序）；

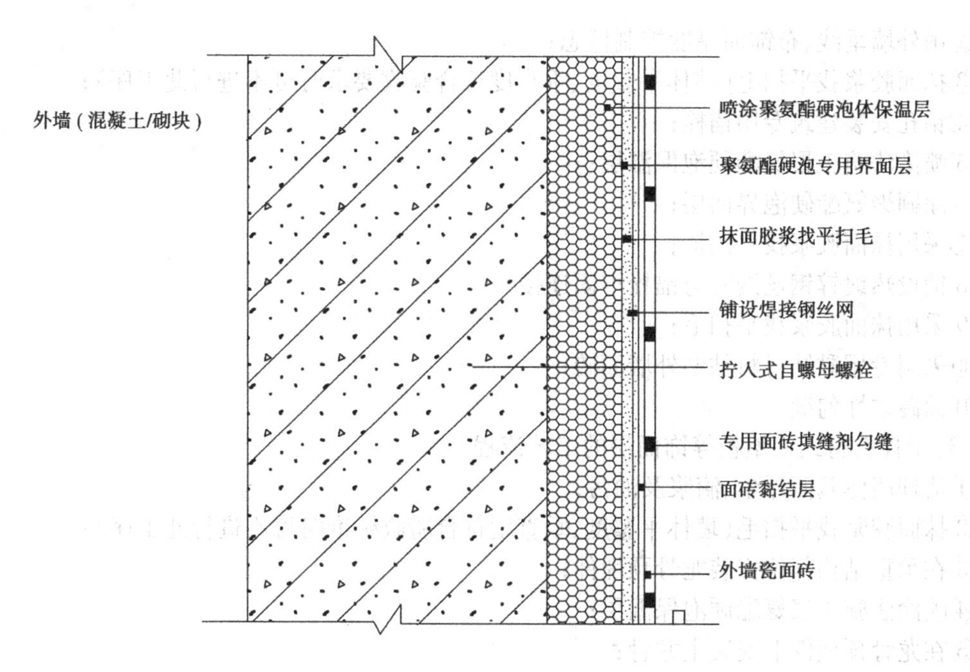

图10.3　面砖饰面层构造

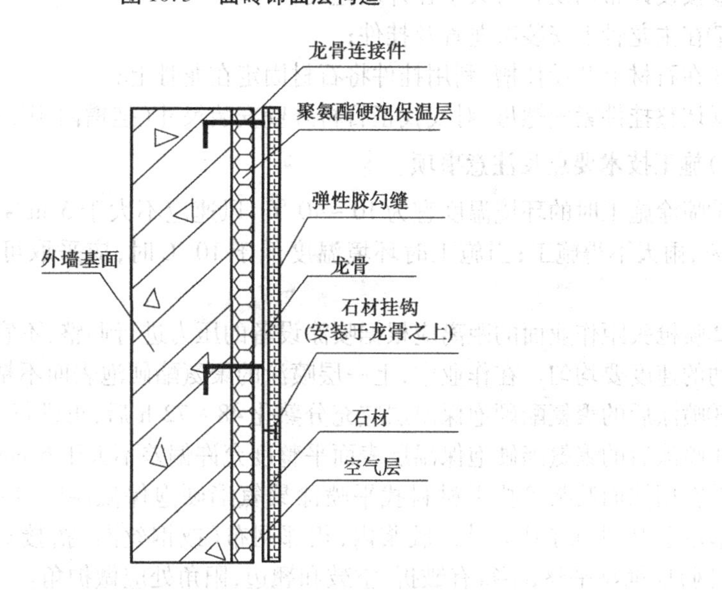

图10.4　干挂石材或铝塑板等饰面层构造

④喷涂法施工聚氨酯硬泡保温层;

⑤涂刷聚氨酯硬泡界面层;

⑥采用抹面胶浆找平刮糙,并压入耐碱玻纤网布;

⑦批刮柔性抗裂腻子;

⑧喷涂(刷涂、滚涂)外墙弹性涂料或喷涂仿石漆等。

(2)饰面层为面砖系统的工艺流程

①清理墙体基面浮尘、滴浆及油污;

②吊外墙垂线、布饰面厚度控制标志；

③抹面胶浆找平扫毛(墙体平整度、垂直度符合验收要求时可不进行此工序)；

④钻孔安装建筑专用锚栓；

⑤喷涂法施工聚氨酯硬泡保温层；

⑥涂刷聚氨酯硬泡界面层；

⑦采用抹面胶浆找平刮糙；

⑧铺设热镀锌钢丝网并与锚栓牢固连接；

⑨采用抹面胶浆找平扫毛；

⑩采用专用黏结材料粘贴外墙面砖；

⑪面砖柔性勾缝。

(3)干挂石材或铝塑板等饰面层的工艺流程

①清理墙体基面浮尘、滴浆及油污；

②抹面胶浆找平扫毛(墙体平整度、垂直度符合验收标准时可不进行此工序)；

③在承重结构部位安装龙骨预埋件；

④喷涂法施工聚氨酯硬泡保温层；

⑤在龙骨预埋件上安装主龙骨；

⑥按设计布局及石材大小在外墙挂线；

⑦在主龙骨上安装次龙骨及挂件；

⑧在石材上开设挂槽，利用挂件将石材固定在龙骨上；

⑨调整挂件紧固螺母，对线找正石材外壁安装尺寸(挂槽内用云石胶满填缝)。

2)施工技术要点及注意事项

①喷涂施工时的环境温度宜为10~40 ℃，风速应不大于5 m/s(3级风)，相对湿度应小于80%，雨天不得施工；当施工时环境温度低于10 ℃时，应采取可靠的技术措施保证喷涂质量。

②喷枪头距作业面的距离应根据喷涂设备的压力进行调整，不宜超过1.5 m；喷涂时喷枪头移动的速度要均匀。在作业中，上一层喷涂的聚氨酯硬泡表面不粘手后，才能喷涂下一层。

③喷涂后的聚氨酯硬泡保温层应充分熟化48~72 h后，再进行下道工序的施工。

④喷涂后的聚氨酯硬泡保温层表面平整度允许偏差不大于6 mm。

⑤在用抹面胶浆等找平材料找平喷涂聚氨酯硬泡保温层时，应立即将裁好的玻纤网布(或钢丝网)用铁抹子压入抹面胶浆内，相邻网布(或钢丝网)搭接宽度不小于100 mm；网布(钢丝网)应铺贴平整，不得有皱折、空鼓和翘边，阳角处应做护角。

如果饰面层为涂料，则室外自然地面+2.0 m范围以内的墙面，应铺贴双层网布，两层网布之间抹面胶浆必须饱满，门窗洞口等阳角处应做护角加强；饰面层为面砖时，应采取有效方法确保系统的安全性，且室外自然地面+2.0 m范围以内的墙面阳角钢丝网应双向绕角互相搭接，搭接宽度不得小于200 mm。

⑥喷涂施工作业时，门窗洞口及下风口宜进行遮蔽，防止泡沫飞溅污染环境。

⑦喷涂后在进行下道工序施工之前，聚氨酯硬泡保温层应避免雨淋，遭受雨淋的应彻底晾干后方可进行下道工序施工。

▶ 10.2.2 浇注法施工

浇注法施工聚氨酯硬泡外墙外保温系统可分为可拆模(见图10.5)和免拆模(见图10.6)两种。可拆模系统的构造层次一般包括墙体基层界面剂(必要时)、聚氨酯硬泡保温层、保温层界面剂和饰面层等;免拆模系统的构造层次一般包括墙体基层界面剂(必要时)、聚氨酯硬泡保温层、专用模板和饰面层等。

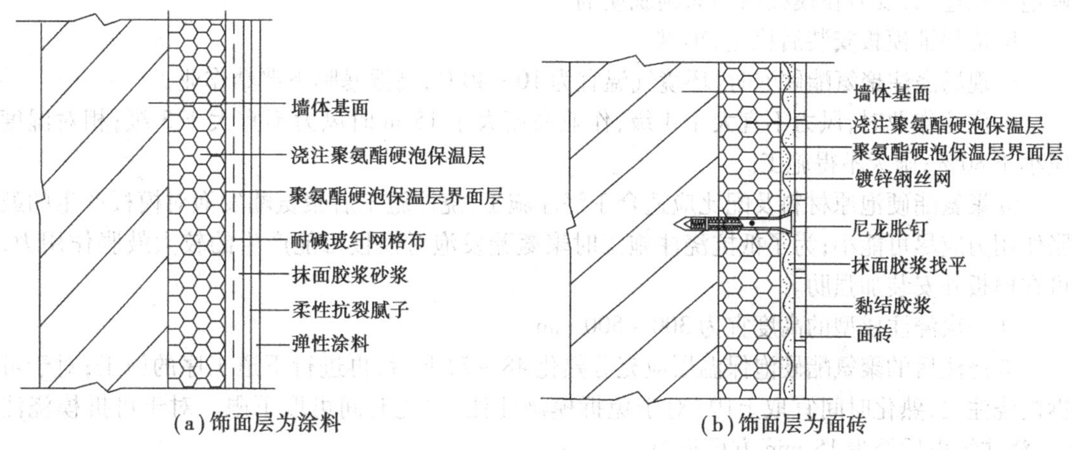

(a)饰面层为涂料 (b)饰面层为面砖

图10.5 浇注法可拆模系统构造

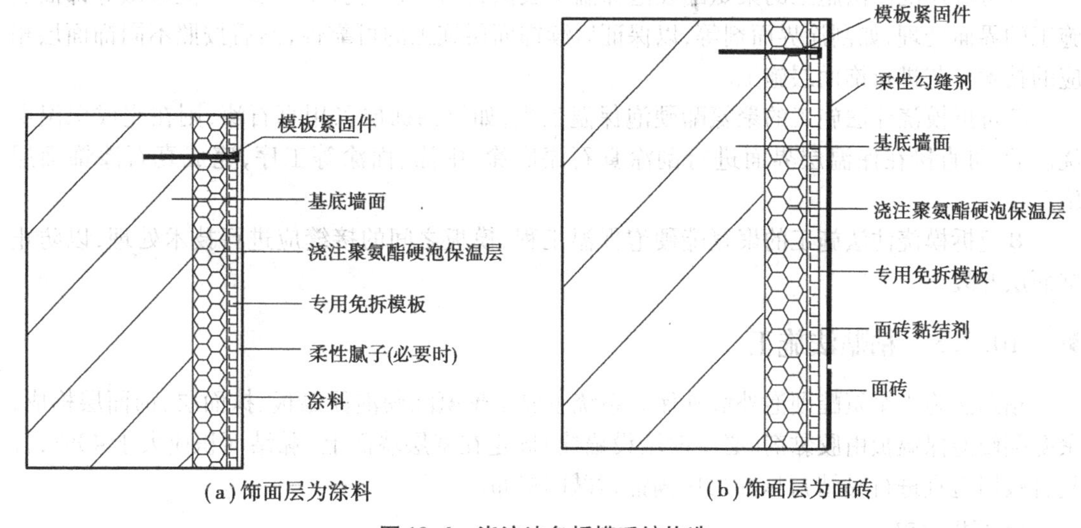

(a)饰面层为涂料 (b)饰面层为面砖

图10.6 浇注法免拆模系统构造

1)工艺流程

(1)可拆模浇注法施工工艺流程

基层处理→找平放线→模板安装→浇注聚氨酯→模板拆除→保温层界面处理→按设计要求做饰面层。

(2)免拆模浇注法施工工艺流程

基层处理→找平放线→模板挂件安装→模板安装→浇注聚氨酯→清理板缝及板面→按设计要求做饰面层。

2)施工技术要点及注意事项

①聚氨酯硬泡保温层浇注法施工过程为隐蔽施工,因此其技术、质量、安全应遵循完善手段、强化验收的原则。

②浇注法施工作业应满足下列规定:

a. 模板规格配套,板面平整;模板易于安装,可拆模板易于拆卸;可拆模板与浇注聚氨酯硬泡不粘连,必要时在模板内侧涂刷脱模剂。

b. 应保证模板安装后稳定、牢靠。

c. 现场浇注聚氨酯硬泡时,环境气温宜为10~40℃,高温暴晒下严禁作业。

d. 浇注作业时,风力不宜大于4级,作业高度大于15 m时风力不宜大于3级;相对湿度应小于80%;雨天不得施工。

③聚氨酯硬泡原材料及配比应适合于浇注施工;浇注施工后聚氨酯发泡对模板产生的鼓胀作用力应尽可能小;为了抵抗浇注施工时聚氨酯发泡对模板可能产生的较大鼓胀作用力,可在模板外安装加强肋。

④一次浇注成型的高度宜为300~500 mm。

⑤浇注后的聚氨酯硬泡保温层应充分熟化48~72 h后,再进行下道工序的施工;对于可拆模浇注法,熟化时间宜取上限;对于免拆模浇注法,熟化时间可取下限。对于可拆模浇注法,浇注结束后至少15 min方可拆模。

⑥可拆模浇注法施工的聚氨酯硬泡保温层表面无需再进行找平层施工,但应做好饰面层施工的界面处理,如刮涂界面剂等,以保证后续饰面层施工的可靠性,然后按照不同饰面层相应的技术工艺进行饰面层施工。

⑦可拆模浇注法施工的聚氨酯硬泡保温工程,如果饰面层采用真石漆,则在完成保温层浇注后,可直接在保温层界面进行刮涂真石漆底涂、中涂、面涂等工序,完成真石漆饰面层施工。

⑧免拆模浇注法施工的聚氨酯硬泡保温工程,模板之间的接缝应进行技术处理,以防止饰面层开裂。

▶ 10.2.3 粘贴法施工

粘贴法施工聚氨酯硬泡外墙外保温系统主要由聚氨酯硬泡保温板、抹面层、饰面层构成,聚氨酯硬泡保温板由胶黏剂(必要时增设锚栓)固定在基层墙面上(黏结面积应大于40%,且复合板周边宜进行黏结),抹面层中满铺耐碱网格布。

1)工艺流程

材料准备→基层墙面处理→弹线、挂线→粘贴保温板→安装锚固件→特殊部位处理→涂抹抹面砂浆,铺设网格布→再涂抹抹面砂浆→刮弹性腻子→饰面层。

2)施工技术要点及注意事项

①基层墙面应清洁平整、无油污等妨碍黏结的附着物。

②弹出门窗水平线、垂直控制线,外墙大角挂垂直基准线、楼层水平线。

③配制胶黏剂,粘贴网格布。根据设计要求做粘贴翻包网格布。一般需要粘贴翻包网格布的部位有门窗洞口、变形缝、勒脚等收头部位。

④粘贴保温板：

a. 门窗洞口侧边应粘贴保温板，并做好收头处理，非标准尺寸用材采用刀具现场切割。

b. 粘贴保温板采用点框法，即在保温板背面整个周边涂抹适当宽度和厚度的胶黏剂，然后在中间部位均匀涂抹一定数量、一定厚度、直径约为 100 mm 的圆形黏结点，总粘贴面积不小于 40%，建筑物高度在 60 m 及以上时，总粘贴面积不小于 60%。

c. 保温板的粘贴应自下而上进行，水平方向应由墙角及门窗处向两侧粘贴；粘贴保温板时应轻柔均匀挤压，并轻敲板面，必要时应采用锚固件辅助固定；排板时宜上下错缝，阴阳角应错槎搭接。

d. 保温板粘贴就位后，随即用 2 m 靠尺检查平整度和垂直度；超差太多(误差≥2mm)的，应重新粘贴保温板。

e. 粘贴门窗洞口四周保温板时，应用整块保温板，保温板的拼缝不得正好留在门窗洞口的四角处。墙面边角处铺贴保温板时，最小尺寸应超过 200 mm。

⑤锚固件固定。根据设计要求采用机械锚固件辅助固定保温板时，应在胶黏剂固化 24 h 后进行；锚固件进墙深度不小于设计(或节点图)要求，锚固件数量及型号根据设计要求确定。

⑥配制抹面胶浆，做抹面层及铺贴玻纤网布。加强型抹面层必须增设一层网布，增贴的网布只能对接，抹面胶浆厚度为 3 ~ 5 mm。普通型抹面层采用单层玻纤网布，在已贴于墙上的保温板面层上抹厚度 1 ~ 2 mm 的抹面胶浆，随即将网布横向铺贴并压入胶浆中；单张网布长度不宜超过 6 m，要平整压实，严禁网布皱褶、不平；搭接长度为 100 mm。翻包的网布同时压入胶浆中；再抹一遍抹面胶浆，抹面胶浆的厚度以微见网布轮廓为宜。

抹面层砂浆施工切忌不停揉搓，以免形成空鼓、裂纹。施工间歇处应留在自然断开处或留槎断开，以方便后续施工的搭接(如伸缩缝、阴阳角、挑台等部位)。在连续墙面上如需停顿，抹面砂浆不应完全覆盖已铺好的网布，必须与网布、底层胶浆呈台阶形坡槎，留槎间距不小于 150 mm，以免网布搭接处平整度超出偏差。

⑦变形缝。外墙外保温结构变形缝处应进行相应处理。留设变形缝时，分格条应在进行抹灰工序时就放入，待砂浆初凝后起出，修正缝边。缝内可填塞发泡聚乙烯圆棒(条)作背衬，直径或宽度约为缝宽的 1.3 倍，再分两次勾填建筑密封膏，深度约为缝宽的 50%。

变形缝处根据缝宽和位置设置金属盖板，以射钉或螺钉紧固。

⑧饰面层施工。待抹灰基面达到涂料等饰面层施工要求时，可进行饰面层施工。当采用涂料作饰面层时，在抹面层上应满刮腻子后方可施工。

⑨带抹面层、饰面层的聚氨酯硬泡保温板在粘贴 24 h 后，用单组分聚氨酯发泡填缝剂进行填缝，发泡面宜低于板面 6 ~ 8 mm。外口应用密封材料或抗裂聚合物水泥砂浆进行嵌缝。

⑩可能对聚氨酯硬泡保温装饰复合板造成污染或损伤的分项工程，应在复合板安装施工前完成，或采取有效的保护措施。

⑪聚氨酯硬泡保温板搬运或安装上墙时，操作现场风力不宜大于 5 级。

⑫施工现场应有足够的场地堆放聚氨酯硬泡保温板，防止复合板在堆放过程中划伤、变形或损坏。

▶ 10.2.4 干挂法施工

干挂法施工是指将聚氨酯硬泡保温装饰复合板干挂在外墙基层形成聚氨酯硬泡外墙外

保温系统,该方法属于干作业施工。该系统可分为无龙骨、有龙骨两大类。饰面层有氟碳涂料面、仿石面等多种形式和色彩。

1)工艺流程

(1)无龙骨体系

基层墙面处理→弹线、挂线→钻孔安装胀管螺钉→将聚氨酯硬泡复合板通过胀管螺钉锚固于墙体→局部调整胀管螺钉入墙深度,使复合板安装平整→板与板之间水平接缝以企口连接,竖缝以聚氨酯发泡材料密封。

(2)有龙骨体系

基层墙面处理→弹线、挂线→在结构墙体上安装主龙骨→在主龙骨上安装次龙骨及挂件→将聚氨酯硬泡复合板通过挂件安装于龙骨上→调整挂件紧固螺母,对线找正聚氨酯复合板外壁安装尺寸→板与板之间水平接缝以企口连接,竖缝以聚氨酯发泡材料密封。

2)施工技术要点

①干挂法施工无龙骨体系采用胀管螺钉将聚氨酯硬泡保温装饰复合板直接锚固于墙体(见图10.7),胀管螺钉直径、中距根据板材尺寸及风荷载确定。该体系不宜用于框架填充轻骨料混凝土砌块墙体。

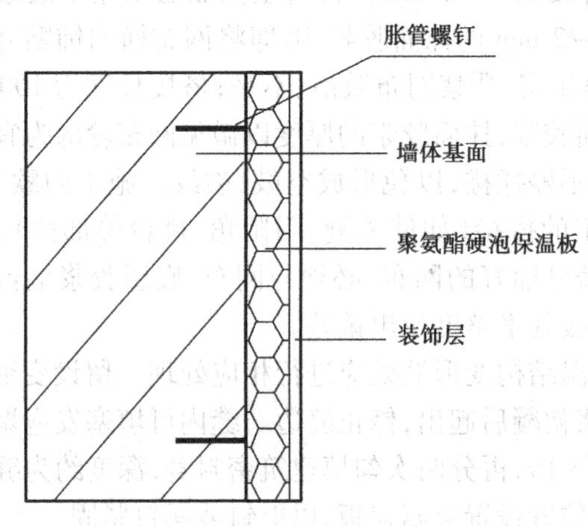

图10.7 无龙骨体系干挂法施工构造

②干挂法施工有龙骨体系采用专用自攻钢钉将聚氨酯硬泡保温装饰复合板固定于龙骨(见图10.8);龙骨应采用热镀锌型钢或其他具有足够安全性与耐久性的材料;连接件应采用热镀锌钢件或不锈钢件。与聚氨酯硬泡保温板饰面层接触处的金属材料应采取防腐处理(如穿过聚氨酯硬泡保温板饰面层安装于基层上的设备或管道以及连接件等)。

龙骨尺寸、中距及锚固方法应根据风荷载的大小、基层墙体的构成及聚氨酯硬泡保温装饰复合板的尺寸确定。有龙骨体系可用于框架填充轻骨料混凝土砌块墙体,此时主龙骨应锚固于框架梁、柱,此时应经过抗震、抗负风压计算(类似于幕墙龙骨计算)来确定龙骨断面尺寸大小、中距及锚固点距离和锚固做法。

③干挂聚氨酯硬泡保温装饰复合板,在窗口两侧应有可靠包角,防雨水渗入,窗上口应有滴水措施,窗台应有排水坡度及泛水。

从勒脚、阳台至女儿墙应有妥善的防渗水构造设计。

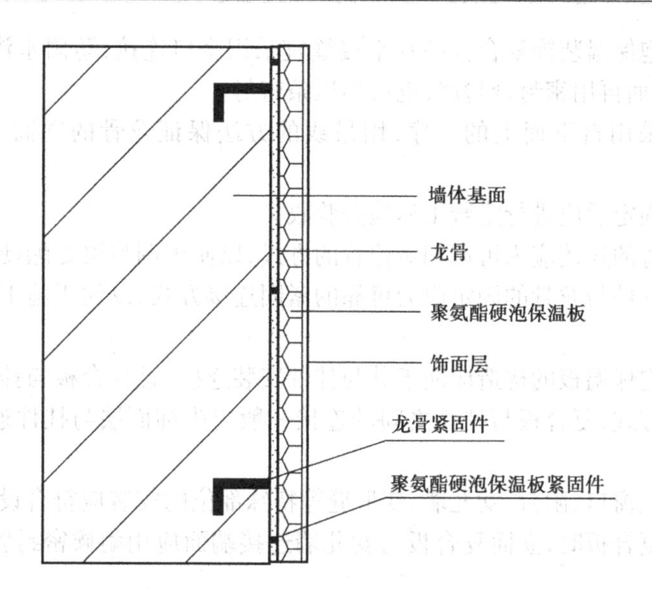

图10.8 有龙骨体系干挂法施工构造

聚氨酯硬泡保温装饰复合板材的分隔应根据立面设计要求、板材长宽尺寸、运输及安装等因素进行合理设计。

④无龙骨体系的胀管螺钉(或钢膨胀螺栓)的直径、中距及入墙深度等应根据计算确定。

⑤如果基层墙体为砌块墙,则应在墙体砌筑时砌入扁钢件,以固定龙骨或聚氨酯硬泡保温装饰复合板(见图10.9)。

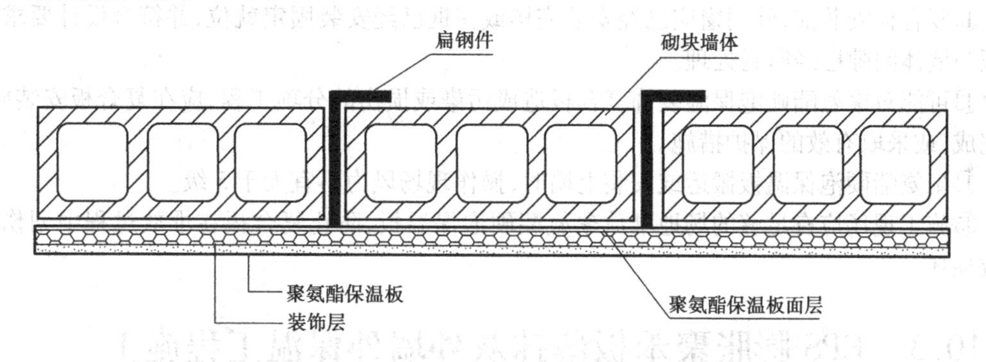

图10.9 扁钢件固定聚氨酯硬泡保温装饰复合板构造

⑥聚氨酯硬泡保温装饰复合板的板与板之间的拼接缝宽度,应考虑适应主体结构在外力作用下的位移变形,并满足其自身热胀冷缩变形的基本要求。

⑦饰面层为金属面的聚氨酯硬泡保温装饰复合板,其防雷设计应符合国家现行标准《建筑防雷设计规范》(GB 50057)和《民用建筑电气设计规范》(JGJ/T16)的有关规定。

3)施工注意事项

①基层墙体应坚实、平整。应除去基层的空鼓部分及厚度大于3 mm的附着物,然后采用水泥砂浆整体找平。

②干挂法施工无龙骨体系采用胀管螺钉将聚氨酯硬泡保温装饰复合板直接锚固于墙体,胀管螺钉直径一般不宜小于ϕ6 mm,间距一般为600 mm,入墙深度不小于40 mm。

③聚氨酯硬泡保温装饰复合板的水平接缝宜采用企口连接,防雨水渗入,竖缝用聚氨酯现场注入发泡,外面再用密封膏封严,也可加压条密封。

④龙骨安装采用自下而上的顺序,用吊线的方法保证龙骨的立面平整度偏差不超过5 mm。

⑤龙骨安装固定后应进行隐蔽工程检查验收。

⑥挂件与龙骨的连接应为可调相对位置的方式,以便于调整聚氨酯硬泡保温板的空间位置、表面平整度;挂件与龙骨的固定应为可靠的紧固连接方式,以便于施工并确保挂件长期不松动。

⑦聚氨酯硬泡保温板的构造应便于其与挂件安装连接,且复合板与挂件应形成最终不可改变位置的固定方式;复合板与挂件之间的连接一般应为饰面层与挂件连接,而不是保温层与挂件直接连接。

⑧收口、拐角、窗口、阳台、女儿墙、变形缝等特殊部位的安装应符合设计要求。平屋面女儿墙压顶不安装复合板时,立面复合板与女儿墙连接端面应用耐候密封胶密封,不得留有渗水缺陷。

⑨对于有龙骨干挂体系,复合板力求形成密封系统,使复合板与基层墙体之间的间隔层空气不能形成流动气流。对于无龙骨干挂体系,复合板表面接缝无密封时,外保温构造中应有排水措施。

⑩复合板与门窗洞口连接处、落水管固定部位、空调等外装设备安装部位均应有密封胶密封。

⑪复合板安装时,左右、上下的偏差不应大于1.5 mm。

⑫复合板安装前,外门窗应已经安装完毕或窗框已经安装固定就位,并符合设计要求,门窗框与墙体间隙已经密封处理。

⑬可能对聚氨酯硬泡保温装饰复合板造成污染或损伤的分项工程,应在复合板安装施工前完成,或采取有效的保护措施。

⑭聚氨酯硬泡保温板搬运或安装上墙时,操作现场风力不宜大于5级。

⑮施工现场应有足够的场地堆放聚氨酯硬泡保温板,防止复合板在堆放过程中划伤、变形或损坏。

10.3 EPS膨胀聚苯板薄抹灰外墙外保温工程施工

EPS膨胀聚苯板薄抹灰外墙外保温系统是采用聚苯乙烯泡沫塑料板(以下简称苯板)作为建筑物的外保温材料,当建筑主体结构完成后,将苯板用专用黏结砂浆按要求粘贴上墙。如有特殊加固要求,可使用塑料膨胀螺钉加以锚固。然后在苯板表面抹聚合物水泥砂浆,其中压入耐碱涂塑玻纤网格布加强,以形成抗裂砂浆保护层。最后为腻子和涂料的装饰面层(如装饰面层为瓷砖,则应改用镀锌钢丝网和专用瓷砖胶黏剂、勾缝剂)。

EPS膨胀聚苯板薄抹灰外墙外保温系统具有优越的保温隔热性能,良好的防水性能及抗风压、抗冲击性能,能有效解决墙体的龟裂和渗漏水问题。该系统EPS板热导率小,并且EPS板厚度一般不受限制,可满足严寒地区节能设计标准要求。因其施工的环境温度要求为4 ℃,故不适合冬期施工。

▶ 10.3.1 工艺流程

基层清理→测量放线→胶黏剂配制→粘贴翻包网格布→粘贴 EPS 板→放置 24 h 后安装固定件→苯板打磨、找平、清洁,拌制面层聚合物砂浆→抹第一遍抹面胶浆→埋贴网格布→抹第二遍抹面胶浆→饰面层施工→清理验收。

▶ 10.3.2 施工技术要点

1)基层清理

①砖墙、混凝土墙等外墙基层表面应清洁,无油污、脱模剂等妨碍粘贴的附着物。突起、空鼓和疏松部位应剔除并找平。混凝土墙面应清除脱模剂,墙面可采用 1:3水泥砂浆找平,平整度误差不得超过 4 mm。找平层应与墙体黏结牢固,不得有脱层、空鼓、裂缝,面层不得有粉化、起皮、爆灰等现象。

②外墙立面应拉通线检查平整度,超差部分应剔凿或用水泥砂浆修补平整。对旧房节能改造,应彻底清理,不利于粘贴苯板的外墙面层用水泥砂浆修补缺陷,加固找平。

③基层墙体处理完毕后,应将墙面略微润湿,以备粘贴苯板工序的施工。

2)测量放线

①施工前首先读懂图纸,确认基层结构墙体的伸缩缝、结构沉降缝、防震缝墙体体形突变的具体部位,并做出标记。此外,还应弹出首层散水标高线和伸缩缝具体位置。

②挂基准线。在建筑物外墙大角(阳角、阴角)及其他必要处挂出垂直基准线控制线,弹出水平控制基准线。施工过程中每层适当挂水平线,以控制苯板的垂直度和平整度。

3)胶黏剂配制

胶黏剂有单组分和双组分两种。单组分将胶黏剂干粉与水按约 5:1质量比配制,用电动搅拌器搅拌均匀,一次配制用量以 2 h 内用完为宜(夏天施工时的时间宜控制在 1.5 h 内);配好的胶浆注意防晒避风,超过可操作时间,禁止再度加水使用。应集中搅拌,专人定岗。双组分料由聚合物乳液和普通硅酸盐水泥搅拌而成,现场使用应根据产品使用说明书的要求进行配置。

4)粘贴翻包网格布

在保温层截止的部位应做翻包网格布处理,在需翻包部位的墙面上涂抹 7 cm 宽的胶黏剂,将网格布一端 7 cm 压入胶黏剂内,余下部分应满足构造要求。

5)粘贴苯板

①施工前,根据整个楼外墙立面的设计尺寸编制苯板的排板图,以达到节约材料、加快施工速度的目的。苯板以长向水平铺贴,保证连续结合,上下两排板需竖向错缝 1/2 板长,局部最小错缝不得小于 200 mm。

②苯板的粘贴应从细部节点(如飘窗、阳台、挑檐)及阴阳角部位开始向中间进行。施工时,要求在建筑物外墙所有阴阳角部位沿全高挂通线控制其顺直度(保温施工时控制阴阳角的顺直度而非垂直度),并要求事先用墨斗弹好底边水平线及 100 mm 控制线,以确保水平铺贴,在区段内的铺贴由下向上进行。

③粘贴苯板时,板缝应挤紧,相邻板应齐平,施工时控制板间缝隙不得大于 2 mm,板间高差不得大于 1.5 mm。当板间缝隙大于 2 mm 时,必须用苯板条将缝塞满,板条不得用砂浆或

胶黏剂黏结;板间平整度高差大于 1.5 mm 的部位应在施工面层前用木锉、粗砂纸或砂轮打磨平整。

④按照事先排好的尺寸切割聚苯板(用电热丝切割器),从拐角处垂直错缝连接,要求拐角处沿建筑物全高顺直、完整。

⑤苯板粘贴常用方法有点粘法和条粘法两种,应优先采用条粘法。应注意的是无论采用哪种方法,在粘贴时应将胶黏剂涂在苯板背面,施工时涂抹胶黏剂应确保板的 4 个侧端面上(自由端除外)无胶浆,并且粘贴面积应不小于整个板面面积的 40%。

⑥粘贴时不允许采用使板左右、上下错动的方式调整欲粘贴板与已粘贴板间的平整度,而应采用橡胶锤敲击调整。目的是防止由于苯板左右错动而导致聚合物黏结砂浆溢进板与板间的缝隙内。

⑦聚苯板按照上述要求贴墙后,用 2 m 靠尺反复压平,保证其平整度及黏结牢固,板与板间要挤紧,不得有缝,板缝间不得有黏结砂浆,否则该部位则形成冷桥。每贴完一块,要及时清除板四周挤出的聚合物砂浆;若因苯板切割不直形成缝隙,要用木锉锉直后再粘贴。

⑧网格布翻包。从拐角处开始粘贴大块苯板后,遇到阳台、门窗洞口、挑檐等部位需进行耐碱玻纤网格布翻包,即在基层墙体上用聚合物黏结砂浆预贴网格布,翻包部分在基层上黏结宽度不小于 80 mm,且翻包网格布本身不得出现搭接(目的是避免面层大面施工时,在此部位出现三层网格布搭接,导致面层施工后露网)。如图 10.10 所示。

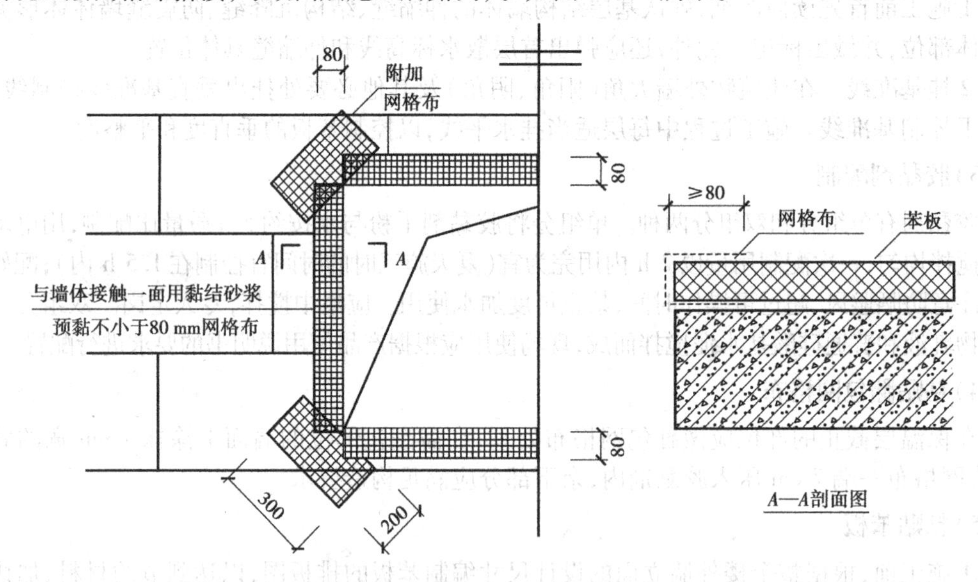

图 10.10 门窗洞口附加网格布黏贴

⑨在门窗洞口部位的苯板不允许用碎板拼凑,需用整幅板切割,其切割边缘必须顺直、平整、尺寸方正,其他接缝距洞口四边应大于 200 mm,如图 10.11 所示。

⑩在窗洞口位置的板块之间搭接留缝要考虑防水问题,在窗台部位要求水平粘贴板压立面板,即避免迎水面出现竖缝;在窗户上口,要求立面板压住横板。

⑪在遇到脚手架连墙件等突出墙面且以后要拆除的部位,按照整幅板预留,最后随拆除随进行收尾施工。

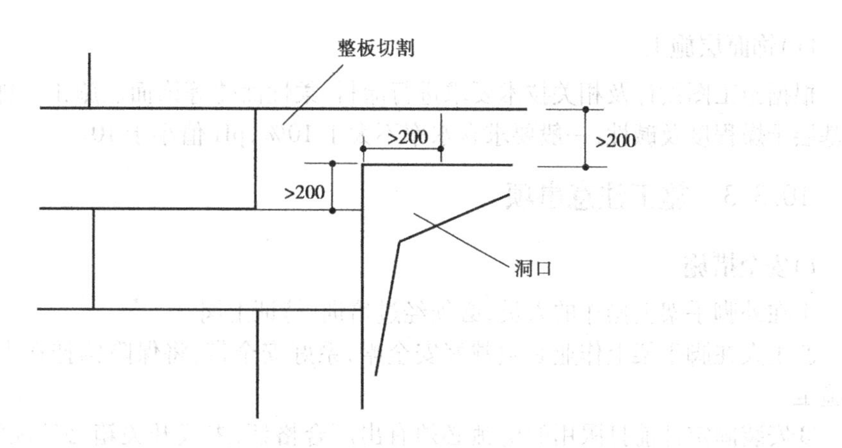

图 10.11　苯板洞口处切割及接缝距离要求

6)安装固定件

使用电钻进行打孔以安装锚栓。结构墙体上的孔深应在 3 cm 以上,保证锚栓的入墙深度,墙体的抹灰层或旧饰面层不应作为锚固深度。锚栓应打在有胶处,阳角处第一个钉应离墙角 6 ~ 10 cm,以免损坏墙体。锚栓的数量及布置应满足设计要求,并应采用现场拉拔试验检验其强度是否满足设计要求。

7)打磨 EPS

板贴完至少 24 h 后,用专用打磨工具对保温边角不平处进行打磨,打磨动作最好是轻柔的圆周运动,不要沿着与 EPS 板接缝平行的方向打磨。打磨后,应用刷子将打磨操作产生的碎屑清理干净,平面上的 EPS 板不宜打磨,以免降低 EPS 板厚度,影响保温效果。

8)抹第一遍抹面胶浆

第一遍抹面胶浆厚度约 2 mm。防护层如一遍抹成,则可借助(6 mm ×6 mm) ~ (10 mm × 10 mm)的锯齿抹灰刀控制材料厚度。先用抹灰刀平的一侧将抹面胶浆均匀饱满地抹到 EPS 板面上,随即以带齿的一侧以 60°角在板面上拖刮出胶条,注意保证胶条的饱满,再以平的一侧重新抹平胶浆并压入玻纤网。

9)埋贴网格布

将网格布绷紧后贴于底层抹面胶浆上,用抹子由中间向四周把网格布压入胶浆的表层,要平整压实,严禁网格布皱折。铺贴遇有搭接时,必须满足横向 100 mm、纵向 100 mm 的搭接长度要求。玻纤网必须在胶浆湿软状态时及时压入并抹平。严禁先铺网,再抹灰。

10)抹第二遍抹面胶浆

在第一遍抹面胶浆凝结后再抹一道抹面胶浆,厚度 1 ~ 2 mm,玻纤网应位于防护层靠外一侧约 1/3 处,不得裸露在外,也不应埋入太深,具体以玻纤网看得见格子看不见颜色为标准。面层胶浆切忌不停揉搓,以免形成空鼓。胶浆抹灰施工间歇应在自然断开处,方便后续施工的搭接,如伸缩缝、阴阳角、挑台等部位,在连续墙面上如需停顿,面层胶浆不应完全覆盖已铺好的网格布,需与网格布、第一遍抹面胶浆呈台阶形坡槎,留槎间距不小于 150 mm,以免网格布搭接处平整度超出偏差。

抹面胶浆施工完毕,应自然养护 2 ~ 3 d 以上,经验收合格后,方可进行后续饰面层施工。

11)饰面层施工

根据施工图设计及相关技术要求进行涂料、柔性面砖等饰面层施工。饰面层施工前应检查基层干燥程度及碱性,一般要求含水率不大于10%,pH值小于10。

▶ 10.3.3 施工注意事项

1)安全措施

①在外脚手架上操作的人员,必须经过培训,持证上岗。

②工人在脚手架上作业必须戴好安全帽,系好安全带,将保险钩挂在大横杆上后方可进行施工。

③安装固定件前打眼用的电锤必须有出厂合格证,末级开关箱必须配漏电保护器,工人必须戴绝缘手套进行操作,专业电工进行接线。

④在外脚手架上的操作人员需穿防滑鞋,有恐高症、心脏病的人员禁止上架,严禁酒后上架施工。

2)文明施工及成品保护

①裁切下来的苯板碎板条必须随手用袋子装好,禁止到处乱丢,随处洒落。

②在涂抹苯板黏结砂浆时,注意不要污染窗副框,被污染的副框必须及时用湿布擦洗干净。

③粘贴上部苯板时,掉落下来的黏结砂浆可能会污染下部苯板及网格布,必须及时清理干净。

④拆除脚手架时,应做好对成品墙面的保护工作,禁止钢管等重物撞击苯板墙面。

⑤严禁在苯板上面进行电、气焊作业。

⑥施工用砂浆必须用小桶拌制,用完水后关好水管阀门。

⑦进场的苯板必须堆积成方,做好防雨保护。

3)成本降低措施

①施工中依据配板图裁切苯板,减少浪费。

②对工人进行交底,使其熟悉节点部位做法,合理利用边角料。

③控制好砂浆的拌制量,特别在施工停歇前应计算好砂浆的用量,防止砂浆超时而无法使用,造成浪费。

④通过样板层的施工,准确掌握每个部位网格布的规格、尺寸,做到定型加工、定点使用。

4)环境保护措施

①涂刷苯板的界面剂必须集中堆放在地面已硬化的库房里,严禁界面剂撒入土层中。

②裁切下来的聚苯板板条必须分类存放、集中回收,禁止其四处洒落、埋入土中或作为一般的建筑垃圾处理,避免污染环境。

5)检查验收

(1)主控项目

①外墙外保温系统所有组成材料质量和性能均应满足相关标准的规定,应检查出厂合格证或进行复检。

②保温层与基层墙体以及各构造层之间必须黏结牢固,无脱层、空鼓、裂缝等现象。

③保温层的厚度及构造做法应符合建筑节能设计要求,主体部位平均厚度不允许有负偏差。

(2)一般项目

①表面平整、洁净,接槎平整,无明显抹纹,线角应顺直、清晰,面层无粉化、起皮、爆灰现象。

②墙体上容易碰撞等的阳角、门窗洞口及不同材料基体的交接处等特殊部位,均需用网格布加强。

③墙面埋设暗线、管道后,应用网格布和抗裂砂浆加强,表面抹灰平整。

④分格缝宽度与深度均匀一致,平整光滑,棱角整齐、顺直。

⑤滴水线(槽)流水坡度正确,且顺直。

10.4 胶粉聚苯颗粒外墙外保温工程施工

胶粉聚苯颗粒外墙外保温系统是设置在外墙外侧,由界面层、胶粉聚苯颗粒保温层、抗裂防护层和饰面层构成,起保温隔热、防护和装饰作用的构造系统。其主要是利用胶粉聚苯颗粒与轻质填充墙等墙体构成复合保温层,以达到节能要求,充分利用了胶粉聚苯颗粒外墙外保温系统抗裂性能好、耐候能力强、防火等级高等优点。

胶粉聚苯颗粒外墙外保温系统总体造价较低,能满足相关节能规范要求,而且特别适合于建筑造形复杂的各种外墙保温工程。

10.4.1 胶粉聚苯颗粒外墙外保温基本构造

①涂料饰面做法,如图10.12所示。

②面砖饰面做法,如图10.13所示。

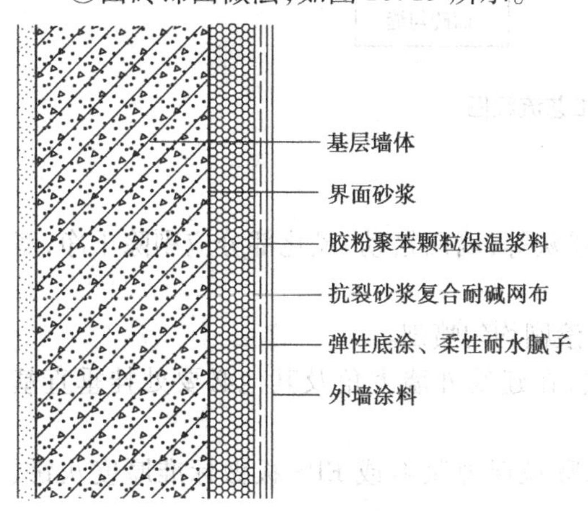

图10.12 涂料饰面基本构造

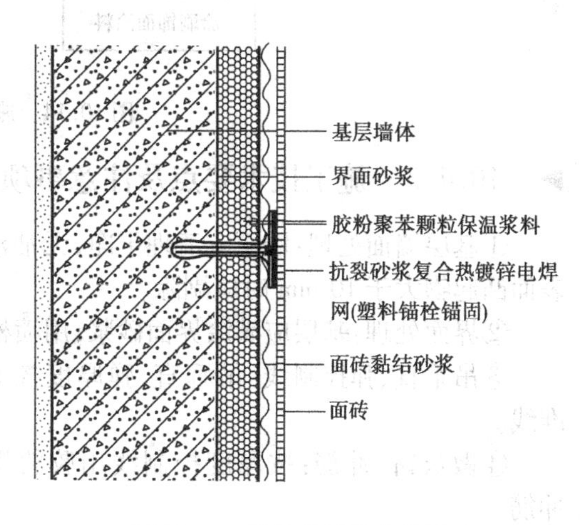

图10.13 面砖饰面基本构造

10.4.2 施工工艺流程

胶粉聚苯颗粒外墙外保温施工工艺流程,如图10.14所示。

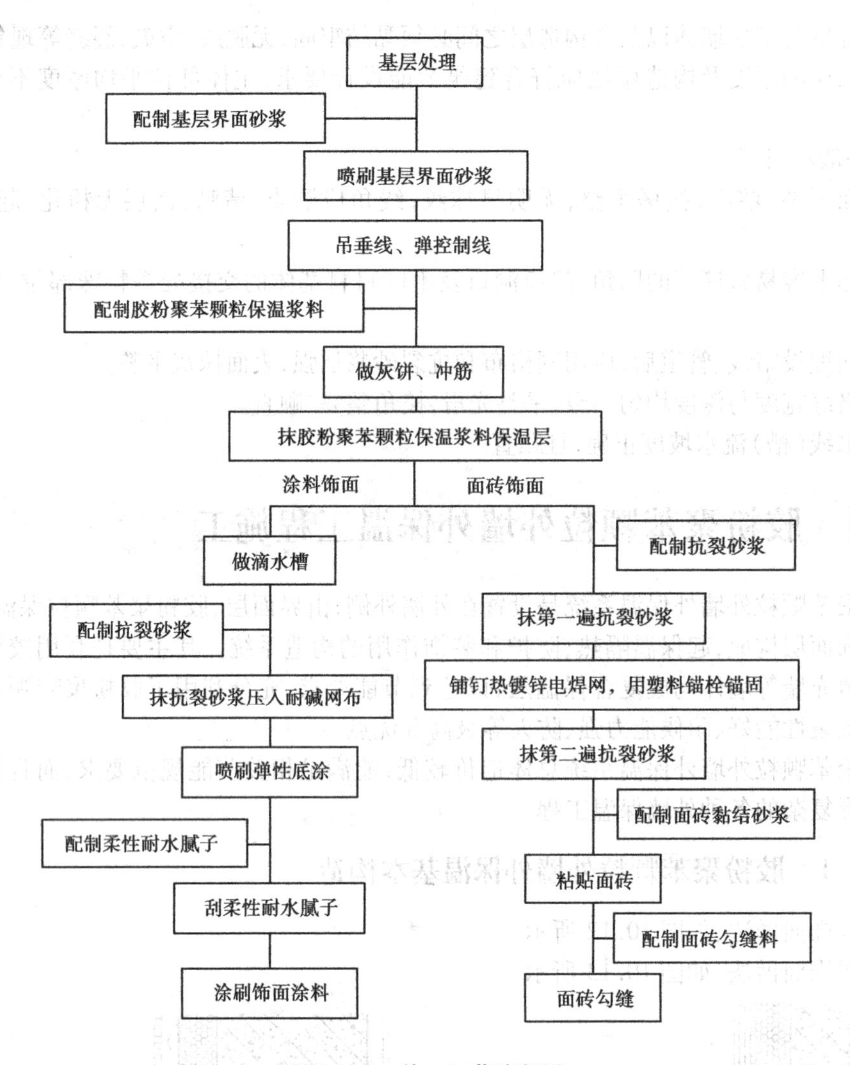

图 10.14　施工工艺流程图

▶ 10.4.3　施工技术要点及注意事项

①基层墙面处理:墙面应清理干净,无油渍、浮灰等;墙面松动、风化部分应剔除干净,墙表面凸起物大于 10 mm 时应剔除。

②界面处理:基层应满涂界面砂浆,用喷枪或滚刷均匀喷刷。

③吊垂直、弹控制线:吊垂直,弹厚度控制线,在建筑外墙大角及其他必要处挂垂直基准线。

④做灰饼、冲筋:按厚度控制线用胶粉聚苯颗粒保温浆料或 EPS 板做标准厚度灰饼、冲筋。

⑤抹胶粉聚苯颗粒保温浆料保温层:抹胶粉聚苯颗粒保温浆料,不应少于两遍,每遍施工间隔应在 24 h 以上,每遍厚度不宜大于 30 mm,最后一遍施工厚度宜控制在 10 mm 左右,达到灰饼或冲筋厚度,墙面门窗洞口平整度和垂直度应达到规定要求。

⑥做滴水槽:涂料饰面时,保温层施工完成后,根据设计要求拉滴水槽控制线;用壁纸刀

沿线划出滴水槽,槽深 15 mm 左右,用抗裂砂浆填满凹槽,将塑料滴水槽(成品)嵌入凹槽与抗裂砂浆黏结牢固。

⑦抗裂砂浆及饰面层施工:待保温层施工完成 3 ~7 d 且保温层施工质量验收合格以后,即可进行抗裂砂浆层施工。

1)涂料饰面施工

①抹抗裂砂浆、三铺压耐碱网格布。耐碱网格布长度 3 m 左右,预先裁好。抹抗裂砂浆一般分两遍完成,总厚度 3 ~5 mm。抹面积与网格布相当的抗裂砂浆后应立即用铁抹子压入耐碱网格布。耐碱网格布之间搭接宽度不应小于 50 mm,先压入一侧,再压入另一侧,严禁干搭。阴阳角处也应压槎搭接,其搭接宽度不小于 150 mm,应保证阴阳角处的方正和垂直度。耐碱网格布要含在抗裂砂浆中,铺贴要平整,无皱折,可隐约见网格,砂浆饱满度达到100%,局部不饱满处应随即补抹第二遍抗裂砂浆找平并压实。

在门窗洞口等处应沿 45°方向提前用抗裂砂浆增贴一道网格布(300 mm×400 mm),如图 10.15 所示。

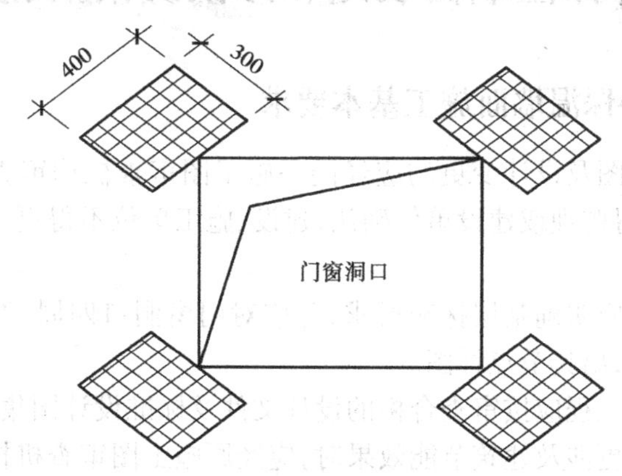

图 10.15 门窗洞口处增贴一道网格布

首层墙面应铺贴双层耐碱网格布,第二层铺贴应采用对接方法,然后进行第二层网格布一铺贴,两层网格布之间抗裂砂浆应饱满,严禁干贴。

建筑物首层外保温应在阳角处双层网格布之间设专用金属护角,护角高度一般为 2 m。在第一层网格布铺贴好后,应放好金属护角,用抹子拍压出抗裂砂浆,抹第二遍抗裂砂浆复合网格布包裹住护角。

抗裂砂浆施工完后,应检查平整、垂直及阴阳角方正,不符合要求的应用抗裂砂浆进行修补。严禁在此面层上抹普通水泥砂浆腰线、窗口套线等。

②喷刷弹性底涂。抗裂层施工完后 2 ~4 h 即可喷刷弹性底涂。喷刷应均匀,不得有漏底现象。

③刮柔性耐水腻子、涂刷饰面涂料。抗裂层干燥后,刮柔性耐水腻子(多遍成活,每次刮涂厚度控制在 0.5 mm 左右),涂刷饰面涂料,应做到平整光洁。

2)面砖饰面施工

①抗裂砂浆层保温层验收后,抹第一遍抗裂砂浆,厚度控制在 2 ~3 mm。根据结构尺寸裁剪热镀锌电焊网分段进行铺贴,热镀锌电焊网的长度最长不应超过 3 m,为使边角施工质量

得到保证，将边角处的热镀锌电焊网施工前预先折成直角。在裁剪网丝过程中，不得将网形成死褶，铺贴过程中不应形成网兜，网张开后应顺方向依次平整铺贴，先用12号钢丝制成的U形卡子卡住热镀锌电焊网使其紧贴抗裂砂浆表面，然后用塑料锚栓将热镀锌电焊网锚固在基层墙体上，塑料锚栓按双向间隔500 mm梅花状分布，有效锚固深度不得小于25 mm，局部不平整处用U形卡子压平。热镀锌电焊网之间搭接宽度不应小于50 mm，搭接层数不得大于3层，搭接处用U形卡子、钢丝或锚栓固定。窗口内侧面、女儿墙、沉降缝等热镀锌电焊网收头处，应用水泥钉加垫片使热镀锌电焊网固定在主体结构上。

热镀锌电焊网铺贴完毕经检查合格后抹第二遍抗裂砂浆，并将热镀锌电焊网包覆于抗裂砂浆之中，抗裂砂浆的总厚度宜控制在(10±2) mm，抗裂砂浆面层应达到平整度和垂直度要求。

②贴面砖。抗裂砂浆施工完一般应适当喷水养护，约7 d后即可进行饰面砖粘贴工序。面砖黏结砂浆厚度宜控制在3～5 mm。

10.5　外墙外保温墙面裂缝和渗漏防治措施

10.5.1　外墙外保温墙面施工基本要求

①外墙外保温施工图及设计变更均应经同一施工图审查机构审查批准。设计变更不得降低节能效果，并应获得监理或建设单位确认，建设、施工单位不得更改外墙外保温系统的构造和组成材料。

②外墙外保温设计应明确基层抹灰要求，并应对门窗洞口四周、外墙细部及突出构件等做好防水保温细部设计，出具节点详图。

③建筑外墙外保温工程应按审查合格的设计文件及标准设计图集要求施工，不得随意变更保温设计。当设计变更涉及建筑节能效果时，应经原施工图审查机构审查合格后方可进行施工。

④外墙保温层需设置分格缝的，应由设计单位明确位置及处理措施。

⑤保温材料及产品进场后，应进行进场验收，并按相关标准和设计要求委托法定检测机构进行复验，验收合格，经监理工程师签字后方可使用，严禁使用不合格的材料及产品。

⑥外墙外保温系统组成材料应与其系统形式检验报告一致。

⑦保温材料应有建设行政主管部门出具的节能技术(产品)备案证。EPS板自然条件下陈化期不得低于42 d，60 ℃恒温蒸汽养护不得低于5 d；XPS板陈化期不得低于28 d。

⑧涂料饰面应采用与保温系统相容的柔性耐水腻子和高弹性涂料。

⑨建设单位、设计单位和施工单位不得在建筑外墙外保温工程施工中使用列入国家禁止使用目录的技术、工艺和材料。

⑩招投标管理部门应将建筑外墙外保温工程列入施工总承包招标范围予以审查，不允许建设单位单独发包。

总承包企业可将外墙外保温工程分包给具有工程专业承包资质企业施工，严禁将工程发包给无资质的企业和个人。

⑪建筑外墙外保温工程应编制专项施工方案，经保温专业承包单位、项目总承包单位、监理单位逐级审批后，方可施工。

⑫建筑外墙外保温工程施工前,应在施工现场采用相同的材料和工艺制作样板墙面,经建设单位、监理单位、总承包单位检查符合要求,报所在地工程质量监督机构确认后,方可进行施工。

样板墙面应包含外墙外保温系统起端、终端处、门窗洞口以及外墙挑出构件等部位。

⑬外墙装饰线、空调搁板等外墙热桥部位,应按设计要求采取隔断热桥保温措施。当设计要求不明确时,应参照《墙体节能〈建筑构造〉》图集和相关构造详图施工。

⑭建筑外墙外保温工程施工时,施工单位每完成一道工序应自检,监理工程师应采取旁站、巡视和平行检验等形式实施监理。对聚苯板薄抹灰外墙外保温系统,监理工程师须检查保温板粘贴形式、有效粘贴面积等技术指标。

⑮外墙外保温工程施工及其质量验收应在外墙脚手架支撑系统拆除之前完成,不得使用吊篮施工。

⑯幕墙与结构收口处、外墙装饰收口、门窗四周与框接触处、管道及设备支架穿越保温板处、墙体顶部收口处等,在其与保温层结合的间隙应采取可靠措施做防水密封处理。

⑰外墙施工完后,建设单位、监理单位和施工单位应加强对建筑外墙外保温工程观感质量的检查与验收。抹面胶浆应无脱层、空鼓和裂缝,外墙及外门窗不得渗漏。饰面层应平整、洁净,阴阳角和横竖线条应顺直、方正、清晰美观,窗台、压顶、水平线条等流水坡向应正确。

⑱建设单位应组织参建单位对外墙(窗)进行淋水试验,淋水持续时间不得少于 20 min,并作好检查记录。

▶ 10.5.2　外墙保温施工质量控制

1)外墙基层处理及找平层施工

①外墙抹灰前,墙身上各种进户管线、空调管孔、水落管和空调支架等,应按设计要求安装完毕,并按外保温系统厚度留出间隙,外墙墙身上的对拉螺栓孔、脚手架拉接点及脚手架眼等应进行可靠封堵;外墙门窗洞口尺寸和位置应符合设计和施工质量要求;门窗辅框应安装完成。上述内容均应进行专项检查验收,并形成隐蔽工程验收记录。

②封堵脚手架眼和孔洞时,应清理干净,浇水湿润,然后采用干硬性细石混凝土封堵严密。

③穿墙螺栓孔宜采用聚氨酯发泡剂和防水膨胀干硬性水泥砂浆填塞密实,封堵后孔洞外侧表面应进行防水处理。

④外墙外保温工程施工前,墙体表面必须进行整体抹灰找平。抹灰前应先清理基层,除去附着在墙体表面上的砂浆、灰尘和污垢等妨碍黏结的附着物。空鼓和疏松部位应剔除并找平,并对光滑的混凝土表面进行凿毛处理。填充墙与混凝土交接处应按要求钉挂防裂网,防裂网与各类基层搭接宽度不应小于 100 mm。在外墙表面做甩浆结合层和浇水湿润后方可进行外墙抹灰。外保温粘贴前应对基层进行检查,并办理相关隐蔽工程验收。

抹灰厚度大于或等于 35 mm 时应采取挂网、分层抹灰等防裂防空鼓的加强措施。

⑤在突出外墙面的挑檐、雨篷、空调隔板的根部,应按设计要求做好防水处理。

2)外墙外保温系统施工

①保温板应采用满粘或条粘法粘贴,黏结面积不得小于 80%。

②涂料饰面时,当采用 EPS 板做保温层,建筑物高度在 20 m 以上时,宜采用以粘结为主、

锚栓固定为辅的粘锚结合的方式,锚栓每平方米不宜少于3个;当采用XPS板做保温层,应从首层开始采用粘锚结合的方式,锚栓每平方米不宜少于4个,锚栓在墙体转角,门窗洞口边缘的水平、垂直方向加密,其间距不大于300 mm,锚栓距基层墙体边缘应不小于60 mm,锚栓拉拔力不得小于0.3 MPa。

③墙面为面砖饰面时,应从首层开始采用粘锚结合方式将EPS、XPS板固定在墙面上,锚栓应安装在玻纤网布或后热镀锌电焊网外,锚栓数量每平方米不应少于6个,靠近墙面阳角的部位应适当增多。

④以XPS板为保温层时,应对XPS板表面进行粗糙化处理,并应在两面喷刷专用界面砂浆,界面砂浆宜为水泥基界面砂浆。

⑤保温板之间应拼接紧密,并与相邻板齐平,胶黏剂的压实厚度宜控制在3~5 mm,贴好后应立即刮除板缝和板侧面残留的胶黏剂。保温板间残留缝隙应采用阻燃型聚氨酯发泡材料填缝,板件高差不得大于1.5 mm。

⑥洞口四角处的保温板应采用整块保温板切割成形,拼缝离开角部至少200 mm,不得拼接。门窗洞口上部和突出建筑物的装饰腰线、女儿墙压顶等有排水要求的外墙部位,应采用专用成品塑料滴水线条。

窗台、窗膀保温构造应按照《墙体节能〈建筑构造〉》图集的相关窗口保温构造详图施工。

窗台保温构造必须按设计要求设置角钢护边,具体做法参照相关标准设计图集施工(当为砌体窗台时,应在窗台标高处设置C20的混凝土压顶,最小厚60 mm,用以固定窗台角钢护边)。窗台顶面应内高外低,高差不应小于10 mm。

⑦装饰线条应采用与墙体保温性能相同的聚苯板施工。

⑧外墙外保温系统锚固件的数量、位置、锚固深度和拉拔力应符合设计要求。后置式锚栓施工前应进行现场拉拔力试验,单个锚栓拉拔力承载力标准值不应小于0.3 kN,检验数量为1‰,且不应少于3个。

XPS板固定应采用粘锚结合方式,其锚固件拉拔力应符合设计要求。锚固件施工前应进行现场拉拔力试验,其试验数量参照后置式锚栓执行。

⑨首层墙面必须加铺一层加强耐碱玻纤网布。墙的阴阳角处玻纤网布应双向绕角互相搭接,搭接宽度不小于200 mm。在外墙阳角、门窗膀、窗台处应使用带玻纤网的成品塑料护角条(网),也可以使用不带玻纤网的成品塑料护角条。

⑩耐碱网格布粘贴时,洞口处应在其四周各加贴一块长300 mm、宽200 mm的45°斜向耐碱玻纤网布;转角处两侧的耐碱玻纤网布应互绕搭接,每边搭接长度不应小于200 mm,或可采用附加网处理。

⑪玻纤网布在保温系统下列终端处(如图10.16)应进行翻包处理:

a.门窗洞口、管道或其他设备穿墙洞部位;

b.勒脚、阳台、雨篷等系统终端部位;

c.变形缝等需终止系统的部位;

d.保温系统在女儿墙不连续的部位。

⑫玻纤网布(后热镀锌电焊网)铺设时,玻纤网布(后热镀锌电焊网)应处于两道抹面胶浆中间位置。当墙面以涂料饰面时,抹面胶总厚度应控制在3~5 mm(首层应控制在5~7 mm);当墙面以面砖饰面时,抹面胶总厚度玻纤网布应控制在5~7 mm(后热镀锌电焊

网应控制在7～10 mm)。玻纤网布不得皱褶、翘边和外露。

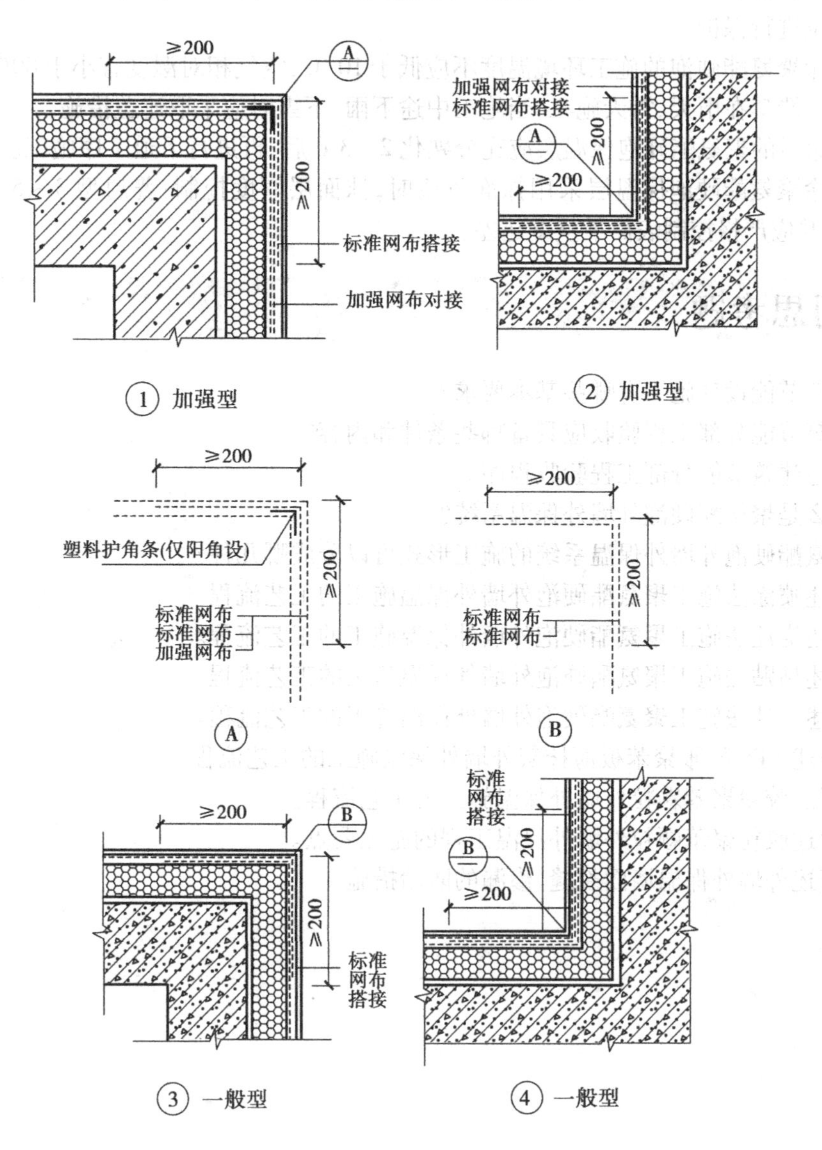

图 10.16 外墙外保温翻包处理

注:①③节点用于建筑首层墙体和其他可能遭受冲击力的部位

抹面胶浆在连续墙面上的施工间歇处应留槎断开,留槎处抹面胶浆不应完全覆盖已铺好的玻纤网布,需与玻纤网布、底层胶浆呈台阶形坡槎,留槎间距不小于150 mm,以保证玻纤网布搭接处的墙面平整度。

⑬外保温系统宜优先选用涂料、饰面砂浆、柔性面砖等轻质饰面材料,不宜采用饰面砖。当采用时,应进行专项设计,其安全性与耐久性必须符合设计要求。外墙外保温粘贴饰面砖系统最大高度不应超过40 m。

⑭聚氨酯硬泡外墙外保温系统施工:

a. 喷涂法施工时,外墙基层应涂刷封闭底涂。喷涂前应采取遮挡措施对门窗、脚手架等非喷涂部位进行保护。

b. 喷涂聚氨酯硬泡的施工环境温度不应低于10 ℃,空气相对湿度宜小于80%,风力不宜大于3级。严禁在雨天、雪天施工,当施工中途下雨、下雪时应采取遮盖措施。

c. 喷涂后的聚氨酯硬泡保温层应充分熟化2 ~3 d后,再进行下道工序施工。

d. 喷涂聚氨酯硬泡保温层采用抹面胶浆时,抹面层厚度控制:普通型3 ~5 mm,加强型5 ~7 mm,并应严格控制表面平整度超差。

复习思考题

1. 建筑节能设计施工有哪些基本要求?
2. 建筑节能分部工程验收应具备哪些条件和内容?
3. 试述建筑节能分部工程验收程序。
4. 什么是聚氨酯硬泡外墙外保温系统?
5. 聚氨酯硬泡外墙外保温系统的施工形式可以分成哪几种?
6. 简述喷涂法施工聚氨酯硬泡外墙外保温施工的工艺流程。
7. 简述浇注法施工聚氨酯硬泡外墙外保温施工的工艺流程。
8. 简述粘贴法施工聚氨酯硬泡外墙外保温施工的工艺流程。
9. 简述干挂法施工聚氨酯硬泡外墙外保温施工的工艺流程。
10. 简述EPS膨胀聚苯板薄抹灰外墙外保温施工的工艺流程。
11. 简述胶粉聚苯颗粒外墙外保温施工的工艺流程。
12. 简述胶粉聚苯颗粒外墙外保温工程的施工要点。
13. 简述外墙外保温墙面裂缝、渗漏的防治措施。

参考文献

[1]周国恩,周兆银.建筑工程施工技术[M].重庆:重庆大学出版社,2011.
[2]姚刚,华建民.土木工程施工技术与组织[M].重庆:重庆大学出版社,2013.
[3]薛玉宝,张洪尧.地基基础工程施工技巧与常见问题分析处理[M].湖南:湖南大学出版社,2013.
[4]黄梅.砌体工程施工现场细节详解[M].北京:化学工业出版社,2013.
[5]袁影辉.主体结构工程施工技巧与常见问题分析处理[M].湖南:湖南大学出版社,2013.
[6]方洪涛,蒋春平,杨雪.高层建筑施工[M].2版.北京:北京理工大学出版社,2013.
[7]程和平.建筑施工技术[M].北京:化学工业出版社,2015.
[8]徐凯燕,刘灿.建筑施工技术[M].北京:人民交通出版社,2013.
[9]山东省建筑工程管理局培训中心.建筑新技术应用[M].北京:中国环境出版社,2013.
[10]重庆大学,同济大学,哈尔滨工业大学合编.土木工程施工[M].北京:中国建筑工业出版社,2004.
[11]艾伟杰.建筑工程施工[M].北京:中国建筑工业出版社,2005.
[12]张长友.土木工程施工[M].北京:中国电力出版社,2007.
[13]张长友,白锋.建筑施工技术[M].北京:中国电力出版社,2004.
[14]范宏.建筑施工技术[M].北京:化学工业出版社,2005.
[15]李松岭.建筑施工[M].北京:中国水利水电出版社,2008.
[16]中华人民共和国国家标准.建筑工程施工质量验收统一标准 GB 50300—2013[S].

北京:中国建筑工业出版社,2013.
[17]刘津明,孟宪海. 建筑施工[M]. 北京:中国建筑工业出版社,2001.
[18]肖绪文,王玉岭. 地基与基础工程施工工艺标准[M]. 北京:中国建筑工业出版社,2003.
[19]叶刚. 建筑施工技术[M]. 北京:金盾出版社,2000.
[20]李继业. 建筑施工技术[M]. 北京:科学出版社,2001.
[21]贾晓弟,王文秋,等. 建筑施工教程[M]. 北京:中国建材工业出版社,2004.
[22]刘津明,韩明. 土木工程施工[M]. 天津:天津大学出版社,2001.
[23]姚刚. 土木工程施工技术[M]. 北京:人民交通出版社,1999.
[24]阎西康. 土木工程施工[M]. 北京:中国建材工业出版社,2000.
[25]卢循. 建筑施工技术[M]. 上海:同济大学出版社,1999.
[26]孙震. 建筑施工技术[M]. 北京:中国建材工业出版社,1996.
[27]王望珍,陈悦华,余群舟. 建筑结构主体工程施工技术[M]. 北京:机械工业出版社,2004.
[28]徐天平. 地基与基础工程施工质量问答[M]. 北京:中国建筑工业出版社,2004.
[29]郭正兴. 土木工程施工[M]. 南京:东南大学出版社,2012.
[30]丁突良,魏杰. 建筑施工工艺[M]. 北京:中国建筑工业出版社,2008.